건축공학분야 설계도서 사례집

Fundamentals and Examples of Architectural Engineering Design Documents

사단법인 대한건축학회

발간 배경 및 목적

건축산업이 고도화됨에 따라 실무에서 요구되는 능력 또한 점차 다변화되고 있다. 이러한 여건 변화를 반영하여 건축교육의 패러다임은 실무 적응성을 높이고 각 세부 전공 분야에 대한 통합적 지식의 습득과 활용 능력을 높이는 방향으로 변화해 가고 있으며, 이는 공학교육인증제에서 요구하는 방향이기도 하다.

공학교육인증기준 2015(KEC 2015)에서는 현실적 제한조건을 고려하여 시스템, 요소, 공정 등을 설계할 수 있는 능력을 학습성과로 요구하고 있으며, 건축공학 분야의 경우 기초설계와 종합설계 교과목을 포함하여 최소 12학점 이상의 설계 교과목 이수를 요구하고 있다. 이에 따라 여러 대학에서는 건축공학 기초설계와 종합설계 교과목을 운영 중에 있으며, 이들 교과목에서 다뤄지는 내용은 대학 간에 차이는 있으나 구조, 환경설비, 시공 등 건축공학의 각 세부 전공 분야에 대한 기초설계 능력 혹은 종합설계 능력 배양이라고 하는 교과목 목표는 대부분 공통적일 것으로 판단된다.

특히 종합설계 교과목의 경우 각 세부 전공 분야 모두에 대한 지식과 각 분야별 제한조건과 요구사항을 모두 고려한 통합적인 설계능력 배양이 중요하게 된다. 이를 위해 여러 대학에서는 실제 건물에서의 구조, 환경설비, 시공 등의 기존 설계자료를 주고, 이를 토대로 개선 방안 혹은 최적화 방안 등을 통합 도출하게 하는 방식으로 교과목을 운영하는 사례가 늘고 있다. 이 경우 교육자료가 되는 실제 건물에서의 세부 전공분야별 기존 설계자료가 통합 구비되어 있다면, 좀 더 용이한 종합설계 교육이 가능해질 것으로 판단된다.

이에 대한건축학회에서는 여러 용도의 건물 중 비교적 일반적이라고 할 수 있는 공동주택과 업무시설을 대상으로, 기본적인 건축설계 도면과 구조, 환경설비, 시공 관련 주요 설계도서 사례를 설명과 함께 파일 형태로 통합 구비한 교재를 발간함으로써 건축공학 종합설계 교과목 혹은 기존 설계자료가 필요한 여타 교과목 등에서 교육자료로 손쉽게 활용할 수 있게 하고자 하였다. 또한 건축공학을 전공하는 학생들이 통합 구비된 실제 설계도서를 학습할 수 있게 함으로써 실무 적응성을 높이고자 하였다. 단, 본 교재에 수록된 설계도서 사례는 실제 시공된 특정 프로젝트에 대한 것으로 해당 용도 건물에서 대표성을 갖는 것이라고는 할 수 없으며, 일반적인 교육자료로서의 활용을 염두에 두고 선정한 것임을 밝힌다.

저 자

차 례

Chapter 4 전기설비 부문

Chapter 5 시공 부문

Chapter 1

건축 부문

1.1 건축 설계도서의 개요 및 구성

1.1.1 건축 설계도서의 개요

건축 설계란 건축물의 성능 요구 조건을 만족시켜 합리적으로 만들기 위해 건축물의 형태, 구조, 설비 등 물리적 형식을 결정하고, 관련법·제도적 요건을 충족시켜 보다 안전한 시공 및 사용이 가능하도록 설계도서를 작성 및 관리하는 과정을 총칭한다.

건축 설계도서란 건축가의 건축적 의도를 다른 사람들에게 표현하는 일종의 표현수단이다. 건축적 의도에는 건축 공간구성의 개념, 사회적 맥락, 발주자(건축주)의 이념 등 의미론적 의도가 존재하나 본 교재에서는 건축공학 분야에 맞추어 실무적 관점에 국한하여 서술한다.

건축 공사에 필요한 서류를 포함한 '설계도서'는 건설 관계인들이 알 수 있도록 일관된 양식과 표기를 사용하여야 하며, 향후 건축물의 불법적인 사용 및 증축이나 개축을 방지하기 위해 그 종류와 내용이 기록으로 보존된다. 이와 같은 과정에 의해 모든 설계도서는 그 책임이 발생하며 건축사를 중심으로 구조, 설비 관련 기술사 등 관련 자격자의 책임 아래 작성되도록 해당 법률로 정해져 있다.

건축 관련 설계도서는 주로 '건축법'과 '주택법' 등 관련 법령에 따라 공사용 도면, 시방서, 계획서, 계산서뿐만 아니라 수량산출서 및 품질관리계획서 등 다양한 도서를 포함하여 구성된다. 해당 설계도서는 건축허가(주택법에 따른 사업계획승인 포함), 착공신고, 사용승인(주택법에 따른 사용검사 포함) 등 건축의 단계마다 허가권자에게 제출되고 승인을 얻어 건축물의 시공 및 사용이 이루어진다. 시공 중에는 시공자가 설계도서대로 시공하는 것은 물론 감리자가 해당 설계도서의 누락된 내용을 검토하고 설계된 내용대로 시공되는지를 확인한다. 완공 후에는 설계도서가 건축물대장에 등재되고, 건축물의 소유주나 관리자가 설계도서에 따라 지속적으로 건축물을 유지관리하게 되는 기준이 바로 설계도서라고 할 수 있다. 이와 같이 설계도서는 건축물의 기획, 설계, 시공, 유지관리까지 모든 과정에서 관계인들 간의 커뮤니케이션을 가능하게 하는 주된 수단으로 사용된다.

1.1.2 건축 설계도서의 구성

설계도서는 일반적으로 설계도면과 계산서, 내역서, 시방서 등의 문서를 포함하며, 광범위하게는 인·허가에 필요한 서식, 발급공부 등의 첨부서류를 포함한다. 특히, 최근에는 건축 분야뿐만 아니라 기계, 전기 등 타 분야와의 협력을 통해 에너지절약계획서 및 에너지효율등급, 녹색건축인증 등 관련 서류가 포함되기도 한다.

1) 설계도면

설계도서 중 가장 핵심적인 부분이 설계도면이다. '설계도면'이라 함은 시공될 건축물의 성격과 범위, 구조, 형상, 규모, 치수 등 설계자의 의도를 일정한 약속에 근거하여 그 내용을 구체적인 그림으로 표현한 도서로 건축, 구조, 기계설비, 토목, 조경 등의 분야로 세분화할 수 있다. 그림으로 표현되는 도면은 주로 「한국산업규격 KS F 1501 건축제도 통칙」에 따라 도면의 크기, 투상법, 도면의 방향, 척도, 기호 등을 활용하여 작성된다.

2) 시방서

시방서는 설계도면상 나타낼 수 없는 내용이나 추가로 필요한 사항을 표시한 문서로 공사 작업의 기준을 기술한 문서를 말한다. 건축 공사의 시방서는 보통 총칙부터 가설공사, 기초공사, 철근콘크리트공사 등 일반 공종별로 사용재료의 재질 · 품질 · 치수, 제조 · 시공상의 방법과 정도, 검사의 방법과 기준을 명시하는 일반시방서와 특정 제품 · 공사 등의 성능, 특정한 재료 · 제조 · 공법 등의 지정, 완성 후의 기술적 및 외관상의 요구 등이 기술되는 특기시방서로 구분된다. 유사한 방식으로 전기 · 기계 · 토목 · 조경공사 등 분야별 공사에 따라 시방서도 작성된다.

3) 기타 설계도서

도면과 시방서 이외의 설계도서에는 건축물에 필요한 재료의 양과 인력을 표시하는 물량내역서와 그에 따른 공사비를 산출하는 산출내역서가 있으며, 건축구조 및 설비 용량에 대한 계산서, 토지 및 지질 관련 서류 및 인 · 허가[1] 관련 서류 등이 있다.

4) 설계도서의 우선순위

설계도서는 그 종류와 수량이 많아 모든 사항을 일치시키기 어려운 부분이 있다. 이러할 경우 어떠한 도서를 우선적으로 고려해야 하는지에 대한 기준이 필요한데, 일반적인 건축물은 '설계도서 작성기준'에 따라 공사시방서, 설계도면, 전문시방서, 산출내역서, 승인된 시공도면, 법령의 유권해석, 감리자의 지시사항 순서로, 주택법에 의한 주택의 경우에는 '주택설계도서 작성기준'에 따라 특별시방서, 설계도면, 일반 및 표준시방서, 수량산출서, 승인된 시공도면 순서로 결정된다.

1) 인가와 허가를 줄인말로 건축허가(주택법에 따른 사업계획승인 포함), 착공신고, 사용승인(주택법에 따른 사용검사 포함) 등 건축의 단계마다 허가권자(공무원)에게 제출되고 승인을 얻는 제반적 행위를 말한다.

1.2 건축 단계와 설계도서

1.2.1 건축의 단계

일반적인 건축물의 경우 '설계의 단계'와 '건축의 단계'에 따라 필요한 설계도서를 정하고 있다. 설계의 단계는 계획설계, 중간설계, 실시설계로 구분되며 건축주와 설계자와의 계약관계에 의하여 필요한 설계도서의 종류를 정할 수 있다. 건축법에 의한 건축의 단계는 건축허가, 착공, 사용승인으로 이루어지며, 주택법에 의한 건축물에 있어서는 유사한 방식으로 사업계획승인, 착공, 사용검사로 이루어진다. 이러한 건축의 단계의 경우, 설계도서에 행정적인 효력이 발생하기 때문에 단계에 따라 최소한의 설계도서 종류와 내용이 제도적으로 정해져 있다.

표 1.1 건축의 단계 및 내용

「건축법」 기준	「주택법」 기준	내 용
건축 신고 및 허가 (건축허가신청서)	사업계획의 승인 (사업계획승인신청서)	건축물을 건축하거나 대수선하기 위해 허가를 받는 행위 (사업계획의 승인 : 30세대 이상의 주택 대상)
착공 (착공신고서)	착공 (착공신고서)	유해 · 위험방지계획서 작성 대상 시설물 또는 구조물의 공사를 시작하는 것
사용승인	사용검사	법령 등에 의해 규제를 받고 있는 토지나 건물 등의 사용을 특히 인정하는 것, 혹은 신축된 건물이 건축기준법 등에 적합하다는 것을 확인하여 사용을 인정하는 것

1.2.2 건축법에 의한 설계도서

일정규모 이상의 모든 건축물은 '건축법'에 의해 건축이 이루어진다. 「건축법 시행규칙 별표2」를 기준으로 건축허가신청에 필요한 설계도서는 에너지절약계획서 등을 포함한 건축계획서, 배치도, 평면도, 입면도, 구조도, 구조계산서, 실내마감도, 소방설비도 등이다. 「건축법 시행규칙 별표4의2」에는 착공신고에 필요한 설계도서가 공정별로 정해져 있다. 건축 분야의 경우에는 안내도, 개요서, 구적도, 실내재료마감표, 배치도, 주차계획도, 각 층 및 지붕 평면도, 입면도(2면 이상), 단면도(종 · 횡단면도), 수직동선상세도, 부분상세도, 창호도 및 간략한 건축설비도가 있다.

사용승인시에는 감리자가 작성한 공사감리완료보고서, 허가 및 착공도서의 변경된 부분이 있을 때 해당 도면 등을 제출하여야 한다.

1.2.3 주택법에 의한 설계도서

건축법과 달리 일정 호수 이상의 주택을 건설하려면 주택법 적용을 받는다. '주택의 설계도서 작성기준'에 따라 사업계획 승인 시에는 기본설계도면을, 착공 시에는 실시설계도면을 작성한다. 주택건설 시 사업계획승인신청서에 설계도서를 포함하여

표 1.2 주택 사업승인시 작성될 토지와 건축 관련 도면

구 분		작성도서
총괄표	목록	타이틀, 도면 목록표
	개요	설계 개요서, 면적표, 구적표, 배치도, 주차계획도, 단지조감도
	안내도	부근안내도, 교통체계도, 토지이용계획도
토목 도면	토공사	현황측량도, 택지개발계획 평면도, 공사계획 평면도, 대지 종 · 횡 단면도, 공동구 계획 평면도, 공동구 종 · 횡 단면도
	도로 및 포장공사	포장계획 평면도, 아스팔트포장 단면도, 콘크리트포장 단면도, 보도블록 평면도
	배수공사	우 · 오수종합계획 평면도, 배수유역도, 우수관로 종단면도, 오수관로 종단면도,
	옹벽공사	옹벽계획 평면도, 옹벽단면도, 옹벽전개도
조경 도면	조경 부문	녹지 종합계획도, 녹지 구적도 및 구적표, 조경 평면도, 조경수량 총괄표
	휴게시설	휴게시설 평면도 및 배치도
	어린이놀이터	놀이터 구적도, 놀이터 배치도 및 위치도, 평면도
	체육시설	체육시설 배치도
건축 도면	평면도	지하층 · 1층 · 2층 · 기준층 · 지붕층 · 옥탑층 평면도,단위세대 평면도, 지하층 · 1층 · 기준층 · 옥탑층 코어평면도, 지하주차장 평면도, 열교환실 · 전기실 · 기계실 평면도
	입면도	정면도, 배면도, 좌측면도, 우측면도
	단면도	주단면도, 횡 · 종단면도, 코어 단면도, 계단 단면도
	구조도	기둥 · 보 일람표(필요시 옹벽일람표), 주심도(이중스케일 사용)
	마감 상세도	실내 · 외 재료 마감표
	창호도	창호 일람표

허가권자에게 제출하는데, 이를 사업계획의 승인(이하 사업승인)이라고 한다. 사업승인시에는 기본적으로 주택과 부대시설 및 복리시설의 배치도가 필요하며, 이외에도 다음 표와 같은 도면들이 필요하지만, 지방자치단체 및 허가권자에 따라 일부 조정될 수 있다.

기본적으로 사업승인시에는 총괄표 및 토목, 조경, 건축 등 토지와 건축물에 관한 도면들과 기계 및 전기, 소방 등과 관련된 건축설비에 관한 도면들을 작성하고 착공시에는 보다 상세한 도면을 작성한다.

표 1.3 착공시 작성될 건축도면

구 분	작성도서
단면도	주단면 상세도
상세도	욕실평면 · 입면 상세도, 주방 상세도, 주현관 상세도, 복도 상세도, 반침 · 선반 상세도, 침실 · 거실천장틀 상세도, 익스팬션조인트 상세도, MC 중심선도
상세도	램프평 · 단면 상세도, 옥외계단 상세도, 방수 및 결로보완 상세도
구조도	구조개요도, 바닥구조 평면도(지하, 기준층, 지붕단위세대, 옥탑층), 바닥구조 평면도(코어부), 슬래브 배근도(평면도 또는 표형식), 계단 배근도, 기초일람표, 잡배근도(현관램프,파라펫, 공동구, 맨홀 등), 라멘도, 각부 구조 및 평면의 단면 상세도
부품도	우편함 · 신발장 · 욕실장 · 주방기구 · 세대 현관문 · 철문(방화문) · 창고 상세도, 발코니 세대칸막이 · 점검구 · 지하 대피창 · 주계단 난간 상세도, 지하철재 사다리 · 폐건전지 수거함 · 층 및 세대별 표시판 상세도, 옥상 익스팬션 조인트, 비상계단 난간 · 옥탑층 내부계단 난간 상세도
마감 상세도	천장마감 · 벽체마감 상세도, 측벽 및 코어벽틀 상세도, 바닥 상세도(세대내), 바닥 상세도(세대외), 지붕층 파라펫 신축줄눈 · 수장 · 석고판 붙이기 · 단열재 이음 상세도
창호도	외부 이중창호 · 외부단창 · 내부창호 · 철재창호 · 알루미늄창호 · 합성수지창호 입면도, 외부창호 · 알루미늄문 · 합성수지창호 · 내부창호 상세도, 환기구 상세도, 압축성형 시멘트문 · 창틀 상세도

1.3 건축 설계도면

건축 설계도면은 계획, 중간설계 단계를 거쳐 실시설계 단계에 이르러 완성된다. 그 과정에서 건축 설계도면은 구조, 토목, 조경, 기계, 전기 및 통신 분야와 상호협조하에 변경을 수반한다. 예를 들어 구조의 부재에 따라 기둥과 벽의 치수가 결정되며, 필요한 기계 및 전기 설비 공간을 확보하기 위해 보이지 않은 공간까지 고려하여 공간을 확보하며 진행된다. 시공 단계에는 이러한 도면들을 바탕으로 시공도면을 작성하게 된다.

1.3.1 작성기준 및 방법

건축도면은 제도를 통해 형성되며, 한국에서는 한국 산업표준(KS : Korean Industrial Standards)에 의해 작성된다. KS 부문은 21개 부문으로 구성되는데, 건축의 경우 KS A(기본), KS F(건설)에 따른 제도방식으로 작성된다. 주요한 건축 관련 국가표준은 다음과 같다.

KS B ISO 5457 제품의 기술문서 - 도면의 크기 및 양식
KS F 1501 건축 제도 통칙
KS F 1526 건축 일반 용어
KS F 1540 CAD 도면작성 원칙과 기준
KS F 1541 CAD 도면작성을 위한 포맷과 원칙
KS F 1542 CAD 도면작성을 위한 레이어 원칙과 기준

실제로 실무에서는 상기 국가표준을 활용하여 각종 법령 및 그에 따른 고시에 해당하는 설계도서 작성기준을 따른다. 현재 설계도서 작성기준은 「건축법」에 의한 "건축물의 설계도서 작성기준", 「문화재수리 등에 관한 법률」에 의한 "문화재 수리 설계도서 작성기준", 「주택법」에 의한 "주택의 설계도서 작성기준"으로 3가지 기준이 마련되어 있으며 건축사법에 의한 "공공발주사업에 대한 건축사의 업무범위와 대가기준"에 설계의 단계별 필요도서 등이 명시되어 이를 참조할 수 있다.

1) 도면의 크기, 배치, 양식(표제란)

도면의 크기는 제도지의 치수에 따라 결정된다. 흔히 A0~A4까지의 국제용지를 기준으로 작성되며, 기본적으로 가로방향을 주로 사용한다. 도면방향은 상단을 정북으로 설정하나 흔히, 건축물의 형태 및 출입에 따라 방위를 설정한다. 제도에 의한 도면은 다음 표와 같이 기본적으로 테두리를 만들거나 여백을 지정한다(자세한 내용은 KS B ISO 5457 참조).

표 1.4 도면의 크기에 따른 여백 설정

치수		A0	A1	A2	A3	A4
a×b		841×1189	594×841	420×594	297×420	210×297
c(최대)		10	10	10	5	5
d(최소)	묶지 않을 때	10	10	10	5	5
	묶을 때	25	25	25	25	25

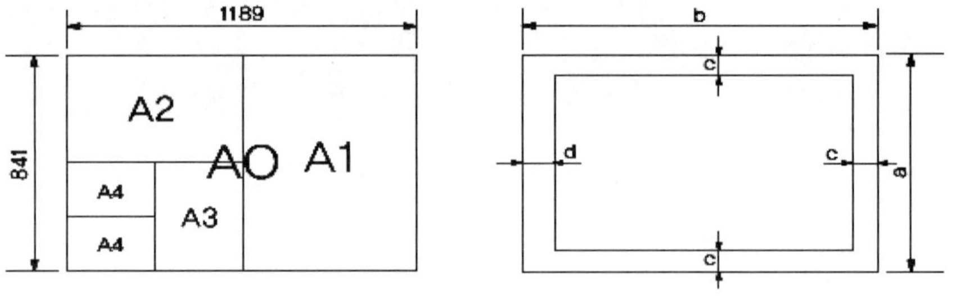

일반적으로 도면에는 위의 표와 같이 여백을 고려한 테두리를 작성하여 '도면양식'을 형성하는데, 테두리의 하단 혹은 우측 단에는 '표제란'이라고 하여 작성기관, 설계자, 프로젝트 정보, 도면 정보 및 도면 번호를 기입하는 것이 원칙이다. 도면의 수정이나 공통적인 해설을 표제란에 표시하여 도면의 이해를 높일 수 있다.

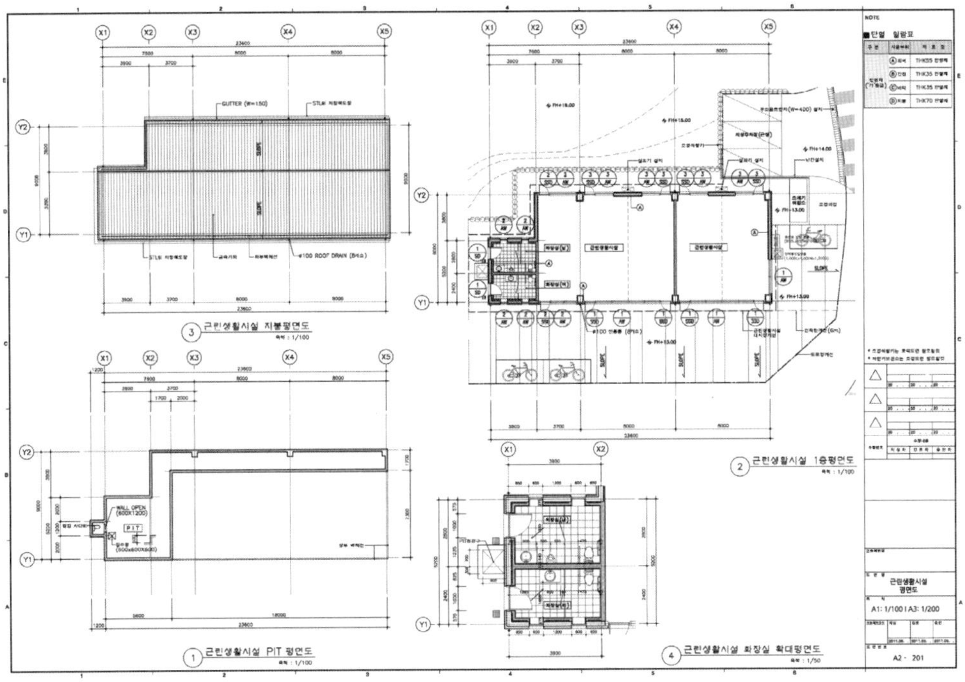

그림 1.1 도면양식에 따라 표제란이 적용된 도면 예

2) 글자와 선, 치수

글자는 가로쓰기를 원칙으로 한글, 숫자, 영자로 표현한다. 문자는 KS A 0107과 KS F 1501을 참조하여 작성한다. 도면에서 선은 실선, 파선(점선), 1점쇄선, 2점쇄선이 주로 사용된다.

표 1.5 KS F 1501 표 2의 선의 종류와 사용방법

선의 종류		사용 방법(보기)
실선		단면의 윤곽 표시
		보이는 부분의 윤곽 표시 또는 좁거나 작은 면의 단면 부분은 윤곽 표시
		치수선, 치수 보조선, 인출선, 격자선 등의 표시
파선 또는 점선		보이지 않는 부분이나 절단면보다 양면 또는 윗면에 있는 부분의 표시
1점 쇄선		중심선, 절단선, 기준선, 경계선, 참고선 등의 표시
2점 쇄선		상상선 또는 1점 쇄선과 구별할 필요가 있을 때

글자와 선을 사용하여 치수를 기입한다. 치수는 치수선 중앙 윗부분에 기입하고 가능한 한 바깥쪽의 상부와 좌측에 기입하며, 도면의 아래부터 위로, 좌측에서 우측으로 읽을 수 있도록 한다. 또한 치수의 단위는 밀리미터(mm)를 원칙으로 하고, 이때 단위 기호는 쓰지 않는다. 다만, 치수 단위가 밀리미터가 아닐 경우 단위 기호를 명시한다.

3) 척도와 척도에 따른 작성방법

도면에는 척도를 반드시 기입하여야 한다. 만일 한 도면에 서로 다른 척도를 사용하였을 때는 도면마다 또는 표제란의 일부에 척도를 기입한다. 그림의 형태가 치수에 비례하지 않을 때는 '비례가 아님(NS, No Scale)'으로 표현한다. 일반도는 1/100, 1/200, 1/300, 1/500, 1/600을 주로 사용하며, 단면 및 평면상세는 1/10, 1/20, 1/30, 1/50을 사용한다. 척도별로 표현 가능한 디테일을 고려하여 도면을 작성한다.

4) 각종 용어와 기호

각종 용어는 KS F 1526을 참조하고, 각종 기호는 KS F 1501에 따라 작성된다. KS F 1501에서의 부표1은 일반기호, 부표2는 평면 표시 기호, 부표3은 재료 구조 표시 기호(평면용), 부표4는 재료 구조 표시 기호(단면용), 부표5는 모듈설계 표시기호, 부표6은 모듈설계 세부표기 방법이 명시되어 있다.

표 1.6 KS F 1501 부표1 일반기호

표시 사항	기호	표시 사항	기호	표시 사항	기호
길이	L	주출입구		레벨 표시	
높이	H	부출입구			
너비	W	제1 제2	① ②	내부 전개 방향	
두께	THK	축척 1/200	*S* 1 : 200		
무게	Wt	축척	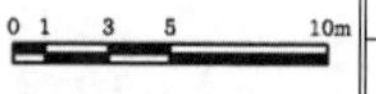		
면적	A			마감면 표시	▽
용적	V	단면의 위치 방향			
지름	D · ϕ				
		입면의 위치 방향		구조체면 표시	▼
반지름	R				

표 1.7 KS F 1501 부표2 평면 표시기호

문		창	
출입구 일반	일반 / 바닥차 있을 때 / 문턱 있을 때 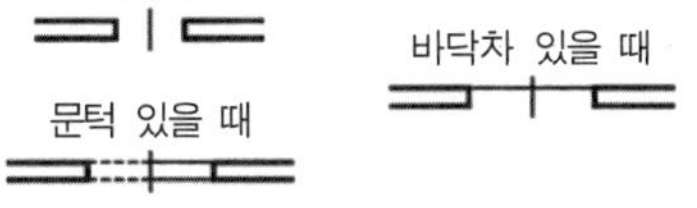	창 일반	일반 
여닫이문	외여닫이문 / 쌍여닫이문 / 쌍여닫이 방화문 / 자재 여닫이문 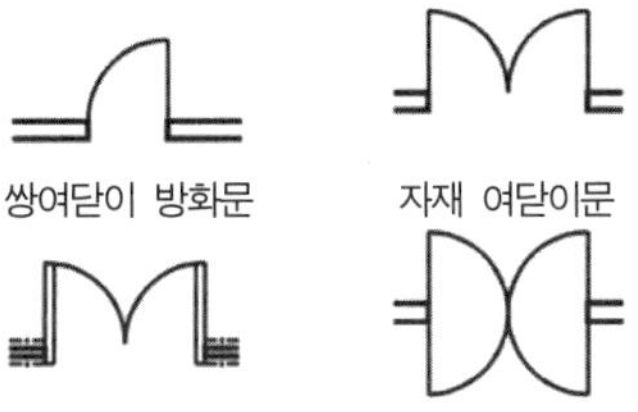	여닫이창	외여닫이 창 / 쌍여닫이 창 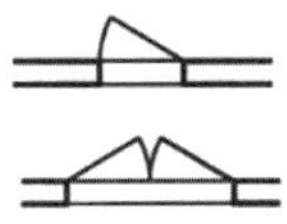
미닫이문	외미닫이문 / 쌍미닫이문 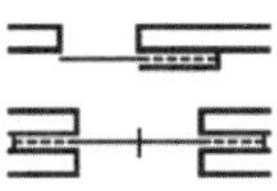	미닫이창	외미닫이창 / 쌍미닫이창 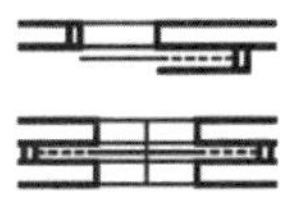
미서기문	두 짝 미서기문 / 네 짝 미서기문 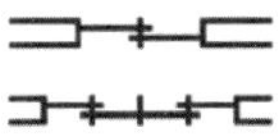	미서기창	두 짝 미서기창 / 네 짝 미서기창 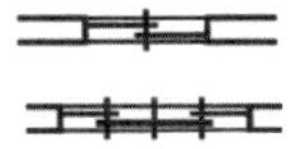
회전문	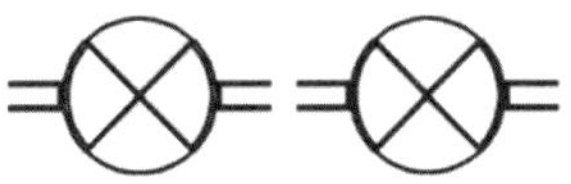	회전창	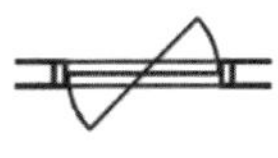
붙박이문		붙박이창	
망사문	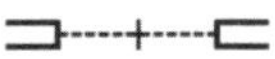	망사창	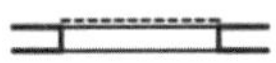
셔터 달린 문		셔터 달린 창	
접이문		오르내리 창	
주름문		창살 댄 창	
연속문	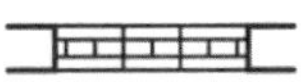	연속창	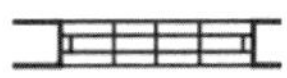
계단오름 표시	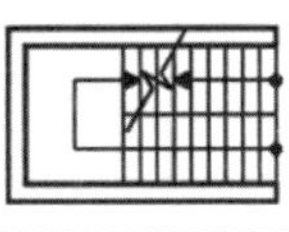 오름(UP) 내림(DN)	미들창	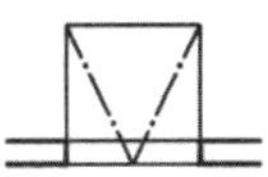

표 1.8 KS F 1501 부표3 재료 구조 표시 기호 (평면용)

<table>
<tr><th colspan="2">측정 정도별 구분 표시 사항</th><th>축척 1/100 또는 1/200일 때</th><th>축척 1/20 또는 1/50일 때</th></tr>
<tr><td colspan="2">벽 일반</td><td>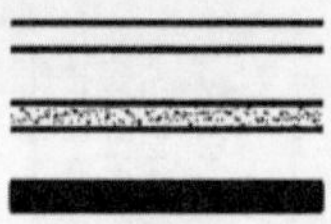</td><td></td></tr>
<tr><td colspan="2">철골 철근 콘크리트 기둥 및 철근 콘크리트 벽</td><td>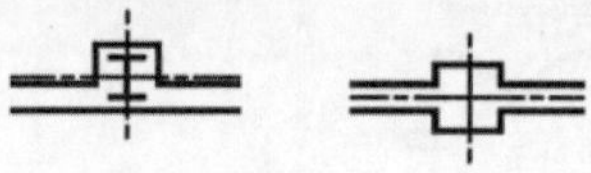</td><td>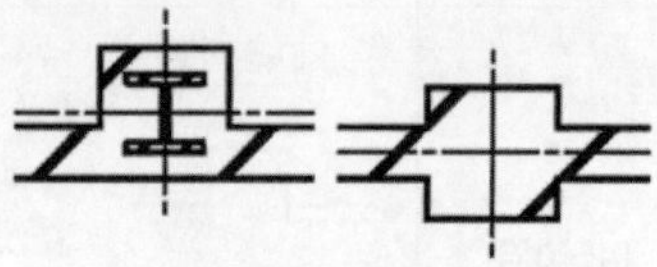</td></tr>
<tr><td colspan="2">철근 콘크리트 기둥 및 장막벽</td><td>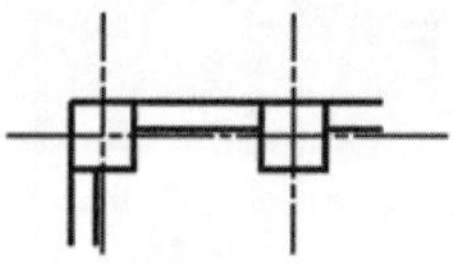</td><td>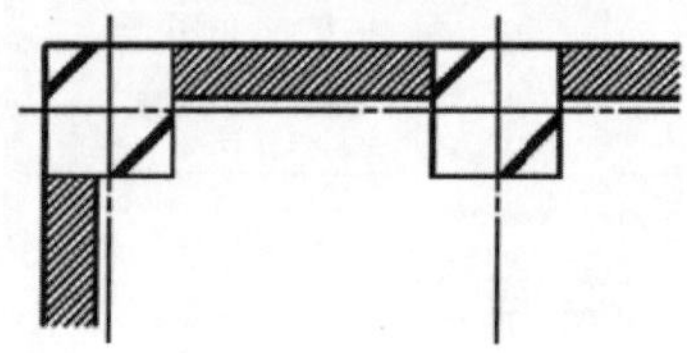</td></tr>
<tr><td colspan="2">철골 기둥 및 장막벽</td><td>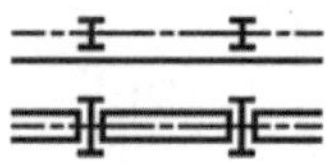</td><td>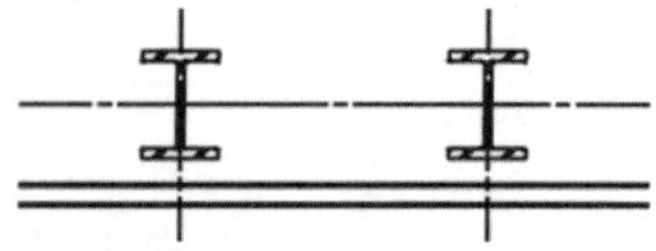</td></tr>
<tr><td colspan="2">블록벽</td><td></td><td>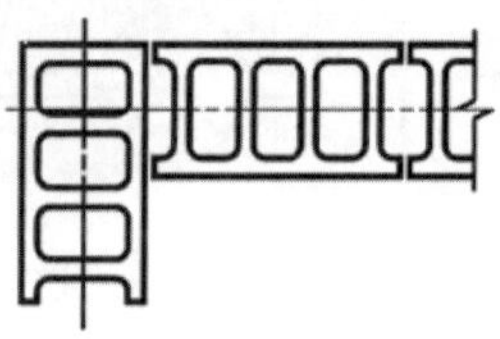 1/20
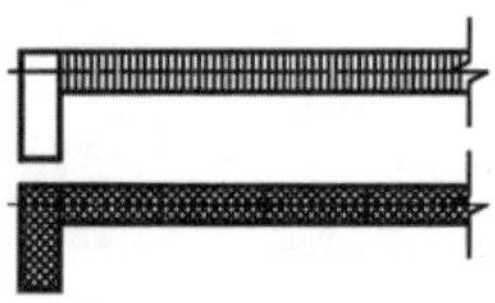 1/50</td></tr>
<tr><td colspan="2">벽돌벽</td><td>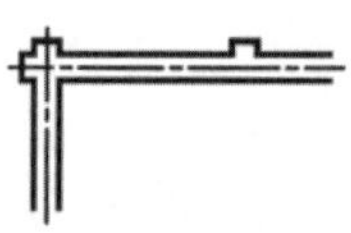</td><td></td></tr>
<tr><td rowspan="3">목조벽</td><td>양쪽 심벽</td><td>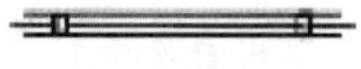</td><td rowspan="3">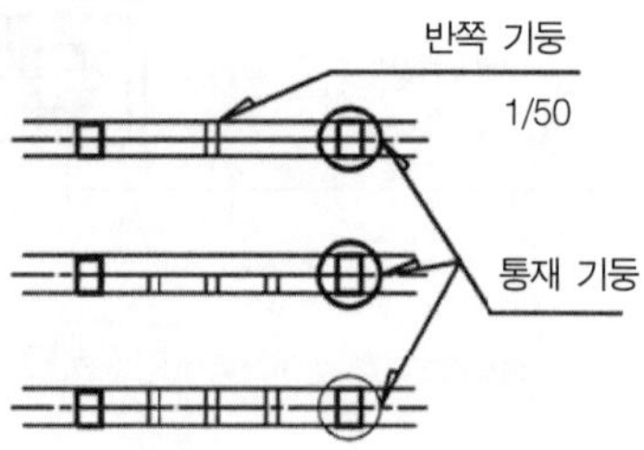</td></tr>
<tr><td>안 심벽 및 밖 평벽</td><td>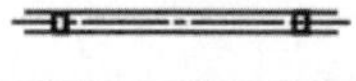</td></tr>
<tr><td>안팎 평벽</td><td>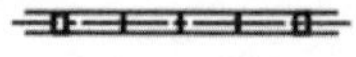</td></tr>
</table>

표 1.9 KS F 1501 부표3 재료 구조 표시 기호 (단면용)

표시 사항 구분		원칙으로 사용	준용	비고
지반		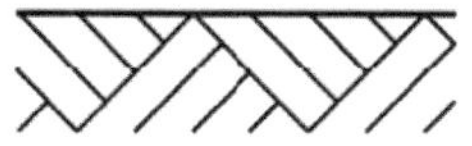	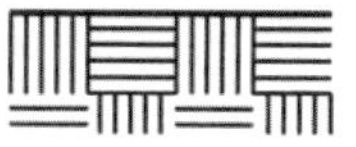	경사면 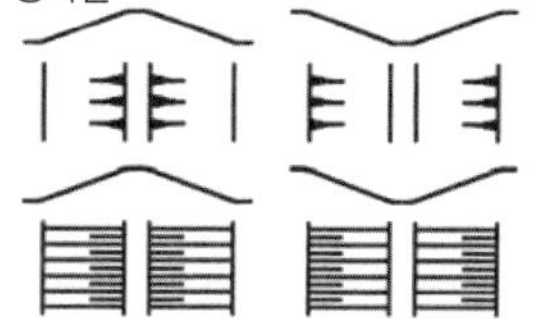
잡석다짐		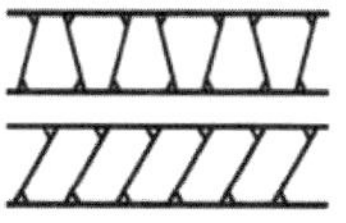	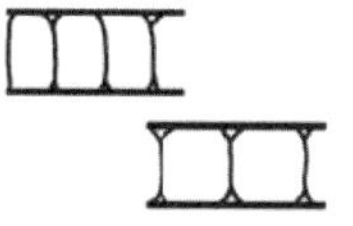	
자갈, 모래		a b 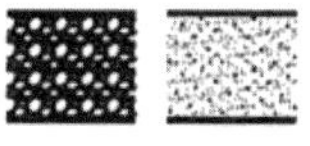 a : 자갈 b : 모래		다른 재료와 혼동될 우려가 있을 때는 반드시 재료명을 기입한다.
석재		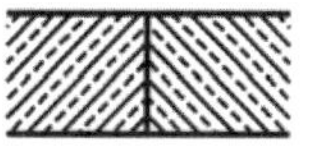		
인조석		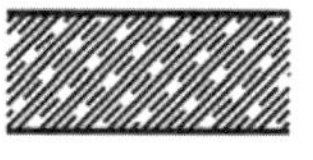		
콘크리트		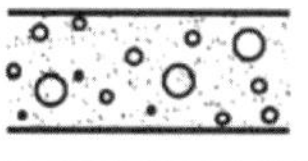		강자갈
		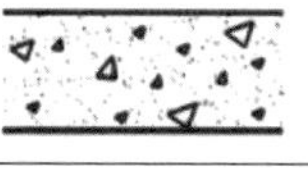		깬자갈
		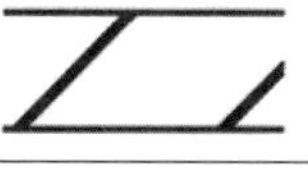		철근배근일 때
벽돌		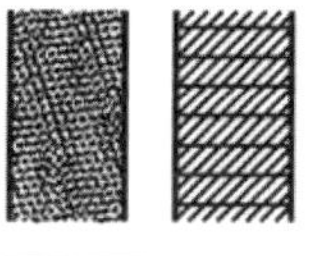		
블록		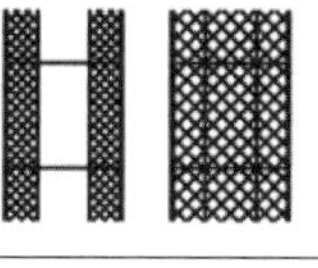	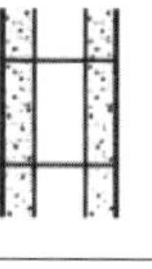	
목재	치장재		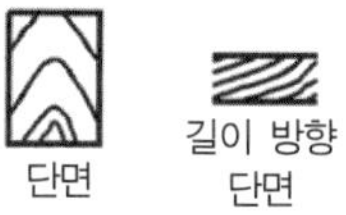 단면 길이 방향 단면	
	구조재	 보조 구조재	 합판	유심재와 거심재를 구별할 때 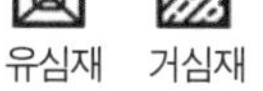 유심재 거심재

표 1.10 KS F 1501 부표4 재료 구조 표시 기호 (단면용)

표시 사항 구분	원칙으로 사용	준용	비고
철재	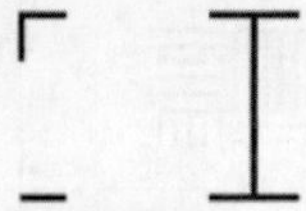	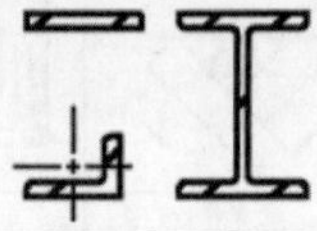	준용란은 축척이 원척에 가까울 때 사용한다.
차단재 (보온, 흡음, 방수, 기타)	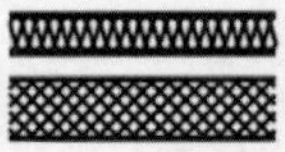 재료명을 기입		
엷은 재 (유리)	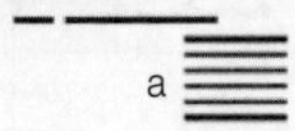		a는 원척에 가까울 때 사용한다.
망(사)			a는 원척에 가까울 때 사용한다.
기타	윤곽을 그리고 재료명을 기입한다.	재료명	원척에 가까울수록 윤곽 또는 실형을 그리고 재료명을 기입한다.

표 1.11 KS F 1501 부표5 모듈 설계 표시 기호

구분		내용	사용 기호
치수 기준선	중심선	구조체의 구조 계산, 면적, 견적시 기준으로 사용	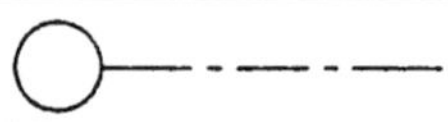
	모듈대 기준선	기준선 사이 치수가 모듈 치수인 경우 사용	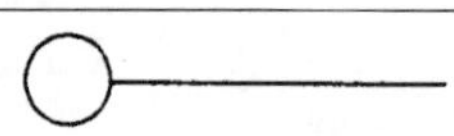
	조절대 기준선	기준선 사이 치수가 비모듈 치수인 경우 사용	
	보조 기준선	기준선을 기점으로 한 이격거리로 표시되며, 구성재의 위치 및 영역을 지정	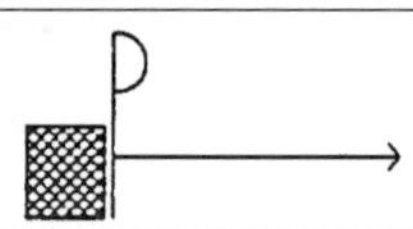
	연속 치수	어떤 기점을 기준으로 하여 설정된 간격을 동일 직선상에 단계적으로 합한 치수를 표시하여 부정확한 치수 계산을 최소화시킨다.	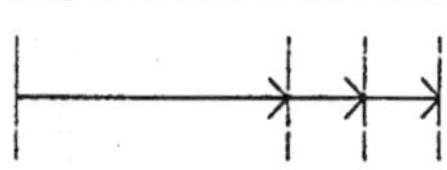
	위치 기준선	시공 오차를 최소화시킬 수 있는 위치에 설정되는 기준선을 현장 먹줄치기의 기준으로 활용된다.	
공간대	모듈대	모듈 치수가 좌우에 인접할 경우의 모듈대 표시	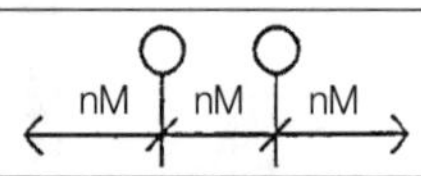
		모듈 치수와 비모듈 치수가 인접할 경우의 모듈대 표시	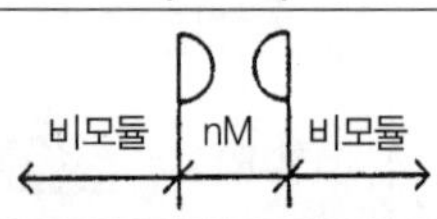
	비모듈대	모듈 치수와 비모듈 치수가 인접할 경우의 비모듈대 표시	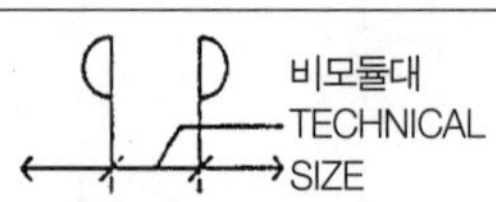
모듈 부품(창호 부품)		창호 적용시 기준으로 활용	

1.3.2 주요 건축 설계도면

프로젝트의 성격마다 차이는 있으나 건축 설계도서는 크게 일반도면, 상세도면, 기타 도면으로 이루어진다. 일반도면은 공통도면과 기본도면으로 구성되는데, 공통도면은 건축 일반사항, 대지 및 면적 관련 사항, 마감표, 배치도, 주차계획도 등이 해당하며, 기본도면은 평면도, 입면도, 단면도가 해당한다. 상세도면은 수직동선 상세도, 외벽상세도, 내부관련도, 창호관련도 등이 해당되며, 기타 분야에는 정화조 및 해당 계산서, 소음진동, 무대 · 조명, 주방, 음향, 전시, 미술작품 등 특수 분야의 도면이 해당된다. 본 절에서는 일반도면과 상세도면의 일반적 사항을 기술하며, 해당 도면의 세부사항은 부록의 내용을 참조할 수 있다.

1) 일반도면

■ 공통도면

도면목록표는 전체 도면의 목차에 해당하며 도면번호, 도면명, 축척을 기본적으로 표기하고 도면의 변경을 수반할 경우 변경일자 및 변경사항을 간략히 표현한다.

대지 및 면적 관련 사항은 설계개요, 토지 관련 구적도 및 지적도, 건축물 면적산출표, 대지 종횡단면도, 배치도, 주차계획도 등 건축물과 대지 · 도로 · 면적의 관계에 대한 내용이 포함된다.

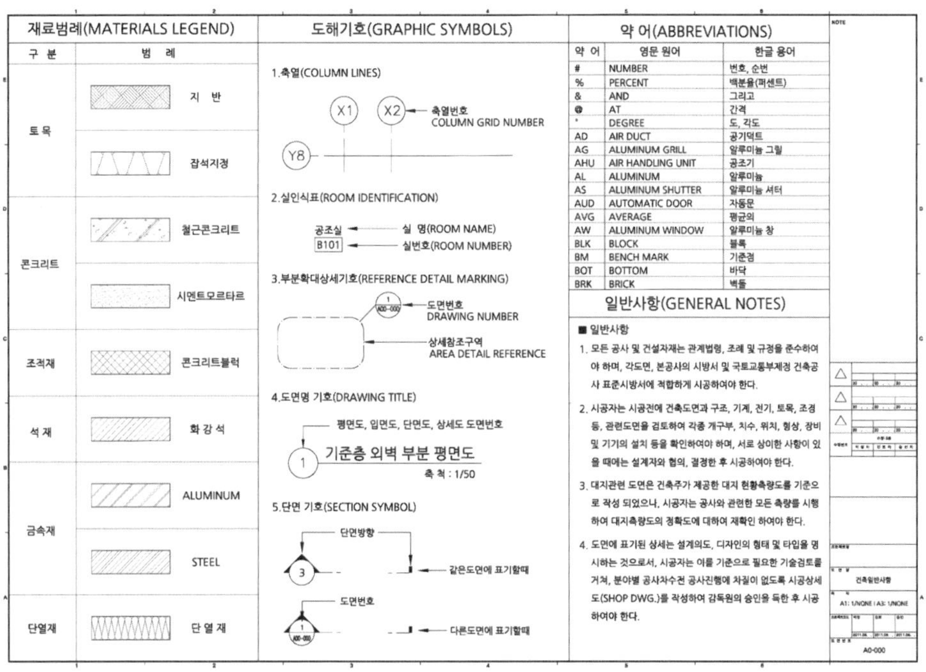

그림 1.2 안내도(건축일반사항) 예

도 면 목 록 표-1

도면번호	도 면 명	축척	변경도면 2012.01.09	도면번호	도 면 명	축척	변경도면 2012.01.09
A0 공통도면				A1-101	75m² 단위세대 평면도 (기본형)	1/50	○
A0-000	건축일반사항	NONE		A1-102	75m² 단위세대 평면도 (확장형)	1/50	○
A0-001	도면 목록표-1	NONE	○	A1-103	84Am² 단위세대 평면도 (기본형)	1/50	
A0-002	도면 목록표-2	NONE	○	A1-104	84Am² 단위세대 평면도 (확장형)	1/50	○
A0-004	위치도 및 현황분석	NONE		A1-105	84Bm² 단위세대 평면도 (기본형)	1/50	
A0-005	현황사진	NONE		A1-106	84Bm² 단위세대 평면도 (확장형)	1/50	○
A0-006	대지구적도	1/1000		A1-107	84Cm² 단위세대 평면도 (기본형)	1/50	
A0-007	설계개요	NONE	○	A1-108	84Cm² 단위세대 평면도 (확장형)	1/50	○
A0-008	동별개요	NONE	○				
A0-009	배치도	1/600	○	A1-109	75m² 단위세대 MC 중심선도	1/50	○
A0-009a	지반층 배치도 - 1	1/300	○	A1-110	84Am² 단위세대 MC 중심선도	1/50	
A0-009b	지반층 배치도 - 2	1/300	○	A1-111	84Bm² 단위세대 MC 중심선도	1/50	
A0-010	인동거리 배치도	1/1200		A1-112	84Cm² 단위세대 MC 중심선도	1/50	
A0-011	대지 종횡 단면도	1/800					
A0-012	지구단위계획결정요약사항	NONE		A1-201	501동 평면도 - 1	1/150	○
A0-013	지구단위계획결정도	NONE		A1-202	501동 평면도 - 2	1/150	○
A0-014	교통종합개선안도	NONE		A1-203	501동 평면도 - 3	1/150	○
A0-015	지상층 교통체계도	1/600	○	A1-204	501동 평면도 - 4	1/150	○
A0015a	지하층 교통체계도	1/600	○	A1-205	501동 평면도 - 5	1/150	○
A0-016	장애인시설계획도-1	1/600	○	A1-206	501동 정면도, 우측면도	1/150	○
A0-017	장애인시설계획도-2	1/600	○	A1-207	501동 배면도, 좌측면도	1/150	○
A0017a	장애인시설상세도	NONE					
A0-018	시설물설치계획도	1/600	○	A1-211	502동 평면도 - 1	1/150	○
A0-019	쓰레기처리장 상세도	1/600		A1-212	502동 평면도 - 2	1/150	○
				A1-213	502동 평면도 - 3	1/150	○
A0-101	75m² 단위세대 면적산출근거표	1/100		A1-214	502동 평면도 - 4	1/150	○
A0-102	84Am² 단위세대 면적산출근거표	1/100		A1-215	502동 정면도, 우측면도	1/200	○
A0-103	84Bm² 단위세대 면적산출근거표	1/100		A1-216	502동 배면도, 좌측면도	1/200	○
A0-104	84Cm² 단위세대 면적산출근거표	1/100					

도면목록표-1
A1: 1/NONE I A3: 1/NONE
A0-001

그림 1.3 도면목록표 예

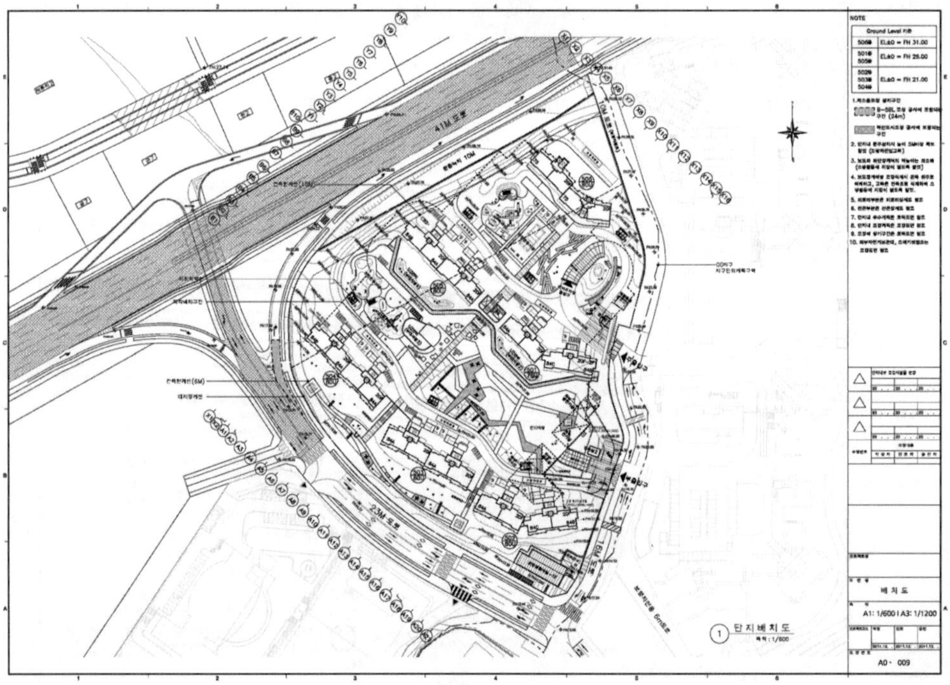

그림 1.4 배치도 예

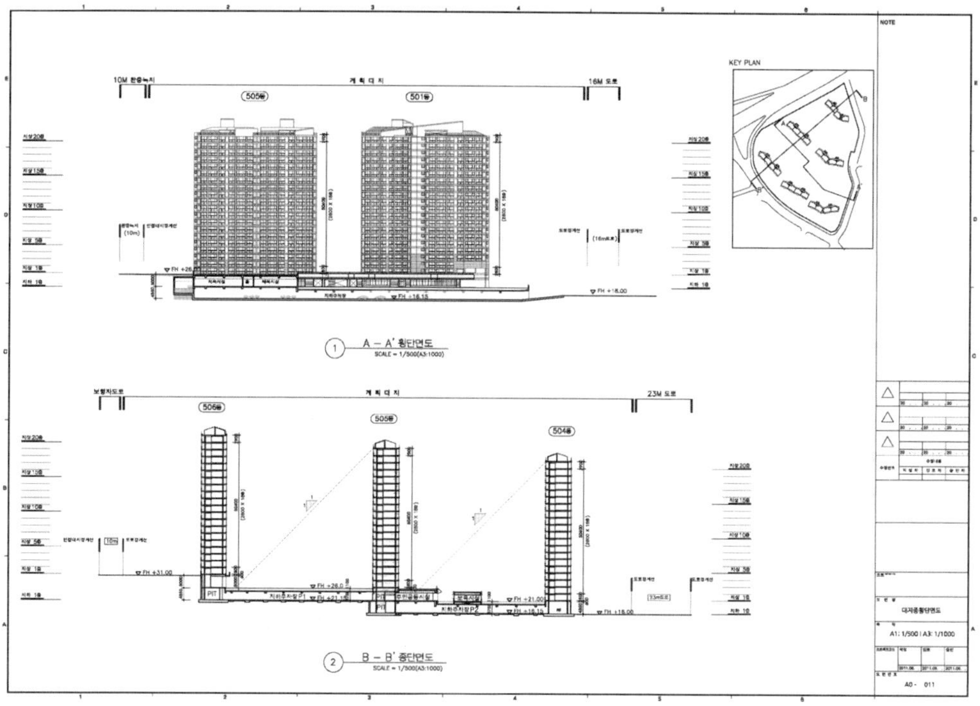

그림 1.5 대지 종횡단면도 예

실내재료 마감표는 건축물의 모든 실내의 마감이 설치되기 위한 바탕을 포함하여 바닥, 걸레받이, 벽, 천장에 대한 마감재료 및 두께, 천장고 등을 표기한다. 해당 실내재료 마감표는 문자로 표현되어 있어 이를 상세하게 표현한 도면이 실내재료마감 상세도이다. 마감상세도는 바닥, 벽, 천장의 각 부분의 단면에 해당 재료를 표기하며 보통 바닥과 벽, 벽과 천장을 함께 도해로 표현하여 각 부위가 만나는 상세를 표현한다. 또한, 실내재료마감표에 표기하기 어려운 건축물의 단열, 방수 및 결로방지, 방화구획에 대하여 추가적인 도면이 필요한 경우 각 목적에 해당하는 계획도를 작성할 수 있다.

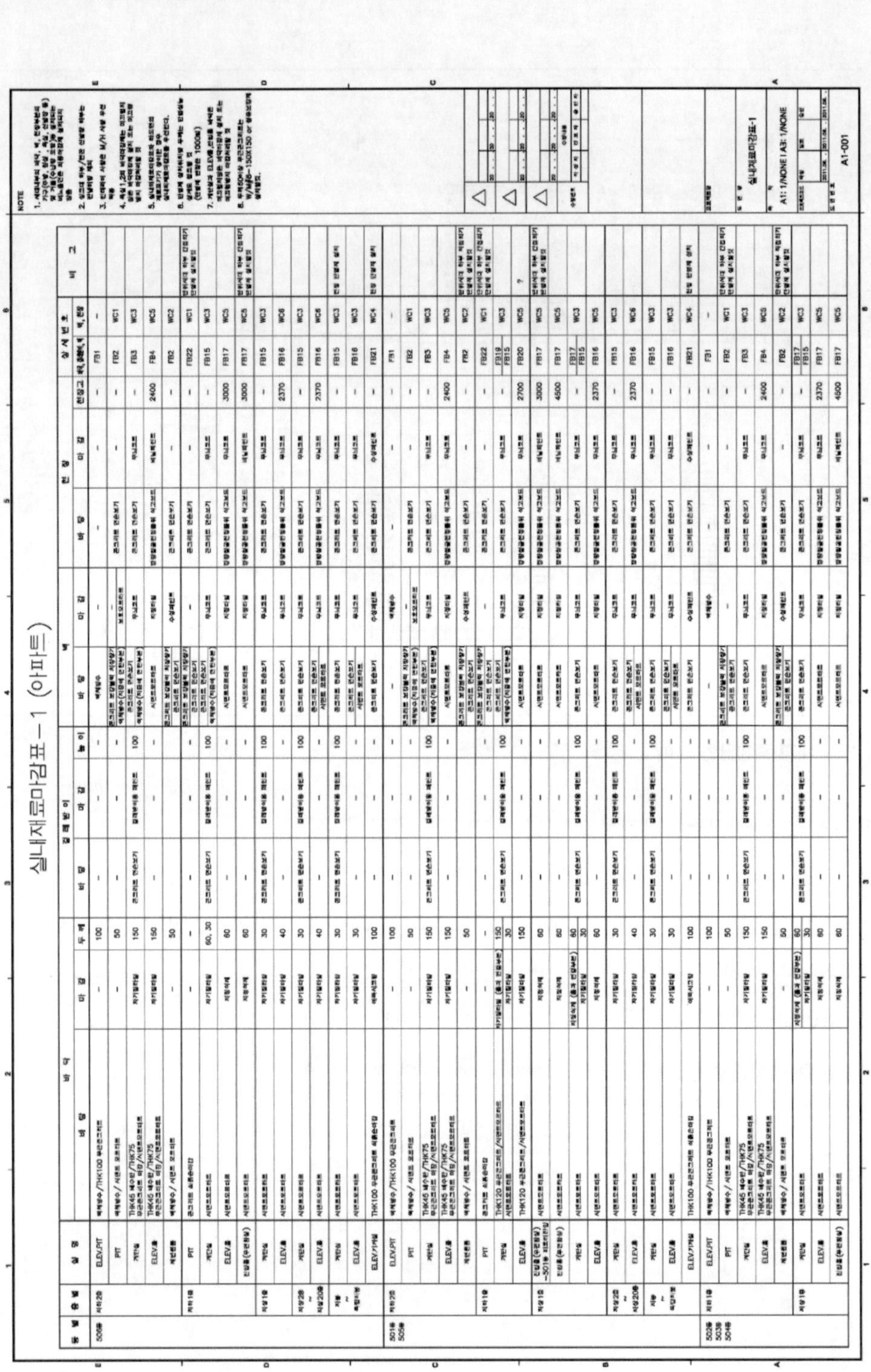

그림 1.6 실내재료마감표 예

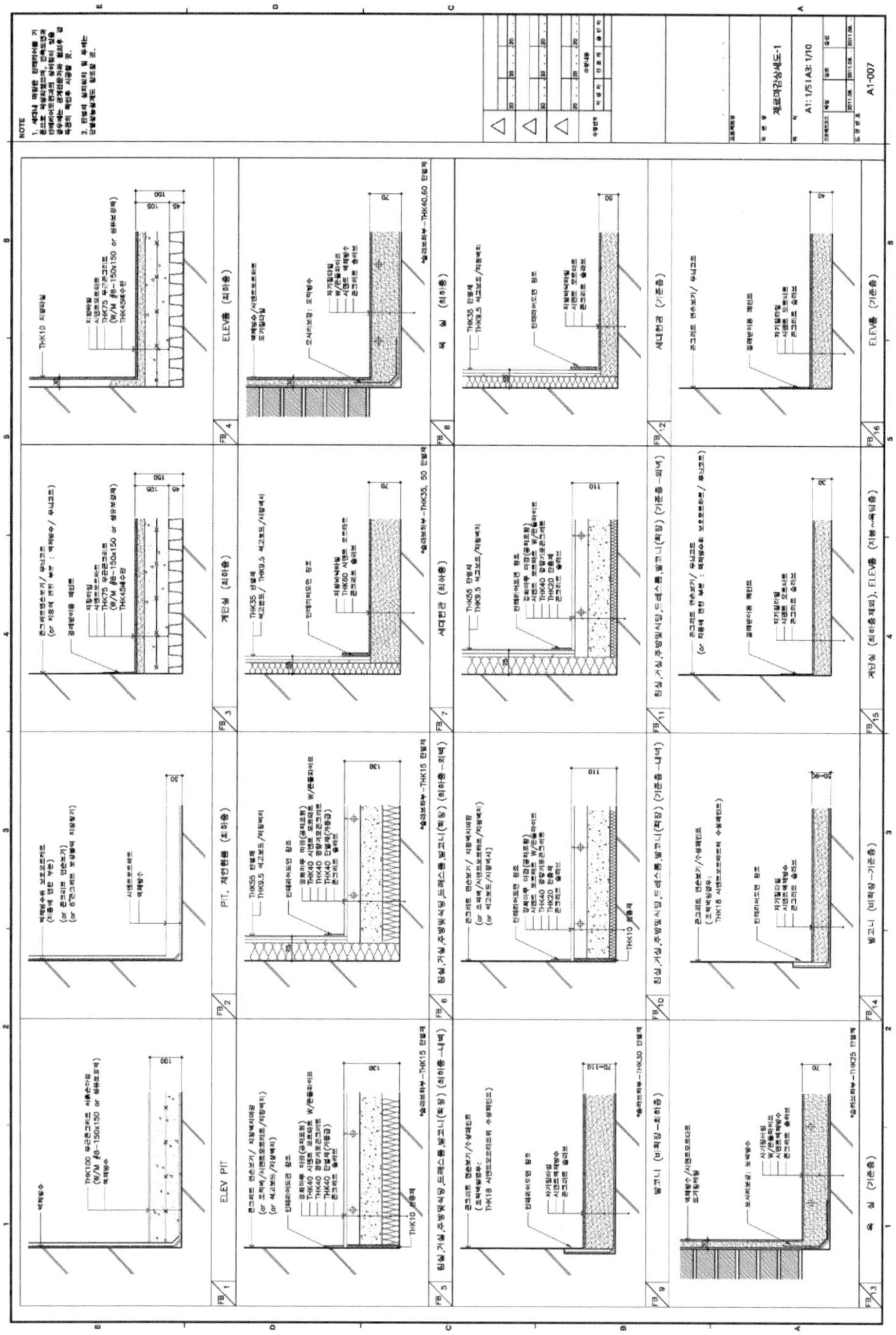

그림 1.7 실내재료마감 상세도

■ 기본도면

건축물 전체 평면도, 입면도, 단면도가 기본도면이며, 전체 건축물에 대한 형상과 재료에 대한 내용을 통해 건축물의 이해를 돕고 모든 상세도면 및 설비 분야 도서의 기준이 된다.

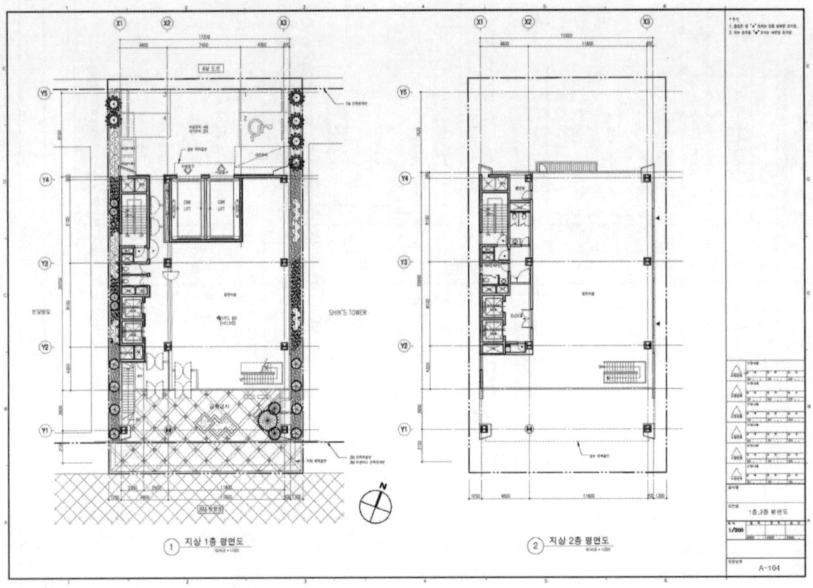

그림 1.8 평면도 예

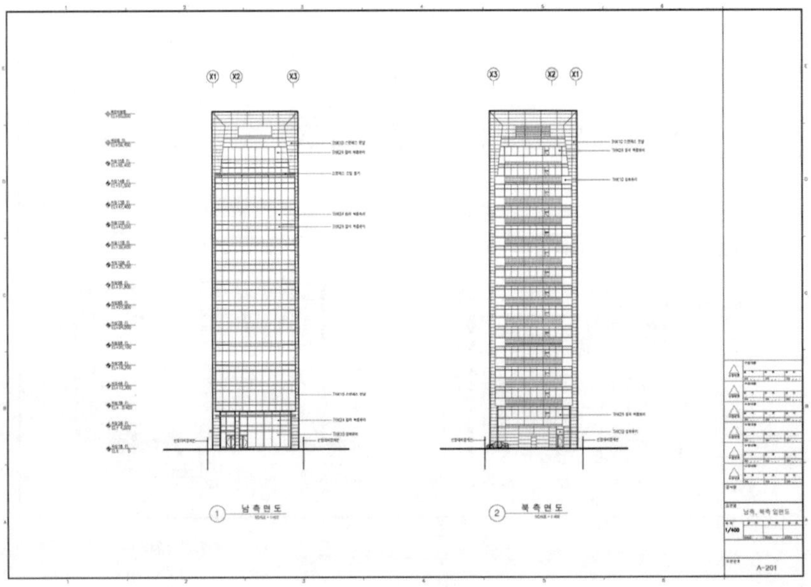

그림 1.9 입면도 예

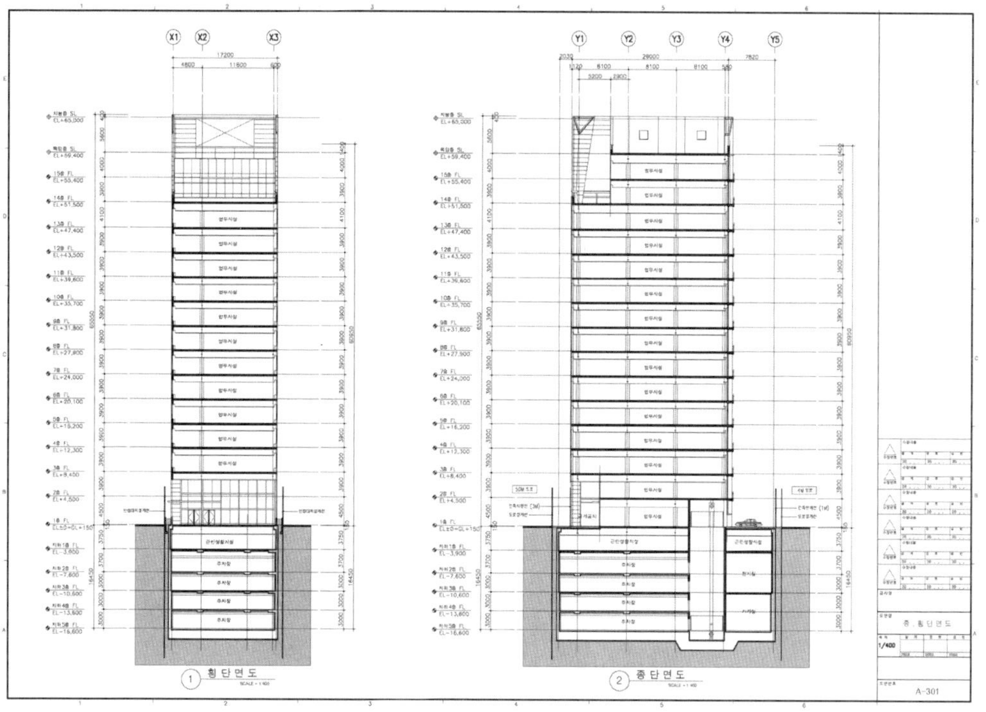

그림 1.10 단면도 예

2) 상세도면

상세도면은 부분 상세도, 창호도, 천장도, 내부 상세도, 실내마감상세 및 각종 제품에 대한 도면이 포함된다. 부분 상세도는 평단면도의 중요한 부분을 확대하여 시공이 가능하도록 이해를 돕는 도면으로 주로 수직동선과 출입구, 피트, 외벽 및 내벽의 상세한 형상과 접합방식을 기술한다. 창호도는 건축물에 사용된 창문과 문(Door)의 수량, 제품 특징과 치수 등을 표현하며, 천장도는 천장 재료의 특성과 각종 기구배치, 천장면의 시공을 위한 접합상세 등을 표현한다. 내부 상세도는 로비, 홀, 복도, 화장실 등 주요실의 내부 입면을 표현하여 내부 공간의 이해와 사용되는 재료 및 접합방식의 이해를 돕는다.

■ 수직동선 관련 상세도

평면도, 단면도 등 기본도면에서 세부적인 표현이 어려운 엘리베이터, 계단, 경사로 등 수직동선 부분을 확대하여 시공이 가능하도록 이해를 돕는 도면이 수직동선 관련 상세도이다. 흔히 코아 상세도라고 하며 동선상의 공간뿐만 아니라 기계 및 전기관련

설비 공간이 포함되며 해당 공간의 면적 등은 관련 법규 및 기술사의 요구에 따라 작성된다. 또한 구조적인 벽체 및 기둥과 관련된 구조적 치수를 고려하여 상세하게 작성되어야 한다.

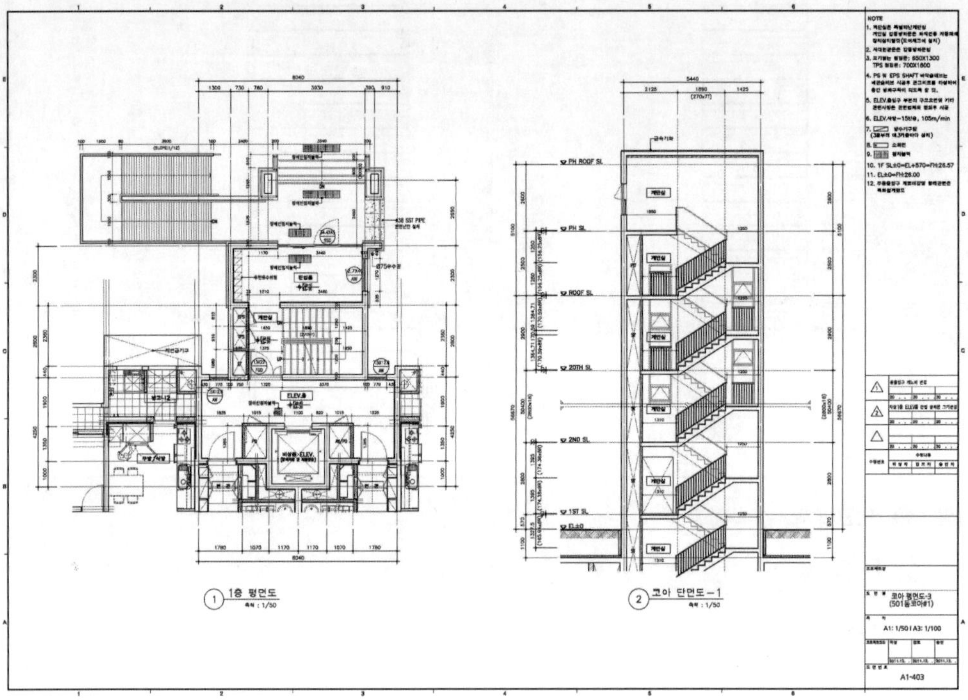

그림 1.11 수직동선 관련 상세도 예

■ 외벽 관련 상세도

중요 입면을 중심으로 해당 평면도와 단면도를 함께 표현하여 3차원적 계획의 완성도를 높이고 건축구조와 외부마감, 내부마감의 결합방식과 마감두께를 표현한다.

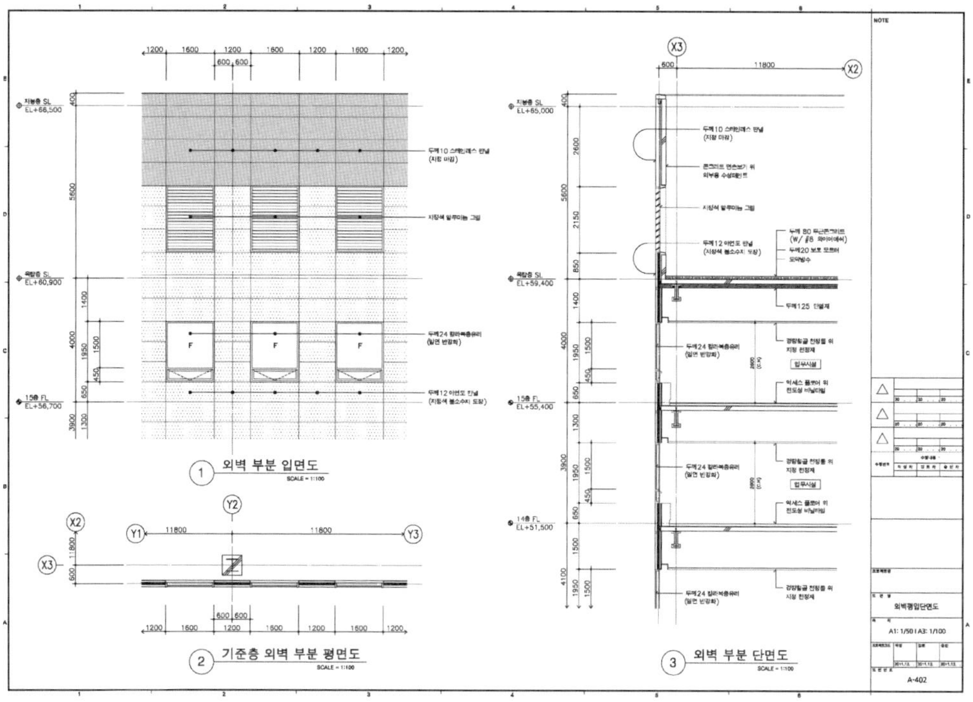

그림 1.12 외벽 상세도

■ 창호 관련 상세도

창호도는 건축물에 사용된 창문(Window)과 문(Door)의 수량, 제품 특징과 치수 등을 표현한다. 일반적으로 평면도에 창호부호를 함께 표기하며, 복잡한 건축물의 경우에는 별도의 창호안내도에 창호부호를 표기한다. 해당 창호부호에 따라 작성되는 창호도는 창호에 사용되는 프레임, 유리 및 각종 하드웨어를 표기하며, 창호도에 따라 건축물 내·외부의 개구부를 정확히 결정하고, 시공 시 창호상세도 및 커튼월 상세도 등 시공도면을 작성한다.

■ 내부 상세도

내부 상세도는 로비, 홀, 복도, 화장실 등 주요실의 평면에 따른 내부 입면을 표현하여 내부 공간의 이해와 사용되는 재료 및 접합방식의 이해를 돕는다.

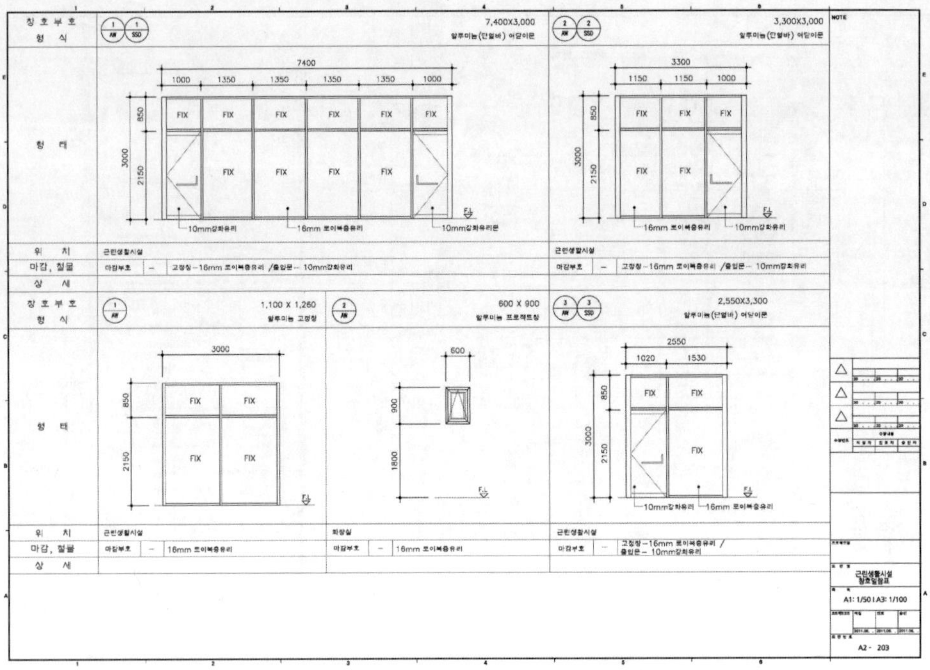

그림 1.13 창호일람표 예

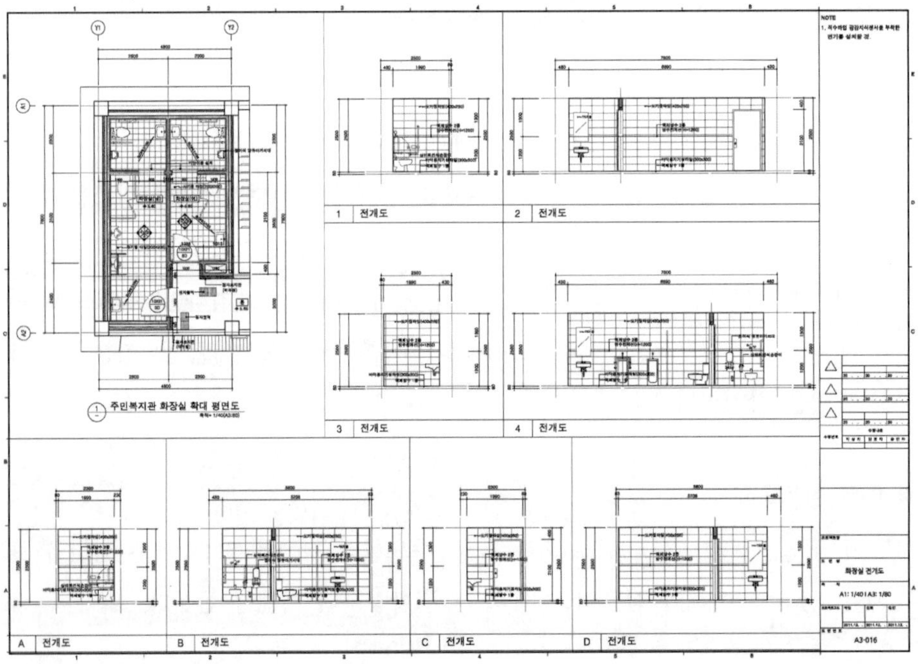

그림 1.14 화장실 전개도 예

Chapter 2

구조 부문

2.1 건축구조 설계도서의 개요 및 구성

건축구조 설계도서는 건축구조설계서(구조계산서)와 건축구조설계 도면으로 구성된다. 구조설계서는 해당 구조계획의 타당성을 입증하는 설계내역서이며, 이를 토대로 작성되는 구조설계도(골조시공도)의 근거가 된다. 구조설계도는 구조설계서를 바탕으로 작성된 구조도면이다. 구조설계도는 시공적 측면에서 구조설계서의 함축적 의미를 해석한 설계도서이며, 시공시 발생될 수 있는 문제와 더불어 재료 적용시 주의하여야 하는 법적 한계가 기술된다.

2.1.1 건축구조 설계도서의 개요

건축구조 설계도면은 설계자의 의도를 구조계산자의 구조계산 결과에 따라 작성된다. 이는 제3자(건축주, 시공자, 감리자 등)에게 전달되어 골조시공에 적용되는 주요 설계도서로서, 구조설계서와 시방서 내용과 일치하고 건축도면과 일치하도록 작성되어야 한다.

건축구조설계서는 구조계획의 타당성을 입증하는 설계도서이다. 구조설계시 적용된 설계기준 근거, 구조재료의 규격 및 설계기준 강도, 제반 하중조건에 대한 분석 및 적용 내용 등이 표현된다. 이를 근거로 설계자의 구조형식 선정과 구조평면계획의 합리성을 입증하는 설계도서이다.

2.1.2 건축구조 설계도서의 구성

구조설계도는 구조설계서의 골조 시공 적합성 및 부재설계의 시공적 특징(철근배근 및 이음, 정착 등)을 구조 평면 및 확대구조 평면, 구조단면 상세, 각 부재 일람표 및 배근 상세 등으로 표현된 구조도면이다.

일반적으로 다음과 같은 사항이 포괄적으로 표현된다. 다만, 도면번호 부여는 설계자 의도에 따라 달라질 수 있으며, 본 서에서는 통상적인 도면 부호 원칙을 기준으로 기술하였다. 또한, 각 구조형식에 따라 표현되는 도면은 달라짐에 유념하여야 한다.

도면번호 : S-000 • 도면 목록표

도면번호 : S-001 • 구조일반사항

개요
철근의 표준 갈고리
철근의 피복두께
철근의 최소 순간격
인장이형철근의 정착 및 이음
압축이형철근의 정착 및 이음

• 철근콘크리트 구조 일반사항

① 슬래브
보가 있는 슬래브
슬래브 벽체 상세
슬래브+보 상세
개구부 보강근
단차가 있는 슬래브 배근

② 보
보 배근 일반상세
내진 상세
스터럽의 형상
단차가 있는 보 주근의 정착
보측면을 관통하는 슬래브 제한사항
헛보
분리 타설 시 이어치기부 전단보강

③ 기둥
기둥 주근의 이음
기둥주근의 정착
기둥 띠철근 및 형상
기둥 혹은 벽체 콘크리트 강도별 적용시 타설 기준

④ 벽체
벽체 수직근 이음
벽체 단부 수평근 정착
개구부 보강
벽체+슬래브, 벽체+기초 상세

⑤ 기초
직접기초
말뚝기초
기초 단차부 상세
불연속면(이어치기면) 기초 배근 상세
말뚝 편심 발생 시 보간근 계산
말뚝 두부 균열 발생 시 내림 기초 상세

⑥ 기타
계단
난간벽
연약지반 치환 기준 등

도면번호 : S-010	• 주심도(RC)
도면번호 : S-011	• 주심도(철골)
도면번호 : S-101	• PIT, 지하 5층 구조평면도
도면번호 : S-102	• 지하 4층, 3층 구조평면도
도면번호 : S-201	• 기초 확대구조 평면도
도면번호 : S-301	• 기둥 일람표
도면번호 : S-401	• 철골 접합 상세도

구조설계서는 일반적으로 구조계획, 골조 평면, 층고, 바닥판 구조, 지붕구조 등을 표현하는 골조평면계획 부분과 주요구조부재의 단면설계(부재설계)계산서 및 구조일람표가 표현되는 부재 리스트(부재 일람표) 부분이 있다. 또한 건물의 내진 및 내풍의 구조 안정성 검토 계획을 담는 설계 해석 부분으로 구성된다.

구조설계서는 당해 건물의 구조안전성의 기술적 평가(설계 및 해석)를 수행한 설계도서로서 주로 다음과 같은 사항을 포괄적으로 기술한다.

- 일반사항
  - 구조설계 개요
  - 설계하중
  - 설계하중 평면도
- 골조평면도
  - 골조평면도
  - 기초평면도
- 부재 LIST
  - 슬래브
  - 보
  - 기둥
  - 기초
  - 지하외벽
  - 계단
  - 잡상세
- 안정성 검토 및 해석
  - 축력
  - 내진 · 내풍검토
- 부재 설계
  - 슬래브 설계
  - 보 설계
  - 기둥 설계
  - 기초 설계
  - 지하외벽 설계
  - 계단 설계
  - 잡상세 설계
- 부록 (발췌부분) ; 구조 설계시 참고한 기타 설계도서
  - 지질조사 보고서
  - 건축 평면도

2.2 건축구조 설계도면

건축구조 설계도면은 구조설계서를 바탕으로 건축구조를 포괄적으로 표현하는 설계도서로서, 건물 전체의 구조적 특징을 표현하는 구조 및 시공단계 일반사항, 구조 평면도, 확대구조 평면도, 각 부재 리스트 및 배근도, 구조 단면도와 잡배근도 등의 도면을 담고 있다.

2.2.1 건축구조 설계도면의 개요

일반적으로 건축구조 설계도면 첫 장에는 구조설계의 기준이 되는 사항을 '구조개요 혹은 구조설계 일반사항'으로 표현하게 되는데, 이는 구조설계서에 기록된 구조계산 조건 및 구조개요를 확인하여 구조도면에 기록된 구조개요 내용과 일치하여야 한다.

구조일반사항에 기재되는 내용은 구조형식, 구조재료의 품질기준, 지내력기준, 지질조건, 지하수위, 적용한 구조계산 이론 및 기준(법규), 참조 시방법 등이 표현된다. 이와 더불어 각 부재의 철근배근 상세와 정착, 이음 등 시공시 적용되는 기술적 기준사항을 담고 있다.

특히, 구조설계서를 바탕으로 시공시 주의사항과 현장조건 변화시 발생될 수 있는 문제와 이를 기술적으로 해결하기 위한 방법론을 담고 있으며, 다음과 같이 표현된다.

일반사항

1.1 개요

1) 구조도면과 구조일반사항의 내용이 중복될 경우 구조도면을 우선 적용한다.
2) 콘크리트 설계기준 압축강도와 철근의 설계기준 항복강도는 관련 구조도면을 참조한다.
3) 구조도면상에 특기가 없는 한 각종 매립물, 개구부, 부속물의 위치 및 치수는 건축, 설비전기도면 등을 참고하며, 구조도면과 상이한 경우 반드시 책임 구조기술자(건축구조기준, 0106 구조안전의 확인, 국토교통부)의 확인을 받아 시공한다.
4) 말뚝 및 지반의 허용내력과 지하수위에 대한 사항은 관련 도면을 참조한다. 다만, 말뚝 및 지반의 허용내력, 지하수위는 지반조사에 근거한 가정치이므로 실제와 일치하는지 여부를 재하시험 등 적합한 방법을 통해 확인하여야 하며, 현저히 차이가 나는 경우 책임 구조기술자의 확인을 받아 시공한다.

건축구조 설계도면은 건축물의 골조공사를 수행하기 위한 설계도서로서 구조설계서를 바탕으로 작성된다. 일반적으로 건축구조 설계도면이라 하면, 건축도면의 마감 부분이 제거되고 순수하게 구조체만 표현된 도면을 지칭하며, 축척에 따라 확대구조 평면 등의 용어가 사용된다. 구조도면은 통상적으로 구조 평면도, 구조 일람표, 구조 단면도, 철근의 배근상태를 표현한 배근도, 구조 상세도 등이 있으며, 구조설계서에 표현된 내용을 좀 더 구체적으로 요약·정리하여 주기란에 표기하는 방식을 사용하여 구조도면의 명확성을 확보하는 경우도 있다.

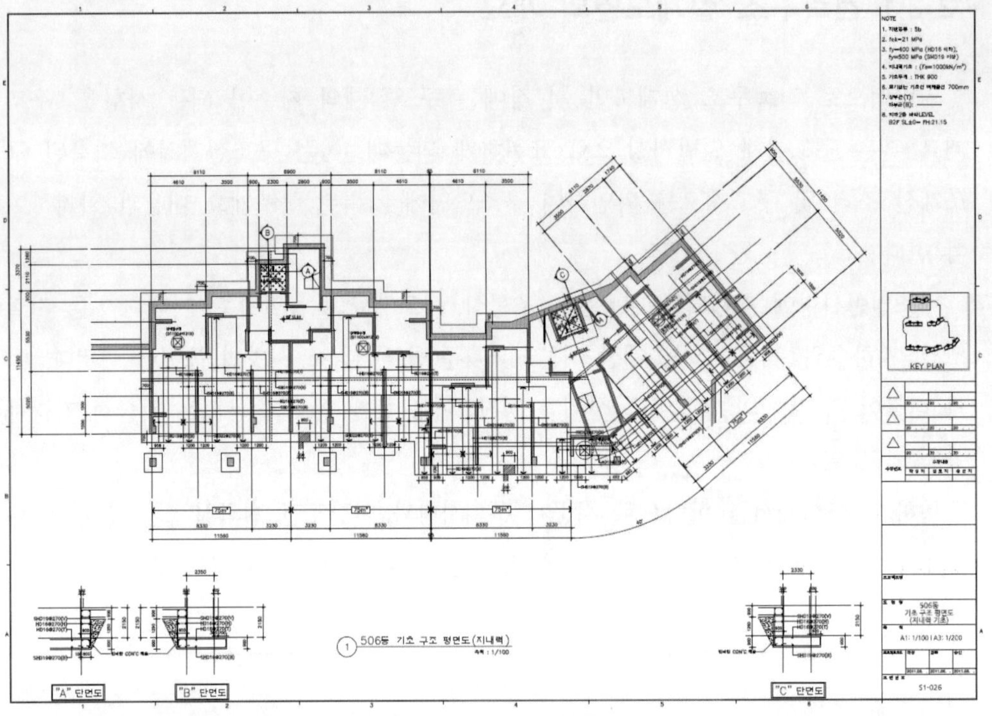

* 주기

1. 치수표기 없는 보, 벽체는 센터 선 중심임.
2. 표기 없는 보는 지하층 B10, 지하층 B0,SB0임.
3. 표기 없는 슬래브는 지하층 S10, 지상층 S0임.
4. 각종 슬래브 및 벽체 매립물은 관련도면 참조할 것.
5. CS1 CANTILEVER SLAB상세는 S-310도면 참조.

구조도면	도면 목록표, 구조개요도, 바닥구조 평면도(지하, 기준층, 지붕단위세대, 옥탑층), 바닥구조 평면도(코어부), 슬래브 배근도(평면도 또는 표형식), 계단 배근도, 기초일람표, 잡배근도(현관램프, 파라펫, 공동구, 맨홀 등), 라멘도, 각부 구조 및 평면의 단면 상세도

건축구조 설계도면상 표현되는 약어(부호)는 일반적으로 다음과 같은 기준으로 한다.

- 수직철근 V(Vertical)
- 수평철근 H(Horizontal)
- 철근간격 @
- 부재 리스트 : 구조설계서와 동일하게 적용
- HD : 고장력 철근
- 단부(Ext.) : 부재의 끝부분(통상 부재-기둥, 보, 슬래브의 1/4 지점의 양끝)
- 중앙부(Cent.) : 부재의 중앙부(통상 부재- 기둥, 보, 슬래브의 1/2 지점의 중앙부)

□ 철근CONC. 구조일반사항

1. 일 반 사 항

1.1 개 요

1) 별도 표기가 없는 모든 치수의 단위는 mm이다.

2) 구조도면과 구조일반사항의 내용이 중복될 경우 구조도면을 우선 적용한다.

3) 콘크리트 설계기준압축강도와 철근의 설계기준항복강도는 관련 구조도면을 참조한다.

4) 구조도면상에 특기가 없는 한 각종 매립물, 개구부, 부속물의 위치 및 치수는 건축, 설비전기도면 등을 참고하며 구조도면과 상이한 경우 반드시 책임 구조기술자(건축구조설계기준 0106, 국토해양부)의 확인을 받아 시공한다.

5) 말뚝 및 지반의 허용내력과 지하수위에 대한 사항은 관련도면을 참조한다. 다만, 말뚝 및 지반의 허용내력, 지하수위는 지반조사에 근거한 가정치이므로 실제와 일치하는지 여부를 재하시험 등 적합한 방법을 통해 확인하여야 하며, 현저히 차이가 나는 경우 책임 구조기술자의 확인을 받아 시공한다.

1.2 철근의 표준갈고리

1) 일반철근에 대한 표준갈고리

180 °갈고리	90° 갈고리

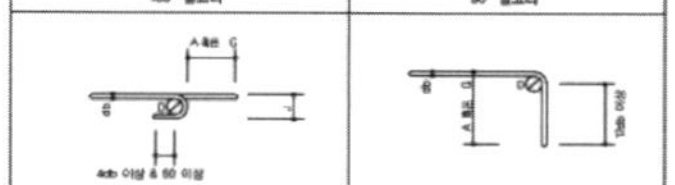

공칭 직경 (db)	구부림 직경 (D)		180 °갈고리 A 혹은 G	180 °갈고리 J	90 °갈고리 A 혹은 G
D 10	6db	60	130	80	160
D 13		80	180	110	210
D 16		100	180	130	260
D 19		120	210	160	310
D 22		140	250	180	360
D 25		150	280	200	400
D 29	8db	240	390	290	500
D 32		260	430	320	550

2) 스터럽(STIRRUP), 띠철근(TIE BAR)에 대한 표준갈고리

90° 갈고리	135 °갈고리

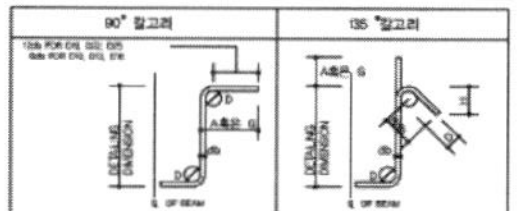

공칭 직경 (db)	구부림 직경 (D)		90°갈고리 A 혹은 G	135 °갈고리 A 혹은 G	135 °갈고리 H
D 10	4db	40	90	90	60
D 13		60	120	120	80
D 16		70	150	150	100
D 19	6db	120	310	200	120
D 22		140	360	230	140
D 25		150	400	260	160

※ 내진상세를 적용하는 보 스터럽 및 기둥 띠철근의 표준갈고리도 별도의 언급이 없는 한 90 ° 혹은 135 ° 모두 사용 가능하다.

1.3 철근의 피복두께 : 별도 도표 참조

1.4 철근의 최소 순간격

1) 굵은 골재 직경의 4/3 이상으로 한다. : 25mm 골재 사용시 33mm 이상
2) 동일 평면에서 평행한 철근 사이의 수평 순간격은 25mm 이상, 철근 공칭지름 이상으로 한다.
3) 2단 이상으로 배치된 경우 상하철근의 순간격은 25mm 이상으로 하되, 최대한 이 값에 가깝도록 배치한다.
4) 기둥 주근의 순간격은 40mm 이상, 철근 공칭지름의 1.5배 이상으로 한다.
5) 단면 감소 부분의 콘크리트 및 철근에 대한 보호대책 및 제반대책 수립한다
6) 단면의 두께가 작은 돌출부의 최소두께는 굵은 골재 최대 치수의 3배 이상으로 한다

(a) 보의 경우 (b) 기둥의 경우

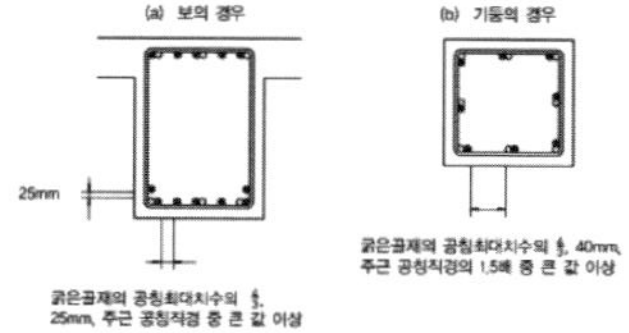

굵은골재의 공칭최대치수의 $\frac{4}{3}$, 25mm, 주근 공칭직경 중 큰 값 이상

굵은골재의 공칭최대치수의 $\frac{4}{3}$, 40mm, 주근 공칭직경의 1.5배 중 큰 값 이상

1.5 인장이형철근의 정착 및 이음길이

1.5.1 정착길이

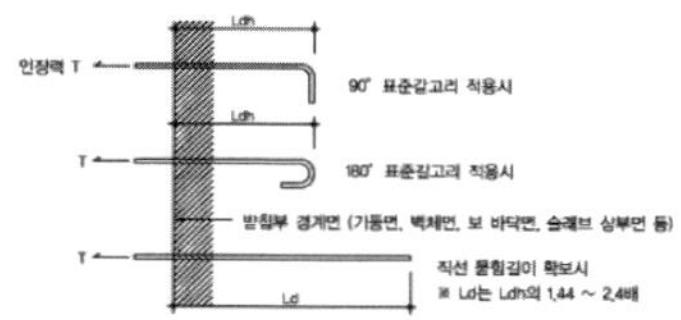

1.5.1.1 표준갈고리를 갖는 인장이형철근의 정착길이 (Ldh)

구 분	fck	Fy = 400 MPa			Fy = 500 MPa				
		D10	D13	D16	D19	D22	D25	D29	D32
Ldh	21	220	290	350	520	610	690	800	880
	24	210	270	330	490	570	640	740	820
	27	200	260	310	460	530	610	700	770
	≥ 30	190	240	300	440	510	580	670	740

1) 보 및 슬래브의 경우 받침부 폭이 좁아 표준갈고리로 정착하여도 소요정착길이가 확보되지 않을 경우 정착길이가 부족한 비율만큼 철근을 추가한다. 단, 감소된 정착길이는 8db, 150 이상이어야 한다.
예. 정착되는 철근의 개수가 10, 소요정착길이 600, 실제정착길이 500이면 10 * ($\frac{600}{500}$) = 12 이므로 동일한 직경 및 길이의 철근 2가닥을 추가한다.

1.5.1.2 인장이형철근의 정착 및 이음길이 : 별도 도표 참조

1) 배근된 철근량이 이음부 전체구간에서 해석결과 요구되는 소요철근량의 2배이상이고 소요겹침이음길이 내 겹침이음된 철근량이 전체 철근량의 1/2이하인 경우 A급이음(=Ld), 그렇지 않으면 B급이음(=1.3Ld)을 적용한다. (※ A급이음을 적용하기 위해 응력이 작은 위치마다 이음을 둘 경우 시공이 번잡하고 철근가공에 따른 손실이 오히려 더 크게 발생하므로 별도 언급이 없는 한 B급이음을 적용하는 것이 바람직하다.)

2) D35 이하의 철근은 원칙적으로 겹침이음이 가능하나, D29 이상이면 겹침이음길이가 크게 증가하므로 기계적이음을 적용하는 것이 바람직하다.

3) 다발철근(3개 이상)의 정착 및 이음은 건축구조설계기준 0508.2.4, 0508.6.1.2 (2)항에 의한다.

4) 휨부재에서 겹침이음되는 철근은 반드시 맞대어 이음할 필요는 없으나 횡방향으로 소요 겹침이음길이의 1/5 또는 150중 작은 값 이상 떨어지지 않게 한다.

5) 인장(연결)부재의 철근이음은 완전용접이나 기계적 연결로 이루어져야 하고, 인접철근의 이음은 750이상 떨어져서 서로 엇갈려야 한다. (인장연결부재 : 아치, 타이, 위에 있는지지 구조물에 하중을 전달하는 행거, 트러스의 주인장재 등) 다만, B급 인장이음길이를 적용하면 인장연결부재에 해당하지 않는 부재는 굳이 인접철근과 엇갈려 이음할 필요는 없다.

6) 용접이음과 기계적 연결은 철근의 설계기준항복강도 fy의 125%이상을 발휘할 수 있어야 한다. (※ 모재인 철근이 절단될 때까지 이음부의 변형이나 파단이 발생하지 않아야 한다.)

7) 시공오차로 인해 이음길이가 부족한 경우 실제 배근간격, 피복두께, 기둥의 경우 띠철근량을 고려하여 콘크리트구조설계기준 0508.2.2식에 의해 이음길이를 재계산한다. 그래도 부족하면 기계적이음 등을 적용하여야 한다.

1.6 압축이형철근의 정착 및 이음길이

구 분	fck	Fy = 400 MPa			Fy = 500 MPa				
		D10	D13	D16	D19	D22	D25	D29	D32
압축정착길이	21	220	290	350	520	610	690	800	880
	24	210	270	330	490	570	640	740	820
	27	200	260	310	460	530	610	700	770
	≥ 30	190	240	300	440	510	580	670	740
압축이음길이	≥ 21	300	380	470	790	920	1,030	1,200	1,330

1) 서로 다른 크기의 철근을 압축부에서 겹침이음하는 경우, 이음길이는 크기가 큰 철근의 정착길이와 크기가 작은 철근의 겹침이음길이 중 큰 값 이상이어야 한다.

그림 2.1 구조일반사항

또한, 구조시공에 대한 일반사항에서는 건축물 구조공법의 특기사항(신공법 등에 관한 시공지침 등)이 기술되며, 구조도면의 상세 적용범위에 대하여 표현한다. 특히, 구조설계도의 적용에 있어 설계기준의 적용범위와 시공상세 등이 표현되며 전체 건축물에 적용된다. 기본적인 시방서의 내용은 건축공사표준시방서를 따르며, 철근콘크리트구조인 경우 콘크리트표준시방서, 강구조인 경우 강구조공사표준시방서를 기준으로 하며, 시공현장 여건에 맞도록 작성된다.

철근콘크리트 건축물을 예로 들면, 콘크리트의 설계압축강도와 시공지침인 시방서와의 관계 등이 명기되며, 철근배근 및 이음, 정착 상세 등이 정의된다.

2.2.2 주요 구조 설계도면

1) 도면 목록표

구조도면 목록표는 구조도면의 종류를 한눈에 파악할 수 있도록 정리된 목차와 같은 도면이다. 구조도면은 일반적으로 구조일반사항, 기둥의 중심위치를 설명하는 주심도, 각종 구조 평면도, 각 구조부재별 일람표, 배근상세도 등으로 구성된다.

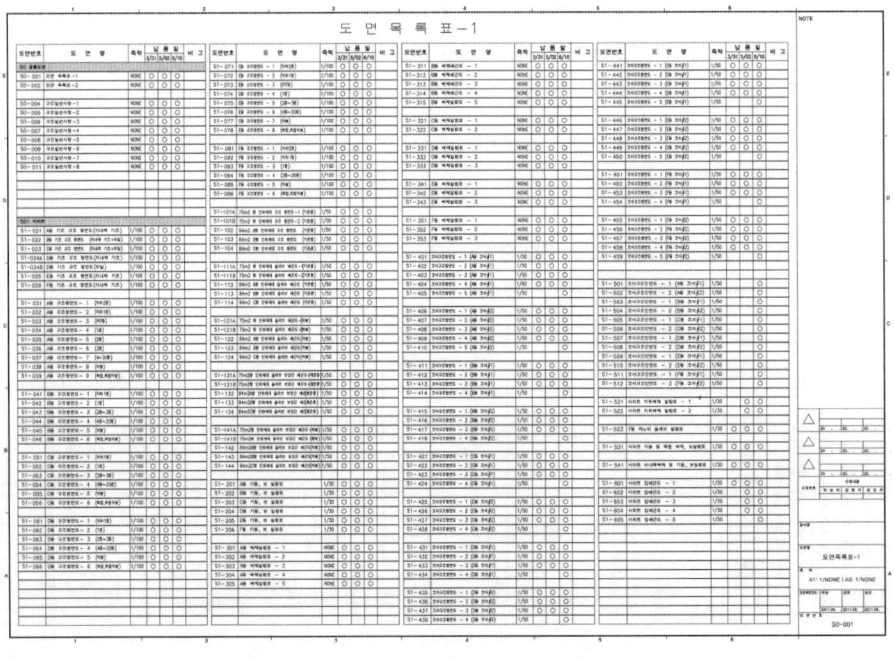

그림 2.2 도면 목록표

2) 구조개요도

구조개요도는 구조도면의 설명서와 같은 역할을 하며, 구조도면에서 정해야 하는 규칙, 기준 등을 요약한 도면이다.

통상적으로 구조개요도는 구조설계서상의 일반사항을 요약·정리하여 표현한다. 건물의 규모 및 층수, 구조방식, 철근 및 콘크리트 강도, 설계근거 및 해석방법과 지내력 등의 내용을 표현한다. 특히, 골조 시공단계에서 주의할 점과 법적 기준을 담고 있다. 또한, 여러 도면이 중첩 간섭될 경우 도면의 우선순위와 시공단계에서 발생할 수 있는 시공환경 변화의 대처방법 및 책임범위를 명시하게 된다.

3) 구조평면도(바닥구조평면도)

구조평면도는 건축물의 골조형태가 표현된다. 건축물의 평면적인 구조 정보를 표현하는 도면으로 각 구조재 구성을 표현하며, 기준층 구조평면도를 공통사항으로 하고,

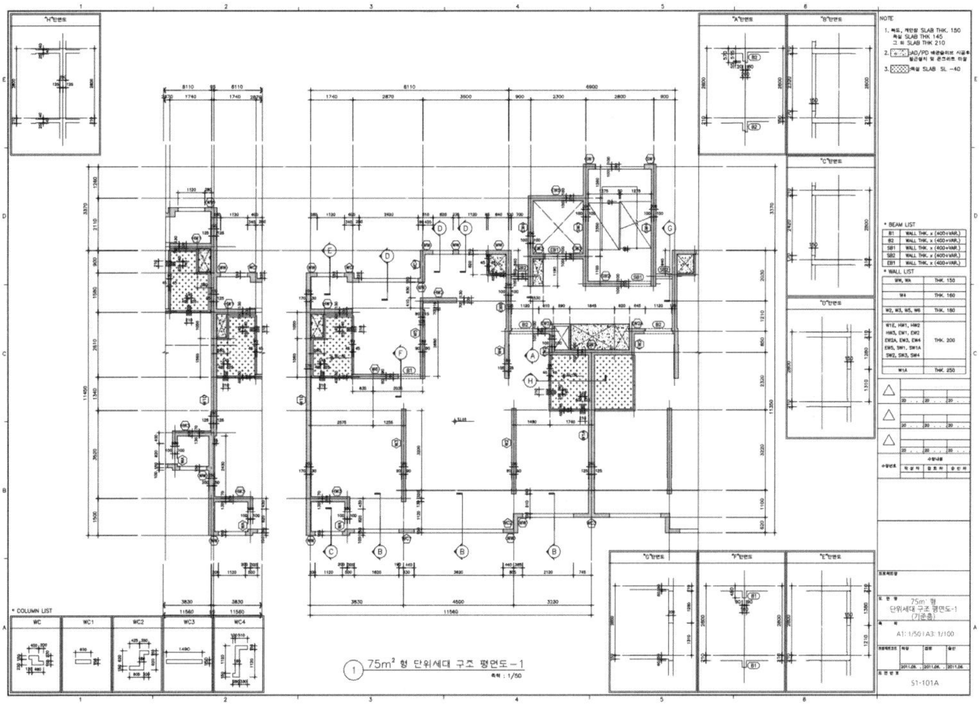

그림 2.3 1층 구조평면도

중간층, 지붕층 및 지하층 등을 표현하는 것이 일반적이다.

구조평면도는 중심선(기준선) 표시와 각 부재의 간격치수가 건축평면도에 표시된 중심선과 일치하여야 하며, 각 부재의 설계번호(부재번호)가 표시되어야 한다. 각 부재는 건축평면도에 표시된 위치와 일치하여야 하며 각 부재의 설계번호는 부재 일람표 내용과 동일하게 표시되어야 한다. 주요 표현내용은 기둥, 보, 벽체 등 주요구조부재가 표현된다. 기둥과 보 또는 벽체의 접합관계, 보의 위치와 개구부의 위치, 크기, 단차이가 있는 부분 등 이에 대한 보강근 배근 및 보강상세가 추가되어야 한다.

1층 구조평면도에서 슬래브 하부(지하층 천장 부분)에 설치되는 보가 표시되어야 한다. 일반적으로 보의 표시는 슬래브에 가려 보이지 않는 것으로 점선으로 표시되며, 빗금친 부분의 경우 바닥구조 마감선이 높고 낮음을 구분하기 위한 표시로써 도면의 주기 범례를 참고한다.

4) 기초평면도

기초평면도에는 기초의 형식과 크기, 위치, 두께, 철근배근 등의 시공 상세와 시공 시 발생하는 법적 규정 등이 명시된다.

기초 부분의 철근배근을 표시한 평면도로 구조계산서에 의해 산출된 적정 철근량, 길이, 크기, 수량, 콘크리트 규격 등을 도면에 표현한다. 다만, 도면에 표현되지 못한 부분은 범례로 표시한다.

5) 주심도

기둥의 위치와 크기가 표현되며, 기둥을 중심으로 건물의 균형도를 살펴볼 수 있다. 주심도의 경우 기둥을 중심으로 표현되는 구조도면으로 구조평면도의 축척과 기둥 크기를 표현하는 축척이 다른 1개 도면에 2개의 축척이 사용된다. 이는 기둥의 규격 표현을 보다 명확히 하기 위한 방법으로 주로 주심도에 사용된다.

주심도는 기둥이 전체 층에 어떻게 변화되어 설치되는지를 표현하는 도면으로서 중심선으로부터 기둥 규격의 변화를 표현하며, 기둥 부호면, 설치구간, 규격 등을 표현한다. 철근배근 상세는 기둥 일람표에 표시하고 주심도에는 철근배근을 생략한다.

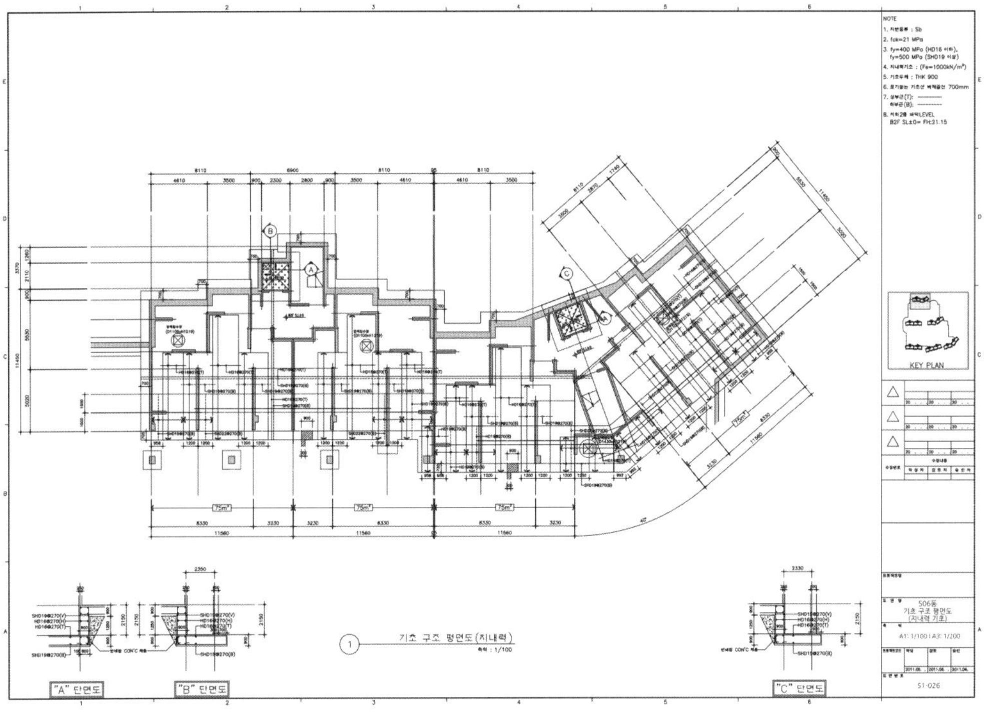

그림 2.4 기초 구조평면도

6) 라멘도

건물의 주요부재인 기둥, 보를 포함한 골조가구를 선택하여 확대하여 배근상세를 중심으로 배근기준에 따라 상세하게 표현된 도면이다. 다만, 기둥, 보 등의 철근배근 기준을 표준도로 제시하고 라멘도를 작성하지 않고 시방서의 시공상세도(일반적으로 RC 일반사항 및 슬래브 일람표 및 배근상세도에 표현함)로 대체한다.

2.2.3 구조일람표

구조일람표는 구조평면도에 표시한 각종 구조부재인 기둥, 보, 옹벽, 기초, 슬래브, 계단 등을 도면화하여 부재의 크기, 철근의 수량 또는 배치방법 등을 표현한 도면을 지칭한다. 일반적으로 구조평면도에 설명할 수 없기 때문에 별도의 도면으로 작성된다. 통상적으로 각 구조부재는 표현방법이 상이한 경우가 많아 기둥이나 보는 평면이

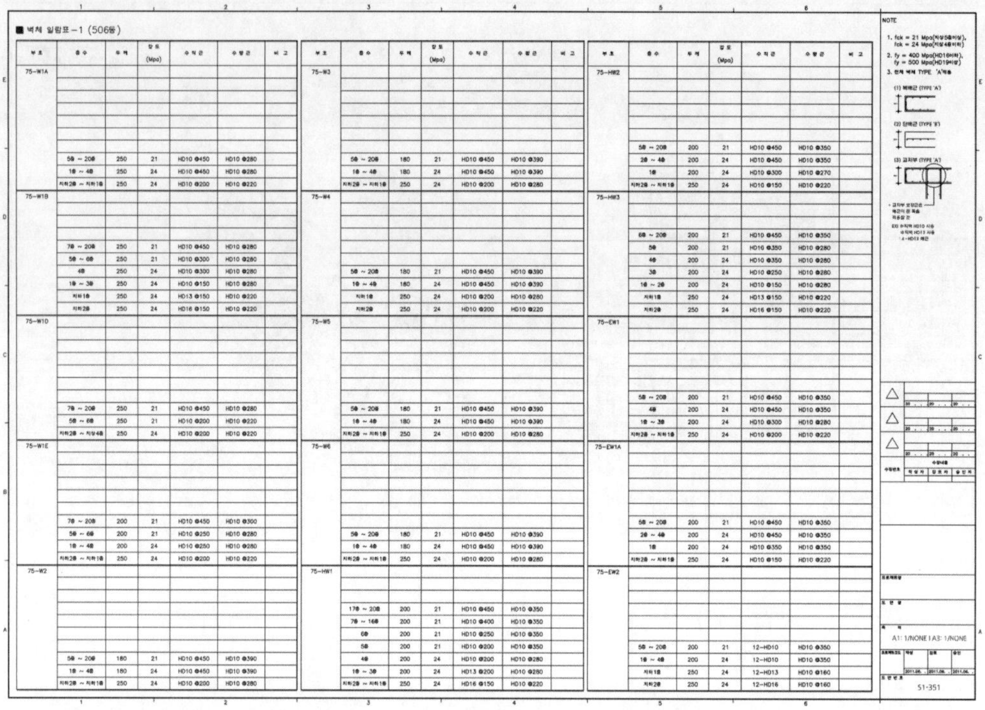

그림 2.5 부재 일람표(벽체)

나 단면형태로 일람표를 작성하게 되며, 기초는 기초형식에 따라 평면과 단면형태가 된다. 슬래브는 평면 형태, 옹벽은 벽체의 단면과 입면이 동시에 표현된다. 이러한 구조부재 일람표에서 가장 중요한 부분은 단면의 크기와 형태, 철근 규격과 배치 간격이 된다.

구조 평면도를 기초로 뼈대를 이루는 골조공사의 형태가 진행된다. 세부사항으로 각 골조부재의 규격, 형태, 보완사항 등을 추가로 표시한 도면이 각 부재별 일람표(리스트)이다. 보 일람표, 슬래브 일람표, 벽체 일람표 등이 있으며, 도면의 표현방법에 따라 이외의 일람표가 추가될 수 있다. 일반적으로 그림이 병행된 표의 형태로 작성된다.

2.2.4 구조 상세도

구조 상세도는 건축 마감재가 생략된 구조도면을 확대하여 상세하게 표현한 도면을 지칭한다. 구조 상세도 또한 건축 상세도와 동일한 성격을 갖는다. 일반적으로 구조

평면도나 단면도 등에서 축척의 한계로 발생될 수 있는 표현의 제약을 극복하고 보다 세밀하게 표현하여 도면 독해의 오해의 소지가 없도록 작성된다.

구조 상세도는 보이지 않는 점선 등의 표현을 명확하게 하기 위해 필요한 경우가 많으며, 구조체 형태를 설명하거나 철근의 형태, 규격, 간격 등을 설명하기 위해 작성하기도 한다. 특히 기초, 벽체, 기둥, 보, 바닥, 지붕, 계단 등의 단면 상태를 도면 작업하여 나타낸다. 각부 구조의 재료, 공법, 구조형식을 보다 확실히 이해할 수 있다.

1) 슬래브 일람표 및 배근도, 구조 상세도

슬래브 배근 일람표는 구조설계서상의 슬래브 설계를 설계도면 작성기준에 따라, 구조 평면도에 축척에 따라 철근을 직접 표시하는 방법과 슬래브 배근 일람표와 같이 표로 정리하여 표시하는 방법 등이 있어 다소 차이가 발생할 수 있다. 구조 평면도에 직접 배근을 표시하는 방법은 수량, 위치, 이름부, 개구부 등의 특징과 정확하게 일치하는 배근도를 작성할 수 있으나 시간이 많이 소요되고 도면이 복잡해질 수 있다. 이에 비해 슬래브 배근도와 같이 표와 배근 타입으로 표시하는 방법은 도면작성의 소요시간이 적고 간략하게 표현할 수 있어 시공자에게 배근 기준을 전달하기 편하나 구조 평면도의 특성을 반영하기 어려운 단점이 있다.

슬래브 형식 구분은 단변 및 장변의 비율에 따라 결정되며, 슬래브 배근 일람표는 슬래브가 고정되는 방식에 따라 4개 타입별로 슬래브가 하중을 지지하고 보나 옹벽 등에 전달하는 방식에 따라 구별하여 배근 간격, 배근 방식 등을 정리한 도면이다. 슬래브 길이의 1/4 거리에 해당하는 양쪽 부분을 단부, 그 외 1/2 부분을 중앙부라 하며, 단부분이 주근, 장변방향을 부근으로 칭한다. 또한 데크 슬래브의 경우 데크플레이트의 단면 상세 및 특징 등이 함께 표현되기도 한다.

2) 기둥 일람표 및 배근도, 구조 상세도

기둥 일람표는 기둥의 형태, 철근배근, 기둥의 크기 등을 표시하여 정리한 도면이다. 기둥 철근의 배근량 및 배근방법 등을 정리한 구조 상세도와 같이 표현된다.

기둥 구조 상세도는 구조 평면도 방향과 일치하여야 하며, 기둥 배치방향이 반드시 표시되어야 한다. 기둥 설계번호, 단면규격, 단면방향, 주근방향, 주근의 개수, 철근의 규격, 층 등은 구조설계서와의 일치 여부를 반드시 확인하여 작성한다.

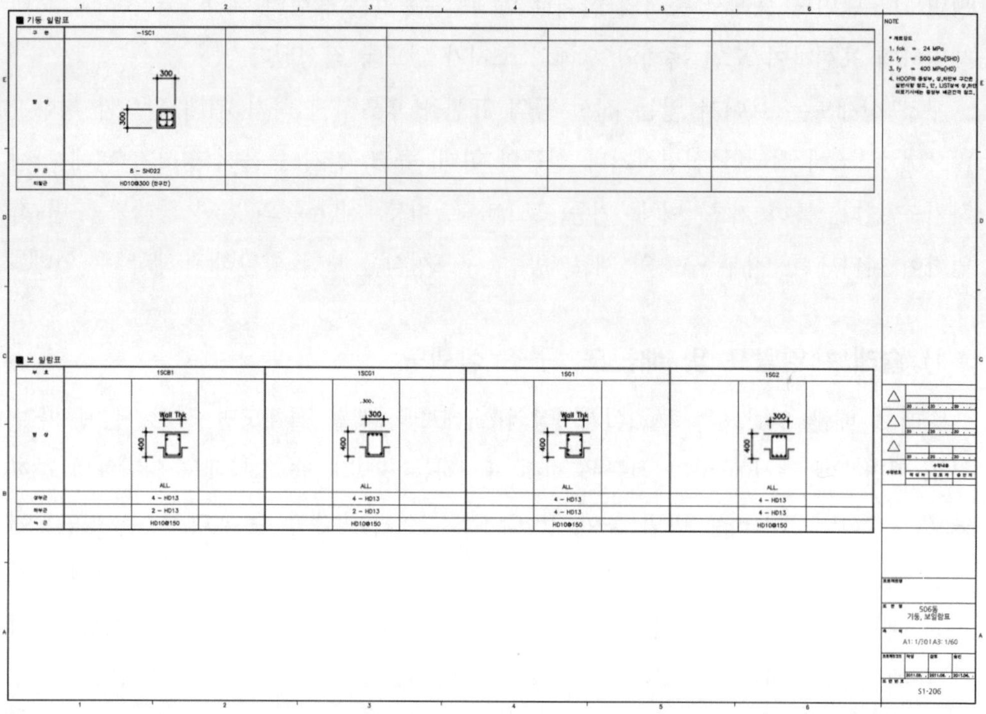

그림 2.6 기둥 및 보 일람표

3) 보 일람표 및 배근도, 구조 상세도

보 일람표는 큰보 및 작은보의 형태, 크기, 배근상세 등을 정리한 도면이다. 보 철근의 배근량 및 배근방법 등을 정리한 구조 상세도와 같이 표현된다.

4) 벽체 일람표 및 배근도, 구조 상세도

벽체 일람표에 기재된 벽체의 종류와 분류방법에 따라 작성된 도면으로, 벽체의 특성과 함께 배근량 및 배근방법 등이 표현된다.

벽체 배근상세의 경우 수평철근과 수직철근의 위치를 명확히 구분하여 확대 상세도를 작성하거나 지하외벽이나 토압을 받는 옹벽의 경우는 일반적으로 수직으로 절단한 단면상세와 같이 표현한다. 일반 내력벽이나 전단벽은 수평으로 절단한 단면상에 두께, 배근 형상, 배근량을 파악할 수 있도록 하며, 개구부와 같은 특수형태의 경우 보강이 필요한 경우 관련 내용을 함께 표현한다.

5) 기초 일람표 배근도, 구조 상세도

기초 일람표는 기초의 형식을 파악할 수 있는 도면으로 기초의 종류가 상이할 경우 종류별 번호가 부여되며, 구조설계서와 일치하여야 한다. 기초 중심선과 구조 평면도의 중심과 일치관계가 표시되면 기초판의 크기와 철근배근 등이 표시된다.

말뚝이 설치될 경우 말뚝 규격(직경, 길이)과 특수한 경우 별도의 말뚝배치도가 작성되기도 한다. 지중보가 설치될 경우 지중보 일람표가 함께 작성되어 보 일람표와 같이 표현되므로 지중보의 종류별 부호 및 번호를 반드시 확인하여야 한다.

6) 접합 상세도, 배근 상세도

■ GIRDER 접합 (GIRDER TO COLUMN FLANGE & WEB / MOMENT CONNECTION)

부재크기	재질	접합 TYPE	BOLT (F10T)	FLANGE							WEB					
				BOLT	TOP PLATE			BOT.PLATE			BOLT			PLATE		
				수량	PLATE	B1	L1	PLATE	B2	L1	수량	S1	S2	PLATE	B3	L2
H-500X200X10X16	SS400	1	M20	24	2-12	195	410	4-12	70	410	12	60	-	2-9	380	170
H-588X300X12X20	SS400	2	M20	40	2-16	295	530	4-18	105	530	14	60	-	2-9	440	170
H-600X200X11X17	SS400	1	M20	24	2-14	195	410	4-14	70	410	14	60	-	2-9	440	170
H-692X300X13X20	SS400	2	M20	40	2-18	295	530	4-18	105	530	18	60	-	2-9	560	170
H-700X300X13X24	SS400	2	M20	48	2-20	295	620	4-20	105	620	18	60	60	2-9	560	170
H-700X300X13X24	SM490A	2	M20	64	2-20	295	800	4-20	105	800	32	60	60	2-12	500	290
H-708X302X15X28	SM490A	2	M20	72	2-23	295	890	4-23	105	890	32	60	60	2-12	500	290
H-900X300X16X28	SM490A	2	M20	80	2-23	295	980	4-25	105	980	44	60	60	2-12	680	290
H-400X200X8X13	SS400	1	M20	16	2-16	195	290	2-8	70	290	8	60	-	2-9	195	170
H-300X150X605X9	SS400	1	M20	16	2-9	145	290	4-9	55	290	4	120	-	2-9	200	170
H-300X300X10X15	SS400	1	M20	32	2-12	295	440	4-12	105	440	6	60	-	2-8	200	170
H-200X200X8X12	SS400	1	M20	16	2-9	195	290	4-9	70	290	8	60	60	2-14	140	290

■ GIRDER TO COLUMN FLANGE / MOMENT CONNECTION

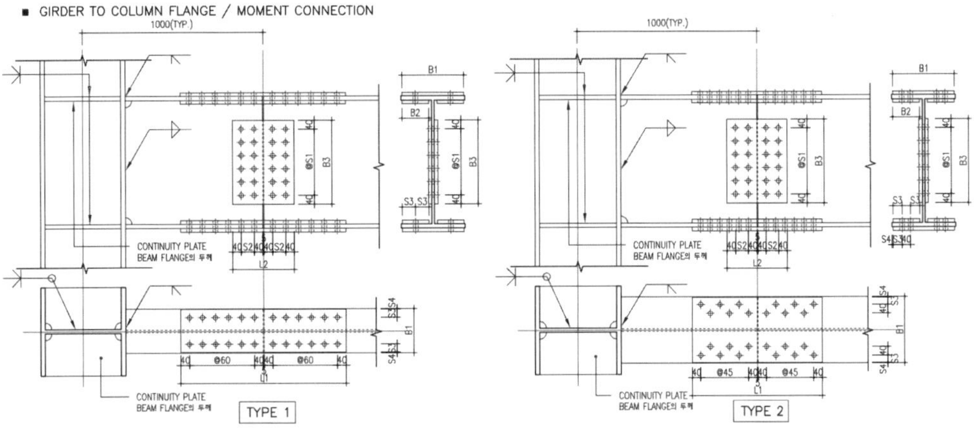

그림 2.7 철골조 접합 상세도

각 부재 간의 접합부 또는 배근에 대한 상세도가 표현된다. 철근콘크리트구조나 강구조의 일반적인 경우에는 표준 접합상세를 이용한다. 다만, 특별한 접합상세가 요구되는 경우 별도의 접합상세를 구조설계서에 명시된 내용을 참조하여 구조도면에 구조상세도로 표현하여야 한다.

2.3 건축구조설계서

건축물(공작물)에 대하여 국토교통부 고시 건축구조기준(KBC)에 따라 책임구조기술자가 구조설계를 수행하여 구조안전을 확인한 설계도서이다. 구조설계서는 구조형식, 사용재료 및 강도, 하중조건, 지반특성 등을 표기 · 반영한다. 이를 바탕으로 구조설계도 및 구조체 공사 시방서 등이 작성된다.

2.3.1 건축구조설계서의 개요

건축구조설계서는 구조설계도서 작성 원칙 및 법적 기준을 일반사항에 명시하며, 일반사항은 다음과 같은 항목들로 구성된다.

1) 건물 개요

당해 건물의 위치 및 용도가 표현되며, 건물의 층수 및 구조형식을 표현한다.

① 위치 : OO시 OO구 OO

② 용도 : 업무시설, 근린생활시설

③ 구조재료 및 형식

a) 구조재료 : 지상층 - RC+SRC 구조

지하층 - 철근콘크리트조

b) 구조형식 : 전단벽+라멘 구조

2) 설계기준

구조설계서 작성시 적용된 설계기준을 다음과 같이 표현하며, 신구 기준에 대한 적용 연도를 표시한다.

항목	설계 방법 및 적용기준
구조설계	건축법 시행령 "건축물의 구조기준 등에 관한 규칙" (국토교통부) 건축법 시행령 "건축물의 구조 내력에 관한 기준" (국토교통부)
철근콘크리트 구조	콘크리트구조설계기준 및 해설 (대한건축학회, 한국콘크리학회, 2012) ACI 318-12 (미국콘크리트학회, 2012)
철골구조	강구조설계기준 (한국강구조학회, 2009) AISC, ASD 기준
내진설계	건축법 시행령 "건축물의 구조기준 등에 관한 규칙" (국토교통부) 건축물 하중기준 및 해설 (대한건축학회, 2000)
내풍설계	

3) 하중조건

구조설계시 적용된 하중조건에 대하여 표시하고, 적용된 하중조건을 바탕으로 상세 설계내역을 첨부하여야 한다. 설계하중은 다음과 같이 설계시 적용된 하중조건을 각 구역별로 종합하여 표시한다. 표시방법에는 다음과 같은 두 가지가 적용된다.

설계하중 산정 및 표시 예1)					
PH ROOF	FINISH	:	$t=100$	200	
	SLAB	:	$t=135$	324	
	CEILING	:		30	
	D.L	:		554	kg/m^2
	L.L	:		100	kg/m^2
	T.L	:		654	kg/m^2
	U.L	:		946	kg/m^2
업무시설	access FLOOR	:	$t=100$	75	
	SLAB	:	$t=135$	324	
	CEILING	:		30	
	PARTITION	:		100	
	D.L	:		529	kg/m^2
	L.L	:		250	kg/m^2
	T.L	:		779	kg/m^2
	U.L	:		1166	kg/m^2
물탱크실	무근 CONC.	:	$t=200$	460	
	SLAB	:	$t=150$	360	
	CEILING	:		30	
	D.L	:		850	kg/m^2
	L.L	:		500	kg/m^2
	T.L	:		1350	kg/m^2
	U.L	:		2040	kg/m^2

설계하중 산정 및 표시 예2)						
용도	고정하중 종류/두께 (mm)		고정하중(D)	활하중(L)	합계 1.0D+1.0L	계수하중 1.2D+1.6L
탈의실	방수 및 모르타르	100	2.00			
	무근 CONC.	100	2.30			
	SLAB	150	3.60			
	CEILING		0.30			
			8.2	3.00	11.20	14.64
관람석	FINISH	100	2.00			
	무근 CONC.	100	2.30			
	SLAB	150	3.60			
	CEILING		0.30			
			8.2	4.00	12.20	16.24

설계하중을 바탕으로 설계된 구조설계 상세 내역은 다음과 같다.

적재하중		:	설계하중 참조
풍하중	지역	:	OO시 OO구
	설계풍하중	:	$W_f = p_f A \quad p_f = q_z G_f C_{pel} - q_f G_f C_{pe2}$
	설계 기본풍속	:	$V_0 = 30m/\sec$
	노풍도	:	B
지진하중	밑면전단력	:	$V = (AI_E C/R) \times W$
	지역계수	:	$A = 0.11$
	지반계수	:	$S = 1.0$
	중요도계수	:	$I = 1.2$
	반응수정계수	:	$R = 4.0$
	기본진동주기	:	$T = 0.0488(h_n)^{3/4}$
	동적계수	:	$C = \dfrac{S}{1.2\sqrt{T}} \le 1.75$ 여기서, h_n : 밑면으로부터 최상층까지의 높이(m) T : 건축물의 기본 진동주기(sec) W : 건축물의 전 중량(ton)-고정하중

풍하중(W.L) 설계내역 예시

풍하중	지역	:	OO도 OO시
	기본풍속	:	$V_0 = 35$m/sec
	노풍도	:	C
	중요도계수	:	$I_w = 1.00$
	지표면으로부터의 높이	:	$Z = 16.00$
	풍속할증계수	:	$K_{zt} = 1.00$
	고도분포계수	:	$K_{zr} = 1.00$
	설계풍속	:	$V_z = V_0 \times K_{zr} \times K_{zt} \times I_w$ = 37.67m/sec
	설계속도압	:	$q_z = p \times V_z^2/2\,(p = 1.22)$ = 865.40N/m^2

지표면으로부터의 높이 Z(m)	노풍도 구분				
	A	B	C	D	
$Z \leq Zb$	0.58	0.81	1.00	1.13	$K_{zr} = 0.71\,Z^a$ $Zb = 10$ $Zg = 10$ $a = 0.15$
$Zb < z \leq Zg$	0.22 Z^a	0.45 Z^a	0.71Z^a	0.97 Z^a	
Zb	20	15	10	5	
Zg	500	400	300	250	
a	0.33	0.22	0.15	0.10	
K_{zr}	0.58	0.83	1.08	1.28	

지진하중(E.L) 설계내역 예시

지진하중	지역계수	:	$S = 0.22$
	유효지반가속도	:	$S = 0.185$
	지반종류	:	SD
	단주기 설계스펙트럼 가속도	:	$S_{DS} = S \times 2.5 \times F_a \times 2/3\ (F_a = 1.23)$ $= 0.3793$
	주기 1초의 설계스펙트럼 가속도	:	$S_{D1} = S \times F_v \times 2/3\ (F_v = 2.06)$ $= 0.2541$
	중요도계수	:	$I_E = 1.2$ (내진등급 : I)
	반응수정계수	:	5.0 (철근콘크리트 중간모멘트골조)

(계속)

지진하중(E.L) 설계내역 예시

<table>
<tr><td rowspan="11">지진하중</td><td>진동주기</td><td>:</td><td>$T = C_T \times h_n^{3/4} = 0.073 \times h_n^{3/4}$
(철근콘크리트모멘트골조 X방향)
$T = C_T \times h_n^{3/4} = 0.073 \times h_n^{3/4}$
(철근콘크리트모멘트골조 Y방향)</td></tr>
<tr><td>지진응답계수</td><td>:</td><td>$C_s = \frac{S_{D1} \times I_E}{R \times T}$ (단, $0.01 \le C_s \le \frac{S_{DS} \times I_E}{R}$)
$C_{sm} = \frac{S_{am} \times I_E}{R}$</td></tr>
<tr><td>밑면전단력</td><td>:</td><td>$V = C_s \times W,\ V_m = C_{sm} \times W_m$</td></tr>
<tr><td>내진설계범주</td><td>:</td><td>S_{DS}의 값 - C
S_{D1}의 값 - D ∴ 적용 설계 범주 : D</td></tr>
<tr><td>1) 밑면전단력(동적해석)</td><td>:</td><td>$V_{X-d} = 5149.36kN,\quad V_{X-d} = 6714.00kN$</td></tr>
<tr><td>2) 밑면전단력 정적해석 조건</td><td>:</td><td>건물 높이 (h_n) = 16.00(m)
건물 중량 (W) = 97,293 kN
유효지반가속도 (S) = 0.185 ; 지진구역 1
중요도계수 (IE) = 1.2 ; 내진등급 (I)
지반종류 (SD) = 단단한 토사지반</td></tr>
<tr><td>3) 기본진동주기</td><td>:</td><td>X방향 (철근콘크리트모멘트골조)
$T_{X-s} = 0.073 \times h_n^{3/4} = 0.5840\sec$
Y방향 (철근콘크리트모멘트골조)
$T_{X-s} = 0.073 \times h_n^{3/4} = 0.5840\sec$</td></tr>
<tr><td>4) 지진응답계수</td><td>:</td><td>X방향
$C_{s1} = S_{D1}/(R_X/I_E \times T_{X-s})$ $= 0.10441$
$C_{s2} = S_{D2}/(R_X/I_E)$ $= 0.09102$
$C_{s3} = 0.01$ $= 0.01000$
$\therefore C_{SX} = MAX(MIN(C_{s1}, C_{s2}), C_{s3})$ $= 0.09102$

Y방향
$C_{s1} = S_{D1}/(R_y/I_E \times T_{y-s})$ $= 0.10441$
$C_{s2} = S_{D2}/(R_y/I_E)$ $= 0.09102$
$C_{s3} = 0.01$ $= 0.01000$
$\therefore C_{SX} = MAX(MIN(C_{s1}, C_{s2}), C_{s3})$ $= 0.09102$</td></tr>
<tr><td>5) 밑면전단력</td><td>:</td><td>X방향
$V_{X-S} = C_{SX} \times W$
= 0.091 X 97292.88 = 8,855.60 kN
X방향
$V_{X-S} = C_{SX} \times W$
= 0.091 X 97292.88 = 8,855.60 kN</td></tr>
</table>

(계속)

적설하중(S.L) 설계내역 예)			
적설하중	지역	:	OO도 OO시
	지상적설하중	:	$S_g = 0.5\,kN/m^2$
	노출계수	:	$C_e = 1.0$
	중요도계수	:	$I_s = 1.1$
	온도계수	:	$C_t = 1.2$ (비 난방구조)
	적설하중	:	$S_f = C_b \times C_e \times C_t \times I_s \times S_g \,(C_b = 0.7)$ $= 0.46\ kN/m^2$ + 0.25 (추가적설) $= 0.71\ kN/m^2$ $\therefore\ S_g \times I_s = 0.55\,kN/m^2 < 0.71\,kN/m^2$

4) 적용 프로그램

구조설계시 사용된 프로그램의 버전 및 적용사항에 대하여 표시하고, 그 해석 결과를 구조설계서에 첨부한다.

PROGRAM	적용사항
MIDAS GEN-w 4.2.3	3D 골조 응력 해석 3D 동적해석
MIDAS SDS	MAT SLAB 해석

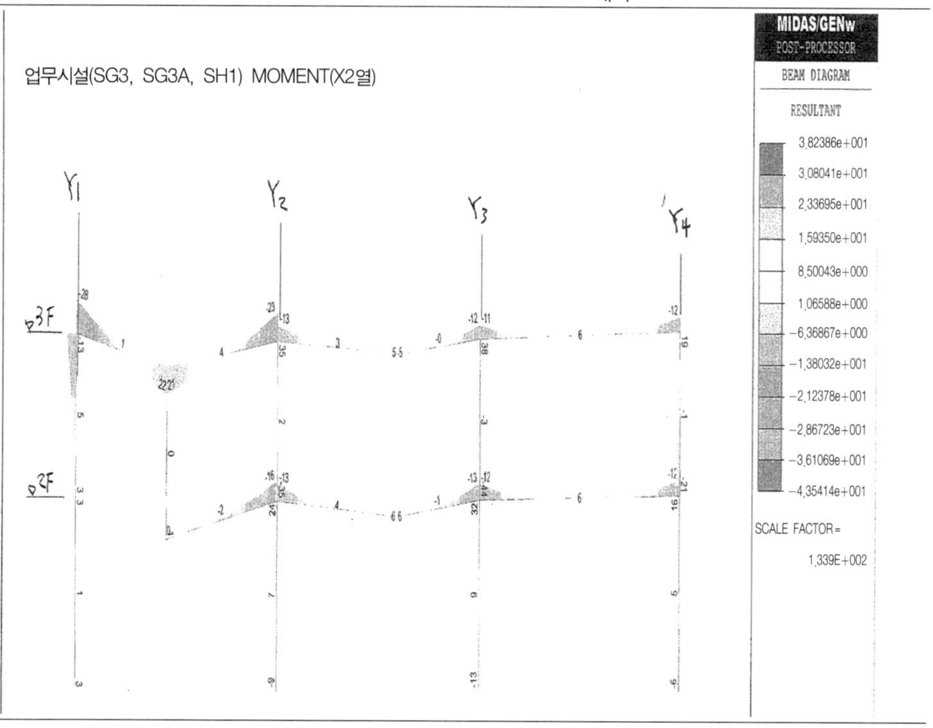

5) 구조재료 및 강도

구조설계시 적용된 구조재료의 종류 및 설계기준강도를 표시한다.

<table>
<tr><th colspan="2">재료</th><th>적용부분</th><th>설계기준강도</th></tr>
<tr><td rowspan="2">콘크리트</td><td>지상층</td><td>전체</td><td>$f_{ck}=24$MPa</td></tr>
<tr><td>지하층</td><td>SLAB, GIRDER를 제외한 수직 구조체</td><td>$f_{ck}=27$MPa</td></tr>
<tr><td colspan="2" rowspan="2">철근</td><td>KS D 3504 SD400</td><td>$f_y=400$MPa</td></tr>
<tr><td>KS D 3504 SD500</td><td>$f_y=500$MPa</td></tr>
<tr><td colspan="2" rowspan="2">강재</td><td>KS D 3866 SHN 400</td><td>$f_y=235$MPa</td></tr>
<tr><td>KS D 3866 SHN 490</td><td>$f_y=325$MPa</td></tr>
<tr><td colspan="2">접합볼트</td><td>KSB 1010 F10T</td><td>$f_t=310$MPa
$f_s=150$MPa</td></tr>
<tr><td colspan="2">앵커볼트</td><td>KS D 1016</td><td>$F_y=240$MPa</td></tr>
<tr><td colspan="2">용　접</td><td colspan="2">모재강도에 준함 (KS D 7004)</td></tr>
</table>

6) 지반조건

지반조건의 경우 지반 조사결과를 토대로 다음과 같이 구조설계서에 포함한다.

분류	지층개요
지내력	$f_e=50$kN/m^2
지하수위	1FL 3m
동결심도	GL − 90cm
PHC PILE 허용지지력 ($\phi 450$)	$f_p=800$kN/ea

7) 제한 조건

해당 구조설계서의 제한사항에 대하여 명기한다.

2.3.2 골조 평면도 및 기초 평면도

구조설계서의 골조 평면도는 해당 건축물의 구조형식이 표현되며, 각 부재의 위치 및 간격이 표시된다. 각 부재의 위치와 간격은 X, Y로 표현되는 기둥열을 기준으로 표시되며, 이는 각 부재의 구조역학적 연결 관계와 각 부재의 설계번호(기호)를 부여하여 표현한다. 이러한 설계번호는 동일 혹은 유사 응력에 지배받는 부재를 그룹화하는 것이 일반적이며, 구조설계서외에 구조설계도에 동일하게 기입된다.

부재 리스트	설계 번호(기호)
슬래브(SLAB)	S1, S2, ……, Sn
기둥(COLUMN)	C1, C2, ……, Cn
큰보(GIRDER)	G2, G2, ……, Gn
작은보(BEAM)	B1, B2, ……, Bn
파일기초(PILE FOUNDATION)	PF1, PF2, ……, PFn

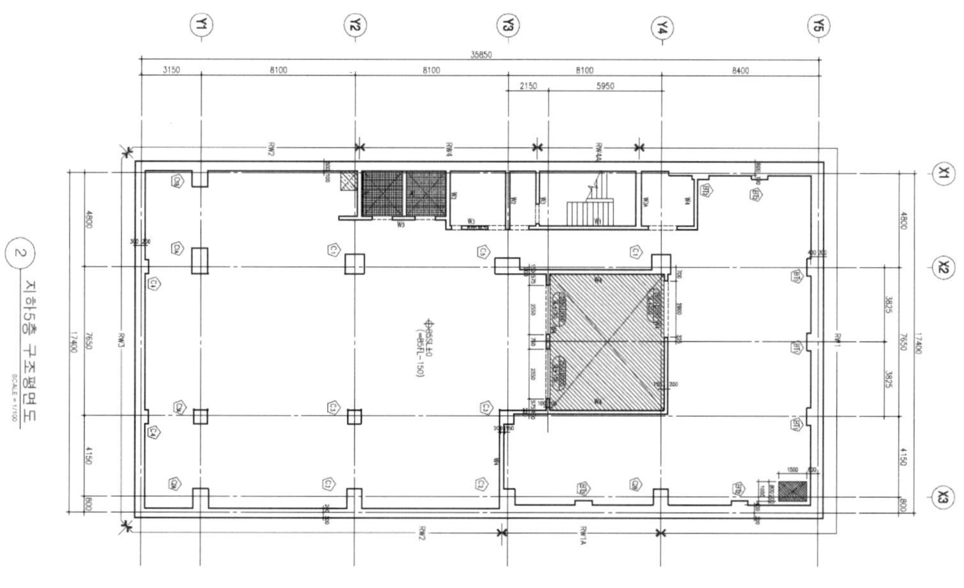

그림 2.8 골조 평면도

2.3.3 부재 일람표 및 상세도

부재 일람표는 기둥, 슬래브, 보 및 벽체 등 골조 평면도에 표시된 각 부재의 설계 내역(콘크리트 강도 및 철근 강도)과 철근배근 내역 등을 다음과 같이 표시하며, 각 부재별 상세도를 함께 포함한다.

스라브 배근 일람표

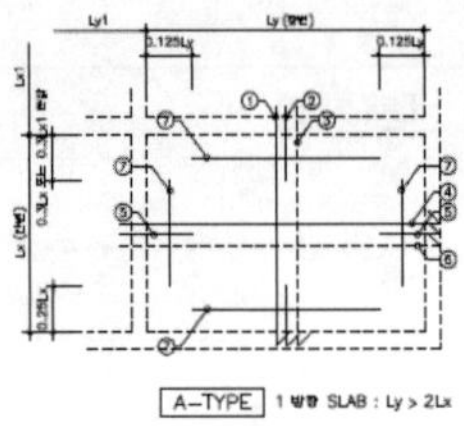

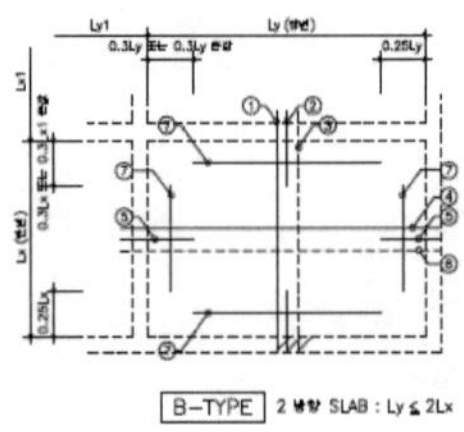

* SLAB 지하,지상층 : Fc = 240 kg/cm², Fy = 4000 kg/cm²

MARK	TYPE	THK.	단 변 (X)			장 변 (Y)			[illegible] 변	비 고
			①	②	③	④	⑤	⑥	⑦	
S0	B	135	HD10 @ 200	-	HD10 @ 200	HD10 @ 300	-	HD10 @ 300	-	
RS1	A	135	HD10 @ 200	-	HD10 @ 200	HD10 @ 300	-	HD10 @ 300	-	
PHS6	B	135	HD10 @ 200	-	HD10 @ 200	HD10 @ 300	-	HD10 @ 300	-	
S1	A	135	HD10 @ 200	-	HD10 @ 200	HD10 @ 300	-	HD10 @ 300	-	
S2	A	200	HD13 @ 200	HD13 @ 200	HD13 @ 100	HD10 @ 400	HD10 @ 400	HD10 @ 200	-	
S3	A	200	HD16 @ 300	HD16 @ 300	HD16 @ 150	HD13 @ 400	HD13 @ 400	HD13 @ 200	-	
S4	A	150	HD10+13 @ 200	-	HD10+13 @ 200	HD10 @ 300	-	HD10 @ 300	-	
S5	B	135	HD13 @ 400	HD13 @ 400	HD10 @ 200	HD13 @ 400	HD13 @ 400	HD10 @ 200	-	
S1A	A	150	HD13 @ 200	-	HD13 @ 200	HD10 @ 300	-	HD10 @ 300	-	
CS1	A	135	HD13 @ 150	-	HD13 @ 300	HD10 @ 300	-	HD10 @ 300	-	
CS2	A	135	HD13 @ 300	-	HD13 @ 300	HD10 @ 300	-	HD10 @ 300	-	
S11	B	250	HD16 @ 300	HD16 @ 300	HD16 @ 150	HD16 @ 300	HD16 @ 300	HD16 @ 150	-	
S12 , S12A	B	250	HD16 @ 150	-	HD13 @ 150	HD13 @ 150	-	HD13 @ 150	-	
S13	A	250	HD16 @ 150	-	HD13 @ 150	HD13 @ 150	-	HD13 @ 150	-	
S14	A	200	HD16 @ 150	-	HD13 @ 150	HD13 @ 150	-	HD13 @ 150	-	
S10	B	250	HD13 @ 200	-	HD13 @ 200	HD13 @ 200	-	HD13 @ 200	-	

DECK 스라브 배근 일람표

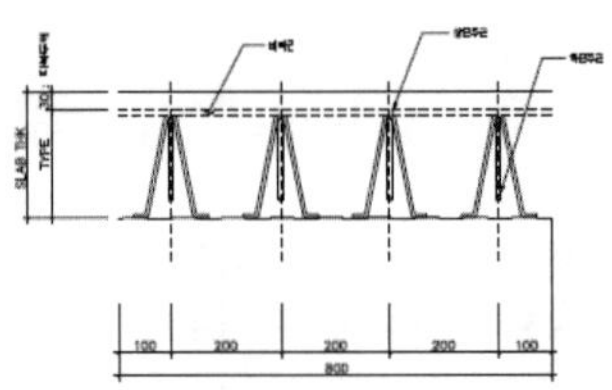

SLAB NO.	FERRO DECK TYPE	SLAB THK	배 근			비 고
			상부근	하부근	배력근	
DS1	TC-85	135	HD13	HD10	HD10 @ 250	
DS2 , DS5	TC-85	135	HD13	HD10	HD10 @ 250	
DS3	TC-85	135	HD13	HD10	HD10 @ 250	
DS4	TE-150	200	HD16	HD13	HD10 @ 200	
DS1A	TE-100	150	HD16	HD16	HD10 @ 200	

그림 2.9 슬래브 배근 일람표

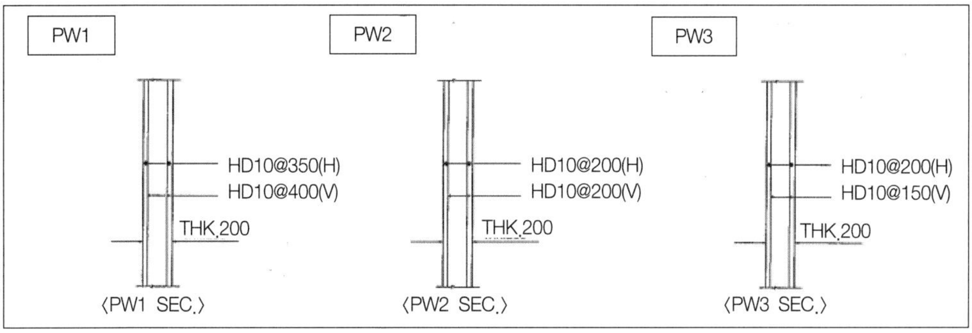

그림 2.10 벽체 배근 상세도 **조경공사, 기계설비공사, 전기설비공사의 공정계획을 포함하고 있다.**

conc. : fck=30MPa (내부 사면구속기둥, 위치는 구조평면도 참조) 예-30c1
: fck=21MPa (그 외 기둥, 위치는 구조평면도 참조) 예-21C1
주근 : fy = 500MPa, SHD22
띠철근 : fy-400MPa, HD10

층별	$_{30}$C1 단면 크기(600×500)	층별	$_{30}$C2 단면 크기(600×500)
ALL	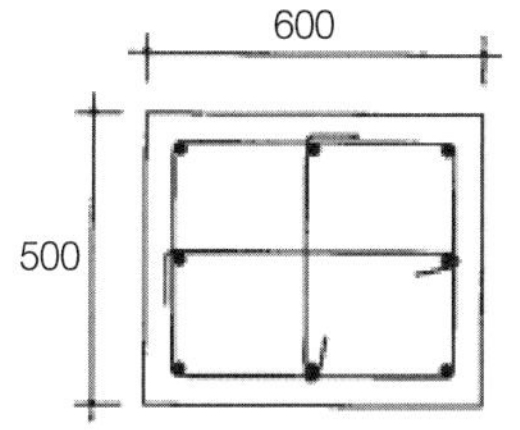 주근 : 8-SHD 22 피철근 : HD10@300 (전구간)	ALL	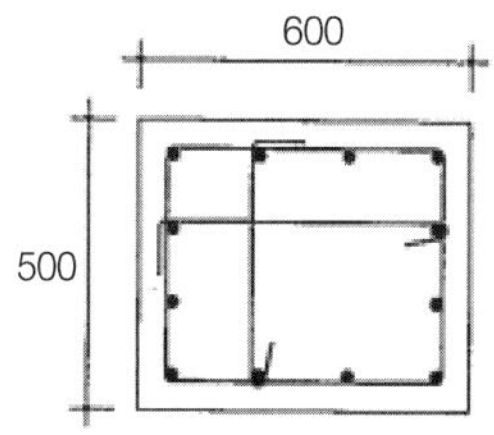 주근 : 12-SHD 22 피철근 : HD10@300 (전구간)

그림 2.11 기둥 일람표

2.3.4 안전성 검토 및 해석 내역서

구조물 전체의 부상이나 전도 등에 의해 구조안전성에 문제가 발생할 경우 부재설계 이전에 구조물 안전성 검토를 수행한다. 구조해석 모델이나 해석의 방법, 결과 등을 알 수 있도록 체계적으로 정리하며, 부재설계에 필요한 각종 부재력(축력, 모멘트, 전단력 등)을 산출하는 과정 및 결과를 다음과 같은 형식으로 설계 내역서를 첨부한다.

해석 프로그램을 사용하는 경우 입력 자료와 해석결과(축력, 모멘트, 전단력도 및 수

평변위 등)를 요약·정리하고, 필요한 경우 자세한 출력자료를 부록 형태로 첨부한다.

MIDAS/GENw **WIND LOAD CALC.** 115

PROJECT TITLE :

Company		Client	
Author		File	

WIND LOADS BASED ON KS-2000 [UNIT: tonf, m]

```
F = ScaleFactor * Wf
Wf = Pf * Area
Pf = qz*Gf*Cpe1 - qh*Gf*Cpe2
qz = 0.5 * 0.125 * Vz^2, qh = 0.5 * 0.125 * Vh^2
Vz = Vo*Kzr*Kzt*Iw      , Vh = Vo*Khr*Kzt*Iw

Exposure Category             : B
Gust Factor                   : Gf = 2.20
Basic Wind Speed [m/sec]      : Vo = 30.00
Average Roof Height [m]       : h  = 65.40
Importance Factor             : Iw = 1.10

Zb = 15.00, Zg= 400.00, Alph = 0.22
Kzr=  0.81(Z<=Zb), Kzr =    0.45*Z^Alph (Z> Zb)
Kzt= 1.0(Z>Hzt), Kzt =    1.00(Z<=Hzt), Hzt =  0.00
qh =    86.73 [kgf/m^2]

ScaleFactor for X-direction Wind Loads : SFx = 1.00
ScaleFactor for Y-direction Wind Loads : SFy = 0.00
```

** PRESSURE in the table represents Pf value

** Cpe2 Values (Cpe1 = 0.8)

STORY NAME	Cpe2x	Cpe2y
PH	-0.500	-0.494
ROOF	-0.500	-0.494
15F	-0.500	-0.494
14F	-0.500	-0.407
13F	-0.500	0.407
12F	-0.500	-0.407
11F	-0.500	-0.407
10F	-0.500	-0.407
9F	-0.500	-0.407
8F	-0.500	-0.407
7F	-0.500	-0.407
6F	-0.500	-0.407
5F	-0.500	-0.407
4F	-0.500	-0.407
3F	-0.500	-0.407
2F	-0.500	-0.407
1F	0.000	0.000

W I N D L O A D G E N E R A T I O N D A T A X - D I R

STORY NAME	PRESSURE	ELEV.	LOADED AREA H	LOADED AREA By	WIND FORCE	ADDED FORCE	STORY FORCE	STORY SHEAR	OVERTURN`G MOMENT
PH	0.24806	65.4	2.1	17.1	8.9077613	0.0	8.9077613	8.9077613	0.0
ROOF	0.24366	61.2	4.2	17.1	17.499967	0.0	17.499967	26.407728	37.412598
15F	0.2391	57.0	4.1	17.1	16.763177	0.0	16.763177	43.170905	148.32505
14F	0.23457	53.0	4.1	24.3	23.370302	0.0	23.370302	66.541206	321.00867
13F	0.22961	48.8	4.1	24.3	22.875668	0.0	22.875668	89.416875	600.48174
12F	0.22465	44.8	4.0	24.3	21.835997	0.0	21.835997	111.25287	958.14924
11F	0.21944	40.8	4.0	24.3	21.329526	0.0	21.329526	132.5824	1403.1607
10F	0.21393	36.8	4.0	24.3	20.794411	0.0	20.794411	153.37681	1933.4903
9F	0.20808	32.8	4.0	24.3	20.225625	0.0	20.225625	173.60243	2546.9976
8F	0.20182	28.8	4.0	24.3	19.616504	0.0	19.616504	193.21894	3241.4073
7F	0.19504	24.8	4.0	24.3	18.957904	0.0	18.957904	212.17684	4014.283
6F	0.18762	20.8	4.0	24.3	18.236682	0.0	18.236682	230.41352	4862.9904
5F	0.17935	16.8	4.0	24.3	17.432758	0.0	17.432758	247.84628	5784.6445
4F	0.174	12.8	4.0	24.3	16.912909	0.0	16.912909	264.75919	6776.0296
3F	0.174	8.8	4.0	24.3	16.912909	0.0	16.912909	281.6721	7835.0664
2F	0.174	4.8	4.4	24.3	18.6042	0.0	18.6042	300.2763	8961.7548
G.L.	--	0.0	--	--	--	--	--	300.2763	10403.081

그림 2.12 풍하중 계산 내역서

2.3.5 부재설계 내역서

구조해석을 통해 산출된 구조물 전체 또는 부재 각각의 변형이나 부재력을 반영하여 각 부재를 설계한다. 이러한 부재설계는 향후 구조도면 작성시 각 부재의 크기 및 철근배근 상세와 연계된 구조도면 작업에 사용된다.

각 부재는 층별, 위치별 그 부재설계 결과가 다를 경우 별도로 표현하여야 하며,

각 부재는 설계번호가 부여된다. 이때, 사용 재료의 재질이나 강도가 상이한 경우 주기 및 표현방법을 달리하여(설계번호 차별화) 그 내용을 표현한다.

MIDAS/SET **Slab Design [S1]** **30**

Company		Project Name	
Author		File Name	

1. Geometry and Materials

Design Code : KCI-USD99 (Build.)
Material Data : f_{ck} = 240 kgf/cm²
f_y = 4000 kgf/cm²
Slab Span L : 2.80 m (Both End Fixed)
Slab Depth : 135 mm (d_c = 30 mm)

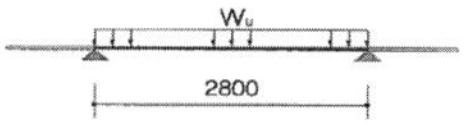

2. Applied Loads

Dead Load : W_d = 0.70 tf/m²
Live Load : W_l = 0.20 tf/m²
W_u = 1.4*W_d+1.7*W_l= 1.32 tf/m²

3. Minimum Slab Thk Check

h_{min} = L/28 = 100 mm
Thk = 135 > Req'd Thk = 100 mm .... O.K

4. Reinforcement

Strength Reduction Factor Φ = 0.900

	Short Span			Minimum
	Cont.	Cent.	DisCon	Ratio (ω_s<0.4)
M_u (tf-m)	0.86 (W_uL^2/12)	0.65 (W_uL^2/16)	0.00	
ρ (%)	0.222	0.166	0.000	0.200
A_{st} (cm²)	2.33	1.74	0.00	2.70
D10	@ 300	@ 400	@ 400	@ 260
D10+13	@ 400	@ 400	@ 400	@ 360
D13	@ 400	@ 400	@ 400	@ 400
D13+16	@ 400	@ 400	@ 400	@ 400

5. Shear Stresses Check

Strength Reduction Factor Φ = 0.850
Vux = 1.85 < 0.85*Vc = 7.33 tf .... O.K

그림 2.13 슬래브 설계 내역서

1) 슬래브 설계

슬래브 설계번호, 하중조건, 크기, 두께, 재료강도, 지지조건, 처짐 및 진동조건 등 설계조건과 구조해석, 부재설계 과정 및 결과를 정리하여 슬래브의 배근 형태와 배근량 등을 쉽게 이해할 수 있도록 표현한다. 이는 구조도면에서 슬래브 일람표 및 배근 상세로 작성된다.

2) 보 설계

건축물의 구조해석 결과를 반영하여 보의 기호, 부재력, 단면크기, 재료강도 및 배근 형상을 표기한다. 다만, 별도의 접합이나 보강상세가 필요한 경우 보 설계 부분에 별도로 접합부 설계 부분을 명기하여 구조도면 작성 시 확대상세 도면화작업을 실시하도록 한다.

3) 기둥 설계

보의 설계와 동일한 방법으로 기둥 부호, 부재력, 단면크기, 재료강도 및 배근 형상, 접합 및 보강 상세 등을 표현한다. 접합이나 보강 상세 내용은 별도의 접합부 설계 부분에 표현하여 구조도면 작성시 접합 상세도를 작성하도록 한다. 벽체 및 기초의 경우도 상기 내용과 유사한 방법으로 부재 설계를 실시한 후 특별한 사항은 별도로 표기하여 구조도면 작성 시 관련내용을 부분 상세, 확대 상세 도면화되도록 하여야 한다.

4) 기타 설계

지하물탱크, 정화조 및 각종 부착물에 대한 구조설계 결과를 추가하여 구조도면화 작업 시 관련 내용이 작동되도록 명기하여야 한다.

Chapter 3

기계설비 부문

3.1 건축기계설비 설계도서의 개요 및 구성

3.1.1 건축기계설비 설계도서의 개요

건축기계설비는 건축물에서의 공기조화설비(냉난방 · 환기설비), 위생설비, 도시가스설비, 소방설비 및 기타 특수설비 등으로 구분될 수 있으며, 이들 세부내용은 다음의 〈표 3.1〉과 같다.

이 중 소방설비를 제외한 도서의 작성은 건축기계설비기술사 혹은 공조냉동기술사 자격을 갖춘 설계사무소에서 작성하게 되며, 소방설비는 소방설비기술사 자격을 갖춘 사무소에서 작성하는 것이 일반적이다. 건물이나 시설 규모에 따라 기술사자격이 필요 없거나 기사자격으로도 작성 가능하며, 기본 공정을 제외한 특수시설 등의 경우 대부분 전문업체와 협력하여 설계도서를 작성하는 것이 일반적이다.

표 3.1 건축기계설비의 분류

구 분		세부 내용	비 고
공기조화설비		열원설비, 공기조화설비, 냉난방설비, 환기설비 등	건축기계설비 설계사무소 작업
위생설비		급수설비, 급탕설비, 오배수설비, 위생기구 등	
도시가스설비 등		도시가스설비, 기타 연료공급 설비	
소방설비		소방설비(기계)	소방전문 설계사무소 작업
특수설비	자동제어	자동제어	전문업체와 협력하여 건축기계설비 설계사무소 작업
	방음방진	방음방진	
	개별 냉난방	에어컨, EHP, GHP 등	
	우수 · 중수	빗물이용설비, 중수도설비	
	정화조	오수정화설비	
	냉동냉장	냉동냉장설비(냉동/냉장 창고)	
	클린룸	클린룸설비	
	반송설비	엘리베이터, 에스컬레이터 등	
	신재생에너지	태양열급탕, 지열히트펌프	
	기타	세탁설비, 주방설비, 수영장 등 수처리설비, 진공청소설비, 동파방지 설비 등	

3.1.2 건축기계설비 설계도서의 구성

건축기계설비의 기본도서에는 기계설비 도면, 냉난방부하 계산서와 각종 장비 선정 계산서 등의 계산서와 시방서 및 내역서로 구성된다. 이외에 인허가를 위한 법규상의 작성도서로서 에너지절약계획서(기계부분) 및 친환경건축물인증 등 각종 인증을 위한 추가 도서가 있으며, 이외에 설계설명서, 시스템 비교분석 자료, 경제성 분석자료, 각종 시뮬레이션 분석자료 등 설계진행을 위한 각종 검토서 및 보고서를 작성하게 된다.

3.2 건축기계설비 도면

3.2.1 건축기계설비 도면의 개요

기계설비 도면은 장비일람표, 옥외배관 평면도, 열원흐름도, 기계실 장비배치 및 기계실 배관·덕트 도면 등 건물의 전반적인 기계설비 시스템 등에 대한 도면이 개요 형식으로 도면 앞 부분에 구성되며, 이후 공조덕트, 공조배관, 위생배관, 가스배관, 자동제어 등의 기계설비 기본 공종에 대해 각 공종별로 도면이 작성되며, 각 공종별 도면은 계통도, 각층 평면도, 상세도로 기본 도면이 구성되어진다. 이외에 개별냉난방설비(EHP 등), 방음방진, 연도 등의 도면이 필요에 따라 계통도, 평면도, 상세도로 구분되어 구성되고, 도면 제일 뒷부분에는 태양열, 지열설비 등의 특수설비 관련 도면과 일반 상세도, 샤프트 상세도 등의 상세도면으로 작성된다.

기계소방 도면은 대부분 별도로 작성되며, 그 구성도 소화장비 일람표, 계통도, 평면도, 상세도로 구성되며, 필요시 특수설비 관련 도면과 상세도면으로 작성된다.

3.2.2 주요 기계설비 도면

주요 도면의 작성목적, 표현내용 등 주요 사항을 정리하면 다음과 같다.

참고로 이후의 설명은 업무시설 등 일반 건물을 기준으로 정리한 것이며, 공동주택의 경우에는 업무시설에 비해 설비 시스템이 상대적으로 단순하기 때문에 제외되거나 단순화되는 공종이 많으며, 공동주택 중에서도 개별난방 공동주택과 지역난방 공동주택은 난방과 급탕 부분의 차이가 크다.

1) 범례

기계설비 도면에 사용되는 각종 기호와 그들의 설명을 나타내며, 필요시 재질 등의 세부 사항을 포함하기도 한다.

표 3.2 기계설비 도면 작성시 사용되는 범례 예

기호	명칭	비고
F.D	바닥배수관(Floor Drain)	
C.O	천장소제구(Ceiling Clean Out)	
F.C.O	바닥소제구(Floor Clean Out)	
V.T.R	지붕통기관(Vent Through Roof)	
, PG	압력계(Pressure Gauge)	
, TG	온도계(Thermometer Gauge)	
,	게이트밸브(Gate Valve)	
,	체크밸브(Check Valve)	
,	플렉시블이음(Flexible Joint)	
	글로브밸브(Glove Valve)	
	볼밸브(Ball Valve)	
	콕밸브(Cock Valve)	
	안전밸브(Safty Valve)	
	스트레이너(Strainer)	
	파이프앵커(Pipe Anchor)	
—— M ——	유량계(Flower Meter)	
—— DW ——	시수공급관(City Water Pipe)	
—— • ——	급수공급관(Water Supply)	
—— •• ——	급탕공급관(Hot Water Supply)	
—— ••• ——	급탕환수관(Hot Water Return)	
—— V ——	통기관(Vent Pipe)	
—— D ——	배수관(Drain Pipe)	
—— S ——	오수관(Soil Pipe)	
—— P D ——	펌핑배수관(Pumping Drain Pipe)	
—— P S ——	펌핑오수관(Pumping Soil Pipe)	
—— C D ——	결로수배수배관	
—— W D ——	폐수배관	
—— PWD ——	펌핑배수관	
—— CWS ——	냉수공급관(Chilled Water Supply)	
—— CWR ——	냉수환수관(Chilled Water Return)	
—— FCS ——	팬코일유닛공급관	
—— FCS ——	팬코일유닛공급관	

2) 장비일람표

장비일람표는 해당 건물에 설치되는 모든 장비의 용량, 수량, 사양 및 기타 특별한 기준이나 조건 등을 나타내는 도면으로 장비발주와 물량산출 등에서 매우 중요한 역할을 하는 도면이다. 장비일람표는 원칙적으로 건물에 설치되는 모든 장비를 표기하며, 주로 다음 장비들이 표기된다

① 열원장비 : 냉동기, 보일러, 냉각탑, 열교환기, EHP/GHP 등

② 공조장비 : 공기조화기(AHU), 환기조화기, 팬코일유닛(FCU), 방열기, 전기방열기, 컨벡터, 팬파워드유닛(FPU), 헤더 등

③ 반송장비 : 펌프류(공조용, 위생용), 송풍기 및 각종 팬류

④ 위생기구 : 양변기, 소변기, 샤워기, 청소싱크 등 위생기구류

⑤ 각종 탱크류 : 저수조, 고가수조, 급탕탱크, 팽창탱크, 응축수탱크, 우수조 등

⑥ 기타 특수장비 : 지열장비, 태양열급탕설비 등

■ 열 교 환 기 (난방용)

장 비 번 호	수 량	용 도	형 식	선정용량 (kcal/hr)	규 격(mm) (A x L)	1차측 증기		2차측 온수			비 고
						유량 (kg/hr)	증기압 (kg/㎠)	유량 (lit/min)	온 도 (°C) 입구	출구	
HE 01	1	FCU 난방용	SHELL&TUBE	200,000	165×1,220	287	2.0	495	55	60	
HE 02	1	바닥 난방 및 냉각수조 승온용	SHELL&TUBE	100,000	120×1,450	183	2.0	157	80	70	

■ 팬 코 일 유 니 트

장 비 번 호	수 량	용 도	설치 위치	냉 방						난 방						소비전력		비 고
				입구공기온도		냉수온도		열 량	냉수량	입구공기온도		온수온도		열 량	온수량			
				DB(°c)	WB(°c)	입구(°c)	출구(°c)	kcal/h	lpm	DB(°c)	WB(°c)	입구(°c)	출구(°c)	kcal/h	lpm	W	Ph/V/Hz	
FCU 01	33	1, 2층 사무실 냉난방 용	각층 재실	26	19	7	12	4,720	15	20	-	60	55	7,982	15	65	1/220/60	

■ 전 기 식 온 풍 기

장 비 번 호	수 량	용 도	설치 위치	형 식	난방능력	소비전력	운전전류	전 원	비 고
					kcal/h	kW	A	Ph/V/Hz	
EH 01	1	세차장 난방용	자동세차장	입형 상부 토출 덕트연결형	25,000	30	79/46	3/440/60	

■ 급 기 용 송 풍 기

장 비 번 호	수 량	용 도	설치 위치	형 식	규 격	풍 량	정 압	동 력		비 고
						CMH	mmAq	kW	Ph/V/Hz	
SF 01	1	2층 기계실 급기	기계실	SIROCCO	# 9 SS	46,400	30	11	3/440/60	

■ 전 기 라 디 에 이 터

장 비 번 호	수 량	용 도	설치위치	형 식	규 격	동 력	전 원	비 고
					(LxHxW)	(kW)	(PH/V/Hz)	
ER 01	2	외주부 화장실 동파방지용	1 층 외주부 화장실	벽걸이형	620×450×80	1.5	1/220/60	

그림 3.1 장비일람표 예

3) 옥외배관 평면도

옥외배관 평면도는 건축물의 옥외에 설치되는 각종 배관의 설치를 표현하는 도면으로, 건축 배치도에 표현한다. 옥외배관 평면도는 원칙적으로 건물 옥외에 설치되는 모든 배관을 표기하여 주로 다음 항목들을 표기한다.

① 상수도 관련 : 수도미터기 위치, 상수도 인입배관(관로 및 관경)

② 도시가스 관련 : 도시가스 정압기 · 미터기 위치, 도시가스 인입배관(관로 및 관경)

③ 우수 · 오수배관 : 건물에서 토목배관으로 연결되는 우수관, 오수관 위치 및 관경

④ 기타 : 건물 옥외에 설치되는 모든 설비 관련 시설 및 배관

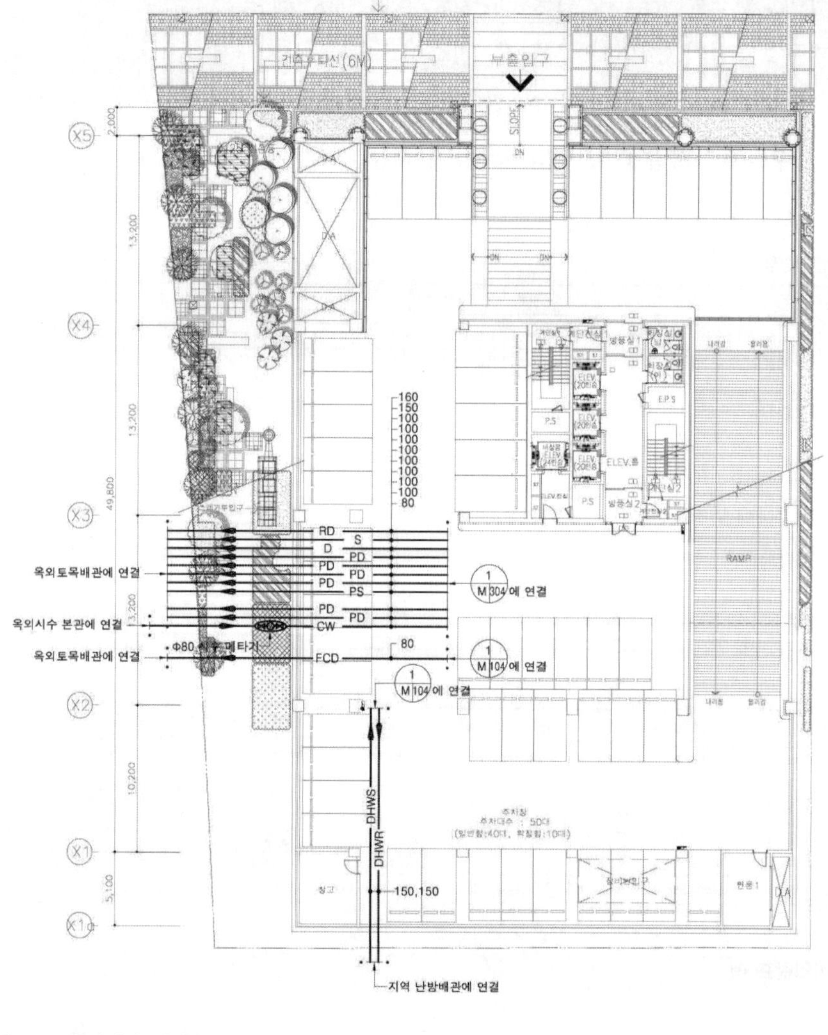

그림 3.2 옥외배관 평면도 예

4) 열원 흐름도

열원 흐름도는 대상 건물에서 열의 공급(흐름)과 관련된 내용을 다이어그램 형식으로 나타내는 도면이다. 열원 흐름도에는 냉동기, 보일러 등의 열원 및 시스템에어컨, 지열시스템, 태양열 급탕 등의 보조열원과 함께, 냉각탑, 열교환기, 팽창탱크, 급탕탱크, 응축수 탱크 등 열원 관련 장비와 함께 열공급에 필요한 펌프류, 헤더, 각종 배관의 입상과 분기 및 주요 제어밸브까지도 포함하여 표현한다.

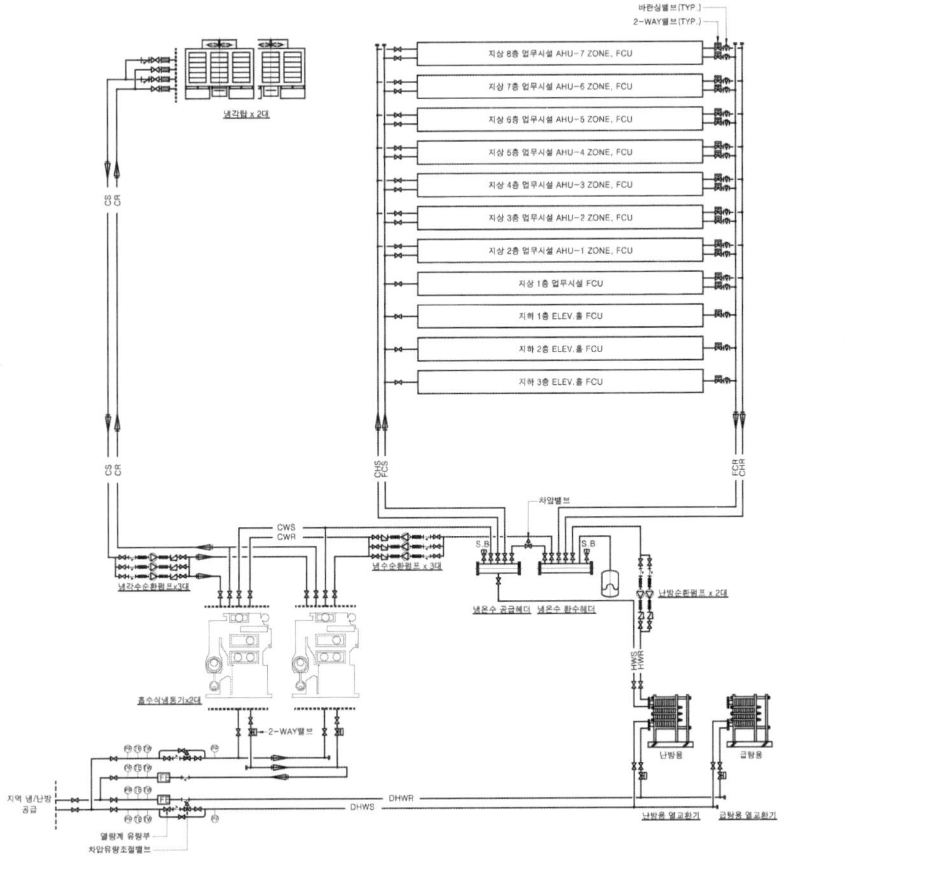

그림 3.3 열원 흐름도 예

5) 기계실 확대 배관, 공조덕트, 장비기초도

기계실에 설치되는 각종 장비와 배관, 덕트를 표현하는 도면이다. 기계실은 기계설비 시스템에서 매우 중요하고, 시설의 배치가 매우 복잡하므로 별도로 표현한다. 일반적으로 장비설치를 위한 장비 기초도는 별도로 표시하며, 기계실 배관 도면과 덕트 도면도 각각 별도로 작성하는 것이 일반적이다. 또한 기계실 배관에는 밸브 일람표를 별도의 표로 작성하는 것이 일반적이며, 횡주배관의 지지에 필요한 시스템 채널을 별도로 작성하기도 한다.

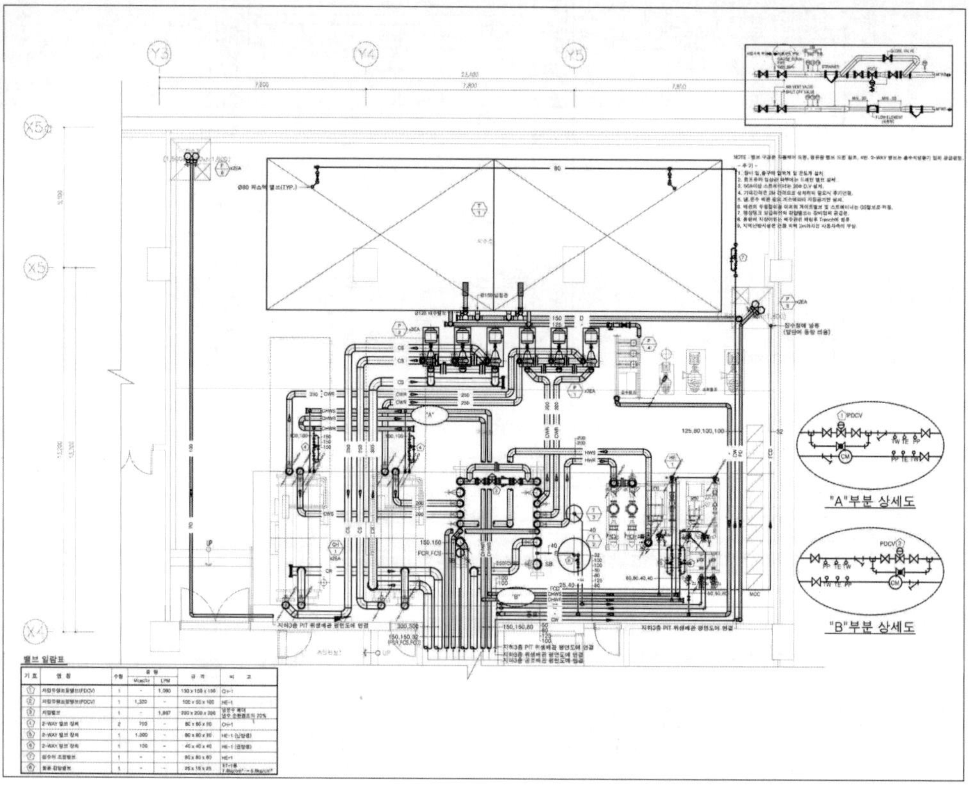

그림 3.4 기계실 확대 배관 평면도 예

6) 기본 공종별 도면

위와 같이 대상 건물의 기계설비 시스템에 대한 기본적인 도면을 표현한 후 기계설비의 기본 공종(대부분의 건물에 모두 설치되는 공종)이 되는 공조배관, 공조덕트, 위생배관, 가스배관, 자동제어 등 각각의 공종별 도면을 작성한다. 기계설비 도면의 경우 각 공종은 계통도, 각층 평면도, 확대 도면의 순서로 표현하는 것이 일반적이다.

다음은 공조배관을 대상으로 한 각 도면에 대한 설명이다.

① 계통도(공조배관 계통도)

공조배관 계통도는 건물의 공기조화에 필요한 온수, 냉수, 증기 및 냉매 배관 등의 설치 계통 및 이러한 배관이 연결되는 장비들을 함께 단면도 형식으로 나타내는 도면이다. 계통도는 기본적으로 건축 단면도(건축도면의 상세한 단면도 형식이 아닌 단순히 층을 구분한 정도 수준의 단면도 수준임)에 표현하며, 다음과 같은 내용이 포함된다. 참고로 공동주택의 경우 위생 부분이 중요하여 위생배관 계통도를 급수·급탕 계통도와 오배수배관 계통도로 구분하여 작성하는 것이 일반적이며, 개별난방 공동주택의 경우에는 공조배관 계통도나 공조덕트 계통도를 작성하지 않는 것이 일반적이다.

공조배관 계통도의 표현 사항은 다음과 같다.

- 냉난방, 공조와 관련된 장비(예 : 냉동기, 보일러, 냉각탑, FCU, AHU, 방열기 등의 열원장비 및 공조장비 / 장비번호 포함)
- 입상 배관(배관종류 및 관경 표시) 및 각층의 횡배관
- 주요 밸브, 배관흐름 방향, Expansion Joint 위치 등

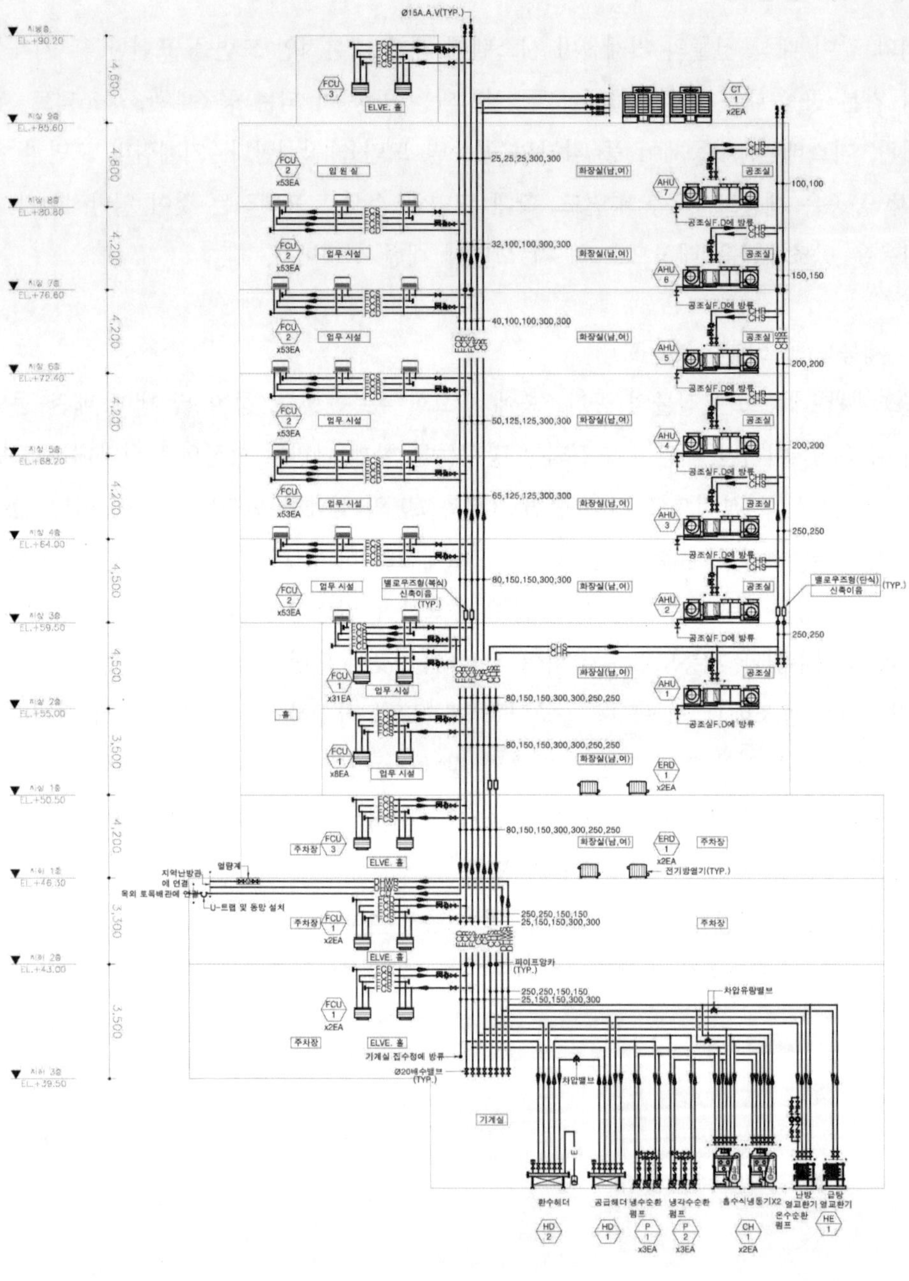

그림 3.5 공조배관 계통도 예

② 각층 평면도(공조배관 평면도)

공조배관 평면도는 건물 해당 층의 공기조화에 필요한 온수, 냉수, 증기 및 냉매 등의 배관과 이러한 배관이 연결되는 장비들을 함께 각층 평면도에 나타내는 도면이다. 각 공종의 평면도는 건축 평면도에 표현하며, 공조배관 평면도에는 다음과 같은 내용을 포함한다.

- 해당 층의 냉난방, 공조와 관련된 장비(예 : 냉동기, 보일러, 냉각탑, FCU, AHU, 방열기 등 / 장비번호 포함)
- 해당 층에 설치되는 모든 공조배관(배관 종류, 관경 및 흐름방향 표시)
- 샤프트 내의 입상배관 표기(배관 종류, 상하 흐름방향 표기)
- 밸브, 배관분기(엘보, 티 등) 표기

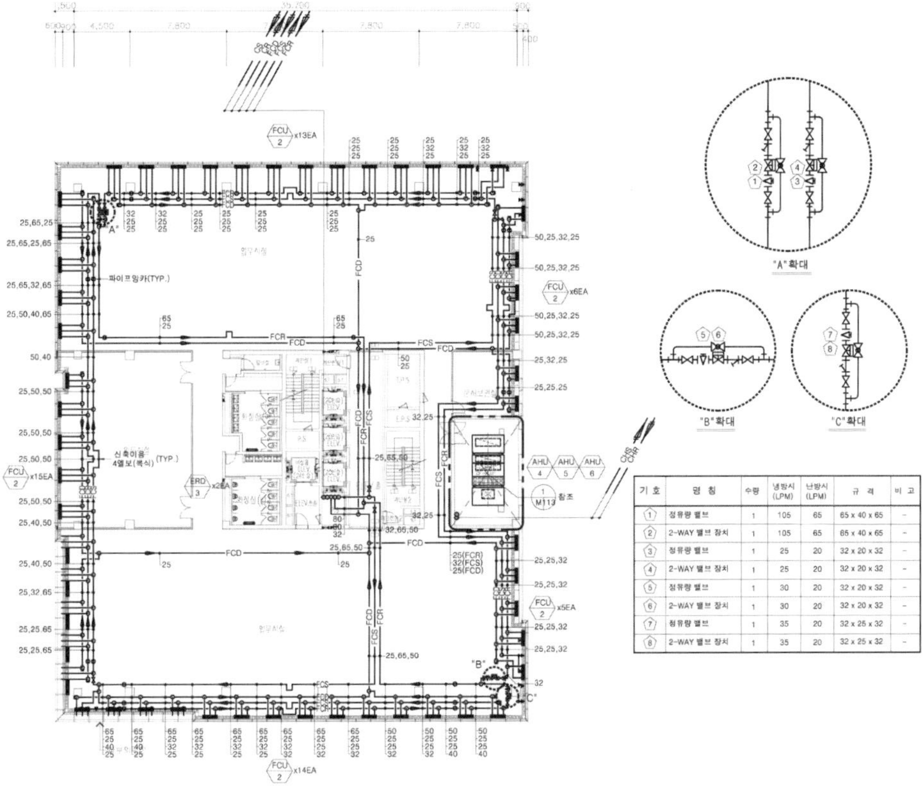

기 호	명 칭	수량	냉방시 (LPM)	난방시 (LPM)	규 격	비 고
1	정유량 밸브	1	105	65	65 x 40 x 65	-
2	2-WAY 밸브 장치	1	105	65	65 x 40 x 65	-
3	정유량 밸브	1	25	20	32 x 20 x 32	-
4	2-WAY 밸브 장치	1	25	20	32 x 20 x 32	-
5	정유량 밸브	1	30	20	32 x 20 x 32	-
6	2-WAY 밸브 장치	1	30	20	32 x 20 x 32	-
7	정유량 밸브	1	35	20	32 x 25 x 32	-
8	2-WAY 밸브 장치	1	35	20	32 x 25 x 32	-

그림 3.6 공조배관 평면도 예

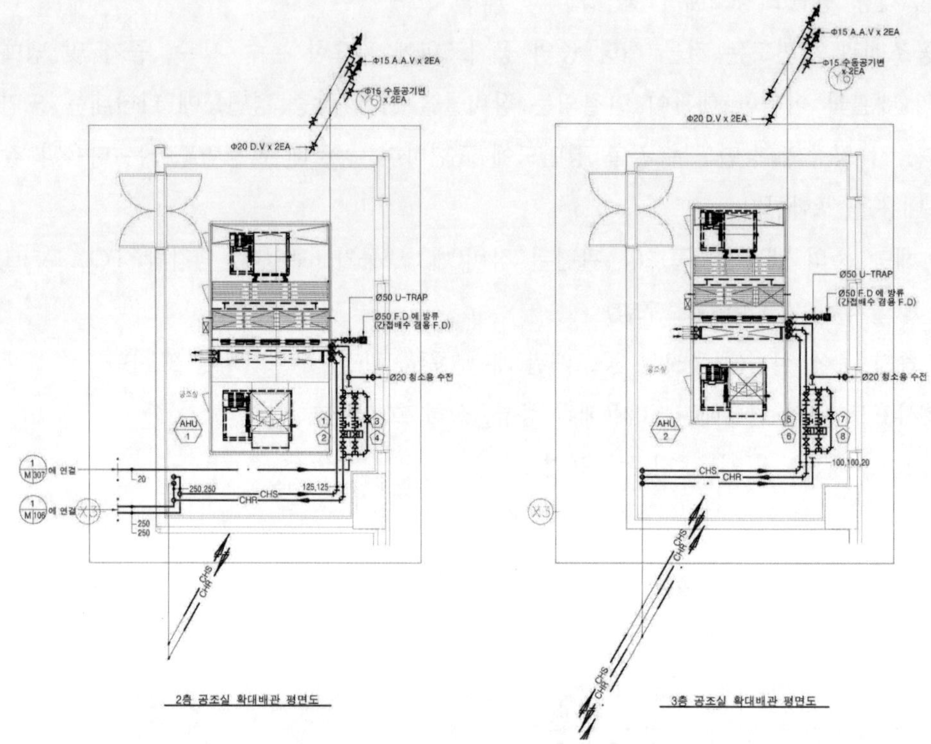

그림 3.7 공조실 확대 배관 평면도 예

③ 확대 혹은 상세 도면

각 공종별로 중요한 장비나 배관/덕트의 표현이나 축척을 확대해서 표현해야 하는 도면이다. 일반적으로 공조배관은 공조실 확대배관 평면도, 공조덕트는 공조실 혹은 팬룸 확대덕트 평면도, 위생배관의 경우는 화장실 확대배관 평면도가 여기에 해당된다. 참고로 공동주택의 경우에는 각 평형 및 타입별로 단위세대 난방 평면도, 단위세대 위생배관 평면도 등을 별도로 작성한다.

7) 각종 상세도

저수조, 각종 탱크, 헤더, 공조 밸브류 등의 특정 설비 상세도와 함께 일반 상세도, 샤프트 상세도 등을 표현하며, 대부분 표준도면을 이용하여 작성한다. 일반 상세도에는 바닥배수구, 소제구, 옥상통기관, 외벽 · 지붕 · 바닥 통과 배관설치, 각종 배관 용접, 특수 밸브 설치, 덕트의 각종 기구 · 댐퍼류 · 점검구 · 디퓨저 설치, 배관보온 등

기계설비의 공통적인 공사에 사용되는 상세를 표현한다.

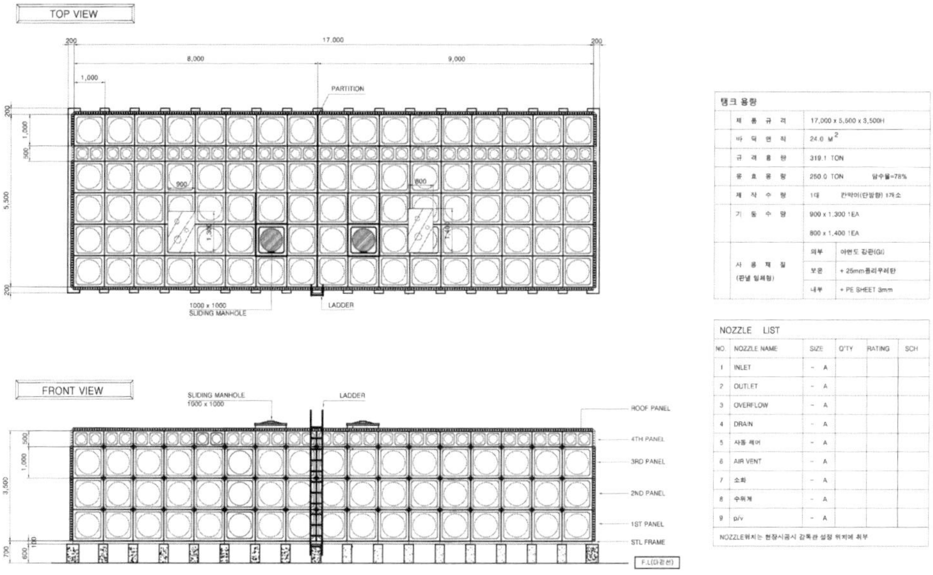

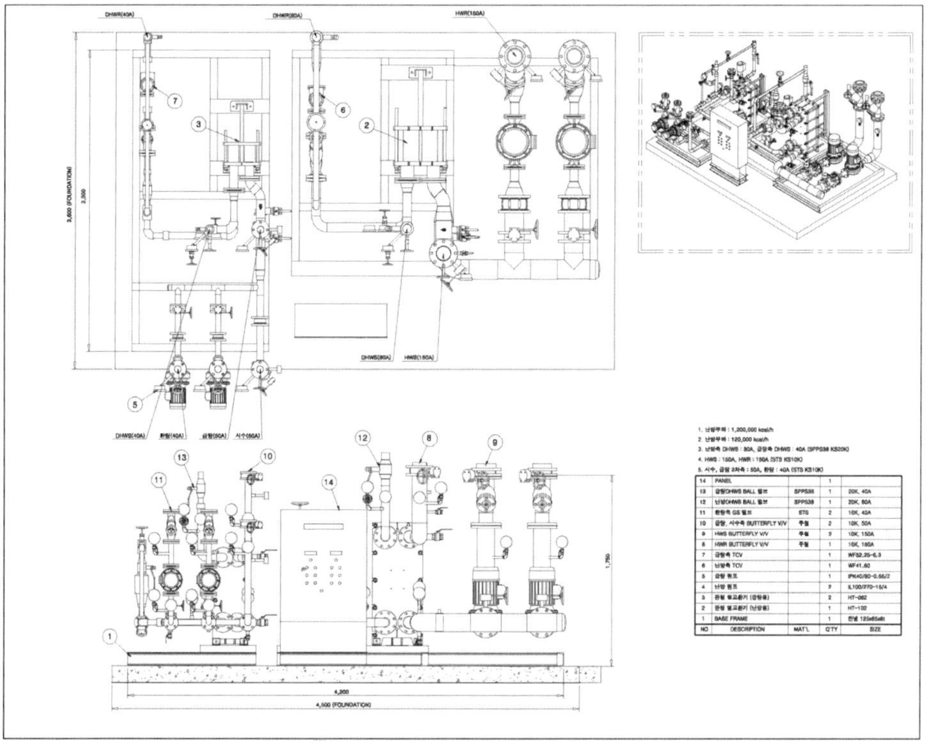

그림 3.8 상세도 예 (저수조 상세도 / 컴팩트 열교환기 상세도)

3.2.3 특수설비 관련 도면

개별냉난방설비(EHP 등), 방음방진, 연도, 지열 시스템, 태양열 시스템, 우수 및 중수 시스템, 빙축열 시스템 등 해당 건물에 설치되는 특수설비 시스템을 표현한다. 자동제어 도면을 이 부분에 별도로 표현하는 경우도 많다. 도면의 구성은 앞의 1)~7)과 유사하게 표현하며, 각 시스템의 특성에 따라 다소 차이가 날 수 있다.

3.2.4 소방기계설비 도면

소화기계설비 도면은 일반적으로 소방설계 전문업체에서 작성하는 경우가 많으며, 별도의 내역 산정 및 계약 등의 이유로 기계설비 도면과는 별도로 작성되는 것이 일반적이다. 소화기계설비 도면의 구성도 기계설비 도면과 유사한 형식으로 구성되어 범례, 장비일람표, 옥외소화배관 평면도, 소화펌프실 확대 도면, 소화배관 계통도, 각 층 소화배관 평면도, 상세도로 구성되는 것이 일반적이다.

장비 방진 일람표

장비	기번	수량	형식	용도	방진시스템/대당					NFC 콘넥타/대당		비고
					방진기호명	변위(mm)	수량(EA)	베이스 형식	높이(mm)	콘넥타 형식	수량(EA)	
냉동기	CH-01	2	2단 흡수식 냉동기	냉난방용	NSWP 네오프렌패드	3	16	-	-	N.F.C	3	
냉각탑	CT-01	2	직교류형	냉방용	FSL2 스프링마운트	50	12	-	-	N.V.C	3	
공기조화기	AHU-01	1	수평형	1~2층 업무시설	SMB2 스프링마운트	50	8	-	-	-	-	NSWP 네오프렌 패드[100x50x19t]:24SHT
	AHU-02	1	수평형	3층 업무시설	SMB2 스프링마운트	50	8	-	-	-	-	NSWP 네오프렌 패드[100x50x19t]:24SHT
	AHU-03	1	수평형	4층 업무시설	SMB2 스프링마운트	50	8	-	-	-	-	NSWP 네오프렌 패드[100x50x19t]:24SHT
	AHU-04	1	수평형	5층 업무시설	SMB2 스프링마운트	50	6	-	-	-	-	NSWP 네오프렌 패드[100x50x19t]:24SHT
	AHU-05	1	수평형	6층 업무시설	SMB2 스프링마운트	50	8	-	-	-	-	NSWP 네오프렌 패드[100x50x19t]:24SHT
	AHU-06	1	수평형	7층 업무시설	SMB2 스프링마운트	50	8	-	-	-	-	NSWP 네오프렌 패드[100x50x19t]:24SHT
	AHU-07	1	수평형	8층 업무시설	SMB2 스프링마운트	50	8	-	-	-	-	NSWP 네오프렌 패드[100x50x19t]:24SHT
FAN	F-01	2	IN LINE(원심식)	기계실 급기	VSH 스프링 행거	25	4	-	-	-	-	
	F-02	2	IN LINE(원심식)	전기,발전기실 급기	VSH 스프링 행거	25	4	-	-	-	-	
	F-03	1	SIROCCO	화장실 배기	SMB 스프링마운트	50	4	-	-	-	-	
	F-04	2	SIROCCO	지하 3층 주차장 급,배기	SMB 스프링마운트	25	4	-	-	-	-	
	F-05	2	SIROCCO	지하 2층 주차장 급,배기	SMB 스프링마운트	25	4	-	-	-	-	
	F-06	1	SIROCCO	지하 1층 주차장 배기	SMB 스프링마운트	25	4	-	-	-	-	
펌프	P-01	3	단단볼류트	냉수 순환	SMA 스프링마운트	25	4	IB-BASE	150	N.F.C	2	펌프 토출부측에 수격방지기 부착
	P-02	3	단단볼류트	냉각수 순환	SMA 스프링마운트	25	4	IB-BASE	150	N.F.C	2	펌프 토출부측에 수격방지기 부착
	P-04	1	부스터	급수 공급	SRA 스프링고무마운트	6	6	-	-	N.F.C	2	

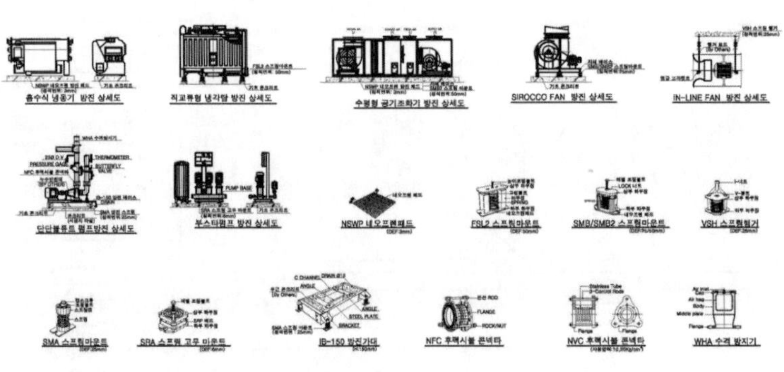

그림 3.9 특수설비 관련 도면 (장비방진 일람표)

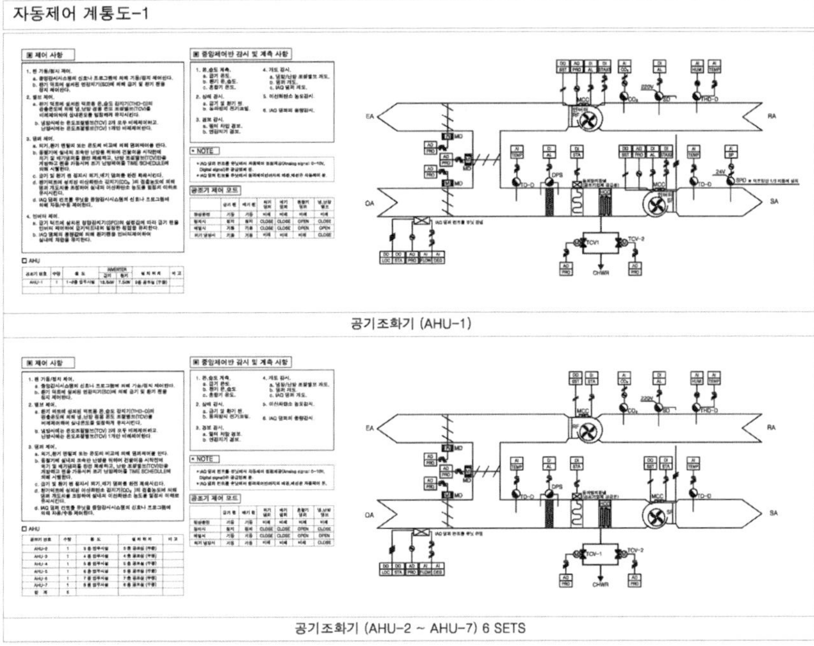

① 자동제어 계통도

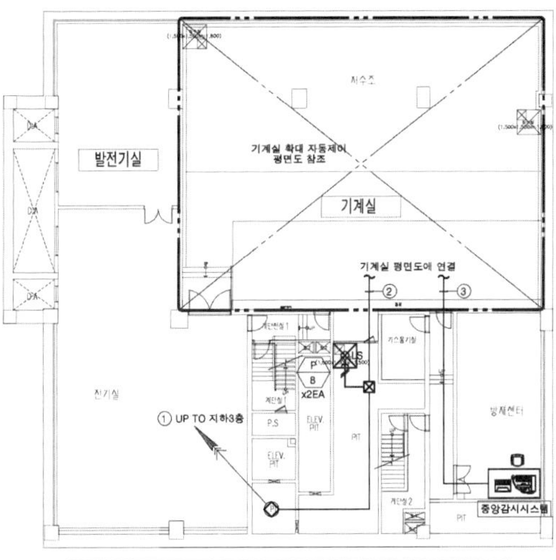

CABLE SCHEDULE

전선종류 / 번호	HIV 2.5 ▪	TJV 1.0/2C	TJV 1.0/3C	CVVS 1.5▪/2C	UTP CAT. 5E 4P	TW
①	24 (36x2,22)	14 (36)	5 (28)	4 (36)		3
②	24 (36x2,22)	15 (36)	5 (28)	4 (36)		3
③						4

* MCC PANEL 위치는 도면에 표시된 실을 기준함.

② 기계실 자동제어 평면도

그림 3.9 특수설비 관련 도면 (자동제어계통도 등) (계속)

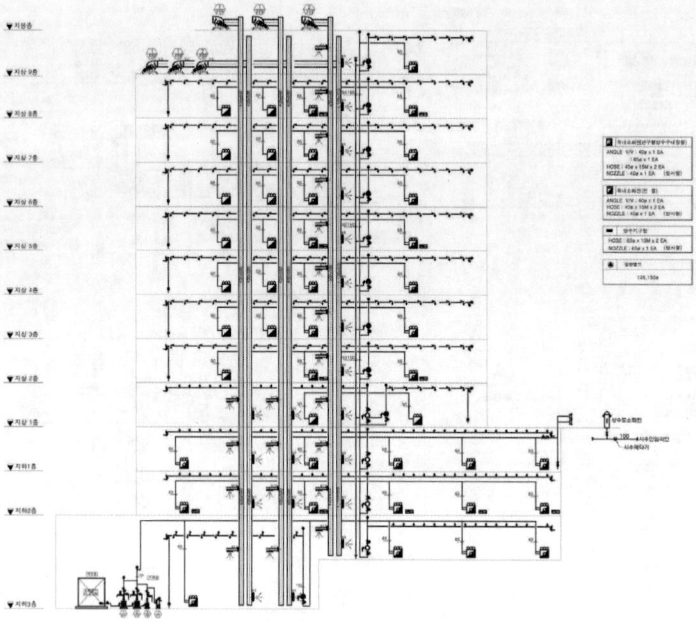

① 소화배관 계통도

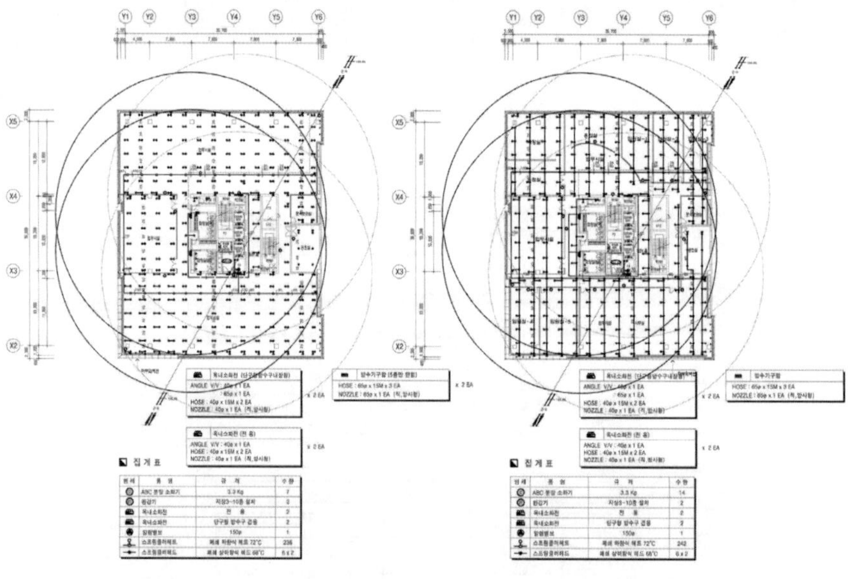

② 소화배관 평면도

그림 3.10 소방기계설비 도면 예(소화배관 계통도 / 소화배관 평면도)

3.3 건축기계설비 계산서

3.3.1 건축기계설비 계산서의 개요

계산서는 기계설비 시스템의 설계를 위해 필요한 냉난방부하 계산, 냉온열원 장비 및 펌프 선정, 공조용 장비 선정, 각종 팬 및 펌프 선정, 위생장비 선정과 주배관의 관경과 덕트 사이즈 선정 등을 위해 반드시 필요한 업무이다. 특수설비 선정을 위해서는 다음에 설명하는 기본적인 계산서 이외에 별도의 계산서가 필요하다. 연도, 방음방진, 자동제어 등 전문 설계 분야의 계산서는 본 설명에서는 제외한다.

3.3.2 공조설비 계산서

1) 설계 개요 및 기준

대상 건축물의 개요와 계산을 위한 각종 기준(온습도 조건, 실내 부하 조건 등), 각 구조체의 열관류율 계산 결과 등을 기술한다. 다음 그림은 부하계산을 위한 설계 조건을 작성한 예이다. 부하계산을 위해서는 각 구조체의 열관류율을 계산하는 것이 일반적이다.

2) 냉난방부하 계산 및 집계

각 실별 냉난방부하 집계표와 이를 바탕으로 각 공기조화기(AHU), 팬코일유닛(FCU), 존(Zone)별로 부하를 집계한다. 부하 계산 결과는 계산 결과 분량이 매우 많아 집계표 뒤나 별첨으로 정리하는 것이 일반적이다. 다음 그림은 각 실별로 계산된 부하 계산 결과를 근거로 공기조화기, EHP 등의 장비별로 부하를 집계한 예이다.

2. 부하계산 기준

2-1. 외기온도 조건

용도	℃(건구온도)	℃(습구온도)	%(상대습도)	비고
하절기	32.5	25.8	58.98	TAC 2.5%
동절기	-12.1	-12.7	76	TAC 2.5%

2-2. 실내온습도 조건

용도	하절기		동절기		비고
	℃(건구온도)	%(상대습도)	℃(건구온도)	%(상대습도)	
매장	26	55	20	40	
사무실	26	55	20	40	
화장실			18	40	

2-3. 재실인원 및 조명, 기기부하

코드	용도	재실인원	조명	기기	비고
		P/m^2	M/m^2	W/m^2	
SA	매장	0.3	30	15	
KI	사무실	0.1	25	200	
OF	화장실	0.2	25	20	

2-4. 인체발열량/최소외기량

용도	인체발열량			최소외기량
	현열(W/P)	잠열(W/P)	전열(W/P)	CMH/인
매장	57	62	119	29
사무실	57	62	119	29
화장실	57	62	119	29

그림 3.11 부하계산을 위한 설계 조건 작성 예

3. 냉, 온열원 집계 및 선정

3-1. 냉열원 집계

장비번호	장비	용도	수량	냉방부하		공조면적	비고
				kcal/h	USRt	m^2	
AHU - 1	공조기	1F 반품창고	2	68,070	22.5	550	중앙 냉방
AHU - 2	공조기	1F 매장(상부)	1	745,965	248.0	5,400	중앙 냉방
AHU - 3	공조기	1F매장(하부)	1	730,180	241.5	5,350	
OAC - 1	EHP 실외기	1층 사무실	1	14,018	4.6	72	개별 냉방
OAC - 2	EHP 실외기	락커, 주방, 휴게실	2	49,192	16.3	232	개별 냉방
OAC - 3	EHP 실외기	타이어 판매, 점장실, 상품검사실	2	44,290	14.6	215	개별 냉방
OAC - 4	EHP 실외기	푸드 주방	2	45,192	16.3	241	개별 냉방
PAC - 1	PAC 실외기	전산실, 회의실	2	12,212	4.0	57	개별 냉방
합계				1,717,119	567.8	12,117	
최대부하				1,459,551	482.7		

※ 선정 : 흡수식 냉온수기 240JSRt×2EA

3-2. 온열원 집계

장비번호	장비	용도	수량	냉방부하		공조면적	비고
				kcal/h	USRt	m^2	
AHU - 1	공조기	1F 반품창고		53,400	–	550	중앙 냉방
AHU - 2	공조기	1F 매장(상부)		460,000	–	5,400	중앙 냉방
AHU - 3	공조기	1F매장(하부)		446,480	–	5,350	
OAC - 1	EHP 실외기	1층 사무실	1	15,480	–	72	개별 냉방
OAC - 2	EHP 실외기	락커, 주방, 휴게실	2	27,090	–	232	개별 냉방
OAC - 3	EHP 실외기	타이어 판매, 점장실, 상품검사실	1	48,590	–	215	개별 냉방
OAC - 4	EHP 실외기	푸드 주방	1	54,180	–	241	개별 냉방
PAC - 1	PAC 실외기	전산실, 회의실	2	13,760	–	57	개별 냉방
합계				959,880			
최대부하				835,095			

그림 3.12 냉난방 부하 집계표 예

3) 열원장비 선정

앞의 부하 집계표를 근거로 냉동기, 보일러 등의 열원장비를 선정하며, 이와 함께 냉각탑, 팽창탱크, 각종 열교환기와 온수 순환펌프, 냉수 순환펌프, 냉각수 순환펌프 등 열원 공급용 펌프류를 선정하기 위한 계산서를 작성한다. 다음 그림은 냉온수기 선정을 위한 계산서 작성 예이다.

4. 장비선정

4-1. 흡수식 냉온수기 선정

종류			CH-1
용도			냉난방용
수량			2
형식			흡수식
냉방용량		USRt	240
난방용량		kcal/h	725,760
냉수	유량	LPM	2,420
	입구온도	℃	12
	출구온도	℃	7
	압력손실	mAq	9.50
온수	유량	LPM	2,420
	입구온도	℃	55
	출구온도	℃	60
	압력손실	mAq	9.50
냉각수	유량	LPM	4,000
	입구온도	℃	320
	출구온도	℃	37.2
	압력손실	mAq	7.0
비관경	냉온수배관	Kw	150.0
	냉각수배관	Kw	200.0
	가스 입구	Kw	40.0
동력	용역펌프	Kw	3.2
	냉매펌프	Kw	0.3
	보조펌프	Kw	0.4
	추가 펌프	Kw	0.4
	버너 모터	Kw	1.8
동력	형식		천연가스
	냉방	Nm^2/h	57.1
	난방	Nm^2/h	76.9
	가스공급압력	mmAq	2000~4000
전원		A · Ph · Hz	380 · 3 · 60
크기		(W×H×l)	2,240×2,566×4,852

그림 3.13 냉온수기 장비선정 예

4) 공조 및 환기설비 선정

기본적으로 각 공조기를 선정하기 위한 계산을 하며, 필요시 공기선도표를 작성한다. 공조기 선정에는 급배기 송풍기, 냉각 및 가열코일, 가습기, 필터, 열교환기 등 공조기 선정에 필요한 모든 사항이 포함된다. 공조기 이외에 FCU, 패키지에어컨 선정과 화장실 배기팬, 지하주차장 환기팬 등 환기용 팬을 선정하기 위한 계산서를 작성한다.

다음 그림은 공기조화기(AHU) 선정을 위한 계산서 작성 예이다.

4. 장비선정

종류			AHU-1		AHU-2		AHU-3	
용도			반품창고		매장-1		매장-2	
수량			2		1		1	
형식			천장형		수평형		수평형	
급기팬	형식		AIR FOIL		AIR FOIL		AIR FOIL	
	크기		# DS 2.5		# DS 6		# DS 6	
	풍량	CMH	8,000		60,000×2		60,000×2	
	정압	mmAq	114		134		134	
	모터	Kw	6		37×2		37×2	
코일 면적		m^2	0.55		13.08		13.08	
냉각코일	냉각능력	kcal/h	34,035		749,965		730,180	
	순환수량	LPM	113		2,500		2,434	
	냉수 입/출구 온도	℃	7	12	7	12	7	12
	공기 입/출구 온도	℃(건구온도)	28.4	19.9	28.1	14.4	28.1	14.5
가열코일	가열능력	kcal/h	26,700		460,000		446,480	
	순환수량	LPM	45		767		744	
	냉수 입/출구 온도	℃	60	50	60	50	60	50
	공기 입/출구 온도	℃(건구온도)	9.7	25.7	7.0	27.0	7.0	26.9
필터	형식							
	효율	%	85		90		90	
전원		V-Ph-Hz	380-3-60		380-3-60		380-3-60	
비고								

그림 3.14 공기조화기(AHU) 장비선정 예

3.3.3 위생설비 계산서

급수를 위한 1일 급수 사용량을 산정한 후 이를 바탕으로 지하저수조, 고가수조 용량과 형식을 선정하고, 급수 공급을 위한 펌프용량을 산정한다. 급탕공급을 위해 1일 급탕 사용량을 산정한 후 이를 바탕으로 급탕부하, 급탕탱크 용량 산정과 급탕 공급을 위한 급탕 순환펌프 선정을 위한 계산서를 작성한다. 또한 배수를 위한 배수펌프 선정을 위한 계산서를 작성한다. 다음은 배수펌프 계산서 작성 예이다.

3.1 배수 펌프

3.1.1 지하5층 주차장 집수정 배수펌프

1) 유량 : 300l/min

2) 양정

가) 실양정 : 15mAq

나) 배관 및 부속저항 : 30m×0.3mAq/m×1.5(부속저항)=1.4mAq

다) 말단 방수압 : 2mAq

라) 계 : 18.4×1.1(안전계수)=20.2mAq

3) 선정

구분	규격	비고
장비번호	P-7	
수량	100% 2SETS	
형식	입형	
유량(LPM)	300	순차가동
양정(m)	21	(비상시 동시가동)
동력(KW)	3.7	
입/출구경(mm)	/ 80	
회전수(RPM)	1,750	
전원	3Ph×380V×60Hz	

그림 3.15 배수펌프 선정 계산서 예

3.3.4 소방기계설비 계산서

소방기계설비 계산서는 주로 옥내소화전 펌프, 스프링클러 펌프 등의 선정을 위한 펌프선정 계산서, 제연설비를 위한 제연풍량 계산서 및 이와 연관된 제연팬 계산서, 물분무 등 소화설비를 위한 소화약제 계산서 등을 작성하게 된다. 다음은 소화용 주펌프 계산서 작성 예이다.

2.2.2 소화 주펌프

구간	유량 (l/min)	관경 (A)	Elbow 90 개수	Elbow 90 계수/계	분류 Tee 개수	분류 Tee 계수/계	직류 Tee 개수	직류 Tee 계수/계	Gate Valve 개수	Gate Valve 계수/계	Check Valve 개수	Check Valve 계수/계	Reducer 개수	Reducer 계수/계	지구 V. Strainer 개수	지구 V. Strainer 계수/계	Alarm, V Flex.J. 개수	Alarm, V Flex.J. 계수/계	Mixer 개수	Mixer 계수/계	개수	계수/계	계수 상당 관장 (m)	직관장	총관장	마찰 손실 계수 mAq/m	손실 수두 (mAq)
		20		0.75 -		1.2 -		0.24 -		0.16 -		1.6 -		0.45 -		6.0 -						-	-		-		-
	160	25	2	0.9 1.8		1.5 -	2	0.27 0.5		0.18 -		2.0 -		0.54 -		7.5 -						-	2.3	2	4.3	0.886	3.8
	240	32		1.2 -		1.8 -	1	0.36 0.4		0.24 -		2.5 -	1	0.72 0.7		10.5 -						-	1.1	4	5.1	0.492	2.5
	400	40		1.5 -		2.1 -	1	0.45 0.5		0.3 -		3.1 -	1	0.9 0.9		13.8 -						-	1.4	2	3.4	0.607	2.0
		50		2.1 -		3.0 -		0.6 -		0.39 -		4.0 -		1.2 -		16.5 -		8.4 -				-	-		-		-
		65		2.4 -		3.6 -		0.75 -		0.48 -		4.6 -		1.3 -		19.5 -		10.2 -		1.3 -		-	-		-		-
		80		3.0 -		4.5 -		0.9 -		0.6 -		5.7 -		1.8 -		24.0 -		12.0 -		1.8 -		-	-		-		-
	2,400	100	1	4.7 4.7		6.3 -	6	1.2 7.2		0.81 -		7.6 -	1	2.4 2.4		37.5 -	1	16.3 16.3		2.4 -		-	30.6		30.6	0.193	5.9
		125		5.1 -		7.5 -		1.5 -		0.99 -		10.0 -		3.0 -		42.0 -		21.0 -		3.0 -		-	-		-		-
	2,530	150	3	6.0 18.0		9.0 -	19	1.8 34.2	2	1.2 2.4	1	12.0 12.0		3.6 -	1	49.5 49.5	1	24.0 24.0		3.6 -		-	140.1	85	225.1	0.034	7.7
		150		6.0 -		9.0 -		1.8 -		1.2 -		12.0 -		3.6 -		49.5 -		24.0 -		3.6 -		-	-		-		-
		250		8.0 -		20.0 -		5.0 -		1.7 -		19.0 -		4.5 -				35.0 -				-	-		-		-

1.펌프 양정 H = h1 + h2 + h3 + h4 + h5 = 117.6 m

2.PUMP 양수량 Q = 1,300 LPM = 1.3 ㎥/min

3.MOTOR 출력 (kW) = $\frac{0.163 \times Q \times H \times K(\ 1.1\ )}{E(\ 0.63\ )}$ = 43.52 kW

4.펌프선정 (입형다단)

100 A × 1.3 ㎥/min × 118 m 75 HP × 380 V × 2 Sets

효율(E)	PUMP 흡입구경
0.4~0.45	40
0.45~0.55	50~65
0.55~0.6	80
0.6~0.65	100
0.65~0.7	125~150
K	동력전달방식
1.1	전동기 직결
1.15~1.2	전동기외원동기

h1 : 상기의 손실수두 합계	21.9
h2 : HEAD 방사 압력	10.0
h3 : 실 양 정	75.0
h4 :	
h5 :	
소 계	106.9
Safety Factor : 10%	10.7
H : 펌프 양정 (총계)	117.6

그림 3.16 소화용 주펌프 선정 계산서 예

3.4 건축기계설비 시방서

시방서는 건축설계와 관련한 문서로서 설계도면상 나타낼 수 없는 내용이나 추가로 필요한 사항을 표시한 문서로 공사작업의 기준이 되는 문서를 말한다. 즉 일반적으로 사용재료의 재질 · 품질 · 치수 등, 제조 · 시공상의 방법과 정도, 제품 · 공사 등의 성능, 특정한 재료 · 제조 · 공법 등의 지정, 완성 후의 기술적 및 외관상의 요구, 일반 총칙 사항이 표시된다.

시방서는 설계사양서라고 불리기도 하며, 설계공사 시 도면과 같은 중요한 문서로 작용한다. 시방서는 일반(표준)시방서와 특기시방서로 크게 두 가지로 구분된다.

시방서는 건설기술관리법에 의거하여 국토교통부 장관의 승인으로 지정된 문서이다. 공사업무에서의 시방서는 특기시방서가 제일 우선순위로 적용되며, 다음으로는 설계도면, 일반시방서 순서로 적용된다.

한편 시방서 중에는 전문시방서와 공사시방서가 있으며, 이는 표준시방서를 기본으로 특정공사의 시공기준을 작성한 것으로 일반적으로는 공공기관 공사의 경우에 작성하게 된다. 기계설비 시방서(소화설비 포함)는 국토교통부가 제정한 '건축기계설비 표준시방서', 대한설비공학회 및 서울시, LH공사, SH공사 등의 공공기관에서 작성한 표준시방서 등이 있으며, 대부분 이들 시방서를 기초로 하여 필요에 따라 여기에 추가 또는 수정하여 작성한다.

3.4.1 건축기계설비 표준시방서

표준시방서는 일반시방서를 작성하는 기초자료가 된다. 일반시방서는 건물의 특성에 따라 표준시방서를 근거로 발췌 및 일부 수정을 거쳐 작성하게 된다.

다음의 표는 건축기계설비공사 표준시방서의 목차만을 정리한 것이다. 건축기계설비공사 표준시방서는 보통 5년마다 개정하고 있다. (2016년 개정 표준시방서 발간 예정임) 기본적으로 표준시방서의 각 공사별 내용은 1.일반사항, 2.기기(기구, 기계장비) 및 재료, 3.시공으로 작성되어 있으며, 공사특성에 따라 추가시방이 정리되는 경우도 있다.

표 3.3 건축기계설비공사 표준시방서 목차 (2011년, (사)대한설비공학회)

목 차		
01000	총 칙	
01010	일반공통사항	3
01015	가설공사	13
01020	보온공사	15
01025	도장, 방청 및 방식공사	37
01030	전기공사	51
01035	토공사 및 건축공사	61
01040	빌딩 커미셔닝	62
02000	급배수위생설비공사	
02010	급수설비공사	71
02015	급탕설비공사	97
02020	배수통기설비공사	117
02025	위생기구설비공사	134
02030	정화조설비공사	159
03000	공기조화설비공사	

3.4.2 건축기계설비 특기시방서

공사의 특성상 특수한 장비나 자재의 사용, 특별한 공사가 포함될 경우 표준시방서를 근거로 작성한 일반시방서만으로 표현이 불가한 경우가 대부분이다. 이 경우에는 특기시방서를 별도로 작성하게 되며, 특기시방서는 일반시방서보다 우선적으로 적용하게 된다.

다음은 참고를 위한 특기시방서 목차의 한 예이다.

표 3.4 건축기계설비공사 특기시방서 목차 예

〈일반자재 특기시방 목차〉	
제1장 빙축열 설비공사	4
제2장 수축열식 지열 설비공사	18
제3장 냉동기	48
제4장 팽창탱크류	52
제5장 팬컨벡터	57
제6장 우수재활용 및 중수도 설비공사	61
제7장 사우나 설비공사	82
제8장 방음 · 방진 설비공사	89
제9장 연도 설비공사	97
제10장 저수조 설치공사	103

표 3.4 건축기계설비공사 특기시방서 목차 예 (계속)

〈관급자재 특기시방 목차 〉

3.5 건축기계설비 내역서

기계설비 내역서는 원가계산서, 집계표, 내역서, 일위대가, 단가비교표로 구성된다.

원가계산서는 재료비와 노무비 이외에 각종 보험료, 부담금 등의 경비와 일반관리비, 이윤, 부가세 등이 포함된 총 공사비로 기계설비가 별도로 발주된 경우를 제외하고는 기계설비 분야에서 별도로 작성하지 않고 건축 총공사비에서 작성하는 것이 일반적이므로 설명에서 제외한다(건축 내역서 참조).

또한 내역작성(내역서 및 일위대가) 중 노무비의 품을 산정하기 위해서는 표준품셈을 이용하여야 하며, 각종 재료비는 시중의 가격정보지를 이용한다.

3.5.1 총괄표

총괄표는 기계설비 각 공종별 재료비, 노무비, 경비를 집계한 것이다. 기계설비 총괄표는 다음과 같이 공종을 구분하여 작성하는 것이 일반적이며, 빙축열설비, 태양열설비, 지열 등 특수설비 등이 있을 경우 별도의 항목으로 구분하여 작성한다.

1) 장비설비공사
2) 옥외배관공사

3) 기계실배관공사

4) 공조배관공사

5) 공조덕트공사

6) 위생설비공사 : 위생기구설치공사, 급수급탕배관공사, 오배수배관공사

7) 소화설비공사 : 기계설비공사와 별도로 작성하는 경우도 다수 있음

8) 자동제어설비공사

9) 가스배관공사

10) 방음방진설비공사

11) TAB공사

12) 기타 공사

13) 시설부담금

다음의 표는 이해를 돕기 위한 기계설비 총괄표의 예이다.

표 3.5 기계설비 총괄표 예

총 괄 표

[공사명] ******(기계)

품 명	규격	단위	수량	재 료 비		노 무 비		경 비		합 계		비고
				단가	금액	단가	금액	단가	금액	단가	금액	
01 기계설비공사			1	3,878,060,848	3,878,060,848	1,616,277,084	1,616,277,084	57,304	57,304	5,494,395,236	5,494,395,236	
0101 장비설치공사			1	743,970,236	743,970,236	34,112,698	34,112,698	0	0	778,082,934	778,082,934	
0102 옥외배관공사			1	18,554,644	18,554,644	32,022,717	32,022,717	0	0	50,577,361	50,577,361	
0103 기계실배관공사			1	262,044,001	262,044,001	107,415,127	107,415,127	0	0	369,459,128	369,459,128	
0104 공조배관공사			1	557,290,834	557,290,834	334,785,840	334,785,840	0	0	892,076,674	892,076,674	
0105 공조덕트설치공사			1	519,209,107	519,209,107	807,717,453	807,717,453	0	0	1,326,926,560	1,326,926,560	
0106 위생설비공사			1	154,468,154	154,468,154	189,016,274	189,016,274	0	0	343,484,428	343,484,428	
010601 위생기구설치공사			1	15,127,746	15,127,746	12,558,219	12,558,219	0	0	27,685,965	27,685,965	
010602 급수배관공사			1	29,800,486	29,800,486	36,609,851	36,609,851	0	0	66,410,337	66,410,337	
010603 급탕배관공사			1	23,372,552	23,372,552	27,057,397	27,057,397	0	0	50,429,949	50,429,949	
010604 오배수배관공사			1	86,167,370	86,167,370	112,790,807	112,790,807	0	0	198,958,177	198,958,177	
0107 가스배관공사			1	1,101,078	1,101,078	9,951,018	9,951,018	57,304	57,304	11,109,400	11,109,400	
0108 방음방진설치공사			1	126,598,519	126,598,519	5,050,105	5,050,105	0	0	131,648,624	131,648,624	
0109 빙축열시스템공사			1	1,150,000,000	1,150,000,000	0	0	0	0	1,150,000,000	1,150,000,000	
0110 자동제어설치공사			1	194,783,935	194,783,935	93,006,252	93,006,252	0	0	287,790,187	287,790,187	
0111 EHP설치공사			1	31,508,100	31,508,100	0	0	0	0	31,508,100	31,508,100	
0112 연도설치공사			1	12,900,400	12,900,400	3,199,600	3,199,600	0	0	16,100,000	16,100,000	
0113 수처리공사			1	96,200,000	96,200,000	0	0	0	0	96,200,000	96,200,000	
0114 가설사무소			1	9,431,840	9,431,840	0	0	0	0	9,431,840	9,431,840	
02 T.A.B			1	0	0	127,569,630	127,569,630	0	0	127,569,630	127,569,630	
[합 계]					3,878,060,848		1,743,846,714		57,304		5,621,964,866	

3.5.2 내역서

내역서는 앞의 총괄표에 해당하는 각 공종별 장비, 배관, 덕트 등의 규격, 수량, 재료비, 노무비, 경비를 집계한 것이다. 내역서 중 단위를 개소로 표현한 것은 일위대가에 해당되는 항목이며, 각 공종별 내역서는 장비류, 배관 및 덕트류를 먼저 정리하고, 노무비를 제일 뒤에 정리하며, 기계설비에는 공구손료(일반적으로 노무비의 3%)가 포함되는 것이 일반적이다.

다음의 표는 이해를 돕기 위한 기계설비 내역서 중 옥외배관공사 내역서 예이다. 지면상 일부 품명의 행과 경비 항목 열(비용이 0원 임)은 삭제하였다.

표 3.6 기계설비 내역서 예

[공사명] ******(기계)										
품 명	규 격	단위	수량	재료비		노무비		합계		비고
				단가	금액	단가	금액	단가	금액	
0102 옥외배관공사										
배관용 탄소강관	흑관 (SPP), D200, 반제품	M	41	18,301	750,341	0	0	18,301	750,341	
배관용 스테인리스 강관	D80x3T	M	413	29,170	12,047,210	0	0	29,170	12,047,210	
배관용 스테인리스 강관	D100x3T	M	41	37,740	1,547,340	0	0	37,740	1,547,340	
잡재료비	관의 3%	식	1	430,346	430,346	0	0	430,346	430,346	
관보온(유리솜.포리마테프)	40TxD80	M	375	3,575	1,340,625	11,035	4,138,125	14,610	5,478,750	56940710270
관보온(고무발포,강관용)	19TxD100	M	37	11,548	427,276	8,276	306,212	19,824	733,488	56940850369
용접식 관이음쇠	흑엘보 (용접) D200	EA	1	21,744	21,744	0	0	21,744	21,744	
일반배관용 STS강관 이음쇠	엘보(SUS 용접#10) D80	EA	4	9,968	39,872	0	0	9,968	39,872	
일반배관용 STS강관 이음쇠	엘보(SUS 용접#10) D100	EA	1	16,800	16,800	0	0	16,800	16,800	
강관용접	D200	개소	7	866	6,062	0	0	866	6,062	56940120120
스텐관용접	D80	개소	67	3,638	243,746	0	0	3,638	243,746	56940150080
U자형볼트/너트	절연, D100	EA	12	538	6,456	0	0	538	6,456	
파이프슈	슈(SHOE), 레스팅 D200	EA	12	3,168	38,016	0	0	3,168	38,016	
ㄷ형강	100×50×5×7.5mm	KG	590	554	326,860	0	0	554	326,860	
인서트플레이트	200x200x9T	개소	24	2,578	61,872	9,717	233,208	12,295	295,080	56941340020
녹막이페인트칠	2회	M2	50	1,037	51,850	2,655	132,750	3,692	184,600	56941422020
조합페인트칠	철재면2회	M2	24	1,125	27,000	4,071	97,704	5,196	124,704	56941420020
잡철물제작설치	간단	TON	0.6	157,515	94,509	2,944,645	1,766,787	3,102,160	1,861,296	56941410010
노무비	보통인부	인	57	0	0	58,883	3,356,331	58,883	3,356,331	
노무비	배관공	인	84	0	0	79,781	6,701,604	79,781	6,701,604	
노무비	용접공(일반)	인	150	0	0	96,295	14,444,250	96,295	14,444,250	
공구손료	노무비의 3%	식	1	735,065	735,065	0	0	735,065	735,065	
[합 계]					18,554,644		32,022,717		50,577,361	

3.5.3 일위대가

일위대가란 한 개의 단위당 기본이 되는 재료 및 인력품 등을 금액으로 환산한 것으로 이를 기록한 문서를 일위대가표라고 한다.

예를 들어 관경 100mm 동관 1개소를 용접하기 위해서는 용접봉, 용재, 산소가스, 아세틸렌가스, 노무비와 공구손료가 필요하며, 이들 하나하나를 내역서로 정리하기 매우 어렵고 번거로우므로 단위공사의 전체비용을 재료비와 노무비로 정리하면 내역서 작성이 매우 용이해지게 된다.

앞의 내역서 비고란에 보면 일부 품목에 대해서는 번호가 적혀 있다. 이 항목이 일위대가 항목에 해당된다. 일위대가도 일위대가 목록과 일위대가로 구성된다.

기계설비 분야의 일위대가는 주로 배관용접, 배관절단, 프렌지접합, 행거, 슬리브, 배관 및 밸브보온, 각종 밸브 설치, 덕트설비, 계량기 설치 등으로 구성되며, 배관 및 덕트의 재질별, 관경 및 규격별로 매우 많아 하나의 공사에 보통 300개 내외가 사용된다.

다음의 표는 이해를 돕기 위한 기계설비 일위대가의 예이다.

표 3.7 기계설비 일위대가 예 (관경 32mm 동관 용접)

품명	규격	단위	수량	재료비		노무비		경비		합계		비고
				단가	금액	단가	금액	단가	금액	단가	금액	
56940140040 동관용접 D32 개소												
동 및 동합금용 용접봉	D2.4mm, BCUP3	g	5.2	23	119.6	0.00	0.0	0.00	0.0	23.00	119.6	
산소 가스	기체,공업용 99.9%	ℓ	27.2	1.5	40.8	0.00	0.0	0.00	0.0	1.50	40.8	
아세틸렌 가스	아세틸렌(g)	g	28.6	9.2	263.1	0.00	0.0	0.00	0.0	9.20	263.1	
노무비	용접공(일반)	인	0.071	0	0.0	96295.00	6,836.9	0.00	0.0	96295.00	6,836.9	
공구손료	노무비의 3%	식	1	205.1	205.1	0.00	0.0	0.00	0.0	205.10	205.1	
[합 계]					633		6,836		0		7,469	

3.5.4 단가비교표

단가비교표란 기계설비 내역서 작성에 들어가는 각종 장비, 기구, 배관재, 덕트, 보온재 등 재료들에 대한 단가를 조사하여 가격이 가장 낮은 기준을 적용하는 것으로 일반적으로 관공사의 경우 작성하며, 민간공사의 경우에는 적용하지 않는다. 가격의 조사는 국내 가격조사지 2~3가지를 기본으로 하며, 필요에 따라 가격을 직접 조사하기도 한다.

3.5.5 표준품셈

'품'이라는 것은 "어떤 일에 드는 힘이나 수고"를 말하는 것으로, 표준품셈이라는 것은 어떤 한 공정(예, FCU 설치, 펌프 설치)에 들어가는 품을 표준적인 수치로 정리해 놓은 것이다. 기계설비 표준품셈은 일반적으로 매년 건설연구원에서 발간하고 있다. 다음의 표는 이해를 돕기 위한 표준품셈의 한 예이다.

표 3.8 기계설비 표준 품셈 예 (소변기, 대변기 설치)

제3장 위생 및 소화설비공사
3-1 위생기구 설치
3-1-1 소변기 설치('14년 보완)

(개당)

구분	단위	수량			
		소변기		소변기 세정용 전자감응기	
		스톨 소변기	벽걸이 스톨 소변기	소변기 일체형	노출형
위생공	인	0.77	0.784	0.049	0.160
보통인부	인	0.241	0.253		

주) ① 본 품은 소운반, 앵커 및 지지철물 설치, 플랜지 설치, 앵글밸브, 연결관 설치, 교정작업, 시멘트 충전 및 코킹작업, 통수시험 및 조정을 포함한다.
② 전자감응기 설치에는 결선작업이 포함되어 있다.

3-1-2 대변기 설치('14년 보완)

(개당)

구분	단위	수량		
		동양식 대변기	양식 대변기	
		동양식 대변기	로탱크용	F.V용
위생공	인	0.605	0.694	0.669
보통인부	인	0.174	0.200	0.193

주) 본 품은 소운반, 플랜지 설치, 앵글밸브, 연결관 및 탱크 설치, 교정작업, 시멘트 충전, 통수시험 및 조정을 포함한다.

3.6 기타 도서

기계설비 분야에서는 상기의 기본적인 도서 이외에 설계설명서, 시스템 비교·검토서 등 건축주의 이해와 의사결정에 도움을 주기 위한 각종 자료를 작성하며, 이와 함께 인허가에 필요한 에너지절약계획서 및 설계검토서의 기계 관련 분야 내용을 작성한다. 한편 최근에는 친환경건축물인증, 에너지효율등급인증 등 각종 인증에 필요한 기계설비 분야의 추가 도서 작성 업무가 일반적으로 수행된다.

다음은 에너지절약계획서 및 설계검토서(국토교통부 고시 제 2015-1108호)의 기계 관련 분야 내용이다. 에너지절약계획서 및 설계검토서는 크게 에너지절약설계기준 의무사항과 에너지성능지표 및 건축물 에너지 소요량 평가서로 구성되며, 에너지절약설계기준 의무 사항은 모두 반드시 이행하여야 하며, 에너지성능지표는 평점 합계가 65점 이상일 경우 적합한 것으로 본다. 다만, 공공기관이 신축하는 건축물(별동으로 증축하는 건축물을 포함한다)은 74점 이상일 경우 적합한 것으로 본다. 또한 업무시설, 기타 에너지소비 특성 및 이용 상황 등이 이와 유사한 건축물로서 연면적의 합계가 3천 제곱미터 이상인 건축물은 1차 에너지 소요량 등을 평가하여 건축물 에너지 소요량 평가서를 제출하여야 한다.

표 3.9 에너지절약 설계 검토서 (기계설비 부분 발췌)

[별지 제1호 서식] (제1면)

에너지절약계획 설계 검토서

1. 에너지절약설계기준 의무 사항

항 목	채택 여부 (제출자 기재)		근거	확 인 (허가권자 기재)	
	채택	미채택		확인	보류
나. 기계설비 부문					
① 냉난방설비의 용량계산을 위한 설계용 외기조건을 제8조제1호에서 정하는 바에 따랐다.(냉난방설비가 없는 경우 제외)					
② 펌프는 KS인증제품 또는 KS규격에서 정해진 효율 이상의 제품을 채택하였다. (신설 또는 교체 펌프만 해당)					
③ 기기배관 및 덕트는 건축기계설비 표준시방서에서 정하는 기준 이상 또는 그 이상의 열저항을 갖는 단열재로 단열하였다. (신설 또는 교체 기기배관 및 덕트만 해당)					
④ 공공기관은 에너지성능지표의 기계 부문 11번 항목을 0.6점 이상 획득하였다. (「공공기관 에너지이용합리화 추진에 관한 규정」 제10조의 규정을 적용받는 건축물의 경우만 해당)					
⑤ 법 제14조의2의 용도에 해당하는 공공건축물로서 에너지성능지표의 기계 부문 1번 및 2번 항목을 0.9점 이상 획득하였다. (냉난방설비가 없는 경우 제외, 에너지성능지표의 기계 부문 16번 항목 점수를 획득한 경우 1번 항목 제외, 냉방설비 용량의 60% 이상을 지역냉방으로 공급하는 경우 2번 항목 제외)					

표 3.10 에너지성능지표 (기계설비 부분/신재생에너지 부분 발췌)

(제3면)

2. 에너지성능지표[주1)]

구분	항 목	기본배점 (a) 비주거 대형 (3,000㎡ 이상)	비주거 소형 (500~3,000㎡ 미만)	주거 주택 1	주거 주택 2	배점 (b) 1점	0.9점	0.8점	0.7점	0.6점	평점 (a*b)	근거
기계설비부문	1.난방설비[주8)] (효율%) – 기름 보일러	8	7	10	7	92이상	89~92미만	86~89미만	83~86미만	83미만		
	1.난방설비 – 가스 보일러 – 중앙난방방식					87이상	83~87미만	81~83미만	79~81미만	79미만		
	1.난방설비 – 가스 보일러 – 개별난방방식					1등급 제품	–	–	–	그 외 또는 미설치		
	1.난방설비 – 기타 난방설비					고효율 인증제품, (신재생 인증제품)	에너지 소비효율 1등급제품	–	–	그 외 또는 미설치		
	2.냉방설비 – 원심식(성적계수, COP)	6	2	–	2	5.18 이상	4.51~5.18 미만	3.96~4.51 미만	3.52~3.96 미만	3.52 미만		
	2.냉방설비 – 흡수식 (성적계수, COP) – ①1중효용					0.75 이상	0.73~0.75 미만	0.7~0.73 미만	0.65~0.7 미만	0.65 미만		
	2.냉방설비 – 흡수식 (성적계수, COP) – ②2중효용 ③3중효용 ④냉온수기					1.2 이상	1.1~1.2 미만	1.0~1.1 미만	0.9~1.0 미만	0.9 미만		
	2.냉방설비 – 기타 냉방설비					고효율 인증제품, (신재생 인증제품)	에너지 소비효율 1등급제품	–	–	그 외 또는 미설치		
	3.열원설비 및 공조용 송풍기의 우수한 효율설비 채택(설비별 배점 후 용량가중평균)	3	1	–	1	60% 이상	57.5~60% 미만	55~57.5% 미만	50~55% 미만	50% 미만		
	4.냉온수 순환, 급수 및 급탕 펌프의 우수한 효율설비 채택[주9)]	2	2	3	3	1.16E 이상	1.12E~1.16E 미만	1.08E~1.12E 미만	1.04E~1.08E 미만	1.04E 미만		
	5.이코노마이저시스템 등 외기냉방시스템의 도입	3	1	–	1	전체 환기소요량의 60% 이상 적용						
	6.폐열회수형 환기장치 또는 바닥열을 이용한 환기장치, 보일러 또는 공조기의 폐열회수설비[주10)]	2	2	2	2	전체 환기소요량의 60% 이상 적용 (폐열회수형 환기장치는 고효율에너지기자재 인증제품인 경우 배점)						
	7.기기, 배관 및 덕트 단열	2	1	2	2	건축기계설비 표준시방서에서 정하는 기준의 20% 이상 단열재 적용 여부 (급수, 배수, 소화배관, 배연덕트 제외)						
	8.열원설비의 대수분할, 비례제어 또는 다단제어 운전	2	1	2	2	전체 열원설비의 60% 이상 적용						
	9.공기조화기 팬에 가변속제어 등 에너지절약적 제어방식 채택	2	1	–	1	공기조화기용 전체 팬 동력의 60% 이상 적용 여부						
	10.생활배수의 폐열회수설비	1	1	1	1	적용 여부						
	11.축냉식 전기냉방, 가스 및 유류이용 냉방, 지역냉방, 소형 열병합 냉방 적용, 신재생에너지 이용 냉방 적용(냉방용량 담당 비율, %)	2	1	–	1	100	90~100미만	80~90미만	70~80미만	60~70미만		
	12.급탕용 보일러	2	2	2	2	고효율에너지기자재, 또는 에너지소비효율1등급 설비 적용여부						
	13.난방 또는 냉난방순환수 펌프의 대수제어 또는 가변속제어 등 에너지절약적 제어방식 채택	2	1	2	2	냉난방 순환수 펌프 전체동력의 60% 이상 적용여부						
	14.급수용 펌프 또는 가압급수펌프 전동기에 가변속 제어 등 에너지절약적 제어방식 채택	1	1	1	1	급수용 펌프 전체 동력의 60% 이상 적용 여부						
	15.기계환기설비의 지하주차장 환기용 팬에 에너지절약적 제어방식 설비 채택	1	1	1	1	지하주차장 환기용 팬 전체 동력의 60% 이상 적용 여부						
	16. -지역난방방식 또는 소형가스열병합발전 시스템, 소각로 활용 폐열시스템을 채택하여 1번, 8번 항목의 적용이 불가한 경우의 보상점수	10	8	12	9	지역난방, 소형가스열병합발전, 소각로 활용 폐열시스템은 전체 난방설비 용량(신재생에너지난방설비용량 제외)의 60% 이상 적용여부 (단, 부 열원은 기계부문 1번 항목의 배점(b) 0.9점 이상 또는 에너지소비효율 1등급 수준 설치에 한함)						
	16. -개별난방 또는 개별냉난방방식주11)을 채택하여 8번, 13번 항목의 적용이 불가한 경우의 보상점수	4	2	4	4	–						
	기계설비부문 소계											

표 3.10 에너지성능지표 (기계설비 부분/신재생에너지 부분 발췌) (계속)

(제3면)

<table>
<tr><th colspan="2" rowspan="3">항 목</th><th colspan="4">기본배점 (a)</th><th colspan="5">배점 (b)</th><th rowspan="3">평점 (a*b)</th><th rowspan="3">근거</th></tr>
<tr><th colspan="2">비주거</th><th colspan="2">주거</th><th rowspan="2">1점</th><th rowspan="2">0.9점</th><th rowspan="2">0.8점</th><th rowspan="2">0.7점</th><th rowspan="2">0.6점</th></tr>
<tr><th>대형 (3,000㎡ 이상)</th><th>소형 (500~ 3,000㎡ 미만)</th><th>주택 1</th><th>주택 2</th></tr>
<tr><td rowspan="5">신
재
생
부
문</td><td>1.전체난방설비용량에 대한 신 · 재생에너지 용량 비율</td><td>3</td><td>3</td><td>4</td><td>3</td><td colspan="5">2% 이상 적용 여부,
(단, 의무화 대상 건축물은 4% 이상)</td><td></td><td></td></tr>
<tr><td>2.전체냉방설비용량에 대한 신 · 재생에너지 용량 비율</td><td>4</td><td>4</td><td>-</td><td>3</td><td colspan="5">2% 이상 적용 여부,
(단, 의무화 대상 건축물은 4% 이상)</td><td></td><td></td></tr>
<tr><td>3.전체급탕설비용량에 대한 신 · 재생에너지 용량 비율</td><td>1</td><td>1</td><td>4</td><td>3</td><td colspan="5">10% 이상 적용 여부,
(단, 의무화 대상 건축물은 15% 이상)</td><td></td><td></td></tr>
<tr><td>4.전체전기용량에 대한 신 · 재생에너지 용량 비율</td><td>4</td><td>4</td><td>4</td><td>3</td><td colspan="5">2% 이상 적용 여부
(단, 의무화 대상 건축물은 4% 이상)</td><td></td><td></td></tr>
<tr><td colspan="10">신재생부분 소계</td><td></td><td></td></tr>
</table>

표 3.11 건축물 에너지 소요량 평가서

(제5면)

3. 건축물 에너지 소요량 평가서(바닥면적 3천 제곱미터 이상 업무시설에 한하여 작성)

구 분	단위면적당 에너지요구량 (kWh/m^2년)	단위면적당 에너지소요량 (kWh/m^2년)	단위면적당 1차에너지소요량 (kWh/m^2년)
난 방			
급 탕			
냉 방			
조 명			
환 기			
합 계			

Chapter 4

전기설비 부문

4.1 건축전기설비의 개요 및 설계도서의 구성

4.1.1 건축전기설비의 개요

건축설비 중 기계설비와 대비되는 건축전기설비는 크게 전기설비, 통신설비 및 소방전기설비로 나뉜다. 여기서 전기설비는 에너지원으로서 전기를 한국전력공사 등 건물 외부에서 인입하거나 자가발전하여 전기회로의 말단에 있는 조명기기, PC나 냉장고와 같은 전기기기, 엘리베이터나 냉동기 등의 동력기기에 220V나 380V 등의 전압으로 공급하는 설비를 말한다. 반면에 통신설비는 60V 이하의 전압으로 신호를 전달하는 것에 초점을 맞춘 설비이다. 이전에는 건축전기설비를 강전설비와 약전설비로 구분하기도 했으며, 이 분류에 따를 경우 전기설비는 강전설비, 통신설비는 약전설비가 된다. 소방전기설비는 소방설비 중 건축전기설비 부분에 해당하는 것으로서 일부는 강전설비, 나머지는 약전설비가 된다. 소방전기설비는 소방서에서 건축허가 동의 심사를 위한 설계도서로서 소방설비 분야만을 요구하기 때문에 소방기계설비와 함께 자연스럽게 구분된 것이다.

한편 정보통신기술사들은 기존 건축전기설비기술사들이 통신 분야까지 설계해오던 관례를 고쳐야 한다면서 정보통신 분야에 대한 독점적인 설계권을 요구하고 있다. 이런 이유 때문에 기존 건축전기설비기술사들은 정보통신 분야를 최소한의 범위로 규정하는 경향이 있다. 더욱이 정보통신 분야의 기술과 기기의 변화속도가 매우 빠르기 때문에 정보통신 분야에 대한 범위는 명확하지 않다. 국토교통부에서 4년 주기로 개정하고 있는 '건축전기설비설계기준(제2011-1198호)'에 따라 건축전기설비를 분류하면 〈표 4.1〉과 같다.

표 4.1 건축전기설비의 분류

구분	세분류
수 · 변전설비	수전(전력인입)설비, 변전설비, 배전설비
예비전원설비	자가발전설비, 축전지설비, 무정전전원설비
조명설비	조명기구와 관련 분기회로
동력설비	전동기에 대한 전원 공급, 보호 및 기동 방법에 따른 장치
전력간선 및 배선설비	전력인입구에서 분전반이나 동력제어반까지 옥내 · 외 배선
반송설비	엘리베이터와 에스컬레이터
감시제어설비	수변전설비 및 조명설비 자동제어와 주차관제
정보통신 및 약전설비	전화설비, LAN설비, 인터폰설비, 방송공동수신설비, 전기시계설비, 표시설비, 원격검침설비, 홈네트워크설비, 화상회의설비
전기음향설비	확성 및 방송설비
전기방재설비	소방전기설비, 방범설비, 피뢰설비, 접지설비, 항공등화 및 항공장애표시등 설비
신전기설비	신에너지설비(태양광발전설비, 풍력발전설비, 연료전지발전설비 등)와 신부하설비(전기자동차 전원공급설비 등)

4.1.2 건축전기설비 설계도서의 구성

건축전기설비 설계도서는 도면, 계산서, 시방서 및 내역서로 구성된다. 이외에 에너지절약계획서(전기부분) 및 녹색건축물인증 등 각종 인증을 위한 추가 도서가 있다. 이들 도서는 전기설비, 통신설비 및 소방전기설비로 크게 분류된 채 건물의 규모에 따라 적절히 세분류된 공종 혹은 분류체계에 따라 구분되어 작성된다.

4.1.3 전기에너지 공급 계통 이해

전기설비 부문은 건축전기설비에서 가장 고전적인 분야이며, 전기에너지를 공급하는 중요한 부분이다. 이 분야를 이해하기 위해서는 고압송전과 그에 따른 변압의 이유나 3상4선식 배전방식 등에 대한 기본 지식이 필요하므로 그 설명을 먼저 한다.

현재, 건물에 공급되는 전기에너지의 대부분은 교류(AC : Alternating Current)의 형태이다. 교류는 직류(DC : Direct Current)에 비해 발전단가가 싸고 변압기를 사용하여 손쉽게 전압의 크기를 바꿀 수 있어서 장거리 송전에 유리하기 때문이다.

〈그림 4.1〉은 현재 가장 일반적인 발전과 배전 원리를 보여준다. 그림에서 (a)는 3상 교류 발전기의 원리도이다. 발전기 내부에 코일과 자석이 있으며 발전기 축에 연결된 자석의 회전에 따라 자기장이 변화하면 120° 간격으로 배치된 코일에 유도기

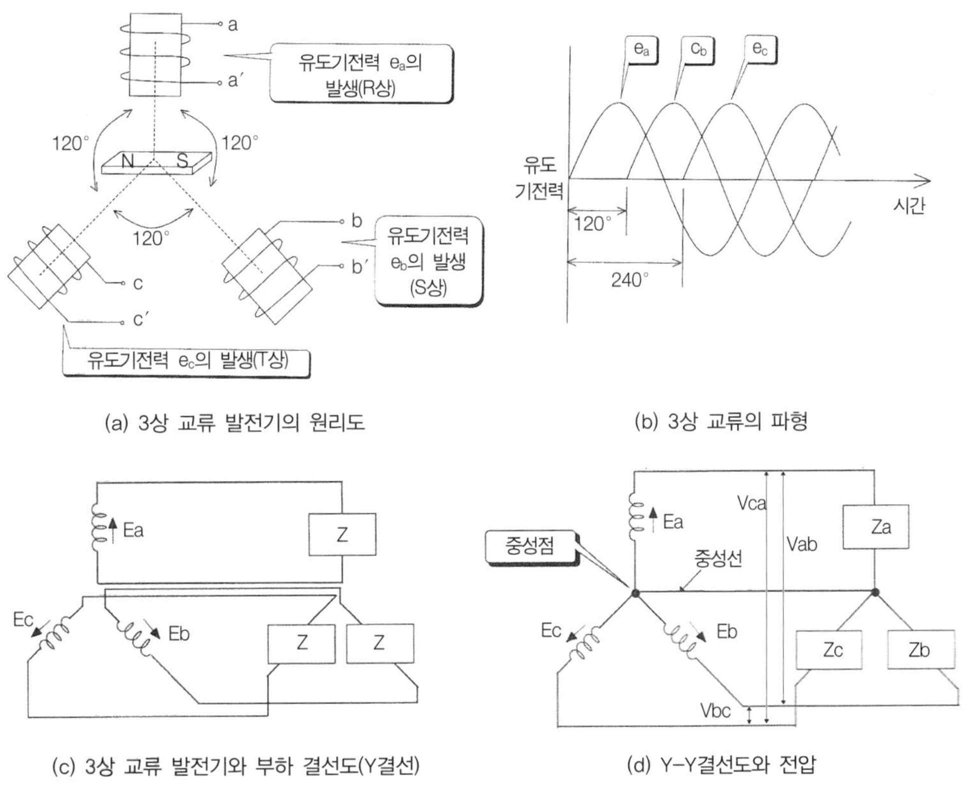

그림 4.1 일반적인 발전과 배전 원리 (출처 : 김명호, 김기식, 백강철, 건축설비의 전기이론, 2014, pp.144~145)

전력이 발생된다. 그림 (b)는 그 유도기전력을 보여준다. 유도기전력은 자석과 코일이 직각이 될 때 최대가 되고, 자석과 코일이 평행이 될 때 0이 되며, 전체적으로는 정현파(sine함수의 파형)를 이룬다. 3개의 코일에 흐르는 유도기전력은 서로 120° 위상차를 보이며, 이것이 3상 교류이다. 이 중에서 가장 앞서 있는 a 코일에서 발생한 교류를 R상, 120° 뒤쳐져 있는 b 코일에서 발생한 교류를 S상, c 코일에서 발생한 것을 T상이라 한다. 여기에 필요한 전선은 a, a′, b, b′, c, c′ 6가닥이나 a′, b′, c′을 하나로 합칠 경우 세 개의 파형이 하나로 합성되면서 0이 되어 이 선에는 전류가 흐르지 않게 된다. 이 선을 중성선이라 한다. 이와 같이 3상 교류의 6개 선 중 3개를 하나의 중성선으로 연결하는 방식을 3상4선식 결선이라 한다. 그림 (c)는 3개의 선이 하나로 합쳐져 중선선이 되는 개념을 보여주며, 실제 배선은 그림 (d)와 같다. 여기서 Z는 부하측을 의미한다. 두 그림에서 코일이나 부하는 Y자 형태를 이루기 때문에 이와 같은 결선 방식을 Y-결선 혹은 스타(star)결선이라 한다.

Y-결선과 대비되는 중요한 결선 방식으로서 델타(delta, Δ)결선이 있다. 이는 위 a′과 b, b′과 c, c′과 a가 각각 합쳐져서 구성되며, 중성선이 없는 3상3선식 결선이다.

그림 (d)와 같은 3상4선식 결선에서 Ea, Eb, Ec 전압을 상전압(Phase Voltage), Vab, Vbc, Vca전압을 선간전압(Line Voltage)이라 하며, 선간전압은 상전압의 $\sqrt{3}$배가 된다. 일반건물에서 사용되는 3상4선식 배선에서 R, S 혹은 T상 중 하나와 중성선을 연결한 것은 상전압이 되며 220V, R, S, T상에서 2개를 골라 연결한 것은 선간전압으로서 $220 \times \sqrt{3} \fallingdotseq 380$V가 된다.

그리고 R, S, T 3개의 선을 통해 부하에 공급되는 총 전력은 부하 Za, Zb 혹은 Zc 각각에 공급되는 전력의 $\sqrt{3}$배가 된다. 이와 같이 3상, 3개의 선으로 전력을 공급하면 단상인 2개의 선으로 전력을 공급하는 것보다 $\sqrt{3}$배 더 큰 전력을 공급할 수 있다. 이런 이유 때문에 건물에서 1HP(마력, 0.75kW) 이상의 모터에는 단상이 아닌 3상 전원을 공급하는 것이 일반적이다.

〈그림 4.2〉는 건축전기설비의 개념과 구성을 간결하게 잘 보여준다.

그림에서 좌측 부분은 전기설비, 우측은 통신과 소방전기 설비를 표현하며, 보다 구체적으로는 중앙에 5개의 수직선 중 좌측 3개를 포함하는 왼쪽 부분이 건물의 전기에너지공급 계통을 나타낸다. 그림에서처럼 전기를 필요로 하는 장치에 대한 전력은,

전력인입(여기선 22,900V), 변압기(Transformer), 배전반(switch board), 간선(feeder, 그림의 전력간선이나 동력간선 부분)을 통해 동력제어반(motor control center, 그림의 엘리베이터 제어반)이나 각층의 분전반(panel board)으로 가고 분전반 내에서 분기회로(branch circuit)로 나뉘어 각 전기장치나 기기로 공급된다.

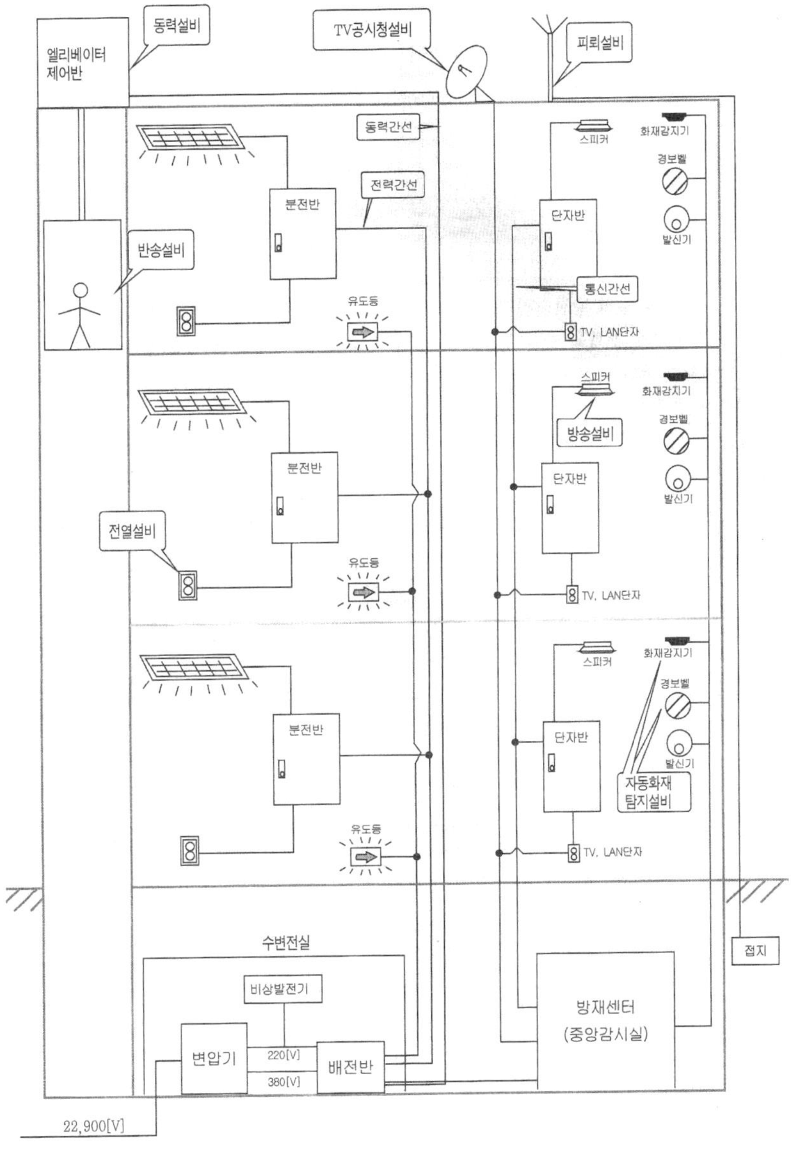

그림 4.2 건축전기설비 개념도 (출처 : 김명호, 건축전기설비공학, 2011, p.12)

그림의 좌측 하단에서 건물내 변압기로 22,900V의 특고압이 인입되는 것을 볼 수 있다. 이와 같이 전력회사에서 큰 전압으로 송전하는 이유는 송전전압이 높을수록 송전선로에서 전력 손실이 줄어들기 때문이다. 국내의 경우 계약전력 150kW 미만일 경우 전력회사에서 단상 교류 220V 혹은 3상 교류 380V/220V로 전력을 공급하나 그 이상일 경우에는 계약전력 10,000kW까지는 22,900V의 특고압, 계약전력 400,000kW까지는 154,000V의 특고압으로 공급한다[2]. 결국, 전력회사에서 22,900V 이상으로 전기를 받을 경우에는 특고압을 수전하기 위한 설비와 말단의 일반 전기기기가 사용하는 전압인 220V 혹은 380V로 변환하기 위한 변압기와 관련 배전설비를 건축주 부담으로 설치해야 한다. 이런 이유 때문에 그림에 변압기와 배전반이 제시되었다.

그림 중앙에 있는 2개의 수직선은 간선(feeder)이며 전력인입구에서 분전반이나 동력제어반의 차단기까지 이르는 옥내·외 배선이다. 일반건물의 경우 여기에는 3상 교류가 흐르며 중성선 1개를 포함하여 4개의 전선으로 구성된다.

〈그림 4.2〉의 분전반에서 형광등이나 콘센트아웃렛(receptacle, 그림에 전열설비로 표시된 부분)까지 이르는 배선은 분기회로이며, 이 경우 단상2선식 220V로서 2가닥으로 구성된다. 이 그림과 같이 전력공급을 위한 전선이 계속 분기되는 과정에서 다른 용도와 최종적으로 구분되는 것은 분기회로이다. 이는 간선으로부터 분전반 속에서 분기되어 분기 과전류 보호기를 거쳐 전등 또는 콘센트아웃렛과 같은 터미널기기에 이르는 배선을 말한다. 터미널 전기기기를 안전하게 사용하고 고장이 났을 경우 파급범위를 분기회로 차원으로 제한하기 위해 모든 터미널 전기기기는 분기회로에서 전원을 공급받는다.

〈그림 4.3〉은 분전반 내부의 예이다. 여기에서 3상 4선을 받아 단상2선 혹은 3상 3선식 분기회로를 구성한 것을 볼 수 있다. 분전반은 분기회로의 길이가 30m 이하가 되도록 배치하며, 하나의 분전반이 담당하는 면적은 1,000m² 이내가 된다. 분전반에는 주개폐기, 분기회로용 분기개폐기 및 자동과전류차단장치가 내장된다. 최근 경향은 인입측에 MCCB(Molded Case Circuit Breaker, 배선용차단기), 분기회로마다 ELB(Earth Leakage Breaker, 누전차단기)를 설치하는 것이 일반적이다. MCCB는 과전류, 과부하, 단락(합선)에 대해 차단성능을 갖고, ELB는 누전차단을 주목적으로 하되, 시험버튼이

---

2) 건물주가 한국전력공사에 부지(가로 2.8m, 세로 4.6m)를 제공하고 한전 선로에 용량 여유도 있을 경우에는 계약전력 500kW까지 저압(380V) 수전이 가능함

빨간색인 것은 과부하 및 단락에 대해서도 차단성능이 있다.

〈그림 4.3〉에서 (1)이 인입측 3상 4선식 MCCB이며, (2)~(7) 등이 단상 2선식 ELB이다. 그리고 (8)은 3상 3선식 MCCB이다. 색깔을 달리하여 구분된 수직선은 타원형 점선 속에 표시되었듯이 각각 R, S, T상 및 N(중성선)이다. 분기회로 (5)는 R상 선과 N선에 결선되었으며, 분기회로 (6)은 S상과 N선, (7)은 T상과 N선에 결선되었고 각각 단상 220V 회로이다. R, S, T에서 전력이 고르게 배분되도록 (2),(3),(4) 다시 (5),(6),(7)로 번갈아가며 R, S, T상 선에 결선되었다. R, S, T 3개의 상을 모두 결선하여 전력을 공급받는 회로 (8)은 단상2선식 결선에 비해 $\sqrt{3}$ 배 더 큰 전력을 받을 수 있다. 그림에서 (4), (5), (6), (7) ELB의 우측으로는 전선이 연결되지 않았으며, 추후 확장을 고려하여 spare로 설치된 것으로 보인다.

약 1HP(0.75kW) 이상의 모터에 동력을 전달하는 분기회로는 분전반이 아닌 동력제어반에 연결된다. 동력제어반(motor control center)에는 분전반의 기능에 추가되어 모터를 원활하게 기동시키기 위한 기동장치(예, 11~45kW 모터에 적용되는 Y-Δ 기동기), 역률을 개선하기 위한 콘덴서와 각종 보호장치가 추가로 설치된다.

그림 4.3 분전반 내부 예

〈그림 4.4〉는 주택 분전반의 예이다. 이것은 단상2선 220V 전원을 받아서 누전차단 기능이 있는 주개폐기를 거친 후 전등, 전열1, 전열2 및 에어컨의 4개의 분기회로로 구성된 것이다. 분기회로에는 개별 차단기가 설치되어 있다.

(a) 주택 분전반 내부

(b) 주택 분전반 내부–커버 제거

그림 4.4 주택 분전반 내부 예

〈그림 4.5〉의 (a)는 변압기의 원리이다. 1차측 코일에 교류 전압을 가하면 2차측 코일에 유도기전력이 발생되며, 그 값은 1차측 코일에 대한 2차측 코일의 권수에 비례한다.

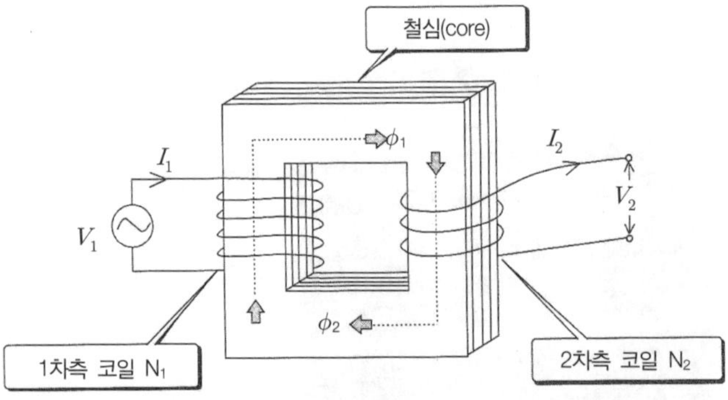

$$\therefore \frac{V_2}{V_1} = \frac{N_2}{N_1}$$

(a) 변압기의 원리

(b) 주상변압기

그림 4.5 변압기의 원리와 주상변압기

그림 (b)는 전주를 이용한 전력송전과 주상변압기를 보여준다. 전주의 최상부에는 벼락이 하부 전선에 인입되는 것을 방지하기 위한 피뢰선이 전선방향으로 1가닥(사진의 0) 설치되었다. 그 밑에 있는 3개의 선(1-1,1-2,1-3)은 22,900V의 R, S, T상 전선이다. 이 사진에서는 하단에 추가로 3개의 선이 설치되었으며, 위 특고압선과 병렬회로를 구성함으로써 2배의 전력을 송전한다. 그 밑에 설치된 것은 변압기(TR1~TR3)이며, 각각 R,S,T상을 22,900V에서 380V로 강압한다. 변압기 하부에 있는 4개의 선은 380V/220V의 3상 4선으로서 첫 번째(사진의 3-N)가 중성선이다. 이 중선선과 나머지 3개 상 중 한 개의 선을 연결하면 단상 220V가 되며, 주택에 대한 전력인입을 이렇게 하게 된다.

앞에 〈그림 4.2〉로 개략적으로 제시된 전기에너지 공급체계는, 전기설비도면에서는 전력간선설비 계통도와 유사하며, 보다 구체적인 사항은 수변전설비 단선 결선도, MCC(Motor Control Center) 결선도, 분전반 결선도, 전력간선설비 계통도, 전력간선 및 동력설비 평면도, 조명설비 평면도 등을 통해 보다 자세하게 표현된다.

4.2 건축전기설비 도면

4.2.1 건축전기설비 도면의 개요

전기설비, 통신설비 및 소방전기설비로 크게 구분되는 건축전기설비 관련 도면을 읽고 이해하려면 다음 사항을 알고 있어야 한다.

① 도면 목록 바로 뒤에 제시되는 범례 및 주기사항을 먼저 보고, 그후 도면에서 모르는 기호를 볼 때마다 참고한다.

② 건축전기설비 도면에서 선은 전류가 흐르는 전선이나 케이블을 나타내는 경우가 많다. 필요할 경우 각 전선에서 전기에너지나 신호가 어떻게 흐르는지를 이해할 수 있어야 한다. 처음 보기에는 복잡해 보이지만 차근차근 회로를 따라 가며 분석하면 의외로 쉽게 파악된다.

③ 도면은 공종 혹은 설계자가 설정한 분류체계에 따라 작성되지만 모든 공종에서 계통도 등 큰 그림이 먼저 제시되고 평면도나 상세도와 같은 세밀화가 나중에

배치된다. 따라서 계통도를 이용하여 해당 설비의 대강을 먼저 파악하면 전체 시스템을 쉽게 이해할 수 있다.

④ 도면은 전문가 사이의 약속이므로 아는 만큼 보일 수밖에 없다. 따라서 특정 분야의 도면을 보고 이해하고 싶다면 해당 분야의 기본 지식을 습득해야 한다.

4.2.2 전기설비 도면

전기설비 도면은 도면목록을 시작으로 범례 및 주기사항, 옥외 전력 인입 간선 및 외등설비 평면도, 수변전설비 단선 결선도, 전기실 및 발전기실 확대 평면도, MCC 결선도, 분전반 결선도, 전력간선설비 계통도, 피뢰설비 및 접지간선설비 입면도, 각층 동력설비 평면도, 각층 전력간선 및 전열설비 평면도, 조명간선설비 계통도, 각층 조명설비 평면도, 전력 및 조명 자동제어 계통도와 관련 도면 및 각종 상세도 등으로 구성된다.

1) 도면목록

설계도서를 편철한 순서대로 도면번호, 도면명칭 및 축척 등이 기입된다.

2) 범례 및 주기사항

전기설비 도면에 사용되는 각종 기호와 그에 대한 설명이 포함된다.

3) 옥외전력 인입 간선 및 외등설비 평면도

설계대상 건축물, 대지상황, 인접건물, 통로, 구내도로가 표시된 위에 전력 인입선로, 전화 인입선로, 외등 등의 구내 배선도가 함께 제시된다.

4) 수변전설비 단선 결선도

전력인입구를 통한 전력인입에서 수전설비, 자가발전설비, 변전설비, 동력제어반과 분전반 등에 분기되는 회로가 단선으로 제시되어 주요 기기의 위치와 계통이 명확히 표현된다.

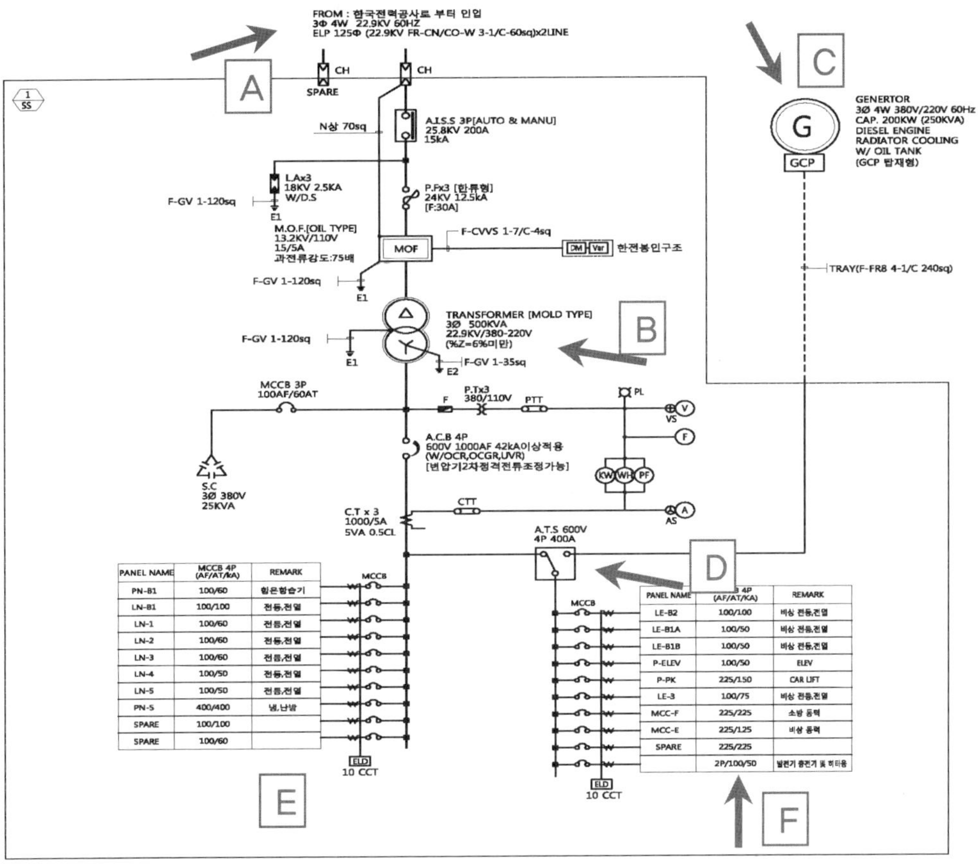

그림 4.6 수변전 설비 단선 결선도 예

〈그림 4.6〉은 수변전 설비 단선 결선도의 예이다. 그림의 'A'에서 한국전력공사로부터 3상4선식(3Φ4W)으로 22,900V 60Hz의 전력을 인입함을 알 수 있다. 그리고 'B'에서 변압기는 몰드형식이며 3상 500kVA용량으로 22,900V를 380/220V로 직강압함을 볼 수 있다. 'C'에서 3상 4선식 380/220V 60Hz 200kW용량의 디젤엔진 발전기가 자가발전설비 중 비상전원으로 설치되었다. 'D'의 ATS(Automatic Transfer Switch)는 자동절체개폐기로서 한국전력공사에서 받는 상시전원이 정전될 경우 비상발전기의 예비전원으로 자동으로 절환하는 장치이다. 'E'와 'F'는 이 건물에 설치된 분전반 혹은 동력제어반(MCC)이며 상시전원이 정전된 경우에는 비상발전기와 ATS에 의해 'F'쪽에만 전기가 공급된다.

5) MCC 결선도

동력제어반(MCC) 내부의 분기회로에 대한 차단기, CT(Current Transformer, 계기용 변류기), 기동방식, 콘덴서의 용량과 케이블 크기 및 연결된 모터의 용량을 표현한다. MCC까지의 전력공급은 수변전설비 단선 결선도와 동력간선설비 계통도를 보면 알 수 있다.

설치위치 : 지하2층 기계실 [자립형]

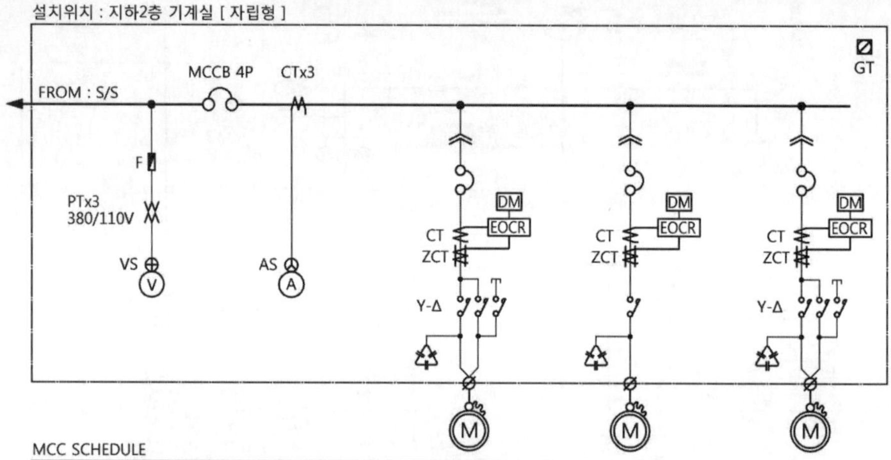

MCC SCHEDULE

UNIT NO.		MAIN	1 FP	2 FP	3 FP
EQPT. NAME			스프링클러 및 옥내소화전용 주펌프	스프링클러 및 옥내소화전용 보조펌프	스프링클러 및 옥내소화전용 예비펌프
CAPACITY	KW	46.5	45	1.5	45
MCCB(3P-AF/AT)		4P-225/225	225/175	50/20	225/175
CABLE SIZE(F-FR8)		4-1/C 95sq, E-50sq	6-1/C 50sq, E-25sq	1-3/C 4sq, E-4sq	6-1/C 50sq, E-25sq
CONDUIT SIZE		82C	82C	36C	82C
CT		200/5	150/5	10/5	150/5
CONDENSER			300	10	300
REMARK					예 비

그림 4.7 MCC 결선도 예

〈그림 4.7〉은 MCC 결선도의 예이다. 여기에서도 분전반에서처럼 주차단기가 있으며, 배선용 차단기 MCCB의 4극(4선) 225AF(Ampare Frame), 225AT(Ampare Trip)으로 보호되어 있다. AF 앞 숫자는 프레임의 크기이며, AT앞 숫자는 차단전류(A)이다. 전선은 F-FR8 케이블 4개이며, 각 케이블의 심선은 단면적 95㎟ 단선이고, 접지선으로 단면적 50㎟ 1개가 사용된다. CT 200/5는 계기용 변류기인 CT를 이용하여 5A를 측정

함으로써 200A를 추정할 수 있음을 의미한다.

모터의 용량이 11~45kW(15~60HP)일 경우 직입기동을 하면 기동전류가 너무 커져서 타 회로에 악영향을 주는 등의 부작용이 생기므로 Y-Δ 기동기를 설치하여 초기 기동전류를 낮게 유지하며, 그림에서도 45kW의 모터에 Y-Δ 기동기가 설치되어 있다.

또한 용량이 큰 모터에는 삼각형 기호로 표기된 콘덴서가 병렬로 설치된 것을 볼 수 있다. 모터와 병렬로 설치된 콘덴서는 모터 내 코일로 인한 역률(일종의 효율)저하를 방지하기 위한 것이다. 직류회로와 달리 교류회로에서는 코일과 콘덴서로 인해 전류와 전압의 위상이 일치하지 않으며, 위상차가 커질수록 역률이 저하된다. 교류 전류가 코일을 통과하면 유도기전력에 의해 전류가 전압보다 정현파 위상이 90° 뒤지게 된다. 반면에 콘덴서를 통과한 전류는 전압보다 90° 앞서게 된다. 두 개가 함께 설치될 경우 위상차가 180°가 되어 서로 상쇄되게 되며, 결과적으로 역률이 개선된다. 이런 용도로 설치되는 것이 진상(용) 콘덴서이다.

설명을 위한 예로 제시되었지만, 소방용 펌프에 콘덴서를 설치하는 것은 투자 비용 대비 효과 측면에서 권장되지 않는다. 왜냐하면 소방용 펌프는 운전시간이 짧아서 효율이 상대적으로 중요하지 않기 때문이다.

6) 분전반 결선도

분전반 내부의 분기회로에 대한 결선과 주차단기, 분기차단기의 용량을 표현한다. 분전반까지의 전력공급은 수변전설비 단선 결선도와 전력간선설비 계통도를 보면 알 수 있고, 분전반 내 분기회로가 어떤 전기기기에 연결되는지는 각층 동력, 전열, 전등 평면도를 보면 파악할 수 있다.

최근에는 분전반을 용도별로 구분하는 추세이다. 즉 조명용과 콘센트아웃렛을 통해 일반 전기기기로 전력을 공급하는 전열용을 나누고, 동력제어반에서도 일반동력, 비상동력, 소방용 등으로 구분하기도 한다.

〈그림 4.8〉은 분전반 결선도의 예이다. 여기에서도 좌측은 전열용, 우측은 조명용으로 구분되어 있다. 좌측 LN-2 분전반에서, 수직의 A, B, C 3상선과 N중성선이 있으며 배선용 차단기 MCCB의 4극(4선) 100AF(Ampare Frame), 60AT(Ampare Trip)으로 보호되어 있다. 여기에 결선된 분기회로들은 3상은 MCCB, 단상은 누전차단기 ELB로 보호된다. 왼쪽 위에서 두 번째 분기회로에서 '2P 30/20AT/ELB/R1'의 의미는 '2극(단상

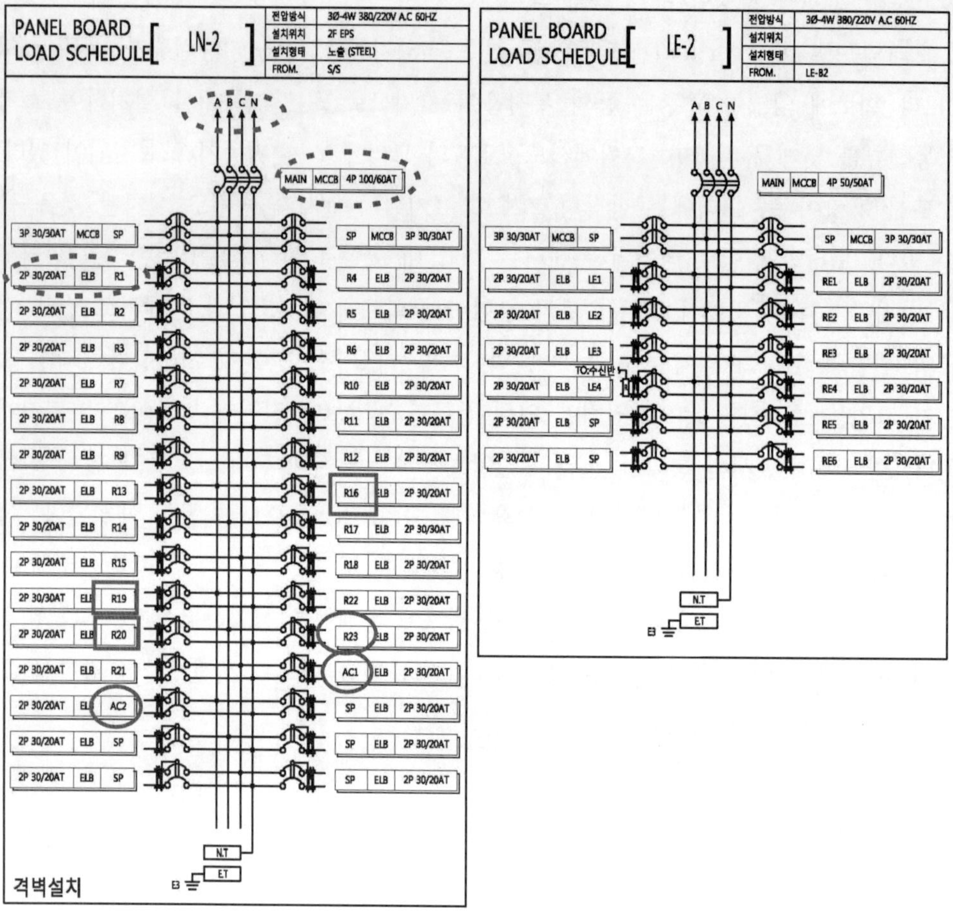

그림 4.8 분전반 결선도 예

2선) 30AF 20AT/차단기 유형 ELB/분기회로 번호 R1'이다. 해당 분기회로 번호는 해당 층 동력, 전열, 전등 평면도에 제시되어 있다. 분기회로번호에서 R은 전열(receptacle), L은 전등(lighting), RE나 LE의 E는 비상용(emergency), SP는 예비(spare)를 의미한다. 그림에서 사각형으로 표시된 분기회로 R16, R19 및 R20은 뒤에 있는 '〈그림 4.11〉 전열설비 평면도 예'에서 사각형으로 구분된 것이다. 또한 원형으로 표시된 분기회로 AC1, AC2 및 R23은 '〈그림 4.10〉 전력간선 및 동력설비 평면도 예'에서 원형으로 구분된 것이다.

7) 피뢰설비 및 접지간선설비 입면도, 평면도

단면도에 기준 지반면, 각층 바닥면, 천장 높이, 처마 높이 등이 표시된 위에 피뢰침이 제시된다. 최하층 접지 부위는 평면도에 표현된다.

8) 전력간선설비 계통도, 전력간선 및 동력설비, 전열설비 각층 평면도

전력간선설비 계통도에서 건물 내에 있는 전체 분전반과 동력제어반의 층별 배치와 간선 경로가 표현된다.

〈그림 4.9〉는 전력간선 계통도의 예로서 관련된 범례의 일부를 추가한 것이다. 그림의 하부에서 전력용 맨홀을 통해 인입된 전력이 우측의 수변전설비 (1/SS)에서 380/220V로 변압된 후 EPS(Electric Pipe Shaft)내 케이블 트레이(Cable Tray)를 통해서 각층 분전반으로 공급되는 것을 볼 수 있으며, 층별 분전반의 배치도 알 수 있다. 여

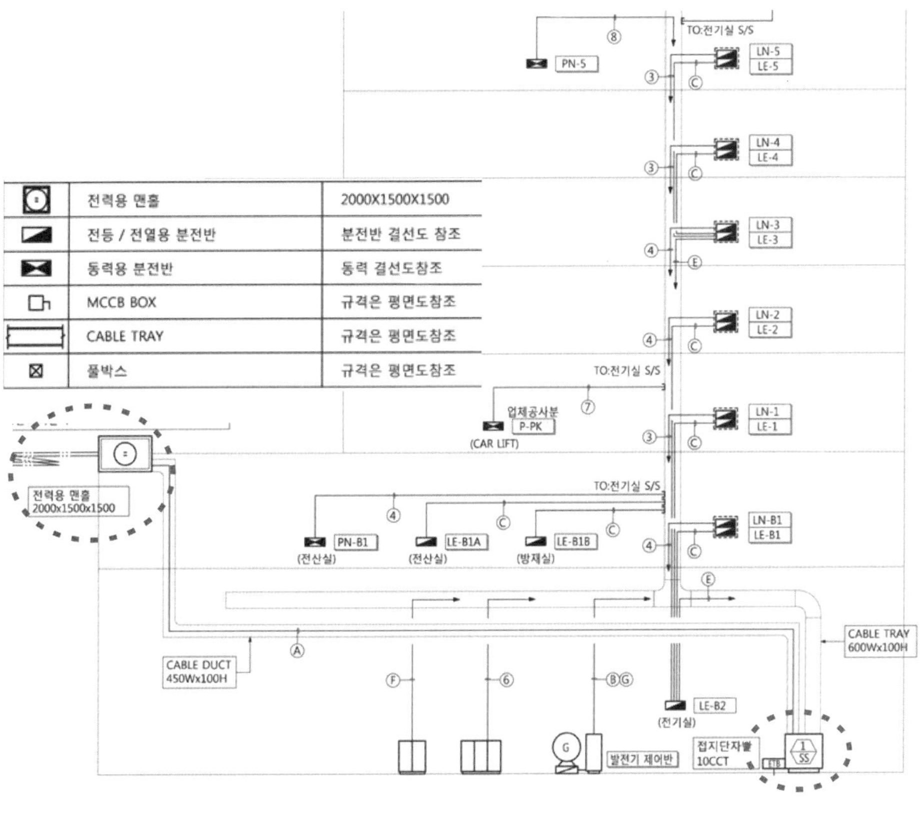

그림 4.9 전력간선 계통도 예

표 4.2 전선 및 케이블 예시

약칭	형태	명칭	특성	용도
IV (전선)		600V 비닐절연전선	단선/연선, 허용온도 60℃ (2007년 IEC규격 도입 후 생산 중단)	600V 이하 옥내배선
HIV (전선)		600V 2종 비닐절연 전선	단선/연선, 허용온도 75℃, IV보다 내열성 큼 (2007년 IEC규격 도입 후 생산 중단)	냉장고, 세탁기 등의 전기기기 내에 사용하는 절연전선
HFIX (전선)		450V/750V 저독성 난연 가교 폴리올레핀 절연전선	단선/연선 허용온도 90℃	옥내 저압 배선용 절연전선(고정 배선용) 전등, 전열 설비
FCV (케이블)		가교폴리에틸렌절연 난연 PVC시스 트레이용 케이블	CV케이블+난연성	실내 전원, 트레이에 설치 - 간선용
FR-8 (케이블)		가교폴리에틸렌절연 난연 PVC시스 내화 케이블 (소방용 내화 케이블)	내화성능(750℃, 90분) 내화층 : Mica Tape 절연 : PE	소방용 전원공급 트레이에 설치 - 간선용
FR-3 (케이블)	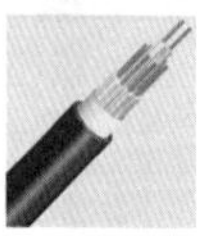	가교폴리에틸렌절연 난연 PVC시스 화재 경보용 내열 케이블 (소방용 내열 케이블)	단선/연선 내열성능(380℃, 15분) 절연 : XLPE	소방용 내열 케이블, 화재경보 제어, 신호용 전선
CVV (케이블)	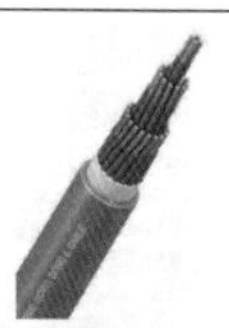	제어용 비닐절연 시스 케이블	허용온도 60℃	600V 이하 제어용 회로
HFBT (케이블)		고발포 동축케이블	임피던스 75Ω 내부 단선도체 주위 차폐처리	TV용 (공중파, 유선, 케이블, 비디오) 케이블
UTP-CAT.5e		Unshielded Twisted Pair (비차폐연선)	Voice, Data용, 전송속도 : 100Mbps	현재 일반적 LAN선

기서 (1/SS)은 〈그림 4.6〉의 수변전설비와 동일하다.

건축전기설비에서 다양한 전원공급용 혹은 통신용 전선이나 케이블이 사용된다. 건물에서 많이 사용되는 몇 가지를 예로 들면 〈표 4.2〉와 같다. IV나 HIV전선은 2007년 IEC 규격이 KS에 도입된 이후 생산이 중단되었으나 그 이전에는 매우 많이 사용되었다.

〈표 4.3〉은 계통도나 평면도에서 제시되는 배선기호에 대해 예를 들어 설명한 것이다. 전선이나 케이블 심선의 단면적을 표현하는 방법으로 25㎟, 25sq, 25°는 모두 동일한 것이다. 여기서, sq는 square millimeter의 약어이다.

표 4.3 배선 기호와 의미

<table>
<tr><th>분야</th><th colspan="2">배선 기호</th><th>의미</th></tr>
<tr><td rowspan="6">전기</td><td colspan="2">CABLE SCHEDULE</td><td rowspan="2">36C : 이하 케이블(전선)을 넣는 전선관(Conduit)의 안쪽지름이 36mm
1 : 이하 특성의 케이블(전선) 개수
FCV : 케이블(전선)의 종류
8° : 이 전선 1 심(core)의 단면적(㎟)
4/C : 케이블(전선)내 심(core)의 개수가 4
E : 접지선
GV : 접지선용으로 사용되는 전선의 종류
8° : 이 전선의 단면적(㎟)</td></tr>
<tr><td colspan="2" rowspan="2">36C(1-FCV 8°-4/C,
E-GV 8°)</td></tr>
<tr><td>전체 의미 :
지름 36mm의 전선관에 심선이 4개이고 각 심선의 단면적이 8㎟인 FCV케이블 1개와 접지용으로 단면적이 8㎟인 GV전선 1개가 입선됨</td></tr>
<tr><td>CABLE SCHEDULE</td><td>CON.</td><td rowspan="3">4 : 이하 특성의 케이블(전선)의 개수
FCV : 케이블(전선)의 종류
50㎟ : 이 전선 1core의 단면적
1/C : 케이블(전선)내 core의 개수 1
E : 접지선
50㎟ : 접지선의 단면적
54C : 이 케이블(전선)을 넣는 전선관(Conduit)의 안쪽지름이 54mm</td></tr>
<tr><td rowspan="2">4-FCV 50㎟-1/C,
E-GV 25㎟</td><td rowspan="2">54C</td></tr>
<tr></tr>
<tr><td rowspan="3">통신</td><td>배관 및 배선</td><td>비고</td><td rowspan="2">22C : 이하 통신선을 넣는 전선관(Conduit)의 안쪽지름이 22mm
4 : 이하 특성의 통신선의 개수
UTP : 통신선의 종류(일반 LAN선임)
CAT.5e : 이 통신선의 정보전송 속도 등급
4P : Pair수 4, 선 2개가 1쌍(pair)임
VOICE2, DATA2 : 4개의 통신선을 음성(전화)용 2개, 데이터용으로 2개 사용
*현재 보통 LAN선이 'UTP CAT.5e-4P'이며 2개씩 꼬아진 선이 8개(4쌍) 들어 있음</td></tr>
<tr><td rowspan="2">22C (4-UTP
CAT.5e-4P)</td><td rowspan="2">VOICE2
DATA2</td></tr>
<tr><td>전체 의미 : 지름 22mm의 전선관에 UTP케이블 4개가 입선되며, 전화용과 LAN용으로 각각 2개씩 사용함.
UTP 케이블은 CAT.5e 4Pair 규격</td></tr>
</table>

〈그림 4.10〉은 전력간선 및 동력설비 평면도, 〈그림 4.11〉은 전열설비 평면도의 예이다. 여기에 해당층 분전반, 관련 전기기기, 콘센트아웃렛의 배치 및 분기회로의 구성이 제시되었다. 평면도에서 타원형 점선으로 표시된 부분이 분전반의 위치이며 원형 혹은 사각형 실선으로 표시된 부분은 그림의 화살표 끝이 이 분전반에 연결되며, 〈그림 4.8〉 분전반 내에 원형 혹은 사각형으로 표시된 분기회로와 동일함을 의미한다.

〈표 4.4〉는 이 평면도를 이해하기 위해 필요한 범례의 일부로서 전열설비와 조명설비에 대한 것이다. 범례로서 명시되지 않았지만, 〈그림 4.10〉에서 실선으로 표현된 전선관은 천장 슬래브에 매립 혹은 이중 천장 내에 은폐됨을 의미하며, 여기에서는 기계설비의 시스템 에어컨 실내기(EHP)나 환기유닛에 전원을 공급하는 용도이다. 〈그림 4.11〉에서 점선으로 표현된 전선관은 바닥슬래브 매립 배관을 의미하며, 여기에서는 시스템 박스 내 콘센트아웃렛에 전력을 공급하는 것이 대부분이다.

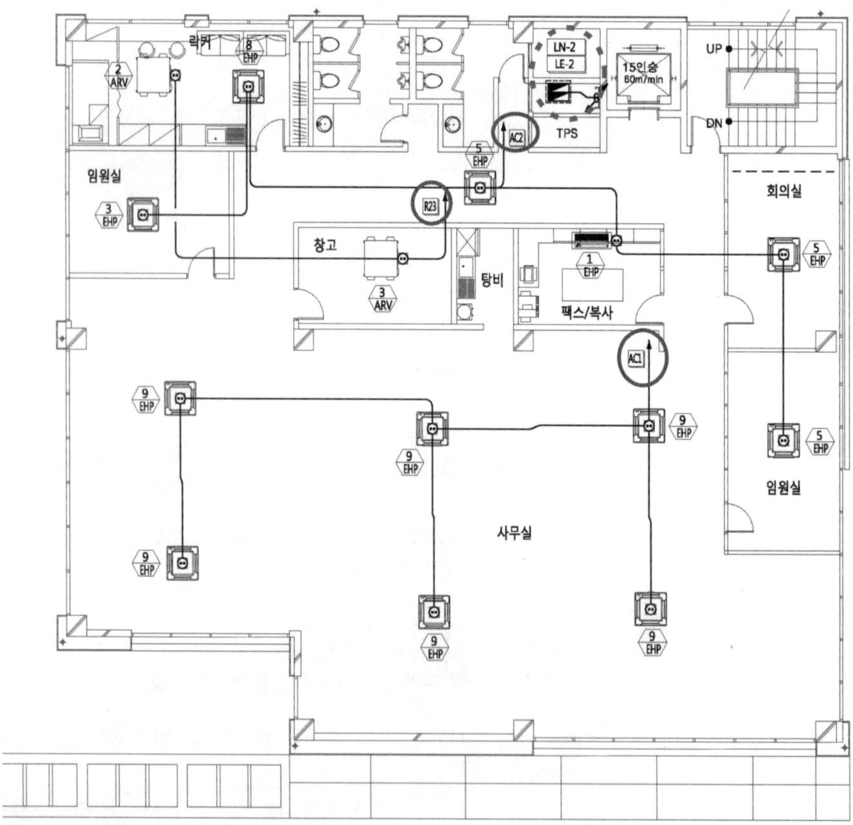

그림 4.10 전력간선 및 동력설비 평면도 예

표 4.4 전열 및 조명 설비 범례 예

기호	명칭	규격
	벽부형 콘센트, 1구	2P-250V 15A (접지극부)
	벽부형 콘센트, 2구	2P-250V 15A (접지극부)
	벽부형 콘센트(방수형), 2구	2P-250V 15A (접지극부)
	벽부형 콘센트(ELB 내장형), 1구	2P-250V 15A (접지극부)
	시스템 박스	규격은 평면 참조
	천장용 콘센트	2P-250V 15A (접지극부)

기호	명칭	규격
	천장 직부형 조명기구	IL or FUL
	천장 직부형 조명기구(W/센서)	IL or FUL
	천장 매입형 조명기구	IL or FUL
	벽부형 조명기구	IL or FUL
	형광등조명기구(천장형)	FL 1/32W, FL 1/20W
	형광등조명기구(천장형)	FL 2/32W
	천장 직부형 조명기구	IL or FUL or EL(비상등)
	천장 매입형 조명기구	IL or FUL or EL(비상등)

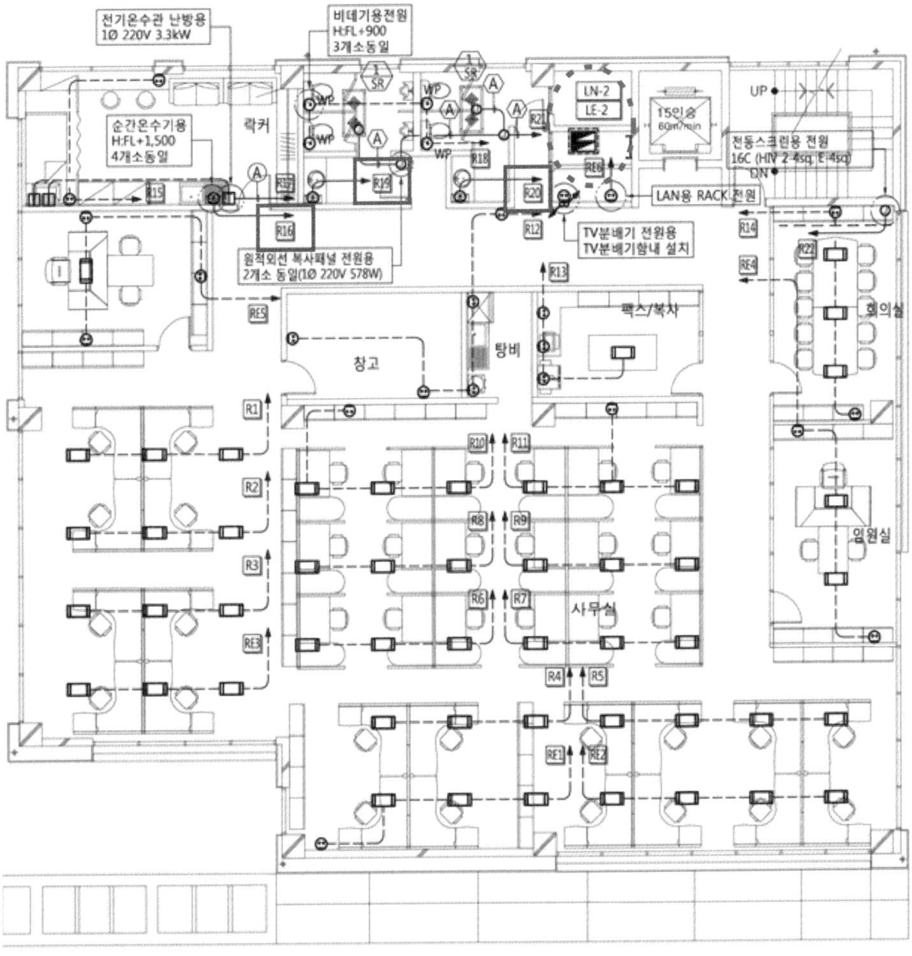

그림 4.11 전열설비 평면도 예

9) 조명간선설비 계통도 및 조명설비 각층 평면도

조명간선설비 계통도는 건물의 규모에 따라 전력간선설비 계통도와 합쳐져 작성되는 경우가 많으나 별도로 제시될 경우 조명용 분전반의 층별 위치와 간선경로가 표현된다. 앞에 있는 〈그림 4.9〉 전력간선 계통도 예에서는 전열용과 조명용 분전반이 구분되었으나 하나의 계통도에 제시되었다.

〈그림 4.12〉는 조명설비 평면도의 예이다. 여기에 분전반의 배치(그림에서 타원형 점선), 조명기구의 형식 및 배치, 분기회로의 구성이 제시되었다. 〈표 4.4〉의 범례에 따르면 사무실 부분의 조명기구는 32W 전등 2개로 이루어진 천장형 형광등임을 알 수 있다. 범례로서 명시되지는 않았지만, 여기에 전선관은 천장 슬래브에 매립되거나 이중 천장 내에 은폐되며, 영문 E가 표기된 전선관에 연결되는 조명기구는 소

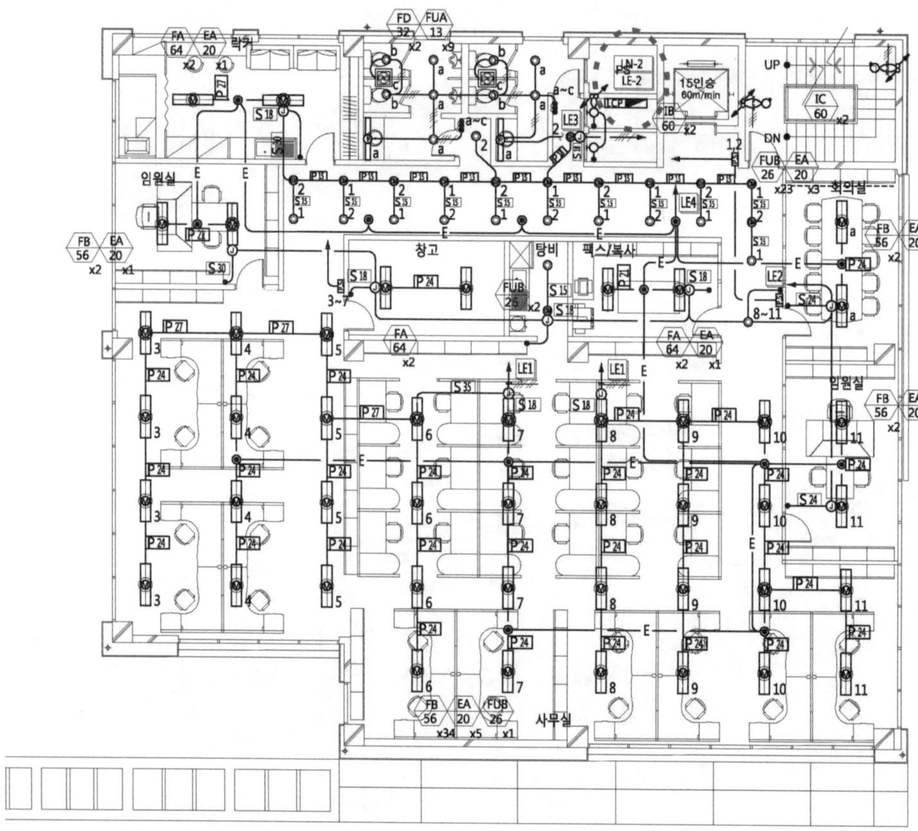

그림 4.12 조명설비 평면도 예

방전기설비의 비상용 조명등으로서 화재시 비상전원으로 자동점등될 것임을 추정할 수 있다.

10) 전력 및 조명 자동제어 도면

수변전설비와 조명설비를 최적 효율로, 자동으로 운전하기 위한 자동제어 시스템 도면이며, 관련 범례, 시스템 구성도, 계통도, 평면도 등으로 구성된다. 이 부분은 자동제어 시스템용 센서, 구동기와 같은 하드웨어 장치뿐만 아니라 제어연산용 소프트웨어가 필요한 것이므로 일반적으로 관련 자동제어업체의 지원으로 도면이 작성된다.

11) 각종 상세도

수배전반 상세도, 케이블 트레이 상세도, 조명기구 상세도, 기타 일반 상세도 등이 필요에 따라 추가된다.

12) 신전기설비 도면

건축물에 설치되는 신에너지설비(태양광발전설비, 풍력발전설비, 연료전지발전설비 등)와 신부하설비(전기자동차 전원공급설비 등)에 대한 계통도, 평면도 등으로 구성된다. 일반적으로 전문업체의 지원으로 작성된다.

4.2.3 통신설비 도면

여기서 통신설비는 건축전기설비에서 전기설비와 소방전기설비를 제외한 부분을 의미하며, 건축전기설비 도면에서 관례적으로 분류되는 범주이다.

이 분야는 앞에서 언급했듯이 발전속도가 빠르고, 명칭, 분류 및 설계자격에 대해서 건축전기설비기술사와 정보통신기술사 간에 의견이 일치하지 않고 있기 때문에 아직 정립된 분류체계가 없다고 볼 수 있다.

참고로 국토교통부가 제정한 건축전기설비설계기준(2011-1198호)의 약전설비 및 정보통신설비의 분류는 〈표 4.5〉와 같다.

표 4.5 약전 및 정보통신 설비의 분류

<table>
<tr><th colspan="3">구분</th><th>세부 설비</th></tr>
<tr><td rowspan="19">약전설비
및
정보통신설비</td><td colspan="2" rowspan="5">약전설비</td><td>표시설비</td></tr>
<tr><td>주차관제설비</td></tr>
<tr><td>전기음향설비</td></tr>
<tr><td>전기방재설비</td></tr>
<tr><td>감시제어설비</td></tr>
<tr><td rowspan="8">통신설비</td><td rowspan="5">음성통신설비</td><td>전화설비</td></tr>
<tr><td>인터폰설비</td></tr>
<tr><td>구내방송(PA)설비</td></tr>
<tr><td>무선통신설비</td></tr>
<tr><td>기타</td></tr>
<tr><td rowspan="3">영상통신설비</td><td>TV공청설비(CATV포함)</td></tr>
<tr><td>화상회의설비</td></tr>
<tr><td>기타</td></tr>
<tr><td rowspan="4">정보설비</td><td>시간정보설비</td><td>전기시계설비</td></tr>
<tr><td rowspan="2">데이터통신설비</td><td>근거리통신망(LAN)설비</td></tr>
<tr><td>홈네트워크설비</td></tr>
<tr><td>계측설비</td><td>원격검침설비</td></tr>
<tr><td colspan="2" rowspan="2">기타</td><td>유비쿼터스도시(U-city) 시스템</td></tr>
<tr><td>뉴미디어시스템 선로구성 등</td></tr>
</table>

이 분야의 주요설비를 〈표 4.5〉의 분류체계에 따라 약전설비, 통신설비 및 정보설비의 순으로 설명하면 다음과 같다.

① 표시설비는 전기에너지를 사용한 광원(백열등, LED) 및 VDT(CRT, LCD, PDP 등)으로 문자, 도형, 영상으로 정보를 나타내어 안내, 표시, 중계, 연락 및 호출의 용도로 사용하는 설비이다. 예를 들어 철도 역사나 대합실의 발착표시, 행선지 안내표시, 운항표시 등이 여기에 해당된다.

② 전화설비는 국선 인입용 관로, 통신실(MDF실, 국선용 단자함 또는 초고속통신망 장비 등 설치), 구내배선 및 단자함 및 교환설비(본체 및 전원설비)로 구성된다.

③ 인터폰설비는 공중통신망에 접속하지 않는 구내통신용 유선통화설비이다.

④ TV공청설비(방송 공동 수신 설비)는 1조의 안테나로 지상 TV공중파를 수신하여 증폭기를 통하거나 직접 TV수상기로 배분하는 것으로 디지털 방송수신을 포함한다. 이는 규모와 설치장소에 따라 주택용 TV공청, 공동주택 TV공청, 빌딩 TV공청, 수신장애(빌딩그늘 및 반사) 해소용 TV공청, 난시청지구용 마을공청설비 등으로 나뉜다.

⑤ 근거리통신망(Local Area Network)설비는 건축물의 구내에서 여러 대의 PC와 그 주변장치들을 전용의 통신회선을 통하여 서로 연결시키는 설비이다.

⑥ 홈네트워크 설비는 가정 내 독립적으로 존재하는 디지털 기기(제품)들을 유·무선 네트워크로 게이트웨이 또는 세대 단말기(wall pad)와 접속하여 기기 상호간 정보를 공유함으로써 출입자 인식, 방범, 에너지 절약 등의 각종 기능을 내장된 소프트웨어로써 제공하고, 아파트 단지 네트워크와 단지 서버를 통해 외부망과 연결함으로써 인터넷, 핸드폰, 전화로 제어가 가능하도록 한 설비이다. 멀티미디어 광대역 통신을 이용하고 방송·통신이 융합된 셋톱박스와 디지털 TV연계서비스도 여기에 포함된다.

⑦ 원격검침설비는 전기 및 수도와 같이 검침이 필요한 설비의 사용량을 전기와 통신선로를 이용하여 자동검침하여 요금 정산 및 청구서 발행 등을 자동으로 수행하기 위한 설비이다. 이 설비는 계량기, 원격검침장치, 전송선로 및 중앙처리장치로 구성된다.

정보통신 분야는 건물의 용도, 규모 및 공사비 예산 등에 따라 적용되는 설비가 달라지며, 도면은 세부 설비 유형별로 계통도 혹은 블록 다이어그램, 각층 평면도, 상세도 등의 순으로 작성되고, 해당 전문업체의 지원을 받는 경우도 많다.

현재 정보통신설비에 포함되는 대표적인 것은 음성신호인 전화, 컴퓨터 데이터 신호인 LAN 및 영상신호인 TV이며, 일반적인 신호 전달 매체는 음성이나 데이터는 UTP 케이블, TV는 동축케이블이다.

외부와 유선으로 연결되는 전화나 인터넷의 경우 외부를 내부와 접속해주는 장치인 MDF(Main Distribution Frame, 주배선반, 전화의 경우 국선단자함이라고도 함)가 필요하다. 현재는 MDF가 서버와 다수의 UTP케이블 혹은 광케이블로 구성된 단순한 랙(rack)형태이지만 인터넷이 없고 전화기만 있던 시절에는 전화국에서 연결되는 여러 가닥의 전화선(국선이라 함으로써 건물 내에서 인터폰 등의 용도로 사용되는 사선과 구분함)과 건물 내부의 많은 전화선을 물리적으로 연결시켜야 하는 전화선으로 뒤엉킨 공간이었다. 음성신호나 데이터신호를 건물 내부에서 소규모로 다시 분기시킬 경우에는 IDF(Intermediate Distribution Frame, 중간단자함)에서 처리한다. 〈그림 4.13〉의 (a)와 (b)는 MDF의 형태를 종전과 현재로 대비시킨 것이며, (c)는 IDF이다.

(a) 종전 전화용 MDF 실　　(b) 현재 MDF 예　　(c) IDF 예

그림 4.13 MDF와 IDF

요약하면, UTP케이블이나 광케이블을 이용하여 외부에서 들어오는 전화(음성)나 인터넷(데이터) 신호는 MDF를 거친 다음 IDF를 지나 말단기기(전화기, 컴퓨터 등)와 연결된다.

TV와 관련된 용어로서, MATV는 Master Antenna TeleVision의 약어이며, 지상파 TV, FM 라디오, 위성방송을 수신하기 위한 공동시청안테나시설이다. 그리고 CATV는 Cable TeleVision으로서 종합유선방송 구내전송선로설비이다.

〈그림 4.14〉는 정보통신설비 중 LAN 간선 설비 계통도 예로서 관련 노트 일부를 포함시킨 것이다. 그림의 하단에서 외부에서 인터넷 회선이 인입된 후 데이터용 MDF에 접속되고 여기에서 각층에 있는 랙(rack, 그림에서 R)마다 광(Fiber/Optic)케이블 1개와 UTP케이블 2개가 Cable Tray에 실려 배선됨을 알 수 있다. 여기의 광케이블은 4core형이며, 이는 가장 일반적인 것으로서 보내기와 받기용 각 1개와 예비회선 2개로 구성된 것이다. 각층 랙에는 UTP Cable 24 포트가 있으며, 여기에서 24개의 LAN

선이 기기와 접속될 수 있다.

예로 제시되지는 않았지만 전화국에서 건물로 인입된 전화선(국선)은 음성용 MDF(국선 단자함)에 접속된 후 IDF를 거쳐 각층의 전화기로 연결된다. 그리고 랙이나 MDF, IDF는 모두 전기적으로 접지되지만 여기에서는 생략되었다.

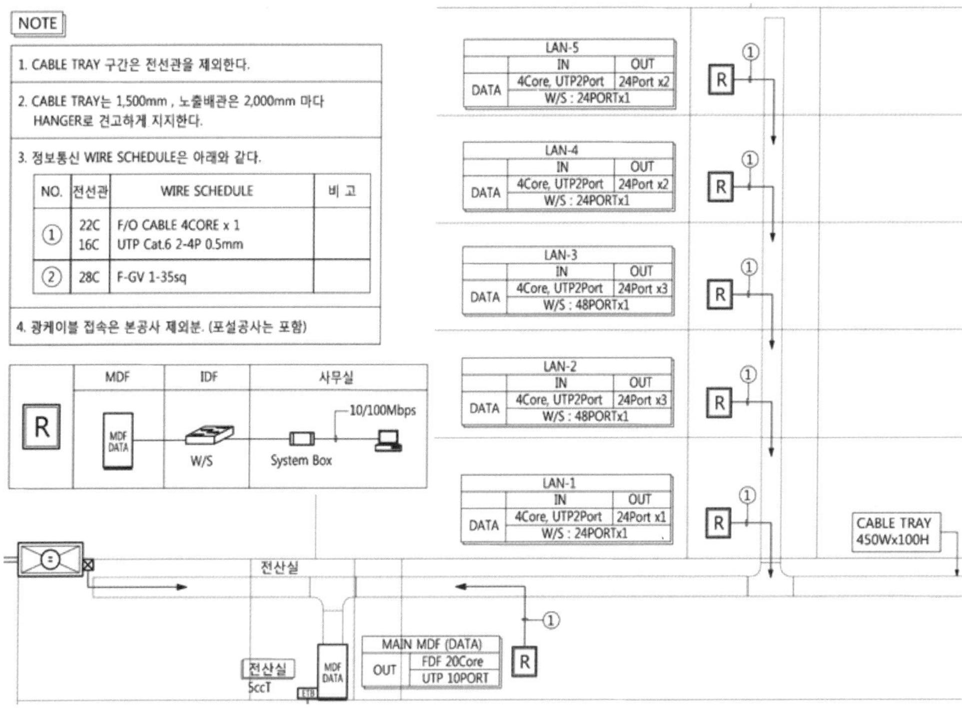

그림 4.14 정보통신 중 LAN 간선 설비 계통도 예

〈그림 4.15〉는 정보통신설비 평면도 예이며, 〈표 4.6〉은 관련 범례이다. 〈표 4.6〉에 따르면 〈그림 4.15〉에 설치된 시스템 박스에는 정보통신인출구가 2개 있으며, 각각 음성(전화)와 데이터(LAN)용임을 알 수 있다. 〈그림 4.15〉에서 타원형 점선으로 구분된 A부분은 정보통신용 랙, IDF, 트레이, 배관, 통신선을 설치하는 TPS(Telecommunication Pipe Shaft)이다. 여기에 데이터용 랙, 음성용 IDF 및 TV증폭기함이 설치되었다. 데이터용 랙 LAN-2에는 랜선 24×3=72개, 전화용 IDF-2에는 전화선 250개가 연결될 수 있다. 그림에서 타원형 점선으로 구분된 B부분에서 가장 좌측에 있는 시스템 박스에서 그 우측 시스템 박스까지의 구간에는 UTP케이블이 2개, 우측의 다음 구간은 4개, 위(복도쪽)

로 향하는 다음 구간은 6개가 되며, 바닥 슬래브에 매립되는 전선관 속에 들어간다. 각 구간에 설치되는 통신선(UTP케이블)의 개수는 사선으로 표시되었다.

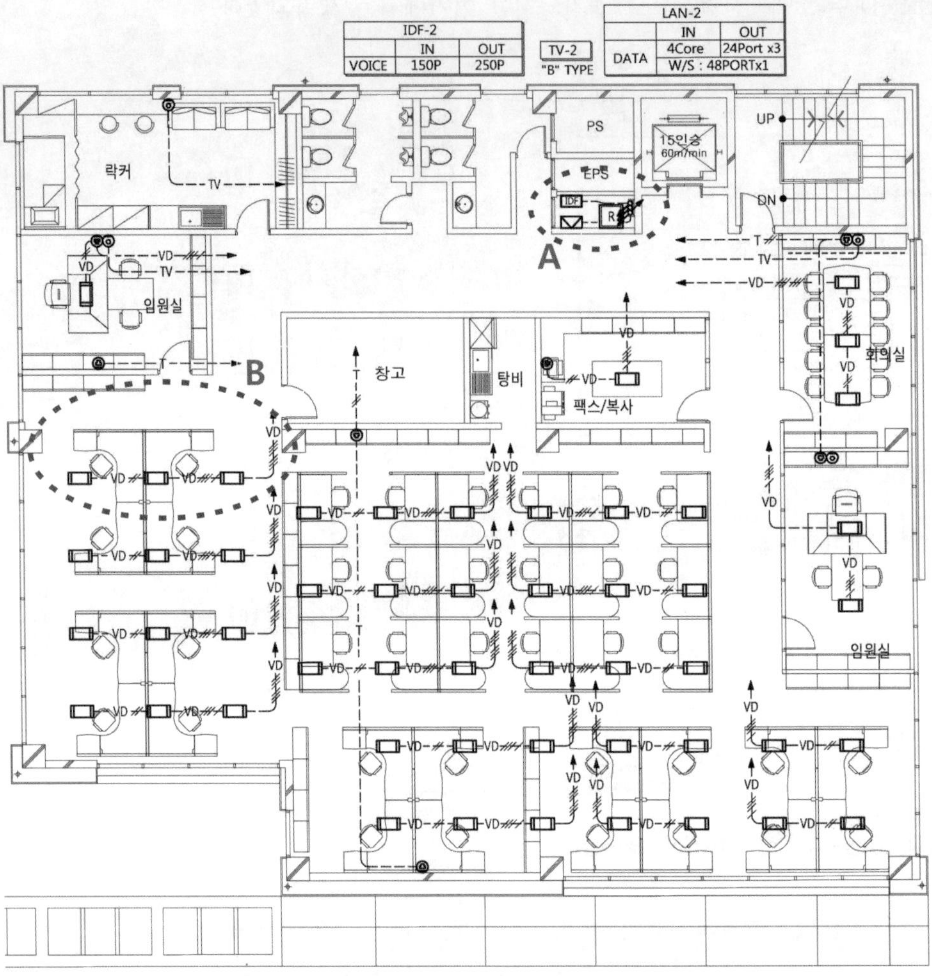

그림 4.15 정보통신설비 평면도 예

표 4.6 정보통신설비 범례 예

■정보통신설비		
	통신용 핸드홀	2000×1000×1400
	주전화 배선반	규격은 평면 참조
	LAN용 RACK	규격은 평면 참조
	중간전화단자함(IDF)	규격은 평면 참조
	정보통신 인출구	RJ-45 M/J-CAT.6 〔2구〕
	정보통신 인출구	RJ-45 M/J-CAT.6 〔1구〕
	시스템 박스	VOICE, DATA:RJ-45 M/J-CAT.6 〔2구〕
■CATV 설비		
	TV 공청 안테나	상세도 참조
	TV 증폭기함	규격은 계통도 참조
	증폭기	
	분기기	
	분배기	
	혼합기	
	TV용 유닛	75오움-1EA
6.3 정보통신설비		
---VD--------		16C(UTP Cat.6 1-4P 0.5㎜)
---VD---//---		16C(UTP Cat.6 2-4P 0.5㎜)
---VD---///---		22C(UTP Cat.6 3-4P 0.5㎜)
---VD--////---		28C(UTP Cat.6 4-4P 0.5㎜)
---VD--/////--		28C(UTP Cat.6 5-4P 0.5㎜)
---VD--//////--		28C(UTP Cat.6 6-4P 0.5㎜)
--- T --------		16C(UTP Cat.6 1-4P 0.5㎜)
--- T ---//---		16C(UTP Cat.6 2-4P 0.5㎜)
6.4 TV 설비		
---- TV -------		16C(HFBT 1.5C)
6.5 방송 설비		
---- S --------		16C(2-HIV 1.5sq)
---- S --////----		16C(4-HIV 1.5sq)
---- S --//////----		22C(6-HIV 1.5sq)

4.2.4 소방전기설비 도면

소방전기설비는 소방설비 중 전기적 회로가 구성되는 설비를 말하며, 일반적으로 자동화재탐지설비, 누전경보기, 비상경보설비, 유도등, 비상조명등, 비상콘센트설비와 무선통신보조설비 등으로 구성된다.

도면은 공종별로 계통도, 평면도, 상세도의 순으로 제시된다.

소방전기설비 도면을 명확히 이해하려면 소방전기설비뿐만 아니라 소방기계설비 지식도 필요하다. 왜냐하면 소방기계설비에 속하는 시설 중 스프링클러나 물분무등 소화설비는 전기적인 신호전달이 필수적이기 때문이다.

소방설비 설계 및 설치에 대한 기술기준은 '국가화재안전기준'의 해당 공종을 참조하면 된다. 국가화재안전기준은 법제처(http://www.moleg.go.kr/)의 '현행행정규칙' 부분에서 찾을 수 있다. 예를 들어 자동화재탐지 설비에 대한 것은 '자동화재탐지설비 및 시각경보장치의 화재안전기준(NFSC 203)'이다.

〈그림 4.16〉은 소방설비 간선 계통도 예로서 관련 범례가 포함된 것이다. 그림에서 타원형 점선의 A-1(F-1~F-5 동일)은 옥내소화전함 위에 설치된 발신기 세트로서 발신기, 음향장치(벨), 위치표시등 및 통화장치로 구성된다. 발신기 세트는 자동화재탐지설비의 일부이며, 여기에서 나온 간선과 신호선이, A-2로 표시된 감지기의 신호선과 함께, A-3로 표시된 수신기로 연결된다.

자동화재탐지설비는 감지기, 발신기, 음향장치, 수신기 등으로 구성된다. 감지기는 화재시 발생하는 연기, 열, 화염을 통해 화재발생을 자동으로 감지하는 장치이며, 발신기는 화재발생시 사람이 직접 스위치를 누름으로써 화재발생 사실을 알리는 것이다. 음향장치는 경종이나 벨로서 음향을 통해 화재발생 사실을 알리고 대피할 수 있도록 하는 것이다. 수신기는 감지기나 발신기에서 온 화재발생 신호를 받고 화재발생 지점을 표시하며, 다른 소방설비가 작동할 수 있도록 적절하게 제어하는 것으로서 소방설비의 핵심 장치이다.

〈그림 4.16〉에서 B 부분은 스프링클러 소화설비의 경보밸브(alarm valve, wet valve)와 관련된 것으로서 여기에, 1차측 차단밸브가 항상 열린 상태인지를 감시하는 탬퍼(tamper) 스위치, 스프링클러 헤드에서 물이 방출되면서 경보밸브가 열리게 되는 순간을 감지하는 압력 스위치, 이 구역에 화재가 발생할 경우 경보를 울리기 위한 벨, 이

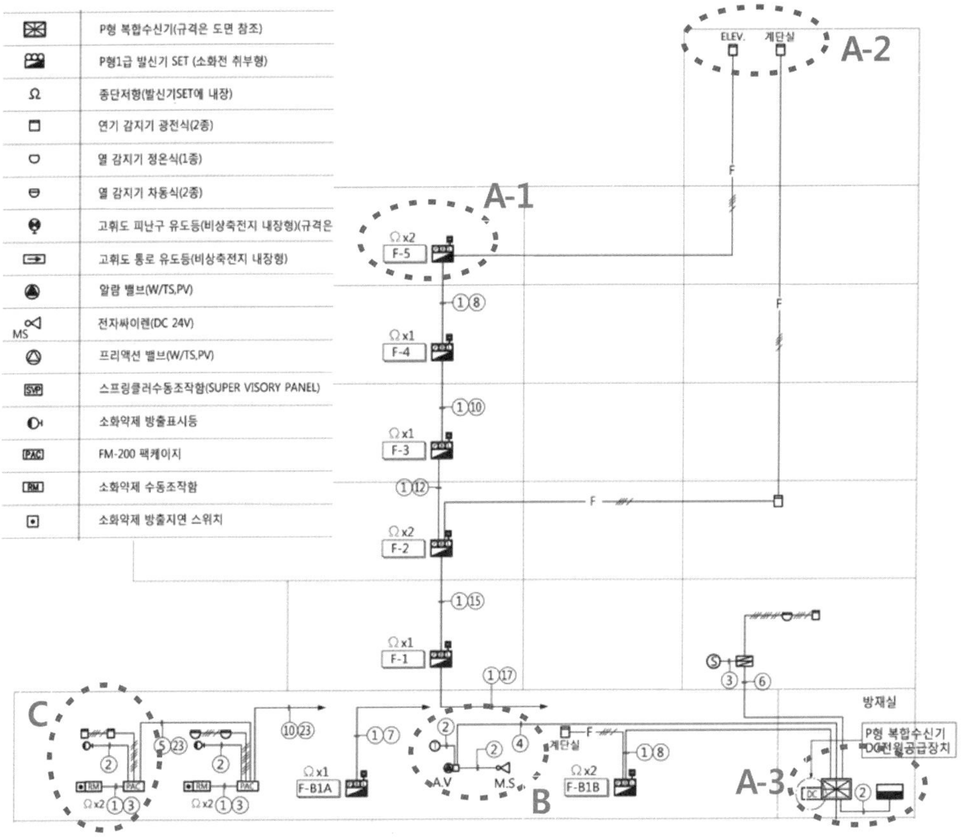

그림 4.16 소방설비 간선 계통도 예

렇게 3개 요소에 대한 신호 전달 혹은 전력공급이 필요하다.

패키지형 가스계 소화설비의 유지관리와 작동을 위한 신호전달 혹은 전력공급 계통이 그림의 C 부분에 제시되었다. 이 부분 역시 관련 장비들은 대부분 소방기계설비에서 설치하는 것이지만 실제 작동 과정에서 자동화재탐지설비의 감지기나 발신기에서 수신기까지 신호가 가고, 수신기에서 해당 실에 소화용 가스를 방출시키고 실 출입문 외부에 방출표시등을 점등시키는 조작신호를 보내게 된다.

〈그림 4.17〉은 소방전기설비 평면도 예이다. 그림에서 사무실 공간 등 일반적인 공간에는 차동식 열감지기가 설치되고, 복도, 계단, EPS 및 TPS에는 광전식 연기감지기가 설치되었다. 그림에서 타원형 점선으로 표시된 부분은 〈그림 4.16〉 계통도에 제시된 발신기 세트 F-2와 동일하다.

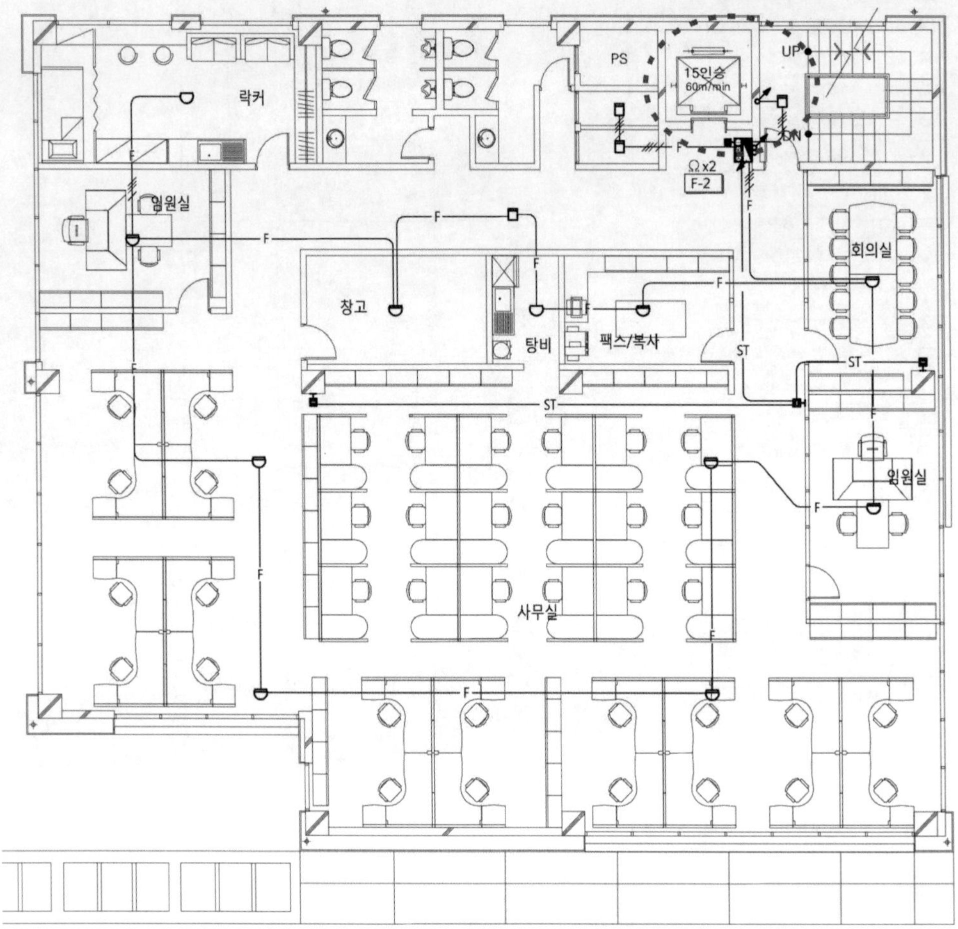

그림 4.17 소방전기설비 평면도 예

4.3 건축전기설비 계산서

4.3.1 건축전기설비 계산서의 개요

도면에 표현된 변압기, 발전기, 각종 차단기 등의 용량은 계산서에서 결정되며, 기타 계산이 필요한 사항들이 여기에 기입된다.

일반적인 건축전기설비 계산서의 종류를 전기설비, 통신설비, 소방전기설비로 구분하여 부하측(말단기기)에서부터 나열하면 다음과 같다.

1) 전기설비 분야

- 조도 계산서
- 분전반 부하 및 차단기 용량 계산서
- 동력분전반 부하 및 차단기 용량 계산서
- 케이블트레이 계산서
- 간선 전압강하 계산서
- 단락 용량 계산서
- 변압기 용량 계산서
- UPS 용량 계산서
- 발전기 용량 계산서

2) 통신설비 분야

- MDF 용량 계산서
- 방송 계산서
- TV 전계 강도 계산서

3) 소방설비 분야

- 중계기 수량 산출 계산서
- 화재수신반 회로수 계산서

4.3.2 조명설비 계산서

조명설비의 설계 절차를 나타내면 〈그림 4.18〉과 같다. 조명설비의 기본 목적이 각 공간에 필요한 조도를 제공하는 것이므로 필요한 조도를 확보하기 위해 조도를 계산한다. 조도계산은 비교적 최근까지 광속법을 적용하여 수계산이나 마이크로소프트사의 엑셀 프로그램을 이용하는 것이 일반적이었으나 최근에는 Relux 등과 같은 조명 시뮬레이션 프로그램을 이용하는 경우도 많아지고 있다. Relux는 스위스에서 만들어진 조명시뮬레이션 툴이며, 무료 버전도 있다.

〈표 4.7〉은 광속법의 개요이며 〈표 4.8〉은 광속법을 이용한 조도계산서의 예이다.

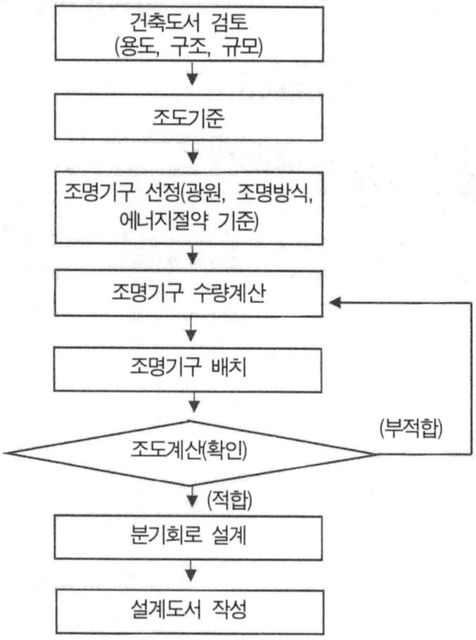

그림 4.18 조명설비 설계절차
(출처 : 국토교통부, 건축전기설비설계기준, 2011, p.121)

표 4.7 광속법(lumen method) 개요

$$N=\frac{DEA}{FU}=\frac{EA}{FUM}$$

여기서,

N : 광원수(개) | F : 광원 1개당 광속(lm)

E : 평균 수평면 조도 (lx) | A : 실면적 (㎡)

D : 감광보상률(*1) | U : 조명률(*2)

M : 보수율 (감광보상률의 역수)

*1 : 조명기구가 사용중에 광원의 효율 저하 또는 기구의 오손 등으로 조도가 점차 낮아지므로 필요 조도에 여유치를 할증하는 것

*2 : 광원에서 방사된 총 광속 중 작업면에 도달하는 광속의 비율

표 4.8 조도 계산서 예

<table>
<tr><th rowspan="2">층</th><th rowspan="2">실명</th><th colspan="3">실크기(m)</th><th>실지수</th><th colspan="3">반사율</th><th>조명률</th><th>보수율</th><th colspan="2">조명기구</th></tr>
<tr><th>X</th><th>Y</th><th>H</th><th>$=\frac{X\cdot Y}{H(X+Y)}$</th><th>C</th><th>W</th><th>F</th><th>u</th><th>M</th><th>F</th><th>N</th></tr>
<tr><td rowspan="3">7층
~
17층</td><td rowspan="3">ELEV홀</td><td>2.5</td><td>4.8</td><td>2.7</td><td rowspan="2">$=\frac{2.5\times4.8}{1.9(2.5+4.8)}$</td><td rowspan="2">50</td><td rowspan="2">30</td><td rowspan="2">10</td><td rowspan="2">38</td><td rowspan="2">0.9</td><td>LED 33W</td><td>3</td></tr>
<tr><td colspan="3">설치높이=H-0.8=1.9</td><td></td><td></td></tr>
<tr><td colspan="11">$E=\frac{2800\times3\times0.38\times0.9}{12}=239.4\text{lx}$</td></tr>
<tr><td rowspan="3">7층
~
17층</td><td rowspan="3">업무시설</td><td>11.1</td><td>4</td><td>2.7</td><td rowspan="2">$=\frac{11.1\times4}{1.9(11.1+4)}$
$=1.55$</td><td rowspan="2">50</td><td rowspan="2">30</td><td rowspan="2">10</td><td rowspan="2">57</td><td rowspan="2">0.9</td><td>LED 2/20W</td><td>10</td></tr>
<tr><td colspan="3">설치높이=H-0.8=1.9</td><td></td><td></td></tr>
<tr><td colspan="11">$E=\frac{4800\times10\times0.57\times0.9}{44.4}=554.5\text{lx}$</td></tr>
</table>

4.3.3 분전반 및 간선설비 계산서

분전반과 간선설비의 설계 절차는 〈그림 4.19〉와 같다. 그리고 동력설비에 대한 동력분전반 설계 절차는 〈그림 4.20〉과 같다.

〈표 4.9〉는 일반분전반 부하(및 차단기 용량) 계산서이다. 이는 분전반마다 작성되며 각 분기회로에 대한 연결부하, 분기회로가 단상 220V일 경우 결선되는 상(표에서 A〈R상〉, B〈S상〉, C〈T상〉), 차단기 용량(극수 P, Ampare Frame, Ampare Trip 전류) 및

차단기의 유형(ELB는 누전차단기)이 선정되고 주 차단기 용량도 계산된다. 이 계산 결과가 〈그림 4.8〉과 같은 분전반 결선도에 반영된다.

〈표 4.10〉은 동력분전반 부하(및 차단기 용량) 계산서이다. 이것이 일반분전반에 대한 계산서와 크게 다른 점은 모터가 연결된 분기회로가 3상으로 결선되기 때문에 A, B, C상을 구분하는 란이 없고, 큰 전류가 흐르기 때문에 적은 전류를 측정하고 실제로 흐르는 큰 전류를 추정하기 위한 계기용 변류기(CT), 그리고 모터속 코일로 인해 저하된 역률을 개선하기 위해 병렬로 설치해야 하는 콘덴서의 용량란이 추가되어 있다.

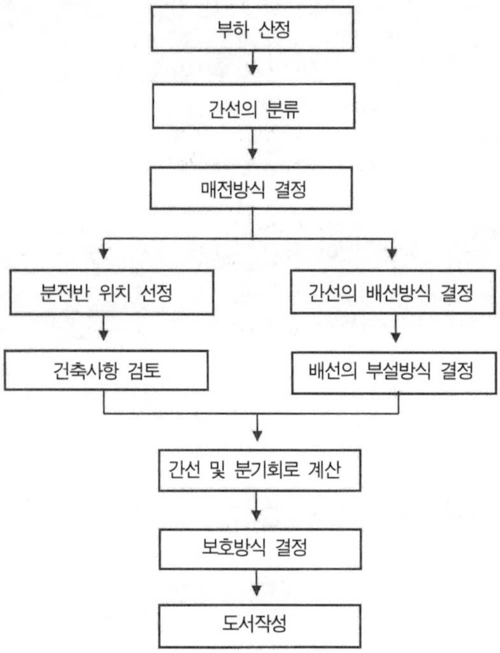

그림 4.19 분전반 및 간선 설계 절차

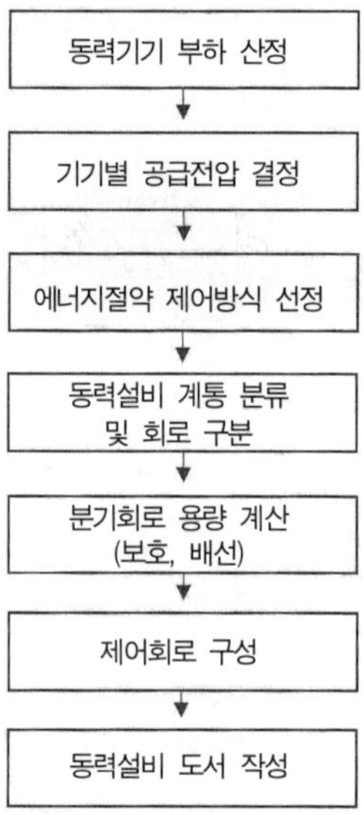

그림 4.20 MCC 설계 절차

(출처 : 국토교통부, 건축전기설비설계기준, 2011, p.170, p.156)

표 4.9 일반 분전반 부하 및 차단기 용량 계산서 예

분전반 명칭	LN-1	공급 받는 곳	LV-A		설치형태			( ) 매립형 (0) 노출형			
		전압	380/220V		전면 DOOR 재질			( ) SUS ( ) ABS (0) STEEL			
위치	1층 EPS실	배전방식	3Ø 4W								
회로번호	제어번호	연결부하	수량	TOTAL LOAD[VA]	상부하			차단기 용량			비고
					A	B	C	P	AF	AT	
N1		FL-2/13W	15	488	488			2	30	20	ELB
N2		MH-100W	7	805		805		2	30	20	ELB
N3		FL-2/32W	1	80			1,235	2	30	20	ELB
		FL-2/13W	15	488							
		FAN 1/4HP	1	667							
NR1		RECEP 150VA	3	450	450			2	30	20	ELB
FCU-1		팬코일 67W	1	67		67		2	30	20	ELB
SP		SPARE	1	2,000			2,000	2	30	20	ELB
SP		SPARE	1	2,000	2,000			2	30	20	ELB
SP		SPARE	1	2,000	2,000			2	30	20	ELB
		소계			4,938	872	3,235				
부하계	9,044VA	수용률 100%	최대 수용 부하	9,044VA		주차단기 용량 (0)MCCB ( )ELB		3P 50/30 AI			

표 4.10 동력분전반 부하 및 차단기 용량 계산서 예

분전반 명칭	MCC-B5-S		공급 받는 곳	전기실			배전방식	3Ø 4W			전압	380/220V	
회로번호	부하명	출력(KW)		효율 (%)	역률 (%)	입력(KVA)	정격전류 (A)	차단기 용량			CT 비율	콘덴서 (μF)	비고
		상시	예비					P	AF	AT			
ACH-1	냉온수 유닛	14.5				14.5	22.0	3	100	100	-		
P-4	냉각수 순환펌프	45				65.8	100	3	225	150	150/5	40C	
P-4	냉각수 순환펌프		45			-	-	3	225	150	150/5	40C	
CT-1	냉각탑	11.0				16.3	24.8	3	100	75	40/5	10C	
	MAIN	70.5				96.3	146.8	3	225	225	200/5	-	

전선에 전류가 흐르면 저항으로 인해 전압이 떨어진다. 전압이 정격전압보다 낮아지면 연결된 전기기기의 성능이 저하되고, 수명이 단축되는 등 좋지 않으므로 전압강하율을 제한한다. 그 값은 600V 이하 저압의 간선이나 분기회로의 경우 수전단 전압 기준으로 각각 2%이다. 허용전압강하 계산식과 보다 구체적인 허용치는 〈표 4.11〉에 제시되었다. 〈표 4.12〉는 간선의 전압강하 계산서의 예이다.

표 4.11 저압배선의 허용 전압강하와 계산방법

허용전압강하 (%)	간선 2%, 분기회로 2%, 건물 내에 변압기가 있는 간선의 경우 3%, 전선의 길이 : 60~120m 이하 3%, 120~200m 이하 4%, 200m 초과 5%		
전압강하 계산	단상2선식	3상3선식	3상4선식
	$e=\frac{35.6LI}{1000A}$	$e=\frac{30.8LI}{1000A}$	$e'=\frac{17.8LI}{1000A}$
	e : 각 선간 전압강하(V) e' : 각 상의 1선과 중성선 사이 전압강하(V) L : 전선 1본의 길이(m), I : 전류 (A), A : 전선의 단면적 (㎟)		
전압강하율	$\text{전압강하율}=\frac{\text{전압강하}}{\text{수전단전압}}\times 100(\%)$		

표 4.12 간선의 전압강하 계산서 예

■일반전등

구간			간선특성			부하특성				사용전선				전압강하 계산		차단기 특성		
구분	에서	까지	배전방식	전압[V]	거리[m]	연결부하[kVA]	수용률[%]	수용부하[kVA]	전류[A]	종류	SIZE[㎟]	허용전류	중성선[㎟]	V	%	종류	AF	AT
	전기실	LN-1	3Ø4W	380/220	25	38.6 (9.0)	100	38.6	58.6	FCV	1-38-4/C	160	38	0.68	0.31	MCCB 3P	100	30
	LN-1	LN-3	3Ø4W	380/220	8	29.6	100	29.6	44.9	FCV	4-22-1/C	100	22	0.29	0.13	MCCB 3P	100	75
	전기실	LN-4	3Ø4W	380/220	40	59.2 (29.6)	100	59.2	89.9	FCV	1-38-4/C	160	38	1.60	0.76	MCCB 3P	100	75
	LN-4	LN-5	3Ø4W	380/220	5	29.6	100	29.6	44.9	FCV	4-22-1/C	100	22	0.18	0.08	MCCB 3P	100	75

4.3.4 수변전설비 계산서

수변전 설비는 〈그림 4.21〉과 같은 절차로 설계된다. 이 과정에서 변압기나 자가발전기의 용량 계산 및 선정이 필요하다.

변압기 용량은 부하 유형별, 사용전압 등을 고려하여 다음의 식에 의해 산정한다.

$$변압기\ 용량 = \frac{부하설비\ 용량 \times 수용률}{부등률} (kVA)$$

여기서 부하설비용량 계산은 부하초기단계에서는 건물 연면적에 〈표 4.13〉의 값을 곱해서 추정하고, 말단기기의 부하가 명확하게 결정되는 실시설계 단계에서는 수변전설비 단선결선도에 따라 분전반에서 집계된 부하를 부하유형별로 합산하여 계산한다.

건물 및 부하 종류별 수용률은 〈표 4.14〉를 참고하여 결정한다.

부등률은 변압기가 2단으로 구성될 때 전압이 상대적으로 높은 1차측 변압기의 용량을 계산할 때 적용되며, 고압 배전간선에서 조명변압기 1.18, 동력 변압기 1.36이며, 자가용 변전설비에 적용되는 배전간선의 경우 1.09이다. 1차측 변압기만 있는 경우, 즉 한전 인입 특고압에서 380/220V로 직강압하는 변압기의 경우 부등률은 1.0이 된다.

표 4.13 건물 및 부하 유형별 부하설비 용량(VA/㎡)

(출처 : 건축전기설비설계기준 제2011-1198호, p.337)

	조명	일반동력	기타 동력부하	합계
대형 사무실	37	59	37	133
점포(대형)	62	72	43	177
호텔	38	53	27	118
주택	28	14	28	70
학교	27	15	18	60
종합병원	47	64	48	159
체육관	32	34	23	89
연구소	60	108	53	221
대형 창고	18	45	33	96
대형 전산센터	33	92	60	185
공공건물	32	41	31	104

표 4.14 건물 및 부하 유형별 수용률(%) (출처 : 건축전기설비설계기준 제2011-1198호, p.341)

	일반전등전열	일반동력	OA기기	냉방동력
업무시설	70	55	60	75
백화점	75	65	–	80
종합병원	60	55	60	85
호텔	60	55	–	85

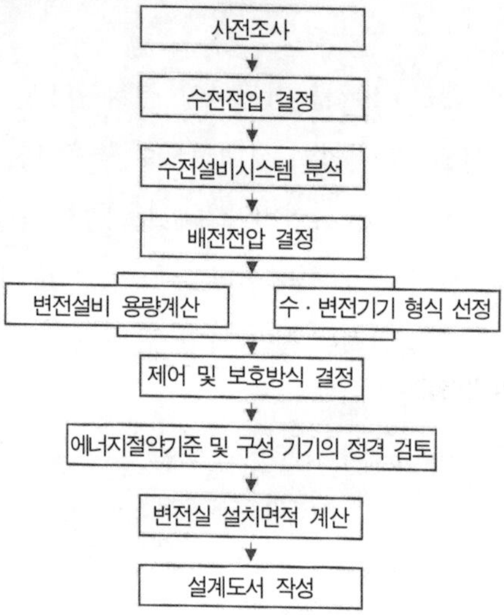

그림 4.21 수변전설비 설계절차 (출처 : 국토교통부, 건축전기설비설계기준, 2011, p.121)

〈표 4.15〉는 수변전설비 단선결선도에 따라 계산된 변압기 용량 계산서의 예이다. 여기서도 부하설비용량은 분전반에서 집계된 부하를 합산하여 계산한다.

표 4.15 변압기 용량 계산서 예

<table>
<tr><th rowspan="2">변압기
명</th><th colspan="3">배전방식</th><th rowspan="2">분전반명</th><th rowspan="2">부하용도</th><th rowspan="2">정격
출력
[kW]</th><th rowspan="2">효율
[%]</th><th rowspan="2">역률
[%]</th><th rowspan="2">입력
[kVA]</th><th rowspan="2">수용률
[%]</th><th rowspan="2">최대
수용전력
[kVA]</th><th rowspan="2">부등률
[%]</th><th rowspan="2">변압기
용량
[kVA]</th></tr>
<tr><th>상</th><th>선</th><th>전압[V]</th></tr>
<tr><td rowspan="9">TR-1</td><td rowspan="9">3</td><td rowspan="9">4</td><td rowspan="9">22,900~
380/220V</td><td>LN-1</td><td>일반전등</td><td></td><td></td><td></td><td>9.0</td><td rowspan="4">10kVA
까지는
100%</td><td>9</td><td></td><td rowspan="9">750</td></tr>
<tr><td>LN-3~(13)
11개층</td><td>일반전등</td><td></td><td></td><td></td><td>29.6×11
=325.6</td><td>23.7×11
=260.7</td><td></td></tr>
<tr><td>LN-14</td><td>일반전등</td><td></td><td></td><td></td><td>25.1</td><td>20.5</td><td></td></tr>
<tr><td>LN-15</td><td>일반전등</td><td></td><td></td><td></td><td>25.3</td><td>20.7</td><td></td></tr>
<tr><td></td><td></td><td></td><td></td><td></td><td></td><td rowspan="5">10kVA
넘는 것
70%
(내선규정)</td><td></td><td></td></tr>
<tr><td>LE-B4-T</td><td>비상전등</td><td></td><td></td><td></td><td>21.4</td><td>21.4</td><td></td></tr>
<tr><td>LE-B1-F</td><td>비상전등</td><td></td><td></td><td></td><td>26.2</td><td>26.2</td><td></td></tr>
<tr><td>LE-2</td><td>비상전등</td><td></td><td></td><td></td><td>21.4</td><td>17.9</td><td></td></tr>
<tr><td>합계</td><td></td><td></td><td></td><td></td><td>583.5</td><td>480.3</td><td></td></tr>
</table>

4.4 건축전기설비 시방서

시방서는 설계도면에 나타낼 수 없는 내용이나 추가로 필요한 사항을 표시한 문서로 공사작업의 기준이 되는 문서를 말한다. 즉 일반적으로 사용재료의 재질·품질·치수 등 제조·시공상의 방법과 정도, 제품·공사 등의 성능, 특정한 재료·제조·공법 등의 지정, 완성 후의 기술적 및 외관상의 요구, 일반 총칙 사항이 표시된다. 시방서는 설계 사양서라고 불리기도 하며, 공사 시 도면 못지 않게 중요한 문서로 작용한다. 시방서는 크게 일반(표준)시방서, 자재시방서 및 특기시방서로 분류된다. 공사에서 시방서는 특기시방서가 제일 우선순위로 적용되며, 다음으로는 설계도면, 자재시방서, 일반시방서 등의 순서로 적용된다.

한편 시방서 중에는 전문시방서와 공사시방서도 있으며, 이는 표준시방서를 기본으로 특정공사의 시공기준을 작성한 것으로 일반적으로는 공공기관 공사의 경우에 작성하게 된다.

건축전기설비 시방서(소방전기설비 포함)는 국토교통부가 제정한 '건축전기설비 표준시방서'와 서울시, LH 공사, SH 공사 등의 공공기관에서 작성한 전문시방서 등이 있으며, 대부분 이 시방서들을 기초로 필요에 따라 추가 또는 수정하여 작성한다.

4.4.1 건축전기설비 표준시방서

표준시방서는 일반시방서를 작성하는 기초 자료가 된다. 일반시방서는 건물의 특성에 따라 표준시방서를 근거로 필요 부분을 발췌하고 수정하여 작성한다. 〈표 4.16〉은 국토교통부의 의뢰에 의해 2009년 (사)한국조명·전기설비학회에서 작성한 건축전기설비공사 표준시방서의 목차만을 정리한 것이다. 기본적으로 표준시방서의 각 공사별 내용은 '1. 일반사항', '2. 기기(기구, 기계장비) 및 재료', '3. 시공'으로 구성되어 있으며, 공사 특성에 따라 추가 시방이 정리되는 경우도 있다.

표 4.16 건축전기설비공사 표준시방서(국토교통부 2009년)의 목차

1장 총칙
2장 옥외공사
3장 수변전설비공사
4장 예비전원설비공사
  4.1 자가발전설비공사 (자가용발전설비공사)
  4.2 정지형전원설비공사 (축전지설비공사)
  4.3 회전형무정전전원설비공사 (무정전전원〈UPS〉설비공사)
5장 옥내배선공사
6장 조명설비
7장 동력설비공사
8장 반송설비공사
  8.1 엘리베이터설비공사
  8.2 에스컬레이터설비공사
  8.3 기계식주차설비공사
9장 감시제어설비공사
  9.1 건물자동제어설비공사
  9.2 계장제어설비공사
  9.3 주차장관제설비공사
  9.4 호텔객실관리설비공사
10장 통신및약전설비공사
  10.1 구내교환설비공사
  10.2 방송설비공사
  10.3 방송공동수신설비공사
  10.4 인터폰설비공사
  10.5 감시카메라(CCTV)설비공사
  10.6 정보통신망설비공사
  10.7 이동통신구내선로설비공사
  10.8 비디오폰공사
  10.9 전기시계설비공사
  10.10 표시설비공사
  10.11 홈네트워크 설비공사
  10.12 화상회의 시스템 설비공사
  10.13 유비쿼터스 도시관련 정보시스템 설비공사
11장 전기방재설비공사
  11.1 전기소방설비공사
  11.2 방범설비공사
  11.4 피뢰설비 및 접지설비공사
  11.5 항공등화 및 항공장애등 설비공사
  11.6 전기방폭설비공사
12장 전식방지설비공사

4.4.2 건축전기설비 특기시방서

공사의 특성상 특수한 장비나 자재를 사용하거나 특별한 공사가 포함될 경우 표준시방서를 근거로 작성한 일반시방서만으로는 공사의 모든 항목을 표현하기 곤란한 경우가 많다. 이 경우에는 특기시방서를 별도로 작성하게 되며, 특기시방서는 일반시방서보다 우선적으로 적용하게 된다.

4.5 건축전기설비 내역서

건축전기설비 내역서는 원가계산서, 총괄표, 내역서, 노임산출근거, 일위대가, 단가조사표, 물량산출서로 구성된다. 원가계산서는 재료비와 노무비 이외에 각종 보험료, 부담금 등의 경비와 일반관리비, 이윤, 부가세 등이 포함된 총공사비이다.

〈표 4.17〉은 건축전기설비 원가계산서의 예이다.

4.5.1 총괄표

총괄표는 건축전기설비 각 공종별 재료비, 노무비, 경비를 집계한 것이다.

건축전기설비 내역서는 다음과 같이 공종을 구분하여 작성하는 것이 일반적이며, 기타 특수설비가 있을 경우 별도의 항목으로 구분하여 작성한다.

1) 전기설비 분야

- 수변전설비공사
- UPS설비공사
- 전력간선설비공사
- 동력설비공사
- BUS DUCT 설비공사
- Cable Tray 설비공사
- 전등설비공사

표 4.17 건축전기설비 분야 원가계산서의 예

<table>
<tr><th colspan="2">비 목</th><th>구 분</th><th>금 액</th><th>구 성 비</th></tr>
<tr><td rowspan="18">순
공사비</td><td rowspan="3">재료비</td><td>직 접 재 료 비</td><td>2,537,379,205</td><td></td></tr>
<tr><td>간 접 재 료 비</td><td></td><td></td></tr>
<tr><td>(소 계)</td><td>2,537,379,205</td><td></td></tr>
<tr><td rowspan="3">노무비</td><td>직 접 노 무 비</td><td>780,509,617</td><td></td></tr>
<tr><td>간 접 노 무 비</td><td>60,099,240</td><td>(직접 노무비) * 7.7 %</td></tr>
<tr><td>(소 계)</td><td>840,608,857</td><td></td></tr>
<tr><td rowspan="12">경비</td><td>기 계 경 비</td><td>119,341</td><td></td></tr>
<tr><td>산 재 보 험 료</td><td>31,943,136</td><td>(노무비) * 3.8 %</td></tr>
<tr><td>고 용 보 험 료</td><td>7,313,297</td><td>(노무비) * 0.87 %</td></tr>
<tr><td>퇴 직 금 공 제</td><td>17,951,721</td><td>(직접 노무비) * 2.3 %</td></tr>
<tr><td>안 전 관 리 비</td><td>67,061,732</td><td>(재료+직노+관급재/1.1) * 1.86 %
+5349000</td></tr>
<tr><td>기 타 경 비</td><td>209,435,259</td><td>(재료+노무) * 6.2 %</td></tr>
<tr><td>건 강 보 험 료</td><td>13,268,663</td><td>(직접 노무비) * 1.7 %</td></tr>
<tr><td>연 금 보 험 료</td><td>19,434,689</td><td>(직접 노무비) * 2.49 %</td></tr>
<tr><td>노인장기요양보험</td><td>869,097</td><td>(건강 보험료) * 6.55 %</td></tr>
<tr><td></td><td></td><td></td></tr>
<tr><td></td><td></td><td></td></tr>
<tr><td>(소 계)</td><td>367,396,935</td><td></td></tr>
<tr><td colspan="3">일 반 관 리 비</td><td>179,778,479</td><td>(재료+노무+경비) * 4.8 %</td></tr>
<tr><td colspan="3">이 윤</td><td>166,436,524</td><td>(노무+경비+일반관리비) * 12 %</td></tr>
<tr><td colspan="3">(총 원 가)</td><td>4,091,600,000</td><td></td></tr>
<tr><td colspan="3">부 가 가 치 세</td><td>409,160,000</td><td>총원가의 10%</td></tr>
<tr><td colspan="3"></td><td></td><td></td></tr>
<tr><td colspan="3"></td><td></td><td></td></tr>
<tr><td colspan="3">(총 계)</td><td>4,500,760,000</td><td></td></tr>
</table>

- 조경설비공사
- 전열설비공사
- 접지 및 피뢰침 설비공사
- 전력제어설비공사
- 조명제어설비공사

2) 통신설비 분야

- 통합배선설비공사
- CATV설비공사
- CCTV설비공사
- 출입통제설비공사
- 원격검침설비공사
- A/V설비공사
- 주차관제설비공사
- FMS(Facility Management System) 설비공사
- Cable Tray 설비공사

3) 소방전기설비 분야

- 자동화재탐지설비공사
- 유도등설비공사
- 비상방송설비공사
- 무선통신보조설비공사

〈표 4.18〉은 건축전기설비공사 총괄표의 예이다.

표 4.18 건축전기설비 분야 총괄표 예

공종명	단위	수량	재료비		노무비		경비		계
			단가	금액	단가	금액	단가	금액	
OO빌딩 신축 전기공사									
1. 전기공사	식	1	1,532,663,028	1,532,663,028	510,946,624	510,946,624	91,453	91,453	2,043,701,105
2. 통신공사	식	1	874,260,941	874,260,941	170,175,042	170,175,042	27,888	27888	1,044,463,871
3. 소방공사	식	1	130,455,236	130,455,236	99,387,951	99,387,951			229,843,187
(합계)				2,537,379,205		780,509,617		119,341	3,318,008,163
1. 전기공사									
1-1. 수변전설비공사	식	1	730,302,357	730,302,357	40,482,036	40,482,036	64,847	64,847	770,849,240
1-2. 전력제어설비공사	식	1	16,203,655	16,203,655	3,773,358	3,773,358			19,977,013
1.3. 전력간선설비공사	식	1	361,180,025	361,180,025	119,193,536	119,193,536			480,373,561
1.4. 동력설비공사	식	1	24,588,890	24,588,890	56,572,985	56,572,985			81,161,875
1.5. CABLE TRAY 설비공사	식	1	29,085,020	29,085,020	39,632,749	39,632,749			68,717,762
1.6. 피뢰 및 접지설비공사	식	1	54,282,560	54,282,560	17,910,794	17,910,794	7,968	7,968	72,201,322
1.7. 전열설비공사	식	1	44,414,085	44,414,085	58,147,939	58,147,939			102,562,024
1.8. 전등설비공사	식	1	171,922,959	171,922,959	158,317,101	158,317,101	18,638	18,638	330,258,698
1.9. 조명제어설비공사	식	1	100,683,477	100,683,477	16,916,126	16,916,126			117,599,603
(합계)				1,532,663,028		510,946,624		91,453	2,043,701,105
2. 통신공사									
2.1. 통합배선설비공사	식	1	281,078,872	281,078,872	88,292,276	88,292,276	27,888	27,888	369,399,036
2.2. CATV설비공사	식	1	259,128,249	259,128,249	14,480,551	14,480,551			273,608,800
2.3. CABLE TRAY 설비공사	식	1	21,081,109	21,081,109	26,080,616	26,080,616			47,161,725
2.4. CCTV설비공사	식	1	71,261,751	71,261,751	12,931,684	12,931,684			84,193,435
2.5. 출입통제설비공사	식	1	78,684,960	78,684,960	28,389,915	28,389,915			107,074,875

4.5.2 내역서

내역서는 앞의 총괄표에 해당되는 각 공종별로 전선 및 전선관, 부속, 장비 등의 규격별로 수량, 재료비, 노무비, 경비를 집계한 것이다. 내역서 중 단위를 개소로 표현한 것은 일위대가로 계산되는 항목이며, 해당 일위대가 번호가 비고란에 표현된다. 각 공종별 내역서는 전선 및 전선관을 먼저 정리하고, 노무비를 제일 뒤에 정리하며, 공구손료(일반적으로 노무비의 3%)가 포함되는 것이 일반적이다.

〈표 4.19〉는 이해를 돕기 위한 전기설비 내역서 중 전열설비공사 내역서 예이다. 내역서 및 일위대가에서 노무비의 품을 산정하기 위해서는 표준품셈을 이용하여야 하며, 각종 재료비는 시중의 가격정보지를 이용하되 단가조사표가 함께 제시될 경우 선정된 단가를 적용한다.

표 4.19 내역서 예

명칭	규격	단위	수량	재료비		노무비		경비		계
				단가	금액	단가	금액	단가	금액	
1. 전기공사 : 1-7. 전열설비공사										
합성수지제 가요전선관	CD-난연성 16㎜	M	3,096	207	640,872					640,872
합성수지제 가요전선관	CD-난연성 22㎜	M	391	315	123,165					123,165
합성수지제 가요전선관	CD-난연성 28㎜	M	325	414	134,550					134,550
1종금속제 가요전선관	16㎜ 일반-비방수	M	609	1,080	657,720					657,720
[배관부속재]	CD전선관의 40%	식	1	326,581	326,581					326,581
[배관부속재]	전선관의 15%	식	1	89,586	89,586					89,586
1종금속제 가요전선관	커넥터, 16㎜ 일반-비방수	개	550	891	490,050					490,050
스위치박스	1개용 54㎜	개	189	607	114,723					114,723
스위치박스	2개용 54㎜	개	287	637	182,819					182,819
아우트렛박스커버	커버, 4각, 승압용	개	287	216	61,992					61,992
시스템박스	ACCESS FLOOR용	개	151	47,700	7,202,700					7,202,700
정션박스	100*100*50	EA	38	1,521	57,798					57,798
풀박스	100*100*75	개	1	1,620	1,620					1,620
450/750V 내열비닐 절연전선	HFIX 2.25㎜(4㎟)	M	16,625	466	7,747,250					7,747,250
접지용 비닐절연전선(F-GV)	4㎟	M	106	495	52,470					52,470
폴리에틸렌 난연케이블	0.6/1kv F-CV 3C×4㎟	M	3,862	1,784	6,889,808					6,889,808
소방용 내화전선(F-FR-8)	2C×4㎟	M	101	1,918	193,718					193,718
대기전력 차단 콘센트	매입형 15A 250V 3구	개	94	53,550	5,033,700					5,033,700
콘센트	매입-접지형, 15A250V2구	개	210	1,691	355,110					355,110
방우콘센트	매입-접지형, 15A250V2구	개	172	3,342	574,824					574,824
시스템박스(대기전력)	Con' 매입용	개	13	79,200	1,029,600					1,029,600
시스템박스(대기전력)	ACCESS FLOOR용	개	136	76,500	10,404,000					10,404,000
[소모잡자재]	전선, 전선관의 2%	식	1	304,991	304,991					304,991
노무비	내선전공	인	324			151,380	49,047,120			49,047,120
노무비	저압케이블전공	인	49			185,731	9,100,819			9,100,819
[공구손료]	노무비의 3%	식	1	1,744,438	1,744,438					1,744,438
[합 계]					44,414,085		58,147,939			102,562,024

4.5.3 일위대가

일위대가란 한 개의 단위당 기본이 되는 재료 및 인력품 등을 금액으로 환산한 것으로 이를 기록한 문서를 일위대가표라고 한다. 예를 들어 케이블트레이를 매달아 지지하기 위해서는 케이블트레이 부속품, 행거 볼트, 6각 너트 등의 재료와 노무비가 필요하며, 이들 하나 하나를 내역서로 정리하기가 매우 복잡하고 번거로우므로 단위 공사의 전체 비용을 재료비와 노무비로 정리하면 내역서 작성이 매우 용이해지게 된다. 어떤 내역서에는 일부 항목의 비고란에 번호가 적혀 있다. 이 항목이 일위대가 항목에 해당된다. 일위대가도 일위대가 목록과 일위대가로 구성된다. 건축전기설비 분야의 일위대가는 전선관이나 케이블트레이의 지지 및 이것들이 방화구획이나 방수층을 관통할 때 충진 혹은 방수처리하는 부분이 많다. 〈표 4.20〉은 이해를 돕기 위한 일위대가의 예로서 케이블트레이 지지대에 대한 것이다.

표 4.20 일위대가 예

명칭	규격	단위	수량	재료비		노무비			경비		계
				단가	금액	수량	단가	금액	단가	금액	
[제57호]케이블트레이지지대 W300[개소]											
케이블트레이 부속품	U CHANNEL, 41×41×2.6t	개	0.4	3,510	1,404	0.4	0		0		1,404
행거볼트	∮9×1000㎜	개	2	839	1,678	2	0		0		1,678
스트롱앵커	M10(3/8")"	개	2	90	180	2	0		0		180
6각 너트	3/8,M10	EA	4	22	88	4	0		0		88
스프링 와샤	용융아연도, 호칭경10	개	4	7	28	4	0		0		28
케이블트레이 부속품	RAIL CLAMP	개	2	1,962	3,924	2	0		0		3,924
노무비	내선전공	인	0.144	0		0.144	151,380	21,798			21,798
합 계					7,302			21,798			29,100

4.5.4 단가비교표

단가비교표란 건축전기설비 내역서 작성에 들어가는 전선, 전선관, 부속, 각종 장비 등 재료들에 대한 단가를 조사하여, 가격이 가장 낮은 기준을 적용하는 것으로 일반적으로 관공사의 경우에 작성하며 민간공사의 경우에는 적용하지 않는다. 가격의 조사는 국내 가격조사지 3~4가지를 기본으로 하며, 필요에 따라서는 직접 가격을 조사하기도 한다.

표 4.21 단가비교표 예

명칭	규격	단위	적용 단가	시설자재	물가자료		물가정보		거래가격		조사단가	
				단가	단가	PAGE	단가	PAGE	단가	PAGE	단가	P
강제전선관(노출)	아연도 16㎜	M	1,750	1,850	1,750	1107	2,603	784	1,985	913		
강제전선관(노출)	아연도 22㎜	M	2,260	2,390	2,260	1107	3,369	784	2,565	913		
강제전선관(노출)	아연도 28㎜	M	2,960	3,150	2,960	1107	4,384	784	3,340	913		
강제전선관(노출)	아연도 36㎜	M	3,780	4,030	3,780	1107	5,605	784	4,272	913		
강제전선관(노출)	아연도 42㎜	M	4,350	4,570	4,350	1107	6,443	784	4,912	913		
강제전선관(노출)	아연도 54㎜	M	6,110	6,510	6,110	1107	9,048	784	6,899	913		
강제전선관(노출)	아연도 70㎜	M	7,790	8,280	7,790	1107	11,536	784	8,795	913		
강제전선관(노출)	아연도 82㎜	M	8,970	9,560	8,970	1107	13,271	784	10,114	913		
강제전선관(노출)	아연도 104㎜	M	14,480	14,450	14,480	1107	21,421	784	16,326	913		
경질비닐전선관	HI 16㎜	M	351	283	351	1111	484	786	417	908		

4.5.5 표준품셈

'품'이라는 것은 "어떤 일에 드는 힘이나 수고"를 말하는 것으로, 표준품셈이라는 것은 어떤 한 공정(예, 단자함 설치)에 들어가는 품을 표준적인 수치로 정리해 놓은 것이다. 〈표 4.22〉는 이해를 돕기 위한 표준품셈의 한 예이다.

표 4.22 표준품셈 예

통신 : 3-3-3
4. 세대단자함 신설

공정	규격	단위	통신내선공	보통인부
단자함 (외함)	200mm×250mm×100mm 이하	개	0.50	0.50
	400mm×450mm×130mm 이하	〃	0.60	0.60
	700mm×750mm×150mm 이하	〃	0.70	0.70
	1000mm×1100mm×150mm 이하	〃	0.86	0.86
	1300mm×1400mm×180mm 이하	〃	1.10	1.10
	1600mm×1700mm×250mm 이하	〃	2.10	2.10

◀해설▶
1. 본 품은 중간단자함, 층단자함, 동단자함 설치시 적용
2. 단자함은 콘크리트 매입 기준이며, 노출은 본 품의 80%
3. 접지시설공사, 성단 및 시험은 제외함

4.6 기타 도서

건축전기설비 분야에서는 설계시 상기의 기본적인 도서 이외에 설계설명서, 시스템의 비교 검토서 등 건축주의 이해와 의사 결정에 도움을 주기 위한 각종 자료를 작성하기도 한다. 이외에도 대부분의 건물에서 신축이나 증축 등의 허가를 얻기 위해 건축물의 에너지절약 설계기준에 따라 설계하고 관련 도서를 작성하며, 녹색건축물인증, 에너지효율등급인증 등 각종 인증에 필요한 건축전기설비 분야의 업무를 추가로 수행한다.

현행 법규에 따르면 연면적 500㎡ 이상 건축물을 신축, 증축할 경우 '건축물의 에너지절약 설계기준'에 따라 설계를 해야 한다.[3] 이 기준은 에너지절약과 지구온난화 방지를 위한 온실가스 배출 저감 차원에서 계속 강화되어 왔고 앞으로도 당분간 그럴 것으로 예상된다.

건축물의 에너지절약 설계기준에서 건축전기설비와 관련된 부분은 이 기준의 에너지절약설계 검토서를 구성하고 있는 〈표 4.23〉과 〈표 4.24〉로 대표될 수 있다.

〈표 4.23〉은 이 기준에 따른 건축전기설비분야 설계 의무사항이며, 반드시 준수해야 하는 것이다. 〈표 4.24〉는 에너지성능지표 중 건축전기설비 분야 평가항목이다. 에너지성능지표는 건축 부문, 기계설비 부문, 건축전기설비 부문, 신재생에너지 부문으로 나뉘어 평가되며, 합산점수가 65점(공공건물의 경우 74점) 이상이 되어야 건축허가를 얻을 수 있기 때문에 설계시 중요하게 고려되는 것이다.

3) 녹색건축물 조성 지원법. 2016년 1월 현재, 건축물에너지절약설계기준 (국토교통부고시 제2015-1108호)

표 4.23 에너지절약설계기준 건축전기설비 부문 의무사항

<table>
<tr><th colspan="6">에너지절약계획 설계 검토서</th></tr>
<tr><td colspan="6">1. 에너지절약설계기준 의무사항</td></tr>
<tr><td rowspan="2">항 목</td><td colspan="2">채택 여부
(제출자 기재)</td><td rowspan="2">근거</td><td colspan="2">확 인
(허가권자 기재)</td></tr>
<tr><td>채택</td><td>미채택</td><td>확인</td><td>보류</td></tr>
<tr><td colspan="6">다. 전기설비 부문</td></tr>
<tr><td>① 변압기는 제5조제11호가목에 따른 고효율변압기를 설치하였다.(신설 또는 교체 변압기만 해당)</td><td></td><td></td><td></td><td></td><td></td></tr>
<tr><td>② 전동기에는 대한전기협회가 정한 내선규정의 콘덴서 부설 용량기준표에 의한 역률개선용 콘덴서를 전동기별로 설치하였다.(소방설비용 전동기 및 인버터 설치 전동기는 제외하며, 신설 또는 교체 전동기만 해당)</td><td></td><td></td><td></td><td></td><td></td></tr>
<tr><td>③ 간선의 전압강하는 대한전기협회가 정한 내선규정에 따라 설계하였다.</td><td></td><td></td><td></td><td></td><td></td></tr>
<tr><td>④ 조명기기 중 안정기내장형 램프, 형광램프를 채택할 때에는 산업통상자원부 고시 「효율관리기자재 운용규정」에 따른 최저소비효율기준을 만족하는 제품을 사용하고, 주차장 조명기기 및 유도등은 고효율에너지기자재 인증제품에 해당하는 LED조명을 설치하였다.</td><td></td><td></td><td></td><td></td><td></td></tr>
<tr><td>⑤ 공동주택의 각 세대내 현관, 숙박시설의 객실 내부입구 및 계단실을 건축 또는 변경하는 경우 조명기구는 일정시간 후 자동 소등되는 제5조제11호마목에 따른 조도자동조절 조명기구를 채택하였다.</td><td></td><td></td><td></td><td></td><td></td></tr>
<tr><td>⑥ 거실의 조명기구는 부분조명이 가능하도록 점멸회로를 구성하였다.(공동주택 제외)</td><td></td><td></td><td></td><td></td><td></td></tr>
<tr><td>⑦ 층별, 구역별 또는 세대별로 제5조제11호하목에 따른 일괄소등스위치를 설치하였다.(실내조명 자동제어설비를 설치하는 경우와 전용면적 60제곱미터 이하의 주택, 카드키시스템으로 일괄소등이 가능한 경우는 제외)</td><td></td><td></td><td></td><td></td><td></td></tr>
<tr><td>⑧ 공동주택의 거실, 침실, 주방에는 제5조제11호카목에 따른 대기전력자동차단장치를 1개 이상 설치하였으며, 대기전력자동차단장치를 통해 차단되는 콘센트 개수가 제5조제9호가목에 따른 거실에 설치되는 전체 콘센트 개수의 30% 이상이 되도록 하였다.
공동주택 외의 건축물은 제5조제11호카목에 따른 대기전력자동차단장치를 통해 차단되는 콘센트 개수가 제5조제9호가목에 따른 거실에 설치되는 전체 콘센트 개수의 30% 이상이 되도록 하였다.</td><td></td><td></td><td></td><td></td><td></td></tr>
<tr><td>⑨ 법 제14조의2의 용도에 해당하는 공공건축물로서 전력, 가스, 지역난방 등 건축물에 상시 공급되는 에너지원 중 하나 이상의 에너지원에 대하여 원격검침전자식계량기를 설치하였다. 다만 BEMS 또는 에너지용도별 미터링 시스템을 설치하여 에너지성능지표 전기설비부문 8번 항목의 점수를 획득한 경우는 설치한 것으로 본다.</td><td></td><td></td><td></td><td></td><td></td></tr>
</table>

표 4.24 에너지성능지표 건축전기설비 부문 평가항목

구분	항 목	기본배점 (a) 비주거 대형 (3,000㎡ 이상)	기본배점 (a) 비주거 소형 (500~3,000㎡ 미만)	기본배점 (a) 주거 주택 1	기본배점 (a) 주거 주택 2	배점 (b) 1점	배점 (b) 0.9점	배점 (b) 0.8점	배점 (b) 0.7점	배점 (b) 0.6점	평점 (a*b)	근거
전기설비부문	1. 제5조제9호가목에 따른 거실의 조명밀도(W/㎡)	3	2	2	2	8 미만	8~11 미만	11~14 미만	14~17 미만	17~20 미만		
	2. 간선의 전압강하(%)	1	1	1	1	3.5 미만	3.5~4.0 미만	4.0~5.0 미만	5.0~6.0 미만	6.0~7.0 미만		
	3. 변압기를 대수제어가 가능하도록 뱅크 구성	1	–	–	–	전등/전열, 동력, 냉방용 등으로 구분하고 같은 용도 2대이상 설치된 변압기간 연계제어 적용여부						
	4. 최대수요전력 관리를 위한 제5조제11호사목에 따른 최대수요전력 제어설비	2	1	1	1	적용 여부						
	5. 실내 조명설비에 대해 군별 또는 회로별 자동제어설비를 채택	1	1	–	–	전체 조명전력의 40%이상 적용 여부						
	6. 옥외등은 고휘도방전램프(HID 램프) 또는 LED 램프를 사용하고 격등 조명과 자동 점멸기에 의한 점소등이 가능하도록 구성	1	1	1	1	적용 여부 (제5조제11호라목에 따른 고효율조명기기인 경우 배점)						
	7. 층별 및 임대 구획별로 전력량계를 설치	1	2	–	–	층별 1대 이상 및 임대구획별 전력량계 설치 여부						
	8. BEMS 또는 에너지 용도별 미터링 시스템 설치	2	2	1	1	난방, 냉방, 급탕, 환기, 조명, 콘센트 구분 각각 계량시 반영						
	9. 역률자동 콘덴서를 집합 설치할 경우 역률자동조절장치를 채택	1	1	1	1	적용 여부						
	10. 분산제어 시스템으로서 각 설비별 에너지제어 시스템에 개방형 통신기술을 채택하여 설비별 제어시스템 간 에너지관리 데이터의 호환과 집중제어가 가능한 시스템	1	1	1	1	적용 여부						
	11. 전체 조명설비 전력에 대한 LED 조명기기 전력 비율(%) (단, LED 제품은 고효율에너지기자재인증제품인 경우에만 배점)	4	4	4	4	30% 이상	24% 이상 ~30%	17% 이상~ 24%	10% 이상 ~17%	5% 이상 ~10%		
	12. 제5조제11호카목에 따른 대기전력자동차단장치를 통해 차단되는 콘센트의 거실에 설치되는 전체 콘센트 개수에 대한 비율	2	2	2	2	80% 이상	70% 이상 ~80%	60% 이상 ~70%	50% 이상 ~60%	40% 이상 ~50%		
	13. 제5조제11호거목에 따른 창문 연계 냉난방설비 자동 제어시스템을 채택	1	1	–	–	적용여부						
	14. 전력기술관리법에 따라 전력신기술로 지정받은 후 최근 5년 내 최종 에너지사용계획서에 반영된 제품	2	2	2	2	적용여부						
	15. 무정전전원장치 또는 난방용 자동 온도조절기 설치(단, 모든 제품은 고효율에너지기자재인증제품인 경우에만 배점)	1	1	1	1	적용여부						
	공동주택 16. 도어폰을 대기전력저감우수제품으로 채택	–	–	1	1	적용 여부						
	공동주택 17. 홈게이트웨이를 대기전력저감우수제품으로 채택	–	–	1	1	적용 여부						
	전기설비부분 소계											

Chapter 5

시공 부문

5.1 건축시공 계획도서의 개요 및 구성

5.1.1 건축시공 계획도서의 개요

건축시공 계획도서는 시공 전 단계에서 작성되는 건축시공 관련 문서를 총칭한다. 건축, 구조, 설비, 전기 등 모든 설계도서들 역시 시공을 위해 필수적이지만 본 장에서는 건축시공을 위한 계획 수립 및 시공관리의 효율성을 향상시키기 위해 작성되는 도서들에 대해서 다룬다.

시공 전 단계에서 수립하는 시공계획에는 크게 공사비, 공기, 품질, 안전, 환경관리에 대한 계획이 포함된다. 대상물을 건축하기 위한 구조체 및 마감재의 필요 수량 정보를 정리한 물량산출내역서를 바탕으로 공사비와 공사기간과 관련된 계획이 수립되며, 설계조건 현장여건, 공법 등 다양한 프로젝트의 속성을 반영하여 공정순서, 품질관리계획 등을 수립하게 된다. 이외에도 안전관리, 환경관리 등에 대한 계획을 수립하게 된다.

5.1.2 건축시공 계획도서의 구성

시공 전 단계에서 시공과 관련되어 작성되는 도서는 공정표, 물량산출내역서, 시공계획서, 시공상세도 등이 있다.

1) 공정표

공정표는 건축공사에 필요한 세부 작업들을 수행하는 데 소요되는 기간과 작업들 간의 순서를 도식적으로 표현한 도표이다. 작성하는 공정표의 종류는 건설공사 전체의 공정을 표시하는 전체공정표, 일정한 기간별로 작성하는 연간/월간/주간공정표, 세부 공종별로 작성되는 공종별공정표 등이 있다.

① 전체공정표 : 전체공정표는 건축공사의 전 기간 동안에 수행하는 모든 작업들의 소요 기간과 작업들 간의 순서를 표시한 공정표이다. 전체 공정표는 건축공사 작업분류체계상의 상위 수준에서 개략적으로 작성되며, 최상위 수준에서 공사의 계획과 관리를 목적으로 사용된다.

② 연간/월간공정표 : 연간/월간공정표는 해당 기간(연, 월)에 수행되는 작업들의 소요 기간과 작업들 간의 순서를 표시한 공정표이다. 연간공정표는 공기와 공사비 측면에서 해당 연도의 목표를 설정하고, 이를 관리하기 위한 목적으로 활용되며, 이를 세부적으로 관리하기 위해 월단위의 공사계획을 수립하여 월간공정표를 작성한다.

③ 주간공정표 : 주간공정표는 건축공사 수행 기간 동안 매 주에 수행되는 작업들의 소요 기간과 작업들 간의 순서를 표시한 공정표이다. 최하위 수준에서 작성되는 공정표로 매일의 공사계획을 1주에서 3주 단위로 표시한다. 주간공정표는 공종별로 다양한 전문건설업체와의 구체적인 공사진행 계획, 협의, 진도관리 자재, 인력관리 등을 목적으로 사용된다.

2) 물량산출내역서

물량산출내역서는 건축공사 대상물을 완성하기 위해 소요되는 각 재료들의 종류와 수량에 대한 산출과정과 결과를 나타내는 표이다. 크게 구조물을 완성하기 위한 물량을 산출한 구조물량산출서와 마감물량을 산출한 마감물량산출서를 작성하며, 대상물의 부위별, 층별로 나누어 작성한다.

① 구조물량산출서 : 구조물량산출서는 일반적으로 층별, 부위(기둥, 벽, 보 등)별로 나누어서 작성되며, 각 부위별로 구조체를 완성하기 위한 재료들(예, 레미콘, 거푸집, 철근 등)에 대한 물량을 각각 산출한다.

② 마감물량산출서 : 마감물량산출서는 일반적으로 층별, 공간별(거실, 주방 등)로

나누어서 작성되며, 각 공간별로 마감작업을 수행하기 위한 재료들(예, 조적재, 바닥재, 천장재, 내장재 등)에 대한 물량을 각각 산출한다.

3) 시공계획서

각 공종별로 작성되는 시공계획서는 공사를 수행하기 위한 상세한 계획을 기술한 문서이다. 시공계획서의 내용에는 공사 및 설계개요, 현장조직, 인력 및 장비 투입계획, 자재 반입, 양중, 야적, 전력공급 등을 반영한 가설계획, 안전관리계획, 환경관리계획 등이 포함된다.

4) 시공 상세도

시공 상세도는 시공자가 건축대상물의 품질 확보 또는 안전시공을 할 수 있도록 건설공사 단계별로 요구되는 시공방법과 순서, 목적물을 시공하기 위하여 임시로 필요한 조립용 자재와 그 상세 등을 설계도면에 근거하여 작성하는 도면이다.

5.2 공정표

공정표는 건축공사에 필요한 세부 작업들을 수행하는 데 소요되는 기간과 작업들 간의 순서를 도식적으로 표현한 도표이다. 작성하는 공정표의 종류는 건설공사 전체의 공정을 표시하는 전체공정표, 일정한 기간별로 작성하는 연간/월간/주간공정표, 세부 공종별로 작성되는 공종별 공정표 등이 있다.

5.2.1 전체 공정표

전체 공정표는 건축공사의 전 기간 동안에 수행하는 모든 작업들의 소요 기간과 작업들 간의 순서를 표시한 공정표이다. 전체공정표는 건축공사 작업분류체계상의 상위 수준에서 개략적으로 작성되며, 최상위 수준에서 공사의 계획과 관리를 목적으로 사용된다. 다음의 전체공정표는 골조공사 착수시점에 작성된 전체공정표로 가설공사, 토공사, 지정공사 등이 일부 진행된 상태이며, 향후 진행될 마감공사, 부대토목공사, 조경공사, 기계설비공사, 전기설비공사의 공정계획을 포함하고 있다.

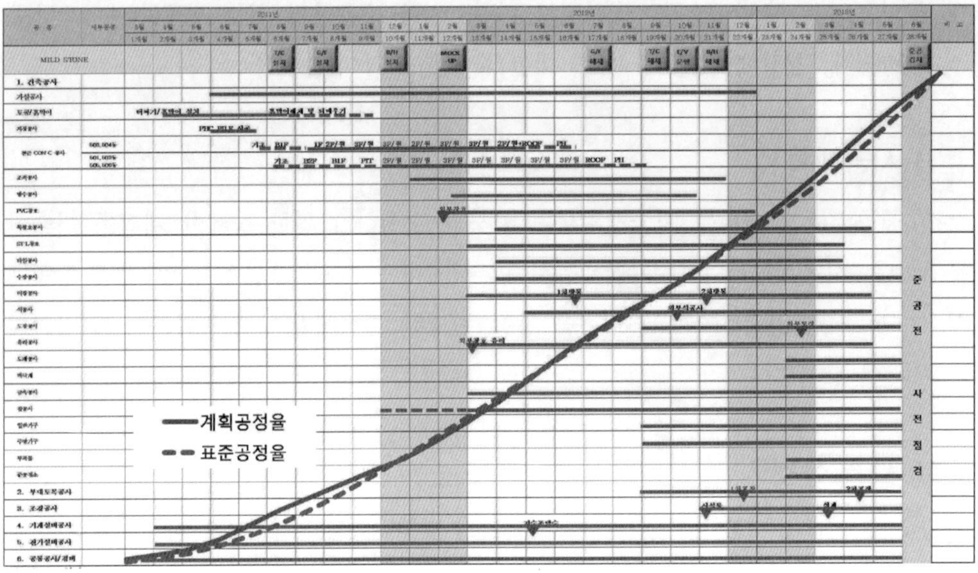

그림 5.1 골조공사 착수시점에 작성된 전체공정표 예

다음 전체 공정표는 마감공사 중 일부가 진행 중에 작성된 전체공정표이다. 전체 공정계획 중 47.7%가 진행된 상태이며, 세부적으로는 철근콘크리트공사가 85% 정도 완료되었으며, 조적공사/창호공사/방수공사/미장공사/내장공사는 70% 정도 완료된 상태이다.

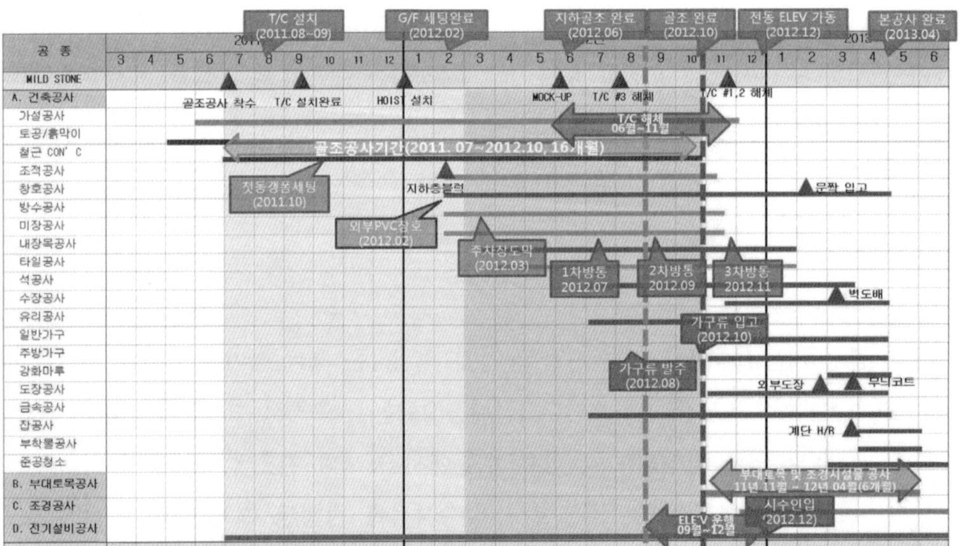

그림 5.2 마감공사 진행 중에 작성된 전체공정표 예

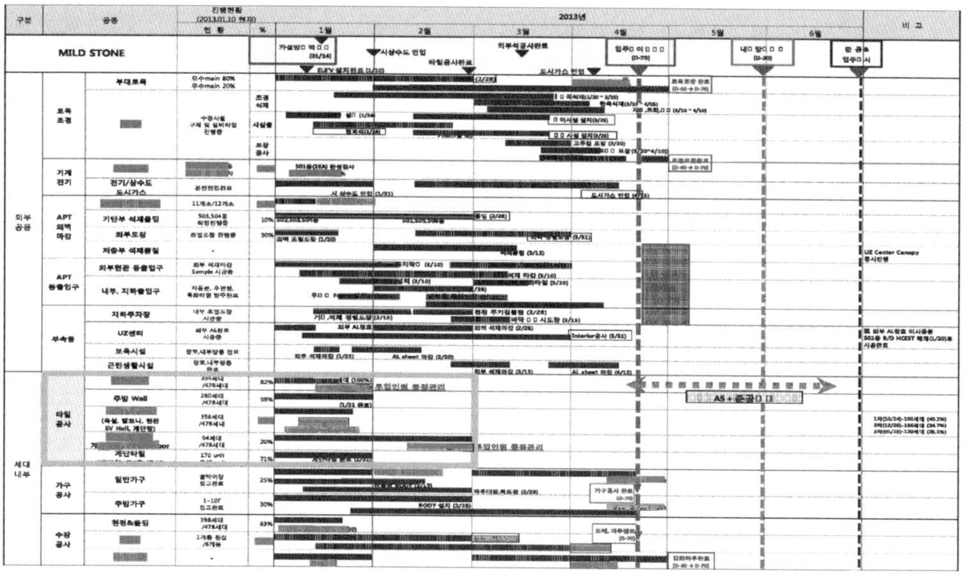

그림 5.3 준공목표 전체 공정표 예

다음 공정표는 공사 준공 시점에서 작성한 전체 공정표로서 준공을 위한 주요 작업들에 대한 계획과 진행사항을 표시하고 있다. 아파트 세대 내부에 대한 마감공사와 단지의 토목조경/외벽마감, 지하주차장 마감작업들이 진행되고 있다. 공정표에 표시된 바와 같이 아파트 입주일까지 순차적으로 끝내야 하는 작업들에 대해 마감시한이 표시되어 있다.

5.2.2 세부 공정표

다음 공정표는 아파트 각 동과 주차장의 철근콘크리트공사에 대해 작성된 세부공정표이다.

동별로 차례대로 기초 - 지하2층 - 지하1층 - pit층 - 기준층 - 옥탑층에 대한 공사가 이루어지며, 각동의 지하 철근콘크리트공사가 완료된 시점에서 주차장에 대한 철근콘크리트공사를 수행하게 된다. 지하 2개 층과 지상 20층에 대한 철근콘크리트공사가 약 12개월 소요되는 것으로 계획하였으며, 기준층은 층당 평균 약 0.26개월이 소요된다.

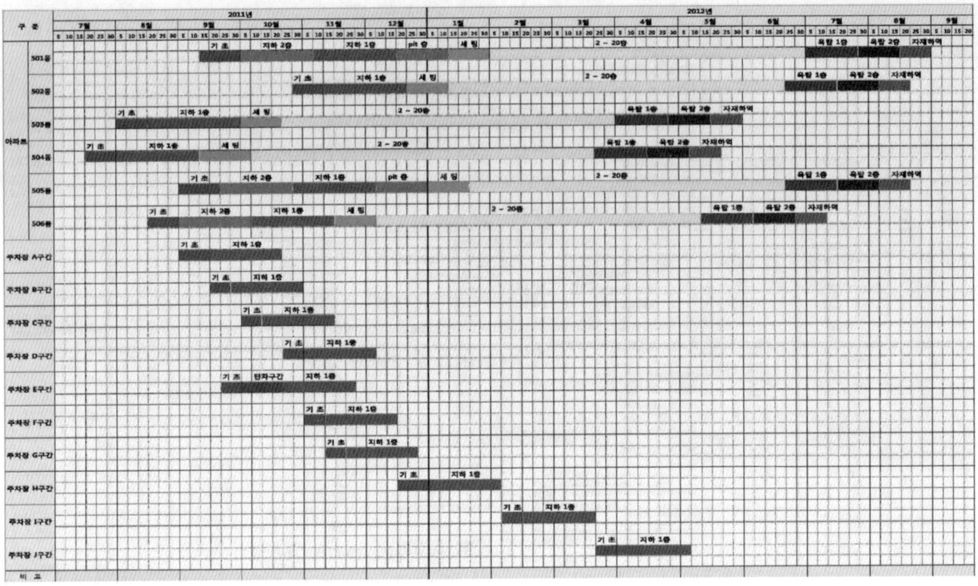

그림 5.4 철근콘크리트공사 계획공정표 예

5.2.3 연간 · 월간 · 주간공정표

연간/월간공정표는 해당 기간(연, 월)에 수행되는 작업들의 소요 기간과 작업들 간의 순서를 표시한 공정표이다. 연간공정표는 공기와 공사비 측면에서 해당 연도의 목표를 설정하고, 이를 관리하기 위한 목적으로 활용되며, 이를 세부적으로 관리하기 위해 월단위의 공사계획을 수립하여 월간공정표를 작성한다. 월간공정표는 해당 월에 수행되는 작업들의 소요 기간과 작업들 간의 순서를 표시한 공정표이다. 해당 월에 계획된 작업들의 세부적인 관리를 위해 월단위의 공사계획을 수립하여 공정표를 작성한다. 〈그림 5.4〉의 공정표는 공사 초기의 월간공정표 예시로서 철근콘크리트공사가 시작되기 전에 작성된 것으로 현 시점에서의 주요 작업은 가설사무실 설치, 세륜기 설치 등을 포함하는 가설공사와 토공사, 파일공사이다. 〈그림 5.5〉는 철근콘크리트공사가 전체 공사의 주요 작업인 시점에서 작성된 월간공정표이다. 각 아파트 동에 대한 철근콘크리트공사가 진행되고 있으며, 철근콘크리트공사가 완료된 하부층에 대해서는 조적공사/방수공사/창호공사 등이 수행되도록 계획되었다.

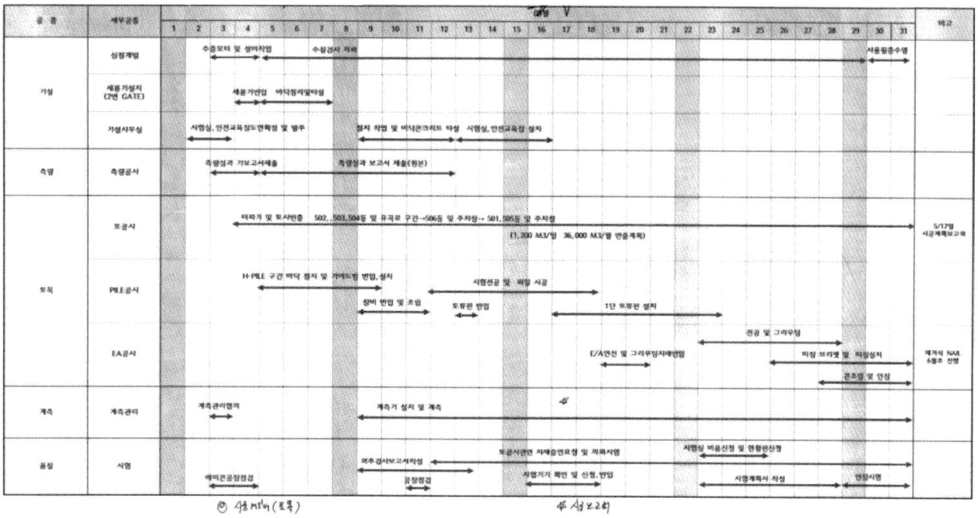

그림 5.5 공사 초기의 월간공정표 예

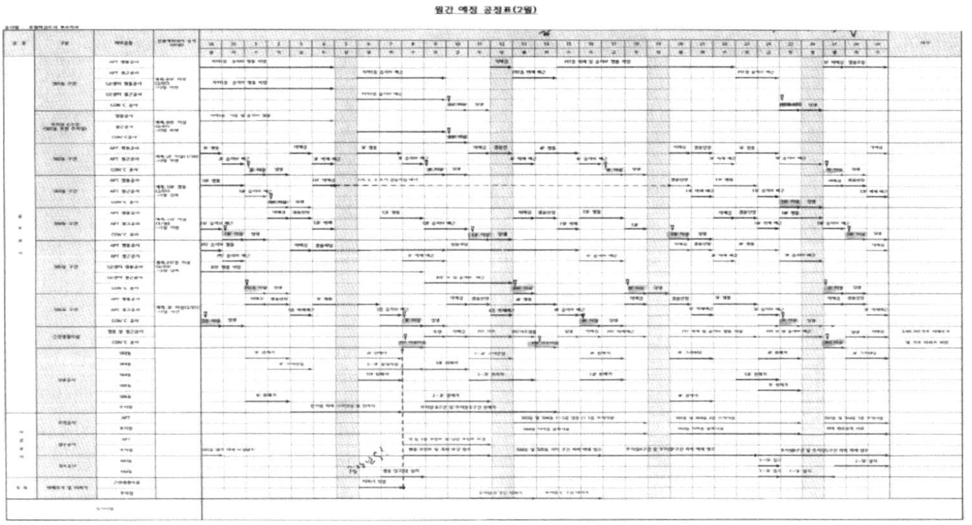

그림 5.6 철근콘크리트 작업 수행 중의 월간공정표 예

주간공정표는 건축공사 수행 기간 동안 매주에 수행되는 작업들의 소요 기간과 작업들 간의 순서를 표시한 공정표이다. 최하위 수준에서 작성되는 공정표로 매일의 공사계획을 1주에서 3주 단위로 표시한다. 주간공정표는 구체적인 공사진행 계획, 협의, 진도관리 등을 목적으로 사용된다.

5.3 물량산출내역서

물량산출내역서는 건축공사 대상물을 완성하기 위해 소요되는 각 재료들의 종류와 수량에 대한 산출과정과 결과를 나타내는 표이다. 크게 구조물을 완성하기 위한 물량을 산출한 구조물량산출서와 마감물량을 산출한 마감물량산출서를 작성하며, 대상물의 부위별, 층별로 나누어 작성한다.

5.3.1 구조물량산출서

구조물량산출서는 구조물을 완성하기 위한 물량을 산출하여 정리한 표이다. 구조물량산출서는 일반적으로 층별, 부위(기둥, 벽, 보 등)별로 나누어서 작성되며, 각 부위별로 구조체를 완성하기 위한 재료들(예, 레미콘, 거푸집, 철근 등)에 대한 물량을 각각 산출한다.

〈그림 5.7〉은 아파트의 지하1층의 구조물량산출서이다. 부위별로 나누어 철근콘크리트공사를 위해 소요되는 거푸집, 철근, 레미콘의 물량을 규격별로 산출한다.

〈그림 5.8〉은 아파트 지상1층에 대한 구조물량산출서이다. 아파트 내부의 침실, 현관, 욕실 등의 각 실에 대해 철근콘크리트공사를 위해 소요되는 거푸집, 철근, 레미콘의 물량을 규격별로 산출한다.

〈그림 5.9〉는 아파트 기준층(2~20층)에 대한 구조물량산출서이다. 아파트 내부의 침실, 현관, 욕실 등의 각 실에 대해 철근콘크리트공사를 위해 소요되는 거푸집, 철근, 레미콘의 물량을 규격별로 산출한다.

부재	부호	개소	재료	규격	단위	수식	결과	비고
보	1EB1	1	레미콘	25-240-15	M3	0.2*(3.26-0.15)*1.1*1	0.684	ELEV.
			거푸집/부속동,손료	합판	M2	(3.26-0.15)*2〈면〉*1.1〈안목 길이〉*1	6.842	
			이형철근(SD40)	H13	M	4*(1.1+0.4〈상부철근 정착〉+0.4〈상부철근 정착〉)*1	7.6	
			이형철근(SD40)	H13	M	4*(1.1+0.31〈일반철근 정착〉+0.31〈일반철근 정착〉)*1	6.88	
			이형철근(SD40)	H10	M	8〈늑근대수〉*(0.2+3.26)*2*1	55.36	
	1SB1	1	레미콘	25-240-15	M3	0.2*(0.575-0.15)*1.14*1	0.096	계단실
			거푸집/부속동,손료	합판	M2	(0.575-0.15)*1〈면〉*1.14〈안목 길이〉*1	0.484	
			이형철근(SD40)	H13	M	4*(1.14+0.4〈상부철근 정착〉+0.4〈상부철근 정착〉)*1	7.76	
			이형철근(SD40)	H13	M	4*(1.14+0.31〈일반철근 정착〉+0.31〈일반철근 정착〉)*1	7.04	
			이형철근(SD40)	H10	M	9〈늑근대수〉*(0.2+0.575)*2*1	13.95	
			거푸집/부속동,손료	계단실내부	M2	((0.575-0.15)*1.14)*1	0.484	
	1SB2	1	레미콘	25-240-15	M3	0.2*(3.6-0.15)*0.72*1	0.496	EPS
			거푸집/부속동,손료	합판	M2	(3.6-0.15)*2〈면〉*0.72〈안목 길이〉*1	4.968	
			이형철근(SD40)	H13	M	4*(0.72+0.4〈상부철근 정착〉+0.4〈상부철근 정착〉)*1	6.08	
			이형철근(SD40)	H13	M	4*(0.72+0.31〈일반철근 정착〉+0.31〈일반철근 정착〉)*1	5.36	
			이형철근(SD40)	H10	M	6〈늑근대수〉*(0.2+3.6)*2*1	45.6	
	1EB1	1	레미콘	25-240-15	M3	0.2*(3.26-0.15)*1.1*1	0.684	ELEV.
			거푸집/부속동,손료	합판	M2	(3.26-0.15)*2〈면〉*1.1〈안목 길이〉*1	6.842	
			이형철근(SD40)	H13	M	4*(1.1+0.4〈상부철근 정착〉+0.4〈상부철근 정착〉)*1	7.6	
			이형철근(SD40)	H13	M	4*(1.1+0.31〈일반철근 정착〉+0.31〈일반철근 정착〉)*1	6.88	
			이형철근(SD40)	H10	M	8〈늑근대수〉*(0.2+3.26)*2*1	55.36	
	1SB1	1	레미콘	25-240-15	M3	0.2*(0.575-0.15)*1.14*1	0.096	계단실
			거푸집/부속동,손료	합판	M2	(0.575-0.15)*1〈면〉*1.14〈안목 길이〉*1	0.484	
			이형철근(SD40)	H13	M	4*(1.14+0.4〈상부철근 정착〉+0.4〈상부철근 정착〉)*1	7.76	
			이형철근(SD40)	H13	M	4*(1.14+0.31〈일반철근 정착〉+0.31〈일반철근 정착〉)*1	7.04	
			이형철근(SD40)	H10	M	9〈늑근대수〉*(0.2+0.575)*2*1	13.95	
			거푸집/부속동,손료	계단실내부	M2	((0.575-0.15)*1.14)*1	0.484	
	1B1	3	레미콘	25-240-15	M3	0.25*(3.2-0.2)*0.92*3	2.07	
			거푸집/부속동,손료	합판	M2	(3.2-0.2)*2〈면〉*0.92〈안목 길이〉*3	16.56	
			이형철근(SD40)	H13	M	4*(0.92+0.4〈상부철근 정착〉+0.4〈상부철근 정착〉)*3	20.64	
			이형철근(SD40)	H13	M	4*(0.92+0.31〈일반철근 정착〉+0.31〈일반철근 정착〉)*3	18.48	
			이형철근(SD40)	H10	M	7〈늑근대수〉*(0.25+3.2)*2*3	144.9	
	1TG2	2	레미콘	25-240-15	M3	0.5*(1.5-0.2)*3.05*2	3.965	
			거푸집/부속동,손료	합판	M2	(1.5-0.2)*2〈면〉*3.05〈안목 길이〉*2	15.86	
			이형철근(SD50)	S22	M	5*(3.05+1.06〈상부철근 정착〉+1.06〈상부철근 정착〉)*2	51.7	
			이형철근(SD50)	S22	M	5*(3.05+0.81〈일반철근 정착〉+0.81〈일반철근 정착〉)*2	46.7	
			이형철근(SD40)	H13	M	21〈늑근대수〉*(0.5+1.5)*2*2	168	
			이형철근(SD40)	H13	M	21〈보조늑근대수〉*1.5〈보조늑근길이〉*2	63	
			이형철근(SD40)	H10	M	18*(3.05+0.31〈상부철근 정착〉+0.31〈상부철근 정착〉)*2	132.12	
	CAB1	1	레미콘	25-240-15	M3	0.2*(1.18-0.15)*3.53*1	0.727	
			거푸집/부속동,손료	합판	M2	(1.18-0.15)*2〈면〉*3.53〈안목 길이〉*1	7.271	
			이형철근(SD40)	H16	M	2*(3.53+0.49〈상부철근 정착〉+0.49〈상부철근 정착〉)*1	9.02	
			이형철근(SD40)	H16	M	2*(3.53+0.38〈일반철근 정착〉+0.38〈일반철근 정착〉)*1	8.58	
			이형철근(SD40)	H10	M	19〈늑근대수〉*(0.2+1.18)*2*1	52.44	
			이형철근(SD40)	H10	M	14*(3.53+0.31〈상부철근 정착〉+0.31〈상부철근 정착〉)*1	58.1	
	CAB2	1	레미콘	25-240-15	M3	0.2*(2.13-0.15)*3.44*1	1.362	
			거푸집/부속동,손료	합판	M2	(2.13-0.15)*2〈면〉*3.44〈안목 길이〉*1	13.622	
			이형철근(SD40)	H16	M	4*(3.44+0.49〈상부철근 정착〉+0.49〈상부철근 정착〉)*1	17.68	
			이형철근(SD40)	H16	M	2*(3.44+0.38〈일반철근 정착〉+0.38〈일반철근 정착〉)*1	8.4	
			이형철근(SD40)	H10	M	18〈늑근대수〉*(0.2+2.13)*2*1	83.88	
			이형철근(SD40)	H10	M	22*(3.44+0.31〈상부철근 정착〉+0.31〈상부철근 정착〉)*1	89.32	
	RAB1	2	레미콘	25-240-15	M3	0.3*(1.65-0.15)*4.88*2	4.392	
			거푸집/부속동,손료	합판	M2	(1.65-0.15)*2〈면〉*4.88〈안목 길이〉*2	29.28	
			이형철근(SD40)	H16	M	6*(4.88+0.49〈상부철근 정착〉+0.49〈상부철근 정착〉)*2	70.32	
			이형철근(SD40)	H16	M	4*(4.88+0.38〈일반철근 정착〉+0.38〈일반철근 정착〉)*2	45.12	
			이형철근(SD40)	H10	M	25〈늑근대수〉*(0.3+1.65)*2*2	195	
			이형철근(SD40)	H10	M	18*(4.88+0.31〈상부철근 정착〉+0.31〈상부철근 정착〉)*2	198	
	RAB1	2	레미콘	25-240-15	M3	0.3*(1.65-0.15)*7.1*2	6.39	
			거푸집/부속동,손료	합판	M2	(1.65-0.15)*2〈면〉*7.1〈안목 길이〉*2	42.6	
			이형철근(SD40)	H16	M	6*(7.1+0.49〈상부철근 정착〉+0.49〈상부철근 정착〉)*2	96.96	
			이형철근(SD40)	H16	M	4*(7.1+0.38〈일반철근 정착〉+0.38〈일반철근 정착〉)*2	62.88	
			이형철근(SD40)	H10	M	37〈늑근대수〉*(0.3+1.65)*2*2	288.6	
			이형철근(SD40)	H10	M	18*(7.1+0.31〈상부철근 정착〉+0.31〈상부철근 정착〉)*2	277.92	
	RAG1	1	레미콘	25-240-15	M3	0.7*(1.5-0.15)*2.27*1	2.145	
			거푸집/부속동,손료	합판	M2	(1.5-0.15)*2〈면〉*2.27〈안목 길이〉*1	6.129	
			이형철근(SD50)	S22	M	5*(2.27+1.06〈상부철근 정착〉+1.06〈상부철근 정착〉)*1	21.95	
			이형철근(SD50)	S22	M	5*(2.27+0.81〈일반철근 정착〉+0.81〈일반철근 정착〉)*1	19.45	
			이형철근(SD40)	H10	M	16〈늑근대수〉*(0.7+1.5)*2*1	70.4	
			이형철근(SD40)	H10	M	18*(2.27+0.31〈상부철근 정착〉+0.31〈상부철근 정착〉)*1	52.02	
	RAB1	2	레미콘	25-240-15	M3	0.3*(1.65-0.15)*4.54*2	4.086	
			거푸집/부속동,손료	합판	M2	(1.65-0.15)*2〈면〉*4.54〈안목 길이〉*2	27.24	
			이형철근(SD40)	H16	M	6*(4.54+0.49〈상부철근 정착〉+0.49〈상부철근 정착〉)*2	66.24	
			이형철근(SD40)	H16	M	4*(4.54+0.38〈일반철근 정착〉+0.38〈일반철근 정착〉)*2	42.4	
			이형철근(SD40)	H10	M	24〈늑근대수〉*(0.3+1.65)*2*2	187.2	
			이형철근(SD40)	H10	M	18*(4.54+0.31〈상부철근 정착〉+0.31〈상부철근 정착〉)*2	185.76	

그림 5.7 아파트 지하1층 구조물량산출서 예

부재	부호	개소	재료	규격	단위	수식	결과	비고
	2~20B1	2	레미콘	25-240-15	M3	0.2*(0.58-0.21)*0.92*2	0.136	침실
			거푸집/APT,손료	합판/벽식	M2	(0.58-0.21)*2〈면〉*0.92〈안목 길이〉*2	1.361	
			이형철근(SD40)	H13	M	4*(0.92+0.4〈상부철근 정착〉+0.4〈상부철근 정착〉)*2	13.76	
			이형철근(SD40)	H13	M	4*(0.92+0.31〈일반철근 정착〉+0.31〈일반철근 정착〉)*2	12.32	
			이형철근(SD40)	H10	M	7〈늑근대수〉*(0.2+0.58)*2*2	21.84	
	2~20B2	2	레미콘	25-240-15	M3	0.2*(0.7-0.21)*1.12*2	0.219	현관
			거푸집/APT,손료	합판/벽식	M2	(0.7-0.21)*2〈면〉*1.12〈안목 길이〉*2	2.195	
			이형철근(SD40)	H13	M	4*(1.12+0.4〈상부철근 정착〉+0.4〈상부철근 정착〉)*2	15.36	
			이형철근(SD40)	H13	M	4*(1.12+0.31〈일반철근 정착〉+0.31〈일반철근 정착〉)*2	13.92	
			이형철근(SD40)	H10	M	8〈늑근대수〉*(0.2+0.7)*2*2	28.8	
	2~20B4	2	레미콘	25-240-15	M3	0.2*(0.51-0.21)*0.82*2	0.098	실외기실
			거푸집/APT,손료	합판/벽식	M2	(0.51-0.21)*2〈면〉*0.82〈안목 길이〉*2	0.984	
			이형철근(SD40)	H13	M	4*(0.82+0.4〈상부철근 정착〉+0.4〈상부철근 정착〉)*2	12.96	
			이형철근(SD40)	H13	M	4*(0.82+0.31〈일반철근 정착〉+0.31〈일반철근 정착〉)*2	11.52	
			이형철근(SD40)	H10	M	6〈늑근대수〉*(0.2+0.51)*2*2	17.04	
	2~20B1	1	레미콘	25-240-15	M3	0.2*(0.58-0.21)*0.92*1	0.068	침실
			거푸집/APT,손료	합판/벽식	M2	(0.58-0.21)*2〈면〉*0.92〈안목 길이〉*1	0.68	
			이형철근(SD40)	H13	M	4*(0.92+0.4〈상부철근 정착〉+0.4〈상부철근 정착〉)*1	6.88	
			이형철근(SD40)	H13	M	4*(0.92+0.31〈일반철근 정착〉+0.31〈일반철근 정착〉)*1	6.16	
			이형철근(SD40)	H10	M	7〈늑근대수〉*(0.2+0.58)*2*1	10.92	
	2~20B2	1	레미콘	25-240-15	M3	0.2*(0.7-0.21)*1.12*1	0.109	현관
			거푸집/APT,손료	합판/벽식	M2	(0.7-0.21)*2〈면〉*1.12〈안목 길이〉*1	1.097	
			이형철근(SD40)	H13	M	4*(1.12+0.4〈상부철근 정착〉+0.4〈상부철근 정착〉)*1	7.68	
			이형철근(SD40)	H13	M	4*(1.12+0.31〈일반철근 정착〉+0.31〈일반철근 정착〉)*1	6.96	
			이형철근(SD40)	H10	M	8〈늑근대수〉*(0.2+0.7)*2*1	14.4	
	2~20B3A	1	레미콘	25-240-15	M3	0.2*(1.52-0.21)*1.22*1	0.319	욕실
			거푸집/APT,손료	합판/벽식	M2	(1.52-0.21)*1〈면〉*1.22〈안목 길이〉*1	1.598	
			이형철근(SD40)	H13	M	4*(1.22+0.4〈상부철근 정착〉+0.4〈상부철근 정착〉)*1	8.08	
			이형철근(SD40)	H13	M	4*(1.22+0.31〈일반철근 정착〉+0.31〈일반철근 정착〉)*1	7.36	
			이형철근(SD40)	H10	M	9〈늑근대수〉*(0.2+1.52)*2*1	30.96	
			거푸집/APT	갱폼	M2	((1.52-0.21)*1.22)*1	1.598	
	2~20B4	1	레미콘	25-240-15	M3	0.2*(0.51-0.21)*0.82*1	0.049	실외기실
			거푸집/APT,손료	합판/벽식	M2	(0.51-0.21)*2〈면〉*0.82〈안목 길이〉*1	0.492	
			이형철근(SD40)	H13	M	4*(0.82+0.4〈상부철근 정착〉+0.4〈상부철근 정착〉)*1	6.48	
			이형철근(SD40)	H13	M	4*(0.82+0.31〈일반철근 정착〉+0.31〈일반철근 정착〉)*1	5.76	
			이형철근(SD40)	H10	M	6〈늑근대수〉*(0.2+0.51)*2*1	8.52	
	BW11	2	레미콘	25-240-15	M3	0.15*(0.48-0.21)*2.12*2	0.171	발코니-1
			거푸집/APT,손료	합판/벽식	M2	(0.48-0.21)*1〈면〉*2.12〈안목 길이〉*2	1.144	
			이형철근(SD40)	H13	M	2*(2.12+0.4〈상부철근 정착〉+0.4〈상부철근 정착〉)*2	11.68	
			이형철근(SD40)	H13	M	2*(2.12+0.31〈일반철근 정착〉+0.31〈일반철근 정착〉)*2	10.96	
			이형철근(SD40)	H10	M	9〈늑근대수〉*(0.15+0.48)*2*2	22.68	
			이형철근(SD40)	H10	M	4*(2.12+0.31〈상부철근 정착〉+0.31〈상부철근 정착〉)*2	21.92	
			거푸집/APT	갱폼	M2	((0.48-0.21)*2.12)*2	1.144	
	BW11	2	레미콘	25-240-15	M3	0.15*(0.48-0.21)*3.92*2	0.317	발코니-1
			거푸집/APT,손료	합판/벽식	M2	(0.48-0.21)*1〈면〉*3.92〈안목 길이〉*2	2.116	
			이형철근(SD40)	H13	M	2*(3.92+0.4〈상부철근 정착〉+0.4〈상부철근 정착〉)*2	18.88	
			이형철근(SD40)	H13	M	2*(3.92+0.31〈일반철근 정착〉+0.31〈일반철근 정착〉)*2	18.16	
			이형철근(SD40)	H10	M	14〈늑근대수〉*(0.15+0.48)*2*2	35.28	
			이형철근(SD40)	H10	M	4*(3.92+0.31〈상부철근 정착〉+0.31〈상부철근 정착〉)*2	36.32	
			거푸집/APT	갱폼	M2	((0.48-0.21)*3.92)*2	2.116	
	BW11	2	레미콘	25-240-15	M3	0.15*(0.48-0.21)*2.42*2	0.196	발코니-1
			거푸집/APT,손료	합판/벽식	M2	(0.48-0.21)*1〈면〉*2.42〈안목 길이〉*2	1.306	
			이형철근(SD40)	H13	M	2*(2.42+0.4〈상부철근 정착〉+0.4〈상부철근 정착〉)*2	12.88	
			이형철근(SD40)	H13	M	2*(2.42+0.31〈일반철근 정착〉+0.31〈일반철근 정착〉)*2	12.16	
			이형철근(SD40)	H10	M	10〈늑근대수〉*(0.15+0.48)*2*2	25.2	
			이형철근(SD40)	H10	M	4*(2.42+0.31〈상부철근 정착〉+0.31〈상부철근 정착〉)*2	24.32	
			거푸집/APT	갱폼	M2	((0.48-0.21)*2.42)*2	1.306	

그림 5.8 아파트 지상1층 구조물량산출서 예

부재	부호	개소	재료	규격	단위	수식	결과	비고
보	2~20B1	2	레미콘	25-210-15	M3	0.2*(0.58-0.21)*0.92*2	0.136	침실
			거푸집/APT,손료	합판/벽식	M2	(0.58-0.21)*2〈면〉*0.92〈안목 길이〉*2	1.361	
			이형철근(SD40)	H13	M	4*(0.92+0.43〈상부철근 정착〉+0.43〈상부철근 정착〉)*2	14.24	
			이형철근(SD40)	H13	M	4*(0.92+0.33〈일반철근 정착〉+0.33〈일반철근 정착〉)*2	12.64	
			이형철근(SD40)	H10	M	7〈늑근대수〉*(0.2+0.58)*2*2	21.84	
	2~20B2	2	레미콘	25-210-15	M3	0.2*(0.7-0.21)*1.12*2	0.219	현관
			거푸집/APT,손료	합판/벽식	M2	(0.7-0.21)*2〈면〉*1.12〈안목 길이〉*2	2.195	
			이형철근(SD40)	H13	M	4*(1.12+0.43〈상부철근 정착〉+0.43〈상부철근 정착〉)*2	15.84	
			이형철근(SD40)	H13	M	4*(1.12+0.33〈일반철근 정착〉+0.33〈일반철근 정착〉)*2	14.24	
			이형철근(SD40)	H10	M	8〈늑근대수〉*(0.2+0.7)*2*2	28.8	
	2~20B4	2	레미콘	25-210-15	M3	0.2*(0.51-0.21)*0.82*2	0.098	실외기실
			거푸집/APT,손료	합판/벽식	M2	(0.51-0.21)*2〈면〉*0.82〈안목 길이〉*2	0.984	
			이형철근(SD40)	H13	M	4*(0.82+0.43〈상부철근 정착〉+0.43〈상부철근 정착〉)*2	13.44	
			이형철근(SD40)	H13	M	4*(0.82+0.33〈일반철근 정착〉+0.33〈일반철근 정착〉)*2	11.84	
			이형철근(SD40)	H10	M	6〈늑근대수〉*(0.2+0.51)*2*2	17.04	
	2~20B1	1	레미콘	25-210-15	M3	0.2*(0.58-0.21)*0.92*1	0.068	침실
			거푸집/APT,손료	합판/벽식	M2	(0.58-0.21)*2〈면〉*0.92〈안목 길이〉*1	0.68	
			이형철근(SD40)	H13	M	4*(0.92+0.43〈상부철근 정착〉+0.43〈상부철근 정착〉)*1	7.12	
			이형철근(SD40)	H13	M	4*(0.92+0.33〈일반철근 정착〉+0.33〈일반철근 정착〉)*1	6.32	
			이형철근(SD40)	H10	M	7〈늑근대수〉*(0.2+0.58)*2*1	10.92	
	2~20B2	1	레미콘	25-210-15	M3	0.2*(0.7-0.21)*1.12*1	0.109	현관
			거푸집/APT,손료	합판/벽식	M2	(0.7-0.21)*2〈면〉*1.12〈안목 길이〉*1	1.097	
			이형철근(SD40)	H13	M	4*(1.12+0.43〈상부철근 정착〉+0.43〈상부철근 정착〉)*1	7.92	
			이형철근(SD40)	H13	M	4*(1.12+0.33〈일반철근 정착〉+0.33〈일반철근 정착〉)*1	7.12	
			이형철근(SD40)	H10	M	8〈늑근대수〉*(0.2+0.7)*2*1	14.4	
	2~20B3A	1	레미콘	25-210-15	M3	0.2*(1.52-0.21)*1.22*1	0.319	욕실
			거푸집/APT,손료	합판/벽식	M2	(1.52-0.21)*1〈면〉*1.22〈안목 길이〉*1	1.598	
			이형철근(SD40)	H13	M	4*(1.22+0.43〈상부철근 정착〉+0.43〈상부철근 정착〉)*1	8.32	
			이형철근(SD40)	H13	M	4*(1.22+0.33〈일반철근 정착〉+0.33〈일반철근 정착〉)*1	7.52	
			이형철근(SD40)	H10	M	9〈늑근대수〉*(0.2+1.52)*2*1	30.96	
			거푸집/APT	갱폼	M2	((1.52-0.21)*1.22)*1	1.598	
	2~20B4	1	레미콘	25-210-15	M3	0.2*(0.51-0.21)*0.82*1	0.049	실외기실
			거푸집/APT,손료	합판/벽식	M2	(0.51-0.21)*2〈면〉*0.82〈안목 길이〉*1	0.492	
			이형철근(SD40)	H13	M	4*(0.82+0.43〈상부철근 정착〉+0.43〈상부철근 정착〉)*1	6.72	
			이형철근(SD40)	H13	M	4*(0.82+0.33〈일반철근 정착〉+0.33〈일반철근 정착〉)*1	5.92	
			이형철근(SD40)	H10	M	6〈늑근대수〉*(0.2+0.51)*2*1	8.52	
	2~20B1	1	레미콘	25-210-15	M3	0.2*(0.58-0.21)*0.92*1	0.068	침실
			거푸집/APT,손료	합판/벽식	M2	(0.58-0.21)*2〈면〉*0.92〈안목 길이〉*1	0.68	
			이형철근(SD40)	H13	M	4*(0.92+0.43〈상부철근 정착〉+0.43〈상부철근 정착〉)*1	7.12	
			이형철근(SD40)	H13	M	4*(0.92+0.33〈일반철근 정착〉+0.33〈일반철근 정착〉)*1	6.32	
			이형철근(SD40)	H10	M	7〈늑근대수〉*(0.2+0.58)*2*1	10.92	
	2~20B2	1	레미콘	25-210-15	M3	0.2*(0.7-0.21)*1.12*1	0.109	현관
			거푸집/APT,손료	합판/벽식	M2	(0.7-0.21)*2〈면〉*1.12〈안목 길이〉*1	1.097	
			이형철근(SD40)	H13	M	4*(1.12+0.43〈상부철근 정착〉+0.43〈상부철근 정착〉)*1	7.92	
			이형철근(SD40)	H13	M	4*(1.12+0.33〈일반철근 정착〉+0.33〈일반철근 정착〉)*1	7.12	
			이형철근(SD40)	H10	M	8〈늑근대수〉*(0.2+0.7)*2*1	14.4	
	2~20B3B	1	레미콘	25-210-15	M3	0.2*(1.88-0.21)*0.67*1	0.223	욕실
			거푸집/APT,손료	합판/벽식	M2	(1.88-0.21)*1〈면〉*0.67〈안목 길이〉*1	1.118	
			이형철근(SD40)	H13	M	4*(0.67+0.43〈상부철근 정착〉+0.43〈상부철근 정착〉)*1	6.12	
			이형철근(SD40)	H13	M	4*(0.67+0.33〈일반철근 정착〉+0.33〈일반철근 정착〉)*1	5.32	
			이형철근(SD40)	H10	M	5〈늑근대수〉*(0.2+1.88)*2*1	20.8	
			거푸집/APT	갱폼	M2	((1.88-0.21)*0.67)*1	1.118	
	2~20B4	1	레미콘	25-210-15	M3	0.2*(0.51-0.21)*0.82*1	0.049	실외기실
			거푸집/APT,손료	합판/벽식	M2	(0.51-0.21)*2〈면〉*0.82〈안목 길이〉*1	0.492	
			이형철근(SD40)	H13	M	4*(0.82+0.43〈상부철근 정착〉+0.43〈상부철근 정착〉)*1	6.72	
			이형철근(SD40)	H13	M	4*(0.82+0.33〈일반철근 정착〉+0.33〈일반철근 정착〉)*1	5.92	
			이형철근(SD40)	H10	M	6〈늑근대수〉*(0.2+0.51)*2*1	8.52	

그림 5.9 아파트 기준층 구조물량산출서 예

5.3.2 마감물량산출서

마감물량산출서는 각 공간별로 마감작업을 수행하기 위한 재료들(예, 조적재, 바닥재, 천장재, 벽재 등)에 대한 물량을 정리한 표이다. 일반적으로 층별, 공간별(거실, 주방 등)로 나누어서 작성되며, 각 공간별로 마감작업을 수행하기 위한 재료들(예, 조적재, 바닥재, 천장재, 내장재 등)에 대한 물량을 각각 산출한다.

〈그림 5.10〉은 아파트 세대의 거실, 주방, 식당에 대한 마감물량산출서이다. 바닥, 천장, 벽, 우물천장, 아트월 등의 부위별로 나누어 마감공사를 위해 소요되는 각 재료에 대한 물량을 규격별로 산출한다. 〈그림 5.11〉은 아파트 세대의 안방에 대해 마감물량산출서이다. 바닥, 천장, 벽 등의 부위별로 나누어 마감공사를 위해 소요되는 각 재료에 대한 물량을 규격별로 산출한다. 〈그림 5.12〉는 아파트 세대의 발코니에 대해 마감물량산출서이다. 바닥, 천장, 벽, 난간턱 등의 부위별로 나누어 마감공사를 위해 소요되는 각 재료에 대한 물량을 규격별로 산출한다. 〈그림 5.13〉은 아파트 세대의 욕실에 대해 마감물량산출서이다. 바닥, 천장, 벽, 뒷선반 등의 부위별로 나누어 마감공사를 위해 소요되는 각 재료에 대한 물량을 규격별로 산출한다.

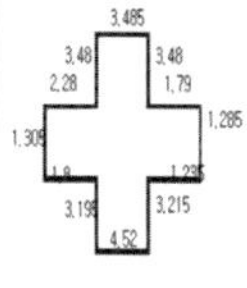

1	84A/01 거실및주방,식당				
면적(A) : (3.48+1.285+3.215)*(1.235+4.52+1.8)-3.48*1.79-1.235*3.215-3.195*1.8 -2.28*3.48 = 36.404㎡			둘레(LT) : ((3.48+1.285+3.215)+(1.235+4.52+1.8))*2 = 31.07m		
천정고(H) : 2.3m			개구부길이(OL):0m 벽면길이(L) : 31.07m		
메모:바닥					
바닥	AO8013001A4	바닥충격음저감재 바닥,20T/부자재및죠인트필러포함	M2	36.404〈면적〉-(0.72+0.68)*0.1+1.0*0.13+0.9*0.18+(0.9+0.75)*0.09	36.704
바닥	AK1030040A4	경량기포CONC/중부제외 40T	M3	(36.404〈면적〉-(0.72+0.68)*0.1+1.0*0.13+0.9*0.18+(0.9+0.75)*0.09)*0.04	1.468
바닥	AK1001040A5	시멘트몰탈/온돌 바닥,40T	M2	36.404〈면적〉-(0.72+0.68)*0.1+1.0*0.13+0.9*0.18+(0.9+0.75)*0.09	36.704
바닥	ZO5007235A4	바닥재_84A_거실 화이트오크(ROOU),걸레받이,재료분리대포함	M2	36.404〈면적〉-(0.72+0.68)*0.1+1.0*0.13+0.9*0.18+0.9*0.09+0.75*0.04-1.305*0.3	36.275
메모:천정					
천정	AZ0400010A1	압출법보온판 특호(0.035),10T	M2	(4.52+3.485+0.5+1.61)*0.45	4.552
천정	AE5005010A5	압출법보온판깔기 천정,타설부착,특호,10T	M2	(4.52+3.485+0.5+1.61)*0.45	4.552
천정	AL1001110A4	경량철골천정틀 세대내,M-BAR,단중,H100~H200	M2	36.404〈면적〉-(0.72+0.68)*0.1-4.52*0.17-3.32*2.545	27.046
천정	ZO1000400A1	석고보드_천정 일반,9.5T	M2	36.404〈면적〉-(0.72+0.68)*0.1-4.52*0.17-3.32*2.545	27.046
천정	ZO7015280A4	천정지_84A_거실 DID A0503-1	M2	36.404〈면적〉-(0.72+0.68)*0.1+4.52*0.17-3.32*2.365-1.705*0.58-3.38*0.1-1.305*0.3	27.462
천정	ZP2001355A4	PVC몰딩_84A_거실 30*15	M	31.07〈벽면길이〉-1.21+0.72*2-0.2*2-0.4*2-0.17*2	29.76
천정	ZP2001356A4	AL픽쳐레일몰딩_84A_거실 25*18	M	2.965+2.725	5.69
메모:벽(벽지면)					
벽재	AK1028010A4	단열몰탈/중부제외 내벽,10T	M2	(0.45*3+0.65)*미장면〉	5.18
벽재	ZO3001135A4	합지벽_44.5 내수석고보드9.5T+압출법특호35T	M2	1.42*미장면〉	3.678
벽재	ZO3001165A4	합지벽_64.5 내수석고보드9.5T+압출법특호55T	M2	0.805*미장면〉	2.085
벽재	ZO3001160A4	합지벽_64.5 석고보드9.5T+압출법특호55T	M2	(4.52+2.81+0.51)*미장면〉-(3.9*2.5*1)-(0.9*2.2*1)	8.576
벽재	ZO3000100A1	석고보드_내벽 일반,9.5T	M2	1.055*2.46〈석고보드-(0.9*2.2*1)	0.615
벽재	ZO3000200A5	석고보드붙이기 벽본드	M2	1.055*2.46〈석고보드-(0.9*2.2*1)	0.615
벽재	AK1005018A5	시멘트몰탈/내벽 18T	M2	1.285*2.46〈석고보드-(0.75*2.1*1)	1.586
벽재	AK1026001A5	면손보기 내벽,세대내	M2	(0.18+3.195+3.215+0.18+0.16+2.06+3.48+2.28-0.45*3-0.65-0.51)*2.46〈석고보드-(0.9*2.2*1)	28.13
벽재	AO8016001A4	도배면퍼티	M2	(0.18+3.195+3.215+0.18+0.16+3.48+2.28-0.45*3-0.51)*2.46〈석고보드-(0.9*2.2*1)	24.662
벽재	ZO7014150A4	부직포붙이기	M2	(3.215+0.18+0.16+3.48+2.28-0.07-0.3)*2.3〈높이〉+0.17*0.17*2-(0.98*2.3〈높이〉*1)	18.377
벽재	ZO7005340A4	벽지_84A_거실 DID CX1966-5	M2	(31.07〈벽면길이〉-1.66-0.21-3.195-3.38-1.72+0.1*2-1.305-0.3*2)*2.3〈높이〉-(3.9*2.47)-(1.08*2.3〈높이〉)-(0.98*2.3〈높이〉*2)-(0.96*2.3〈높이〉)-(0.83*2.3〈높이〉)	23.418
벽재	ZO7005340A4	벽지_84A_거실 DID CX1966-5	M2	1.27*2.05+(4.52+0.17*2)*0.17	3.43
메모:우물천정					
천정	ZL3001320A4	우물천정_84A_거실 3320*2545,기준층	EA	1	1
천정	ZO7015280A4	천정지_84A_거실 DID A0503-1	M2	3.32*2.545+(3.32+0.18*2)*0.12	8.891
메모:아트월(거실안방면)					
벽재	ZJ1020070A1	거실아트월벽타일_84A [제이세라믹]JLO 8617(400*800,무메지)	M2	0.8*0.4*12*1.03	3.955
벽재	ZJ1020071A1	거실아트월벽타일_84A [제이세라믹]JLO 8617(400*763(400*800),무메지,공장컷팅)	M2	0.763*0.4*12*1.03	3.772
벽재	ZJ1002006A5	타일바탕몰탈 내벽,15T,아트월타일후면	M2	3.126*2.3〈높이〉+0.17*0.17	7.219
벽재	AJ1008003A5	벽타일붙이기 내벽,개량압착	M2	3.126*2.3〈높이〉+0.17*0.17	7.219
벽재	ZO6006307A4	벽재료분리대_거실아트월 PVC 꼼꼼미 참스 CSA1244	M	2.3〈높이〉*1	2.3
벽재	ZO6006311A4	벽재료분리대_거실아트월 PVC 꼼꼼미 참스 CPA1344	M	2.3〈높이〉*1	2.3
벽재	AR2006001A4	위생코킹/욕실벽면 10*10	M	2.3〈높이〉*2	4.6
메모:아트월(안방입구)					
벽재	ZL2012012A4	우드시트판넬_84A_안방입구_타공및보강비포함 210*2300	EA	1	1
메모:주방벽타일					
벽재	ZJ1011562A1	주방벽타일_84A [삼영]SWK 1091(300*600)	M2	0.3*0.6*36*1.03	6.674
벽재	AJ1007001A5	벽타일붙이기 본드,합지면	M2	1.345*0.846+1.02*0.359+(0.7+0.69)*2.3〈높이〉-0.6*0.762*2	3.787
벽재	ZJ1008002A5	벽타일붙이기 내벽,압착,주방	M2	1.96*0.846	1.658
벽재	AJ1002002A5	타일바탕몰탈 내벽,15T,주방	M2	1.96*0.846	1.658
벽재	ZO6006300A4	벽재료분리대_주방_84A,B,C PVC 꼼꼼미 참스 CSA1044	M	2.3〈높이〉*1	2.3
벽재	AR2006001A4	위생코킹/욕실벽면 10*10	M	0.646*2+0.359+2.3〈높이〉	3.951
메모:기타					
천정	ZL1003106A5	커텐박스설치 W=170,합판9T	M	4.52	4.52
천정	ZL1003002A4	합판 T=9	M2	4.52*(0.17+0.17)	1.537
가구	ZS3001883A1	복도장식장_84A L1305*W400*H2285	EA	1	1
가구	ZS2000120A1	주방가구_84A_상판별도 L3293+1720	EA	1	1
가구	ZS2002568A1	주방상판_84A L3293*W700*40T,젠다이,코킹,타공포함	EA	1	1
벽재	ZL4002780A4	경량칸막이_84A_주방 680*2590,100T	EA	1	1
벽재	ZL4002785A4	경량칸막이_84A_주방 720*2590,100T	EA	1	1

그림 5.10 거실 및 주방, 식당 마감물량산출표 예

3	84A/05 안방					
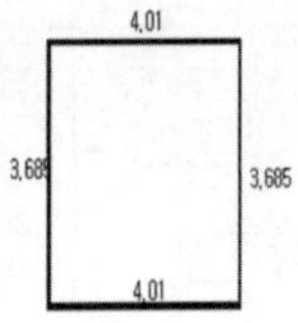	면적(A) : 4.01*3.685 = 14.777㎡			둘레(LT) : (4.01+3.685)*2 = 15.39m		
	천정고(H) : 2.3m			개구부길이(OL):0m 벽면길이(L) : 15.39m		
	메모:바닥					
	바닥재	AO8013001A4	바닥충격음저감재 바닥,20T/부자재및죠인트필러포함	M2	14.777〈면적〉	14.777
	바닥재	AK1030040A4	경량기포CONC/중부제외 40T	M3	14.777〈면적〉*0.04	0.591
	바닥재	AK1001040A5	시멘트몰탈/온돌 바닥,40T	M2	14.777〈면적〉	14.777
	바닥재	ZO5007240A4	바닥재_84A_침실 화이트오크(ROOU),걸레받이,재료분리대포함	M2	14.777〈면적〉	14.777
	메모:천정					
	천정재	AZ0400010A1	압출법보온판 특호(0.035),10T	M2	(4.01+3.685+0.62-0.45)*0.45	3.539
	천정재	AE5005010A5	압출법보온판깔기 천정,타설부착,특호,10T	M2	(4.01+3.685+0.62-0.45)*0.45	3.539
	천정재	AL1001110A4	경량철골천정틀 세대내,M-BAR,단중,H100~H200	M2	14.777〈면적〉-2.66*0.17	14.325
	천정재	ZO1000400A1	석고보드_천정 일반,9.5T	M2	14.777〈면적〉-2.66*0.17	14.325
	천정재	ZO7015284A4	천정지_84A_안방,드레스룸 DID A0503-1	M2	14.777〈면적〉+(2.66+0.17)*0.17	15.258
	천정재	ZP2001357A4	PVC몰딩_84A_침실 30*15	M	15.39〈벽면길이〉-1.17	14.22
	메모:벽					
	벽재	AK1028010A4	단열몰탈/중부제외 내벽,10T	M2	1.07*미장면〉	2.771
	벽재	ZO3001160A4	합지벽_64.5 석고보드9.5T+압출법특호55T	M2	4.01*미장면〉-(2.4*2.5*1)	4.386
	벽재	ZO3001200A4	합지벽_79.5 석고보드9.5T+압출법특호70T	M2	3.685*미장면〉	9.544
	벽재	AK1026001A5	면손보기 내벽,세대내	M2	(3.685-1.07)*2.46〈석고보드	6.433
	벽재	AO8016001A4	도배면퍼티	M2	(3.685-1.07)*2.46〈석고보드	6.433
	벽재	ZO7014150A4	부직포붙이기	M2	3.685*2.3〈높이〉+0.17*0.17	8.504
	벽재	ZO7005344A4	벽지_84A_안방 서울 2097-1	M2	(15.39〈벽면길이〉-1.17)*2.3〈높이〉+(2.66+0.17)*0.17-(2.4*2.47*1)-(1.0*2.3〈높이〉*1)	24.959
	메모:기타					
	천정재	ZL1003106A5	커텐박스설치 W=170,합판9T	M	2.66	2.66
	천정재	ZL1003002A4	합판 T=9	M2	2.66*(0.17+0.17)+0.17*0.17	0.933
	메모:드라이월(안방·거실)					
	벽재	ZO3004290A4	DRYWALL_세대내 130T,양면	M2	1.72*미장면〉-(1.0*2.2*1)	2.255

그림 5.11 안방 마감물량산출표 예

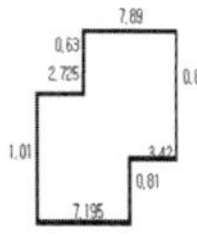

7	84A/11 발코니1					
	면적(A) : (0.83+0.81)*(3.42+7.195)-3.42*0.81-2.725*0.63 = 12.922㎡			둘레(LT) : ((0.83+0.81)+(3.42+7.195))*2 = 24.51m		
	천정고(H) : 2.59m			개구부길이(OL):0m 벽면길이(L) : 24.51m		
	메모:바닥					
	바닥재	AI1002002A4	시멘트액체방수2차 APT외부	M2	12.922〈면적〉	12.922
	바닥재	ZJ1005441A1	발코니1바닥타일_84A [삼영]SFE3231(300*300)	M2	0.3*0.3*149*1.03	13.812
	바닥재	AJ1003050A5	바닥타일붙이기 바닥,50T	M2	2.42*1.01	2.444
	바닥재	AJ1003070A5	바닥타일붙이기 바닥,70T	M2	12.922〈면적〉-2.42*1.01	10.478
	바닥재	AA2001001A1	타일면보양	M2	12.922〈면적〉	12.922
	메모:천정					
	천정재	AK1026004A5	면손보기 외천정	M2	12.922〈면적〉+(2.12+3.92+2.42)*0.15+0.82*0.3	14.437
	천정재	AP1017002A4	친환경페인트 외천정,롤러시공	M2	12.922〈면적〉+(2.12+3.92+2.42)*0.15+0.82*0.3	14.437
	메모:벽					
	벽재	AK1006024A5	시멘트몰탈/외벽 24T	M2	(2.725+0.63+7.89-0.18*2)*2.59〈높이〉-(2.4*2.5*1)-(3.9*2.5*1)-(2.7*2.5*1)	5.692
	벽재	AK1026003A5	면손보기 외벽	M2	(1.01+7.195+0.81+3.42+0.83+0.18*2-0.82-2.12-3.92-2.42)*2.59〈높이〉+(2.12+3.92+2.42)*0.27+0.15*6*2.32	15.626
	벽재	AP1017001A4	친환경페인트 외벽,롤러시공	M2	(24.51〈벽면길이〉-0.82-2.12-3.92-2.42)*2.59〈높이〉+(2.12+3.92+2.42)*0.27+0.15*6*2.32-(2.4*2.5*1)-(3.9*2.5*1)-(2.7*2.5*1)	21.318
	벽재	AK1026003A5	면손보기 외벽	M2	-(1.01+7.195+0.81+3.42+0.83+0.18*2-0.82)*0.1	-1.28
	벽재	AI1002002A4	시멘트액체방수2차 APT외부	M2	(24.51〈벽면길이〉-0.82)*0.1	2.369
	벽재	AK1006024A5	시멘트몰탈/외벽 24T	M2	(1.01+7.195+0.81+3.42+0.83+0.18*2-0.82)*0.1	1.28
	벽재	AI1005001A4	우레탄보강방수 W300	M	24.51〈벽면길이〉-0.82-2.12-3.92-2.42+0.8	16.03
	메모:난간턱					
	벽재	AK1026003A5	면손보기 외벽	M2	(2.12+3.92+2.42)*0.15	1.269
	벽재	AP1017001A4	친환경페인트 외벽,롤러시공	M2	(2.12+3.92+2.42)*0.15	1.269
	메모:기타					
	기타(내부)	ZQ2002275A4	발코니1핸드레일_84A H1100 L2120	EA	1	1
	기타(내부)	ZQ2002276A4	발코니1핸드레일_84A H1100 L3920	EA	1	1
	기타(내부)	ZQ2002277A4	발코니1핸드레일_84A H1100 L2420	EA	1	1
	천정재	AE2025001A4	콤비목 APT	M	2.12+3.92+2.42	8.46
	천정재	ZO6006504A4	바닥재료분리대_발코니 CRP 7044	M	1.01+0.82	1.83
	벽재	AR2006006A4	죠인트코킹 발코니,크랙유도줄눈	M	0.27*6	1.62
	천정재	AR2006002A4	죠인트코킹 발코니PD(옹벽+조적)	M	2.725+0.61+7.89-0.18*2-2.4-3.9-2.7	1.865
	벽재	AR2006002A4	죠인트코킹 발코니PD(옹벽+조적)	M	2.59〈높이〉*6-2.5*3	8.04
	메모:조적(발코니·거실,침실)					
	조적재	AG1001002A5	시멘트벽돌쌓기/25층이하 1.0B	M2	(2.42+8.015-0.18)*2.59〈높이〉-(2.4*2.5*1)-(3.9*2.5*1)-(2.7*2.5*1)	4.06
	메모:조적(발코니·침실1)					
	조적재	AZ0400055A1	압출법보온판 특호(0.035),55T	M2	0.55*2.59〈높이〉	1.424
	조적재	AG1010055A5	압출법보온판공간넣기 특호,55T	M2	0.55*2.59〈높이〉	1.424
	조적재	AG1001004A5	시멘트벽돌쌓기/25층이하 옆세워쌓기	M2	(0.55+0.125)*2.59〈높이〉	1.748

그림 5.12 발코니 마감물량산출표 예

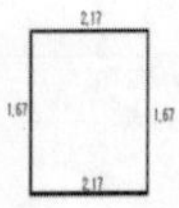

11	84A/21 욕실(공용)				
면적(A) : 2.17*1.67 = 3.624㎡				둘레(LT) : (2.17+1.67)*2 = 7.68m	
천정고(H) : 2.25m				개구부길이(OL):0m 벽면길이(L) : 7.68m	
메모:바닥					
바닥재	AI1002001A4	시멘트액체방수2차 APT내부	M2	3.624〈면적〉	3.624
바닥재	ZJ1003210A1	공용욕실바닥타일_84A [삼영]SFE 3261(300*300)	M2	0.3*0.3*25*1.03	2.318
바닥재	AJ1003050A5	바닥타일붙이기 바닥,50T	M2	3.624〈면적〉-1.67*0.65-1.52*0.11	2.371
바닥재	AA2001001A1	타일면보양	M2	3.624〈면적〉-1.67*0.65-1.52*0.11	2.371
메모:천정					
천정재	AZ0400025A1	압출법보온판 특호(0.035),25T	M2	3.624〈면적〉	3.624
천정재	AE5005025A5	압출법보온판깔기 천정,타설부착,특호,25T	M2	3.624〈면적〉	3.624
천정재	ZQ1001020A4	ABS천정재_84A_공용욕실 2100*1600,틀,점검구,코킹,보강,광천정포함	EA	1	1
메모:벽					
벽재	AI1002001A4	시멘트액체방수2차 APT내부	M2	(1.67+0.75*2)*1.8+(7.68〈벽면길이〉-1.67-0.75*2)*1.2-(0.75*1.2*1)	10.218
벽재	AJ1002001A5	타일바탕몰탈 내벽,15T,욕실	M2	0.75*2*(2.25〈높이〉-1.8)+(1.67+1.42*2)*(2.25〈높이〉-1.2)-(0.75*1.05*1)	4.623
벽재	ZJ1010310A1	공용욕실벽타일_84A [삼영]SWK 6167(300*600)	M2	0.3*0.6*79*1.03	14.647
벽재	ZJ1010311A1	공용욕실벽타일_84A_포인트 [삼영]HKP 940A(300*600)	M2	0.3*0.6*9*1.03	1.669
벽재	AJ1009005A5	벽타일붙이기 떠붙임,300X600 이하	M2	(7.68〈벽면길이〉-2.17)*2.25〈높이〉-(1.67+0.65+0.01)*0.4+1.35*0.9-(0.75*2.25〈높이〉*1)	10.993
벽재	AJ1009005A5	벽타일붙이기 떠붙임,300X600 이하	M2	2.17*2.25〈높이〉-1.35*0.9-0.75*0.4	3.368
벽재	AK1005007A5	시멘트몰탈/내벽 7T,초벌	M2	(7.68〈벽면길이〉-1.67)*(2.655〈슬라브하단〉-2.25〈높이〉)	2.434
메모:뒷선반					
바닥재	ZH2002910A4	뒷선반_84A_공용욕실 [미죤테크]화이트펄MCBN101,L1350*W130*20T	EA	1	1
바닥재	AH1001015A1	석재설치/부자재산출용/대리석용 습식,15T	M2	1.35*0.11	0.149
메모:기타					
벽재	AR2006001A4	위생코킹/욕실벽면 10*10	M	2.2*4+0.4+0.75+2.2*2+2*(1.6+0.75+1.35+0.13)+2.008〈세면대〉	24.018
벽재	AI1005001A4	우레탄보강방수 W300	M	7.68〈벽면길이〉+1.2*2+1.8*2+0.8*2	15.28
기타(내부)	ZS4001235A1	욕실장_84A_공용욕실 1330*950*W150	EA	1	1
벽재	ZO6006412A4	벽재료분리대_욕실 PVC 꼼꼼미 참스 CSA1035-2	M	0.9	0.9
바닥재	ZH2002549A1	인조대리석SILL_욕실 L750*W50*H90,제일모직 스타론 샌디드크림 SM421-컬러기준	EA	1	1
벽재	AG2005004A4	CONC인방/세면기앙카고정 100*190*600	M	0.57	0.57
기타(내부)	ZQ8007102A4	샤워커튼봉_84A_공용욕실 L1600	EA	1	1
메모:조적(욕실·거실,침실,PD)					
벽재	AZ0400035A1	압출법보온판 특호(0.035),35T	M2	(0.325+1.0+1.145)*2.655〈슬라브하단〉	6.558
벽재	AO8011035A5	압출법보온판붙이기 벽,특호,35T	M2	(0.325+1.0+1.145)*2.655〈슬라브하단〉	6.558
조적재	AG1001001A5	시멘트벽돌쌓기/25층이하 0.5B	M2	(2.26*2+1.67)*(2.655〈슬라브하단〉-0.08)+1.405*2.655〈슬라브하단〉-(0.75*2.1*1)	18.095
조적재	AE2024001A4	방수턱설치,거푸집+공임 APT,조적벽하부	M	2.26*2+1.67	6.19
조적재	AE2026210A1	방수턱레미콘 25-210-15	M3	(2.26*2+1.67)*0.09*0.08	0.045
조적재	AG1009001A4	CONC인방 0.5B용	M	0.75+0.2*2	1.15
메모:조적(뒷선반하부)					
조적재	AG1001001A5	시멘트벽돌쌓기/25층이하 0.5B	M2	1.35*0.9	1.215

그림 5.13 욕실 마감물량산출표 예

5.4 시공계획서

각 공종별로 작성되는 시공계획서는 공사를 수행하기 위한 상세계획을 기술한 문서이다. 시공계획서의 내용에는 공사 및 설계개요, 현장조직, 인력 및 장비 투입계획, 가설계획, 공법별 공사수행계획, 자재관리계획, 안전관리계획, 환경관리계획 등이 포함된다.

철근콘크리트공사에 대한 시공계획서에는 다음의 내용이 포함된다.

● 공사 및 설계개요

A. 공사개요 : 공사명, 현장위치, 공가기간, 지역지구, 발주처, 시공사, 대지면적, 연면적, 건축면적, 건폐율, 용적률

B. 공사규모

C. 현장운영방침 : 품질관리방침, 안전관리방침, 환경관리방침

D. 현장기구 조직표

E. 현장가설계획(전력, 수도, 장비계획, 자재야적, 가설사무실, 도로점용 등)

F. 끊어치기 계획 : 철근콘크리트공사 콘크리트 분리타설 계획

G. 세부공사수행계획 : 거추집공사, 철근공사, 콘크리트타설 및 양생

H. 양중계획

I. 예정공정표

J. 인원 투입계획

K. 자재 투입계획

L. 안전/환경관리계획

그림 5.14 현장배치도

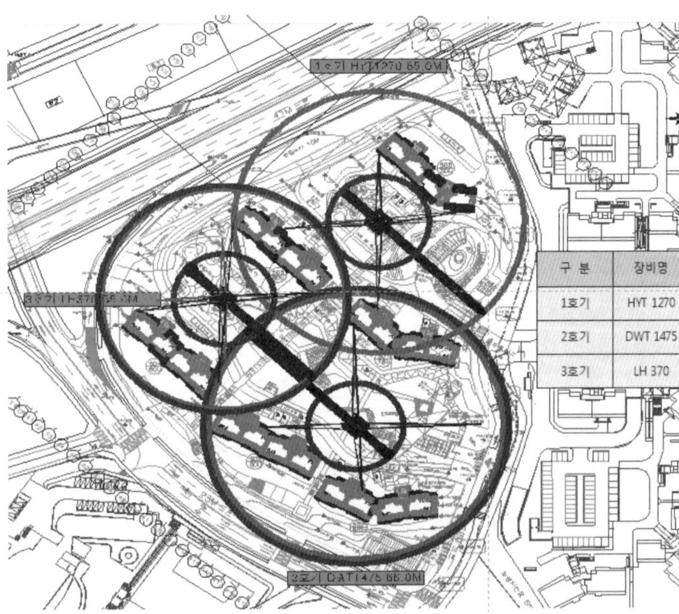

Tower Crane 설치 사양

구 분	장비명	정격하중 (ton)	JIM (m)	End cap	분담세대
1호기	HYT 1270	12	65	3.5	6 세대
2호기	DWT 1475	14	66	3.7	10 세대
3호기	LH 370	12	55	4.8	8 세대

그림 5.15 가설계획도 및 타워크레인 배치도

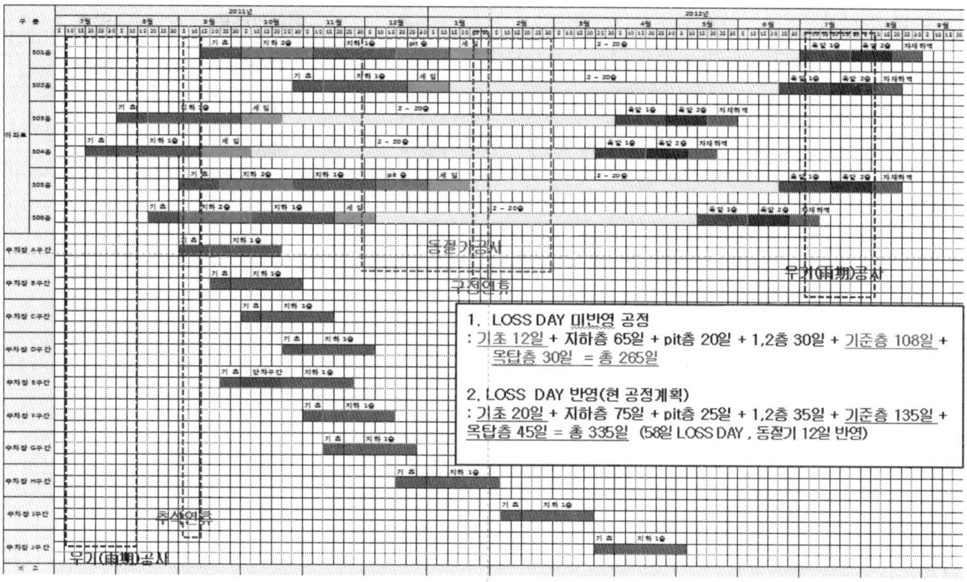

그림 5.16 철근콘크리트공사 전체공정표

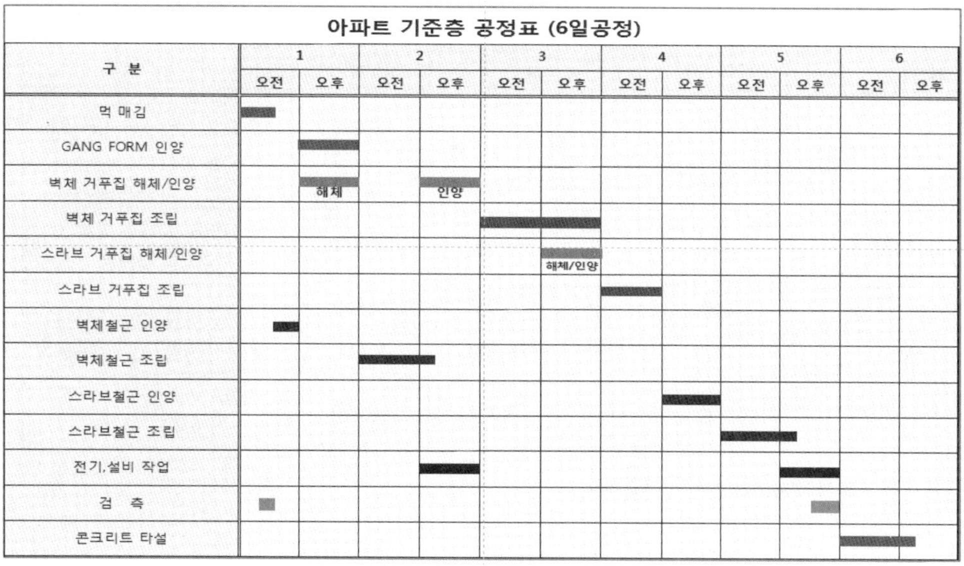

그림 5.17 철근콘크리트공사 기준층 공정표

위치	구간	형틀공	철근공	콘크리트공	합계
아파트	501동(20층, 4세대)	1,250명	550명	160명	1,960명
	502동(20층, 4세대)	1,220명	537명	160명	1,917명
	503동(20층, 4세대)	1,220명	537명	160명	1,917명
	504동(20층, 4세대)	1,220명	537명	160명	1,917명
	505동(20층, 4세대)	1,220명	537명	160명	1,917명
	506동(20층, 4세대)	1,220명	537명	160명	1,917명
부속동	부대시설1(501동)	210명	93명	15명	318명
	부대시설2(505동)	250명	110명	15명	375명
	부대시설3(주차장 상부)	120명	53명	15명	188명
	근린생활시설	95명	42명	15명	152명
합계		8,025명	3,533명	1,020명	12,578명

그림 5.18 인원 투입계획

품명	규격	단위	지상층	지하층	비고
일반합판	각종	장		10,000	3×6×12T 외
콘판넬	2×6×12T	장		1,000	채광용
각재	각종	본	5,000	20,000	1.3×1.7, 1.7×2.8, 2.8×2.8
파이프	각종	본	5,000	25,000	강관, 사각
AL FORM	각종	장	15,000	5,000	SETTING, 지하층 벽체 및 주차장 슬래브
유로폼	각종	장	5,000	14,800	규격폼
SUPPORT	각종	본	5,000	60,000	지하 주차장, 기타 부속동
SYSTEM SUPPORT	각종	PCS	9,000	59,800	아파트 지하, 지하저수조, 기계실 및 전기실

그림 5.19 철근콘크리트공사 자재 투입계획

5.5 시공 상세도(shop drawing)

시공 상세도는 시공자가 건축대상물의 품질확보 또는 안전시공을 할 수 있도록 건설공사 단계별로 요구되는 시공방법과 순서, 목적물을 시공하기 위하여 임시로 필요한 조립용 자재와 그 상세 등을 설계도면에 근거하여 작성하는 도면이다. 시공 상세도의 예시는 다음과 같다.

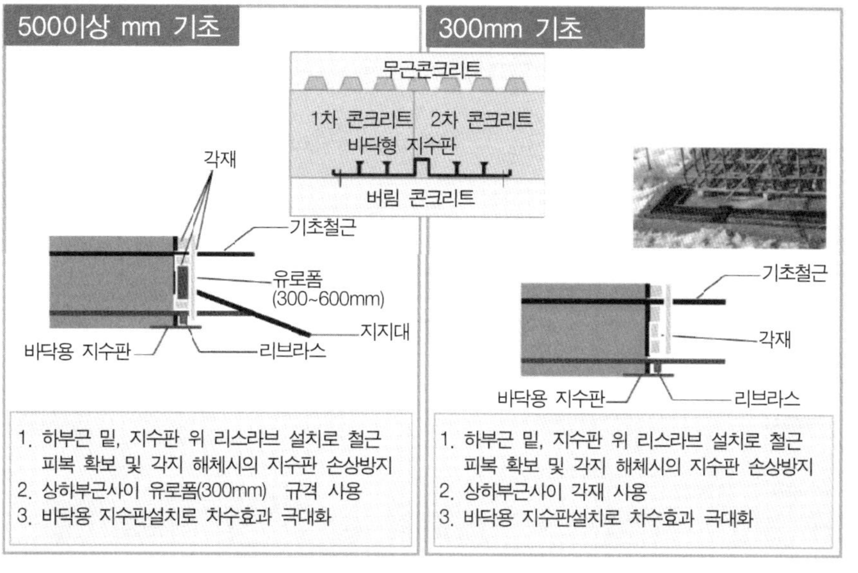

그림 5.20 시공줄눈 상세도

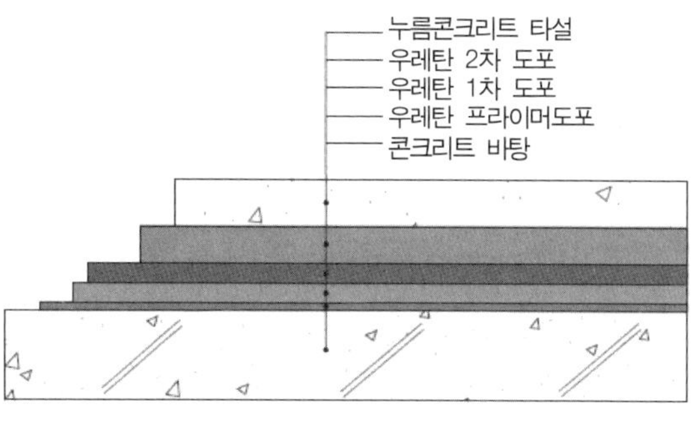

그림 5.21 우레탄 도막방수 상세도

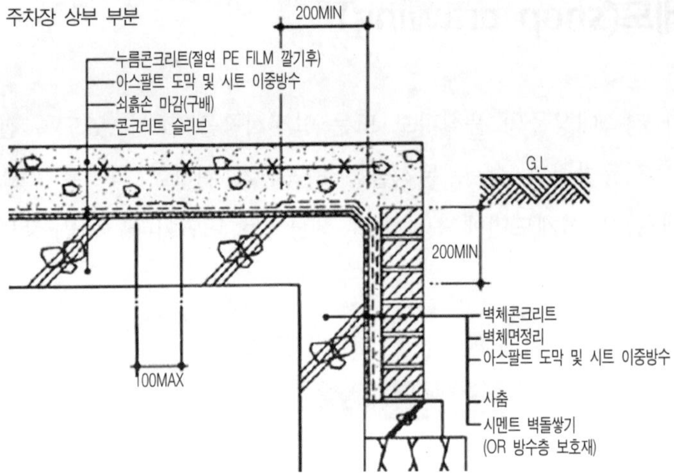

그림 5.22 매스틱도막 방수 상세도

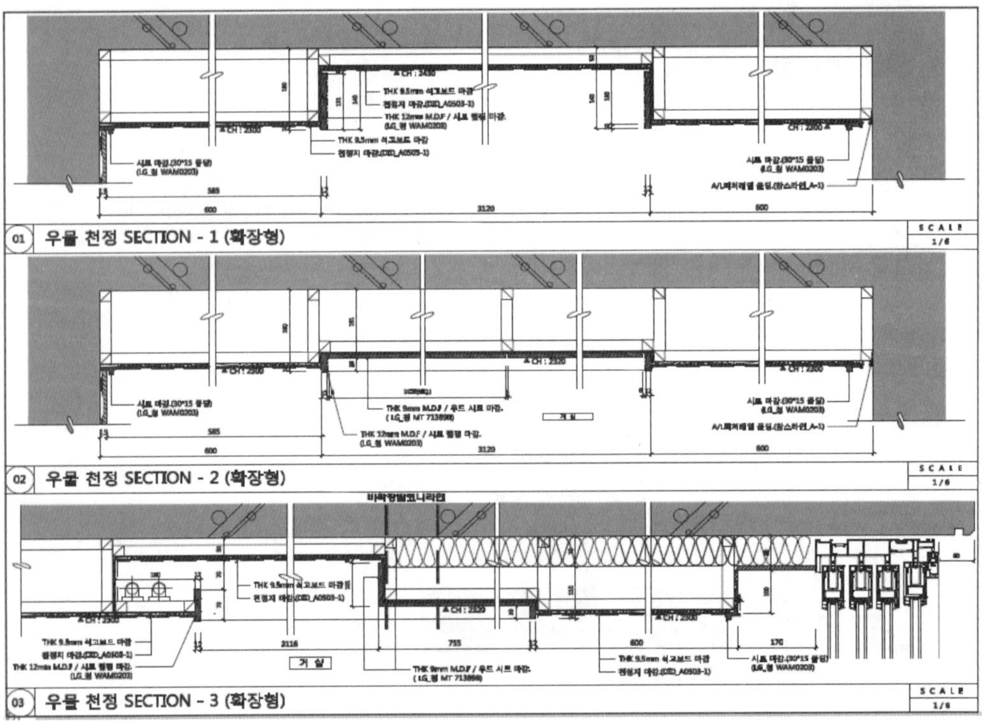

그림 5.23 우물천장 상세도

부록 1
설계도서 사례:
공동주택 편

1장 건축 부문 설계도서

1.1 설계개요

○설계개요는 건축물의 형태를 보여주기 이전에 사업대상 건축물의 위치, 규모 및 주요 외장, 설비 등 전반적인 설계의 개요를 알려주는 도면이다.

○공동주택의 경우 건축개요, 부대·복리시설 개요, 단위세대별 분양면적표, 동별 및 층별 개요를 반드시 포함하여 사업승인신청서류의 내용과 일치시켜야 한다.

■건축 개요 주요 표현 내용

- 공사대상 건축물의 계획 규모가 해당하는 지역지구에 따른 법정 건폐율, 용적률, 조경면적 등 법적 제한 요건에 만족하는지 알 수 있도록 표현하며 세대수, 층수, 동수, 주요구조 등을 함께 표기하여 건축물의 전반적인 사항을 알 수 있도록 표현

■부대·복리시설 개요의 주요 표현 내용

- 부대시설 : 주차장, 관리시무소, 단지 내 도로, 건축설비 관련 공간에 관한 시설 면적 표현
- 복리시설 : 어린이놀이터, 근린생활시설, 보육시설, 주민운동시설 등 주민공동시설의 면적 표현

■분양면적표 주요 표현 내용

- 계획상의 단위세대 유형별 세대수, 전용면적 및 공유면적, 계약면적 등을 표현

■ 건 축 개 요

구 분		내 용			
대지 위치		00시 00구 00동			
지역 지구		제3종 일반주거지역, 제1종 지구단위계획구역			
대지면적		29,014.000 ㎡	(아파트 사용대지면적 28,663.31㎡)	(근린	
건축 면적		4,237.880 ㎡			
건 폐 율		14.61 %	(지구단위계획지침 40%이하)		
연면적	지상	52,380.629 ㎡		용적률산정 연면적	52
	지하	17,530.775 ㎡			
	합계	69,911.404 ㎡			
용적율		179.85 %	(지구단위계획지침 180%이하)		
조경면적		14,079.270 ㎡ 48.52 % (법정 15%이상)			
세대수		478 세대			
규 모		지상 20층, 지하 2층			
동 수		아파트 : 6개동 + 부대시설 + 근린생활시설 1개동			
구 조		철근콘크리트 구조			
주차대수	법 정 대 수				
	주차장조례	공동주택	75㎡	세대당1대	80 대
			85㎡-A	세대당1대	280 대
			85㎡-B	세대당1대	78 대
			85㎡-C	세대당1대	40 대
		근생시설	134㎡당 1대		2 대
	합 계				480 대

■ 단위세대별 분양면적표

구 분	주택형	세 대 수	비 율	전용 면적	주	
					벽체공유면적	계
84 A형	84.9960	280 세대	58.58%	84.9960 ㎡	5.8440 ㎡	
84 B형	84.9940	78 세대	16.32%	84.9940 ㎡	6.2770 ㎡	
84 C형	84.9950	40 세대	8.37%	84.9950 ㎡	6.1550 ㎡	
75 형	75.9860	80 세대	16.74%	75.9860 ㎡	5.6130 ㎡	
합 계		478 세대	100.00%	39,907.0920 ㎡	2,821.1660 ㎡	

생활시설 사용대지면적 350.690㎡)	
,180.674 ㎡	(보육시설면적은 용적율 산정시 제외됨)

계획대수	
지상(장애인)	12 대
지하	522 대
(장애인:8대, 확장형:109대 포함)	
	534 대
	3 대
	537 대

■ 부대복리시설 개요

구 분		법 정		계 획	비 고
부대시설	관리 사무소	10+(세대수−50)X0.05 이상 100M² 미만	31.40 ㎡이상	62.295 ㎡	
	경 로 당	40+(세대수−150)X0.1 이상 300M² 미만	72.80 ㎡이상	255.844 ㎡	
	주민공동시설	50+(세대수−300)X0.1 이상 300M² 미만	67.80 ㎡이상	227.804 ㎡	
	작은도서관	도서관 및 독서진흥법시행령 별표1의 기준	33.00 ㎡이상	68.295 ㎡	300세대이상
	보육시설	상시 21인이상의 영유아를 보육할 수 있는 시설	90.09 ㎡이상	199.955 ㎡	300세대이상
	기타시설	체육시설 등		800.825 ㎡	
	MDF실	−		25.119 ㎡	
	방재실	−		40.189 ㎡	
	소 계			1,680.326 ㎡	
근린생활시설		세대수 X 6㎡ 이하	2,868.00 ㎡이하	196.300 ㎡	용적율 포함
진입도로		기간도로와 접하는 진입도로의 폭	8 m 이상	16 m	300~500세대
어린이놀이터		300+(세대수−100)X1 이상	678.00 ㎡이상	816.28 ㎡	
우편물 수취함		정보통신부령이 정하는 바에 따라		설치함	
보 안 등		단지내도로 50M이내 마다		설치함	
TV 공시청 안테나		정보통신부령이 정하는 바에 따라		설치함	
휴 게 시 설		1+(세대수−500)/500 이상	0.96 개소이상	1개소	
지하저수조		세대수 X 1.5TON 이상	717 ton이상	1070 TON	
재활용품 보관소		−	23.00 ㎡이상	23.1 ㎡	100~500세대
경 비 실				44. ㎡	2개소 설치
펌프실, 전기실				370.942 ㎡	
지하주차장		아파트 지하계단 제외		14,968.92 ㎡	

거 공유 면적		계	기타 공유면적 (관리동/경비실/펌프실,전기실/아파트지하계단)	지하 주차장	계약 면적	비 고
단/복도/전실	소 계					
19.6820 ㎡	25.5260 ㎡	110.5220 ㎡	5.9760 ㎡	31.8820 ㎡	148.3800 ㎡	
19.6820 ㎡	25.9590 ㎡	110.9530 ㎡	5.9750 ㎡	31.8800 ㎡	148.8080 ㎡	
19.6810 ㎡	25.8360 ㎡	110.8310 ㎡	5.9760 ㎡	31.8810 ㎡	148.6880 ㎡	
17.2340 ㎡	22.8470 ㎡	98.8330 ㎡	5.3430 ㎡	28.5010 ㎡	132.6770 ㎡	
9,212.1160 ㎡	12,033.2820 ㎡	51,940.3740 ㎡	2,805.8100 ㎡	14,968.9200 ㎡	69,715.1040 ㎡	

■동별 개요 주요 표현 내용

- 계획된 모든 건축물의 동별, 용도별 내용을 알기 쉽게 표현
- 동별, 용도별, 평형별 세대수, 층수별 바닥면적 등을 기입
- 건축개요 및 부대 · 복리시설 개요의 연면적, 건축면적과 일치하도록 표현

■ 동별 및 층별 면적개요

구분	동별	평 형 별 세 대 수					층수	지하층 바닥 면	
		75	84A	84B	84C	계		지하2층	지하1층
아파트	501 동		40	18	20	78	20	76.9860	76.9860
	502 동		40	20	20	80	20		76.9860
	503 동		80			80	20		77.2040
	504 동		60	20		80	20		77.1660
	505 동		60	20		80	20	77.1660	77.1660
	506 동	80				80	20	68.3320	102.5600
	소 계(1)	80	280	78	40	478		222.4840	488.0680
부대복리설	507동	관리사무실							62.295
		MDF실							25.119
		방재실							40.189
		주민공동시설(체육시설)							800.825
	508동	경로당							255.844
		작은도서관							68.295
		주민공동시설(독서실)							227.804
	509동	보육시설							
	510~511동	경비실(2개소)							
	512동	펌프실, 전기실, 발전기실							370.942
		소 계(2)							1,851.313
	513동	지하주차장							14,968.920
		소 계(3)							14,968.920
		소 계(1+2+3)						222.484	17,308.291
	514동	근린생활시설							
		소 계(4)							
합 계(1+2+3+4)								222.484	17,308.291

적	지상층 바닥 면적								연면적	용적율 산정부분	건축면적
소계	지상1층	지상2층	지상3층	지상4층	지상5층	지상6~19층	지상20층	소계			
153.9720	372.9760	349.8160	441.0870	441.0870	441.0870	6175.2180	441.0870	8,662.3580	8,816.3300	O	617.854
76.9860	466.1110	441.0870	441.0870	441.0870	441.0870	6175.2180	441.0870	8,846.7640	8.923.7500	O	641.382
77.2040	465.5880	440.5640	440.5640	440.5640	440.5640	6167.8960	440.5640	8,836.3040	8,913.5080	O	633.256
77.1660	465.9810	440.9570	440.9570	440.9570	440.9570	6173.3980	440.9570	8,844.1640	8.921.3300	O	635.930
154.3320	465.9810	440.9570	440.9570	440.9570	440.9570	6173.3980	440.9570	8,844.1640	8.998.4960	O	635.930
170.8820	395.3310	395.3310	395.3310	395.3310	395.3310	5534.6340	395.3310	7,906.6200	8,077.5020	O	595.666
710.5420	2,631.9680	2,508.7120	2,599.9830	2,599.9830	2,599.9830	36,399.7620	2,599.9830	51,940.3740	52,650.9160		3,760.0180
62.295								0.000	62.295		
25.119									25.119		
40.189									40.189		
800.825								0.000	800.825		
255.844								0.000	255.844		
68.295								0.000	68.295		
227.804								0.000	227.804		
0.000	199.955							199.955	199.955		202.454
	44.000							44.000	44.000	O	44.000
370.942								0.000	370.942		
1,851.313	243.955							243.955	2,095.268		246.454
14,968.920									14,968.920		35.108 (급배기구)
14,968.920									14,968.920		35.108
17,530.775	2,875.923	2,508.712	2,599.983	2,599.983	2,599.983	36,399.762	2,599.983	52,184.329	69,715.104		4,041.580
	196.300							196.300	196.300	O	196.300
	196.300	0.000	0.000					196.300	196.300		196.300
17,530.775	3,072.223	2,508.712	2,599.983	2,599.983	2,599.983	36,399.762	2,599.983	52,380.629	69,911.404		4,237.880

NOTE

△	20 . .	20 . .	20 . .
△	20 . .	20 . .	20 . .
△	20 . .	20 . .	20 . .
수정번호	수정내용		
	작성자	검토자	승인자

공사명

도면명
동별개요

축척
A1: NONE A3: NONE

프로젝트코드	작성	검토	승인
	2011.12	2011.12	2011.12

도면번호
A0-008

1.2 배치도

○배치도는 건축물을 인지할 수 있는 첫 번째 도면이라고 할 수 있다. 건축물이 완성된 상태의 항공사진과 유사한 도면이 바로 배치도이다.

○배치도에는 대지와 건축물의 형상, 도로와 방위, 레벨 등을 표현하며 근접한 주변 건축물을 표기하고, 건축물에는 평형과 층수, 지하구조물의 범위 등을 표현한다.

○배치도에 표현하지 못하는 부분은 지반층 평면도를 활용하여 확대된 표현이 가능하다.

■주요 표현 내용

- 대지와 도로와의 관계 : 도로와 대지, 단지 내 도로, 주변 건축물, 레벨(해발고도)을 표현
- 진 · 출입 관계 : 차량 및 보행 진 · 출입구, 서비스 동선 관련 표현
- 대지 안의 공지 및 건축한계선 : 건축물이 대지경계선으로부터 떨어져야 하는 거리를 표시
- 단지 내 건물 : 단지 내 건물의 형태와 이름, 층수를 표기하고 필로티를 표현
- 옥외 표현 : 단지 내 도로, 조경, 보행자도로, 지하구조물 등을 표기
- 시공 기준점(Bench Mark) : 측량도면을 기준으로 기준점을 설정하는데, 대지의 모서리나 주변 건축물을 이용 가능

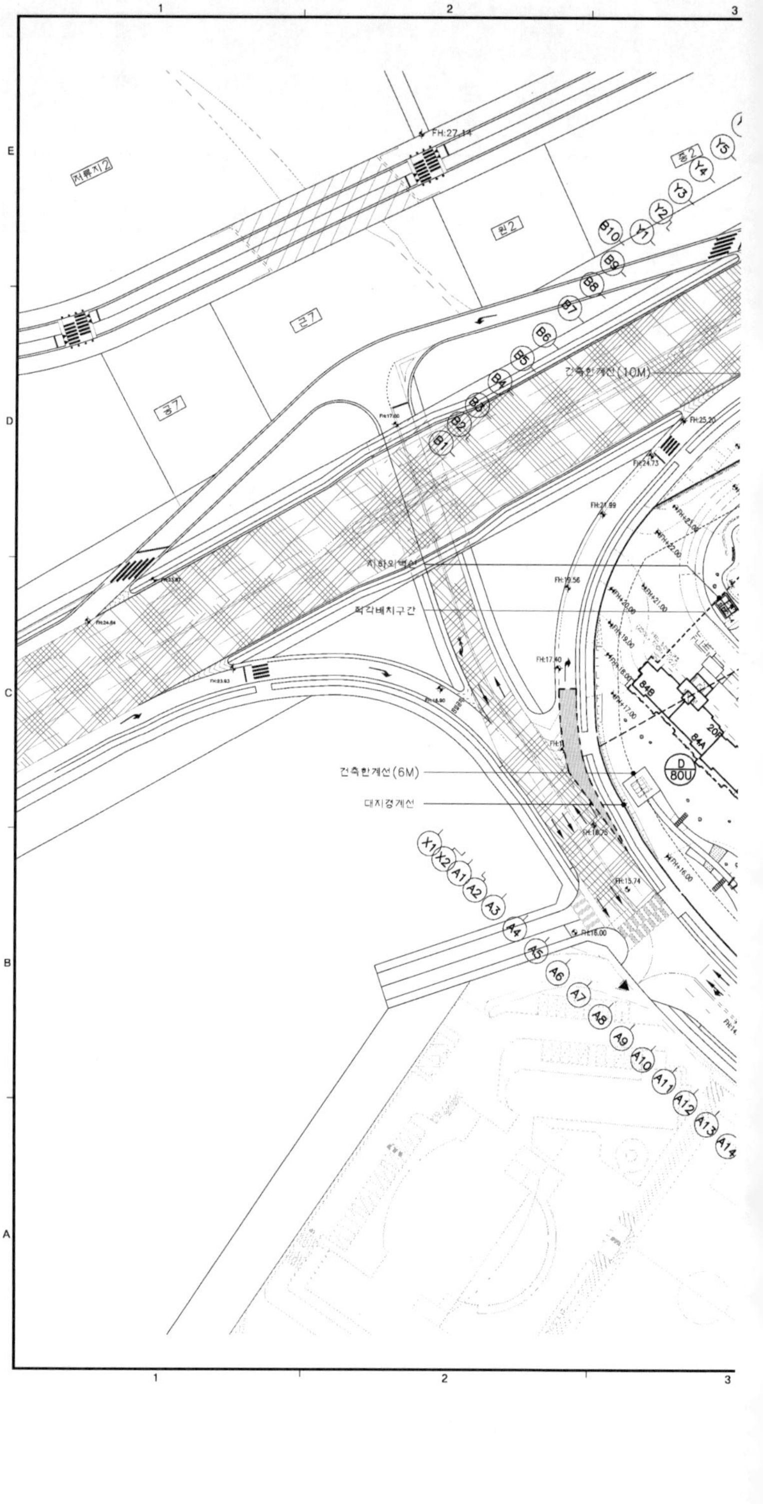

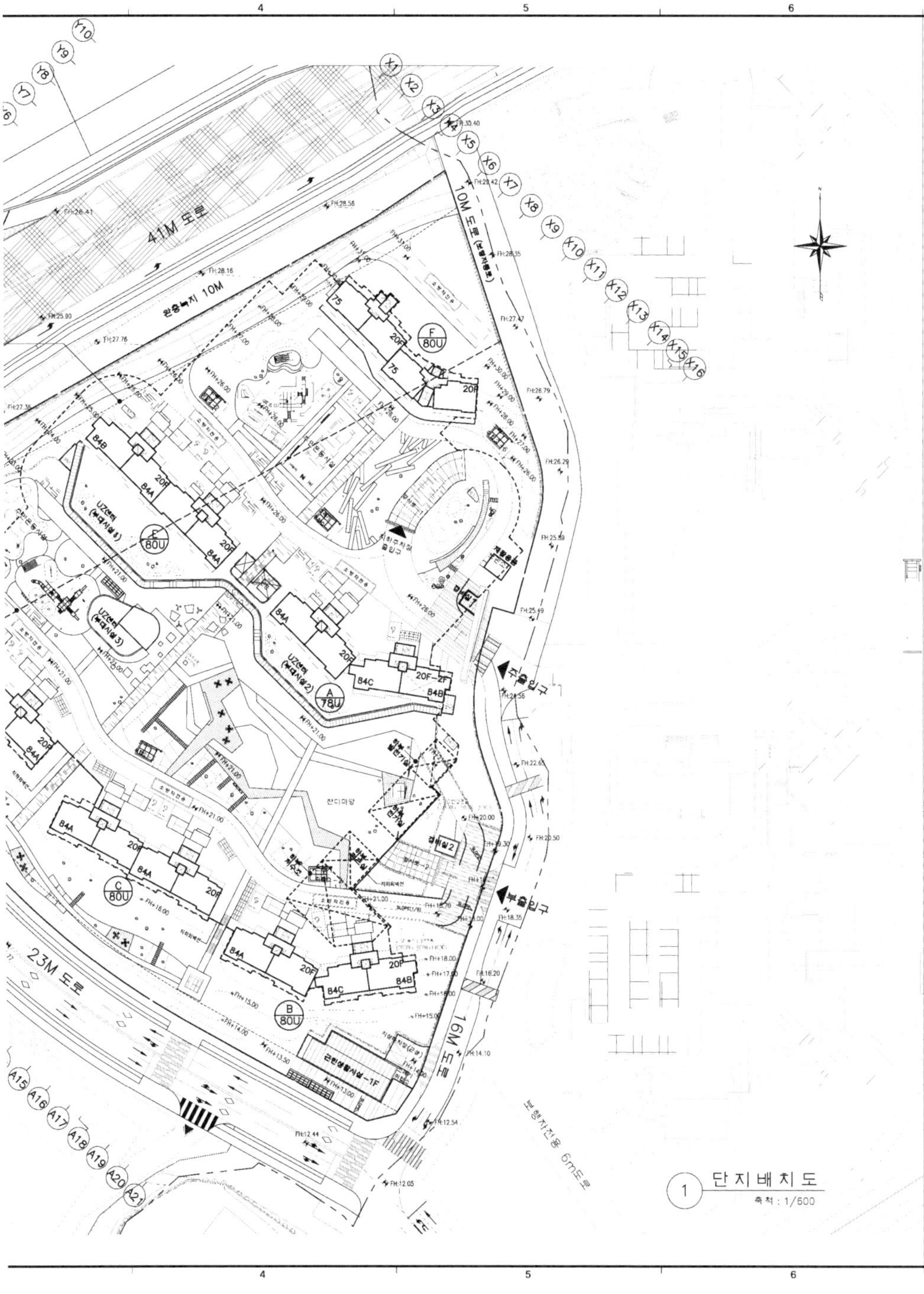

① 단지배치도
축척 : 1/600

NOTE

Ground Level 기준	
F동	EL±0 = FH 31.00
A동 E동	EL±0 = FH 26.00
B동 C동 D동	EL±0 = FH 21.00

1. 저소음포장 설치구간
   - B-5BL 조성 공사에 포함되는 구간 (24m)
   - 혁신도시조성 공사에 포함되는 구간
2. 단지내 문주설치시 높이 5M이상 확보 할것 (소방차진입고려)
3. 보도와 화단경계석의 턱높이는 최소화 (소방활동에 지장이 없도록 할것)
4. 보도경계석옆 조경식재시 관목 위주로 식재하고, 교목은 안쪽으로 식재하여 소방활동에 지장이 없도록 할것.
5. 피로티부분은 피로티상세도 참조
6. 선큰부분은 선큰상세도 참조
7. 단지내 우수계획은 토목도면 참조
8. 단지내 조경계획은 조경도면 참조
9. 조경석 쌓기구간은 토목도면 참조
10. 외부자전거보관대, 쓰레기취합소는 조경도면 참조

도면명: 배 치 도

축척: A1: 1/600 | A3: 1/1200

프로젝트코드	작성	검토	승인
	2011.12.	2011.12.	2011.12.

도면번호: A0 - 009

1.3 인동거리 배치도

○ 공동주택은 건물과 건물과의 거리, 도로 및 인접대지경계선과의 거리에 대한 건축법적 요건을 만족해야 하므로 해당 법적 요건에 부합하는지에 대한 검토가 필요하다.

○ 계획상의 건축물로 발생되는 다양한 이격거리가 법적 요건과 충족하는지 비교할 수 있도록 그 내용을 기술한 도면이 인동거리 배치도이다.

○ 인동거리 배치도는 평면적인 사항으로 대지종횡단면도에서 건물과의 이격거리를 사선형태의 가상의 선과 함께 표현하기도 한다.

■ 주요 표현 내용

- 채광방향 이격거리 : 주요 채광방향에 따른 주동과 주동, 주동과 인접대지와의 이격거리
- 대지경계와의 거리 : 지구단위계획상의 건축한계선, 건축조례에 의한 대지 안의 공지(건축선 및 인접대지경계선)에 따른 이격거리 등을 표기
- 일조권에 따른 이격거리 : 주거지역에서의 정북 혹은 정남방향의 인접대지경계선에서 높이에 따라 형성되는 사선에 따른 이격거리

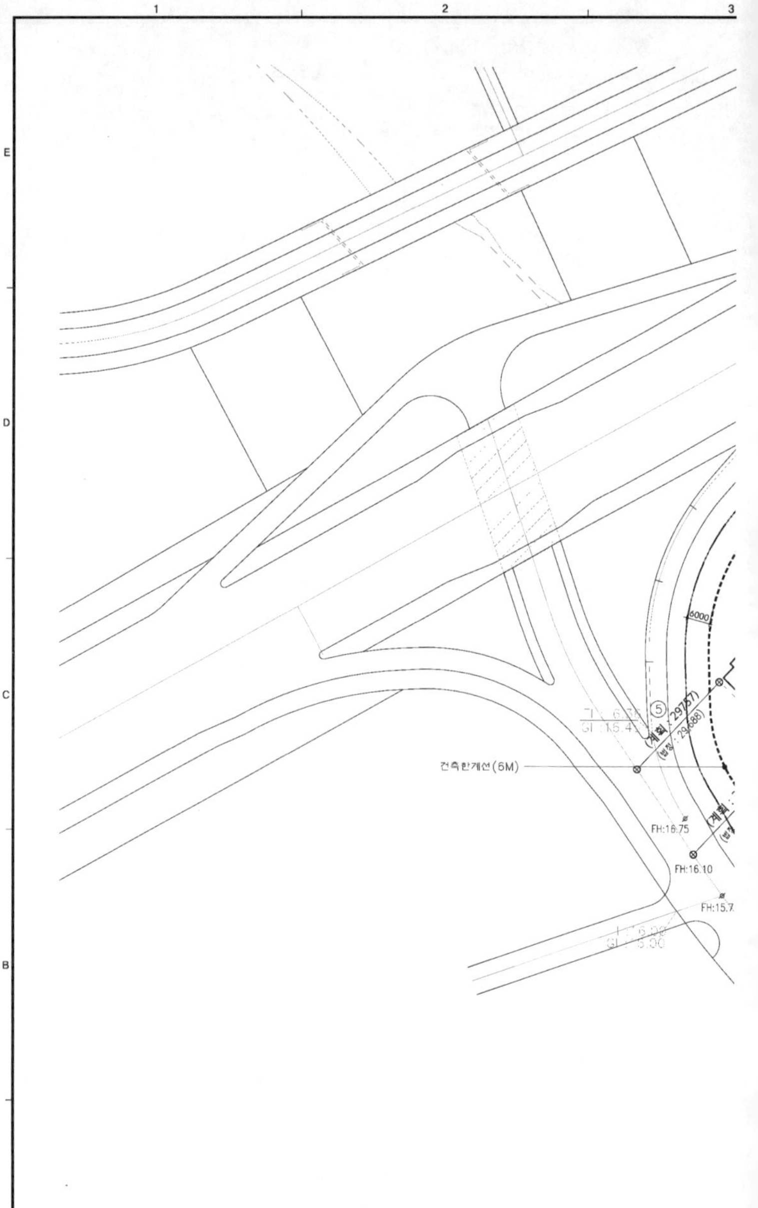

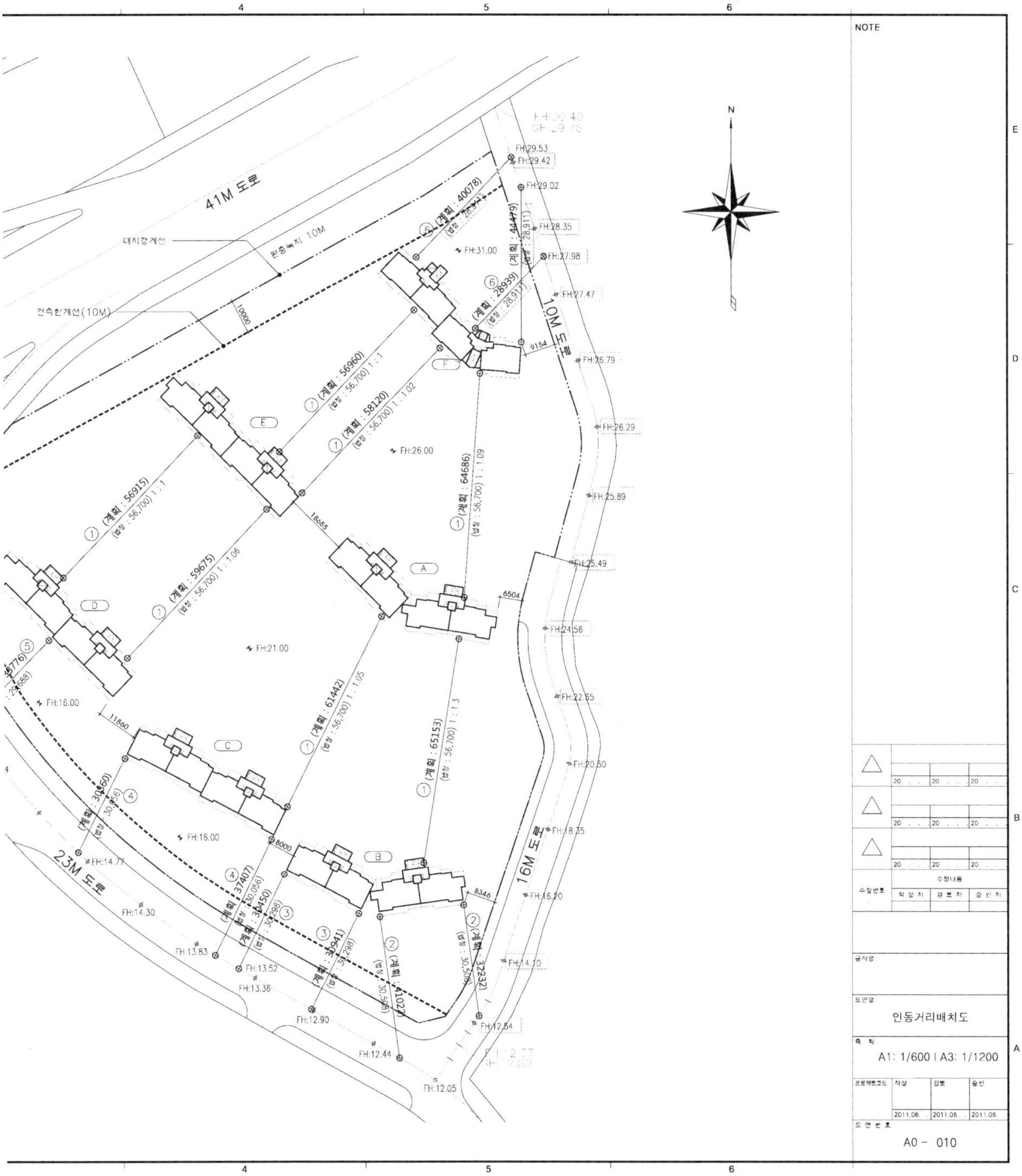
41M 도로
대지경계선
완충녹지 10M
건축한계선(10M)
10M 도로
16M 도로
23M 도로
NOTE
FH:31.00
FH:26.00
FH:21.00
FH:16.00
수정번호
수정내용
작성자
검토자
승인자
공사명
도면명
인동거리배치도
축척
A1: 1/600 | A3: 1/1200
프로젝트코드
작성
검토
승인
2011.06.
도면번호
A0 - 010

1.4 단위세대 평면도

○ 공동주택에서 반복적으로 발생하는 주거의 유형을 단위세대라고 한다. 주택의 기본구성이 단위세대이며, 이에 대한 상세한 도면이 단위세대 평면도로 높은 완성도와 정확도가 요구된다.

○ 실내재료마감표, 형별성능관계내역, 단위세대 벽체기준면 상세도, 재료마감상세도에 따라 각 부위의 마감재료와 성능이 일치해야 하며, 단위세대 MC기준선도와 단위세대 면적 산출근거표에 따라 정확히 표현한다.

■ 주요 표현 내용

- 공간 관련 : 거실, 주방/식당, 침실1, 침실2 등으로 구분되며 실명을 직사각형 도형 안에 기입
- 마감 및 단열 관련 : 바닥마감 레벨, 평면상의 단열재 및 마감두께, 단열한계 등 표현
- 가구 및 기구 관련 : 가구 및 기구의 설치 위치 및 크기 등을 표현
- 치수 관련 : 벽체 중심선치수, 기준격자, 안목치수, 창호치수, 각종 세부공간의 폭과 길이 기입

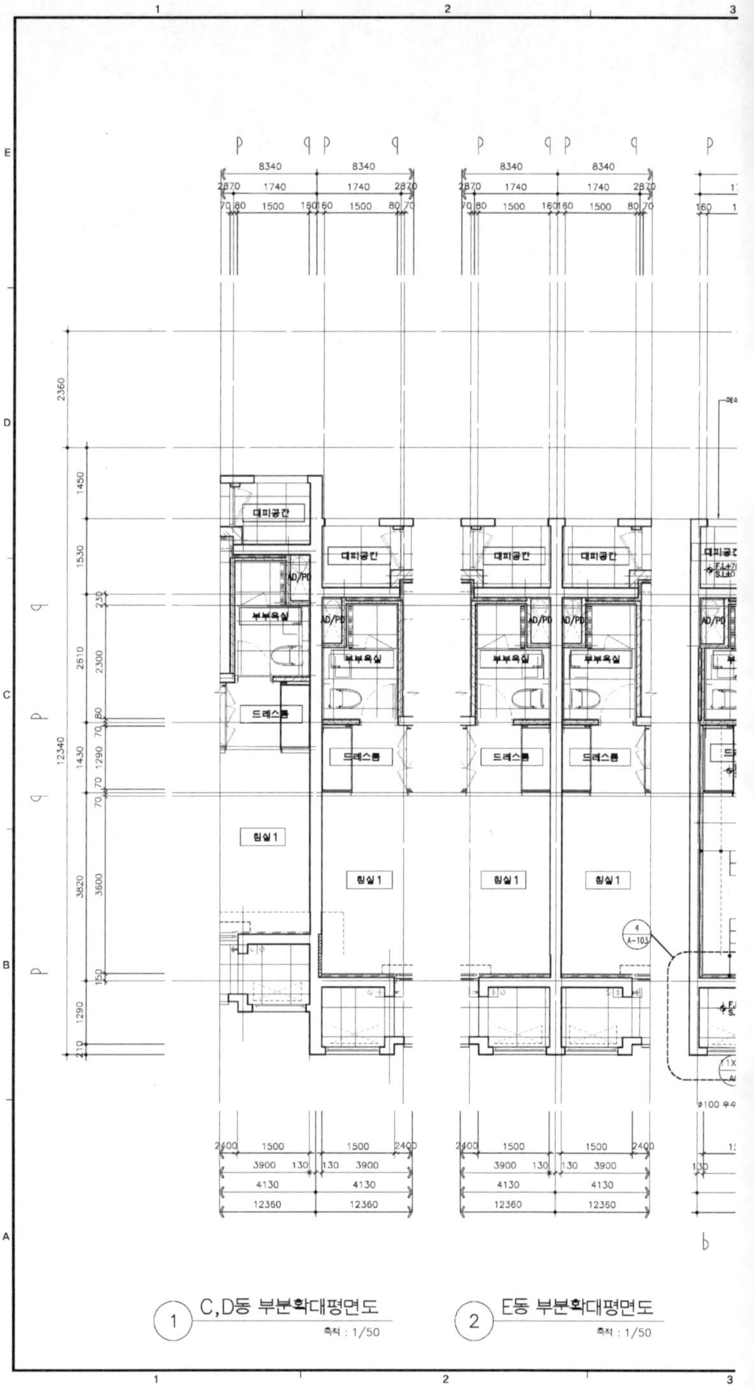

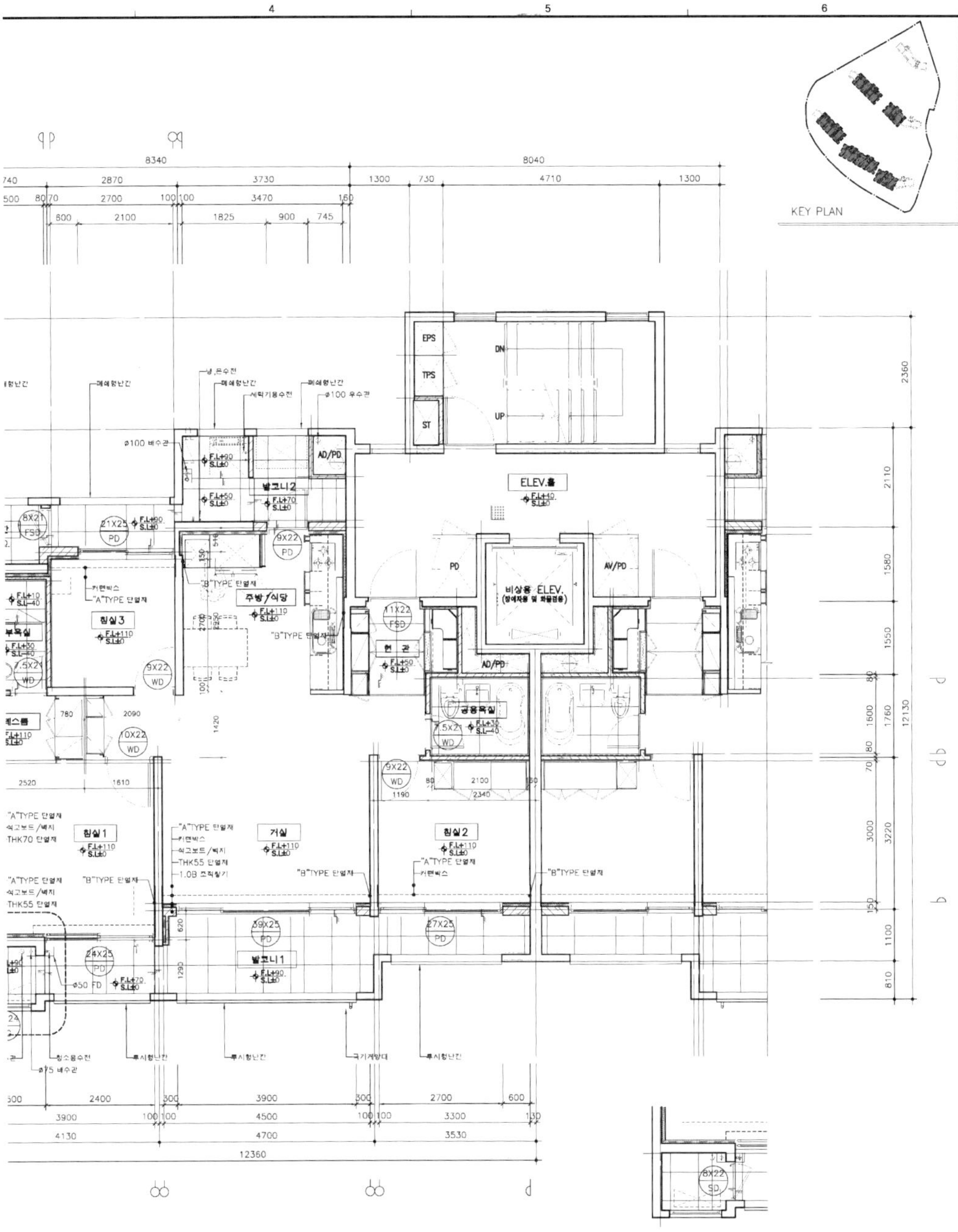

3 84m² A형 단위세대 평면도(기본형)
축척 : 1/50

4 발코니1 기본 확장형 평면도
축척 : 1/50

NOTE

1. 세대내 마감은 인테리어를 기준으로 작성되었으며, 건축도면과 인테리어도면과의 상이점이 있을 경우에는 관계전문가와 협의후 감독관의 확인후 시공할 것.

2. 외부벽체의 단열은 단열성능 설계도 참조.

3. 천정평면도 및 화장실 확대평면도, 세대내 DOOR, 점검구 설치 위치는 인테리어도면 참조.

4. 세대내에 설치되는 전화단자반, 세대분전반 등은 인테리어도면 및 전기도면을 참조하여 시공할 것.

5. 주방용 배기덕트의 발코니노출부분은 단열 조치후 마감처리할것.

6. 3~10층 대피공간에는 완강기 설치할 것. 설비도면 참조할 것.

* 결로방지단열재
1."A"TYPE
– THK10 천정매입 단열재(W=450)
2."B"TYPE
–THK12 벽체매입 단열모르타르

도면명: 84m² A형 단위세대 평면도 (기본형)

축척: A1: 1/50 I A3: 1/100

프로젝트코드	작성	검토	승인
	2011.12.	2011.12.	2011.12.

도면번호: A1 – 103

1.5 주동 평면도

○단위세대 평면도와 코어를 조합한 1개 동 단위의 완성된 건물을 표현한 도면이 주동 평면도이다.

○주동의 출입, 수직동선, 각종 샤프트 등의 위치, 평면적인 구조형상 등을 알 수 있도록 표현하며, 코어 상세도, 동 출입구 상세도, 지붕층 상세도 등과 연계하여 작성한다.

■주요 표현 내용

- 각 층별, 유형별 단위세대구획, 건축물의 중심선 및 외곽선에 따른 치수, 주요 바닥레벨 등
- 동 주출입구, 복도 및 설비공간, 승강기, 직통계단 · 피난계단(또는 특별피난계단)의 위치
- 필요에 따라 동 출입을 위한 지하층 및 지상공간과의 연계방식을 표현

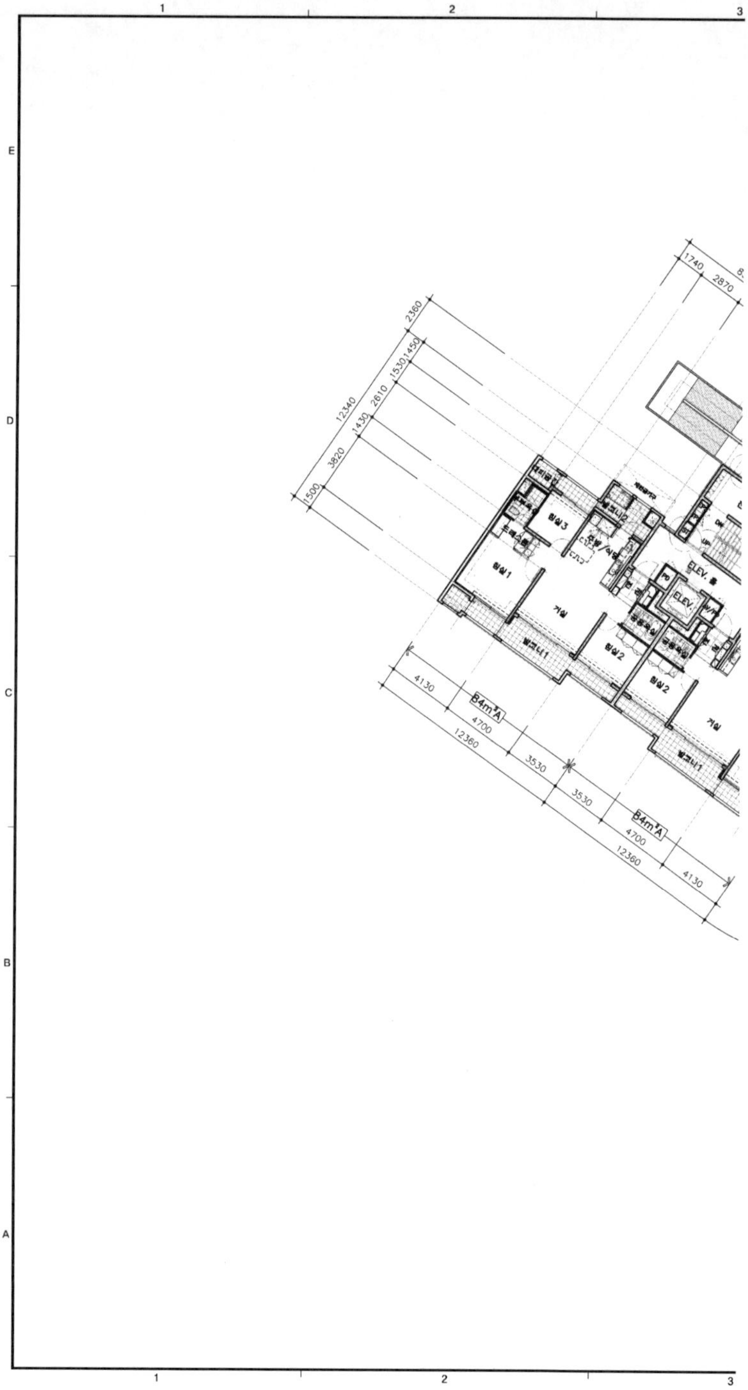

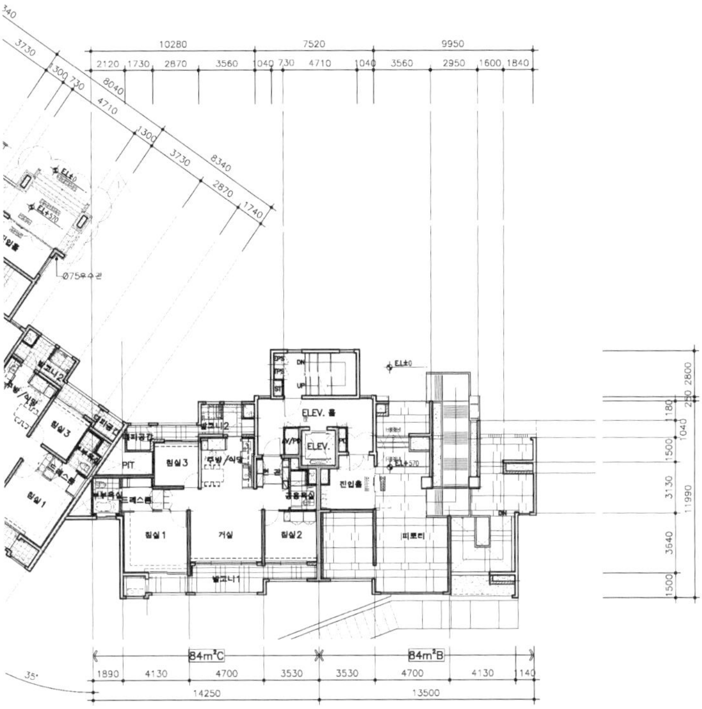

1 A동 1층 전체 평면도

축척 : 1/150

NOTE

수정번호	수정내용		
	작성자	검토자	승인자

공사명

도면명 A동 평면도-3 (1층)

축척 A1: 1/150 | A3: 1/300

프로젝트코드	작성	검토	승인
	2011.12.	2011.12.	2011.12.

도면번호 A1-203

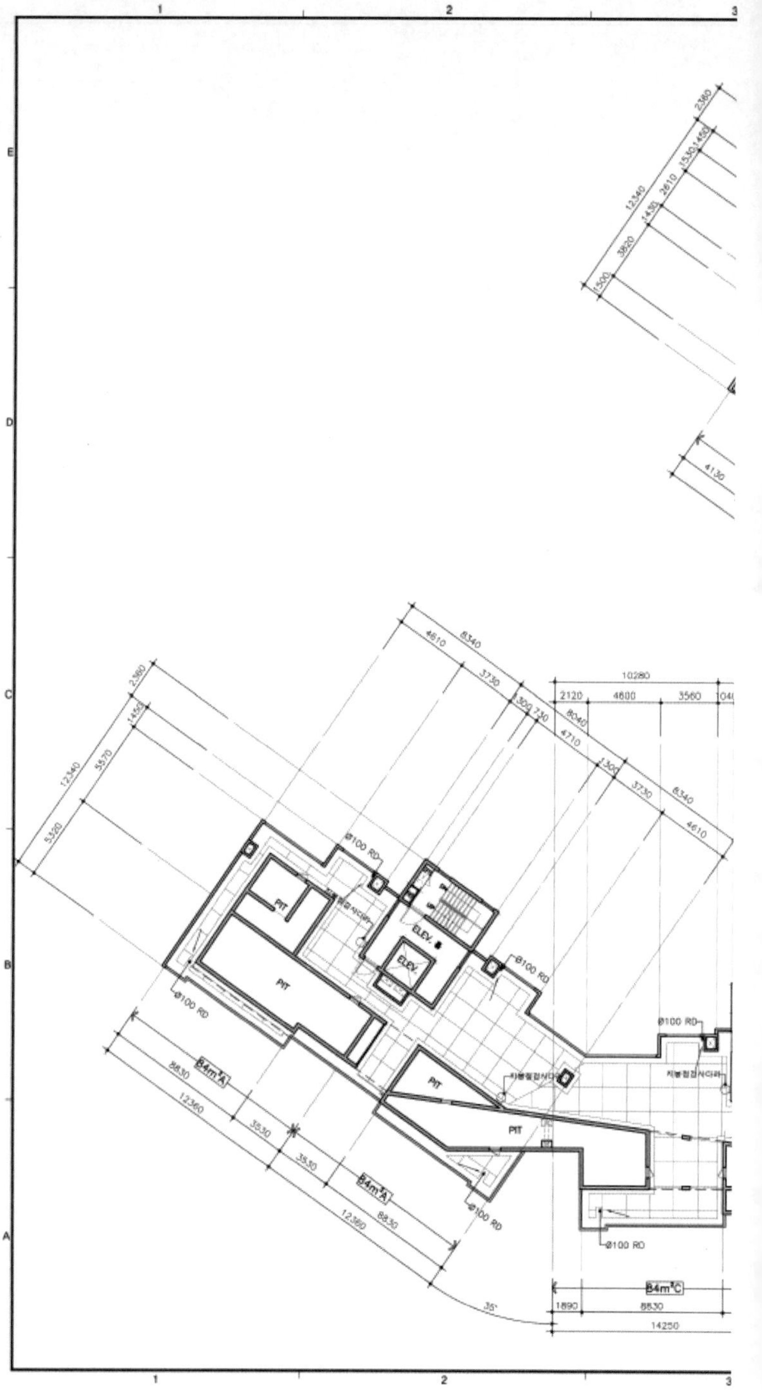

NOTE

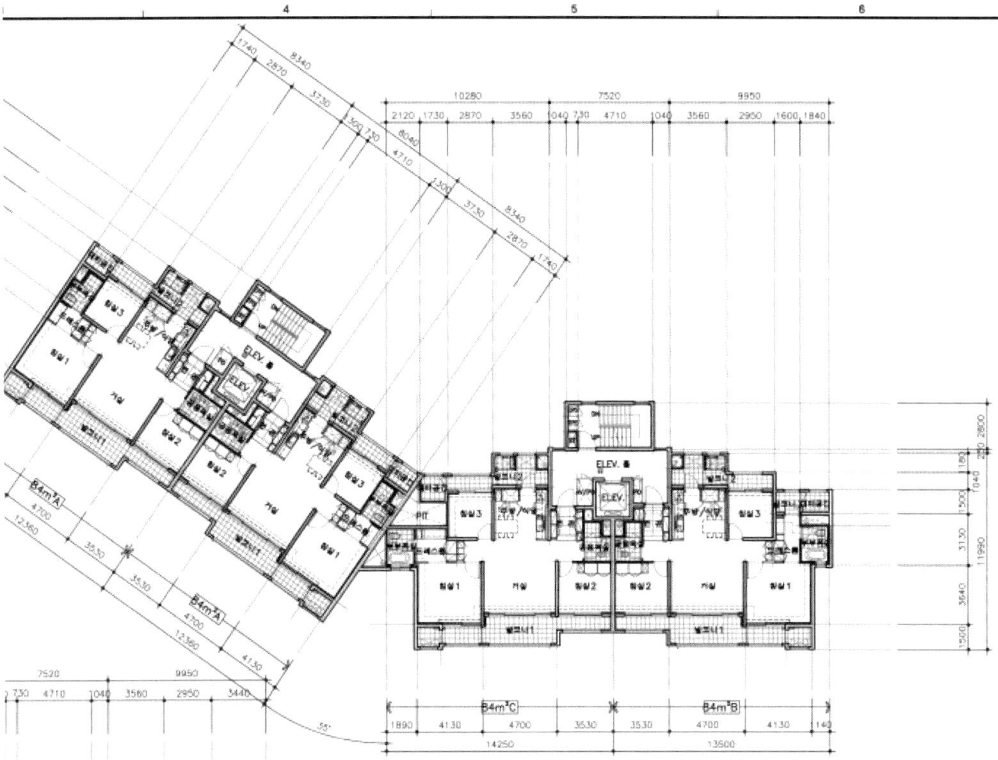

① A동 3~20층 전체 평면도

축척 : 1/150

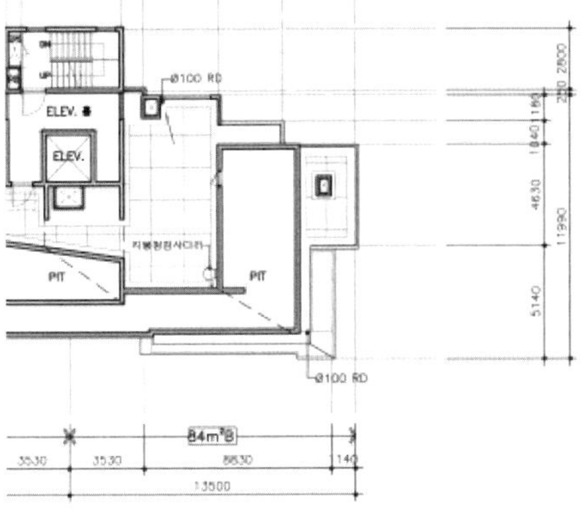

② A동 지붕 전체 평면도

축척 : 1/150

	지붕 방수력 삭제		
△	20 . .	20 . .	20 . .
△	20 . .	20 . .	20 . .
△	20 . .	20 . .	20 . .
수정번호	수정내용		
	작성자	검토자	승인자

프로젝트명

도면명

A동 전체평면도-4
(4~20층, 지붕)

축척

A1: 1/150 I A3: 1/300

프로젝트코드	작성	검토	승인
	2011.12.	2011.12.	2011.12.

도면번호

A1-204

1.6 주동 입면도

○ 입면도는 건물의 형상, 전체 높이, 창문의 위치 및 모양, 그리고 외장재 등의 정보를 보여주는 도면으로 건축물의 전체적인 외관을 표현한다.

○ 건축물의 입지에 따라 정면도, 배면도, 좌측면도, 우측면도로 표현하기도 하고, 방위에 따라 동측면도, 서측면도, 남측면도, 북측면도로 표기하는 경우가 있으며, 그 방향이 불명확할 경우 Key-Plan을 작성하여 표현 가능하다.

○ 주동 입면도는 단위세대 발코니 외벽 상세도, 지붕층 상세도와 연계되어 작성된다.

■ 주요 표현 내용

- 층수 및 층별 높이와 전체 높이를 알 수 있도록 표현
- 외벽의 줄눈, 창호 및 개구부의 위치와 형상, 외벽 및 지붕 마감재료의 종류 및 범위
- 외벽시설물(사다리 · 난간 · 경사로 · 홈통 등), 굴뚝 및 옥상돌출부 등 입면상의 보이는 모든 요소를 표현하며 건축물이 지반과 만나는 형상 등을 알 수 있도록 표현

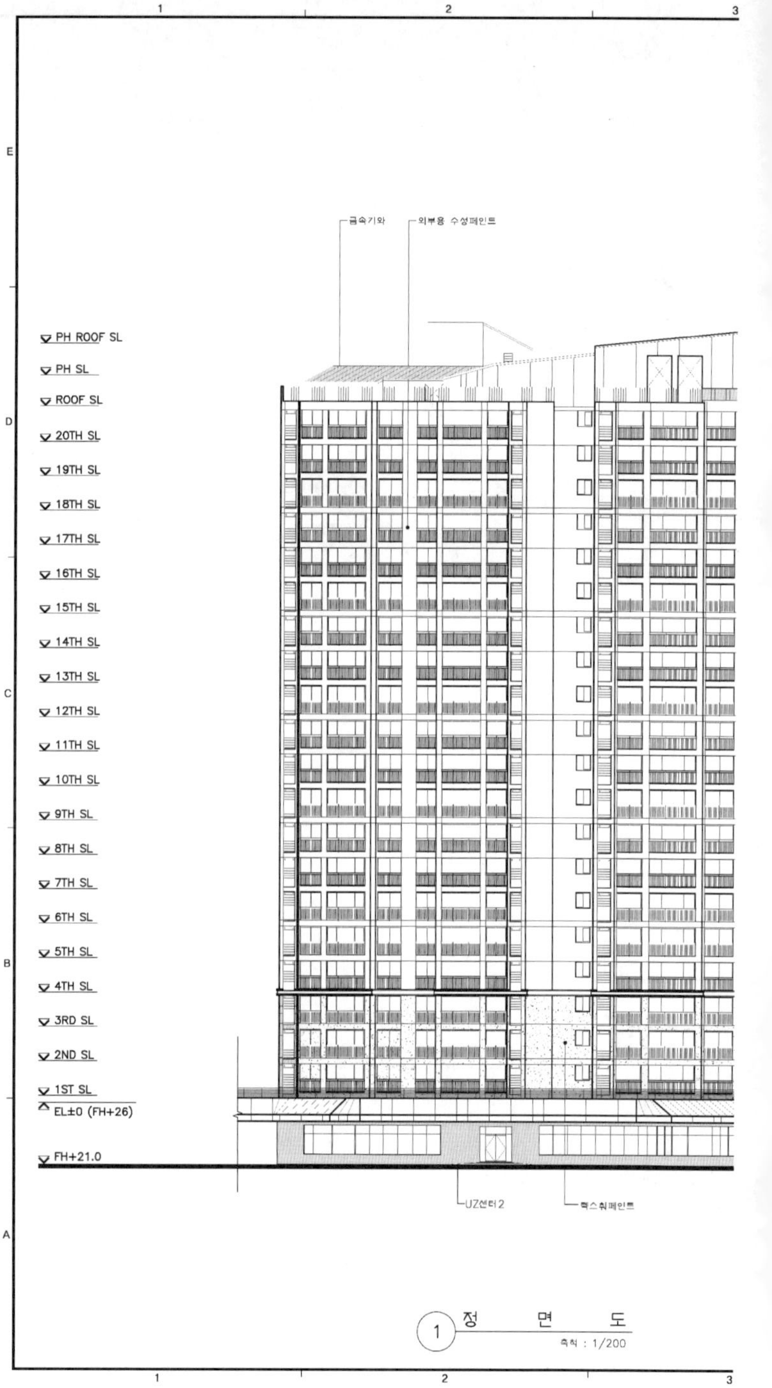

NOTE

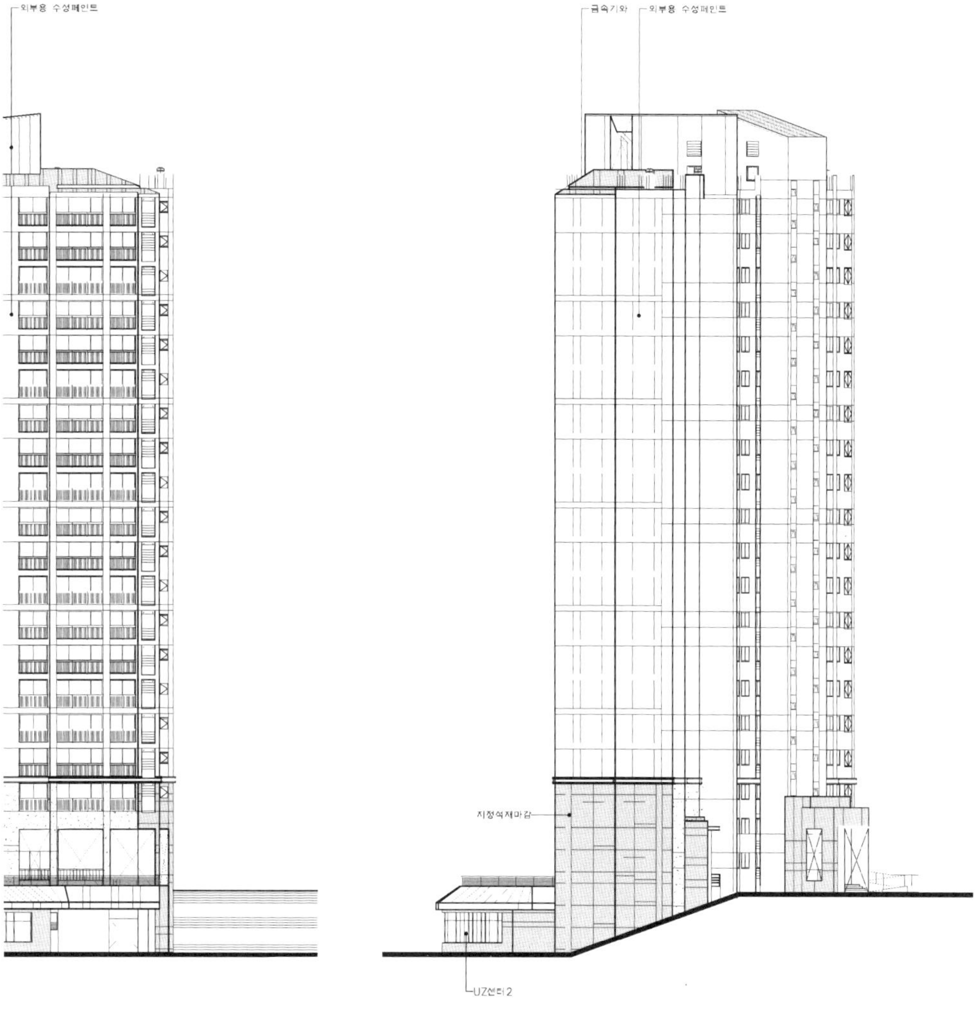

2 우 측 면 도

축척 : 1/200

수정번호	수정내용		
△	20 . .	20 . .	20 . .
△	20 . .	20 . .	20 . .
△	20 . .	20 . .	20 . .
	작 성 자	검 토 자	승 인 자

공사명

도면명: A동 입면도-1

축 척: A1: 1/200 | A3: 1/400

프로젝트코드	작성	검토	승인
	2011.06.	2011.06.	2011.06.

도 면 번 호: A1 - 206

1.7 주동 단면도

○주동 단면도는 단위세대를 중심으로 단면을 표시하여 층별 층고 및 천장고, 단면상의 구조 및 단열재, 마감재료의 종류와 두께, 창호 및 난간의 단면형상을 표시하고, 단면으로 표현되는 건축물과 대지와의 관계, 건축물의 부분적 입면 등을 종합적으로 표현한다.

○단위세대 단면 상세도, 발코니 외벽 상세도 등의 기본틀을 제공한다.

■주요 표현 내용

- 각 층별 층고, 천장고, 개구부 및 난간의 높이 등을 표시
- 가급적 해당 동의 최하층에서 최상층까지 전체를 표현하여 지반 및 지하구조물과의 관계, 지붕의 형상 및 구조를 알 수 있도록 작성

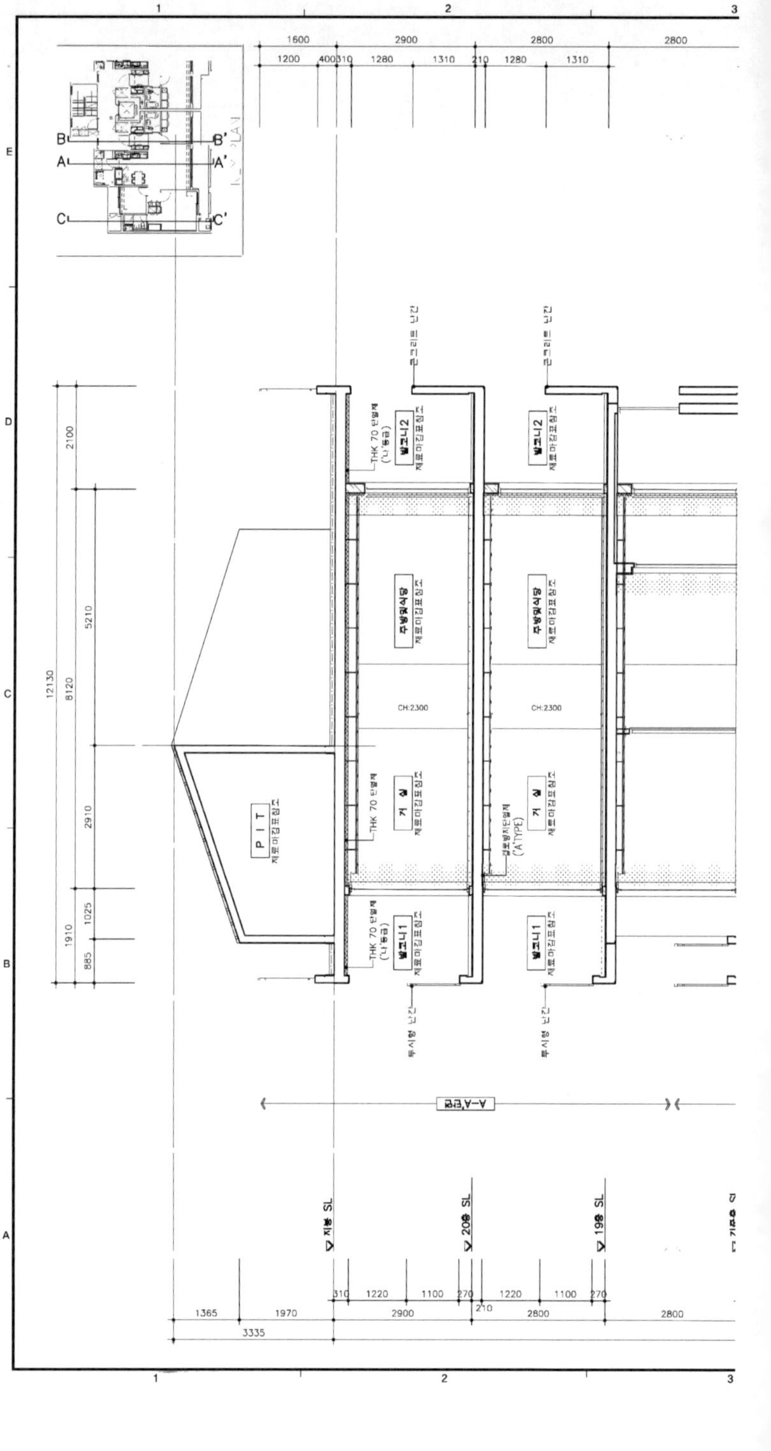

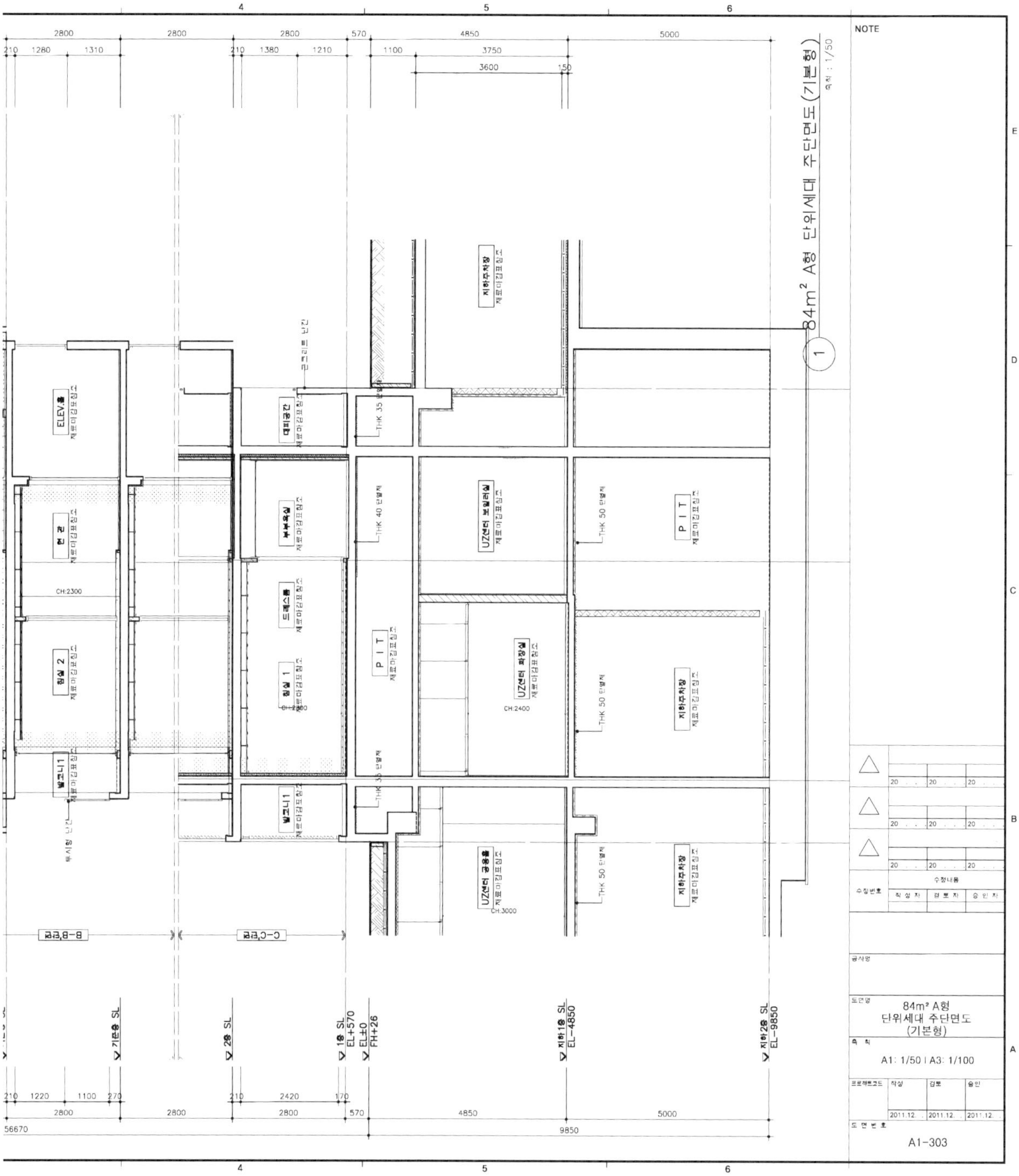
84m² A형 단위세대 주단면도(기본형)
축척 : 1/50
NOTE
ELEV.홀
현관
침실 2
침실 1
발코니1
대피공간
부부욕실
드레스룸
PIT
UZ전력 보일러실
UZ전력 화장실
UZ전력 공용홀
지하주차장
CH:2300
CH:2400
CH:3000
THK 35 단열재
THK 40 단열재
THK 50 단열재
기준층 SL
2층 SL
1층 SL
EL+570
EL±0
FH+26
지하1층 SL
EL-4850
지하2층 SL
EL-9850
84m² A형
단위세대 주단면도
(기본형)
A1: 1/50 | A3: 1/100
2011.12.
A1-303

1.8 부분 상세도

공동주택의 부분 상세도에는 코어 부분 상세도, 발코니 입단면 상세도, 단위세대 부분 단면도, 방수 · 단열 · 결로 방지 상세도, 난간 상세도, 세대현관문 상세도, 천장틀 상세도, 내부마감 상세도 등 다양한 상세도가 필요하다. 본 절에서는 대표적인 코어 상세도, 발코니 입단면 상세도, 방수 · 단열 · 결로방지 상세도에 대한 내용을 기술하였다.

1.8.1 코어 상세도

○ 일반적으로 주거동의 주출입구, 계단, 엘리베이터 등 동선 공간과 PD(파이프배관 공간), ST(배연설비 공간), EPS(전기설비 공간), TPS(통신설비 공간), AV(소화설비 공간) 등 설비를 위한 공간을 포함하여 상세히 표현한 도면이 코어 상세도이다.

○ 일반적인 스케일에서의 평 · 단면도에서 코어에 해당하는 많은 공간을 표현하는데 한계가 있으므로 상세한 도면으로 확대하여 표현한다.

■ 코어 평면도 주요 표현 내용

- 해당 주동 평면도상의 모든 코어를 표현
- 구조체의 중심선을 기준으로 해당하는 모든 공간의 치수를 표현
- 공용공간에 대한 바닥, 벽, 난간재료 및 창호의 형태를 알 수 있도록 표현
- 설비를 위한 공간(PD, ST, EPS, TPS, AV)의 치수 및 점검방법을 알 수 있도록 표현
- 승강기의 경우 해당 용도와 규격을 반드시 표기

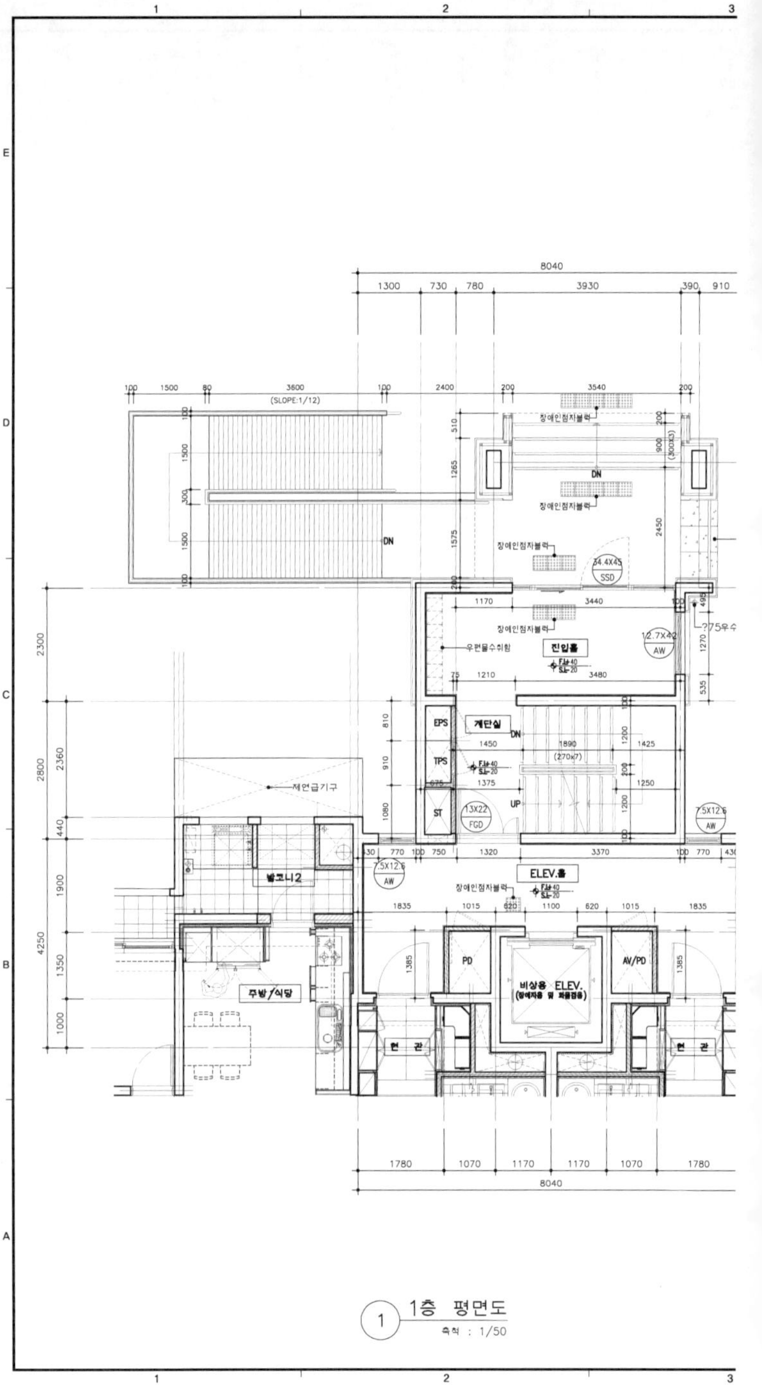

1층 평면도
축척 : 1/50

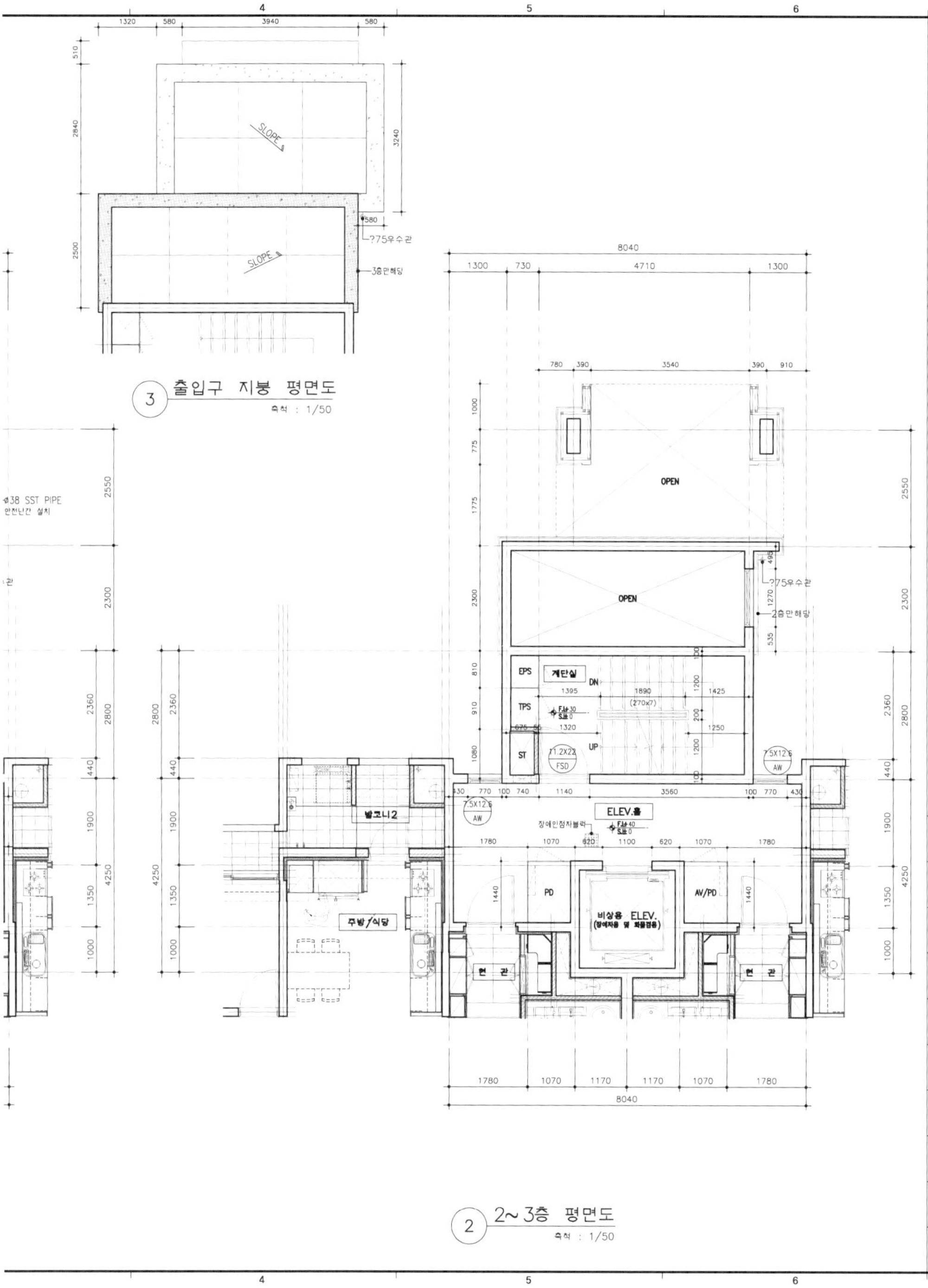

3 출입구 지붕 평면도
축척 : 1/50

2 2~3층 평면도
축척 : 1/50

NOTE

1. 계단실은 특별피난계단임
   계단실 갑종방화문은 화재연동 자동폐쇄 장치설치할것(도어체크에 설치)
2. 세대현관문은 갑종방화문임
3. 표기없는 점검문: 650X1300
   TPS 점검문: 700X1800
4. PS 및 EPS SHAFT 바닥슬래브는 배관슬리브 시공후 콘크리트를 타설하여 층간 방화구획이 되도록 할 것.
5. ELEV.출입구 부분의 구조오픈및 기타 관련사항은 관련업체와 협의후 시공
6. ELEV.사양-15인승, 105m/min
7. 방수기구함 (3층부터 매3개층마다 설치)
8. 소화전
9. 점자블럭
10. 1F SL±0=EL+570=FH:26.57
11. EL±0=FH:26.00
12. 주동출입구 재료마감및 형태관련은 특화설계참조

△	20 .	20 .	20 .
△	20 .	20 .	20 .
△	20 .	20 .	20 .
	수정내용		
수정번호	작성자	검토자	승인자

공사명

도면명

코아 평면도-3

축척

A1: 1/50 I A3: 1/100

프로젝트코드	작성	검토	승인
	2011.12.	2011.12.	2011.12.

도면번호

A1-403

■코어 단면도 주요 표현 내용

- 계단이 포함될 경우 반드시 계단 단면을 표현하며 계단의 단수, 디딤판, 챌판의 크기 및 계단참의 폭, 난간 높이 등 세부적인 치수를 표현
- 건축물 최상단 옥탑 및 지붕에서 최하단 기초까지 단면을 표현하여 구조, 옥탑 기계실, 설비관로 등을 알 수 있도록 작성

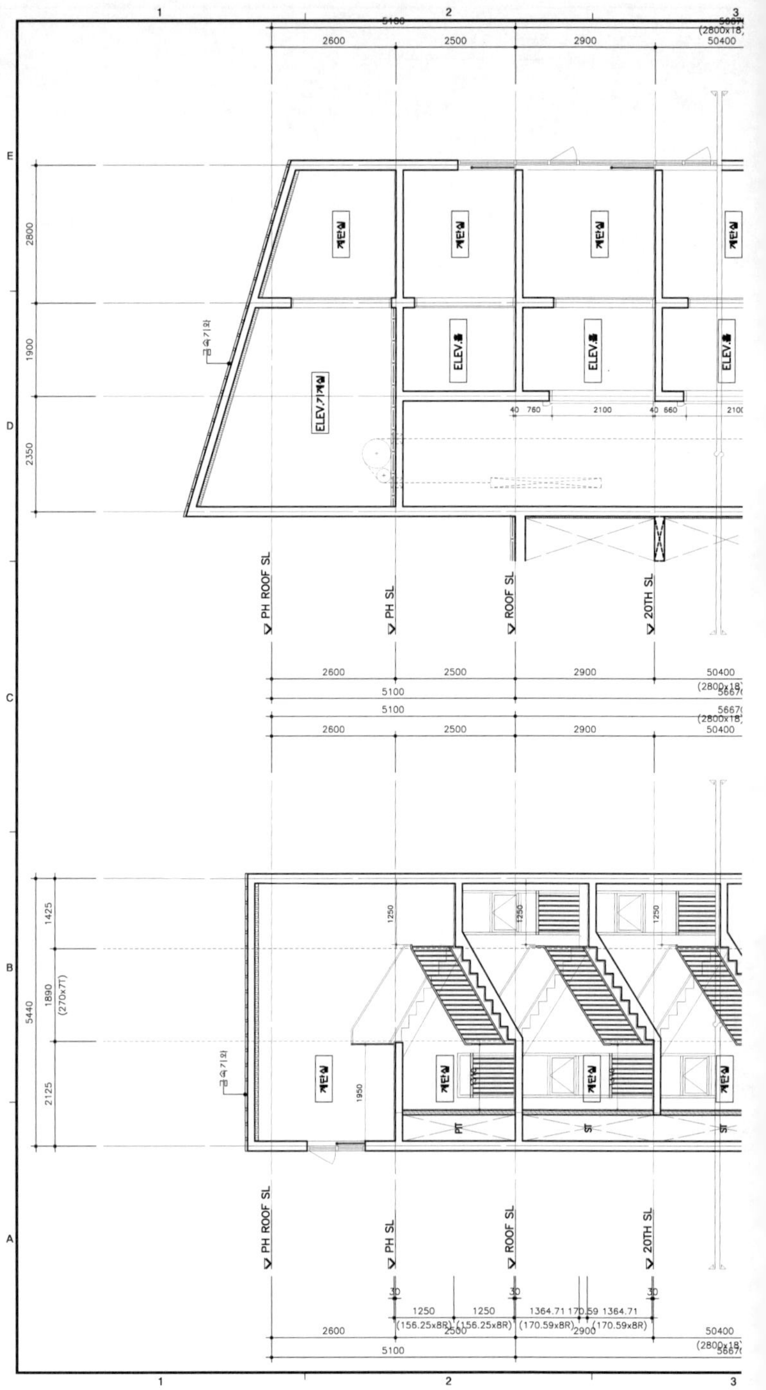

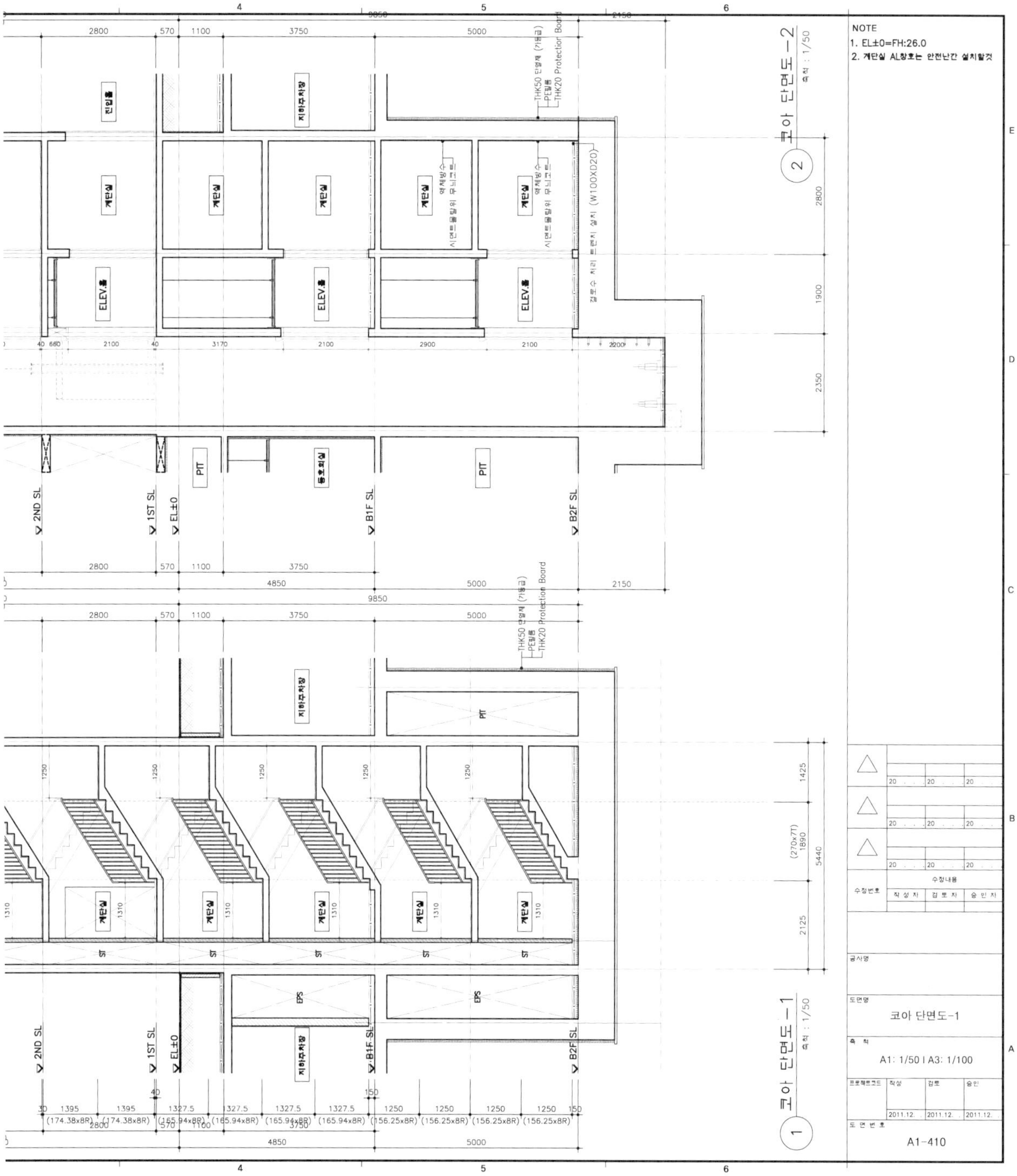
NOTE
1. EL±0=FH:26.0
2. 계단실 AL창호는 안전난간 설치할것
코아 단면도-2
축척 : 1/50
코아 단면도-1
축척 : 1/50
THK50 단열재 (가등급)
PE필름
THK20 Protection Board
진입홀
지하주차장
계단실
ELEV.홀
PIT
동호회실
EPS
ST
2ND SL
1ST SL
EL±0
B1F SL
B2F SL
수정번호
수정내용
작성자
검토자
승인자
공사명
도면명
코아 단면도-1
축척
A1: 1/50 I A3: 1/100
프로젝트코드
작성
검토
승인
2011.12.
도면번호
A1-410

1.8.2 발코니 입단면 상세도

○발코니 입단면 상세도는 단위세대 발코니측의 외벽과 관련된 세부사항을 표기하기 위하여 입면과 단면, 평면을 한 도면에 위치시켜 그 관계를 표현한 도면이다.

○주동 입면도, 평면도, 단면도에서 표현하지 못한 시공에 필요한 정보를 가능한 한 표현한다.

■주요 표현 내용

- 건축구조와의 간섭을 고려하여 구조계산서상의 부재치수를 검토하여 작성
- 외장재의 재료 구분, 타일 및 돌나누기의 기준을 표기
- 실내재료 마감표, 마감 상세도 등에 따른 내부 재료의 두께를 고려하여 마감면과 구조면의 관계를 명확하게 설정

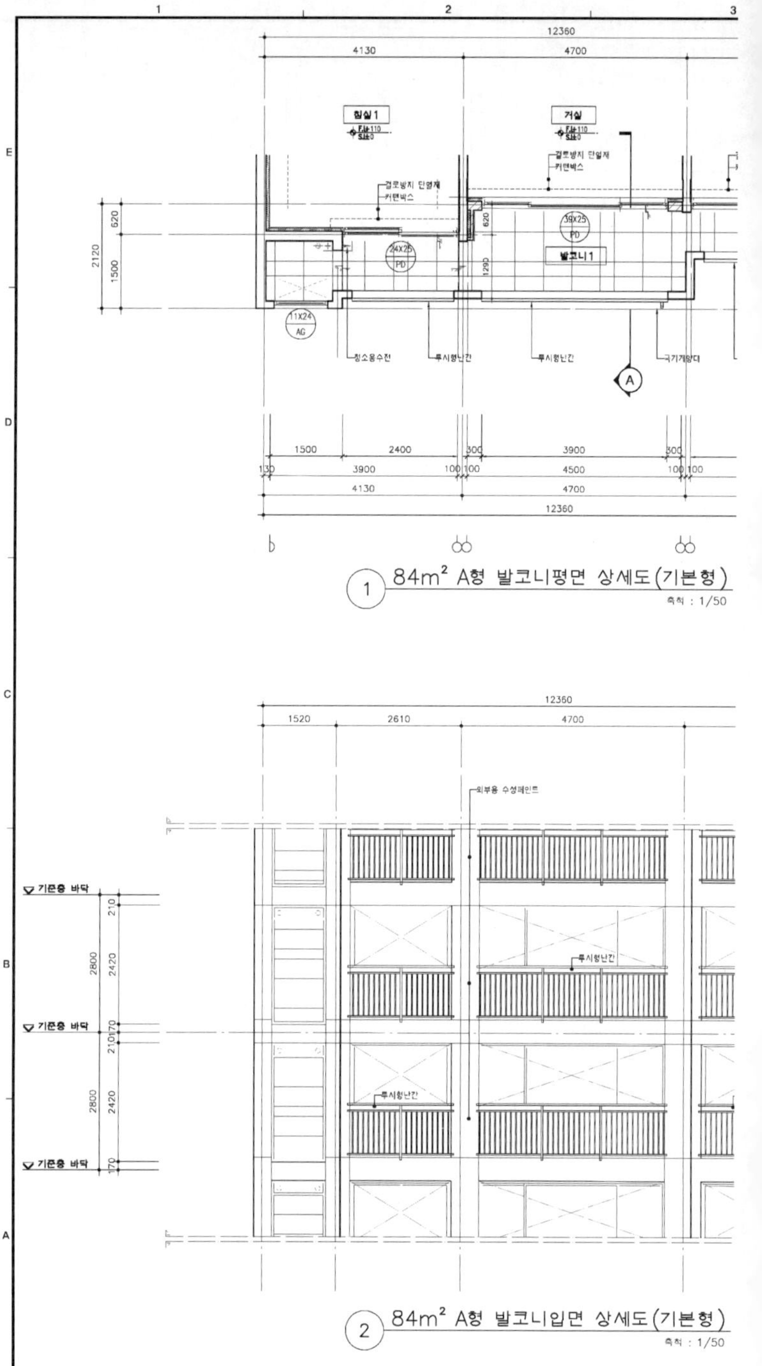

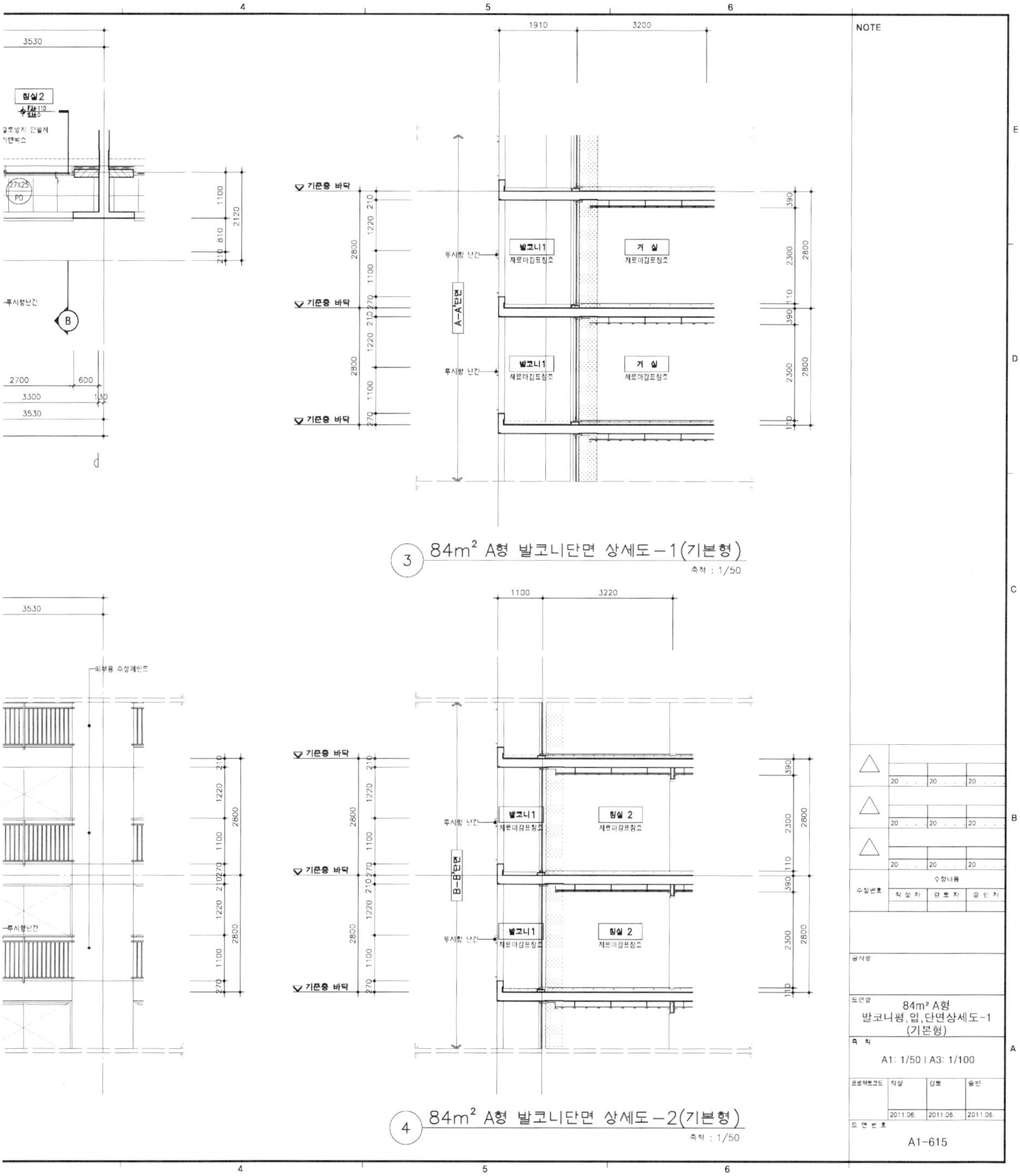
84m² A형 발코니단면 상세도 – 1(기본형)
축척 : 1/50
84m² A형 발코니단면 상세도 – 2(기본형)
축척 : 1/50
NOTE
84m² A형
발코니평,입,단면상세도-1
(기본형)
A1: 1/50 I A3: 1/100
2011.06.
A1-615

1.8.3 방수 · 단열 · 결로방지 상세도

○주택의 성능을 유지하기 위해 단열과 방수 및 결로 방지가 매우 중요하다. 시공 시 누락된 단열 및 방수와 외기와 인접되어 결로 발생 예상 공간이 없도록 단위세대 평면도에 설치할 범위를 정한 도면이 방수 · 단열 · 결로방지 상세도이다.

○해당 상세는 형별 성능관계 내역상의 단열기준과 단위세대부분 단면도의 내용과 일치되도록 작성하며, 표제란 및 도면의 여백을 활용하여 정보를 충분히 제공하도록 작성한다.

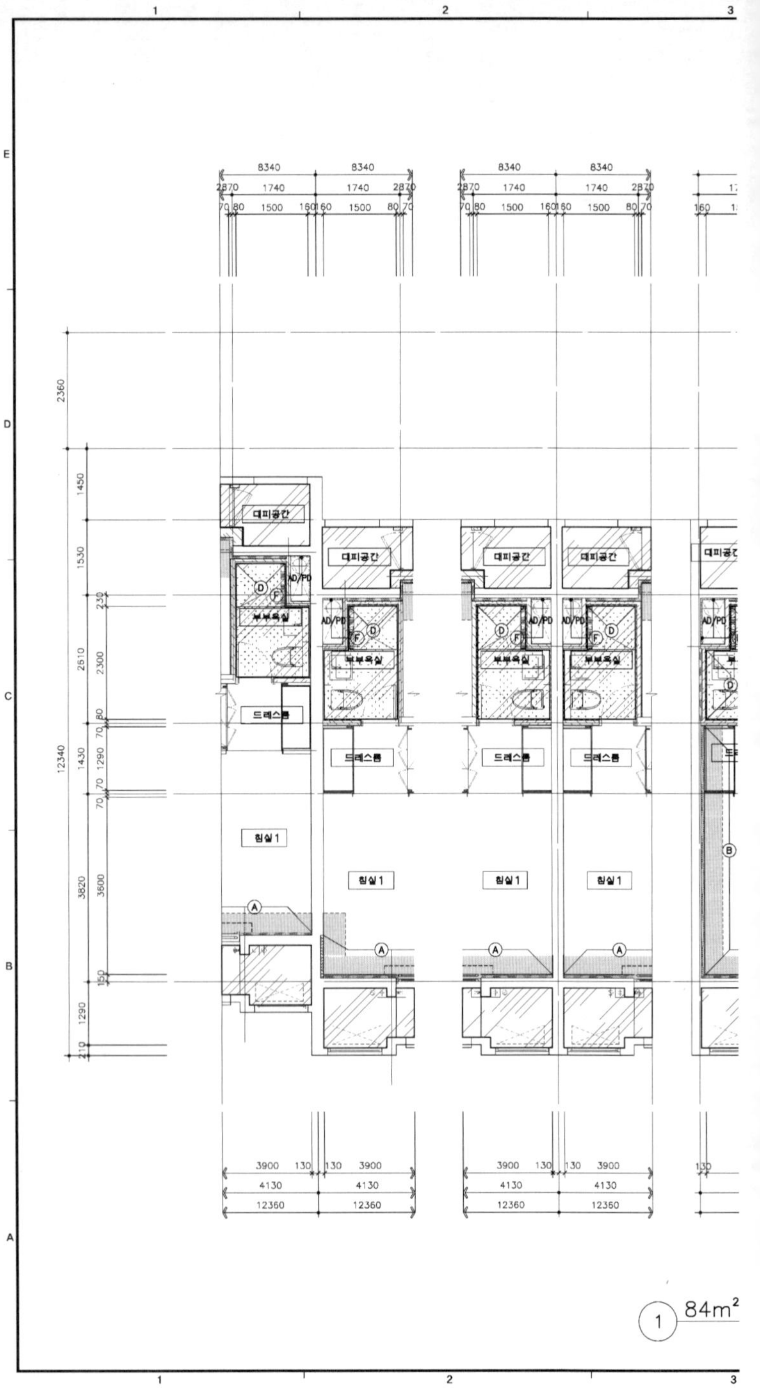

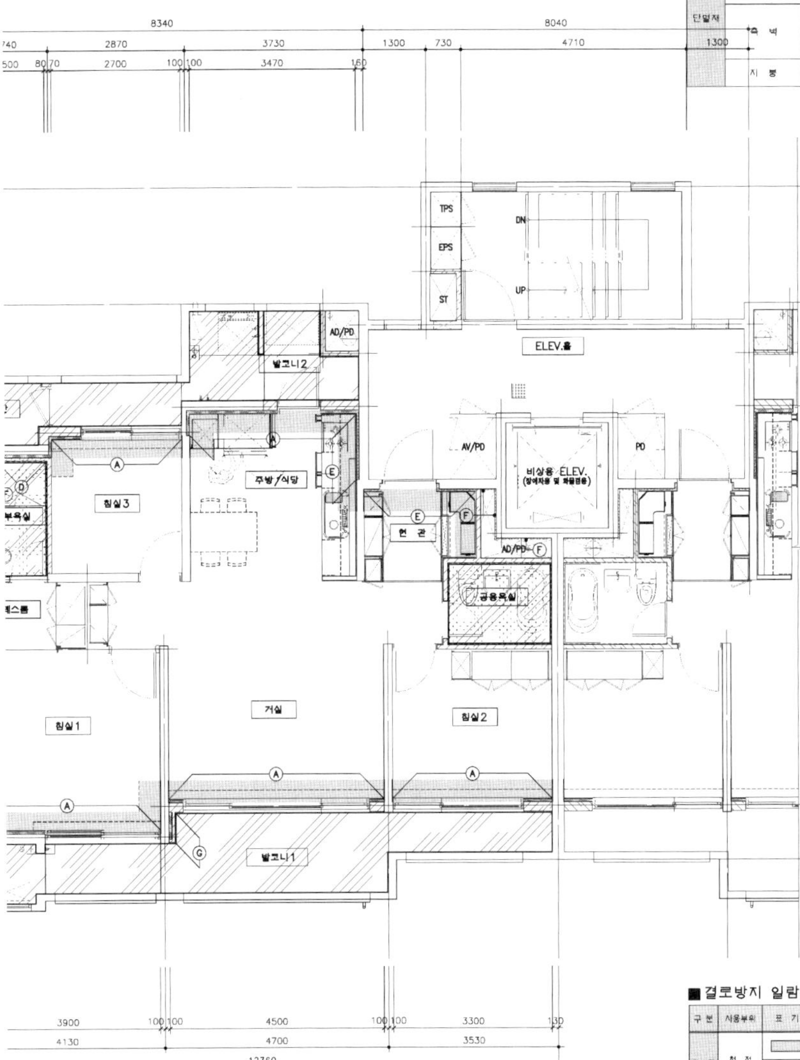

A형 단열, 결로방지 및 방수 평면도(기본형)

축척 : 1/50

■단열 일람표

구 분	사용부위	재 료 명	비 고
단열재	외 벽	THK55 단열재	전,후벽
	코아벽,PD	THK35 단열재	
	측 벽	THK70 단열재	
		THK55 단열재	욕실
	지 붕	THK70 단열재	

NOTE

* 실내재료마감은 실내재료마감표 참조.
* 단열재의 두께는 "가등급" 적용

Ⓐ : 직접외기
: THK55 단열재
THK9.5석고보드/벽지마감
(주방:지정타일마감)
(전실:수성페인트마감)

Ⓑ : 측벽
: THK70 단열재
THK9.5석고보드/벽지마감

Ⓒ : 간접외기(코아/욕실)
: THK35 단열재
시멘트벽돌 옆세워쌓기
액체방수/시멘트모르터
지정타일마감

Ⓓ : 직접외기(외부)
: THK55 단열재
시멘트벽돌 옆세워쌓기
액체방수/시멘트모르터
지정타일마감

Ⓔ : 간접외기(코아/AD)
: THK35 단열재
THK9.5석고보드/벽지마감

Ⓕ : 간접외기(PD/AD)
: THK35 단열재

Ⓖ : 직접외기
: THK55 단열재

■결로방지 일람표

구 분	사용부위	표 기	재 료 명	비 고
결 로 방지재	천 정	(표기)	THK10 단열재(W=450) (결로방지용)	
		(표기)	THK25 단열재	
	벽	(표기)	THK12 단열모르타르(W=450) (결로방지용)	

■방수 일람표

구 분		표 기	사 용 부 위 전 용	비 고
방 수	액체방수	(표기)	욕실바닥, 발코니바닥	

△	20 . .	20 . .	20 . .
△	20 . .	20 . .	20 . .
△	20 . .	20 . .	20 . .
수정번호	수정내용		
	작 성 자	검 토 자	승 인 자

공사명

도면명
84m² A형
단열, 결로방지 및 방수 평면도
(기본형)

축 척
A1: 1/50 | A3: 1/100

프로젝트코드	작성	검토	승인
	2011.12. .	2011.12. .	2011.12. .

도 면 번 호
A1-603

1.9 부대 · 복리시설 도면

○공동주택에는 주택 부분 이외에도 주차장, 기계 및 전기실, 보육시설, 주민공동시설, 근린생활시설 등 부대 · 복리시설 계획을 포함한다.

○주거 부분과는 별도로 도면을 구성하여 평면, 입면, 단면, 부분상세, 창호도 등의 도면을 통해 독립적으로 인지할 수 있도록 도면을 형성한다.

■기계실 및 전기실 주요 표현 내용

- 표제란에는 키플랜을 통해 전체 건축물에서 해당 위치를 표현
- 기계 및 전기실은 주로 지하에 위치하며 지하주차장과 인접할 경우 그 관계를 알 수 있도록 작성
- 다음 도면은 전기실, 발전기실에 대한 도면으로 실내 장비배치를 고려하여 장비패드가 계획되어 있으며, 지하시설임에 따라 환기를 위해 DA(드라이에어리어) 설치 상세를 함께 표현

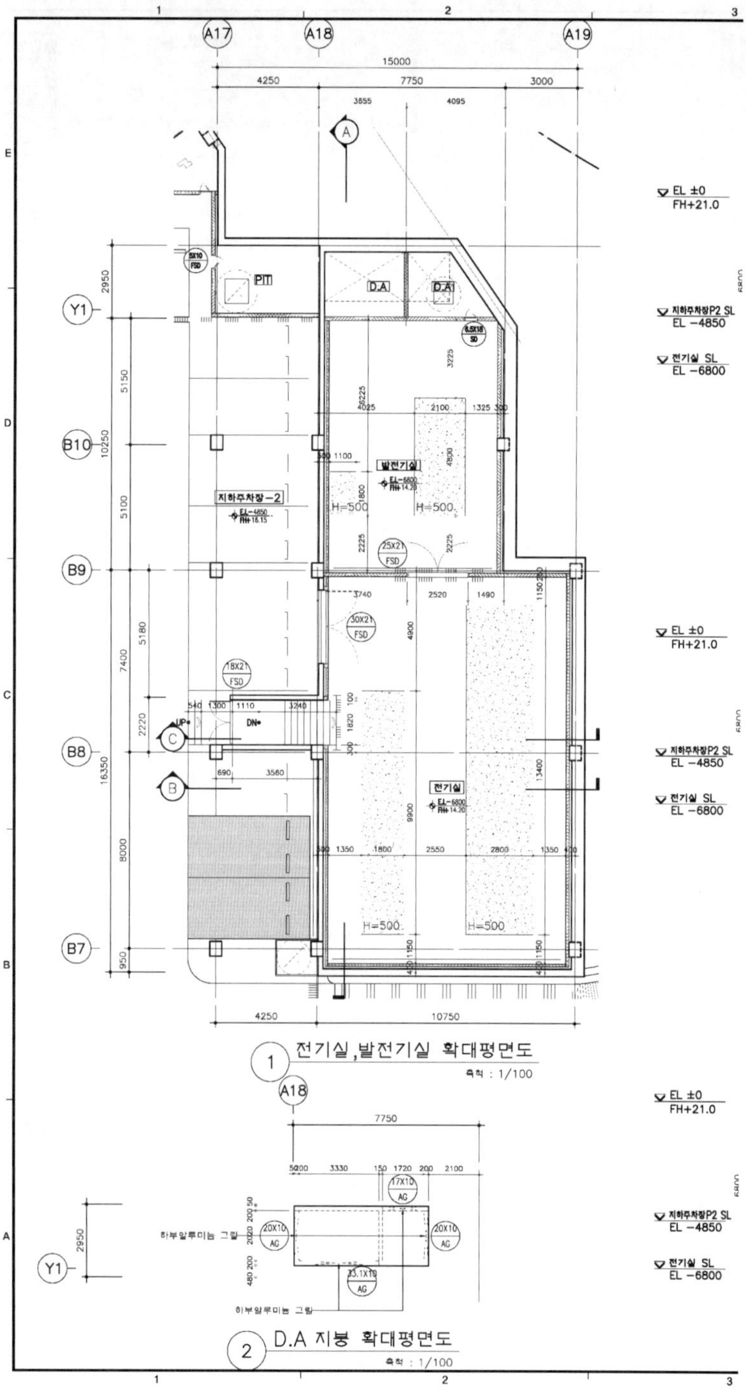

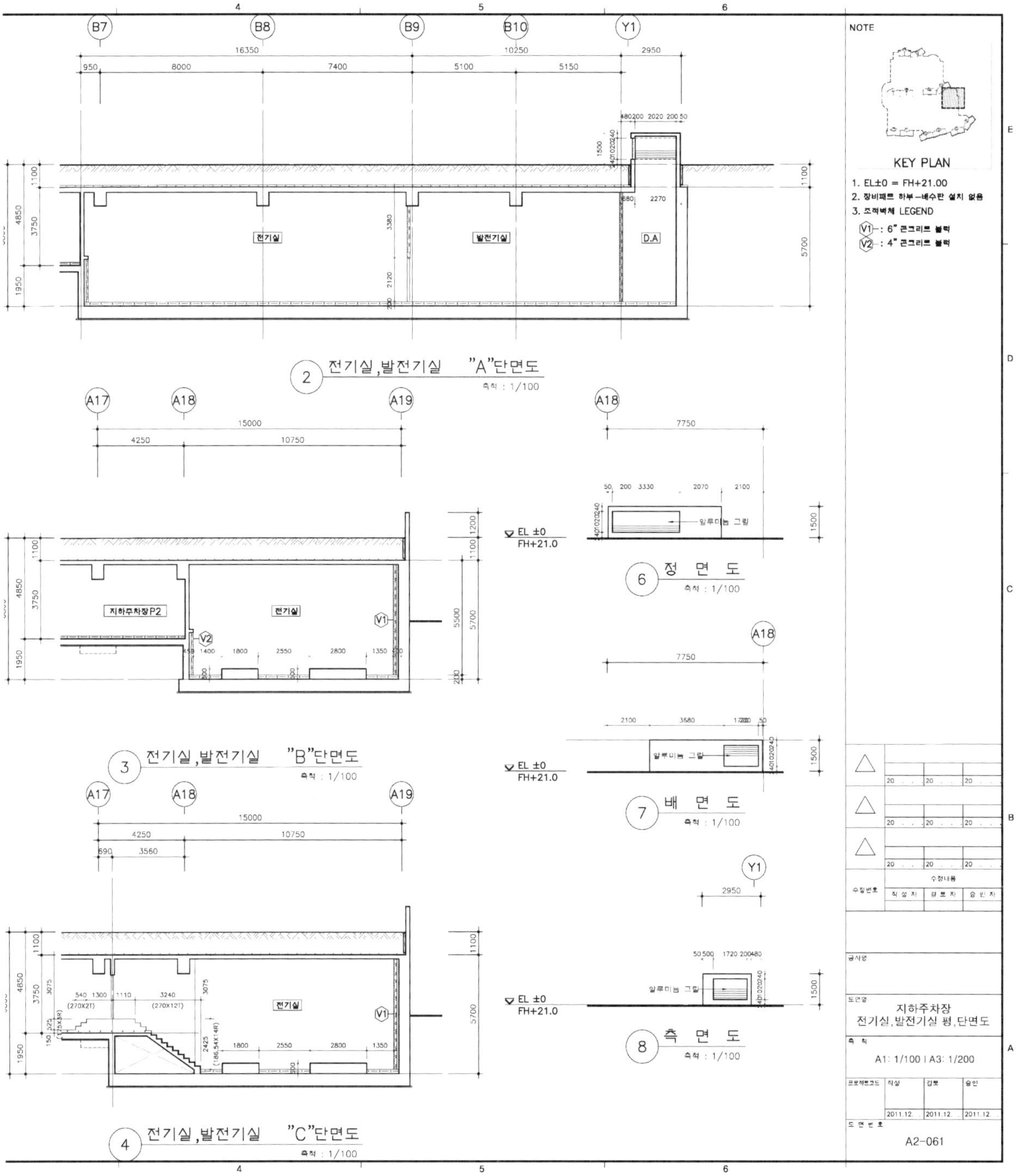
NOTE
KEY PLAN
1. EL±0 = FH+21.00
2. 장비패드 하부-배수판 설치 없음
3. 조적벽체 LEGEND
V1 : 6" 콘크리트 블럭
V2 : 4" 콘크리트 블럭
전기실
발전기실
D.A
2 전기실,발전기실 "A"단면도
축척 : 1/100
지하주차장P2
EL ±0
FH+21.0
3 전기실,발전기실 "B"단면도
축척 : 1/100
4 전기실,발전기실 "C"단면도
축척 : 1/100
알루미늄 그릴
6 정 면 도
축척 : 1/100
7 배 면 도
축척 : 1/100
8 측 면 도
축척 : 1/100
수정번호
수정내용
작성자
검토자
승인자
공사명
도면명
지하주차장
전기실,발전기실 평,단면도
축척
A1: 1/100 | A3: 1/200
프로젝트코드
작성
검토
승인
2011.12
도면번호
A2-061

2장 구조 부문 설계도서

2.1 도면 목록표

ㅇ구조도면 목록표는 구조도면의 종류를 한눈에 파악할 수 있도록 정리된 구조도면의 목차와 같다.

ㅇ구조도면 목록표는 일반적으로 구조설계서를 바탕으로 작성된 구조도면의 각 도면별 분류 기호에 맞도록 작성된다.

도면번호	도 면 명	축척	납 품 일			비 고
			3/31	5/02	6/10	
S0 공통도면						
S0-001	도면 목록표-1	NONE	○	○	○	
S0-002	도면 목록표-2	NONE	○	○	○	
S0-004	구조일반사항-1	NONE	○	○	○	
S0-005	구조일반사항-2	NONE	○	○	○	
S0-006	구조일반사항-3	NONE	○	○	○	
S0-007	구조일반사항-4	NONE	○	○	○	
S0-008	구조일반사항-5	NONE	○	○	○	
S0-009	구조일반사항-6	NONE	○	○	○	
S0-010	구조일반사항-7	NONE	○	○	○	
S0-011	구조일반사항-8	NONE	○	○	○	
S01 아파트						
S1-021	A동 기초 구조 평면도(지내력 기초)	1/100	○	○	○	
S1-022	B동 기초 구조 평면도 (지내력 기초+파일)	1/100	○	○	○	
S1-023	C동 기초 구조 평면도 (지내력 기초+파일)	1/100	○	○	○	
S1-024A	D동 기초 구조 평면도(지내력 기초)	1/100	○	○	○	
S1-024B	D동 기초 구조 평면도(파일)	1/100	○	○	○	
S1-025	E동 기초 구조 평면도(지내력 기초)	1/100	○	○	○	
S1-026	F동 기초 구조 평면도(지내력 기초)	1/100	○	○	○	
S1-031	A동 구조평면도-1 (지하2층)	1/100	○	○	○	
S1-032	A동 구조평면도-2 (지하1층)	1/100	○	○	○	
S1-033	A동 구조평면도-3 (PIT층)	1/100	○	○	○	
S1-034	A동 구조평면도-4 (1층)	1/100	○	○	○	
S1-035	A동 구조평면도-5 (2층)	1/100	○	○	○	
S1-036	A동 구조평면도-6 (3층)	1/100	○	○	○	
S1-037	A동 구조평면도-7 (4~20층)	1/100	○	○	○	
S1-038	A동 구조평면도-8 (지붕)	1/100	○	○	○	
S1-039	A동 구조평면도-9 (옥탑,옥탑지붕)	1/100	○	○	○	
S1-041	B동 구조평면도-1 (지하1층)	1/100	○	○	○	
S1-042	B동 구조평면도-2 (1층)	1/100	○	○	○	
S1-043	B동 구조평면도-3 (2층~3층)	1/100	○	○	○	
S1-044	B동 구조평면도-4 (4층~20층)	1/100	○	○	○	
S1-045	B동 구조평면도-5 (지붕)	1/100	○	○	○	
S1-046	B동 구조평면도-6 (옥탑,옥탑지붕)	1/100	○	○	○	
S1-051	C동 구조평면도-1 (지하1층)	1/100	○	○	○	
S1-052	C동 구조평면도-2 (1층)	1/100	○	○	○	
S1-053	C동 구조평면도-3 (2층~3층)	1/100	○	○	○	
S1-054	C동 구조평면도-4 (4층~20층)	1/100	○	○	○	
S1-055	C동 구조평면도-5 (지붕)	1/100	○	○	○	
S1-056	C동 구조평면도-6 (옥탑,옥탑지붕)	1/100	○	○	○	
S1-061	D동 구조평면도-1 (지하1층)	1/100	○	○	○	
S1-062	D동 구조평면도-2 (1층)	1/100	○	○	○	
S1-063	D동 구조평면도-3 (2층~3층)	1/100	○	○	○	
S1-064	D동 구조평면도-4 (4층~20층)	1/100	○	○	○	
S1-065	D동 구조평면도-5 (지붕)	1/100	○	○	○	
S1-066	D동 구조평면도-6 (옥탑,옥탑지붕)	1/100	○	○	○	

도면번호	도 면 명	축척
S1-071	E동 구조평면도 - 1 (지하2층)	1/100
S1-072	E동 구조평면도 - 2 (지하1층)	1/100
S1-073	E동 구조평면도 - 3 (PIT층)	1/100
S1-074	E동 구조평면도 - 4 (1층)	1/100
S1-075	E동 구조평면도 - 5 (2층~3층)	1/100
S1-076	E동 구조평면도 - 6 (4층~20층)	1/100
S1-077	E동 구조평면도 - 7 (지붕)	1/100
S1-078	E동 구조평면도 - 8 (옥탑,옥탑지붕)	1/100
S1-081	F동 구조평면도 - 1 (지하2층)	1/100
S1-082	F동 구조평면도 - 2 (지하1층)	1/100
S1-083	F동 구조평면도 - 3 (1층)	1/100
S1-084	F동 구조평면도 - 4 (2층~20층)	1/100
S1-085	F동 구조평면도 - 5 (지붕)	1/100
S1-086	F동 구조평면도 - 6 (옥탑,옥탑지붕)	1/100
S1-101A	75m^2 형 단위세대 구조 평면도-1 (기준층)	1/50
S1-101B	75m^2 형 단위세대 구조 평면도-2 (기준층)	1/50
S1-102	84m^2 A형 단위세대 구조 평면도 (기준층)	1/50
S1-103	84m^2 B형 단위세대 구조 평면도 (기준층)	1/50
S1-104	84m^2 C형 단위세대 구조 평면도 (기준층)	1/50
S1-111A	75m^2 형 단위세대 슬라브 배근도-1 (기준층)	1/50
S1-111B	75m^2 형 단위세대 슬라브 배근도-2 (기준층)	1/50
S1-112	84m^2 A형 단위세대 슬라브 배근도 (기준층)	1/50
S1-113	84m^2 B형 단위세대 슬라브 배근도 (기준층)	1/50
S1-114	84m^2 C형 단위세대 슬라브 배근도 (기준층)	1/50
S1-121A	75m^2 형 단위세대 슬라브 배근도-1 (지붕)	1/50
S1-121B	75m^2 형 단위세대 슬라브 배근도-2 (지붕)	1/50
S1-122	84m^2 A형 단위세대 슬라브 배근도 (지붕)	1/50
S1-123	84m^2 B형 단위세대 슬라브 배근도 (지붕)	1/50
S1-124	84m^2 C형 단위세대 슬라브 배근도 (지붕)	1/50
S1-131A	75m^2형 단위세대 슬라브 보강근 배근도-1(기준층)	1/50
S1-131B	75m^2형 단위세대 슬라브 보강근 배근도-2(기준층)	1/50
S1-132	84m^2A형 단위세대 슬라브 보강근 배근도(기준층)	1/50
S1-133	84m^2B형 단위세대 슬라브 보강근 배근도(기준층)	1/50
S1-134	84m^2C형 단위세대 슬라브 보강근 배근도(기준층)	1/50
S1-141A	75m^2형 단위세대 슬라브 보강근 배근도-1(지붕)	1/50
S1-141B	75m^2형 단위세대 슬라브 보강근 배근도-2(지붕)	1/50
S1-142	84m^2A형 단위세대 슬라브 보강근 배근도 (지붕)	1/50
S1-143	84m^2B형 단위세대 슬라브 보강근 배근도 (지붕)	1/50
S1-144	84m^2C형 단위세대 슬라브 보강근 배근도 (지붕)	1/50
S1-201	A동 기둥, 보 일람표	1/30
S1-202	B동 기둥, 보 일람표	1/30
S1-203	C동 기둥, 보 일람표	1/30
S1-204	D동 기둥, 보 일람표	1/30
S1-205	E동 기둥, 보 일람표	1/30
S1-206	F동 기둥, 보 일람표	1/30
S1-301	A동 벽체일람표 - 1	NONE
S1-302	A동 벽체일람표 - 2	NONE
S1-303	A동 벽체일람표 - 3	NONE
S1-304	A동 벽체일람표 - 4	NONE
S1-305	A동 벽체일람표 - 5	NONE

도 면 목 록 표 – 1

납품일 3/31	납품일 5/02	납품일 6/10	비 고
○	○	○	
○	○	○	
○	○	○	
○	○	○	
○	○	○	
○	○	○	
○	○	○	
○	○	○	
○	○	○	
○	○	○	
○	○	○	
○	○	○	
○	○	○	
○	○	○	
○	○	○	
○	○	○	
○	○	○	
○	○	○	
○	○	○	
○	○	○	
○	○	○	
○	○	○	
○	○	○	
○	○	○	
○	○	○	
○	○	○	
○	○	○	
○	○	○	
○	○	○	
○	○	○	
○	○	○	
○	○	○	
○	○	○	
○	○	○	
○	○	○	
○	○	○	
○	○	○	
○	○	○	
○	○	○	
○	○	○	
○	○	○	
○	○	○	
○	○	○	
○	○	○	
○	○	○	
○	○	○	
○	○	○	
○	○	○	
○	○	○	
○	○	○	

도면번호	도 면 명	축척	납품일 3/31	납품일 5/02	납품일 6/10	비 고
S1– 311	B동 벽체배근도 – 1	NONE	○	○	○	
S1– 312	B동 벽체배근도 – 2	NONE	○	○	○	
S1– 313	B동 벽체배근도 – 3	NONE	○	○	○	
S1– 314	B동 벽체배근도 – 4	NONE	○	○	○	
S1– 315	B동 벽체일람표 – 5	NONE	○	○	○	
S1– 321	C동 벽체일람표 – 1	NONE	○	○	○	
S1– 322	C동 벽체일람표 – 2	NONE	○	○	○	
S1– 331	D동 벽체일람표 – 1	NONE	○	○	○	
S1– 332	D동 벽체일람표 – 2	NONE	○	○	○	
S1– 333	D동 벽체일람표 – 3	NONE	○	○	○	
S1– 341	E동 벽체일람표 – 1	NONE	○	○	○	
S1– 342	E동 벽체일람표 – 2	NONE	○	○	○	
S1– 343	E동 벽체일람표 – 3	NONE	○	○	○	
S1– 351	F동 벽체일람표 – 1	NONE	○	○	○	
S1– 352	F동 벽체일람표 – 2	NONE	○	○	○	
S1– 353	F동 벽체일람표 – 3	NONE	○	○	○	
S1– 401	코아구조평면도 – 1 (A동 코아#1)	1/50	○	○	○	
S1– 402	코아구조평면도 – 2 (A동 코아#1)	1/50	○	○	○	
S1– 403	코아구조평면도 – 3 (A동 코아#1)	1/50	○	○	○	
S1– 404	코아구조평면도 – 4 (A동 코아#1)	1/50	○	○	○	
S1– 405	코아구조평면도 – 5 (A동 코아#1)	1/50			○	
S1– 406	코아구조평면도 – 1 (A동 코아#2)	1/50	○	○	○	
S1– 407	코아구조평면도 – 2 (A동 코아#2)	1/50	○	○	○	
S1– 408	코아구조평면도 – 3 (A동 코아#2)	1/50	○	○	○	
S1– 409	코아구조평면도 – 4 (A동 코아#2)	1/50	○	○	○	
S1– 410	코아구조평면도 – 5 (A동 코아#2)	1/50			○	
S1– 411	코아구조평면도 – 1 (B동 코아#1)	1/50	○	○	○	
S1– 412	코아구조평면도 – 2 (B동 코아#1)	1/50	○	○	○	
S1– 413	코아구조평면도 – 3 (B동 코아#1)	1/50	○	○	○	
S1– 414	코아구조평면도 – 4 (B동 코아#1)	1/50			○	
S1– 415	코아구조평면도 – 1 (B동 코아#2)	1/50	○	○	○	
S1– 416	코아구조평면도 – 2 (B동 코아#2)	1/50	○	○	○	
S1– 417	코아구조평면도 – 3 (B동 코아#2)	1/50	○	○	○	
S1– 418	코아구조평면도 – 4 (B동 코아#2)	1/50			○	
S1– 421	코아구조평면도 – 1 (C동 코아#1)	1/50	○	○	○	
S1– 422	코아구조평면도 – 2 (C동 코아#1)	1/50	○	○	○	
S1– 423	코아구조평면도 – 3 (C동 코아#1)	1/50	○	○	○	
S1– 424	코아구조평면도 – 4 (C동 코아#1)	1/50			○	
S1– 425	코아구조평면도 – 1 (C동 코아#2)	1/50	○	○	○	
S1– 426	코아구조평면도 – 2 (C동 코아#2)	1/50	○	○	○	
S1– 427	코아구조평면도 – 3 (C동 코아#2)	1/50	○	○	○	
S1– 428	코아구조평면도 – 4 (C동 코아#2)	1/50			○	
S1– 431	코아구조평면도 – 1 (D동 코아#1)	1/50	○	○	○	
S1– 432	코아구조평면도 – 2 (D동 코아#1)	1/50	○	○	○	
S1– 433	코아구조평면도 – 3 (D동 코아#1)	1/50	○	○	○	
S1– 434	코아구조평면도 – 4 (D동 코아#1)	1/50			○	
S1– 435	코아구조평면도 – 1 (D동 코아#2)	1/50	○	○	○	
S1– 436	코아구조평면도 – 2 (D동 코아#2)	1/50	○	○	○	
S1– 437	코아구조평면도 – 3 (D동 코아#2)	1/50	○	○	○	
S1– 438	코아구조평면도 – 4 (D동 코아#2)	1/50			○	

도면번호	도 면 명	축척	납품일 3/31	납품일 5/02	납품일 6/10	비 고
S1– 441	코아구조평면도 – 1 (E동 코아#1)	1/50	○	○	○	
S1– 442	코아구조평면도 – 2 (E동 코아#1)	1/50	○	○	○	
S1– 443	코아구조평면도 – 3 (E동 코아#1)	1/50	○	○	○	
S1– 444	코아구조평면도 – 4 (E동 코아#1)	1/50	○	○	○	
S1– 445	코아구조평면도 – 5 (E동 코아#1)	1/50			○	
S1– 446	코아구조평면도 – 1 (E동 코아#2)	1/50	○	○	○	
S1– 447	코아구조평면도 – 2 (E동 코아#2)	1/50	○	○	○	
S1– 448	코아구조평면도 – 3 (E동 코아#2)	1/50	○	○	○	
S1– 449	코아구조평면도 – 4 (E동 코아#2)	1/50	○	○	○	
S1– 450	코아구조평면도 – 5 (E동 코아#2)	1/50			○	
S1– 451	코아구조평면도 – 1 (F동 코아#1)	1/50	○	○	○	
S1– 452	코아구조평면도 – 2 (F동 코아#1)	1/50	○	○	○	
S1– 453	코아구조평면도 – 3 (F동 코아#1)	1/50	○	○	○	
S1– 454	코아구조평면도 – 4 (F동 코아#1)	1/50			○	
S1– 455	코아구조평면도 – 1 (F동 코아#2)	1/50	○	○	○	
S1– 456	코아구조평면도 – 2 (F동 코아#2)	1/50	○	○	○	
S1– 457	코아구조평면도 – 3 (F동 코아#2)	1/50	○	○	○	
S1– 458	코아구조평면도 – 4 (F동 코아#2)	1/50	○	○	○	
S1– 459	코아구조평면도 – 5 (F동 코아#2)	1/50			○	
S1– 501	코어구조단면도 – 1 (A동 코아#1)	1/50			○	
S1– 502	코어구조단면도 – 2 (A동 코아#2)	1/50			○	
S1– 503	코어구조단면도 – 1 (B동 코아#1)	1/50			○	
S1– 504	코어구조단면도 – 2 (B동 코아#2)	1/50			○	
S1– 505	코어구조단면도 – 1 (C동 코아#1)	1/50			○	
S1– 506	코어구조단면도 – 2 (C동 코아#2)	1/50			○	
S1– 507	코어구조단면도 – 1 (D동 코아#1)	1/50			○	
S1– 508	코어구조단면도 – 2 (D동 코아#2)	1/50			○	
S1– 509	코어구조단면도 – 1 (E동 코아#1)	1/50			○	
S1– 510	코어구조단면도 – 2 (E동 코아#2)	1/50			○	
S1– 511	코어구조단면도 – 1 (F동 코아#1)	1/50			○	
S1– 512	코어구조단면도 – 2 (F동 코아#2)	1/50			○	
S1– 521	아파트 지하벽체 일람표 – 1	1/30		○	○	
S1– 522	아파트 지하벽체 일람표 – 2	1/30		○	○	
S1– 523	F동 캐노피 슬래브 일람표	1/30	○	○	○	
S1– 531	아파트 지붕 및 옥탑 벽체, 보일람표	1/30	○	○	○	
S1– 541	아파트 비내력벽체 및 기둥, 보일람표	1/30	○	○	○	
S1– 601	아파트 잡배근도 – 1	1/30	○	○	○	
S1– 602	아파트 잡배근도 – 2	1/30		○	○	
S1– 603	아파트 잡배근도 – 3	1/30		○	○	
S1– 604	아파트 잡배근도 – 4	1/30		○	○	
S1– 605	아파트 잡배근도 – 5	1/50			○	

NOTE

수정번호	수정내용		
△	20 . .	20 . .	20 . .
△	20 . .	20 . .	20 . .
△	20 . .	20 . .	20 . .
	작 성 자	검 토 자	승 인 자

공사명

도면명: 도면목록표-1

축 척: A1: 1/NONE I A3: 1/NONE

프로젝트코드	작성	검토	승인
	2011.06. .	2011.06. .	2011.06. .

도 면 번 호: S0-001

2.2 구조 일반사항 (구조개요도)

○구조 일반사항은 구조도면의 설명서와 같은 역할을 하며, 구조도면에서 정해야 하는 규칙, 기준 등을 요약한 도면이다.

○통상적으로 건물의 구조설계서상의 일반사항을 요약 · 정리한다.

■주요 표현 내용

- 건물의 규모 및 용도
- 사용재료의 설계강도
- 설계근거 및 해석방법
- 시공 시방내용 등

□ 철근CONC. 구조일반사항

1. 일 반 사 항

1.1 개 요

1) 별도 표기가 없는 모든 치수의 단위는 mm이다.

2) 구조도면과 구조일반사항의 내용이 중복될 경우 구조도면을 우선 적용한다.

3) 콘크리트 설계기준압축강도와 철근의 설계기준항복강도는 관련 구조도면을 참조한다.

4) 구조도면상에 특기가 없는 한 각종 매립물, 개구부, 부속물의 위치 및 치수는 건축, 설비전기도면 등을 참고하며 구조도면과 상이한 경우 반드시 책임 구조기술자(건축구조설계기준 0106, 국토해양부)의 확인을 받아 시공한다.

5) 말뚝 및 지반의 허용내력과 지하수위에 대한 사항은 관련도면을 참조한다. 다만, 말뚝 및 지반의 허용내력, 지하수위는 지반조사에 근거한 가정치이므로 실제와 일치하는지 여부를 재하시험 등 적합한 방법을 통해 확인하여야 하며, 현저히 차이가 나는 경우 책임 구조기술자의 확인을 받아 시공한다.

1.2 철근의 표준갈고리

1) 일반철근에 대한 표준갈고리

180˚ 갈고리

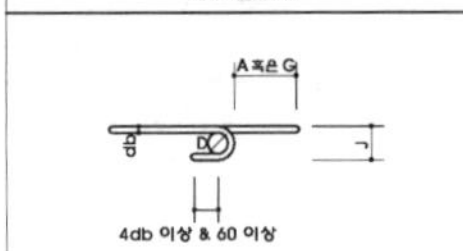

90˚ 갈고리

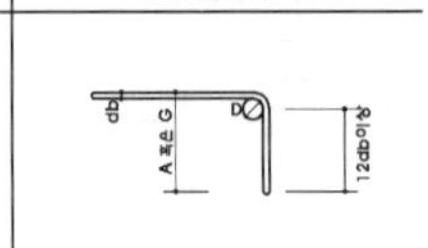

공칭 직경 (db)	구부림 직경 (D)		180˚ 갈고리 A 혹은 G	180˚ 갈고리 J	90˚ 갈고리 A 혹은 G
D 10	6db	60	130	80	160
D 13		80	160	110	210
D 16		100	180	130	260
D 19		120	210	160	310
D 22		140	250	180	360
D 25		150	280	200	400
D 29	8db	240	390	290	500
D 32		260	430	320	550

2) 스터럽(STIRRUP), 띠철근(TIE BAR)에 대한 표준갈고리

90˚ 갈고리

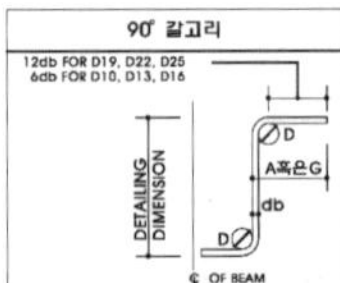

135˚ 갈고리

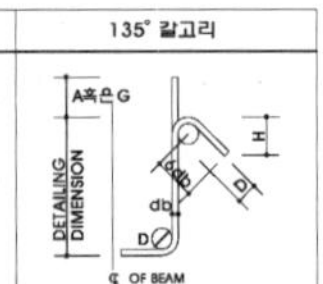

공칭 직경 (db)	구부림 직경 (D)		90˚ 갈고리 A 혹은 G	135˚ 갈고리 A 혹은 G	135˚ 갈고리 H
D 10	4db	40	90	90	60
D 13		60	120	120	80
D 16		70	150	150	100
D 19	6db	120	310	200	120
D 22		140	360	230	140
D 25		150	400	260	160

※ 내진상세를 적용하는 보 스터럽 및 기둥 띠철근의 표준갈고리도 별도의 언급이 없는 한 90˚ 혹은 135˚ 모두 사용 가능하다.

1.3 철근의 피복두께

1.4 철근의 최소 순

1) 굵은 골재 직경의
2) 동일 평면에서 평
다.
3) 2단 이상으로 배
가깝도록 배치한
4) 기둥 주근의 순간
5) 단면 감소 부분의
6) 단면의 두께가 작

굵은골재의
25mm, 주근

1.5 인장이형철근의

1.5.1 정착길이

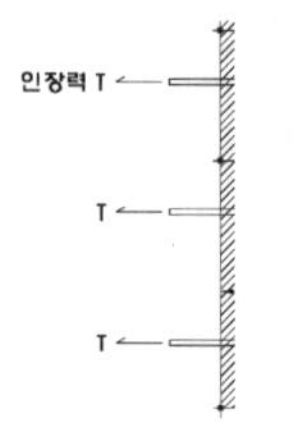

1.5.1.1 표준갈고리

구 분	fck
Ldh	21
	24
	27
	≥ 3

1) 보 및 슬래브의
않을 경우 정착길
이상이어야 한다.
예. 정착되는 철근
12 이므로 동일한

ㅔ : 별도 도표 참조

간격

4/3 이상으로 한다. : 25mm 골재 사용시 33mm 이상
행한 철근 사이의 수평 순간격은 25mm 이상, 철근 공칭지름 이상으로 한

치된 경우 상하철근의 순간격은 25mm 이상으로 하되, 최대한 이 값에
다.
격은 40mm 이상, 철근 공칭지름의 1.5배 이상으로 한다.
콘크리트 및 철근에 대한 보호대책 및 제반대책 수립한다
은 돌출부의 최소두께는 굵은 골재 최대 치수의 3배 이상으로 한다

a) 보의 경우 (b) 기둥의 경우

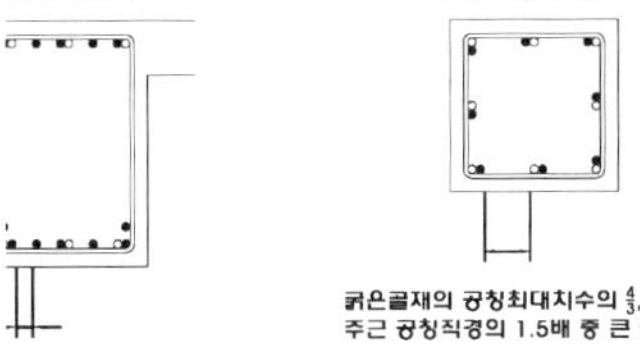

공칭최대치수의 $\frac{4}{3}$,
공칭직경 중 큰 값 이상

굵은골재의 공칭최대치수의 $\frac{4}{3}$, 40mm,
주근 공칭직경의 1.5배 중 큰 값 이상

정착 및 이음길이

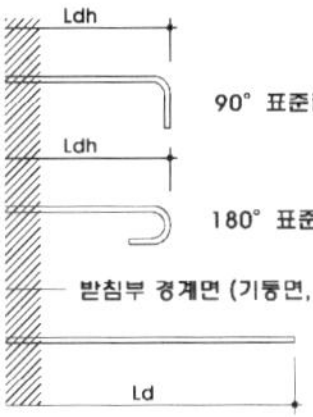

를 갖는 인장이형철근의 정착길이 (Ldh)

	Fy = 400 MPa			Fy = 500 MPa				
	D10	D13	D16	D19	D22	D25	D29	D32
	220	290	350	520	610	690	800	880
	210	270	330	490	570	640	740	820
	200	260	310	460	530	610	700	770
0	190	240	300	440	510	580	670	740

우 받침부 폭이 좁아 표준갈고리로 정착하여도 소요정착길이가 확보되지
이가 부족한 비율만큼 철근을 추가한다. 단, 감소된 정착길이는 8db, 150

근의 개수가 10, 소요정착길이 600, 실제정착길이 500이면 10 * ($\frac{600}{500}$) =
직경 및 길이의 철근 2가닥을 추가한다.

1.5.1.2 인장이형철근의 정착 및 이음길이 : 별도 도표 참조

1) 배근된 철근량이 이음부 전체구간에서 해석결과 요구되는 소요철근량의 2배이상이고 소요겹침이음길이 내 겹침이음된 철근량이 전체 철근량의 1/2이하인 경우 A급이음(=Ld), 그렇지 않으면 B급이음(=1.3Ld)을 적용한다. (※ A급이음을 적용하기 위해 응력이 작은 위치마다 이음을 둘 경우 시공이 번잡하고 철근가공에 따른 손실이 오히려 더 크게 발생하므로 별도 언급이 없는 한 B급이음을 적용하는 것이 바람직하다.)

2) D35 이하의 철근은 원칙적으로 겹침이음이 가능하나, D29 이상이면 겹침이음길이가 크게 증가하므로 기계적이음을 적용하는 것이 바람직하다.

3) 다발철근(3개 이상)의 정착 및 이음은 건축구조설계기준 0508.2.4, 0508.6.1.2 (2)항에 의한다.

4) 휨부재에서 겹침이음되는 철근은 반드시 맞대어 이음할 필요는 없으나 횡방향으로 소요 겹침이음길이의 1/5 또는 150중 작은 값 이상 떨어지지 않게 한다.

5) 인장(연결)부재의 철근이음은 완전용접이나 기계적 연결로 이루어져야 하고, 인접철근의이음은 750이상 떨어져서 서로 엇갈려야 한다. (인장연결부재 : 아치, 타이, 위에 있는지지 구조물에 하중을 전달하는 행거, 트러스의 주인장재 등) 다만, B급 인장이음길이를 적용하면 인장연결부재에 해당하지 않는 부재는 굳이 인접철근과 엇갈려 이음할 필요는 없다.

6) 용접이음과 기계적 연결은 철근의 설계기준항복강도 fy의 125%이상을 발휘할 수 있어야 한다. (※ 모재인 철근이 절단될 때까지 이음부의 변형이나 파단이 발생하지 않아야 한다.)

7) 시공오차로 인해 이음길이가 부족한 경우 실제 배근간격, 피복두께, 기둥의 경우 띠철근량을 고려하여 콘크리트구조설계기준 0508.2.2식에 의해 이음길이를 재계산한다. 그래도 부족하면 기계적이음 등을 적용하여야 한다.

1.6 압축이형철근의 정착 및 이음길이

구 분	fck	Fy = 400 MPa			Fy = 500 MPa				
		D10	D13	D16	D19	D22	D25	D29	D32
압축정착길이	21	220	290	350	520	610	690	800	880
	24	210	270	330	490	570	640	740	820
	27	200	260	310	460	530	610	700	770
	≥ 30	190	240	300	440	510	580	670	740
압축이음길이	≥ 21	300	380	470	790	920	1,030	1,200	1,330

1) 서로 다른 크기의 철근을 압축부에서 겹침이음하는 경우, 이음길이는 크기가 큰 철근의 정착길이와 크기가 작은 철근의 겹침이음길이 중 큰 값 이상이어야 한다.

NOTE

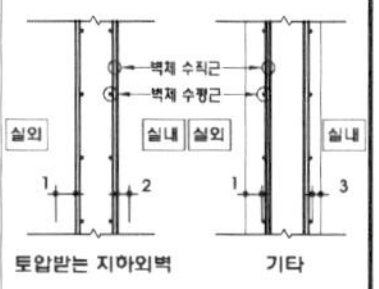

1 : 벽체의 옥외측
2 : 벽체의 옥내측 (수직철근이 바깥측에 배치)
3 : 벽체의 옥내측 (수평철근이 바깥측에 배치)

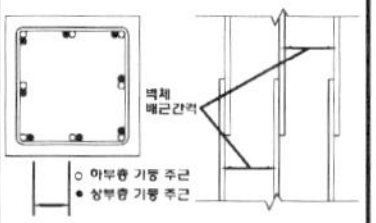

기둥 주근의 이음되는 철근간 순간격

※ 하부층 기둥 주근을 1/6 경사로 구부려 내측으로 배근하면 철근순간격을 증가시킬 수 있다.

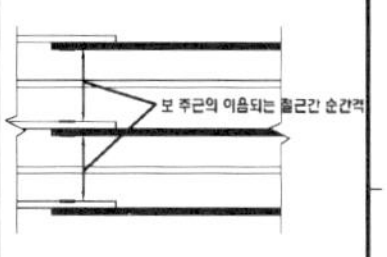

※ 반수이음 : 이음되는 철근 사이에 이음되지 않는 철근이 존재함으로써 이음되는 철근간 순간격이 증가되는 경우임.

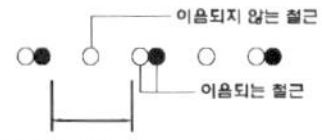

이음되는 철근간 순간격
(4db이상이면 정착 및 이음길이 최대 40% 감소)

수정번호	수정내용		
△	20 . .	20 . .	20 . .
△	20 . .	20 . .	20 . .
△	20 . .	20 . .	20 . .
	작성자	검토자	승인자

공사명

도면명: 구조일반사항-1

축척: A1: 1/NONE I A3: 1/NONE

프로젝트코드	작성	검토	승인
	2011.06. .	2011.06. .	2011.06. .

도면번호: S0-004

2.3 구조 평면도(바닥구조 평면도)

○구조 평면도는 건축물의 평면적인 구조 정보를 표현하는 도면으로 각 구조부재의 위치 등이 표현되며, 각 부재의 설계번호가 표시되어야 한다.

○구조 평면도에 표시된 각 부재는 건축 평면도에 표시된 중심선과 일치하여야 한다.

■주요 표현 내용

- 기둥의 위치(보다 자세한 위치는 주심도에서 표현됨.)
- 보 및 벽체
- 각 구조부재의 역할적 연결 관계
- 단차가 생기는 부분은 일반적으로 빗금으로 표시하고, 별도의 주기로 표현

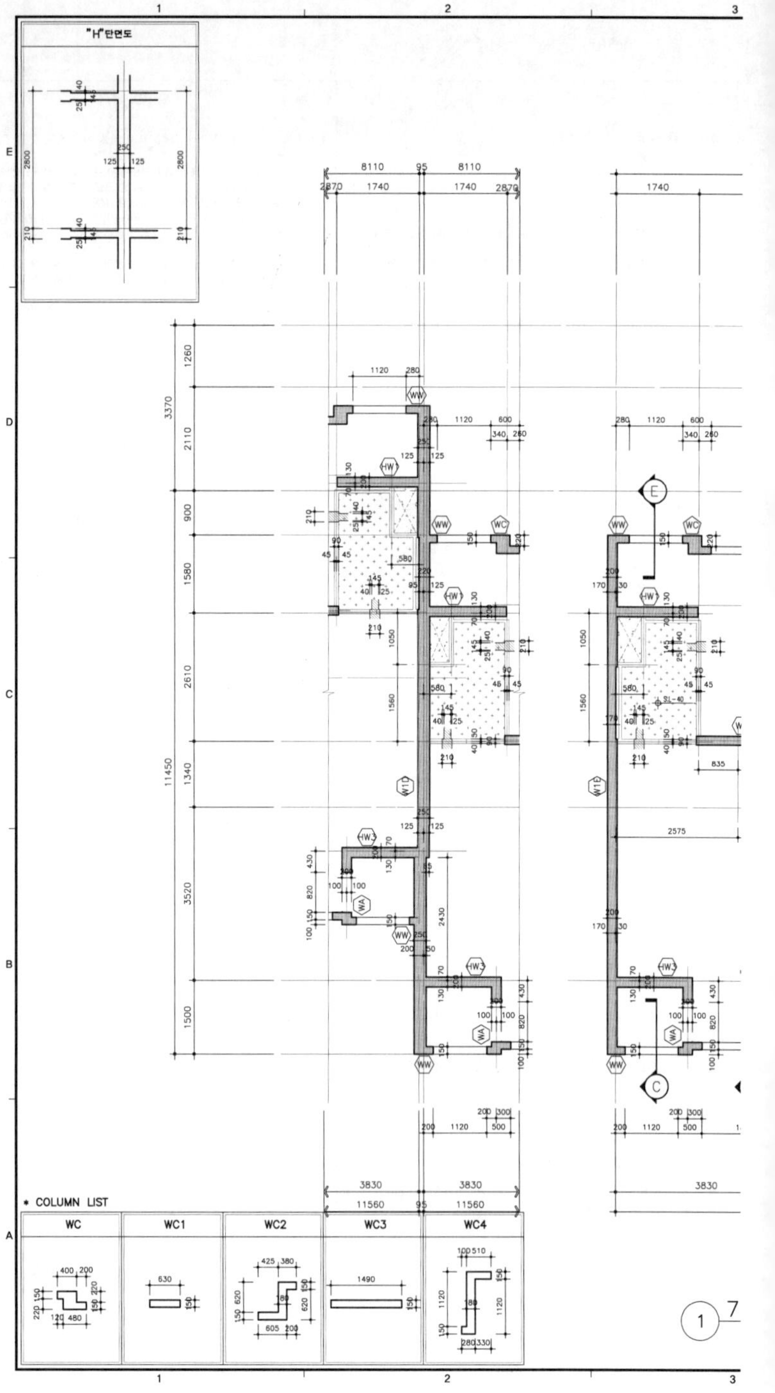

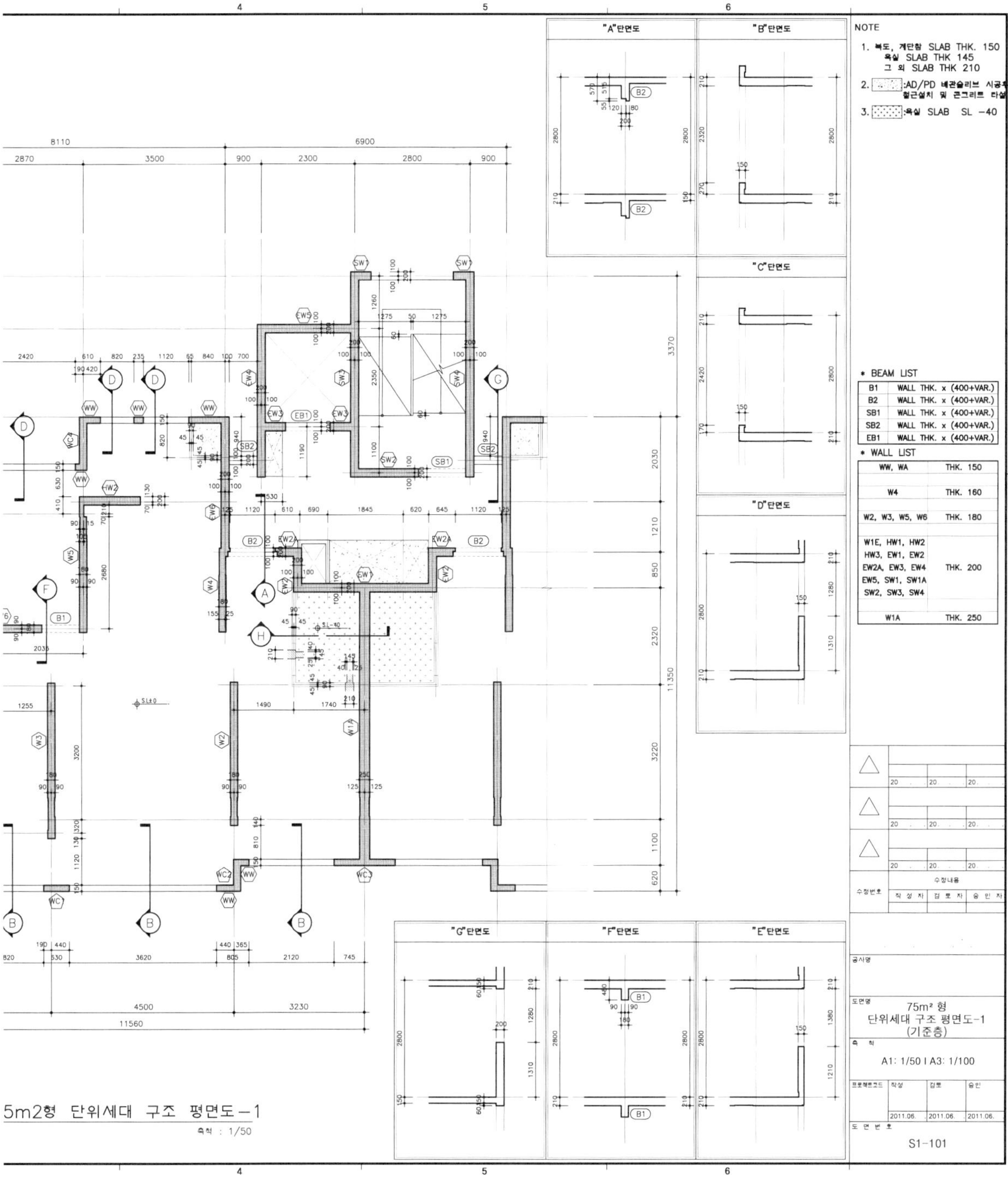
NOTE
1. 복도, 계단참 SLAB THK. 150
욕실 SLAB THK 145
그 외 SLAB THK 210
2. :AD/PD 배관슬리브 시공후 철근설치 및 콘크리트 타설
3. :욕실 SLAB SL -40
• BEAM LIST
B1 WALL THK. x (400+VAR.)
B2 WALL THK. x (400+VAR.)
SB1 WALL THK. x (400+VAR.)
SB2 WALL THK. x (400+VAR.)
EB1 WALL THK. x (400+VAR.)
• WALL LIST
WW, WA THK. 150
W4 THK. 160
W2, W3, W5, W6 THK. 180
W1E, HW1, HW2, HW3, EW1, EW2, EW2A, EW3, EW4, EW5, SW1, SW1A, SW2, SW3, SW4 THK. 200
W1A THK. 250
"A"단면도
"B"단면도
"C"단면도
"D"단면도
"G"단면도
"F"단면도
"E"단면도
수정번호
수정내용
작성자 검토자 승인자
공사명
도면명
75m² 형
단위세대 구조 평면도-1
(기준층)
축척
A1: 1/50 I A3: 1/100
프로젝트코드 작성 검토 승인
2011.06. 2011.06. 2011.06.
도면번호
S1-101
5m2형 단위세대 구조 평면도-1
축척 : 1/50

2.4 기초 평면도

○ 기초 평면도에는 기초의 형식 및 크기, 위치, 두께, 철근배근 등의 시공 상세와 시공시 발생할 수 있는 법적 규정을 명기하고 있다.

○ 일반적으로 다음과 같은 항목이 표시되며, 도면에 표현되지 못하는 부분은 범례로 표시한다.

■ 주요 표현 내용

- 기초구조 확대 단면 상세
- 기초구조의 형식 및 크기, 위치 등

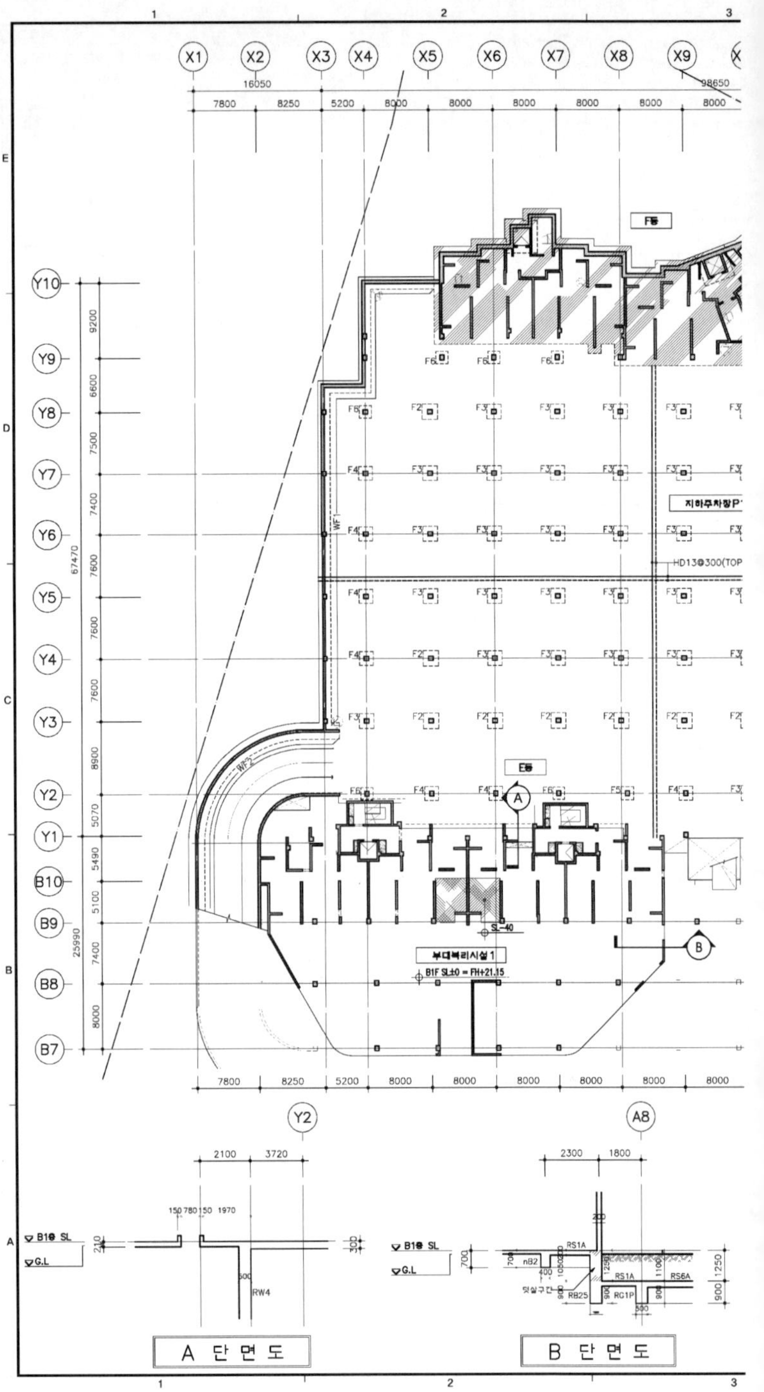

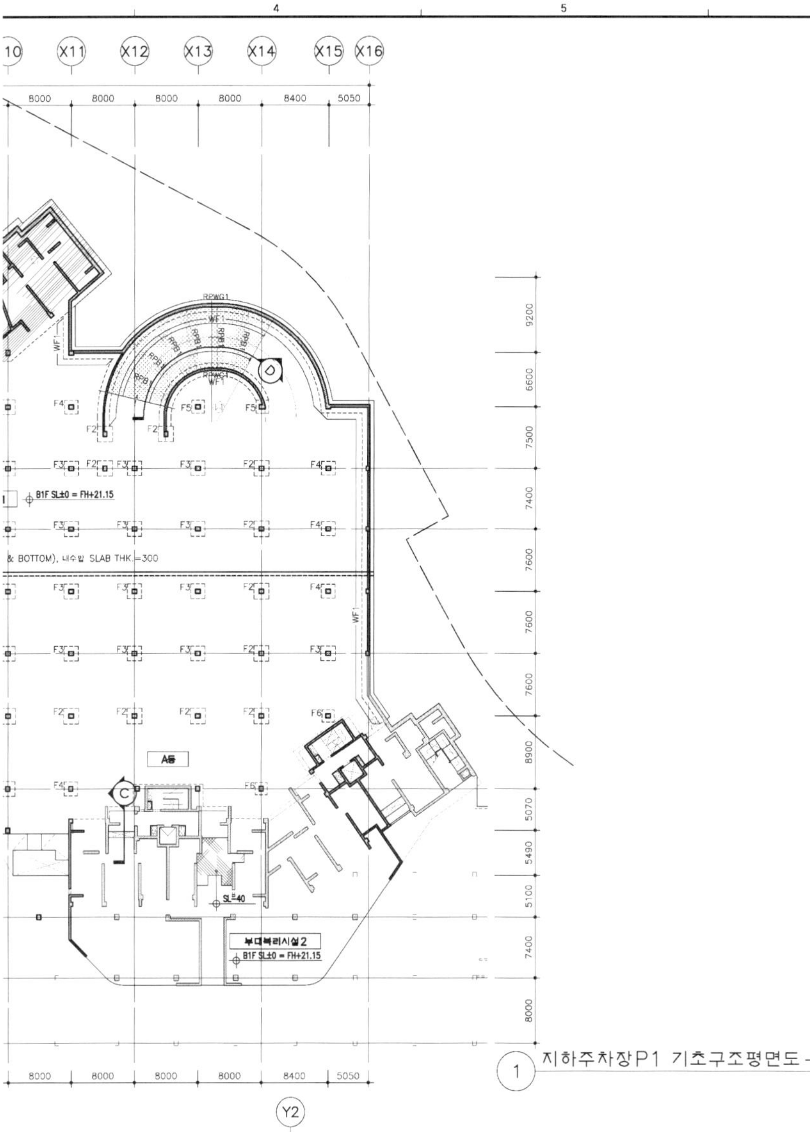

① 지하주차장P1 기초구조평면도 – 지내력기초

축척 : 1/300

*** 기둥 LIST**

21C3, 21C4 24C3	500 X 500
21C5	500 X 600
30C1, 30C2, 30C3 30C4, 30C5, 21C1	600 X 500
21C2, 24C1,24C2 30C6, 30C7	700 X 700

*** 벽체 LIST**

PW1, PW2, PW3 PW4, PW5, PW6 PW7	THK. 200
RPW1	THK. 300
RW1, RW5, RPRW2 RPRW3	THK. 300
RW4, RW5, RPRW1	THK. 400
RW2	THK. 550
RW3	THK. 800

*** 기초 LIST**

F1, F2	1900X1900X700
F3	1800X1800X700
F4	1700X1700X600
F5	1600X1600X600
F6	1500X1500X500
WF1,WF3	1500X500
WF2	2000X700
WF4	1125X500
WF5	1500X600
PF1	1125X1125X700
PF2	1125X2250X800
PF3	2250X2140X900

NOTE

1. 기둥을 제외한 지하주차장 콘크리트 모두 21Mpa 임.
   단, 기둥의 경우 콘크리트 압축강도를 구분하였음
2. 독립기초 하부 지내력
   qa=1000Kpa 이상 확보할것
3. 내수압판
   THK.=300(내수압판 하부 지내력
   qa=50Kpa 이상 확보할것
   (내수압판 설계시 지하수위 :
   내수압판 저면 + 1m)
4. (빗금) : 아파트 기초구간
   아파트 기초평면도 참조
5. (교차빗금) : 슬라브 다운 구간
   SL−40

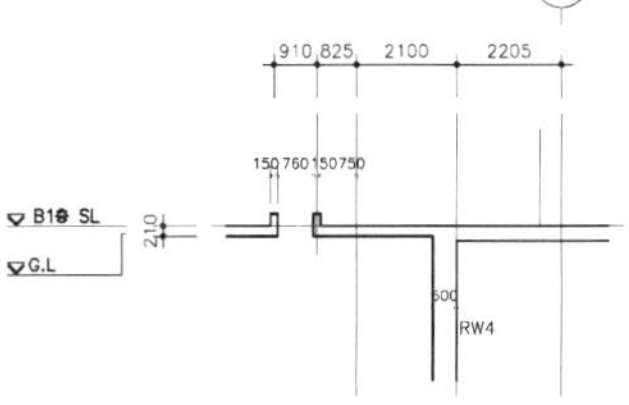

C 단 면 도

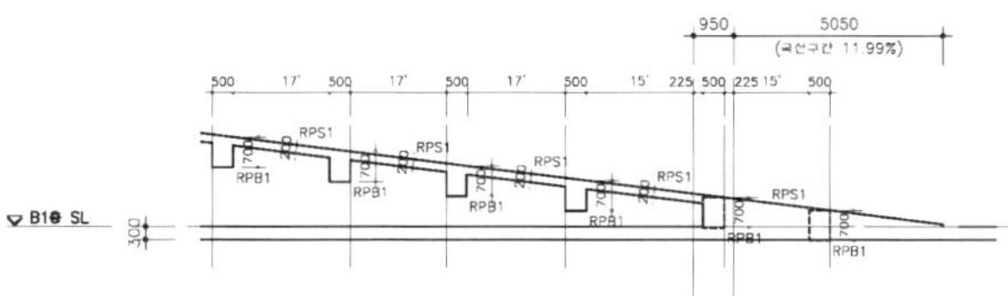

D 단 면 도

수정번호	작성자	검토자	승인자
	20 . .	20 . .	20 . .
	20 . .	20 . .	20 . .
	20 . .	20 . .	20 . .

공사명

도면명
지하주차장P1 기초구조평면도
(지내력기초)

축척
A1: 1/300 | A3: 1/600

프로젝트코드	작성	검토	승인
	2011.05.	2011.05.	2011.05.

도면번호
S2-101

2.5 슬래브 배근도

○구조 평면도에 직접 배근을 표시하는 방법으로 수량, 위치, 개구부 등의 특징을 정확히 표현하기 위해 작성된다.

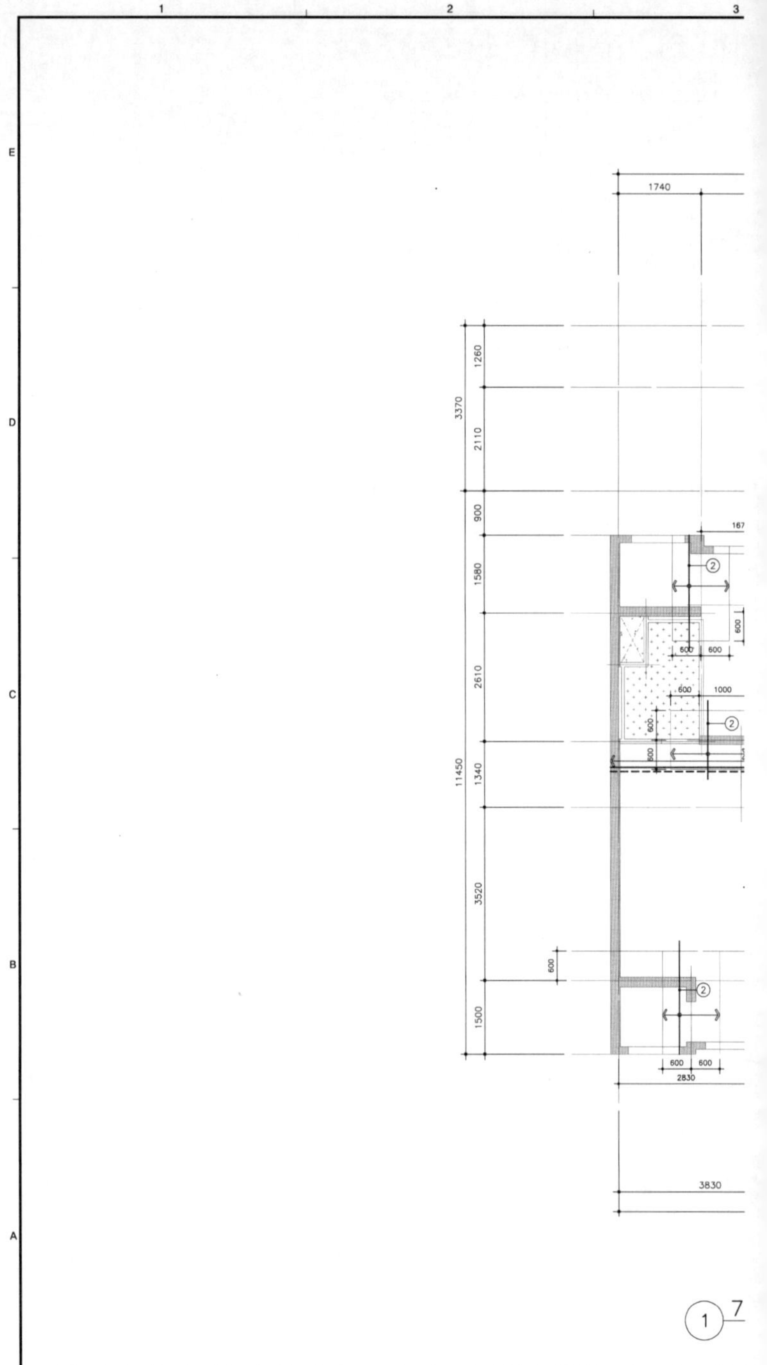

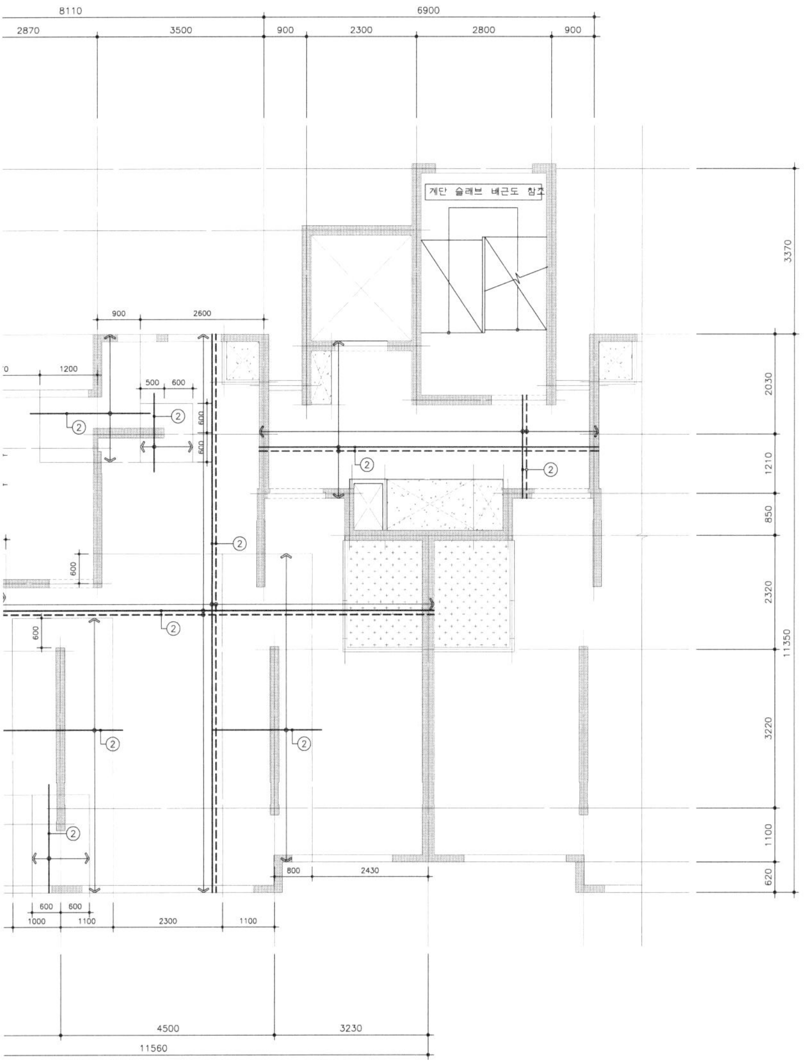

5m2 형 단위세대 슬라브 배근도−1

축척 : 1/50

NOTE

1. 철근강도 : fy=400MPa
2. 복도, 계단참 SLAB THK. 150
   욕실 SLAB THK 145
   그 외 SLAB THK 210
3. :AD/PD 배관슬리브 시공후 철근설치 및 콘크리트 타설
4. :욕실 SLAB SL −40
5. 배근구간 : ⟵⟶
6. 상부근(T): ———
   하부근(B):---------
7. 비연속구간의 철근벽체정착.
8. ST 이외의 개구부는 ø300이하의 슬리브로 시공

* 철근 배근 일람표

1	HD10@200	6	HD13@200
2	HD10@300	7	HD13@300
3	HD10@250	8	HD10@300
4	HD13@400	9	HD10@150
5	HD10@400	10	HD13@150

수정번호	수정내용		
△	20 . .	20. . .	20. . .
△	20 . .	20. . .	20. . .
△	20 . .	20. . .	20. . .
	작성자	검토자	승인자

공사명

도면명: 75m² 형 단위세대 슬라브 배근도-1 (기준층)

축척: A1: 1/50 I A3: 1/100

프로젝트코드	작성	검토	승인
	2011.06.	2011.06.	2011.06.

도면번호: S1-111

2.6 기둥 및 보 일람표 및 배근도, 구조 상세도

○기둥 및 보 일람표에는 각 부재의 형태, 철근배근, 기둥의 크기 등을 단면형태로 표시하여 정리한 도면이다.

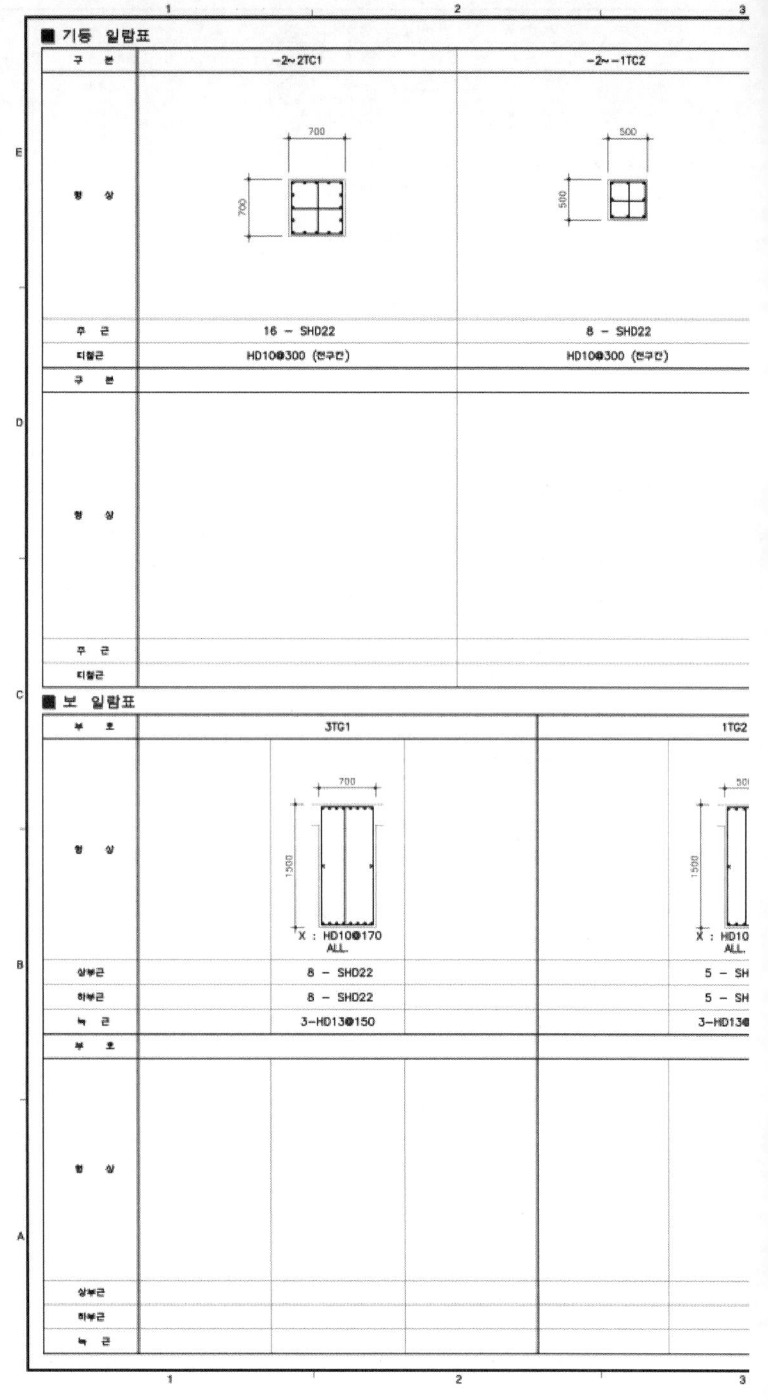

4
5
6
NOTE
• 재료강도
1. fck = 24 MPa
2. fy = 500 MPa(SHD)
3. fy = 400 MPa(HD)
4. HOOP의 중앙부, 상,하단부 구간은 일반사항 참조, 단, LIST상에 상,하단 미표기시에는 중앙부 배근간격 참조.
@170
D22
D22
150
20
수정내용
수정번호
작성자
검토자
승인자
A동
기둥, 보일람표
A1: 1/30 I A3: 1/60
2011.06
2011.06
2011.06
S1-201

2.7 벽체 일람표 및 배근도, 구조 상세도

- ○벽체의 종류와 분류방법에 따라 작성된 도면으로, 벽체의 특성과 함께 배근량 및 배근방법 등이 표현된다.
- ○벽체 배근 상세의 경우 수평철근과 수직철근의 위치가 명확히 표현되며, 확대 상세도가 같이 작성되거나 지하외벽이나 토압을 받는 옹벽의 경우에는 수직으로 절단한 단면 상세가 같이 표현된다.

■ 벽체 일람표 – 1 (501동)

부호	층수	두께	강도 (Mpa)	수직근	수평근	비고
84A-W1A	5층 ~ 20층	250	21	HD10 @450	HD10 @280	
	1층 ~ 4층	250	24	HD10 @450	HD10 @280	
	지하2층 ~ PIT층	250	24	HD10 @200	HD10 @220	
84A-W1D	5층 ~ 20층	250	21	HD10 @450	HD10 @280	
	4층	250	24	HD10 @450	HD10 @280	
	지하2층 ~ 지상3층	250	24	HD10 @200	HD10 @220	
84A-W1E	6층 ~ 20층	200	21	HD10 @450	HD10 @300	
	5층	200	21	HD10 @250	HD10 @280	
	1층 ~ 4층	200	24	HD10 @250	HD10 @280	
	지하2층 ~ PIT층	250	24	HD10 @200	HD10 @220	
84A-W2	5층 ~ 20층	180	21	HD10 @450	HD10 @390	
	1층 ~ 4층	180	24	HD10 @450	HD10 @390	
	지하2층 ~ PIT층	250	24	HD10 @200	HD10 @280	
84A-W3	5층 ~ 20층	180	21	HD10 @450	HD10 @390	
	1층 ~ 4층	180	24	HD10 @450	HD10 @390	
	지하2층 ~ PIT층	250	24	HD10 @200	HD10 @280	

부호	층수
84A-W4	5층 ~ 20
	1층 ~ 4
	지하1층 ~ P
	지하2층
84A-W5	5층 ~ 20
	1층 ~ 4
	지하2층 ~ P
84A-W6	5층 ~ 20
	1층 ~ 4
	지하2층 ~ P
84A-HW1	5층 ~ 20
	4층
	1층 ~ 3
	지하1층 ~ P
	지하2층
84A-HW2	5층 ~ 20
	1층 ~ 4
	지하2층 ~ P

(층수)	두께	강도 (Mpa)	수직근	수평근	비고
…층	160	21	HD10 @450	HD10 @390	
…층	160	24	HD10 @450	HD10 @390	
…PIT층	250	24	HD10 @200	HD10 @280	
	250	24	HD10 @200	HD10 @220	
…층	180	21	HD10 @450	HD10 @390	
…층	180	24	HD10 @450	HD10 @390	
…PIT층	250	24	HD10 @200	HD10 @280	
…층	180	21	HD10 @450	HD10 @390	
…층	180	24	HD10 @450	HD10 @390	
…PIT층	250	24	HD10 @200	HD10 @280	
…층	200	21	HD10 @450	HD10 @350	
	200	24	HD10 @400	HD10 @350	
…층	200	24	HD10 @250	HD10 @350	
…PIT층	250	24	HD13 @200	HD10 @280	
	250	24	HD13 @200	HD10 @220	
…층	200	21	HD10 @450	HD10 @350	
…층	200	24	HD10 @450	HD10 @350	
…PIT층	250	24	HD10 @200	HD10 @280	

부호	층수	두께	강도 (Mpa)	수직근	수평근	비고
84A-HW3	5층 ~ 20층	200	21	HD10 @450	HD10 @350	
	4층	200	24	HD10 @450	HD10 @350	
	3층	200	24	HD10 @350	HD10 @280	
	1층 ~ 2층	200	24	HD10 @350	HD10 @350	
	지하1층 ~ PIT층	250	24	HD13 @250	HD10 @220	
	지하2층	250	24	HD13 @150	HD10 @220	
84A-EW1	8층 ~ 20층	200	21	HD10 @450	HD10 @350	
	5층 ~ 7층	200	21	HD10 @250	HD10 @280	
	3층 ~ 4층	200	24	HD10 @250	HD10 @280	
	1층 ~ 2층	200	24	HD10 @250	HD10 @350	
	지하2층 ~ PIT층	250	24	HD10 @200	HD10 @220	
84A-EW2	5층 ~ 20층	200	21	HD10 @450	HD10 @350	
	1층 ~ 4층	200	24	HD10 @450	HD10 @350	
	지하2층 ~ PIT층	250	24	HD10 @200	HD10 @220	
84A-EW3	11층 ~ 20층	200	21	8-HD10	HD10 @120	
	5층 ~ 10층	200	21	8-HD10	HD10 @350	
	1층 ~ 4층	200	24	8-HD10	HD10 @350	
	지하2층 ~ PIT층	200	24	12-HD10	HD10 @220	
84A-EW4	5층 ~ 20층	200	21	HD10 @150	HD10 @250	
	1층 ~ 4층	200	24	HD10 @150	HD10 @250	
	지하2층 ~ PIT층	250	24	HD13 @150	HD10 @220	

NOTE

1. fck = 21 Mpa(지상5층이상), fck = 24 Mpa(지상4층이하)
2. fy = 400 Mpa(HD16이하), fy = 500 Mpa(HD19이상)
3. 전체 벽체 TYPE 'A'적용

(1) 복배근 (TYPE 'A')

(2) 단배근 (TYPE 'B')

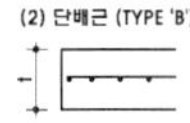

(3) 교차부 (TYPE 'A')

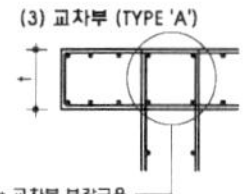

* 교차부 보강근은 배근이 큰 쪽을 적용할 것

EX) 수직벽 HD10 사용
수직벽 HD13 사용
: 4-HD13 배근

△	20 . .	20 . .	20 . .
△	20 . .	20 . .	20 . .
△	20 . .	20 . .	20 . .
수정번호	수정내용		
	작성자	검토자	승인자

공사명

도면명: 501동 벽체 일람표-1

축척: A1: 1/NONE I A3: 1/NONE

프로젝트코드	작성	검토	승인
	2011.06.	2011.06.	2011.06.

도면번호: S1-301

3장 기계설비 부문 설계도서

3.1 도면 목록표

○도면 목록표는 도면 전체의 목록을 나타내는 도면이다.
도면번호, 도면명, 축척 및 기타 비고사항을 기입한다.
일반적으로 기계설비는 M으로 시작하며, 기계소방의 경우는 MF로 시작한다. 기계설비 공종에 따라 앞의 기호를 추가하는 경우가 있다.(예, 난방 MH, 위생 MP, 도시가스 MG 등)

도면번호	도 면 명	축 척	
		A1	A3
M-1-01	도면목록표-1	NONE	NONE
M-1-02	도면목록표-2	NONE	NONE
M-2-03	범례표	NONE	NONE
M-3-04	장비일람표-1	NONE	NONE
M-3-05	장비일람표-2	NONE	NONE
MA-1-01	옥외 배관 평면도	1/1000	1/2000
MA-1-02	지하주차장 위생배관 평면도 - 1	1/250	1/500
MA-1-03	지하주차장 위생배관 평면도 - 2	1/250	1/500
MA-1-04	지하주차장 환기 평면도 - 1	1/250	1/500
MA-1-05	지하주차장 환기 평면도 - 2	1/250	1/500
MA-3-06	급수배관 흐름도	NONE	NONE
MA-8-07	펌프실 및 저수조실 확대배관 평면도	1/50	1/100
MA-8-08	펌프실 및 저수조실 확대덕트 평면도	1/50	1/100
MA-8-09	전기실 및 발전기실 냉방배관 및 확대덕트 평면도	1/50	1/100
MA-9-10	지하저수조 상세도	1/100	1/200
MA-9-11	지하주차장 열선배관 평면도 - 1	1/250	1/500
MA-9-12	지하주차장 열선배관 평면도 - 2	1/250	1/500
MA-9-13	일반 상세도	NONE	NONE
MH-1-01	75㎡ 단위세대 난방배관 평면도 (기본형-최하, 최상층)	1/50	1/100
MH-1-02	75㎡ 단위세대 난방배관 평면도 (확장형-최하, 최상층)	1/50	1/100
MH-2-03	75㎡ 단위세대 난방배관 평면도 (기본형-기준층)	1/50	1/100
MH-2-04	75㎡ 단위세대 난방배관 평면도 (확장형-기준층)	1/50	1/100
MH-1-05	84㎡A 단위세대 난방배관 평면도 (기본형-최하, 최상층)	1/50	1/100
MH-1-06	84㎡A 단위세대 난방배관 평면도 (확장형-최하, 최상층)	1/50	1/100
MH-2-07	84㎡A 단위세대 난방배관 평면도 (기본형-기준층)	1/50	1/100
MH-2-08	84㎡A 단위세대 난방배관 평면도 (확장형-기준층)	1/50	1/100
MH-1-09	84㎡B 단위세대 난방배관 평면도 (기본형-최하, 최상층)	1/50	1/100
MH-1-10	84㎡B 단위세대 난방배관 평면도 (확장형-최하, 최상층)	1/50	1/100
MH-2-11	84㎡B 단위세대 난방배관 평면도 (기본형-기준층)	1/50	1/100
MH-2-12	84㎡B 단위세대 난방배관 평면도 (확장형-기준층)	1/50	1/100
MH-1-13	84㎡C 단위세대 난방배관 평면도 (기본형-최하, 최상층)	1/50	1/100
MH-1-14	84㎡C 단위세대 난방배관 평면도 (확장형-최하, 최상층)	1/50	1/100
MH-2-15	84㎡C 단위세대 난방배관 평면도 (기본형-기준층)	1/50	1/100
MH-2-16	84㎡C 단위세대 난방배관 평면도 (확장형-기준층)	1/50	1/100
MH-6-17	75㎡ 단위세대 냉매배관 평면도 (기본형, 확장형)	1/50	1/100
MH-6-18	84㎡A 단위세대 냉매배관 평면도 (기본형, 확장형)	1/50	1/100
MH-6-19	84㎡B 단위세대 냉매배관 평면도 (기본형, 확장형)	1/50	1/100
MH-6-20	84㎡C 단위세대 냉매배관 평면도 (기본형, 확장형)	1/50	1/100

4 5 6

NOTE

도면목록표 - 1

비고

도면번호	도 면 명	축척		비고
		A1	A3	
MP-1-01	75㎡ 단위세대 위생배관 평면도 (기본형)	1/50	1/100	
MP-1-02	75㎡ 단위세대 위생배관 평면도 (확장형)	1/50	1/100	
MP-1-03	84㎡A 단위세대 위생배관 평면도 (기본형)	1/50	1/100	
MP-1-04	84㎡A 단위세대 위생배관 평면도 (확장형)	1/50	1/100	
MP-1-05	84㎡B 단위세대 위생배관 평면도 (기본형)	1/50	1/100	
MP-1-06	84㎡B 단위세대 위생배관 평면도 (확장형)	1/50	1/100	
MP-1-07	84㎡C 단위세대 위생배관 평면도 (기본형)	1/50	1/100	
MP-1-08	84㎡C 단위세대 위생배관 평면도 (확장형)	1/50	1/100	
MP-2-09	A동 지하1층 오, 배수배관 평면도	1/100	1/200	
MP-2-10	B동 지하1층 오, 배수배관 평면도	1/100	1/200	
MP-2-11	C동 지하1층 오, 배수배관 평면도	1/100	1/200	
MP-2-12	D동 지하1층 오, 배수배관 평면도	1/100	1/200	
MP-2-13	E동 지하1층 오, 배수배관 평면도	1/100	1/200	
MP-2-14	F동 지하1층 오, 배수배관 평면도	1/100	1/200	
MP-3-15	A동 지하2~1층 위생배관 평면도	1/150	1/300	
MP-3-16	A동 1~2층 위생배관 평면도	1/150	1/300	
MP-3-17	A동 3~지붕층 위생배관 평면도	1/150	1/300	
MP-3-18	B동 지하1~1층 위생배관 평면도	1/150	1/300	
MP-3-19	B동 2~20층 위생배관 평면도	1/150	1/300	
MP-3-20	B동 지붕층 위생배관 평면도	1/150	1/300	
MP-3-21	C동 지하1~1층 위생배관 평면도	1/150	1/300	
MP-3-22	C동 2~20층 위생배관 평면도	1/150	1/300	
MP-3-23	C동 지붕층 위생배관 평면도	1/150	1/300	
MP-3-24	D동 지하1~1층 위생배관 평면도	1/150	1/300	
MP-3-25	D동 2~20층 위생배관 평면도	1/150	1/300	
MP-3-26	D동 지붕층 위생배관 평면도	1/150	1/300	
MP-3-27	E동 지하2~1층 위생배관 평면도	1/150	1/300	
MP-3-28	E동 1~2층 위생배관 평면도	1/150	1/300	
MP-3-29	E동 3~지붕층 위생배관 평면도	1/150	1/300	
MP-3-30	F동 지하2~1층 위생배관 평면도	1/150	1/300	
MP-3-31	F동 1~2층 위생배관 평면도	1/150	1/300	
MP-3-32	F동 3~지붕층 위생배관 평면도	1/100	1/200	
MP-4-33	A동 급수 배관 계통도	NONE	NONE	
MP-4-34	B동 급수 배관 계통도	NONE	NONE	
MP-4-35	C동 급수 배관 계통도	NONE	NONE	
MP-4-36	D동 급수 배관 계통도	NONE	NONE	
MP-4-37	E동 급수 배관 계통도	NONE	NONE	
MP-4-38	F동 급수 배관 계통도	NONE	NONE	
MP-7-39	A동 오, 배수 배관 계통도	NONE	NONE	
MP-7-40	B동 오, 배수 배관 계통도	NONE	NONE	

E D C A

△			
	20 . .	20 . .	20 . .
△			
	20 . .	20 . .	20 . .
△			
	20 . .	20 . .	20 . .
수정번호	수정내용		
	작 성 자	검 토 자	승 인 자
	작성일자	검토일자	승인일자

프로젝트명

도 면 명
도면목록표 - 1

축 척
A1: NONE I A3: NONE

프로젝트코드	작성	검토	승인
	20 . .	20 . .	20 . .

도 면 번 호
M-1- 01

4 5 6

3.2 범례표

○범례표는 기계설비 도면 작성에 사용하는 각종 기호와 그들의 설명을 나타내며, 필요시 재질 등의 세부사항을 포함하기도 한다.

범례는 공조, 위생 등 공종별로 분류하여 작성하거나 배관류 · 덕트류 · 밸브 및 연결부속류로 분류해서 작성하는 경우도 있다.

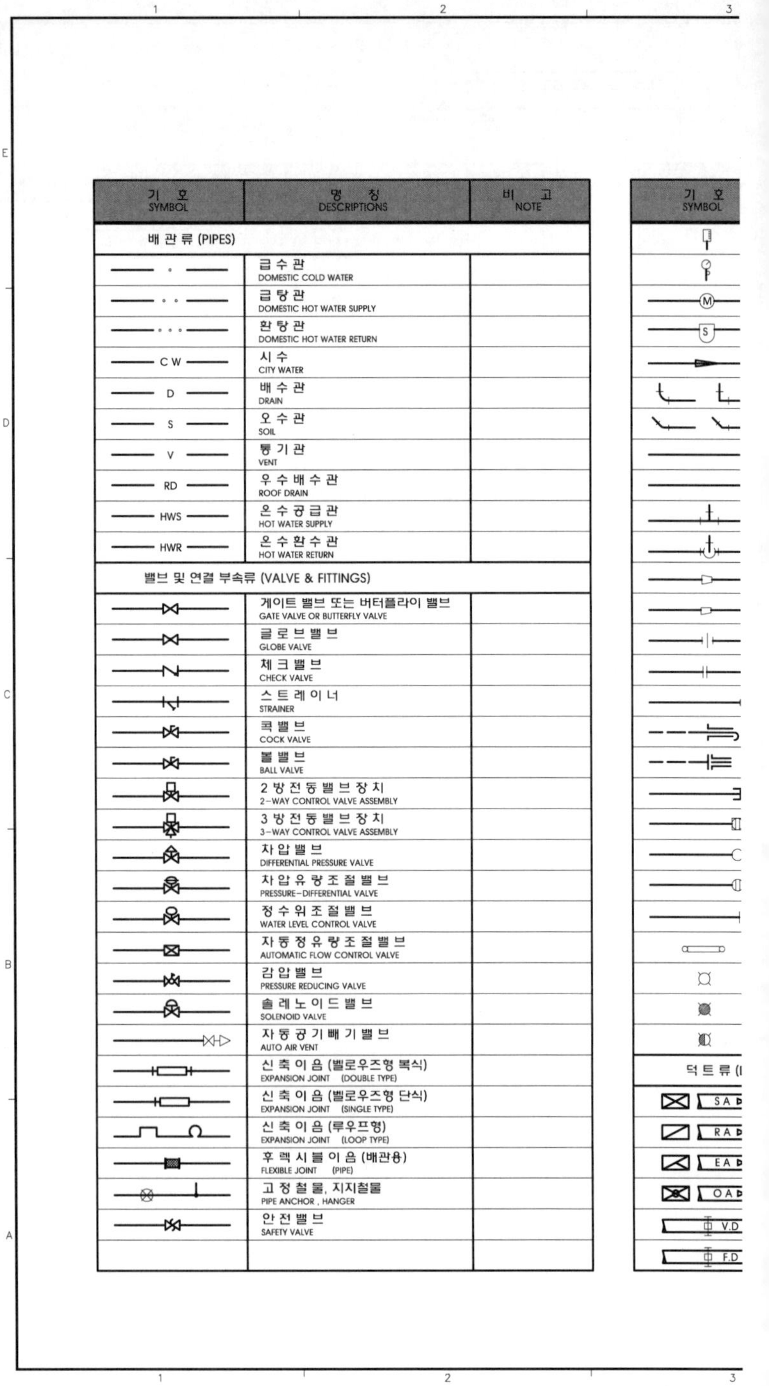

기 호 SYMBOL	명 칭 DESCRIPTIONS	비 고 NOTE
배 관 류 (PIPES)		
	급 수 관 DOMESTIC COLD WATER	
	급 탕 관 DOMESTIC HOT WATER SUPPLY	
	환 탕 관 DOMESTIC HOT WATER RETURN	
CW	시 수 CITY WATER	
D	배 수 관 DRAIN	
S	오 수 관 SOIL	
V	통 기 관 VENT	
RD	우 수 배 수 관 ROOF DRAIN	
HWS	온 수 공 급 관 HOT WATER SUPPLY	
HWR	온 수 환 수 관 HOT WATER RETURN	
밸브 및 연결 부속류 (VALVE & FITTINGS)		
	게이트 밸브 또는 버터플라이 밸브 GATE VALVE OR BUTTERFLY VALVE	
	글 로 브 밸 브 GLOBE VALVE	
	체 크 밸 브 CHECK VALVE	
	스 트 레 이 너 STRAINER	
	콕 밸 브 COCK VALVE	
	볼 밸 브 BALL VALVE	
	2 방 전 동 밸 브 장 치 2-WAY CONTROL VALVE ASSEMBLY	
	3 방 전 동 밸 브 장 치 3-WAY CONTROL VALVE ASSEMBLY	
	차 압 밸 브 DIFFERENTIAL PRESSURE VALVE	
	차 압 유 량 조 절 밸 브 PRESSURE-DIFFERENTIAL VALVE	
	정 수 위 조 절 밸 브 WATER LEVEL CONTROL VALVE	
	자 동 정 유 량 조 절 밸 브 AUTOMATIC FLOW CONTROL VALVE	
	감 압 밸 브 PRESSURE REDUCING VALVE	
	솔 레 노 이 드 밸 브 SOLENOID VALVE	
	자 동 공 기 빼 기 밸 브 AUTO AIR VENT	
	신 축 이 음 (벨로우즈형 복식) EXPANSION JOINT (DOUBLE TYPE)	
	신 축 이 음 (벨로우즈형 단식) EXPANSION JOINT (SINGLE TYPE)	
	신 축 이 음 (루우프형) EXPANSION JOINT (LOOP TYPE)	
	후 렉 시 블 이 음 (배관용) FLEXIBLE JOINT (PIPE)	
	고 정 철 물, 지지철물 PIPE ANCHOR , HANGER	
	안 전 밸 브 SAFETY VALVE	

4 5 6

범 례 표

	명 칭 DESCRIPTIONS	비 고 NOTE
	온 도 계 THERMOMETER	
	압 력 계 PRESSURE GAUGE	
	계 량 기 (종류명기) METER	
	공 기 분 리 기 AIR SEPARATOR	
	유 체 의 흐 름 방 향 DIRECTION OF FLOW	
	90° 엘 보 90° ELBOW	
	45° 엘 보 45° ELBOW	
	하 향 곡 관 ELBOW TURNED DOWN	
	상 향 곡 관 ELBOW TURNED UP	
	티 TEE	
	티 및 엘 보 TEE & ELBOW	
	레 듀 서 CONCENTRIC REDUCER	
	편 심 레 듀 서 ECCENTRIC REDUCER	
	유 니 온 UNION	
	플 렌 지 FLANGE	
	수 격 방 지 기 WATER HAMMER CUSHION	
VTR	옥 상 통 기 구 VENT THRU ROOF	
VTW	벽 통 기 구 VENT THRU WALL	
	캡 CAP	
F.D	바 닥 배 수 구 FLOOR DRAIN	
R.D	옥 상 배 수 구 ROOF DRAIN	
F.C.O	바 닥 소 제 구 FLOOR CLEANOUT	
C.O	소 제 구 CLEANOUT	
	방 열 기 RADIATOR	
	급 수 수 전 COLD WATER VALVE	
	급 탕 수 전 HOT WATER VALVE	
	혼 합 수 전 MIXING WATER VALVE	
DUCTS)		
	급 기 덕 트 SUPPLY AIR DUCT SECTION	
	환 기 덕 트 RETURN AIR DUCT SECTION	
	배 기 덕 트 EXHAUST AIR DUCT SECTION	
	외 기 덕 트 OUT AIR DUCT SECTION	
	풍 량 조 절 댐 퍼 VOLUME DAMPER	
	방 화 댐 퍼 FIRE DAMPER	

기 호 SYMBOL	명 칭 DESCRIPTIONS	비 고 NOTE
	캔 바 스 이 음 CANVAS DUCT CONNETION	
	후 렉 시 블 덕 트 FLEXIBLE DUCT	
SD	분 기 댐 퍼 SPLIT DAMPER	
TV TV	터 닝 베 인 TURNING VANE	
	원 형 디 퓨 져 ROUND DIFFUSER	
	각 형 디 퓨 져 SQUARE DIFFUSER	
	레 지 스 터 및 그 릴 REGISTER OR GRILLE	
	루 버 LOUVER	
RH	재 열 코 일 REHEATING COIL	
	덕 트 소 음 기 DUCT SOUND ATTENUATOR	
U	덕트의 오르내림(U:올라감, D:내려감) CHANGE OF ELEVATION (U:UP D:DOWN)	
500x300	덕 트 의 크 기 (장변 X 단변) DUCT SIZE (WIDTH x DEPTH)	
	유 체 의 흐 름 방 향 DIRECTION OF FLOW	
	덕 트 의 확 대 축 소 TRANSITION	
	덕 트 의 분 지 BRANCH SUPPLY OR RETURN	

NOTE

E D C B A

수정번호	수정내용		
	설 계	검 토	승 인
	20 . .	20 . .	20 . .
수정번호	수정내용		
	설 계	검 토	승 인
	20 . .	20 . .	20 . .
수정번호	수정내용		
	설 계	검 토	승 인
	20 . .	20 . .	20 . .
수정번호	수정내용		
	설 계	검 토	승 인
	20 . .	20 . .	20 . .
수정번호	수정내용		
	설 계	검 토	승 인
	20 . .	20 . .	20 . .
수정번호	수정내용		
	설 계	검 토	승 인
	20 . .	20 . .	20 . .

공사명

도면명
범례표

축 척
A1: NONE I A3: NONE

프로젝트코드	설 계	검 토	승 인
	2002. .	2002. .	2002. .

도면번호
M-2-03

4 5 6

3.3 장비일람표

○장비일람표는 해당 건물에 설치되는 모든 장비의 용량, 수량, 사양 및 기타 특별한 기준이나 조건 등을 나타내는 도면으로 장비발주와 물량 산출 등에서 매우 중요한 역할을 하는 도면이다.

장비일람표는 원칙적으로 건물에 설치되는 모든 장비를 표기하고, 공동주택의 경우 주로 다음 장비들이 표기된다.

■주요 표현 내용

- 열원장비 : 가스보일러, 패키지 에어컨 및 EHP
  *지역난방인 경우 지역난방 열교환기
- 송풍기(단지용) / 환기유닛(세대용)
- 펌프류 : 급수펌프, 배수펌프 /
  *지역난방인 경우 난방순환펌프, 급탕순환펌프 추가
- 저수조, 고가수조
- 기타 장비 : 전기온수기 등

가스 보일러

기호	용도	형식	설치위치	수량 (EA)	용량(Kcal/hr)		사
					난방	급탕	
B－1	난방/온수겸용	벽걸이형 (강제급배기방식)	75, 84A, 84B, 84C 평형	478	20,000	20,000	
B－2	난방/온수겸용	벽걸이형 (강제급배기방식)	부대복리시설2(경로당), 부대복리시설3(보육시설)	2	30,000	30,000	

송 배 풍 기

기호	용도	형식	설치위치	수량 (대)	풍량 (CMH)	(
F－1	저수조실 및 펌프실 급, 배기용	DUCT INLINE	저수조실	2	7,510	
F－2	전기실 급기용	DUCT INLINE	발전기실	1	7,130	
F－3	전기실 및 발전기실 배기용	DUCT INLINE	발전기실	1	10,450	
F－4	방재실/MDF실 급, 배기용	DUCT INLINE	MDF실	2	840	
F－5	부대복리시설－1 샤워실(남,여)/화장실 배기용	DUCT INLINE	부대시설－1	1	890	
F－6	부대복리시설－1 화장실(남,여) 배기용	DUCT INLINE	부대시설－1	1	630	
F－7	부대복리시설－2 화장실(남,여) 배기용	DUCT INLINE	부대시설－2	1	330	
F－8	부대복리시설－2 경로당 화장실(남,여) 배기용	CEILING FAN	부대복리시설－2 경로당 화장실	2	150	
F－9	부대복리시설－3 보육시설 화장실 배기용	CEILING FAN	부대복리시설－3 보육시설 화장실	4	150	
F－10	경비실 화장실 배기용	CEILING FAN	경비실－1,2 화장실	2	100	
F－11	근린생활시설 화장실(남,여) 배기용	CEILING FAN	근린생활시설 화장실	2	300	
F－12	지하주차장－1 배기용	SIROCCO (D.S)	지하주차장－1 팬룸	2	29,300	
F－13	지하주차장－2 배기용	SIROCCO (D.S)	지하주차장－2 팬룸	2	43,500	
F－14	주차장 유인휀	LONGLINE FAN	지하주차장－1, 2	58	1,800	

펌 프

기호	용도	형식	설치위치	수량 (대)	유량 (LPM/EA)
P－1	급수 공급용(501~506동)	BOOSTER	펌프실	1 Sets	297x4
P－2	배 수 용	수 중 형	펌프실 집수정	2	400
P－3	배 수 용	수 중 형	지하 주차장 집수정	24	200
P－4	배 수 용	수 중 형	PIT 집수정	13	100
P－5	배 수 용	수 중 형	ELEV. 집수정	12	100
P－6	썬 큰 용	수 중 형	썬큰 집수정	4	500
P－7	배 수 용	수 중 형	PIT 집수정(근생)	1	100
P－8	배 수 용	수 중 형	지하 주차장 영구 집수정	4	300

저 수 조

기호	용도	형식	설치위치	수량 (대)	탱크 유효 용량 TON	
T－1	세대 급수 및 소방용	지하 저수조	지하 저수조실	1	746	1

저장식 전기 온수기

기호	용도	형식	설치위치	수량 (대)	저탕용량 (ℓ)	(W
EW－1	부대복리시설－1 남, 여 급탕용	저장식	부대시설－1 보일러실	1	2,000	φ12

장비일람표-1

용연료	연도(규격)		전 원	비 고
	급 기	배 기	PH x V x Hz	
LNG	65	100	1 x 220 x 60	표준 부속품 일체 구비, 1등급 제품 적용(효율 87% 이상)
LNG	65	100	1 x 220 x 60	표준 부속품 일체 구비, 1등급 제품 적용(효율 87% 이상)

정압 (mmAq)	모 타 (KW)	전 원 (PH x V x Hz)	비 고
16	1.5	3 x 380 x 60	표준 부속품 일체구비, 고효율기자재 인증제품
15	1.5	3 x 380 x 60	표준 부속품 일체구비, 고효율기자재 인증제품
15	1.5	3 x 380 x 60	표준 부속품 일체구비, 고효율기자재 인증제품
15	0.2	1 x 220 x 60	표준 부속품 일체구비, 고효율기자재 인증제품
8	0.2	1 x 220 x 60	표준 부속품 일체구비, 고효율기자재 인증제품
8	0.2	1 x 220 x 60	표준 부속품 일체구비, 고효율기자재 인증제품
9	0.2	1 x 220 x 60	표준 부속품 일체구비, 고효율기자재 인증제품
4	0.02	1 x 220 x 60	표준 부속품 일체구비, 고효율기자재 인증제품
4	0.02	1 x 220 x 60	표준 부속품 일체구비, 고효율기자재 인증제품
4	0.02	1 x 220 x 60	표준 부속품 일체구비, 고효율기자재 인증제품
3	0.03	1 x 220 x 60	표준 부속품 일체구비, 고효율기자재 인증제품
12	3.7	3 x 380 x 60	표준 부속품 일체구비, 고효율기자재 인증제품
11	3.7	3 x 380 x 60	표준 부속품 일체구비, 고효율기자재 인증제품
–	0.11	1 x 220 x 60	표준 부속품 일체구비, 고효율기자재 인증제품

* 펌프류는 KS인증제품 또는 KS규격효율이상제품 사용

양정 (M)	모 타 (KW/EA)	전 원 (PH x V x Hz)	비 고
101	11 x 4	3 x 380 x 60	표준 부속품 일체구비(인버터형), 4-pump system
12	2.2	3 x 380 x 60	표준 부속품 일체구비(STEP CONTROL), 2대 1SET
13	1.5	3 x 380 x 60	표준 부속품 일체구비(STEP CONTROL), 2대 1SET, 발전기실 포함
13	1	1 x 220 x 60	표준 부속품 일체구비(볼탭 일체형), 1대 1SET
10	0.4	1 x 220 x 60	표준 부속품 일체구비(볼탭 일체형), 1대 1SET
13	3.7	3 x 380 x 60	표준 부속품 일체구비(STEP CONTROL), 2대 1SET
6	0.3	1 x 220 x 60	표준 부속품 일체구비(볼탭 일체형), 1대 1SET
13	1.5	3 x 380 x 60	표준 부속품 일체구비(STEP CONTROL), 2대 1SET-주차장배수와 겸용

규 격	재 질	비 고
m³ x H		
?8 x 4.5	PDF	소화용수 포함, 표준 부속품 일체구비(중간칸막이)

규 격	소비전력	전 원	비 고
x H) mm	(KW)	PH x V x Hz	
?40 x 2300	20	3 x 380 x 60	표준 부속품 일체 구비(순환펌프 2대 포함)

NOTE

수정번호	수정내용		
	설 계	검 토	승 인
	20 . .	20 . .	20 . .
	설 계	검 토	승 인
	20 . .	20 . .	20 . .
	설 계	검 토	승 인
	20 . .	20 . .	20 . .
	설 계	검 토	승 인
	20 . .	20 . .	20 . .
	설 계	검 토	승 인
	20 . .	20 . .	20 . .
	설 계	검 토	승 인
	20 . .	20 . .	20 . .

공사명

도면명: 장비일람표-1

축 척: A1: NONE I A3: NONE

프로젝트코드	설 계	검 토	승 인
	2002.	2002.	2002.

도면번호: M-3-04

3.4 옥외배관 평면도

○옥외배관 평면도는 건축물의 옥외에 설치되는 각종 배관의 설치를 표현하는 도면으로, 건축 배치도에 표현한다. 옥외배관 평면도는 원칙적으로 건물 옥외에 설치되는 모든 배관들을 표기한다.

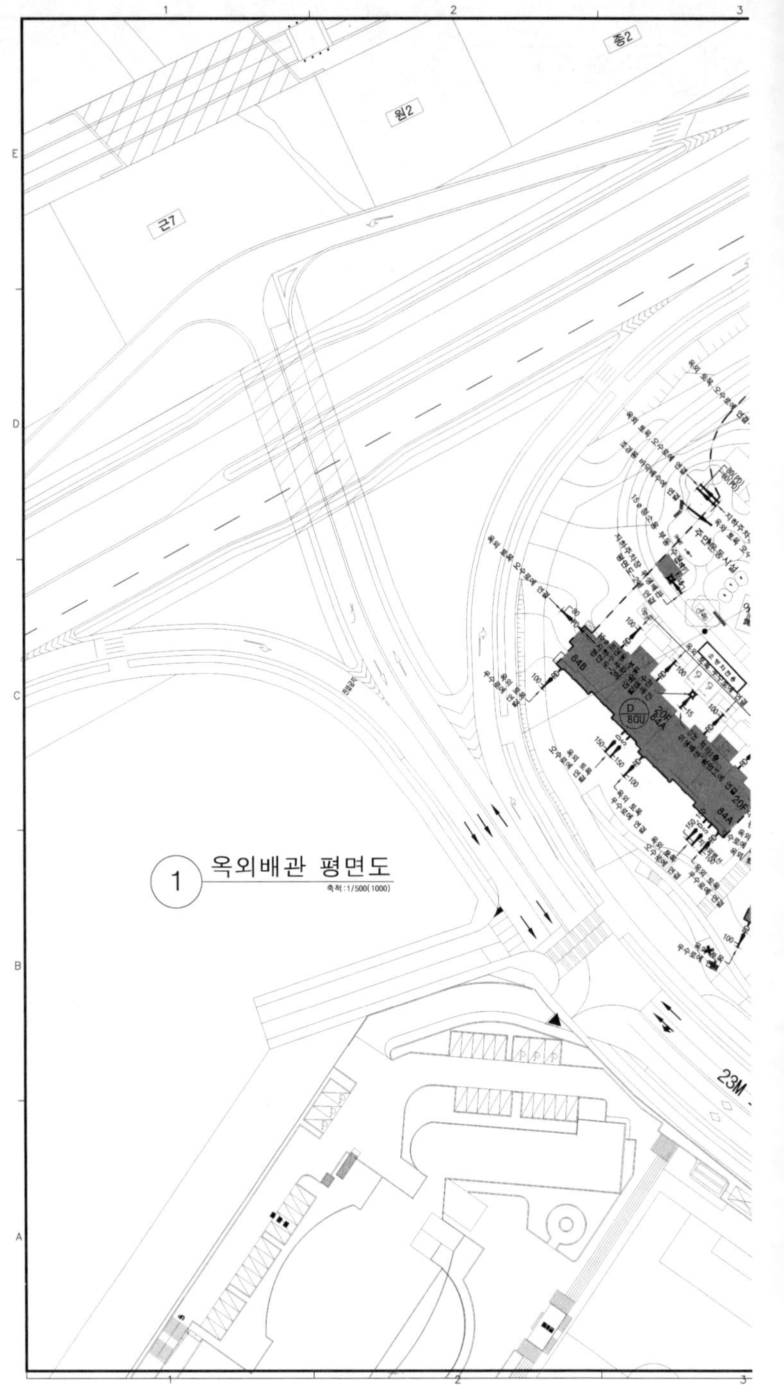

■주요 표현 내용

- 상수도 관련 : 수도미터기 위치, 상수도 인입배관 (관로 및 관경)
- 도시가스 관련 : 도시가스 정압기/미터기 위치, 도시가스 인입배관 (관로 및 관경)
- 우수/오수배관 : 건물에서 토목배관으로 연결되는 우수관, 오수관 위치 및 관경
- 기타 : 건물 옥외에 설치되는 모든 설비 관련 시설 및 배관

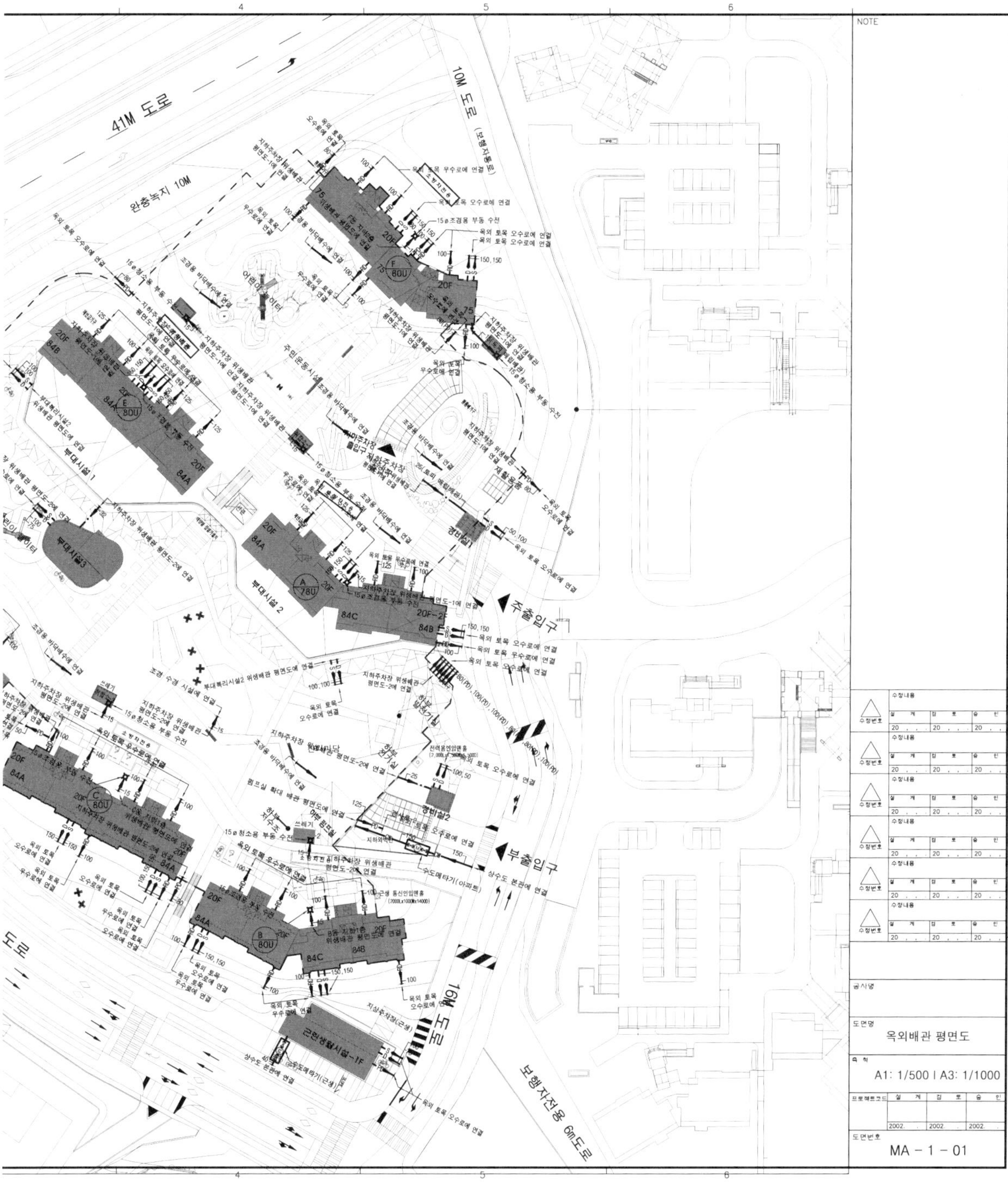
41M 도로
10M 도로 (보행자통로)
완충녹지 10M
주출입구
부출입구
보행자전용 6m도로
NOTE
공사명
도면명
옥외배관 평면도
축척
A1: 1/500 l A3: 1/1000
도면번호
MA - 1 - 01

3.5 지하주차장 위생배관 평면도

○공동주택의 경우 기계실로부터 공급되는 배관은 대부분 지하주차장의 횡주관을 통해 각 동으로 연결되며(일부 공동구에 설치), 지하주차장 등의 집수정에 배수펌프를 설치하여 옥외로 방류하며, 이 도면은 이러한 배관을 나타내는 것이다. 참고로 지역난방 단지의 경우 지하주차장에 난방배관 및 급탕배관을 표현하게 된다.

■주요 표현 내용

- 위생배관 : 해당층 급수배관 및 오배수배관(관로 및 관경), 입상배관의 표시, 연결배관 표시
- 배수배관 및 장비 : 집수정과 집수정에 설치되는 배수펌프와 연결되는 배관(장비번호, 관로 및 관경)
- 기타 : 연결도면 명기, 확대배관 도면 명기

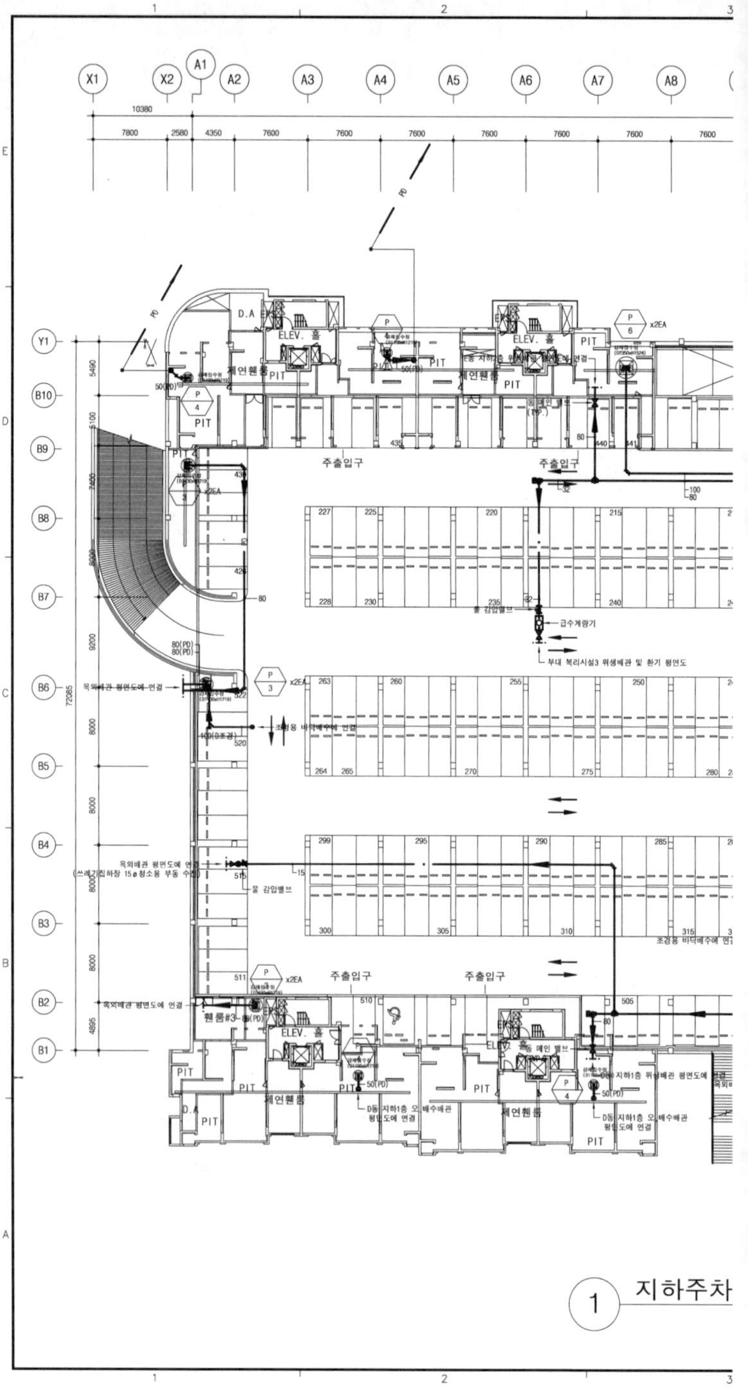

장 위생배관 평면도 - 2

축척:1/250(500)

NOTE

공사명

도면명
지하주차장 위생배관 평면도-2

축척
A1: 1/250 | A3: 1/500

프로젝트코드	설계	검토	승인
	2002.	2002.	2002.

도면번호
MA - 1 - 03

3.6 지하주차장 환기덕트 평면도

○공동주택의 지하주차장은 자동차 배기가스의 배출과 신선공기의 도입을 위해 환기가 필요하다. 본 도면은 지하주차장 환기에 필요한 환기팬과 기류 유도팬을 나타내는 것이며, 지하층 일부 실에 별도의 환기장치가 있을 경우도 모두 표시한다.

■주요 표현 내용

- 환기팬 장비 : 주 환기팬, 기류 유도팬 (위치, 용량)
- 기류 유도팬의 기류 방향
- 기타 : 팬룸(FAN ROOM) 상세도(풍량, 연결덕트 사이즈, 루버 면적 등 표시)

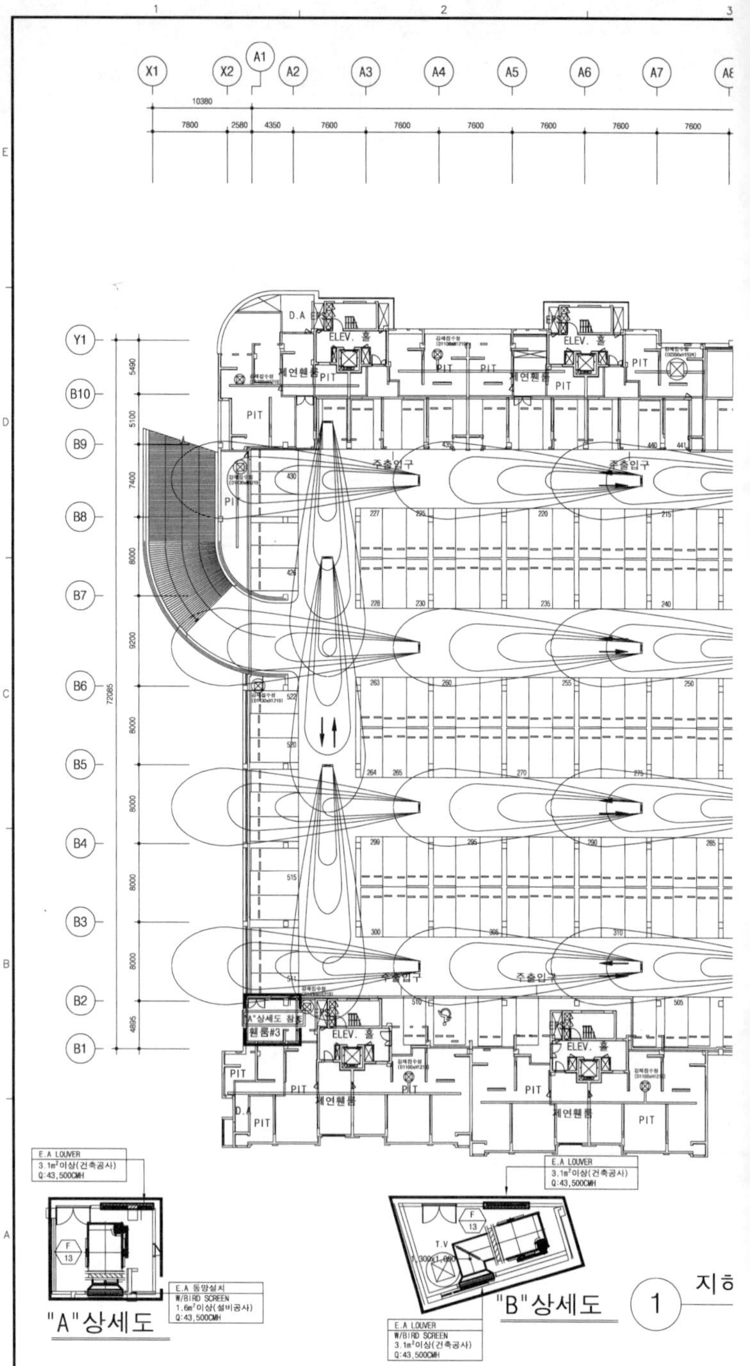

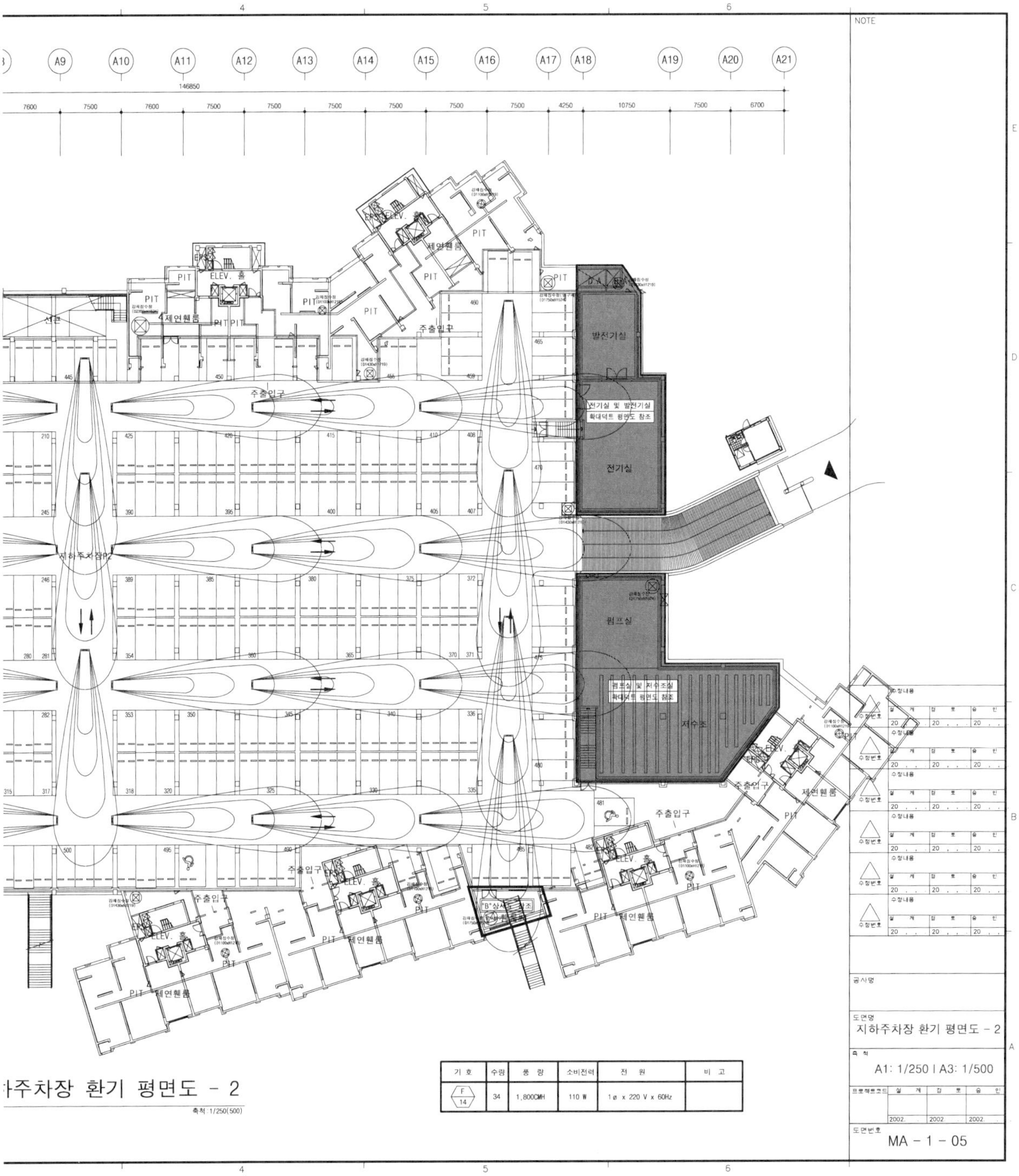

NOTE
A9 A10 A11 A12 A13 A14 A15 A16 A17 A18 A19 A20 A21
146850
발전기실
전기실 및 발전기실
확대덕트 평면도 참조
전기실
펌프실
펌프실 및 저수조실
확대덕트 평면도 참조
저수조
지하주차장
주출입구
제연휀룸
ELEV. 홀
PIT
"B"상세도 참조
기 호 | 수량 | 풍 량 | 소비전력 | 전 원 | 비 고
F 14 | 34 | 1,800CMH | 110 W | 1ø x 220 V x 60Hz |
ㅏ주차장 환기 평면도 - 2
축척 : 1/250(500)
공사명
도면명
지하주차장 환기 평면도 - 2
축 척
A1: 1/250 | A3: 1/500
도면번호
MA - 1 - 05

3.7 급수배관 흐름도

○급수배관 흐름도는 단지 전체의 급수 공급의 개념과 저수조에 연결되는 상수도 인입을 나타내는 도면이다.

지하저수조와 펌프 및 각 동으로 연결되는 배관의 관경 등이 표시된다.

본 사례는 공동주택 최고층이 20층으로 1set의 부스터 펌프로 단지 전체를 공급하고 있다. 초고층 공동주택의 경우 저층부와 고층부 2개의 존으로 구분되어 급수를 공급하는 것이 일반적이다.

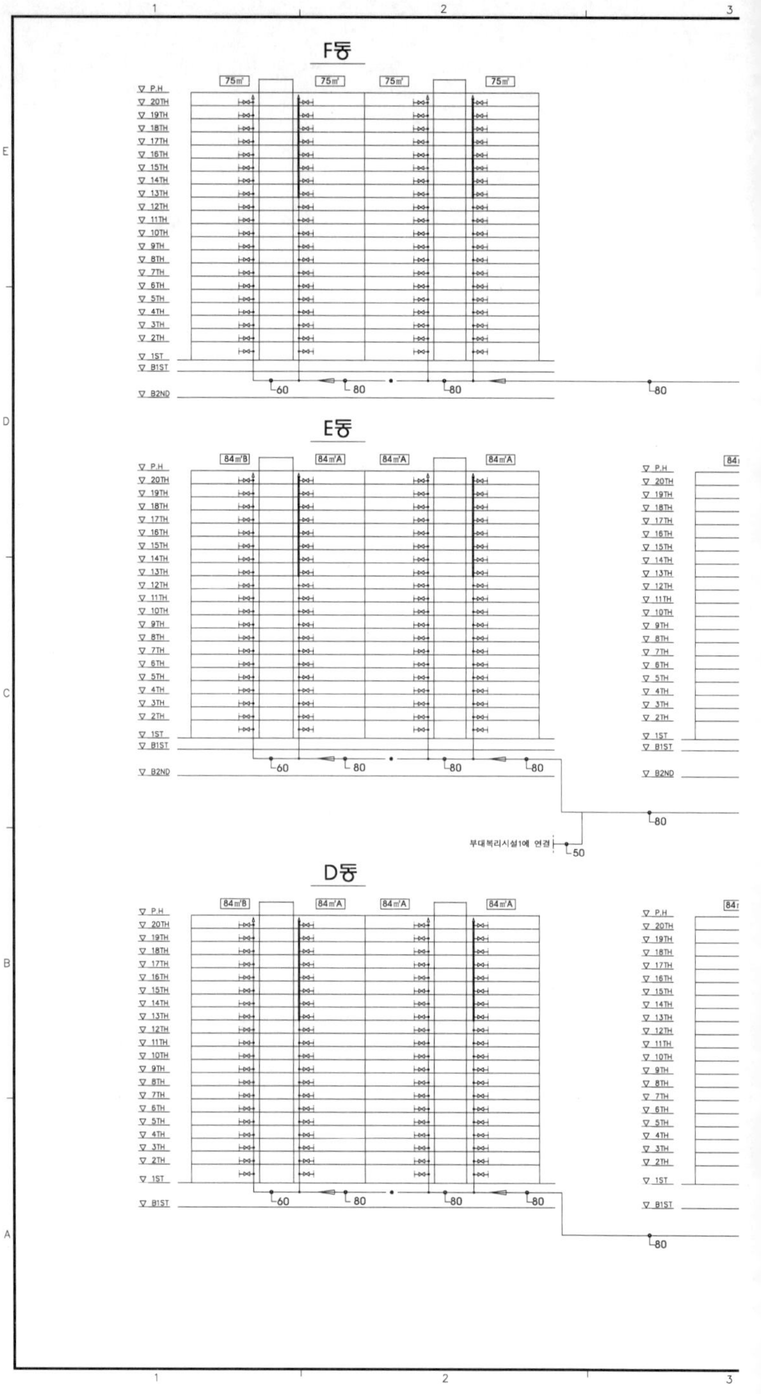

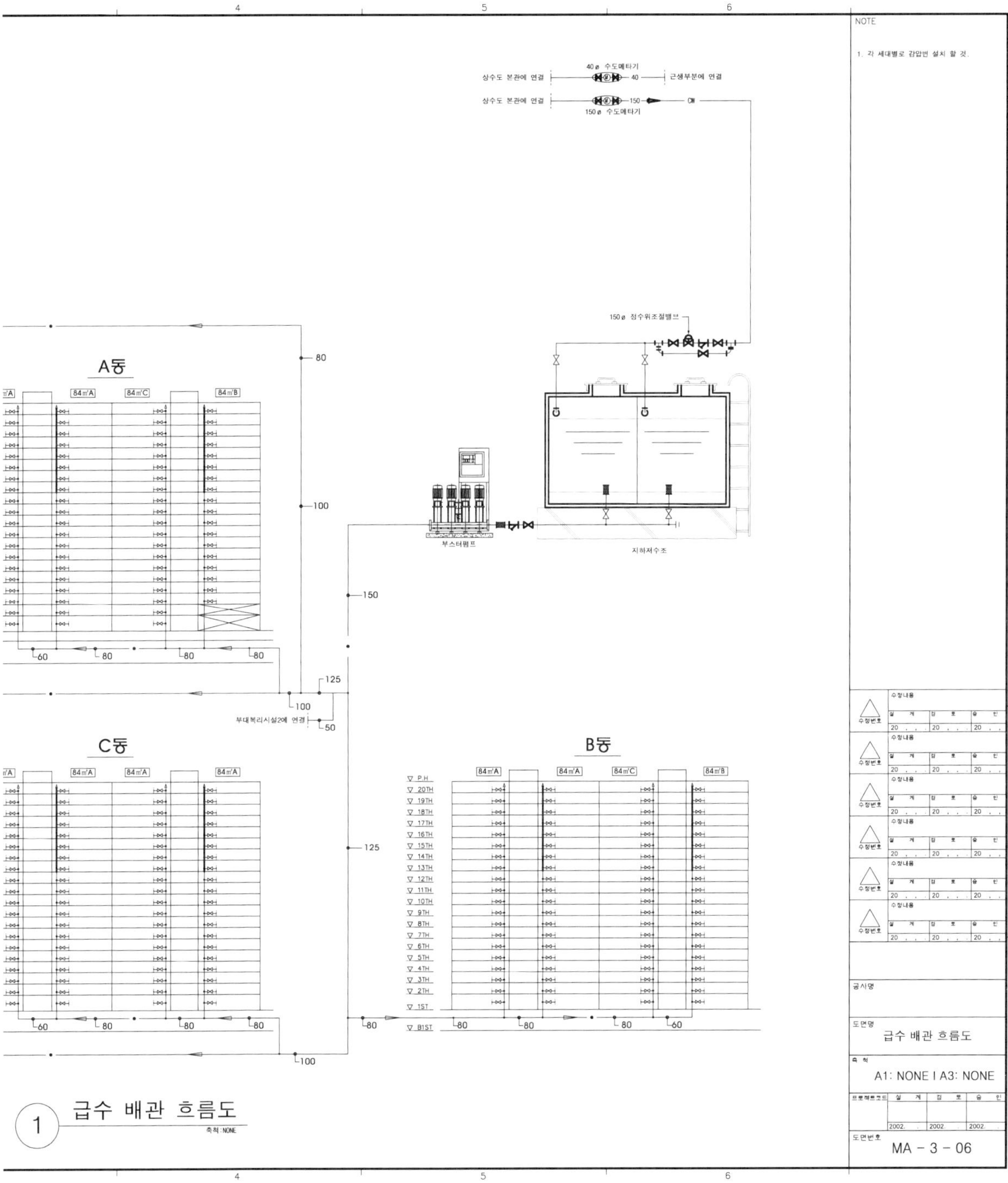

1 급수 배관 흐름도 축척 : NONE

3.8 펌프실 및 저수조실 확대배관 평면도 / 펌프실 및 저수조실 확대덕트 평면도

○개별난방 단지의 경우 기계실에는 저수조와 급수펌프, 소화펌프가 설치되게 되며, 해당층 평면도에 이를 표현할 수 없으므로 펌프실 및 저수조실 만을 확대하여 배관 및 덕트 설치를 표현한다.
일반적으로 Key-Plan을 넣어 펌프실의 위치를 쉽게 알 수 있도록 한다.

● 확대배관 평면도
- 펌프실 및 저수조에 설치되는 모든 배관(관경 및 흐름방향 표시) 및 밸브류(밸브 종류, 어셈블리, 사이즈 표기), 장비를 표시한다.
- 펌프실 및 저수조에 연결되는 연결 도면을 표시한다.

*참고로 지역난방인 경우에는 지역난방의 열교환기 및 난방/급탕 순환펌프 등이 설치되어 펌프실이 아닌 기계실로 규모가 커지며, 이에 따라 도면도 매우 복잡하게 된다.

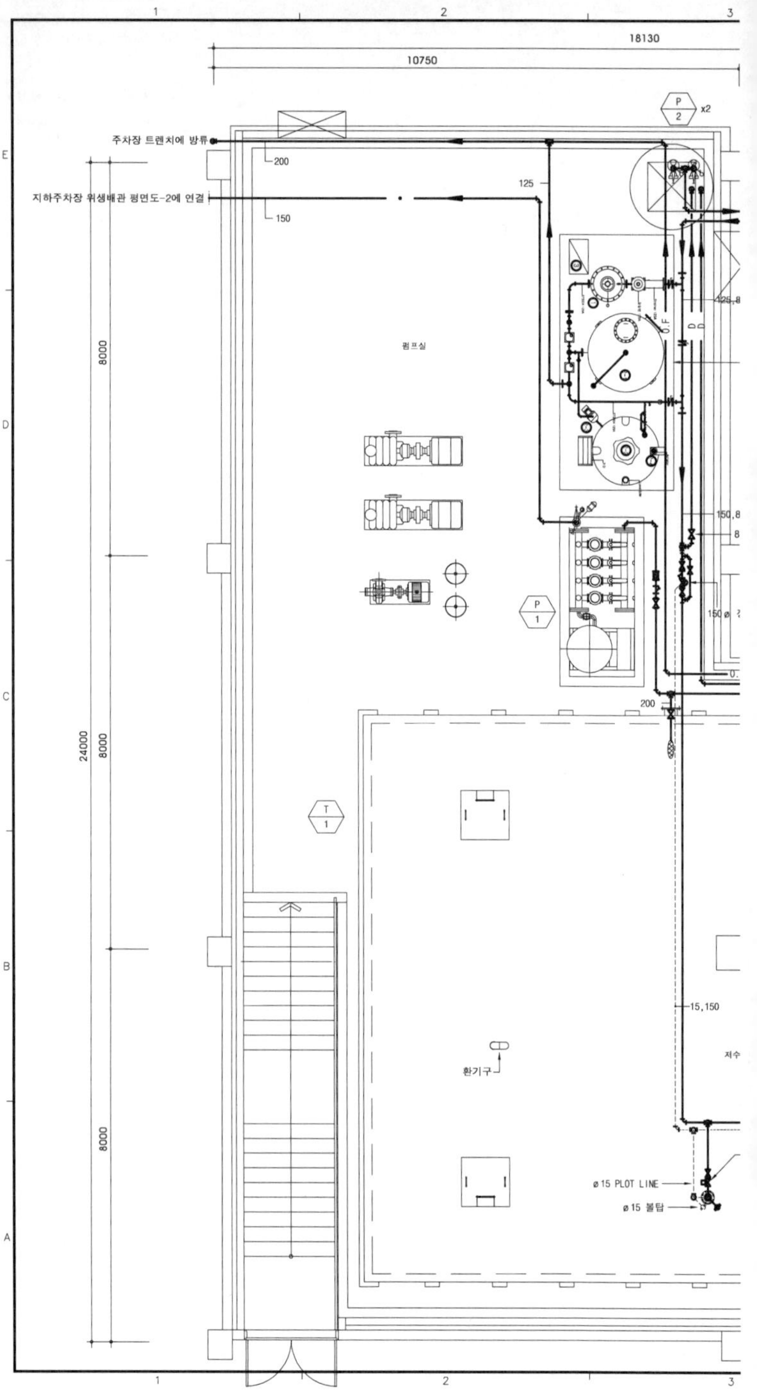

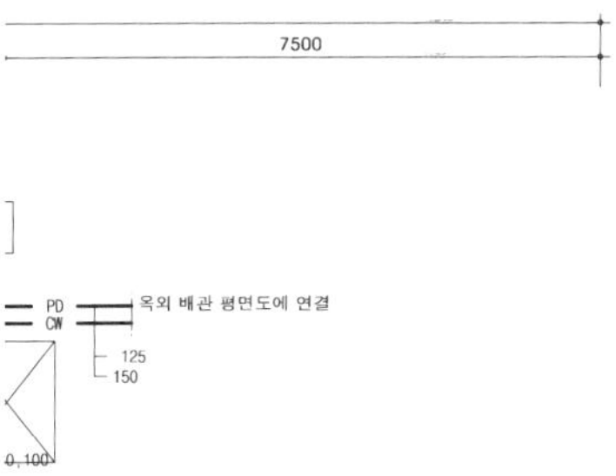

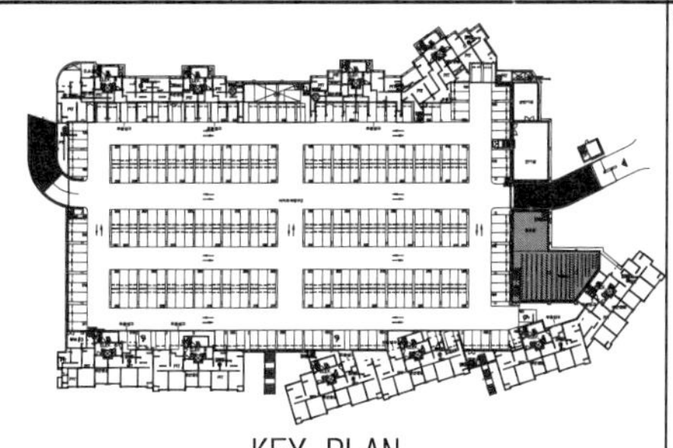

KEY PLAN

NOTE

수처리시스템

No.	Description	Q'ty	Capacity	Size	Media	Conn. Pipe	Material	Remark
1	Micro Filter	1	72m³ /hr	Φ600 * 1,100H	Filter - 63φ * 750L * 5μ * 40EA	125A	STS304	조작 (None)
2-1	Water Softener	1	72m³ /hr	Φ1,600 * 1,830H	Sand - 20CLit, Resin - 1,840Lit	125A	STS304	조작 (Auto.-Electric Valve)
2-2	Brine Tank	1	2m³	Φ1,400 * 1,800H	-	-	P.E	재생용 소금물 저장조
2-3	Brine Pump	1	3m³ /hr * 25m	-	-	32A/25A	STS316	380V * 60Hz * 3ph * 0.55kw
2-4	Agitator	1	1HP	-	-	-	STS304(Shaft)	380V * 60Hz * 3ph * 0.75kw
3	Control Panel (Local)	1	-	700L * 400D * 1,500H	-	-	STS304	Main Elec. : 380V * 60Hz * 3ph * 4kw

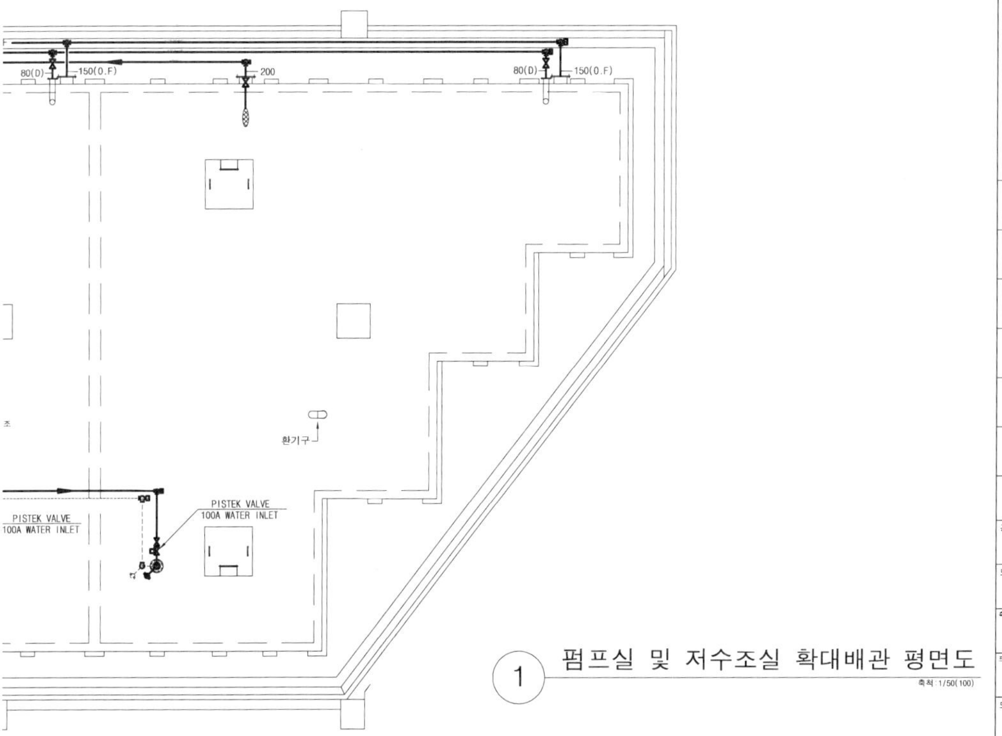

1 펌프실 및 저수조실 확대배관 평면도

축척 : 1/50(100)

공사명

도면명 펌프실 및 저수조실 확대배관 평면도

축척 A1: 1/50 I A3: 1/100

도면번호 MA - 8 - 07

- 확대덕트 평면도
- 펌프실 및 저수조에 설치되는 급배기 팬(장비번호 표기) 및 덕트와 그릴(풍량, 사이즈) 및 기타 부속류를 표시한다.

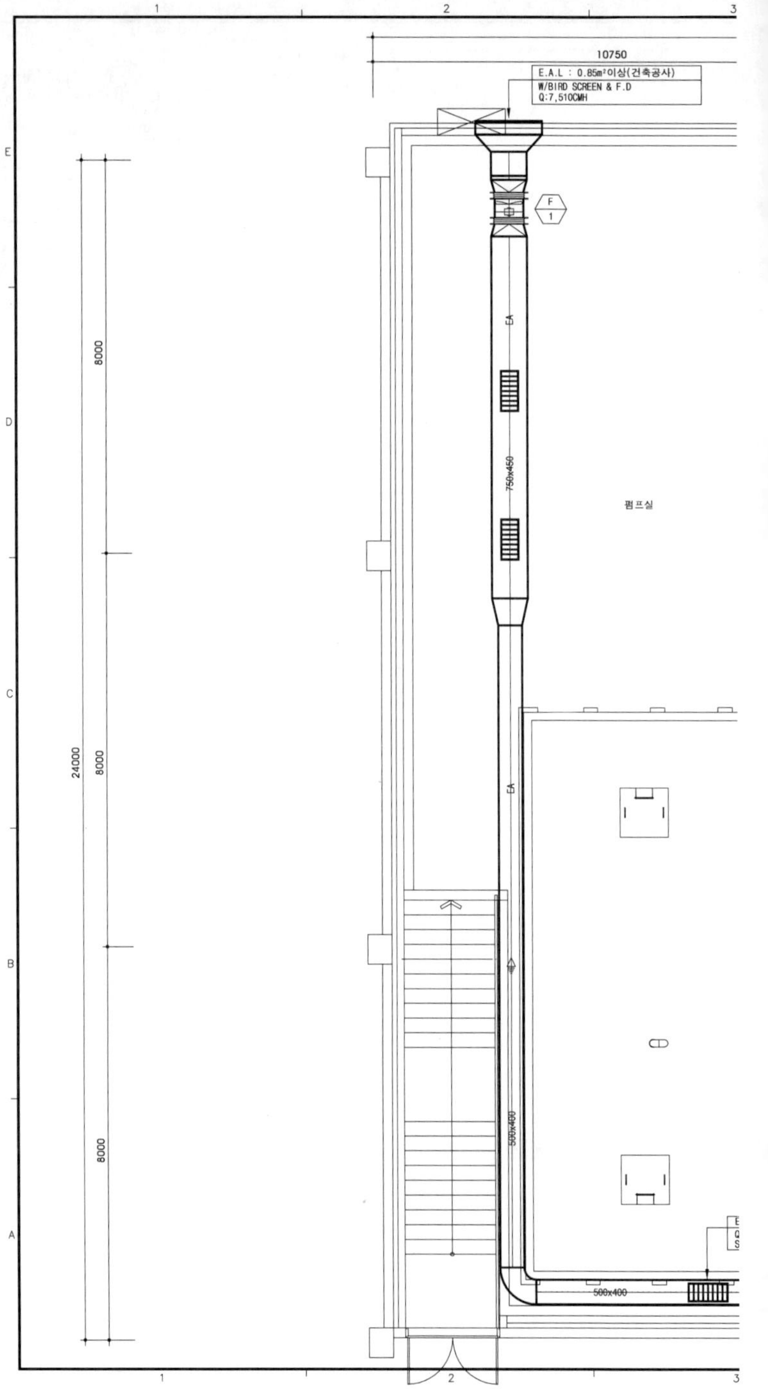

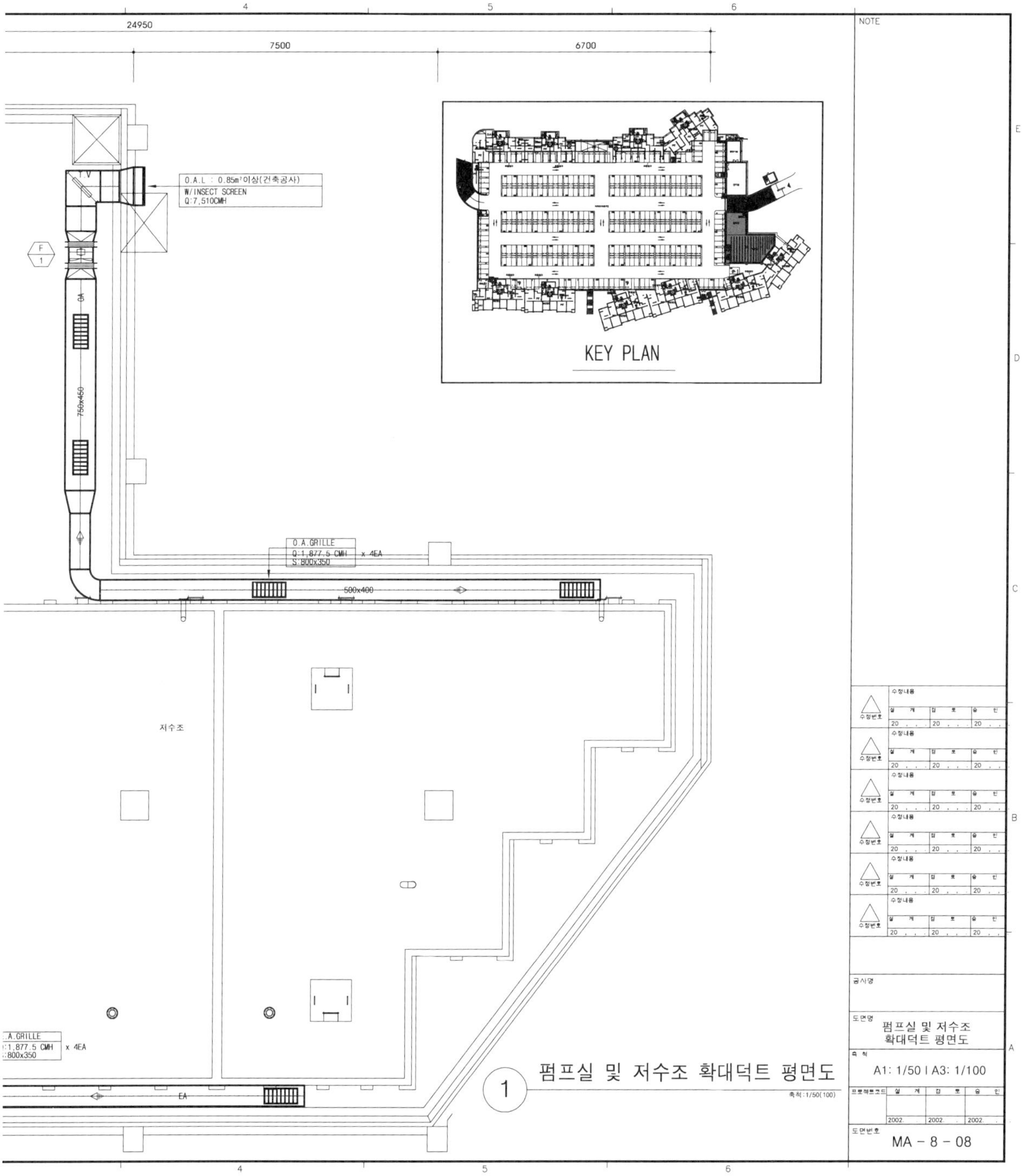
24950
7500
6700
NOTE
O.A.L : 0.85m²이상(건축공사)
W/INSECT SCREEN
Q:7,510CMH
F
1
OA
750x450
KEY PLAN
O.A.GRILLE
Q:1,877.5 CMH
S:800x350
x 4EA
500x400
저수조
.A.GRILLE
:1,877.5 CMH
:800x350
x 4EA
EA
1
펌프실 및 저수조 확대덕트 평면도
축척:1/50(100)
공사명
도면명
펌프실 및 저수조
확대덕트 평면도
A1: 1/50 I A3: 1/100
도면번호
MA - 8 - 08

3.9 단위세대 난방배관 평면도

○단위세대 난방배관 평면도는 단위세대 바닥난방 설비를 나타내는 것이다.

■주요 표현 내용

- 난방 관련 장비 : 개별보일러(장비번호 포함), 온수분배기(일반적으로 확대 도면으로 표기)
- 난방배관 : 난방 주배관(보일러=>온수분배기/배관관경), 바닥난방 코일배관(간격, 길이, 관경 표기)
- 기타 : 실내온도조절기, 온수분배기 결선도 등

*지역난방인 경우 난방 계통도가 추가되며, 단위세대 난방배관 평면도인 경우 개별보일러가 없고, 난방 계량기에서 난방배관이 온수분배기로 연결됨.

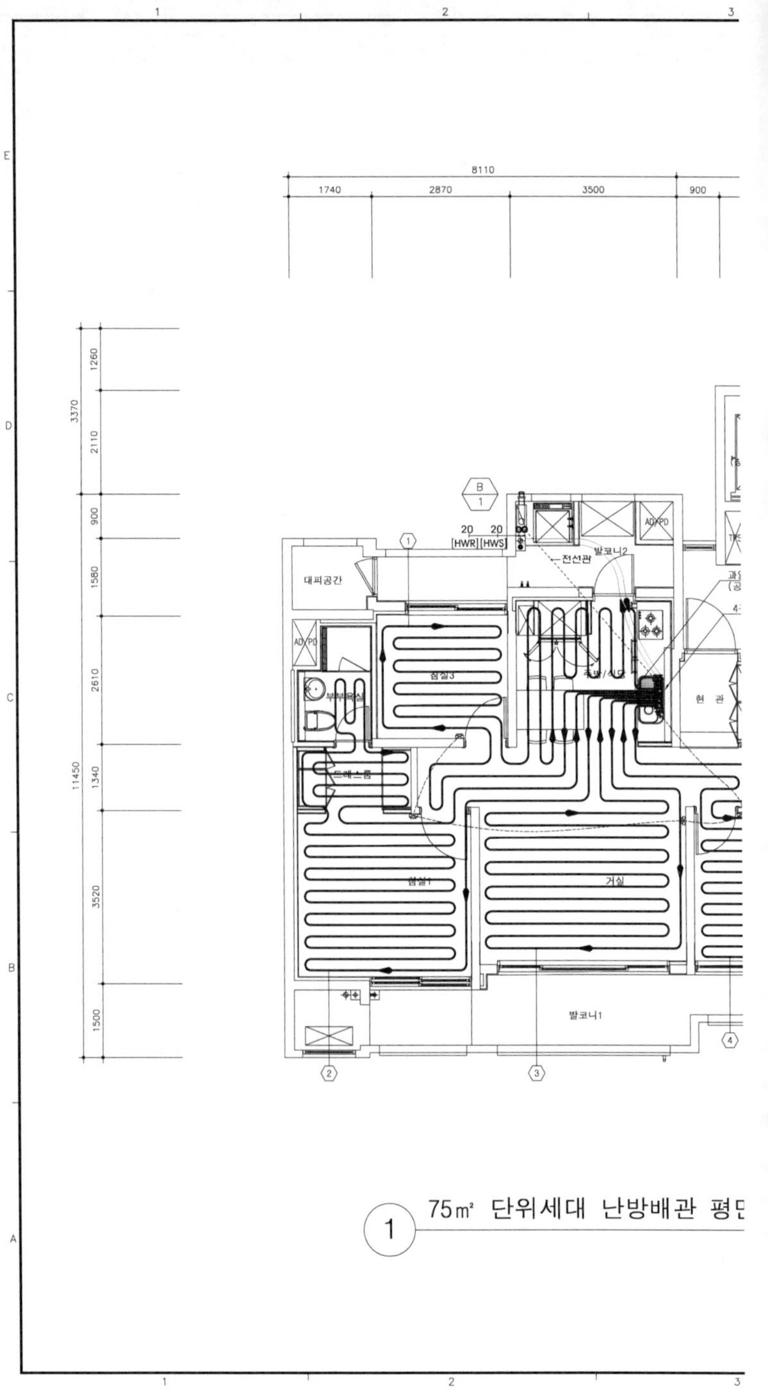

1 75㎡ 단위세대 난방배관 평면

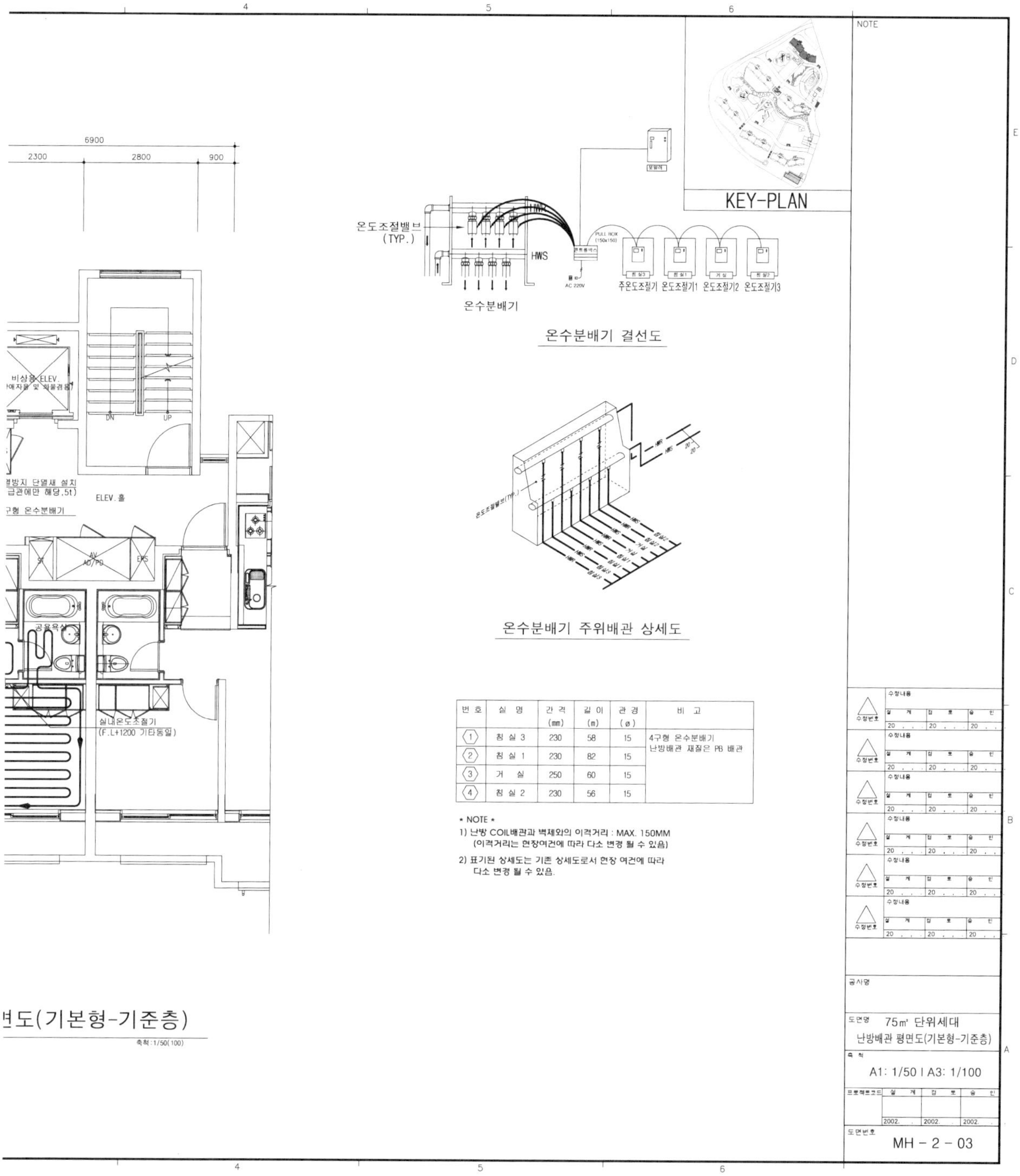

번 호	실 명	간 격 (mm)	길 이 (m)	관 경 (ø)	비 고
1	침 실 3	230	58	15	4구형 온수분배기 난방배관 재질은 PB 배관
2	침 실 1	230	82	15	
3	거 실	250	60	15	
4	침 실 2	230	56	15	

* NOTE *

1) 난방 COIL배관과 벽체와의 이격거리 : MAX. 150MM
(이격거리는 현장여건에 따라 다소 변경 될 수 있음)

2) 표기된 상세도는 기존 상세도로서 현장 여건에 따라
다소 변경 될 수 있음.

3.10 단위세대 위생배관 평면도

○단위세대 위생배관 평면도는 단위세대의 급수, 급탕, 오배수 배관 등 위생 설비를 나타내는 것이며, 화장실 배기 및 레인지후드 배기도 이 도면에 표현한다.

이 도면에서는 주로 다음 항목들을 표기한다.

- 위생 관련 장비 : 개별보일러(장비번호 포함), 급수 · 급탕 헤더(일반적으로 확대 도면으로 표기)

  *최근 공동주택의 급수 공급은 급수 · 급탕 헤더(분배기)를 설치하고 이중배관방식으로 배관을 연결하는 방식을 채택함.
- 위생기구 : 양변기, 욕조, 샤워기, 세면도, 각종 수전 등
- 위생배관 : 급수관, 급탕관, 배수관, 우수관 등
- 환기덕트 : 화장실 배기덕트, 레인지후드
- 기타 : 배관 부속류, 청소구 등

*지역난방인 경우 급탕공급 계통도가 추가되며, 단위세대 위생배관 평면도인 경우 개별보일러가 없고, 급탕 계량기에서 급탕헤더(분배기)로 연결됨.

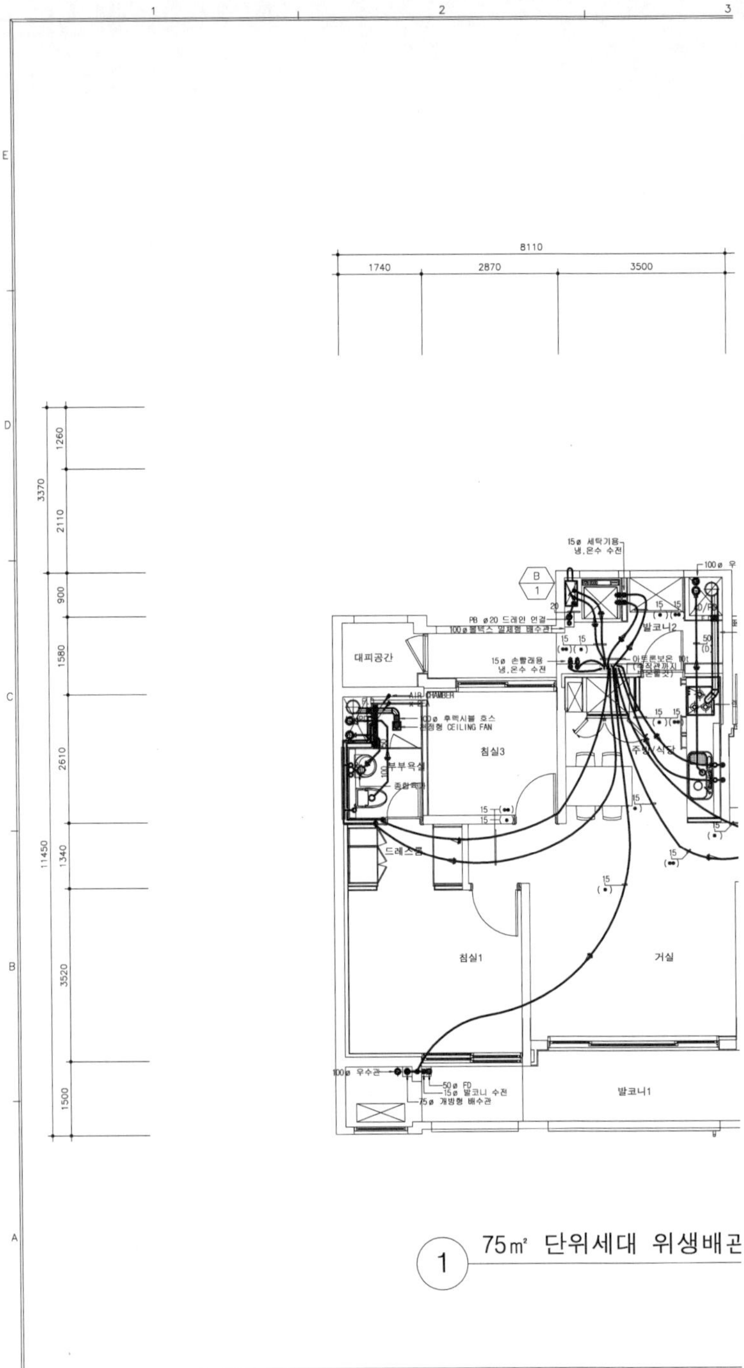

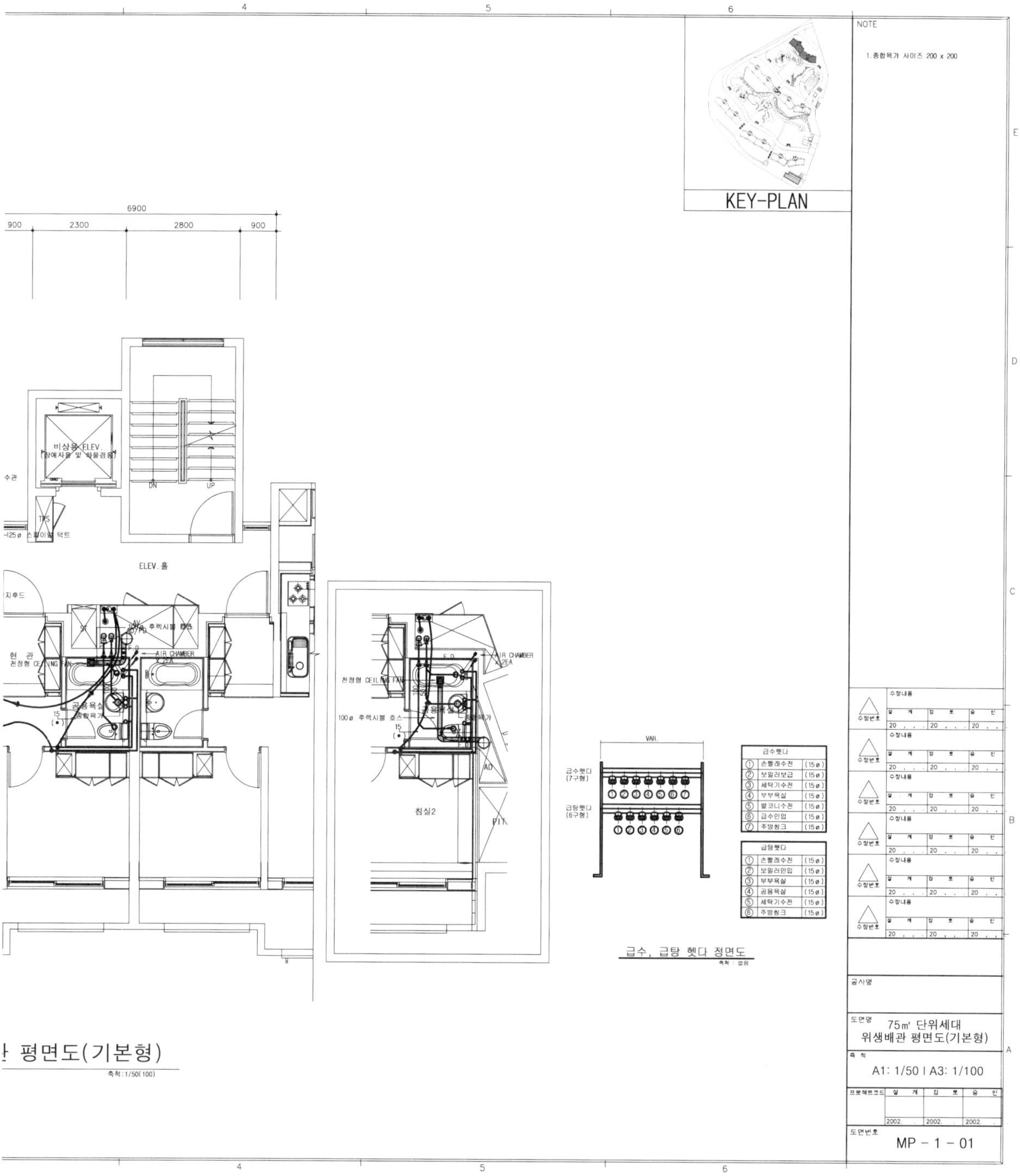
NOTE
1.종합욕가 사이즈 200 x 200
KEY-PLAN
6900
900 2300 2800 900
비상용 ELEV.
ELEV.홀
현 관
침실2
VAR.
급수헷다 (7구형)
급탕헷다 (6구형)
급수헷다
① 손빨래수전 (15ø)
② 보일러보급 (15ø)
③ 세탁기수전 (15ø)
④ 부부욕실 (15ø)
⑤ 발코니수전 (15ø)
⑥ 급수인입 (15ø)
⑦ 주방씽크 (15ø)
급탕헷다
① 손빨래수전 (15ø)
② 보일러인입 (15ø)
③ 부부욕실 (15ø)
④ 공용욕실 (15ø)
⑤ 세탁기수전 (15ø)
⑥ 주방씽크 (15ø)
급수, 급탕 헷다 정면도
평면도(기본형)
축척:1/50(100)
수정내용
수정번호
공사명
도면명
75㎡ 단위세대
위생배관 평면도(기본형)
축 척
A1: 1/50 I A3: 1/100
도면번호
MP - 1 - 01

3.11 지하층 오·배수배관 평면도

○공동주택 단위세대의 오배수 배관은 일반적으로 화장실 등의 샤프트를 통해 지하 1층으로 모인 후 옥외 토목 배관으로 연결되어진다.
지하층 오배수 배관 평면도는 각 동 지하층의 오배수 배관을 나타내는 도면이다.

이 도면에서는 주로 다음 항목들을 표기한다.

- 위생배관 : 오수관, 배수관(관경, 흐름방향), 통기관, 입상배관, 펌핑 배수배관 등 모든 표현
- 배관 부속류 : 트랩, 청소구, 엘보, 티 등 배관 부속류
- 기타 : 배관 설치 위치, 옥외 연결 배관 표기

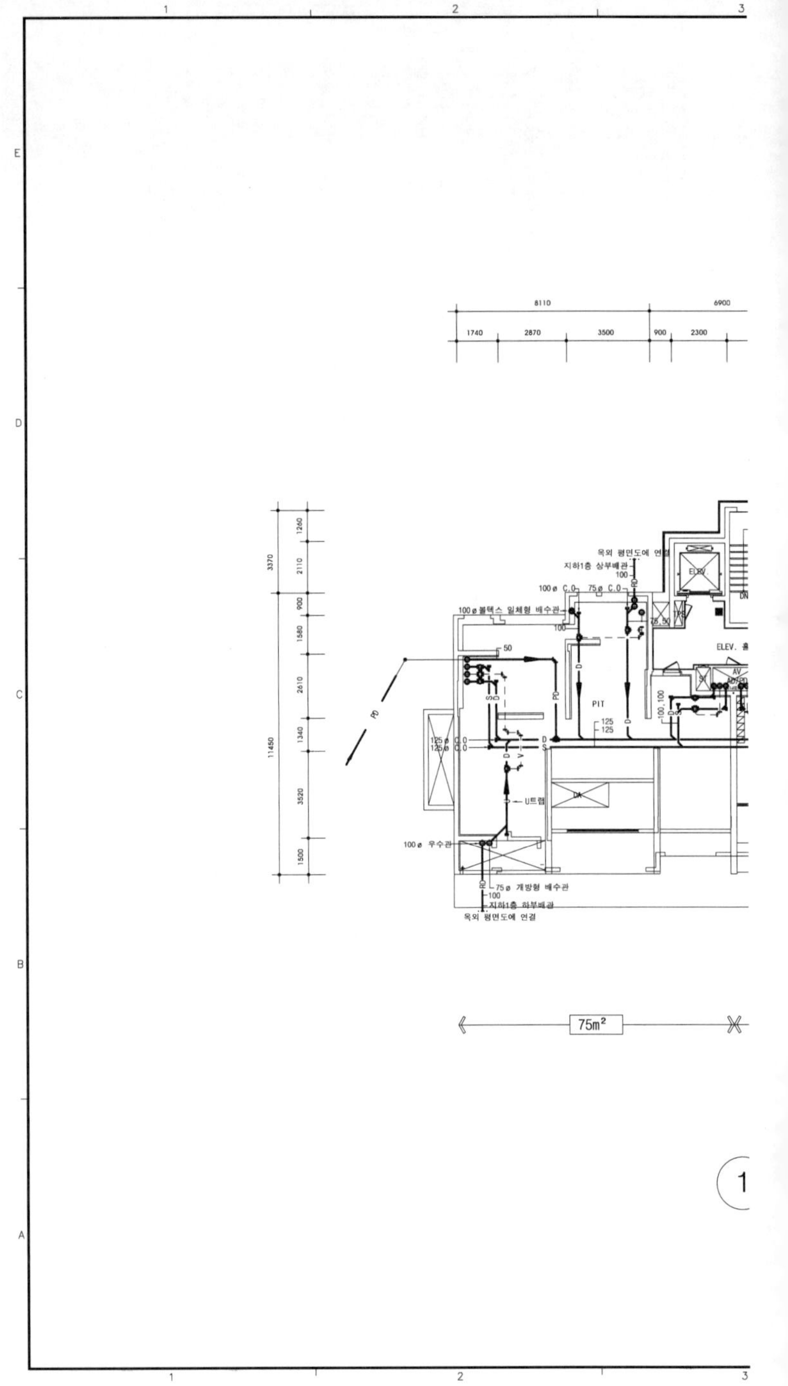

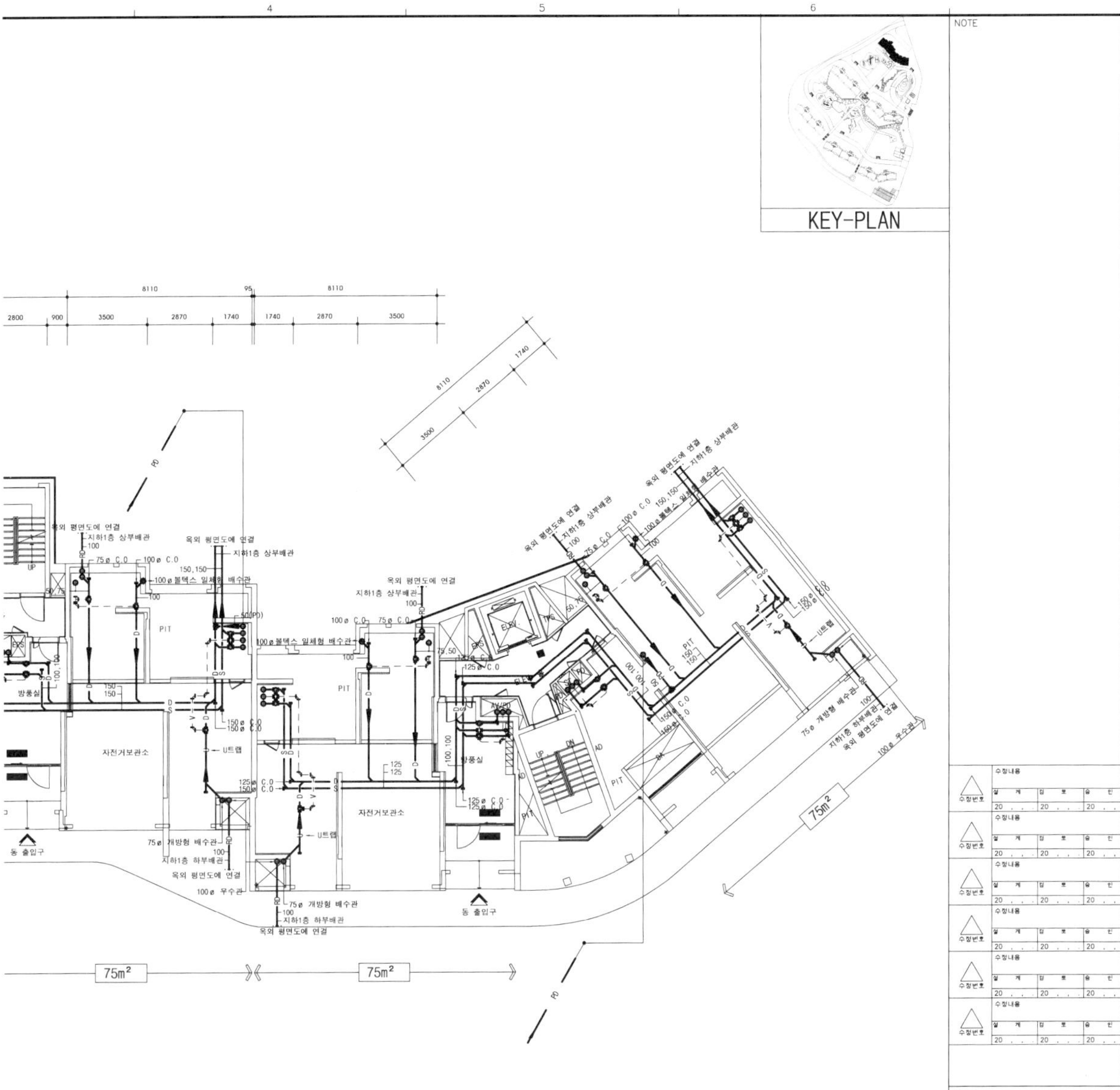

F동 지하1층 오,배수배관 평면도

축척 :1/100(200)

공사명

도면명 F동 지하1층 오,배수배관 평면도

축척 A1: 1/100 I A3: 1/200

도면번호 MP - 2 - 14

3.12 위생배관 평면도

ㅇ지하층 위생배관 평면도

공동주택 급수배관은 일반적으로 펌프실에서 지하주차장을 거쳐 각 동 지하1층에서 각 세대로 분기하여 공급하게 된다.

지하층 위생배관 평면도는 각동 지하층의 급수배관과 함께 앞의 오배수 배관을 제외한 기타 에어컨 드레인관 등을 나타내는 도면이다.

이 도면에서는 주로 다음 항목들을 표기한다.

- 위생배관 : 오수관, 배수관을 제외한 모든 위생배관(관경, 흐름방향) 및 입상배관
- 배관 부속류 : 엘보, 티 등 배관 부속류
- 기타 : 연결배관 표기

*지역난방 단지의 경우 위생배관 평면도에 급탕과 환탕 배관이 추가되게 된다.

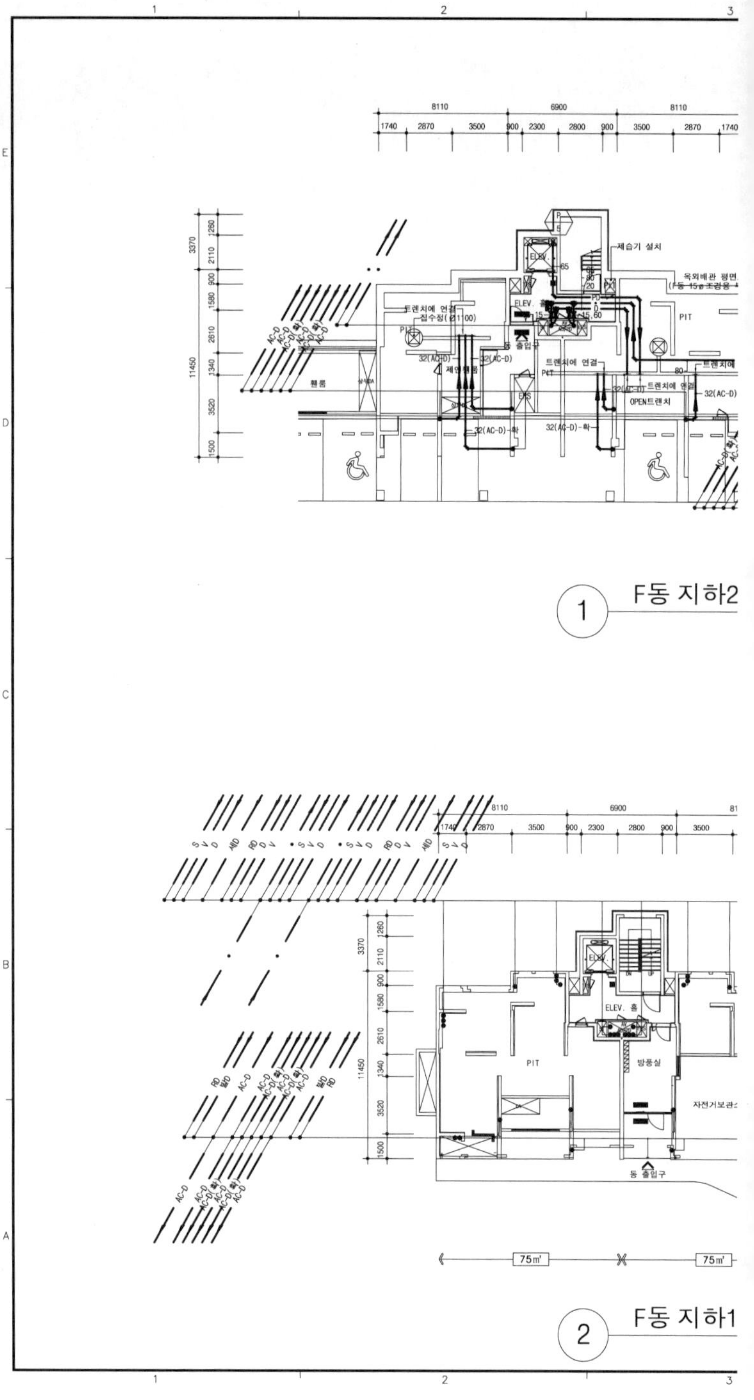

NOTE

1. A/C-D 배관 말단 부분은 U-TRAP 및 동망설치.

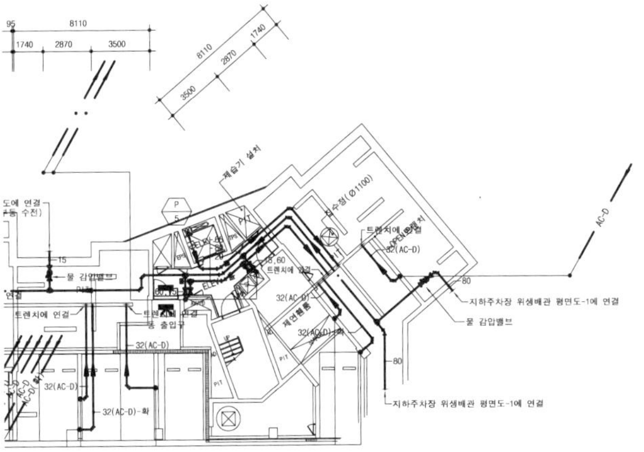

층 위생배관 평면도

축척:1/150(300)

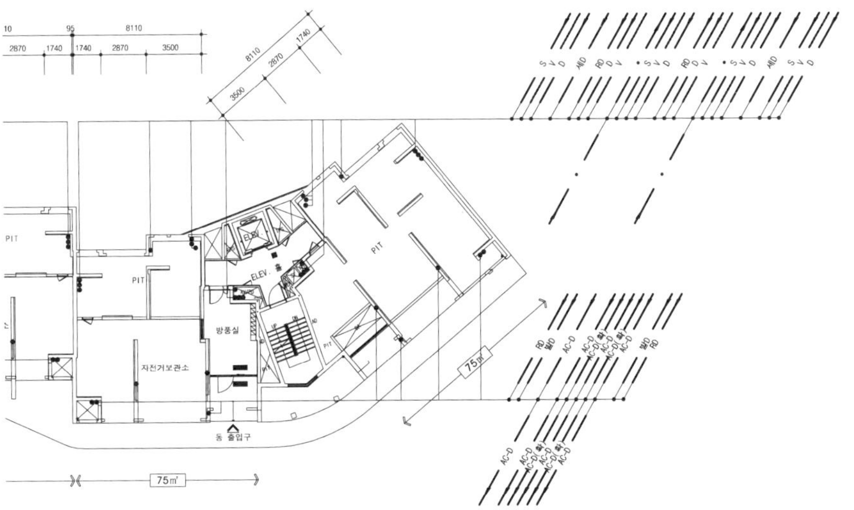

층 위생배관 평면도

축척:1/150(300)

수정번호	수정내용		
	설 계	검 토	승 인
	20 . .	20 . .	20 . .
	설 계	검 토	승 인
	20 . .	20 . .	20 . .
	설 계	검 토	승 인
	20 . .	20 . .	20 . .
	설 계	검 토	승 인
	20 . .	20 . .	20 . .
	설 계	검 토	승 인
	20 . .	20 . .	20 . .
	설 계	검 토	승 인
	20 . .	20 . .	20 . .

공사명

도면명 F동 지하2~1층 위생배관 평면도

축척 A1: 1/150 I A3: 1/300

프로젝트코드	설 계	검 토	승 인
	2002.	2002.	2002.

도면번호 MP - 3 - 30

○지상층 위생배관 평면도

공동주택의 지상층 위생배관 평면도에는 입상배관의 종류와 방향만을 표시하는 것이 일반적이다. 각 세대의 위생배관 도면은 앞서 언급한 단위세대 위생배관 평면도에 표현한다.

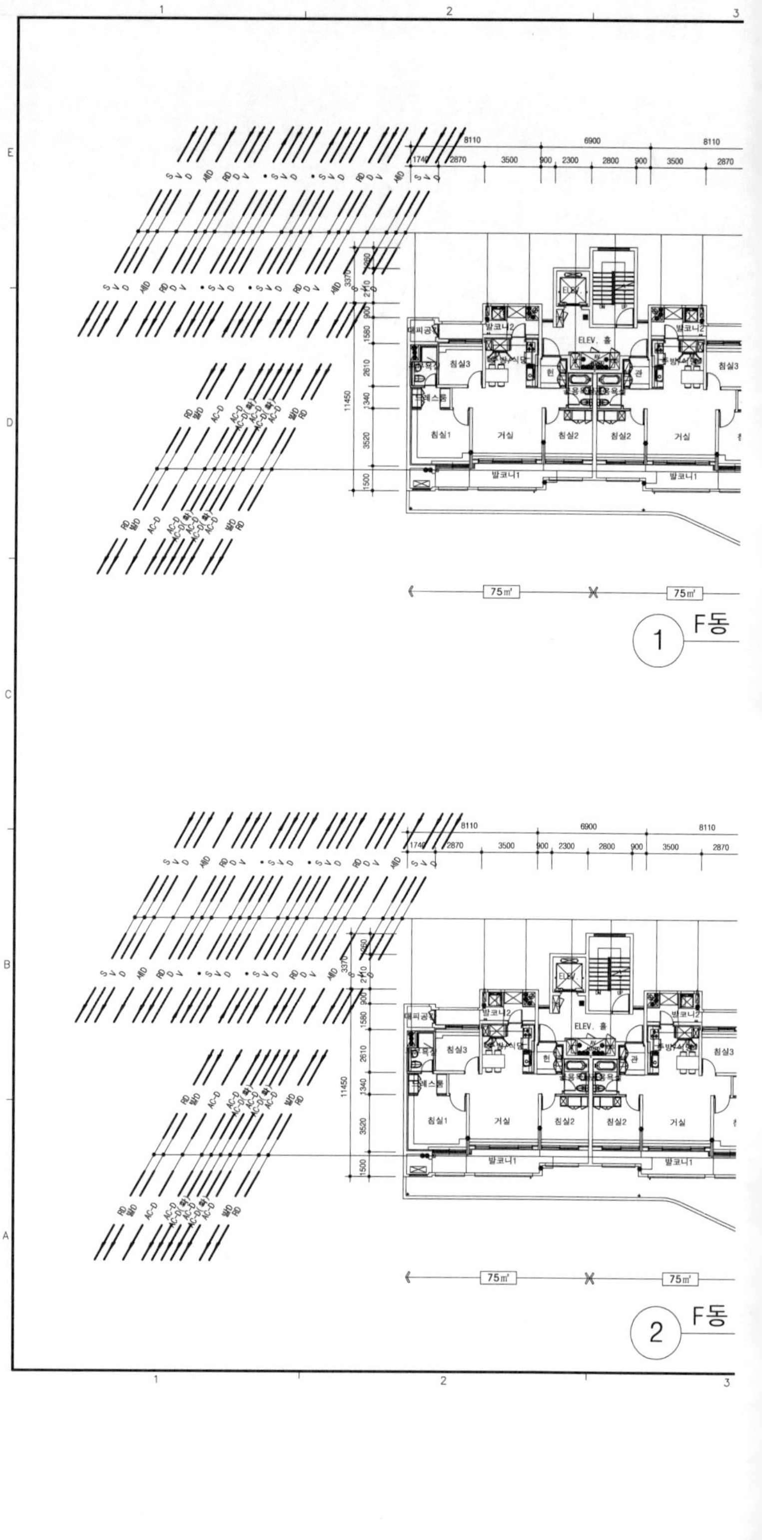

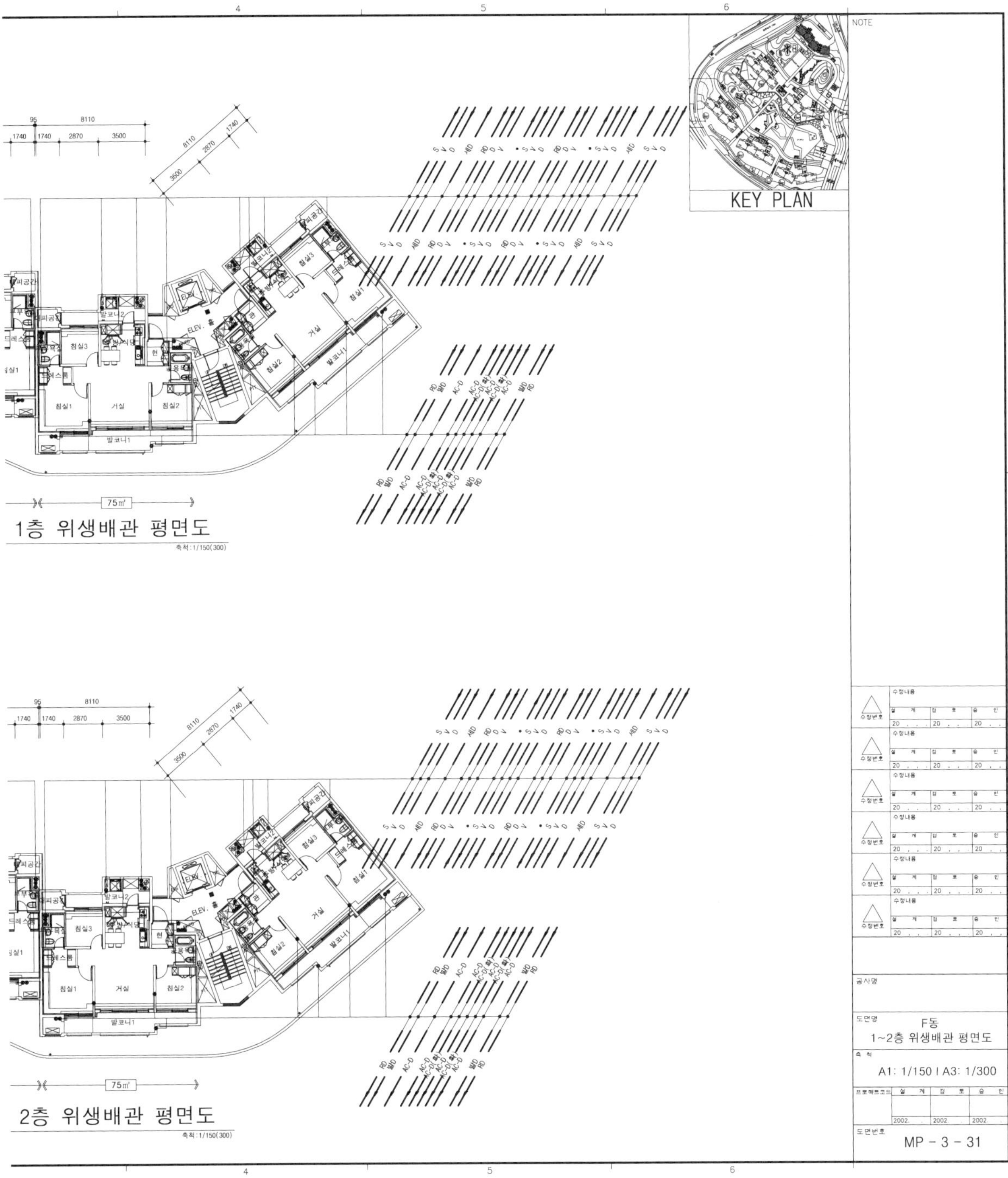
KEY PLAN
NOTE
1층 위생배관 평면도
축척:1/150(300)
2층 위생배관 평면도
축척:1/150(300)
공사명
도면명
F동
1~2층 위생배관 평면도
축 척
A1: 1/150 I A3: 1/300
도면번호
MP - 3 - 31

3.13 급수배관 계통도

○급수배관 계통도는 공동주택 각 동별 급수배관의 설치 계통 등을 나타내는 도면이다.
일반 건물과 달리 위생배관 중 급수배관만을 별도로 분리하여 표현하는 것이 일반적이다.

급수배관 계통도에는 기본적으로 건축 단면 개념도에 표현하며, 다음과 같은 내용을 포함한다.

- 급수배관 : 지하층 횡주관 및 입상배관(관경 표시)
- 배관 부속류 : 각종 밸브, 계량기, 감압밸브, 자동공기빼기밸브(A.A.V) 및 기타 부속류

*지역난방 단지의 경우 급탕 및 환탕 배관을 포함하여 표현한다.

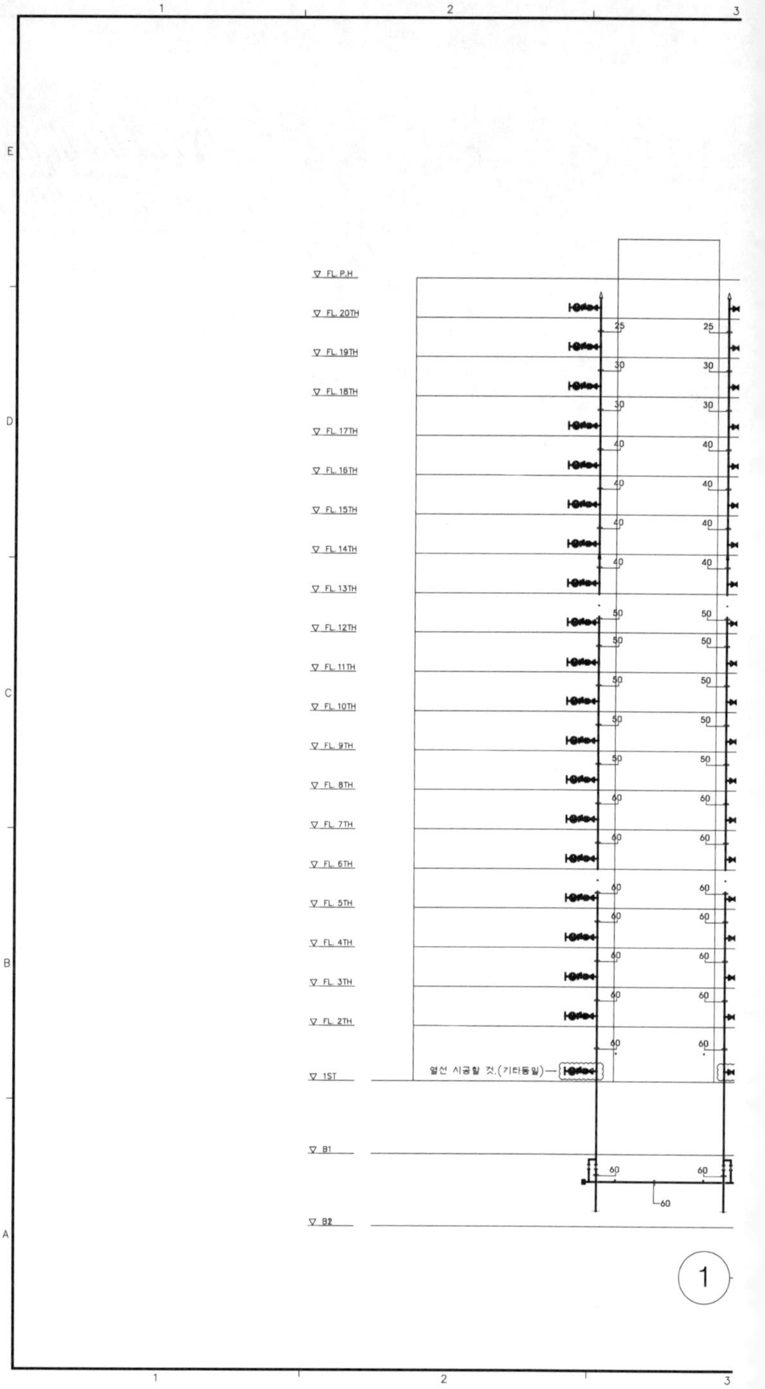

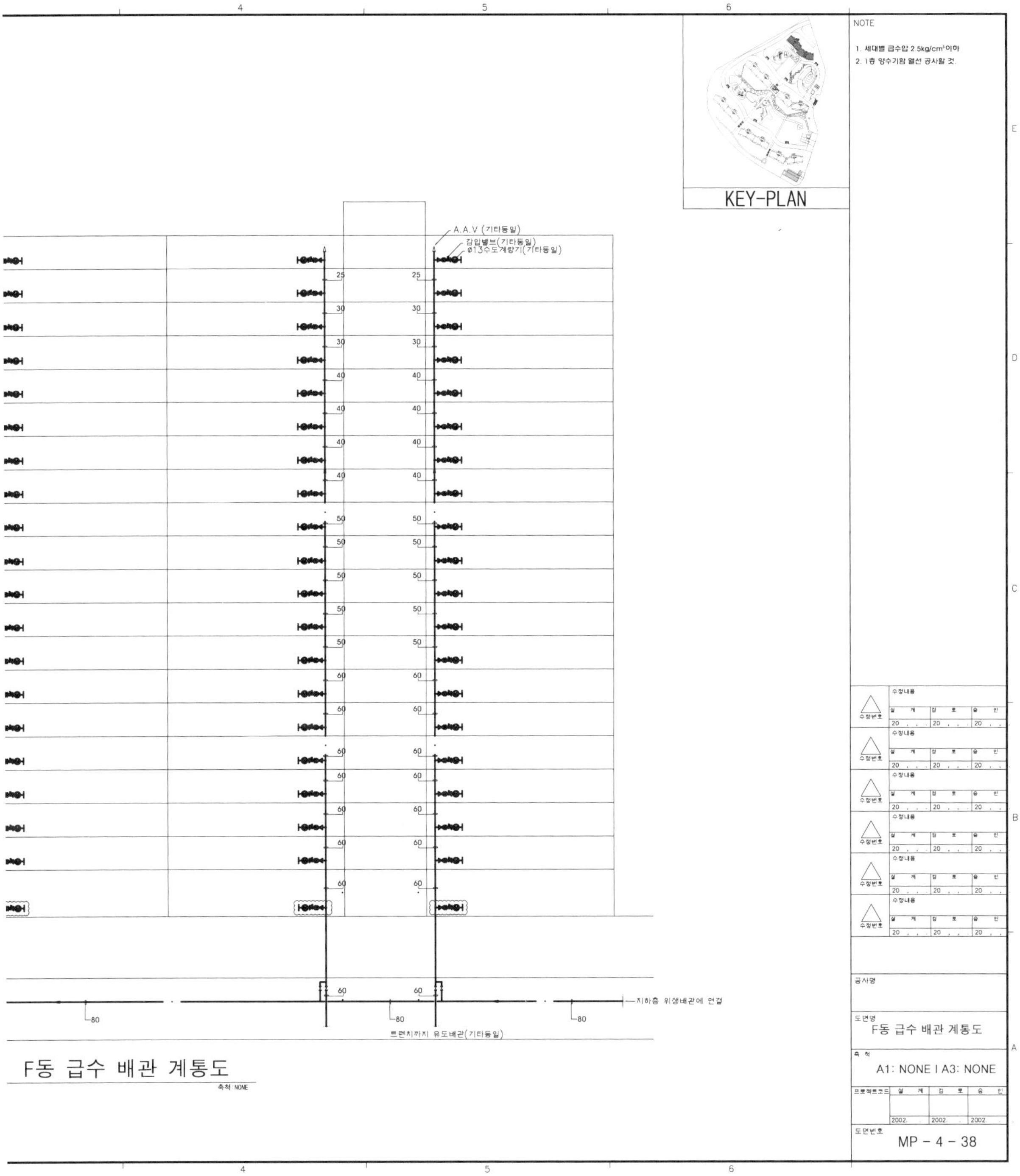

NOTE
1. 세대별 급수압 2.5kg/cm³이하
2. 1층 양수기함 열선 공사할 것.
KEY-PLAN
A.A.V (기타동일)
감압밸브(기타동일)
ø13수도계량기(기타동일)
25
30
40
50
60
80
지하층 위생배관에 연결
트렌치까지 유도배관(기타동일)
F동 급수 배관 계통도
축척: NONE
수정내용
수정번호
설 계
검 토
승 인
공사명
도면명
F동 급수 배관 계통도
축 척
A1: NONE I A3: NONE
프로젝트코드
2002.
도면번호
MP - 4 - 38

3.14 오배수 배관 계통도

○ 오배수 배관 계통도는 공동주택 각 동별 급수배관의 설치 계통 등을 나타내는 도면이다.
일반 건물과 달리 위생배관 중 오배수 배관만을 별도로 분리하여 표현하는 것이 일반적이다.

오배수 배관 계통도에는 기본적으로 건축 단면 개념도에 표현하며, 다음과 같은 내용을 포함한다.

- 오배수 배관 : 지하층 횡주관 및 입상배관(관경 표시) (오수관, 배수관, 우수배수관, 에어컨 배수관 등)
- 배관 부속류 : 옥상 통기관, 청소구 등 배관 부속류 및 배관 연결 표시

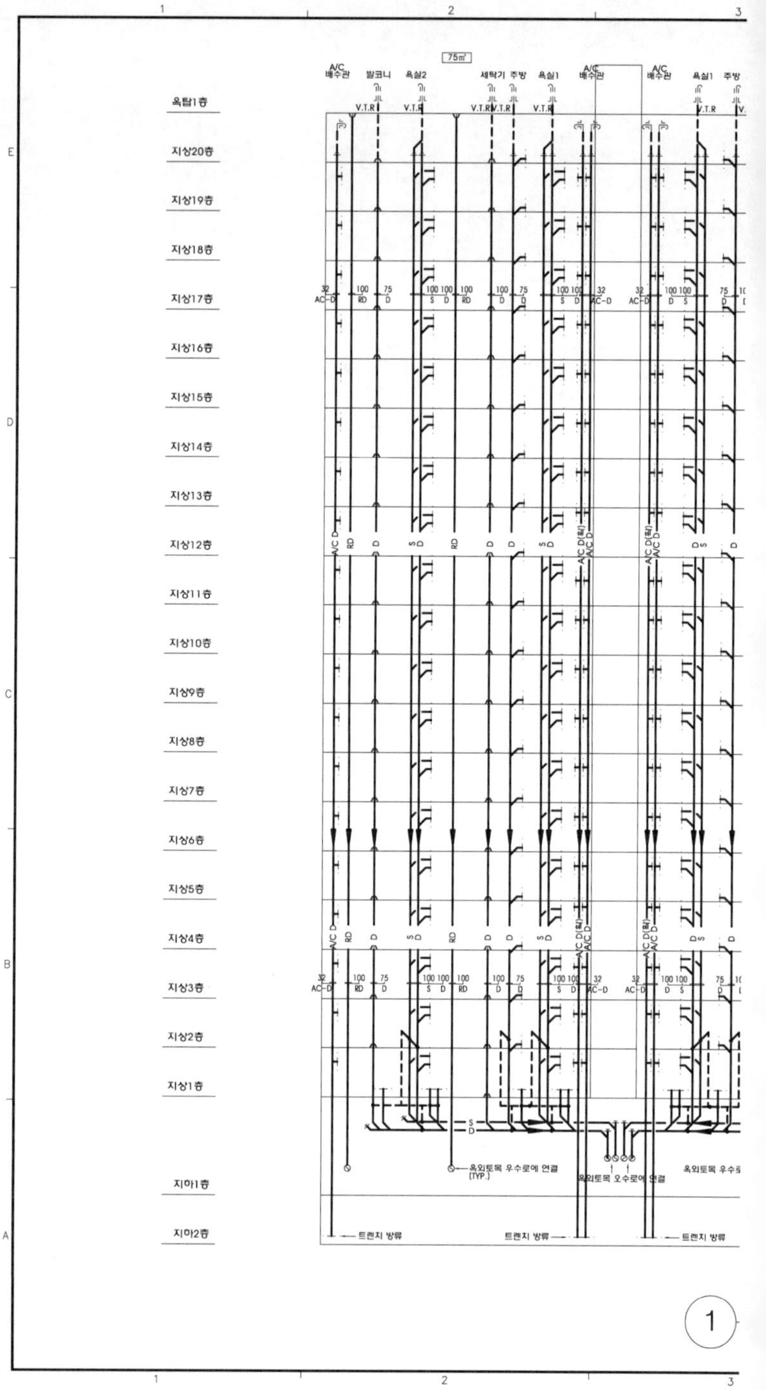

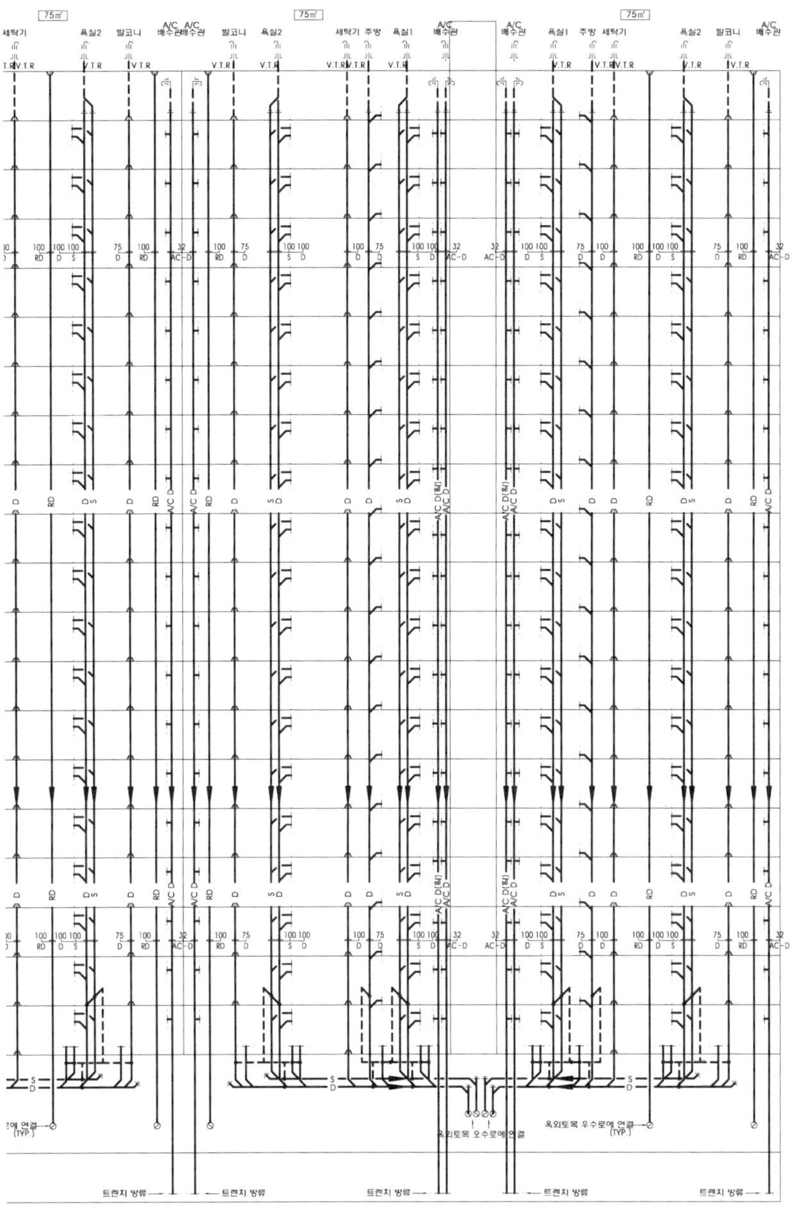

KEY-PLAN

NOTE

1. 저소음형 오배수관 사용
2. A/C-D 배관 말단 부분은 U-TRAP 및 동망설치

공사명

도면명
F동 오,배수 배관 계통도

축척
A1: NONE I A3: NONE

프로젝트코드	설계	검토	승인
	2002. .	2002. .	2002. .

도면번호
MP - 7 - 44

F동 오,배수 배관 계통도

축척: NONE

3.15 단위세대 환기 평면도

○단위세대 난방배관 평면도는 환기 유닛의 장비와 연결 덕트를 나타내는 도면이다. 화장실 배기와 주방배기는 단위세대의 위생배관 평면도에 표현하는 것이 일반적이다.

이 도면에서는 주로 다음 항목들을 표기한다.

- 환기용 장비 : 환기유닛(장비번호, 풍량 등)
- 환기덕트 : 환기유닛에서 각 실로 연결되는 덕트(덕트 관경 표기)
- 기타 : 각실의 급배기구

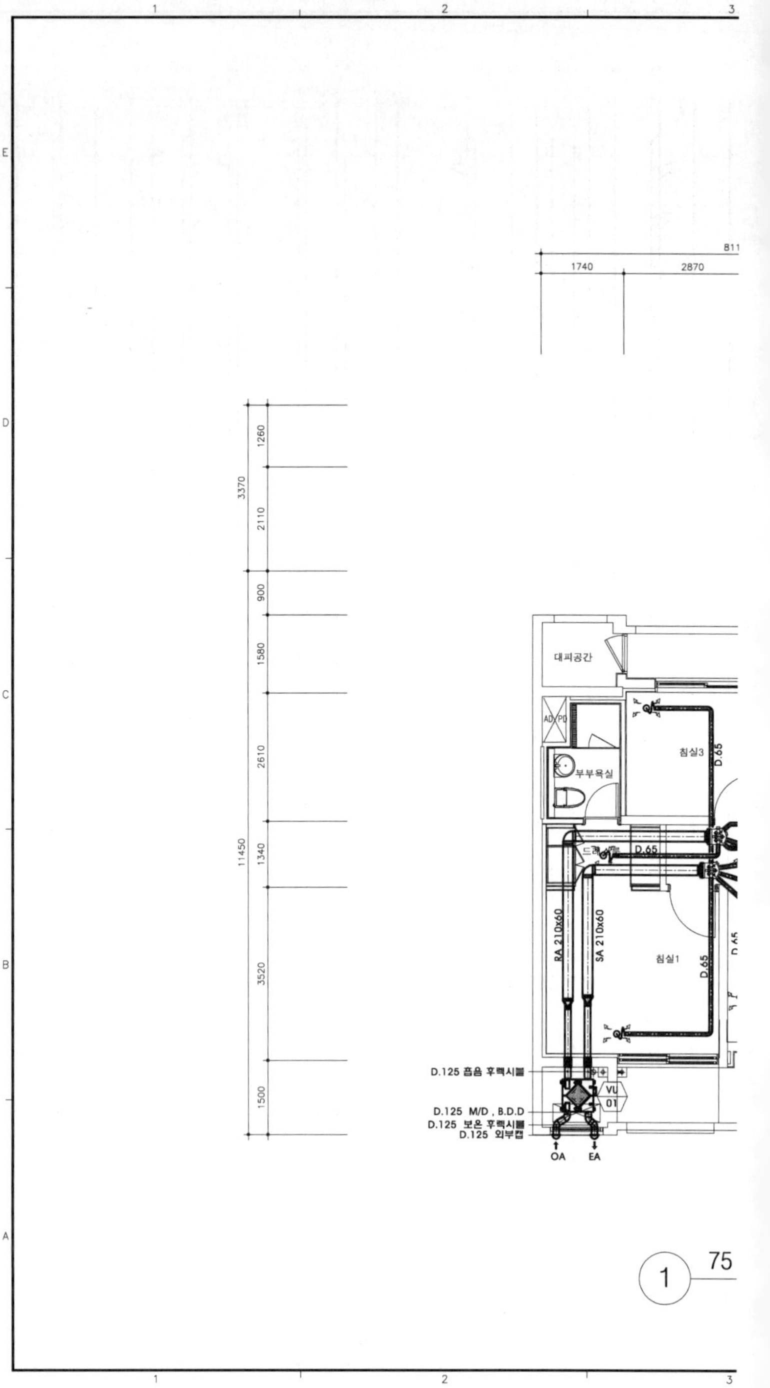

KEY-PLAN

NOTE

1. 단위세대 환기덕트는 210x60 (오발덕트) 또는 200x60(사각덕트)를 사용할것.

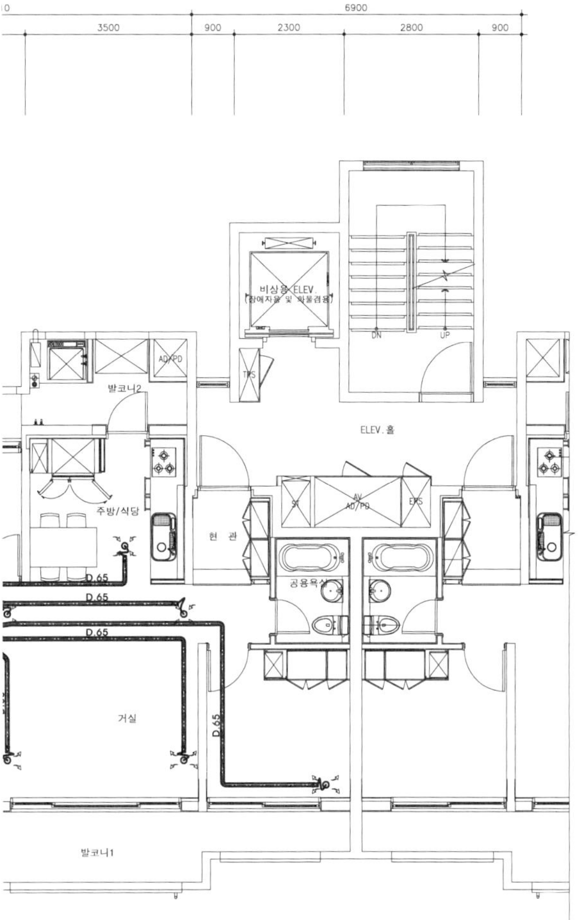

m² 단위세대 환기 평면도(기본형)

축척:1/50(100)

1. 전열교환기유니트 사양서

구 분	사양 및 특징
크 기	600 x 600 x 300 (L x W x D)
풍 량	150 CMH

2. 범 례 표

구 분	내 용	수 량(EA)	비 고
	급기 원형디퓨저	5	D.100
	배기 원형디퓨저	4	D.100
VU 01	전열교환기 유니트	1	M.D / B.D.D 일체형 고효율 장비 BLDC모터 적용

수정번호	수정내용		
	설 계	검 토	승 인
	20 . .	20 . .	20 . .

공사명

도면명 75㎡ 단위세대 환기 평면도(기본형)

축 척 A1: 1/50 I A3: 1/100

프로젝트코드	설 계	검 토	승 인
	2002. .	2002. .	2002. .

도면번호 MP - 5 - 45

3.16 옥외 가스배관 평면도

○옥외 가스배관 평면도는 단지내 가스배관의 설치를 나타내는 도면이다. 건축 배치도에 표현한다.

이 도면에서는 주로 다음 항목들을 표기한다.

- 가스용 장비 : 단지 가스 계량기, 밸브
- 가스 배관 : 단지내 가스배관(배관 재질, 관경)
- 기타 : 밸브 및 배관 부속류, 배관 연결 표기

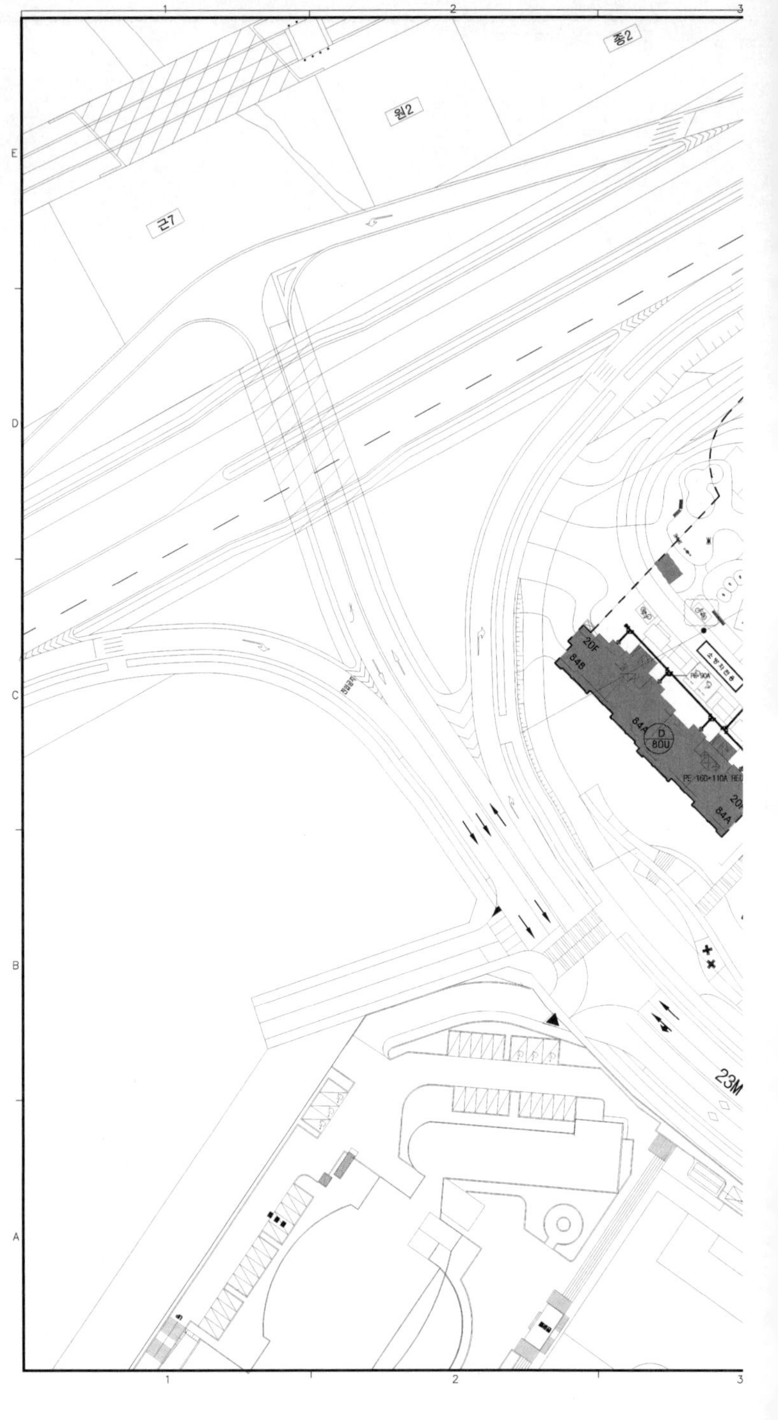

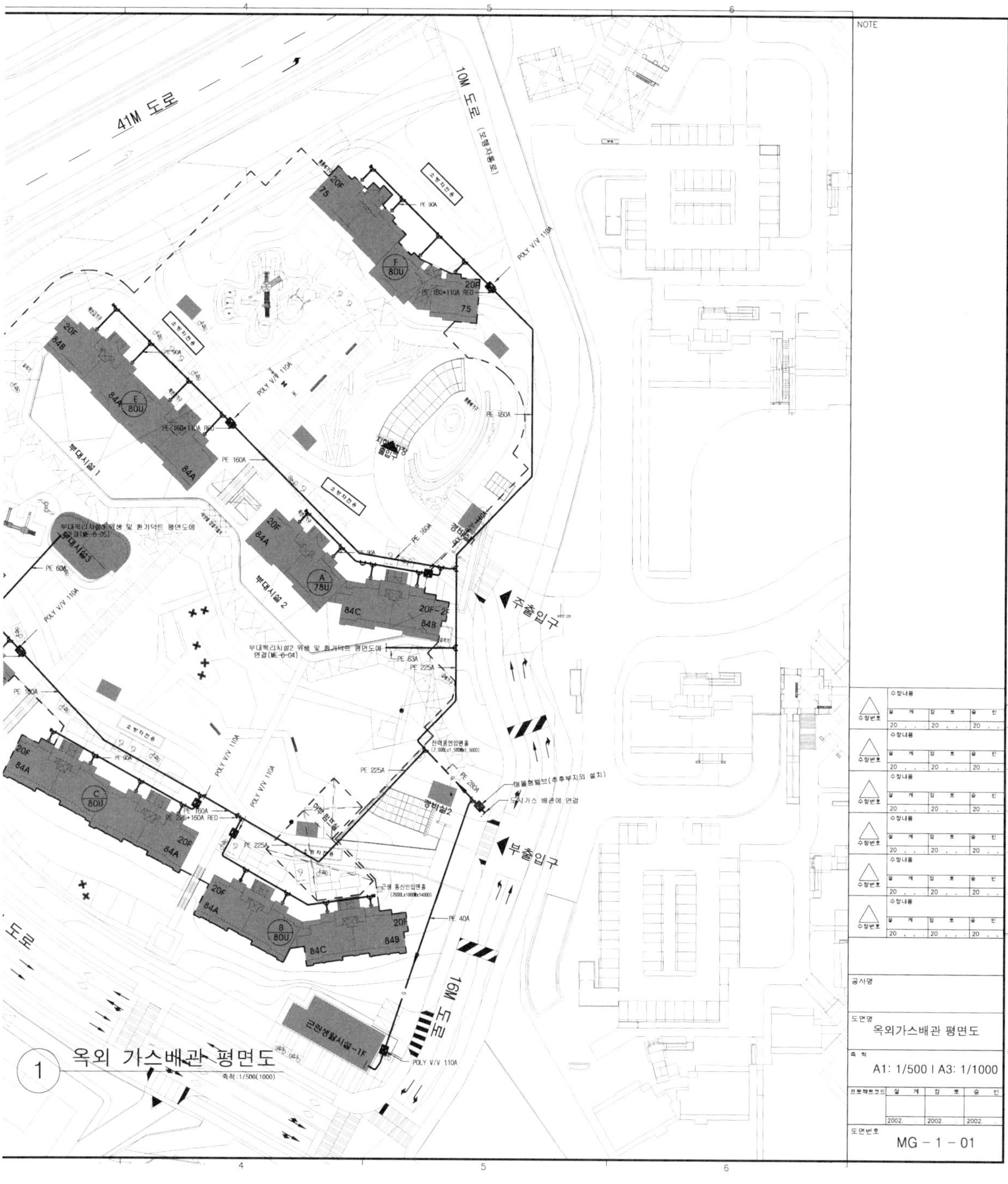

1 옥외 가스배관 평면도
축척 : 1/500(1000)

3.17 가스 배관 계통도

○가스 배관 계통도는 공동주택 각 동별 가스배관의 설치 계통 등을 나타내는 도면이다.

가스 배관 계통도에는 기본적으로 건축 단면 개념도에 표현하며, 다음과 같은 내용을 포함한다.

- 가스 배관용 기기 : 가스 계량기(형식 표현)
- 가스 배관 : 가스배관(관경)
- 기타 : 밸브류, 신축이음, 방범보호기 등 표시

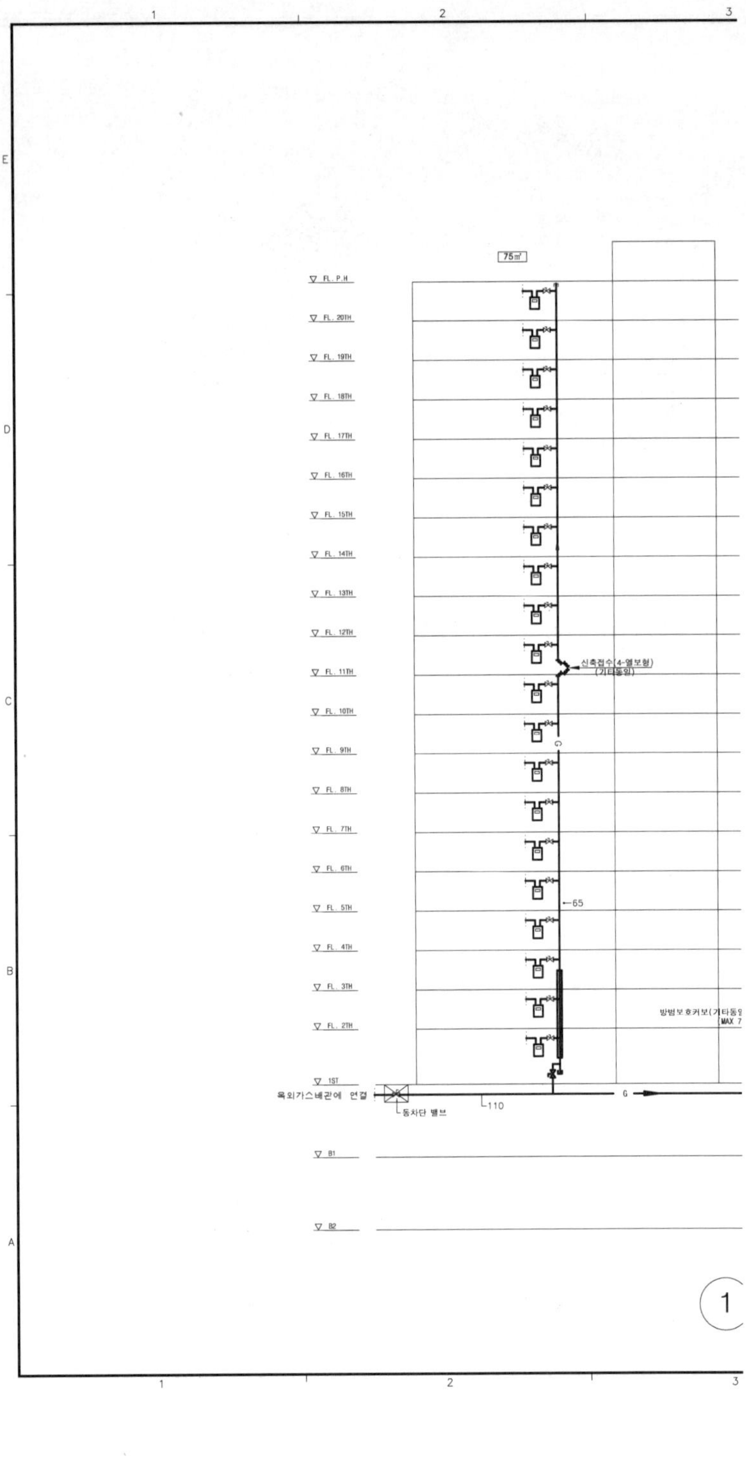

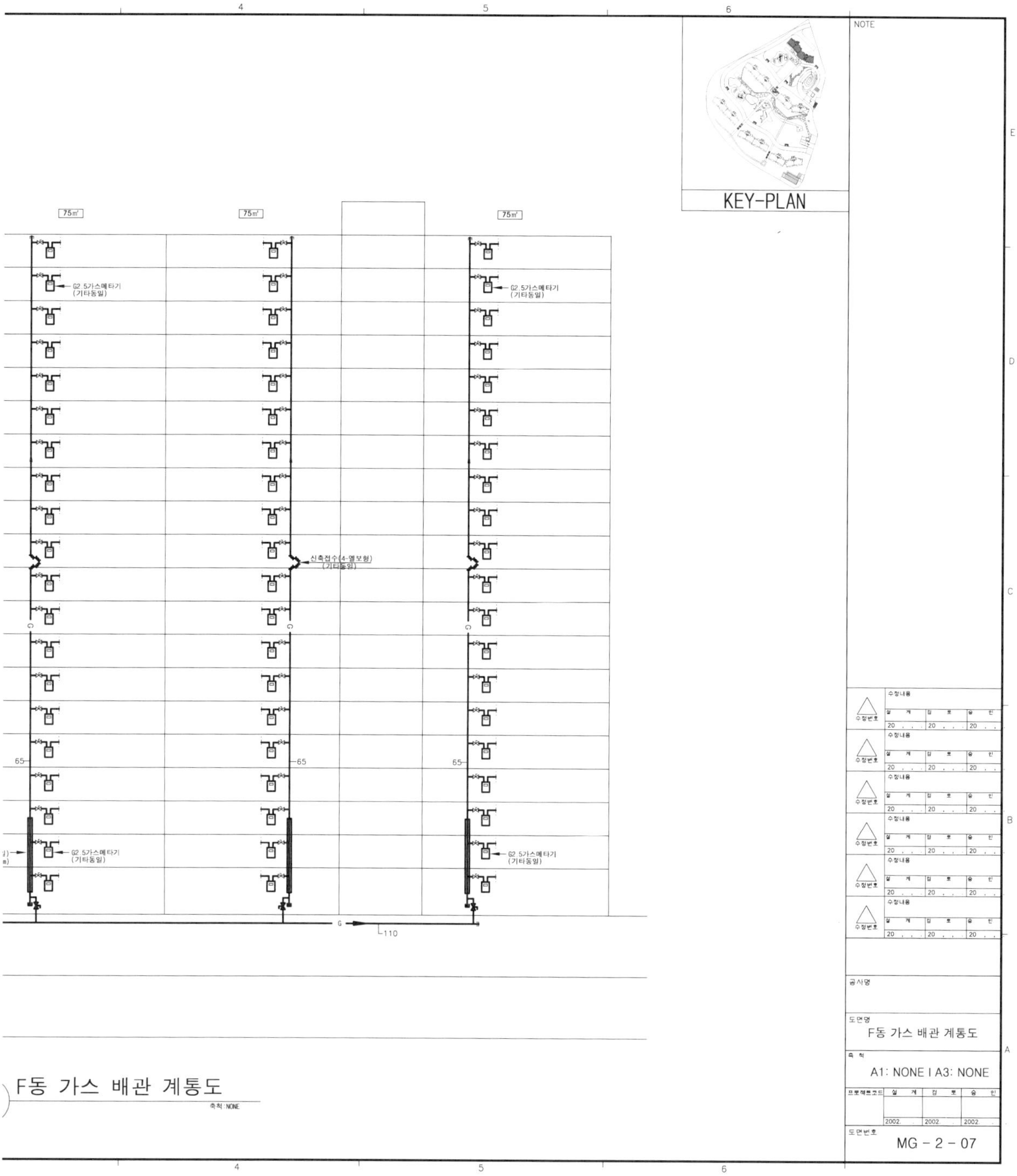

NOTE
KEY-PLAN
75㎡
75㎡
75㎡
G2.5가스메타기 (기타동일)
신축접수(4-엘보형) (기타동일)
65
G
110
수정내용
수정번호
설 계
검 토
승 인
공사명
도면명
F동 가스 배관 계통도
축 척
A1: NONE I A3: NONE
2002
도면번호
MG - 2 - 07
F동 가스 배관 계통도
축척 : NONE

3.18 단위세대 가스배관 평면도

○단위세대 가스배관 평면도는 가스 계량기와 가스배관 및 가스가 연결되는 기구를 나타내는 도면이다.

이 도면에서는 주로 다음 항목들을 표기한다.

- 가스 계량기(형식), 가스 사용 기기(보일러, 가스레인지)
- 가스배관 : 가스배관(배관 관경)
- 기타 : 플러그 마감, 엘보 등 부속류, 슬리브 설치(관경)

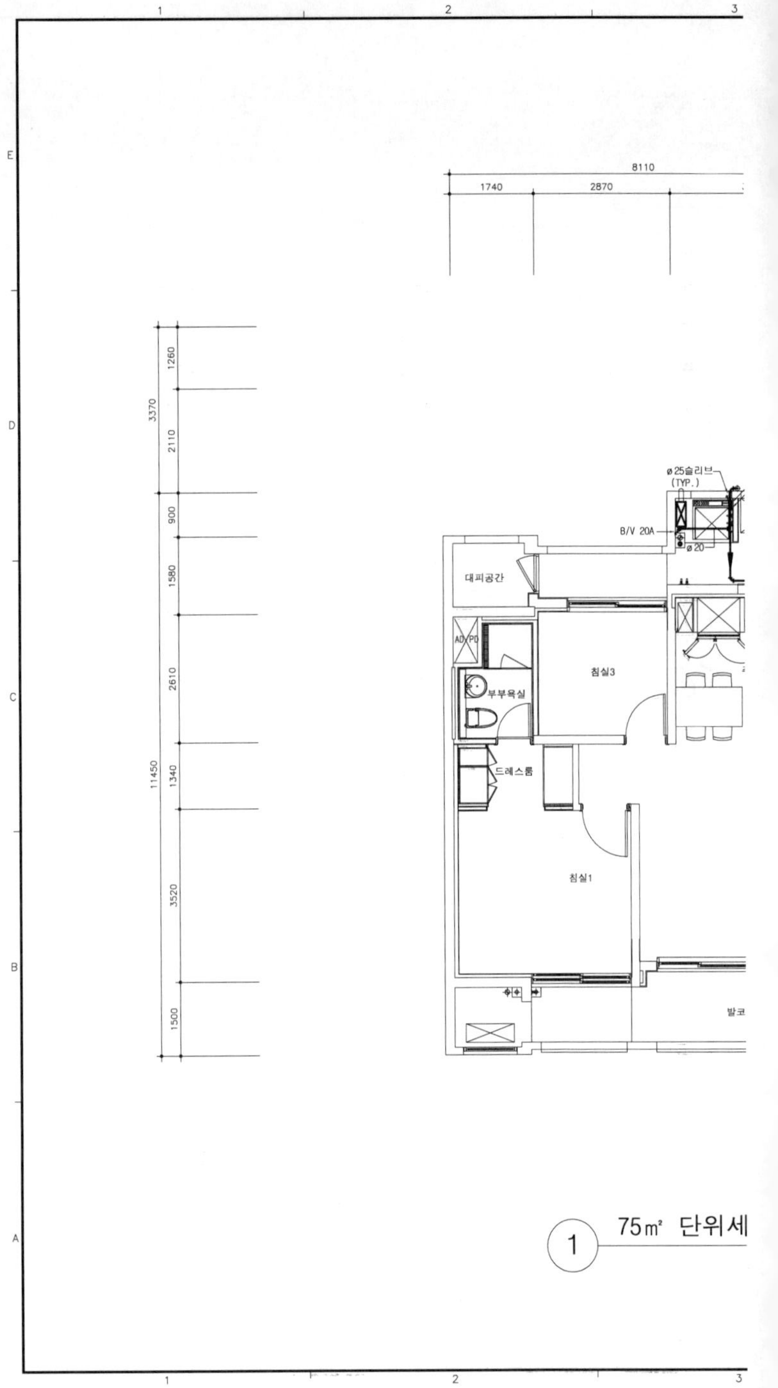

NOTE

KEY-PLAN

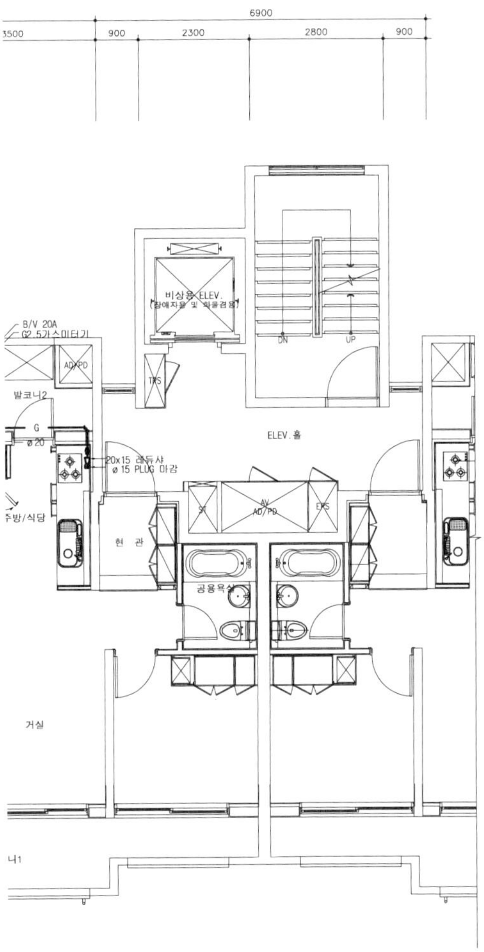

대 가스배관 평면도(기본형)

축척 : 1/50(100)

공사명

도면명 75㎡ 단위세대 가스배관 평면도(기본형)

축척 A1: 1/50 | A3: 1/100

설계	검토	승인
2002.	2002	2002

도면번호 MG - 3 -08

3.19 가스배관 평면도

ㅇ가스배관 평면도는 동 평면도에 가스배관 설치를 나타내는 것으로 대부분 입상배관(흐름 방향 포함)만을 표시하게 된다.

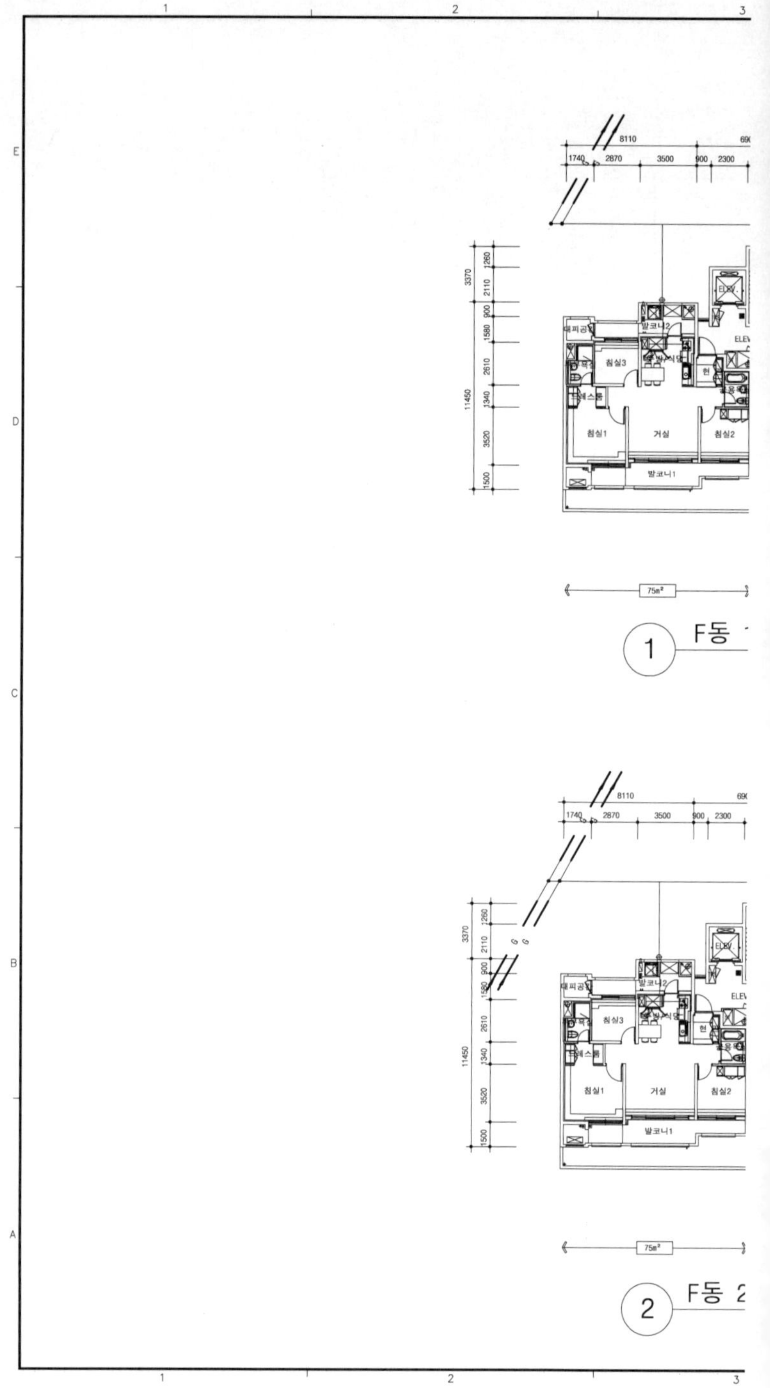

KEY-PLAN

NOTE

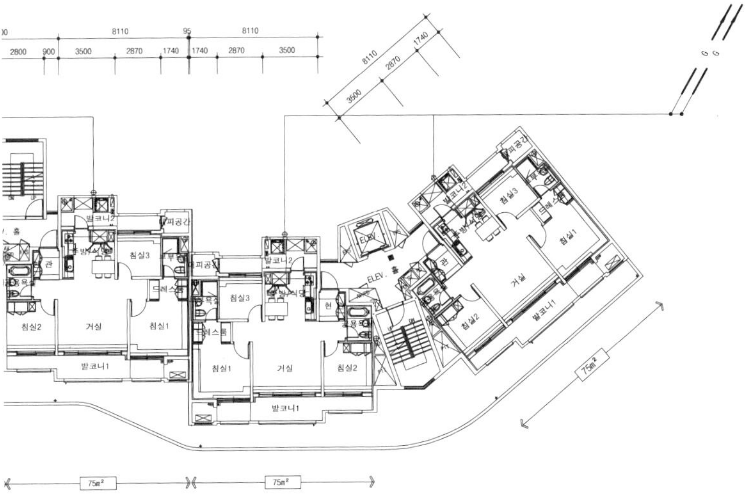

1층 가스배관 평면도

축척 : 1/150(300)

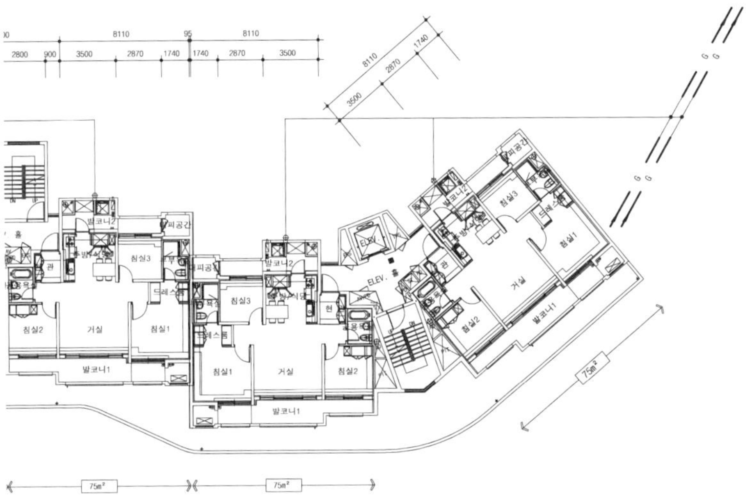

2~20층 가스배관 평면도

축척 : 1/150(300)

공사명

도면명 F동 1층 및 2~20층가스배관 평면도

축척 A1: 1/150 I A3: 1/300

프로젝트코드	설계	검토	승인
	2002.	2002.	2002.

도면번호 MG - 3 -22

3.20 자동제어 도면

○ 자동제어 도면은 건물에 설치되는 기계설비 자동제어를 위한 자동제어 기기, 밸브 및 배선을 나타내는 도면이다.

자동제어 도면은 일반적으로 자동제어 시스템 일람표, 자동제어 기기 및 밸브 일람표, 자동제어 패널 및 관제점 일람표, 자동제어 계통도, 각층 자동제어 평면도 및 확대 평면도로 구성되는 것이 일반적이다.

자동제어의 설계 및 관리는 기계설비 설계 경력이 매우 많은 팀장급 이상의 고급기술자가 수행하게 된다.

다음의 도면은 참고를 위한 자동제어 계통도로 지하저수조, 배수탱크, 팬의 자동제어 동작을 어떻게 하느냐 하는 동작 설명서이다.

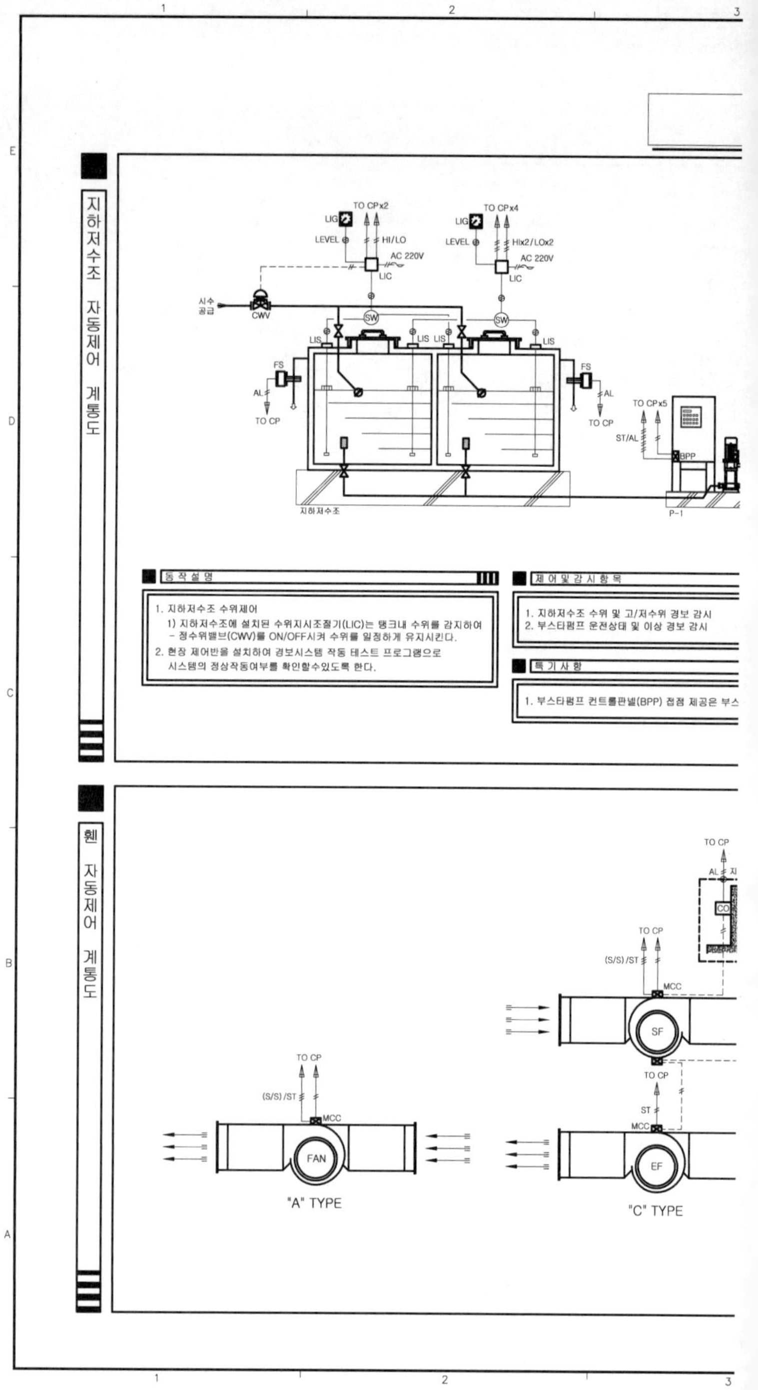

자동제어 계통도

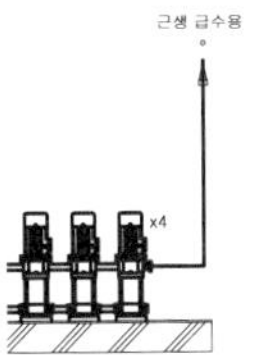

...타펌프 장비 공급 업체분.

배수탱크 자동제어 계통도

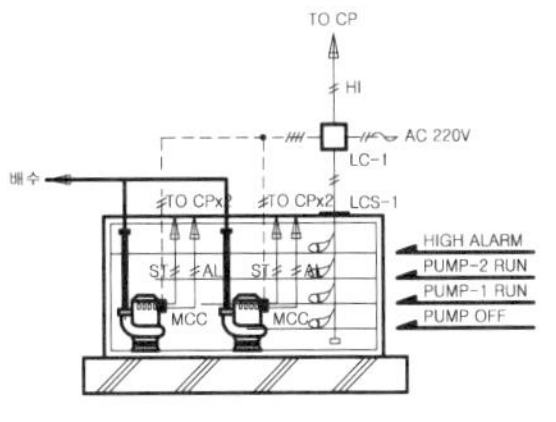

동 작 설 명

1. 배수펌프제어
   1) 배수탱크에 설치된 수위조절기(LC-2)는 수위에 따라
   - 배수펌프를 순차 기동/정지시켜 일정수위를 유지한다.

제 어 및 감 시 항 목

1. 배수탱크 고수위 경보 감시
2. 배수탱크 운전상태 및 경보 감시

특 기 사 항

1. MCC 접점 제공은 전기공사분.

장 비 명	수 량 (SET)	형 태	용 도	설 치 위 치	비 고
P-2	2		펌프실 집수정	펌프실	
P-3	24		지하주차장 집수정	지하주차장	
P-6	4		썬큰 집수정용	썬큰	
합 계	30				

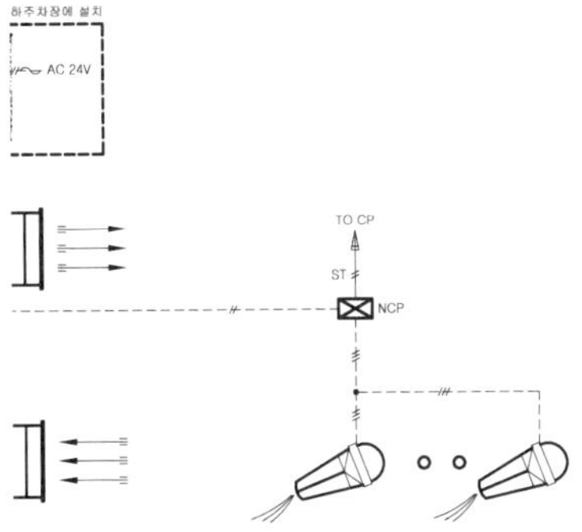

동 작 설 명

1. 휀 자동제어
   1) 중앙감시반의 관리자에 의하여 급,배기휀을 기동/정지한다.
   2) 지하주차장에 설치된 타이머에 의해서 지하주차장 배기휀을 기동/정지 한다.
   3) 지하주차장에 설치된 일산화탄소 감지기에 의해서 지하주차장 배기휀을 기동/정지 한다.

제 어 및 감 시 항 목

1. 급기휀 기동/정지 및 운전상태 감시
2. 배기휀 기동/정지 및 운전상태 감시
3. 유인휀 운전상태 감시
4. 일산화탄소 경보 감시

특 기 사 항

1. 급기휀(SF) 및 배기휀(EF)은 전기적으로 연동.(전기공사분)
2. 급기휀(SF) 및 유인휀판넬(NCP)은 전기적으로 연동.(전기공사분)
3. 유인휀 및 유인휀은 전기적으로 연동.(전기공사분)
4. MCC 접점 제공은 전기공사분.

장 비 명	수 량 (SET)	형 태	용 도	설 치 위 치	비 고
F - 1	2	A	저수조실 및 펌프실 급, 배기용	저수조실	
F - 2	1	A	전기실 급기용	발전기실	
F - 3	1	A	전기실 및 발전기실 배기용	발전기실	
F - 12	2	B	지하주차장-1 배기용	지하주차장 -1 팬룸	
F - 13	2	B	지하주차장-2 배기용	지하주차장 -2 팬룸	
합 계	8				

NOTE

공사명

도면명: 자동제어 계통도

축 척: A1: NONE I A3: NONE

프로젝트코드	설 계	검 토	승 인
	2002.	2002.	2002.

도면번호: MC - 4 -03

3.21 샤프트 상세도 (메인 샤프트 상세도 / 단위세대 샤프트 상세도)

○샤프트 상세도는 건물에 설치되는 모든 샤프트에 대해 샤프트 내에 설치되는 모든 배관, 덕트, 소화용 밸브를 표현하는 도면이다.
샤프트 상세도는 건축 평면도(일반적 축척 1/20 혹은 1/40)에 표현하며, 샤프트가 많으므로 Key Plan을 함께 표현하는 것이 일반적이다.
다음 도면의 메인 샤프트 상세도는 계단실에 설치되는 샤프트를 표현하며, 단위세대 샤프트 상세도는 단위세대 내(주로 화장실) 샤프트를 표현한다.

○샤프트 상세도 표현 사항

- 모든 입상 배관(배관종류, 관경, 보온재 표현)
- 모든 입상 덕트(덕트 종류, 사이즈)
- 소화용 밸브 및 기타 샤프트내 설치되는 모든 기구

  *샤프트 명칭 일람표를 별도로 작성한다.

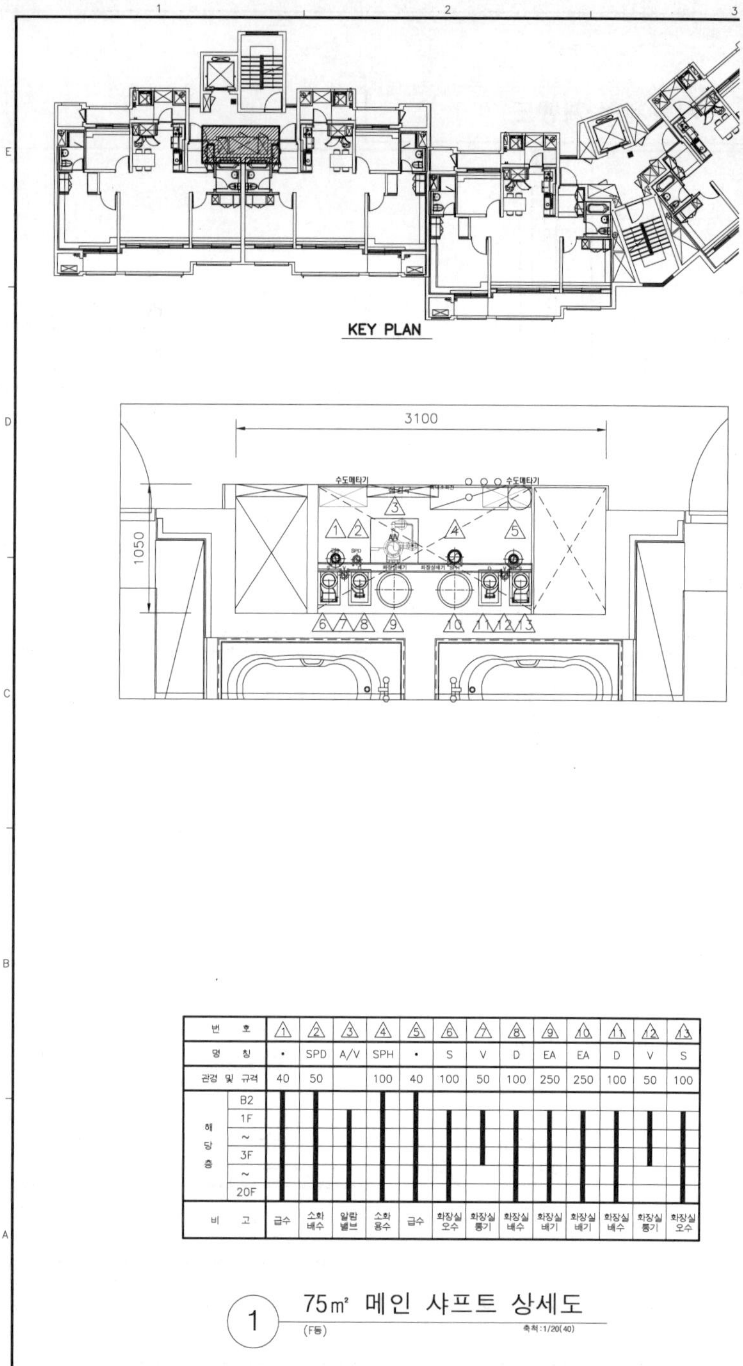

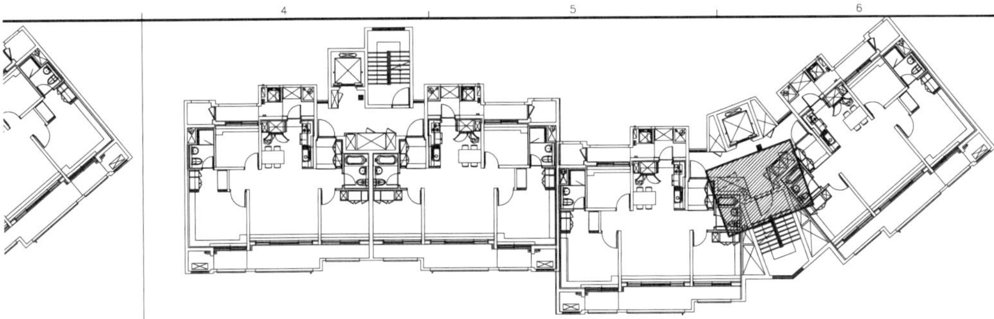

KEY PLAN

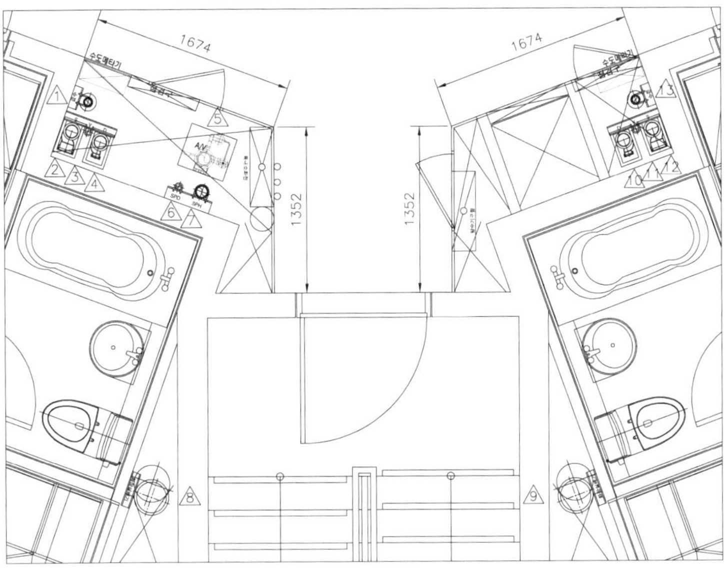

번호		1	2	3	4	5	6	7	8	9	10	11	12	13
명칭		•	S	V	D	A/V	SPD	SPH	EA	EA	D	V	S	•
관경 및 규격		40	100	50	100		50	100	250	250	100	50	100	40
해당층	B2													
	1F													
	~													
	3F													
	~													
	20F													
비고		급수	화장실 오수	화장실 통기	화장실 배수	알람 밸브	소화 배수	소화 용수	화장실 배기	화장실 배기	화장실 배수	화장실 통기	화장실 오수	급수

② 75㎡ 메인 샤프트 상세도

(F동) 축척:1/20(40)

NOTE

공사명

도면명: 메인 샤프트 상세도

축척: A1: 1/20 | A3: 1/40

도면번호: MD - 1 - 01

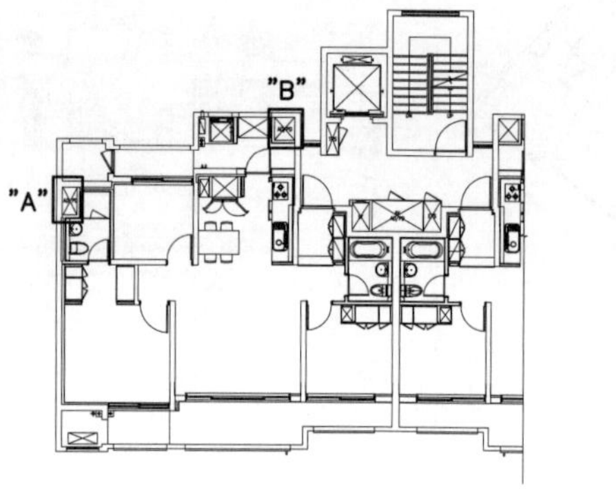

Key-Plan

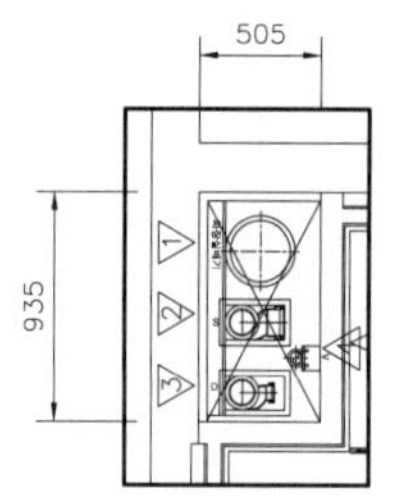

"A" 부 분 PS 상 세 도

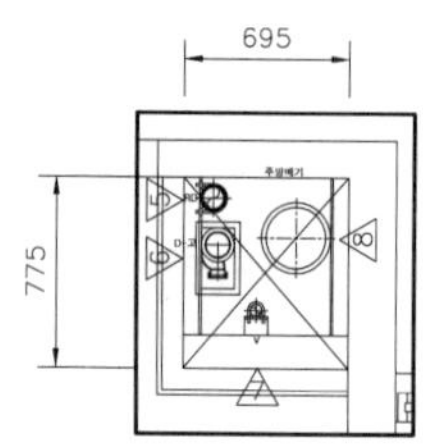

"B" 부 분 PS 상 세 도

SHAFT 일람표

NO.	배관 명칭	관경(ø)	용 도	비 고
①	E A	250	화장실 배기용	
②	오 수 관	100	화장실 오수용	
③	배 수 관	100	화장실 배수용	
④	통 기 관	50	화장실 통기용	
⑤	R D	100	옥상 배수용	
⑥	배 수 관	100	주방 배수용	
⑦	통 기 관	50	주방 통기용	
⑧	E A	250	주방 배기용	

75㎡ TYPE 단위세대 샤프트 상세도

NOTE

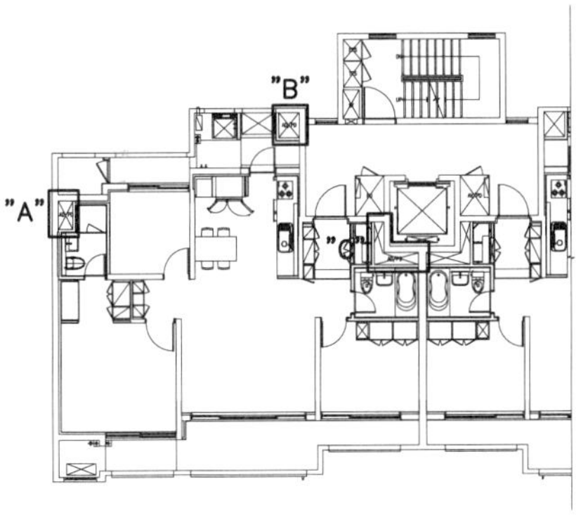

Key–Plan

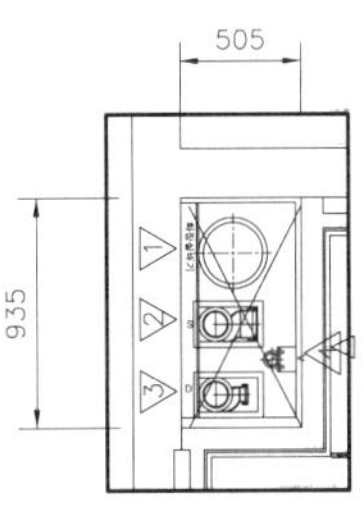

"A" 부 분 PS 상 세 도

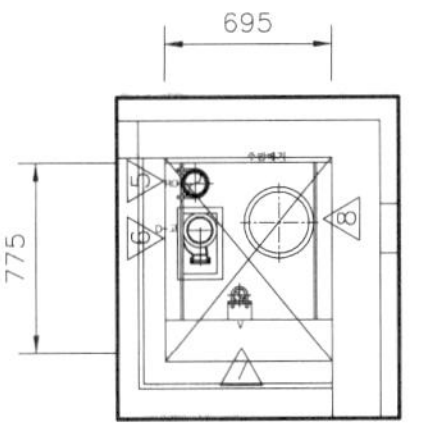

"B" 부 분 PS 상 세 도

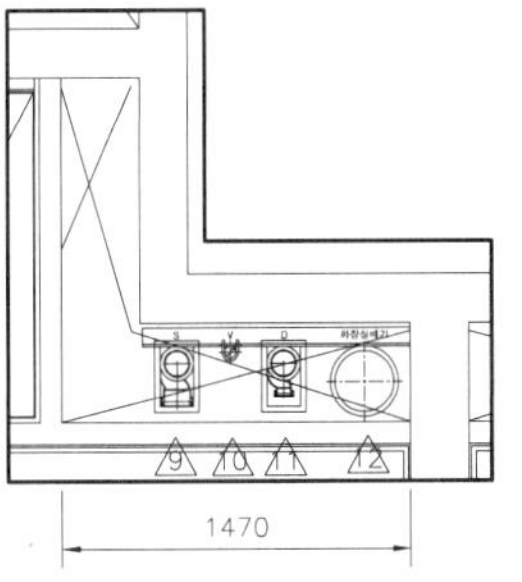

"B" 부 분 PS 상 세 도

SHAFT 일람표

NO.	배관 명칭	관경(ø)	용 도	비 고
①	E A	250	화장실 배기용	
②	오 수 관	100	화장실 오수용	
③	배 수 관	100	화장실 배수용	
④	통 기 관	50	화장실 통기용	
⑤	R D	100	옥상 배수용	
⑥	배 수 관	100	주방 배수용	
⑦	통 기 관	50	주방 통기용	
⑧	E A	250	주방 배기용	
⑨	오 수 관	100	화장실 오수용	
⑩	통 기 관	50	화장실 통기용	
⑪	배 수 관	100	화장실 배수용	
⑫	E A	250	화장실 배기용	

84㎡A TYPE 단위세대 샤프트 상세도

수정내용 / 수정번호 / 설계 20 . . / 검토 20 . . / 승인 20 . .

공사명

도면명
세대별 샤프트 상세도-1

축척
A1: 1/20 | A3: 1/40

프로젝트코드 | 설계 2002. | 검토 2002. | 승인 2002.

도면번호
MD – 1 – 04

3.22 소화기계설비 도면

○소화기계설비 도면은 일반적으로 소방설계 전문업체에서 작성하는 경우가 많으며, 별도의 내역 산정 및 계약 등의 이유로 기계설비 도면과는 별도로 작성되는 것이 일반적이다.

소화기계설비의 구성도 기계설비 도면과 유사한 형식으로 구성되어, 범례, 장비일람표, 옥외소화배관 평면도, 소화 펌프실 확대도면, 소화배관 계통도, 각층 소화배관 평면도, 상세도로 구성되는 것이 일반적이다.

(1) 도면목록, 범례, 소화장비 일람표

○도면 목록은 도면 전체의 리스트를 나타내는 도면이다.

도면번호, 도면명, 축척 및 기타 비고사항을 기입한다.

일반적으로 기계소방의 경우는 MF로 시작한다.

◪도 면 목 록 표

도면번호	도 면 명	축적(A1)	축적(A3)
MF - 1- 01	도면 목록표	NTS	NTS
MF - 1- 02	범례 및 장비일람표	NTS	NTS
MF - 2- 01	옥외 소화배관 평면도	1 / 400	1 / 800
MF - 2- 02	소화배관 흐름도	1 / 400	1 / 800
MF - 3- 01	75㎡ 형 단위세대 소화배관 평면도(기본형)	1 / 50	1 / 100
MF - 3- 02	75㎡ 형 단위세대 소화배관 평면도(확장형)	1 / 50	1 / 100
MF - 3- 03	84㎡ A형 단위세대 소화배관 평면도(기본형)	1 / 50	1 / 100
MF - 3- 04	84㎡ A형 단위세대 소화배관 평면도(확장형)	1 / 50	1 / 100
MF - 3- 05	84㎡ B형 단위세대 소화배관 평면도(기본형)	1 / 50	1 / 100
MF - 3- 06	84㎡ B형 단위세대 소화배관 평면도(확장형)	1 / 50	1 / 100
MF - 3- 07	84㎡ C형 단위세대 소화배관 평면도(기본형)	1 / 50	1 / 100
MF - 3- 08	84㎡ C형 단위세대 소화배관 평면도(확장형)	1 / 50	1 / 100
MF - 4- 01	A동 소화배관 계통도	NTS	NTS
MF - 4- 02	B동 소화배관 계통도	NTS	NTS
MF - 4- 03	C동 소화배관 계통도	NTS	NTS
MF - 4- 04	D동 소화배관 계통도	NTS	NTS
MF - 4- 05	E동 소화배관 계통도	NTS	NTS
MF - 4- 06	F동 소화배관 계통도	NTS	NTS
MF - 5- 01	A동 지하2층, 지하1층 소화배관평면도	1 / 150	1 / 300
MF - 5- 02	A동 지상1층, 지상2층 소화배관평면도	1 / 150	1 / 300
MF - 5- 03	A동 지상3~20층, 옥탑층 소화배관평면도	1 / 150	1 / 300
MF - 5- 04	B동 지하1층, 지상1층 소화배관평면도	1 / 150	1 / 300
MF - 5- 05	B동 지상2층, 지상3층 소화배관평면도	1 / 150	1 / 300
MF - 5- 06	B동 지상4~20층, 옥탑층 소화배관평면도	1 / 150	1 / 300
MF - 5- 07	C동 지하1층, 지상1층 소화배관평면도	1 / 150	1 / 300
MF - 5- 08	C동 지상2층, 지상3층 소화배관평면도	1 / 150	1 / 300
MF - 5- 09	C동 지상4~20층, 옥탑층 소화배관평면도	1 / 150	1 / 300
MF - 5- 10	D동 지하1층, 지상1층 소화배관평면도	1 / 150	1 / 300
MF - 5- 11	D동 지상2층, 지상3층 소화배관평면도	1 / 150	1 / 300
MF - 5- 12	D동 지상4~20층, 옥탑층 소화배관평면도		
MF - 5- 13	E동 지하2층, 지하1층 소화배관평면도	1 / 150	1 / 300
MF - 5- 14	E동 지상1층, 지상2층 소화배관평면도	1 / 150	1 / 300
MF - 5- 15	E동 지상3층, 지상4~20층 소화배관평면도		
MF - 5- 16	E동 옥탑층 소화배관평면도		
MF - 5- 17	F동 지하2층, 지하1층 소화배관평면도		
MF - 5- 18	F동 지상1층, 지상2층 소화배관평면도		
MF - 5- 19	F동 지상3~20층, 옥탑층 소화배관평면도		
MF - 6- 01	지하주차장 소화배관 계통도-1	NTS	NTS
MF - 6- 02	지하주차장 소화배관 계통도-2	NTS	NTS
MF - 6- 03	지하층-1 주차장 소화배관 평면도	1 / 200	1 / 400
MF - 6- 04	지하층-2 주차장 전체 소화배관 평면도	1 / 300	1 / 600
MF - 6- 05	지하층-2 주차장 확대 소화배관 평면도-1	1 / 200	1 / 400
MF - 6- 06	지하층-2 주차장 확대 소화배관 평면도-2	1 / 200	1 / 400

도면번호	도 면 명	축적(A1)	축적(A3)
MF － 7－ 01	펌프실 확대 소화배관 평면도	1 / 60	1 / 120
MF － 8－ 01	부대복리시설 － 1 소화배관 평면도	1 / 100	1 / 200
MF － 8－ 02	부대복리시설 － 2 소화배관 평면도	1 / 100	1 / 200
MF － 8－ 03	부대복리시설 － 3 소화배관 평면도	1 / 50	1 / 100
MF － 8－ 04	근린생활시설 지상1층 소화배관 평면도	1 / 50	1 / 100
MF － 9－ 01	소화 상세도－1	NTS	NTS
MF － 9－ 02	소화 상세도－2	NTS	NTS

NOTE

수정번호	수정내용		
	설 계	검 토	승 인
	20 . . .	20 . . .	20 . .
수정번호	수정내용		
	설 계	검 토	승 인
	20 . . .	20 . . .	20 . .
수정번호	수정내용		
	설 계	검 토	승 인
	20 . . .	20 . . .	20 . .
수정번호	수정내용		
	설 계	검 토	승 인
	20 . . .	20 . . .	20 . .
수정번호	수정내용		
	설 계	검 토	승 인
	20 . . .	20 . . .	20 . .
수정번호	수정내용		
	설 계	검 토	승 인
	20 . . .	20 . . .	20 . .

공사명

도면명
도면 목록표

축 척
A1: NONE I A3: NONE

프로젝트코드	설 계	검 토	승 인
	2002. .	2002. .	2002. .

도면번호
MF － 1 － 01

○범례는 소화설비 도면 작성에 사용하는 각종 기호와 그들의 설명을 나타내며, 필요시 재질 등의 세부 사항을 포함하기도 한다.

○장비일람표는 해당 건물에 설치되는 모든 소화설비용 장비의 용량, 수량, 사양 및 기타 특별한 기준이나 조건 등을 나타내는 도면이다.

소화설비 장비일람표는 기계설비에 비해 그 종류가 매우 적으며, 특히 공동주택의 경우에는 물분무등 소화설비가 없어 간단하다.

장비일람표에는 다음 장비들이 표기된다.

- 소화펌프 : 소화 주펌프, 소화 보조펌프(옥내소화전, 스프링클러 등)
- 제연용 송풍기 : 제연설비 설치시 제연용 급기팬(공동주택의 경우에는 배기팬이 없음)
- 탱크류 : 소화용 지하저수조, 고사수조, 압력탱크(저수조는 표기하지 않기도 한다. 기계설비에 표기)

◪ 소화범례

기 호	명 칭	비 고
HSP	옥내소화전/스프링클러 겸용 배관	(KSD 3562)
HSP	옥내소화전/스프링클러 겸용 배관	(KSD 3507)
SC	연결송수관설비 배관	
	연결 송수구 (쌍구형)	
	개폐표시형 게이트 밸브	
	개폐표시형 게이트밸브(Temper Switch 부착형)	
	체크 밸브	
	스트레이너	
A.D.V	자동배수 밸브	
	압력계	
	수격 방지기	
	후렉시블	
	알람 밸브	
	프리액션 밸브	
	옥내소화전	
	옥내소화전(65A 단구형 방수구 내장)	
	방수기구함	
	ABC 분말 소화기	
	이산화탄소 소화기	
	상수도 소화전	

◪ 소화장비일

펌 프	
장비번호	수량
FP – 01	1
FP – 02	1
FP – 03	1
PT – 1	1

제연팬	
장비번호	수량
SF – 01	6
	6

람표

명 칭	형 식	구 경(MM)		유 량(LPM)	양 정(M)	단 수(S)	모 타				비 고
		흡 입	토 출				KW	PH	V	HZ	
옥내소화전/스프링클러 주펌프	다 단 볼 류 트	100	80	1,450	120	8	75	3	380	60	기타 표준부속품 일체 구비, 방진가대 포함
옥내소화전/스프링클러 예비펌프	다 단 볼 류 트	100	80	1,450	120	8	75	3	380	60	기타 표준부속품 일체 구비, 방진가대 포함
옥내소화전/스프링클러 보조펌프	웨 스 코	50	40	60	120	–	11	3	380	60	기타 표준부속품 일체 구비, 방진가대 포함
압 력 탱 크	용 량 : 200 LIT										

명 칭	형 식	FAN NO.	풍 량 (CMH)	정 압 (MMAQ)	동 력 (KW)	전 원 (Ø / V / HZ)	용 도	비 고
급 기 휀	SIROCO FAN	#6 SS	29000	65	15	3 / 380 / 60	501, 505, 506동	전 실 급 기 용
급 기 휀	SIROCO FAN	#4.5 DS	29000	65	15	3 / 380 / 60	502, 503, 504동	전 실 급 기 용

NOTE

수정내용 / 수정번호 / 설계 20 . . / 검토 20 . . / 승인 20 . .

공사명

도면명: 범례 및 장비일람표

축척: A1: NONE I A3: NONE

프로젝트코드 / 설계 2002. / 검토 2002. / 승인 2002.

도면번호: MF - 1 - 02

(2) 단위세대 소화배관 평면도

○ 단위세대 소화배관 평면도는 각종 소화기구와 스프링클러 배관을 나타내는 도면이다.

이 도면에서는 주로 다음 항목들을 표기한다.

- 소화기구 : ABC 분말소화기, 자동확산소화기, 자동식 소화기, 스프링클러 알람밸브 등
- 피난기구 : 완강기 등 피난기구
- 소화배관 : 스프링클러 배관(관경 표기), 헤드 등 표기
- 기타 : 대피공간, 비상용 엘리베이터 등 표기

*일반적으로 소화시설 일람표를 표로 별도로 작성한다.

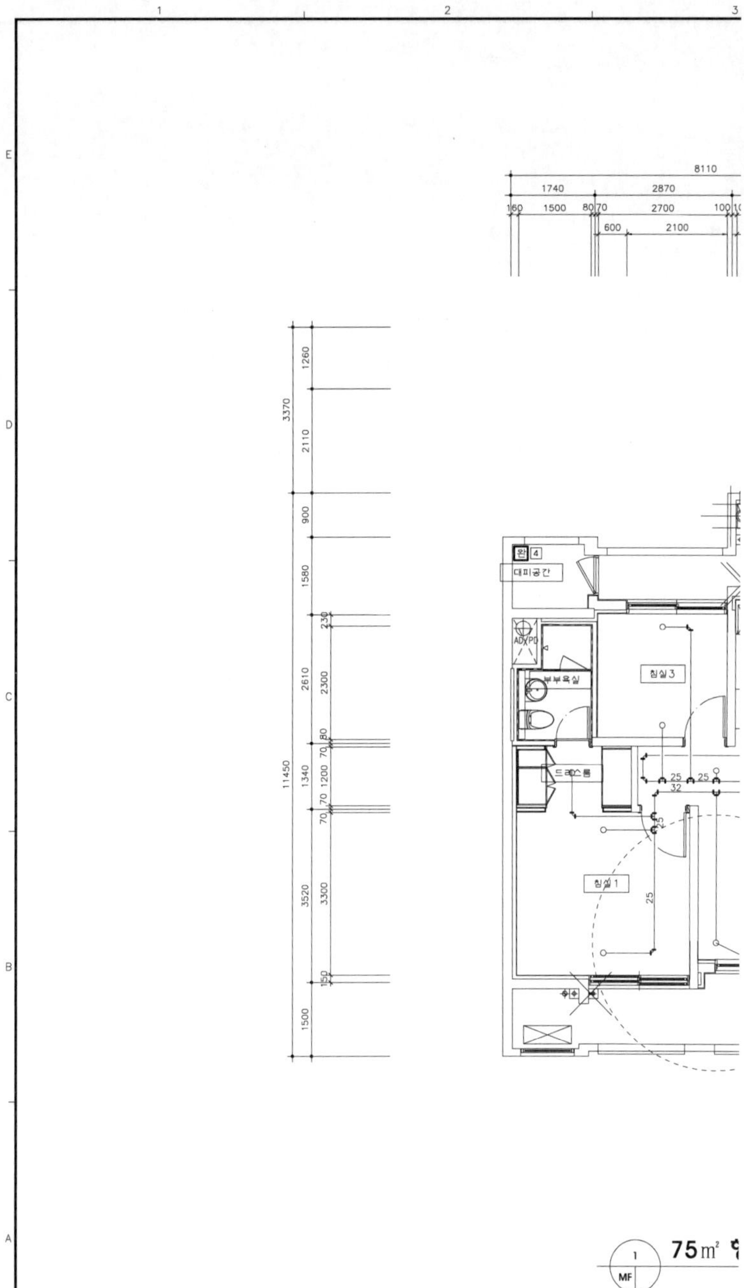

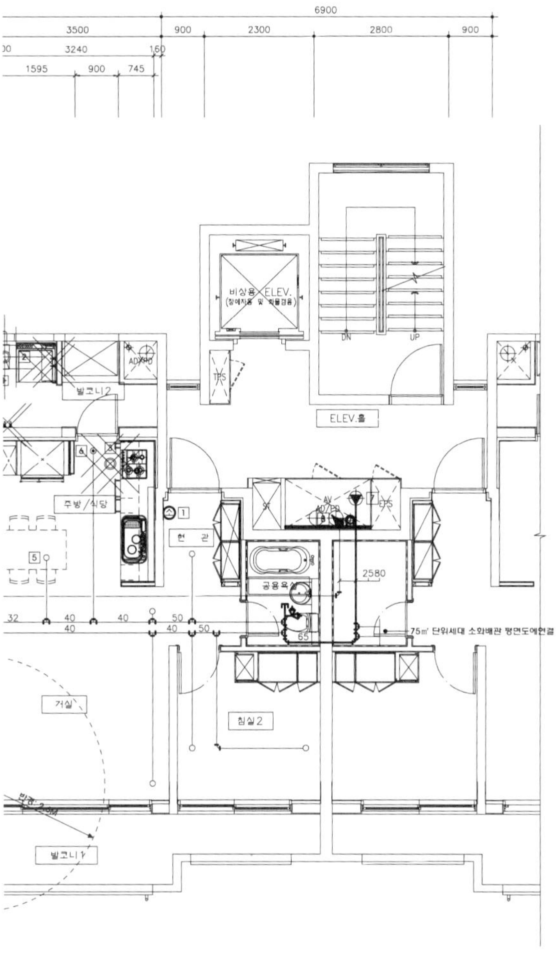

소화시설일람표

1	ABC 분 말 소 화 기 / 2.5 KG	x 1 EA
2	자 동 확 산 소 화 기 / 보일러 상부 설치	x 1 EA
3	자 동 식 소 화 기 / 가스렌지 상부 설치	x 1 EA
4	완 강 기 / 설치층: 3 ~ 10 층	x 1 EA
5	조기반응형 스프링클러헤드 / 72° C, 폐쇄형	x 13 EA
6	조기반응형 스프링클러헤드 / 105° C, 폐쇄형	x 1 EA
7	65∅ 알 람 밸 브 / 점검문: 500x1000 이상 설치	x 1 EA
8	사 이 트 글 라 스 / 가장먼 가지배관에 연결	x 1 EA

5 단위세대 소화배관평면도(기본형)

SCALE = 1/50(A3:100)

NOTE

수정번호	수정내용		
△	설 계	검 토	승 인
	20 . .	20 . .	20 . .
△	설 계	검 토	승 인
	20 . .	20 . .	20 . .
△	설 계	검 토	승 인
	20 . .	20 . .	20 . .
△	설 계	검 토	승 인
	20 . .	20 . .	20 . .
△	설 계	검 토	승 인
	20 . .	20 . .	20 . .
△	설 계	검 토	승 인
	20 . .	20 . .	20 . .

공사명

도면명: 75㎡ 형 단위세대 소화배관 평면도 (기본형)

축척: A1: 1/50 l A3: 1/100

프로젝트코드	설 계	검 토	승 인
	2002.	2002.	2002.

도면번호: MF - 3 - 01

(3) 소화배관 계통도

○ 소화배관 계통도는 건물의 소화용 설비인 옥내소화전, 스프링클러 등의 배관 설치 계통 및 이러한 배관이 연결되는 소화용 장비들을 함께 나타내는 도면이다.
또한 전실 제연설비에 필요한 제연용 덕트류 및 이러한 덕트에 연결되는 팬 등을 나타내는 도면이다.

계통도는 기본적으로 건축 단면 형식도에 표현하며, 다음과 같은 내용을 포함한다.

- 소화설비 장비 : 옥내소화전, 소화기, 제연용 팬, 완강기 등
- 소화배관 : 입상배관(배관 종류 및 관경 표시) 및 각층의 횡배관 및 부속류
- 밸브 및 배관 부속류 : 주요 소화용 밸브(알람밸브 등), 기타 밸브류
- 제연덕트 : 제연 입상 덕트 및 덕트 부속류 등

  *일반적으로 소화시설 일람표를 표로 별도로 작성한다.

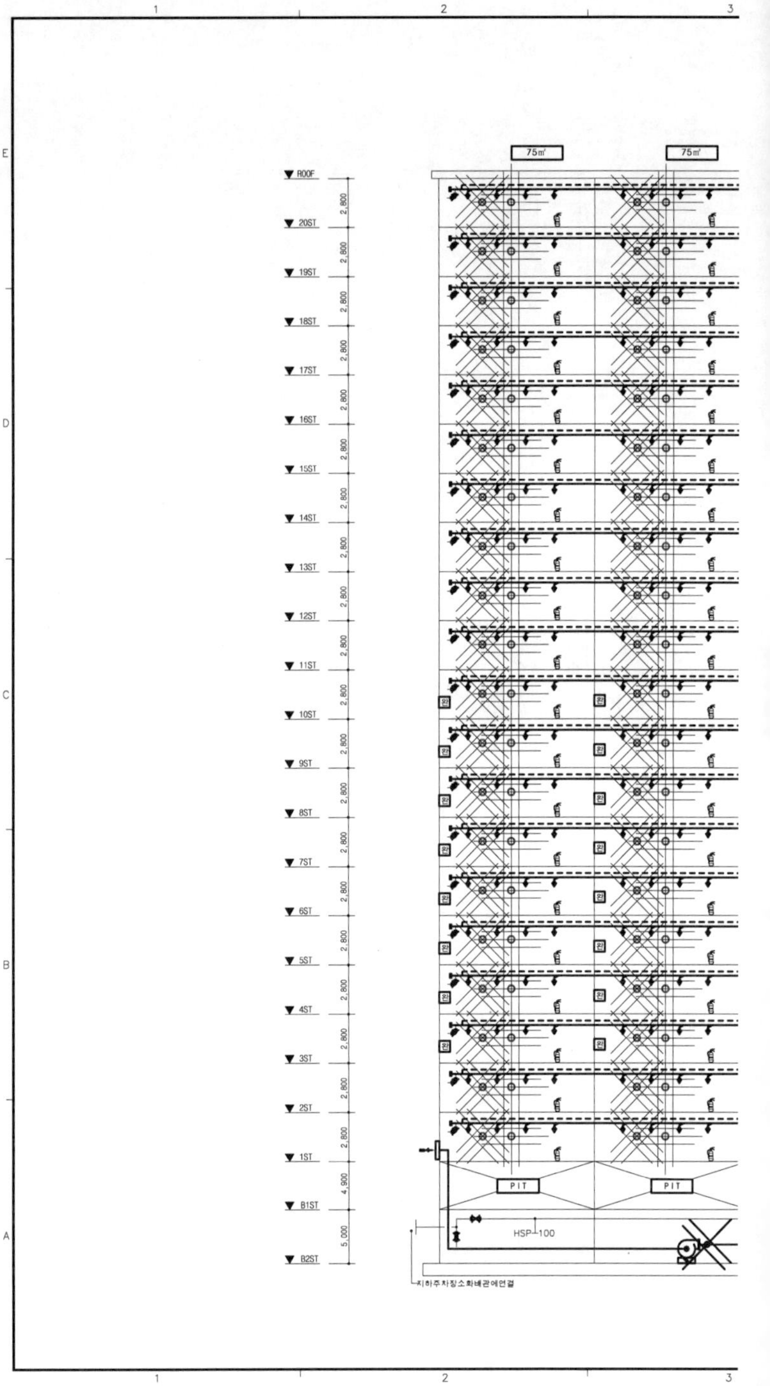

NOTE

- 차압감지관은 전층에 설치
- 확장형 세대는 다용도실에 측벽형 스프링클러 헤드를 설치하고, 자동확산소화기를 삭제한다.
- 지상12층까지의 옥내소화전 방수구 인입측에 감압장치를 설치한다(0.7Mpa까지 설치)

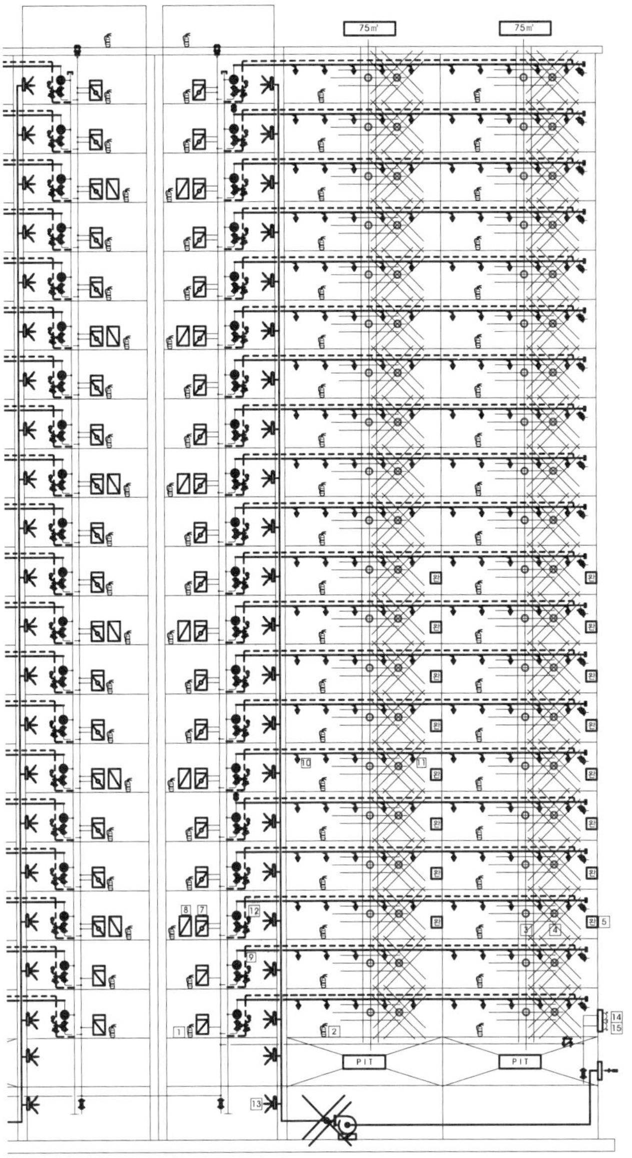

소화시설일람표

1	ABC 분 말 소 화 기
	2.5 KG
2	ABC 분 말 소 화 기
	3.3 KG
3	자 동 확 산 소 화 기
	보일러 상부 설치
4	자 동 식 소 화 기
	가스렌지 상부 설치
5	완 강 기
	설치층: 3 ~ 10 층
6	옥 내 소 화 전 함
	ϕ40 x 15M 호스 2본
	ϕ40 방사형 관창
	설치층 : 지상 1,2 층
7	옥 내 소 화 전 함
	ϕ40 x 15M 호스 2본
	ϕ40 방사형 관창
	ϕ65 단구형방수구 포함
	설치층: 지상 3 ~ 최상층
8	방 수 기 구 함
	ϕ65 x 15M 호스 2본
	ϕ65 방사형 관창
9	알 람 밸 브
	점검문: 500x1000이상 설치
10	하향형 스프링클러헤드
	72° C, 조기 반응형
11	하향형 스프링클러헤드
	105° C, 조기 반응형
12	사 이 트 글 라 스
	가장 먼 가지배관에 연결
13	자동차압조절댐퍼(S.A.D)
	SIZE: 400W x 600H
	OPEN SIZE: 400W x 800H
14	연 결 송 수 구
	옥내소화전/연결송수관설비용
	100 x 65 x 65
15	연 결 송 수 구
	스프링클러설비용
	100 x 65 x 65

1 MF **F동 소화배관 계통도**

SCALE : NTS

수정번호	수정내용		
	설계	검토	승인
	20 . .	20 . .	20 . .
	설계	검토	승인
	20 . .	20 . .	20 . .
	설계	검토	승인
	20 . .	20 . .	20 . .
	설계	검토	승인
	20 . .	20 . .	20 . .
	설계	검토	승인
	20 . .	20 . .	20 . .
	설계	검토	승인
	20 . .	20 . .	20 . .

공사명

도면명: F동 소화배관 계통도

축척: A1: NONE I A3: NONE

프로젝트코드	설계	검토	승인
	2002.	2002.	2002.

도면번호: MF – 4 – 06

(4) 소화배관 평면도

○소화배관 평면도는 각 동별로 해당 층의 소화설비에 필요한 옥내소화전, 스프링클러, 연결송수구 등의 배관과 이러한 배관이 연결되거나 별도로 설치되는 소화용 장비들을 함께 나타내는 도면이다.

소화배관 평면도는 건축 평면도에 표현하며, 다음과 같은 내용을 포함한다.

- 소화설비 장비 : 해당층의 소화설비 장비(예 : 옥내소화전, 스프링클러 밸브, 소화기 등)
  *일반적으로 해당층 소화설비 일람표 별도 작성
- 소화배관 : 해당층에 설치되는 모든 소화배관(배관 종류, 관경 및 흐름방향 표시), 샤프트 내의 입상배관 표기(배관종류, 상하 흐름방향 표기)
- 배관 부속류 : 밸브, 배관분기(엘보, 티 등), 수격방지기 등 표기
- 기타 : 건물 옥외에 연결되는 모든 소화 설비 관련 시설 및 배관(연결송수구, 제연용 루버 등), 배관 연결 표기 등

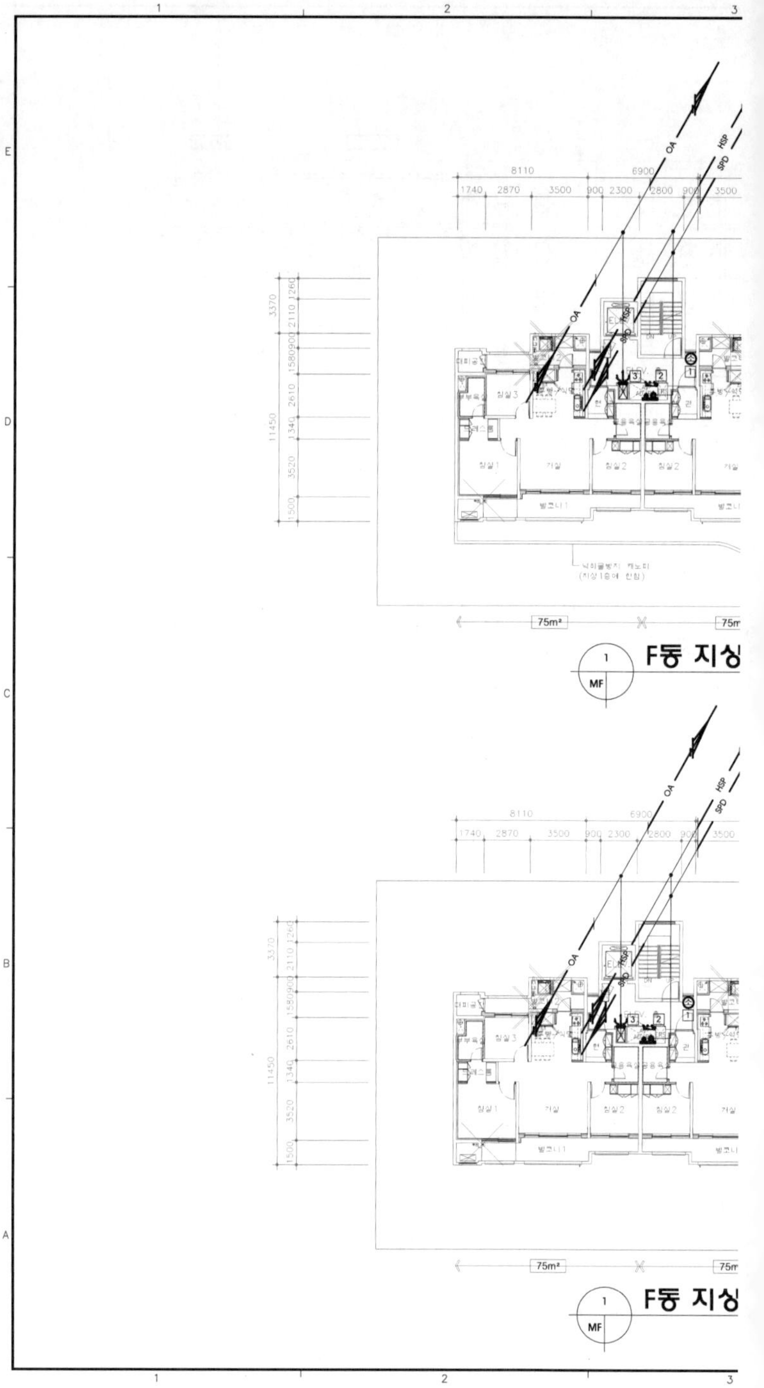

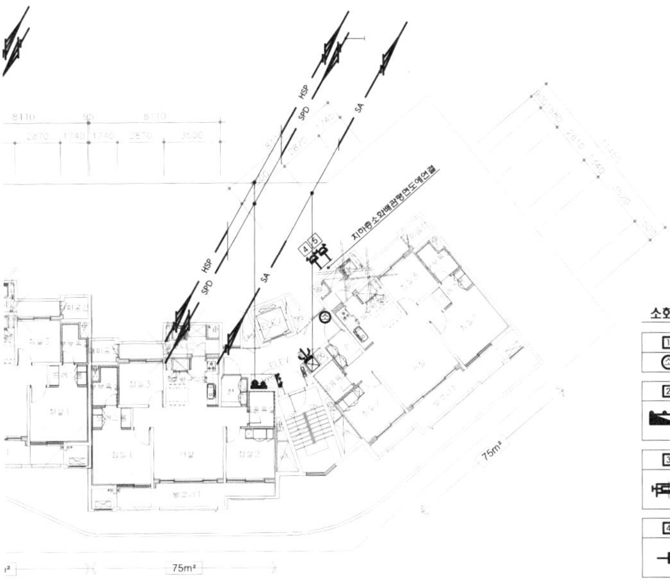

1층 소화배관평면도

SCALE : 1/150 (A3:300)

소화시설일람표

번호	내용	수량
1	ABC 분말소화기 3.3 KG	x 2 EA
2	옥내소화전함 ϕ40 x 15M 호스 2본 ϕ40 방사형 관창	x 2 EA
3	자동차압조절댐퍼(S.A.D) SIZE: 400W x 600H OPEN SIZE:400Wx800H	x 2 EA
4	연결송수구 연결송수관용(옥내소화전겸용) 100 x 65 x 65	x 1 EA
5	연결송수구 스프링클러용 100 x 65 x 65	x 1 EA

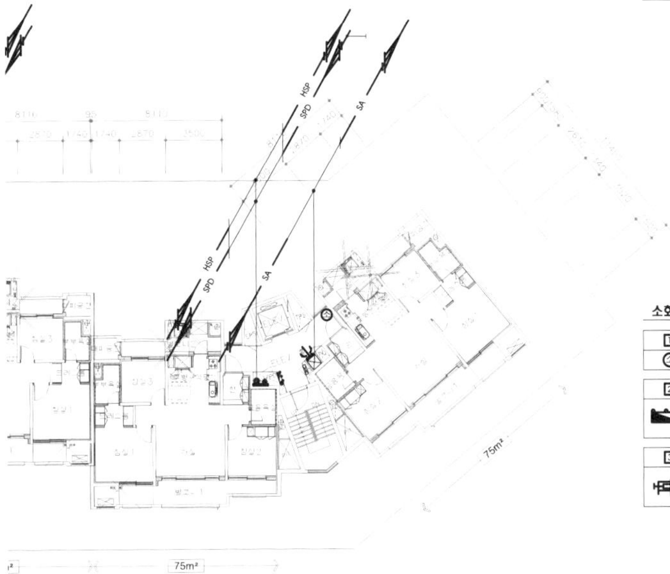

2층 소화배관평면도

SCALE : 1/150 (A3:300)

소화시설일람표

번호	내용	수량
1	ABC 분말소화기 3.3 KG	x 2 EA
2	옥내소화전함 ϕ40 x 15M 호스 2본 ϕ40 방사형 관창	x 2 EA
3	자동차압조절댐퍼(S.A.D) SIZE: 400W x 600H OPEN SIZE:400Wx800H	x 2 EA

NOTE

공사명

도면명: F동 지상1층, 지상2층 소화배관 평면도

축척: A1: 1/150 I A3: 1/300

프로젝트코드	설계	검토	승인
	2002. .	2002. .	2002. .

도면번호: MF－5－18

(5) 지하주차장 소화배관 계통도

○공동주택의 지하주차장은 매우 넓으며, 이에 따라 주차장 전체에 스프링클러를 설치하여야 하므로 소화설비에서는 매우 중요한 부분이다.
따라서 지하주차장의 소화배관 계통도를 별도로 작성하기도 한다.
소화배관 계통도는 배관설치 개념도 형식으로 표현하며, 다음과 같은 내용을 포함한다.

- 소화장비 : 스프링클러 밸브, 옥내 소화전, 소화기 등
- 소화배관 : 소화배관 설치 개념도
- 배관 부속류 : 각종 밸브, 수격방지기 등
- 기타 : 배관 연결 표기

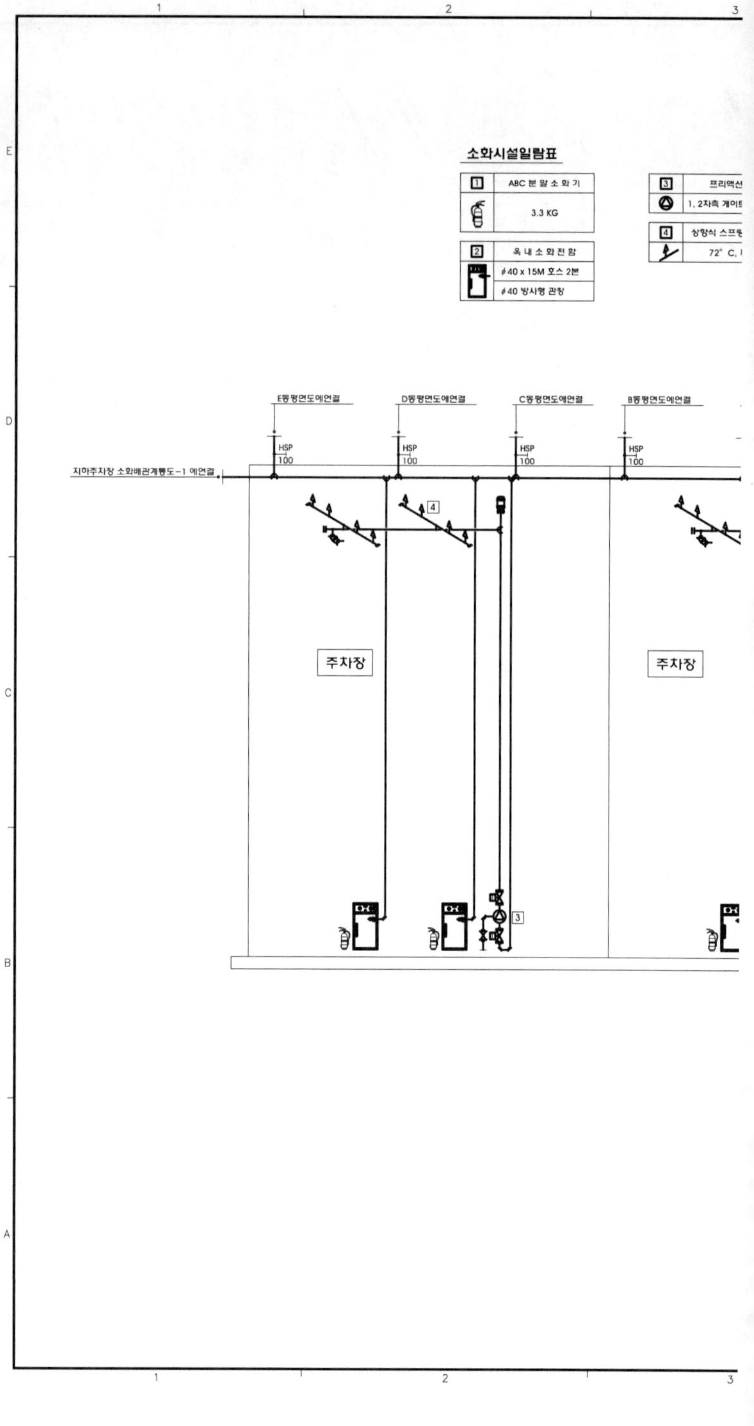

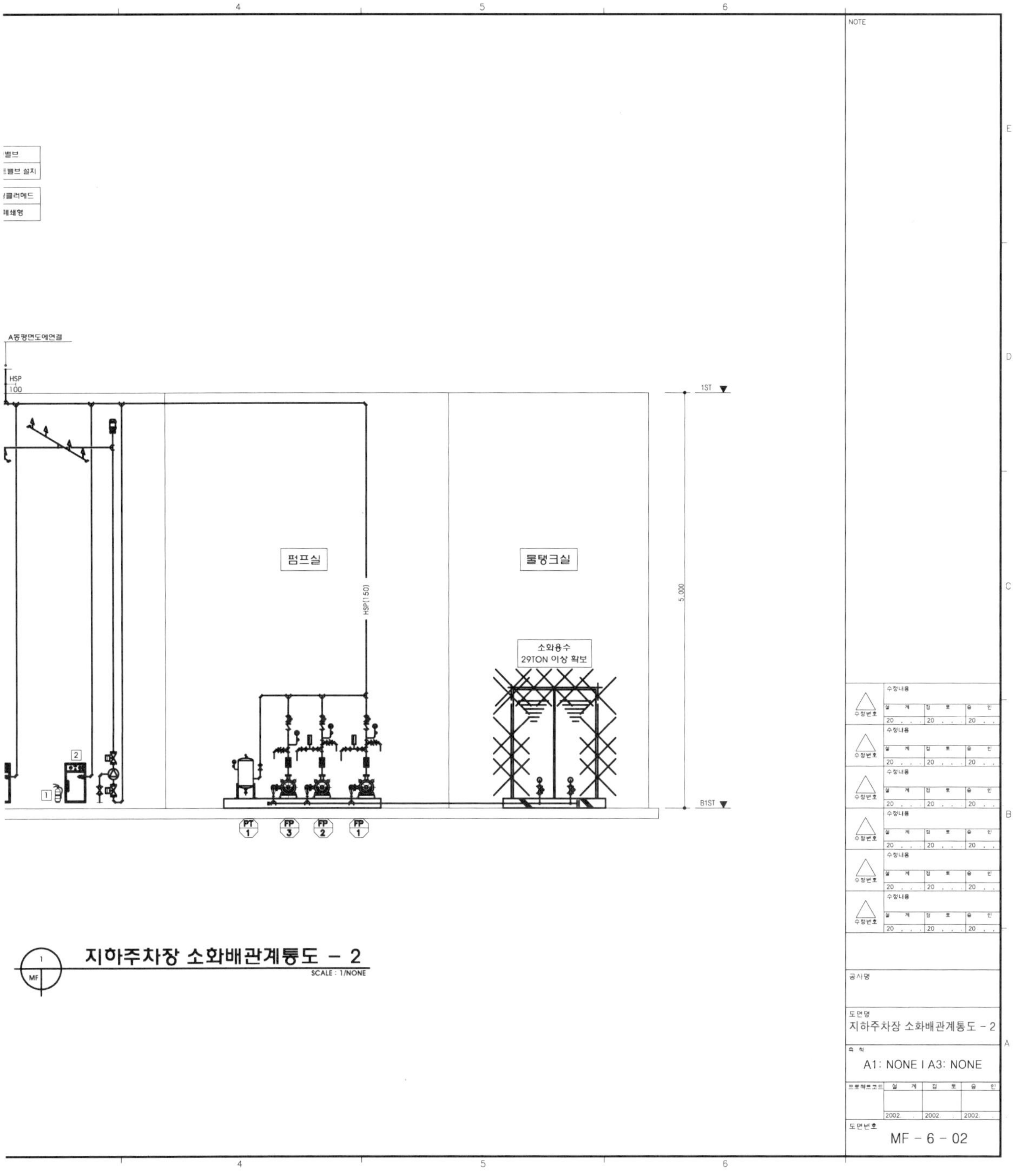
NOTE
A동평면도에연결
HSP 100
1ST
펌프실
물탱크실
HSP(150)
5,000
소화용수
29TON 이상 확보
B1ST
PT 1
FP 3
FP 2
FP 1
지하주차장 소화배관계통도 - 2
SCALE : 1/NONE
공사명
도면명
지하주차장 소화배관계통도 - 2
A1: NONE I A3: NONE
2002.
MF - 6 - 02

(6) 주차장 소화배관 평면도

○ 앞서 언급한 바와 같이 지하주차장의 소화설비가 매우 복잡하여 지하주차장의 소화배관 평면도는 별도로 작성한다. 도면에 표현되는 내용은 앞서 언급한 소화배관 평면도와 동일하다.

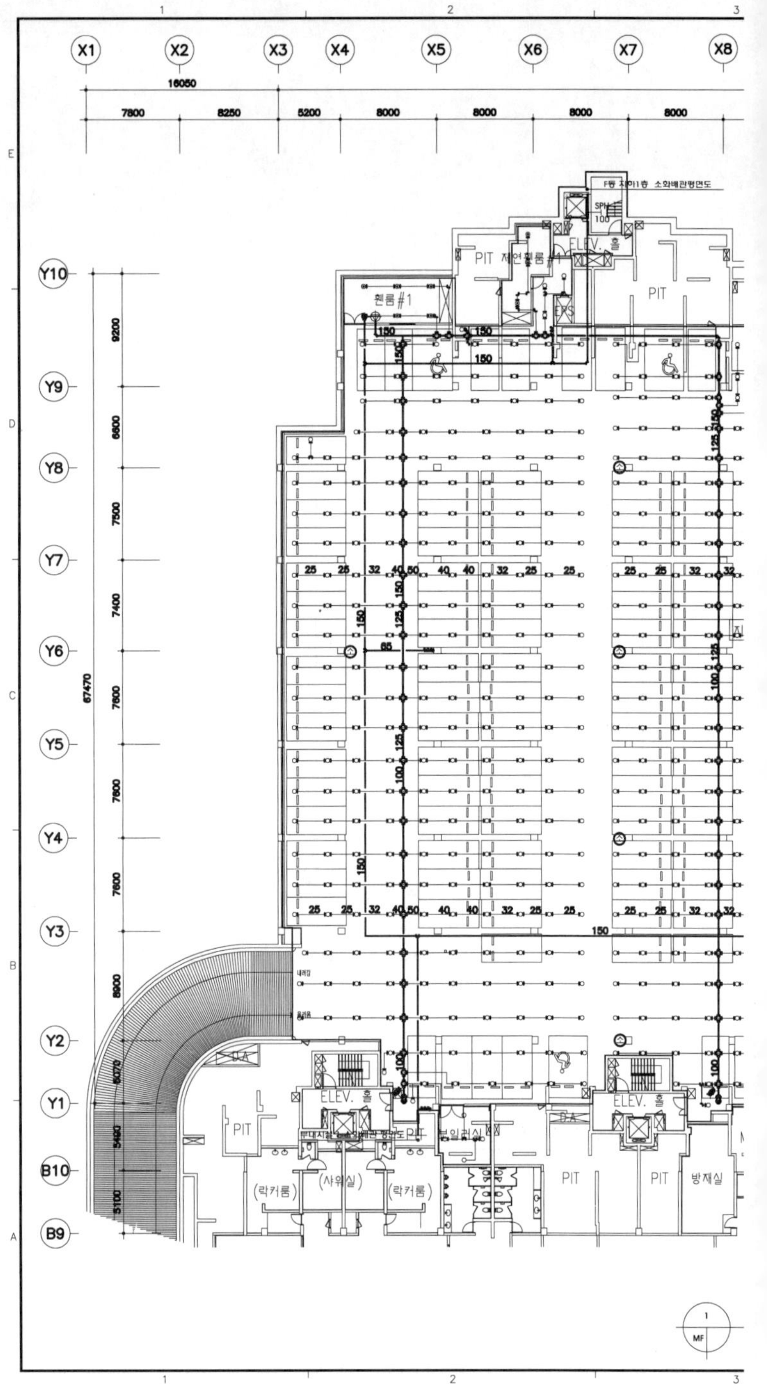

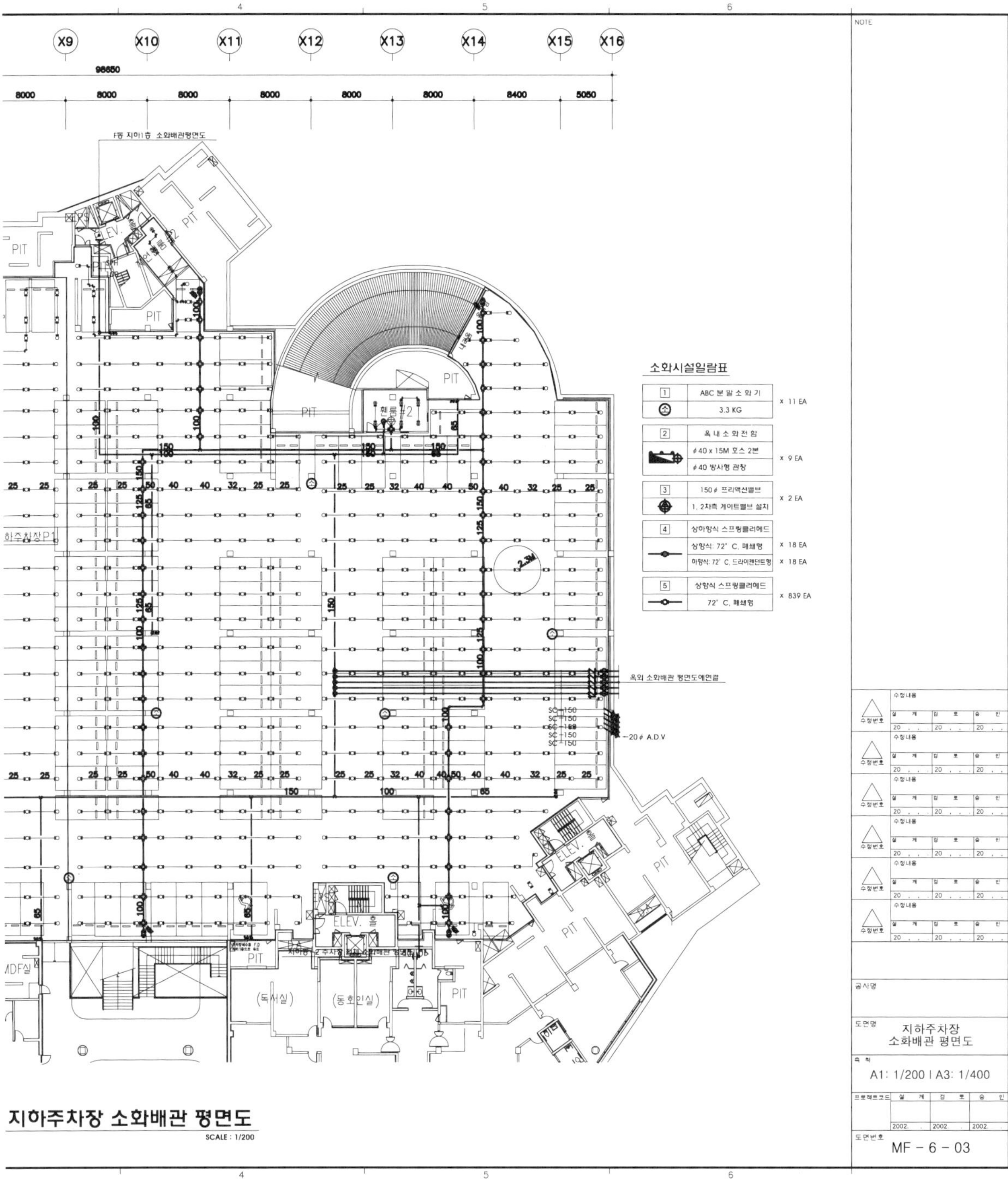

지하주차장 소화배관 평면도

SCALE : 1/200

(7) 펌프실 확대 소화배관 평면도

○ 펌프실 확대 소화배관 평면도는 저수조와 펌프실의 소화배관을 표현한다.

펌프실 확대 소화배관 평면도에는 다음과 같은 내용을 포함한다.

- 소화장비 : 소화용 펌프, 압력탱크
- 소화배관 : 소화배관(관경, 배관 흐름방향), 입상배관 표기
- 배관 부속류 : 각종 밸브, 수격방지기 등
- 기타 : 배관 연결 표기

*펌프 일람표를 별도로 표기하는 것이 일반적이며, 장비 선정 근거 등을 표기하기도 한다.

*특수밸브의 상세도를 표현하기도 한다.

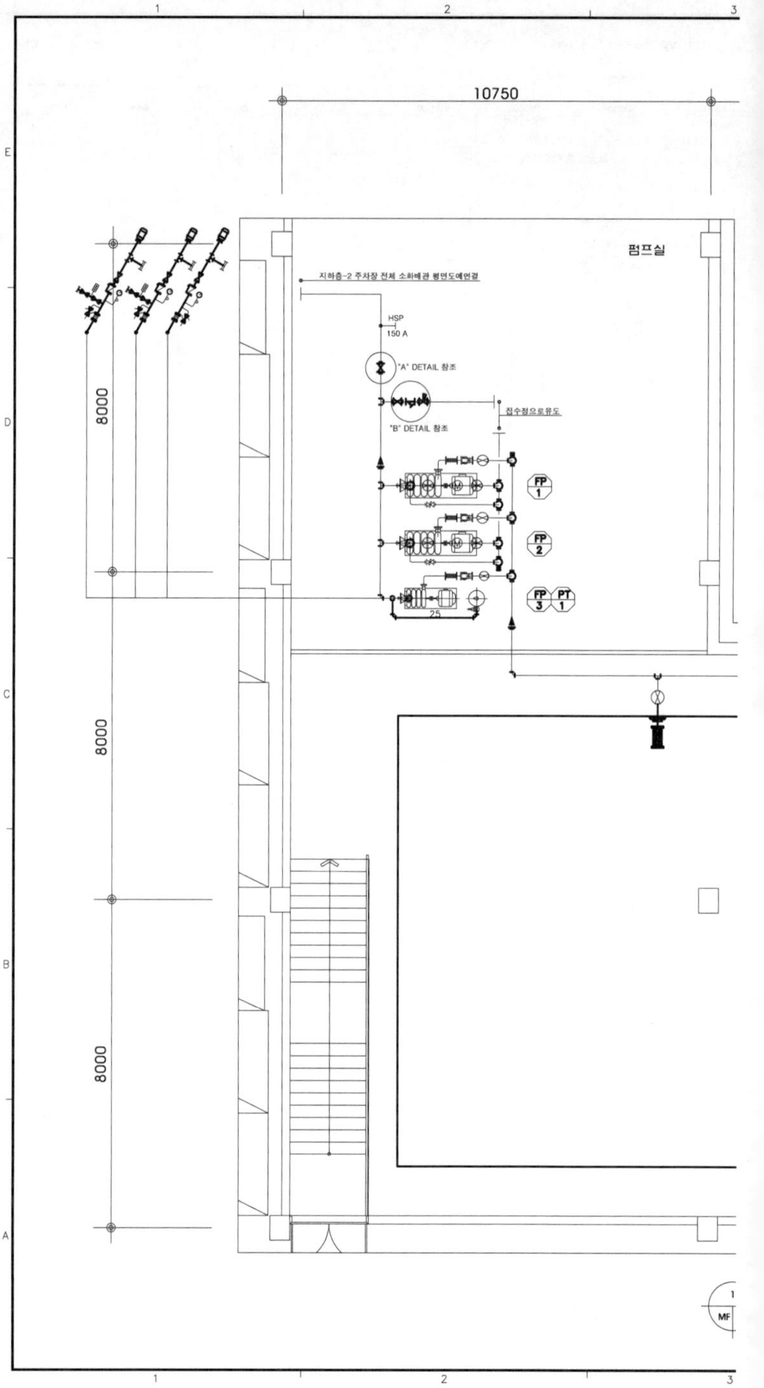

펌 프												
장 비 번 호	수 량	명 칭	형 식	구 경(MM)		유 량(LPM)	양 정(M)	단 수(S)	모 타			
				흡 입	토 출				KW	PH	V	HZ
F P - 1	1	소 화 주 펌 프	다 단 볼 류 트	150	100	1,450	120	8	75	3	380	60
F P - 2	1	소 화 예 비 펌 프	다 단 볼 류 트	150	100	1,450	120	8	75	3	380	60
F P - 3	1	소 화 보 조 펌 프	웨 스 코	50	40	60	120	-	11	3	380	60
P T - 1	1	압 력 탱 크	용 량 : 200 LIT									

NOTE

• 기계실내부 펌프토출배관은 압력배관으로 시공할 것.

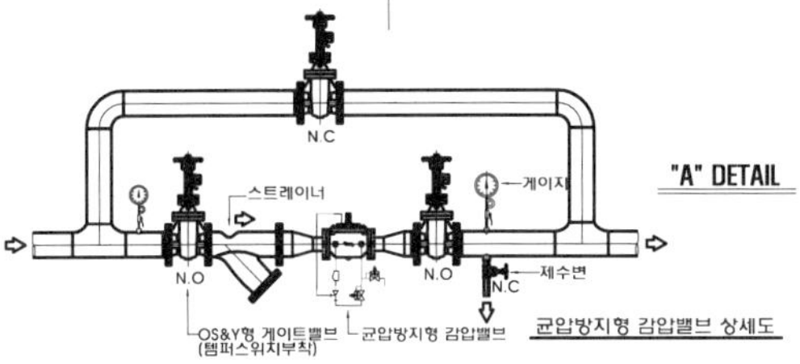

"A" DETAIL

균압방지형 감압밸브 상세도

* 감압밸브 SETTING 압력

구 분	1차측(체절압력)	2차측
HSP(고)	1.68 MPA	1.20 MPA

• 감압밸브 1차측 배관은 압력배관용 탄소강관 시공할 것.
• 감압밸브 1차측 밸브 및 피팅류, 압력탱크는 2MPA로 시공할 것.

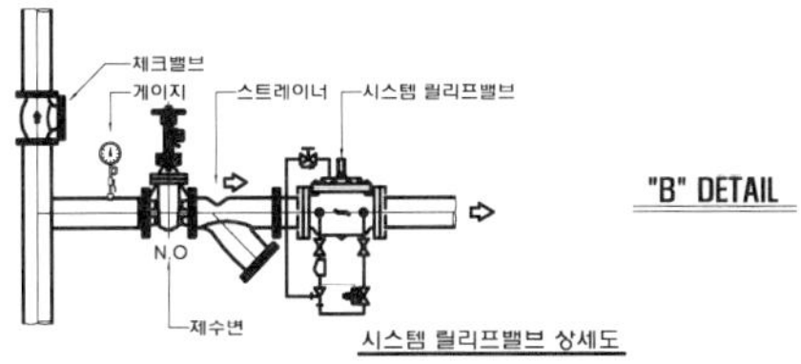

"B" DETAIL

시스템 릴리프밸브 상세도

* 소화용수 산출 근거

NFSC 102 제4조 1항에 의거

옥내소화전의 설치개수가 가장 많은 층의 설치개수: 5개
1개당 필요 수량 : 2,600ℓ (2.6ton)
5 EA x 2,600ℓ = 13,000ℓ = 13 ton

NFSC 103 제4조 1항에 의거

폐쇄형 스프링클러헤드 동시개방개수 : 10 EA
1개당 필요 수량 : 1,600ℓ (1.6ton)
10 EA x 1,600ℓ = 16,000ℓ = 16 ton

13,000ℓ + 16,000ℓ = 29,000ℓ
= 29 ton 이상 항시 확보

* 소화펌프 토출량 산정

NFSC 102 제5조 1항에 의거

옥내소화전의 설치개수가 가장 많은 층의 설치개수: 5개
1개당 필요 수량 : 130ℓ/min
5 EA x 130ℓ/min = 650ℓ/min

NFSC 103 제5조 1항에 의거

폐쇄형 스프링클러헤드 동시개방개수 : 10 EA
1개당 필요 송수량 : 80ℓ/min
10 EA x 80ℓ/min = 800ℓ/min

650ℓ/min + 800ℓ/min = 1,450ℓ/min
= 1,450 ℓ/min 이상

* 유량계 산정

NFSC 102 제6조 7항
NFSC 103 제8조 6항

1. 성능시험배관은 펌프의 토출측에 설치된 개폐밸브 이전에서 분기하여 설치하고, 유량측정장치를 기준으로 전단 직관부에 개폐밸브를 후단 직관부에는 유량조절밸브 설치
2. 유량측정장치는 성능시험배관의 직관부에 설치하되, 펌프의 정격토출량의 175% 이상 측정할 수 있는 성능이 있을 것

1) FP - 01
펌프 토출량 : 1,450ℓ/min
1,450ℓ/min × 1.75 = 3,482.5 ℓ/min
선정 : 100A, 700ℓ/min ~ 3,300ℓ/min

1) FP - 02
펌프 토출량 : 1,450ℓ/min
1,450ℓ/min × 1.75 = 3,482.5 ℓ/min
선정 : 100A, 700ℓ/min ~ 3,300ℓ/min

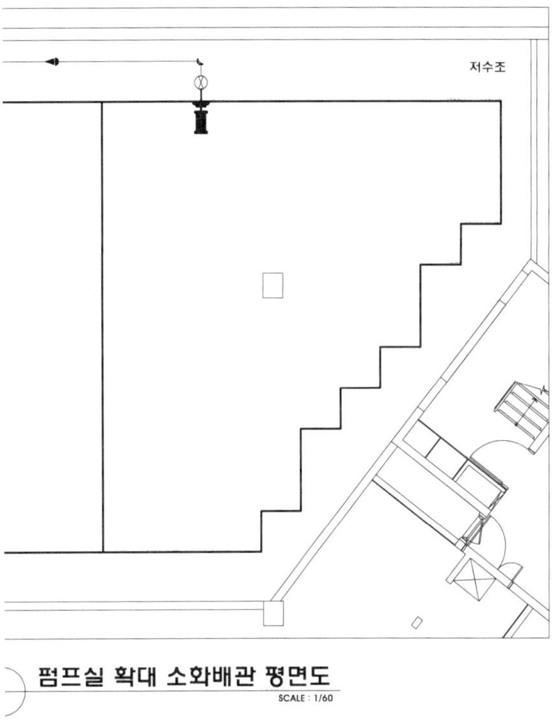

펌프실 확대 소화배관 평면도

SCALE : 1/60

수정번호	수정내용		
	설 계	검 토	승 인
	20 . .	20 . .	20 . .

공사명

도면명
펌프실 확대 소화배관 평면도

축 척
A1: 1/60 I A3: 1/120

프로젝트코드	설 계	검 토	승 인
	2002. .	2002. .	2002. .

도면번호
MF - 7 - 01

4장 전기설비 부문 설계도서

4.1 개요

○ 건축전기설비 분야는 크게 전기설비, 통신설비, 소방전기설비로 구분되며, 설계도면도 이 분류대로 세분되는 경우가 많다.

○ 공동주택의 경우 건설사의 브랜드로 분양되기 때문에 설계 단계에서도 건설사의 영향력이 절대적이다. 그리고 건설사들은 대부분 자기 브랜드 아파트에 적용되는 전기설비, 통신설비용 기기 및 시스템에 대한 표준을 갖고 있다. 그리고 이 표준도 부분적으로는 유행을 따른다. 이런 이유 때문에 특정 아파트에 적용된 전기설비, 통신설비 분야의 기기나 시스템은 시공한 건설사, 준공 시기에 따라 크게 다를 수 있으며, 홈 오토메이션 시스템 같은 통신설비 분야의 경우 이 경향이 특히 심하다.

○ 여기에 제시된 설계 사례는 아파트에 대한 것이다. 전체 478세대, 4개 유형의 단위세대, 6개 동, 2개 층의 지하 주차장 및 기타 부대시설로 구성되었다. 여기에 CD 혹은 책자의 형태로 제시된 것은 전체 건축전기설비 분야 설계도면의 일부로서 75㎡형 단위세대와 이 세대가 포함된 F동에 대한 도면이 주이다.

4.2 도면 목록표 (전기설비)

○도면을 편철한 순서대로 도면번호, 도면명칭 및 축척 등이 기입된다. 전통적인 도면 크기는 A0나 A1이나 최근에는 A3도 많이 사용되기 때문에 A3에 대한 축척을 병기하기도 한다.

○사례 도면의 건축전기설비 분야는 전기, 통신, 소방전기로 구분되어 작성되었으며, 각각 도면목록부터 시작된다. 이 도면목록은 전기 분야이며, 제시된 도면목록은 실제 프로젝트의 전체 도면에 대한 것이다.

도면번호	도 면 목 록	축 척(A1
	<전 기>	
EP-00A	도면 목록표	NONE
EP-001	범례 및 주기사항	NONE
EP-002	옥외 외등 및 전력인입설비 평면도	1/600
EP-002A	옥외 조경등설비 평면도	1/600
EP-003	옥외 전력간선설비 평면도	1/600
EP-004	수변전설비 단선 결선도	NONE
EP-005	전기실 전력간선 및 접지간선설비 평면도	1/100
EP-005A	수변전설비 외함 상세도	NONE
EP-006	펌프실 동력설비 평면도	1/50
EP-007	공용부 조명기구 상세도	NONE
EP-007A	조경등 상세도 -1	NONE
EP-007B	조경등 상세도 -2	NONE
EP-007C	조경등 상세도 -3	NONE
EP-008	75㎡ 형 단위세대 전열설비 평면도(기본형)	1/50
EP-009	75㎡ 형 단위세대 전열설비 평면도(확장형)	1/50
EP-010	84㎡ A형 단위세대 전열설비 평면도(기본형)	1/50
EP-011	84㎡ A형 단위세대 전열설비 평면도(확장형)	1/50
EP-012	84㎡ B형 단위세대 전열설비 평면도(기본형)	1/50
EP-013	84㎡ B형 단위세대 전열설비 평면도(확장형)	1/50
EP-014	84㎡ C형 단위세대 전열설비 평면도(기본형)	1/50
EP-015	84㎡ C형 단위세대 전열설비 평면도(확장형)	1/50
EP-016	75㎡ 형 단위세대 조명설비 평면도(기본형)	1/50
EP-017	75㎡ 형 단위세대 조명설비 평면도(확장형)	1/50
EP-018	84㎡ A형 단위세대 조명설비 평면도(기본형)	1/50
EP-019	84㎡ A형 단위세대 조명설비 평면도(확장형)	1/50
EP-020	84㎡ B형 단위세대 조명설비 평면도(기본형)	1/50
EP-021	84㎡ B형 단위세대 조명설비 평면도(확장형)	1/50
EP-022	84㎡ C형 단위세대 조명설비 평면도(기본형)	1/50
EP-023	84㎡ C형 단위세대 조명설비 평면도(확장형)	1/50
EP-024	A동 세대 전력간선설비 계통도	NONE
EP-025	B동 세대 전력간선설비 계통도	NONE
EP-026	C동 세대 전력간선설비 계통도	NONE
EP-027	D동 세대 전력간선설비 계통도	NONE
EP-028	E동 세대 전력간선설비 계통도	NONE
EP-029	F동 세대 전력간선설비 계통도	NONE
EP-030	A동 공용부 전력간선설비 계통도	NONE
EP-031	B동 공용부 전력간선설비 계통도	NONE
EP-032	C동 공용부 전력간선설비 계통도	NONE
EP-033	D동 공용부 전력간선설비 계통도	NONE
EP-034	E동 공용부 전력간선설비 계통도	NONE
EP-035	F동 공용부 전력간선설비 계통도	NONE
EP-036	A동 비상조명설비 계통도	NONE
EP-037	B동 비상조명설비 계통도	NONE
EP-038	C동 비상조명설비 계통도	NONE
EP-039	D동 비상조명설비 계통도	NONE
EP-040	E동 비상조명설비 계통도	NONE
EP-041	F동 비상조명설비 계통도	NONE
EP-042	지하주차장 전력간선설비 계통도	NONE
EP-043	LEVEL +16.15 지하주차장 전력간선 및 전열설비 평면도-1	1/200
EP-044	LEVEL +16.15 지하주차장 전력간선 및 전열설비 평면도-2	1/200
EP-045	LEVEL +21.15 지하주차장 전력간선 및 전열설비 평면도	1/200
EP-046	LEVEL +16.15 지하주차장 조명설비 평면도-1	1/200
EP-047	LEVEL +16.15 지하주차장 조명설비 평면도-2	1/200
EP-048	LEVEL +21.15 지하주차장 조명설비 평면도	1/200
EP-049	A동 지하1,2층 전력간선 및 조명설비 평면도	1/150
EP-050	A동 지상1,2층 전력간선 및 조명설비 평면도	1/150
EP-051	A동 3~20층, 지붕 전력간선 및 조명설비 평면도	1/150
EP-052	A동 옥탑 전력간선 및 조명설비 평면도	1/150
EP-053	B동 지하1층, 지상1층 전력간선 및 조명설비 평면도	1/150
EP-053A	B동 지상2,3층 전력간선 및 조명설비 평면도	1/150
EP-054	B동 4~20층, 지붕 전력간선 및 조명설비 평면도	1/150
EP-055	B동 옥탑 전력간선 및 조명설비 평면도	1/150
EP-056	C동 지하1층, 지상1층 전력간선 및 조명설비 평면도	1/150
EP-056A	C동 지상2,3층 전력간선 및 조명설비 평면도	1/150
EP-057	C동 4~20층, 지붕 전력간선 및 조명설비 평면도	1/150
EP-058	C동 옥탑 전력간선 및 조명설비 평면도	1/150
EP-059	D동 지하1층, 지상1층 전력간선 및 조명설비 평면도	1/150

도면목록표

축척(A3)	비고
NONE	
NONE	
1/1200	
1/1200	
1/1200	
NONE	
1/200	
NONE	
1/100	
NONE	
NONE	
NONE	
NONE	
1/100	
1/100	
1/100	
1/100	
1/100	
1/100	
1/100	
1/100	
1/100	
1/100	
1/100	
1/100	
1/100	
1/100	
1/100	
1/100	
NONE	
NONE	
NONE	
NONE	
NONE	
NONE	
NONE	
NONE	
NONE	
NONE	
NONE	
NONE	
NONE	
NONE	
NONE	
NONE	
NONE	
NONE	
NONE	
1/400	
1/400	
1/400	
1/400	
1/400	
1/400	
1/300	
1/300	
1/300	
1/300	
1/300	
1/300	
1/300	
1/300	
1/300	
1/300	
1/300	
1/300	
1/300	

도면번호	도면목록	축척(A1)	축척(A3)	비고
	< 전 기 >			
EP-059A	D동 지상2,3층 전력간선 및 조명설비 평면도	1/150	1/300	
EP-060	D동 4~20층, 지붕 전력간선 및 조명설비 평면도	1/150	1/300	
EP-061	D동 옥탑 전력간선 및 조명설비 평면도	1/150	1/300	
EP-062	E동 지하1,2층 전력간선 및 조명설비 평면도	1/150	1/300	
EP-062A	E동 지상1,2층 전력간선 및 조명설비 평면도	1/150	1/300	
EP-063	E동 3~20층 전력간선 및 조명설비 평면도	1/150	1/300	
EP-064	E동 지붕, 옥탑 전력간선 및 조명설비 평면도	1/150	1/300	
EP-065	F동 지하1,2층 전력간선 및 조명설비 평면도	1/150	1/300	
EP-066	F동 1~20층, 지붕 전력간선 및 조명설비 평면도	1/150	1/300	
EP-067	F동 옥탑 전력간선 및 조명설비 평면도	1/150	1/300	
EP-067A	EPS, TPS 장비배치 평면도	1/50	1/100	
EP-068	A동 피뢰설비 계통도	NONE	NONE	
EP-069	B동 피뢰설비 계통도	NONE	NONE	
EP-070	C동 피뢰설비 계통도	NONE	NONE	
EP-071	D동 피뢰설비 계통도	NONE	NONE	
EP-072	E동 피뢰설비 계통도	NONE	NONE	
EP-073	F동 피뢰설비 계통도	NONE	NONE	
EP-074	지하층(LEVEL +16.15) 접지설비 평면도	1/300	1/600	
EP-075	지하층(EL+21.15) 접지설비 평면도	1/300	1/600	
EP-076	A동 지상18,19층 피뢰 및 접지설비 평면도	1/150	1/300	
EP-077	A동 옥탑,옥탑지붕층 피뢰 및 접지설비 평면도	1/150	1/300	
EP-078	B동 지상18,19층 피뢰 및 접지설비 평면도	1/150	1/300	
EP-079	B동 옥탑,옥탑지붕층 피뢰 및 접지설비 평면도	1/150	1/300	
EP-080	C동 지상18,19층 피뢰 및 접지설비 평면도	1/150	1/300	
EP-081	C동 옥탑,옥탑지붕층 피뢰 및 접지설비 평면도	1/150	1/300	
EP-082	D동 지상18,19층 피뢰 및 접지설비 평면도	1/150	1/300	
EP-083	D동 옥탑,옥탑지붕층 피뢰 및 접지설비 평면도	1/150	1/300	
EP-084	E동 지상18,19층 피뢰 및 접지설비 평면도	1/150	1/300	
EP-085	E동 옥탑,옥탑지붕층 피뢰 및 접지설비 평면도	1/150	1/300	
EP-086	F동 지상18,19층 피뢰 및 접지설비 평면도	1/150	1/300	
EP-087	F동 옥탑,옥탑지붕층 피뢰 및 접지설비 평면도	1/150	1/300	
	< 부대시설 >			
EA-001	주민공동시설-1,2 조명 및 전열설비 평면도	1/200	1/400	
EA-002	주민공동시설-1,2 동력설비 평면도	1/200	1/400	
EA-003	주민공동시설-3, 경비실 조명 및 전열설비 평면도	1/100	1/200	
	< 근린생활시설 >			
EB-001	근린생활시설 조명, 전력간선 및 전열설비 평면도	1/200	1/400	
	< 분전반결선도 >			
EC-001	분전반 결선도-1	NONE	NONE	
EC-002	분전반 결선도-2	NONE	NONE	
EC-003	분전반 결선도-3	NONE	NONE	
EC-004	분전반 결선도-4	NONE	NONE	
EC-005	MCC 결선도-1	NONE	NONE	
EC-006	MCC 결선도-2	NONE	NONE	
EC-007	MCC 결선도-3	NONE	NONE	
	< 첨부도면 >			
M-3-04	장비일람표-1	NONE	NONE	
M-3-05	장비일람표-2	NONE	NONE	
MF-1-02	소화 장비일람표	NONE	NONE	

NOTE

수정번호	수정내용		
△	20 . .	20 . .	20 . .
△	20 . .	20 . .	20 . .
△	20 . .	20 . .	20 . .
	작성자	검토자	승인자

공사명

도면명

도면 목록표

축척

A1: NONE A3: NONE

프로젝트코드	작성	검토	승인
	2011. 12.	2011. 12.	2011. 12.

도면번호

EP - 00A

4.3 범례 및 주기사항 (전기설비)

○도면에 사용되는 각종 기호와 약어에 대한 설명이 수록된다.

○도면 읽기

- 조명기구, 스위치, 콘센트(콘센트 아웃렛, receptacle), 분전함(분전반), joint box, pull box 기호
- 수직으로 설치된 전선관의 평면상 표기(예, 현재층에 대한 통과, 입하, 입상)
- 전선관이나 배선의 설치 위치 표기(예, 실선은 천장 슬래브 매립 혹은 2중 천장 내 은폐 배관배선, 일점쇄선은 바닥슬래브 내 매립 배관배선, 점선은 노출배관배선)
- 전선의 가닥수와 일반적인 종류 표기(예, 전등이나 전열설비의 전선은 접지선을 포함하여 HFIX, 심선 단면적 2.5㎟선 사용)

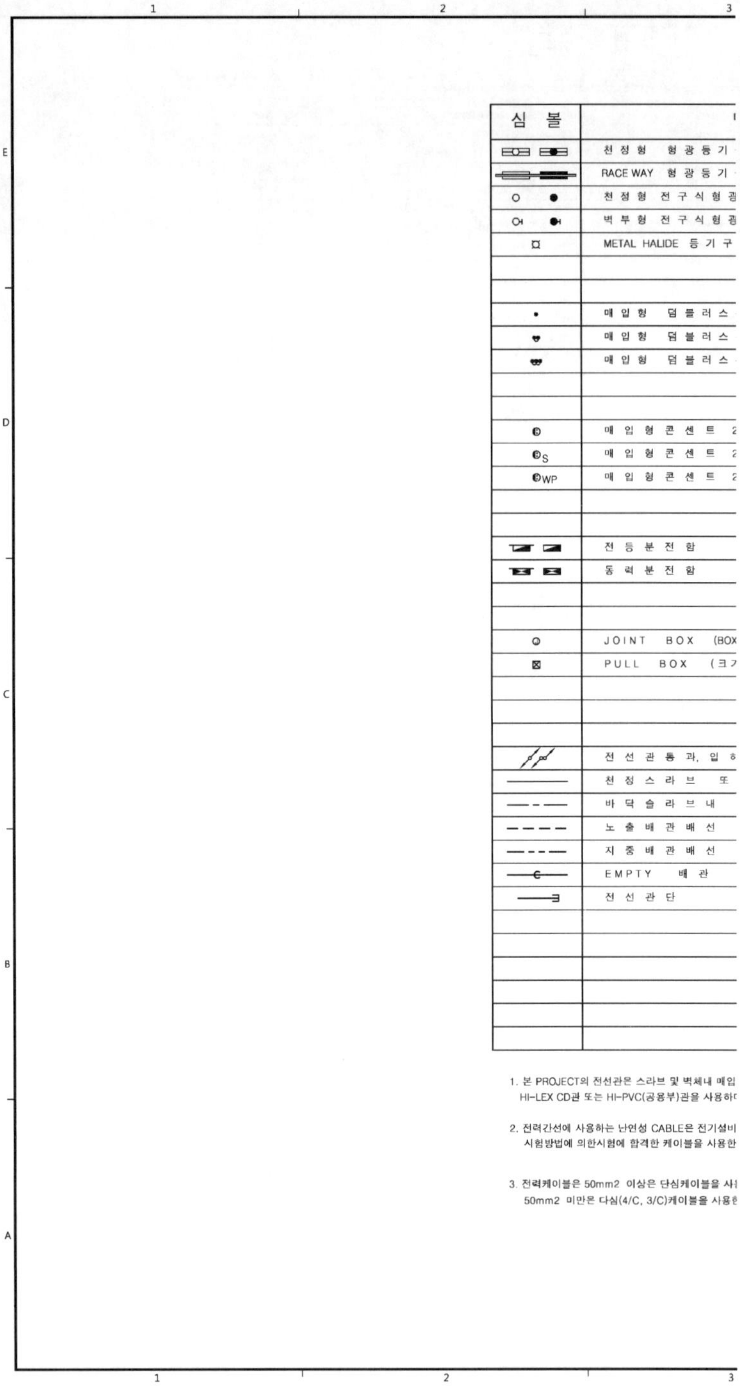

4 5 6

범례 및 주기사항

경 칭	비 고
구 (일 반, 비 상)	
구 (일 반, 비 상)	
! 등 기 구 (일 반, 비 상)	
! 등 기 구 (일 반, 비 상)	
(외 등)	
위 치 (1 연 용)	
위 치 (2 연 용)	
위 치 (3 연 용)	
P 15A 250V 2개구용 접지극부	
P 15A 250V 1개구용 접지극부	
P 15A 250V 1개구용 접지극부 (방우COVER 부)	
(매 입 형, 노 출 형)	
(매 입 형, 노 출 형)	
COVER 부)	특기없는한 100 x 100 x 54 임
는 도 면 참 조)	규 격 은 도 면 참 조
, 입 상	
는 2 중 천 정 내 은 폐 배 관 배 선	
매 입 배 관 배 선	

의 경우 HI-LEX CD관(단위세대),
벼 노출배관은 STEEL아연도 전선관을 사용한다.

기술기준 별표1 제2항의
다.

용하고
한다.

4. 전등,전열설비의 배관배선 규격은 다음과 같다.

전등설비 배관배선

- 16C (2-HFIX 2.5˚ E-HFIX 2.5˚)
- 16C (3-HFIX 2.5˚ E-HFIX 2.5˚)
- 22C (4-HFIX 2.5˚ E-HFIX 2.5˚)
- 22C (5-HFIX 2.5˚ E-HFIX 2.5˚)
- 22C (6-HFIX 2.5˚ E-HFIX 2.5˚)
- 22C (7-HFIX 2.5˚ E-HFIX 2.5˚)
- 28C (8-HFIX 2.5˚ E-HFIX 2.5˚)

전열설비 배관배선

- 16C (2-HFIX 2.5˚ E-HFIX 2.5˚)
- 16C (3-HFIX 2.5˚ E-HFIX 2.5˚)
- 22C (4-HFIX 2.5˚ E-HFIX 2.5˚)

NOTE

△	20 . . .	20 . . .	20 . . .
△	20 . . .	20 . . .	20 . . .
△	20 . . .	20 . . .	20 . . .
수정번호	수정내용		
	작 성 자	검 토 자	승 인 자

공사명

도면명
범례 및 주기사항

축 척
A1: NONE A3: NONE

프로젝트코드	작성	검토	승인
	2011. 12.	2011. 12.	2011. 12.

도 면 번 호
EP - 001

E D C B A

4 5 6

4.4 수변전설비 단선결선도

○ 전력인입구를 통한 전력인입에서 수전설비, 자가발전설비, 변전설비, 배전반내 동력제어반과 분전반에 분기되는 회로가 단선으로 제시되어 주요 기기의 전기적 위치와 계통이 표현되고, 관련 안전장치 등이 포함된다.

○ 도면 읽기

- 변압기는 3대로서 각각 A~C동 세대부하용 500kVA, D~F동 세대부하용 500kVA, 공용부 동력, 조명, 전열부하용 1,000kVA이다.
- 비상발전기는 750kW로서 상용전원 정전시 세대 공용부와 소화펌프 등에 비상전력을 공급한다.
- 옥외외등과 급수펌프에는 각각 가로등과 산업용 요금이 적용되기 때문에 별도의 계량기가 설치되었다.

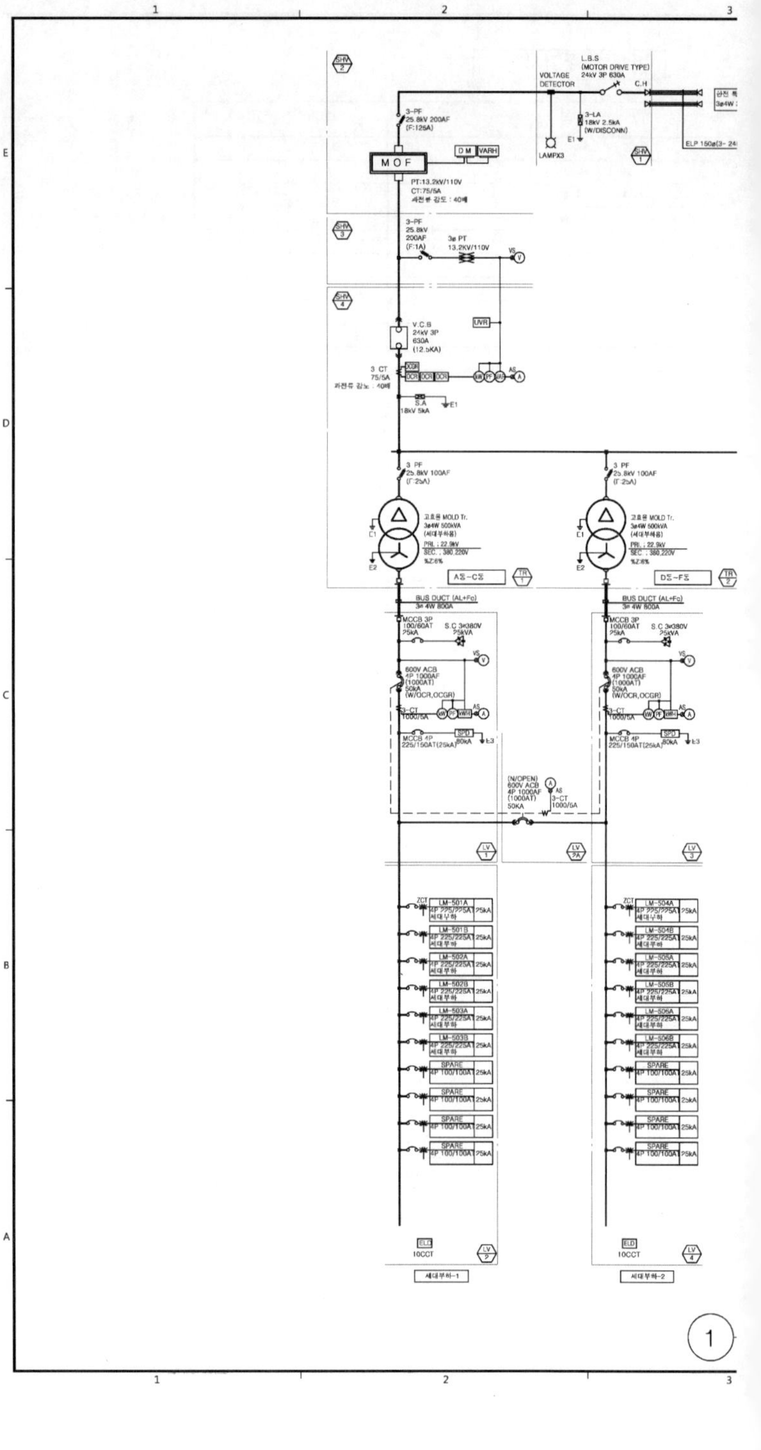

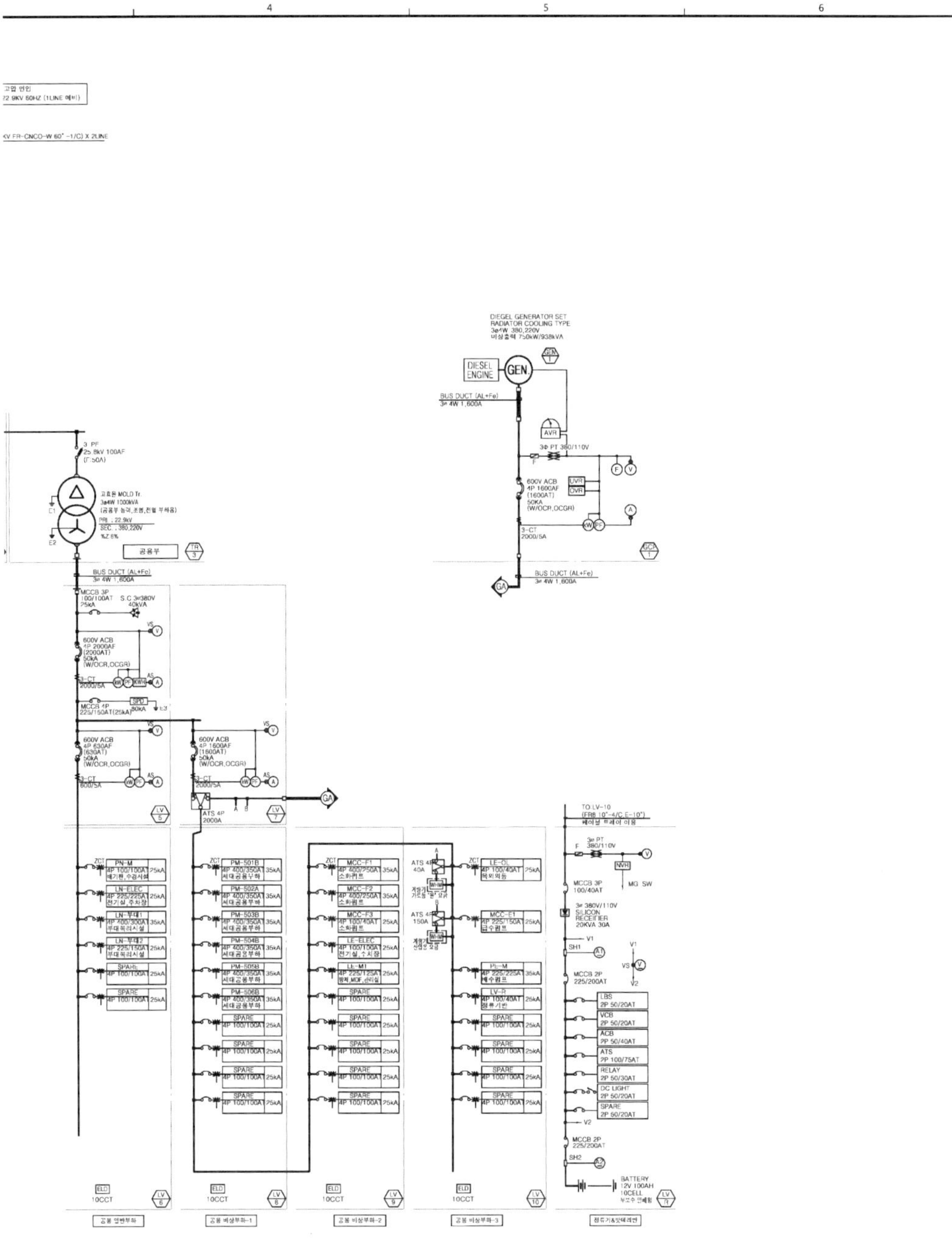

수변전설비 단선 결선도

SCALE = NONE

NOTE

수정번호	수정내용		
	작성자	검토자	승인자

공사명

도면명: 수변전설비 단선 결선도

축척: A1: NONE A3: NONE

프로젝트코드	작성	검토	승인
	2011. 12.	2011. 12.	2011. 12.

도면번호: EP - 004

4.5 75㎡형 단위세대 전열설비 평면도

○단위 세대 내 콘센트아웃렛의 종류, 배치와 그에 대한 전력공급 배관 및 배선이 단위세대 평면도에 표현된다.

○도면 읽기

- 전력은 단위세대에 단상 2선으로 인입된 후 단위세대 내 분전반에서 용도에 따라 구성된 분기회로로 공급된다.
- 실별로 분기회로가 R-1~R-7까지 구성되었으며, 기타 전등용 R-6, 전기오븐레인지용 R-8, 에어컨용 AC1 및 APU용도 있다.
- 거실장 상부 배선기구 상세도에서 하부 통합수구는 거실 바닥 위 300mm 지점에, 상부는 거실장 상부 높이에 설치되며, 벽걸이TV 설치시 벽면에 전선이 노출되는 것을 방지할 수 있다.
- APU(Automatic Power Switching Unit)는 평상시는 상용전원, 정전시는 비상발전기로부터 비상전원을 받아서 공급하는 장치로서, 여기에 대피공간의 비상등, 보일러, 난방용 온수제어밸브, 홈오토메이션 Wall Pad 전원이 연결된다. 따라서 정전시에도 대피공간에는 조명이 가능하고, 난방이 되며, 홈오토메이션 기능이 유지되므로 방문자 확인, 긴급호출, 방범서비스, 가스누출 감지 등이 가능해진다.
- 그린통합스위치는 난방온도조절 및 외출모드 설정, 조명 스위치, 콘센트아웃렛에 대한 대기전력 차단 기능이 있고 조명과 콘센트에 대한 전력사용량도 감시할 수 있다.

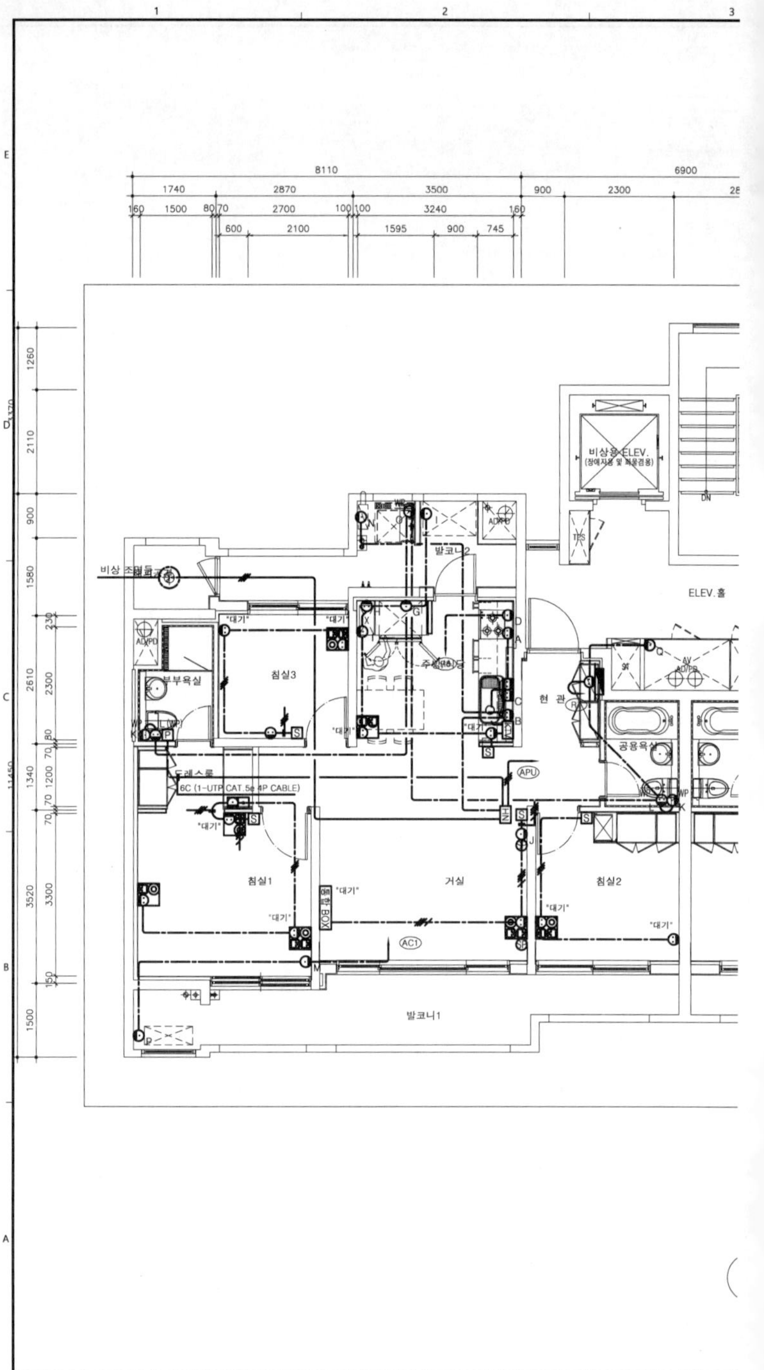

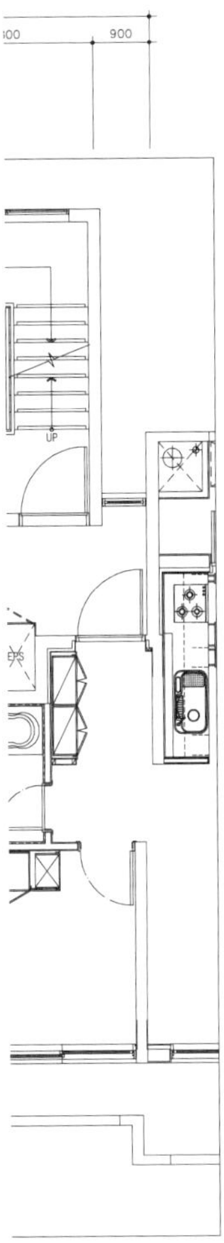

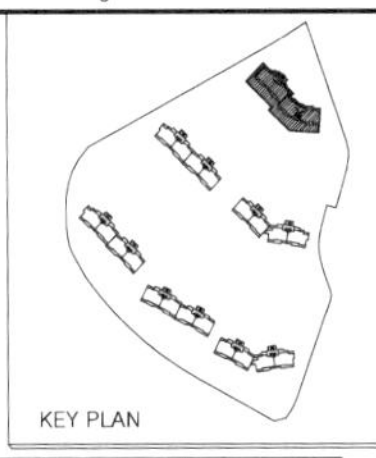

NOTE

분전반 결선도 (1ø 2W 220V 60Hz)

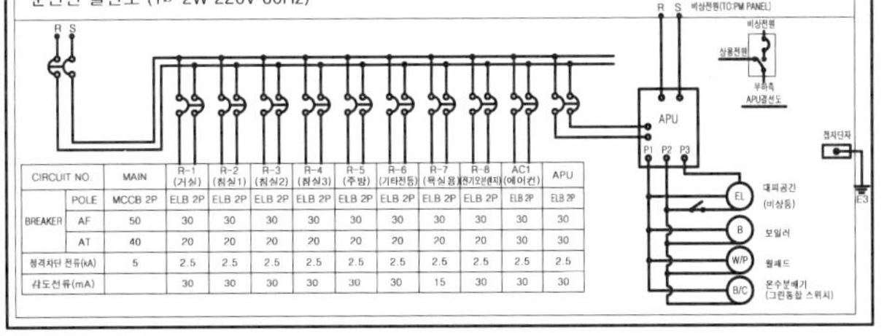

CIRCUIT NO.		MAIN	R-1 (거실)	R-2 (침실1)	R-3 (침실2)	R-4 (침실3)	R-5 (주방)	R-6 (기타전등)	R-7 (욕실용)	R-8 (전기오븐렌지)	AC1 (에어컨)	APU
BREAKER	POLE	MCCB 2P	ELB 2P	ELB 2P	ELB 2P	ELB 2P	ELB 2P	ELB 2P	ELB 2P	ELB 2P	ELB 2P	ELB 2P
	AF	50	30	30	30	30	30	30	30	30	30	30
	AT	40	20	20	20	20	20	20	20	20	30	30
정격차단 전류(kA)		5	2.5	2.5	2.5	2.5	2.5	2.5	2.5	2.5	2.5	2.5
감도전류(mA)			30	30	30	30	30	30	15	30	30	30

실 명	기 호	내 용	설치높이	비 고
공 통		세대 분전반		단자함 통합형
		콘센트 1구		
		콘센트 2구		
	S	그린 통합 스위치 (조명스위치+온도조절기+전력제어)		
주 방	A	렌지 후드, 자동식 소화기용	H:2,100mm	
	B	온수 밸브제어기, SMPS용	H:500mm	APU 전원
	C	음식물건조기, 음식물탈수기 싱크절수기, 수세미살균건조기용	H:500mm	
	D	전기 오븐렌지용	H:500mm	
	F	조리대용 (가로형)	H:1,200mm	
	G	냉장고용	H:300mm	
	H	밥솥, 전자렌지용	H:500mm	
	I	김치 냉장고용	H:300mm	
	KTV	주방 TV폰용	H:1,400mm	
거 실	HN	WALL PAD 전원용		APU 전원
	J	플러그 분리형 콘센트		
	통합 BOX	콘센트 4구, 공BOX, TV 통신 2구, 스피커잭	H:450mm	
		콘센트 1구, TV, 공BOX	H:950mm	
화장실	WP K	비데용	H:500mm	방적형
	WP L	화장실용 (가로형)	H:900mm	방적형
	P	비데리모컨일체형 욕실폰용		UTP 전원
침실1	M	에어컨용	냉매배관위치	
		화장대 스위치 일체형 콘센트	H:900mm	스위치+콘센트
다용도실	N	보일러용	H:900mm	APU 전원
	WP O	세탁기용	H:1,400mm	방적형
실외기실	P	에어컨 실외기용	냉매배관위치	
	Q	동파방지용		

■ 거실장 상부 배선기구 (통합 BOX 상세도)

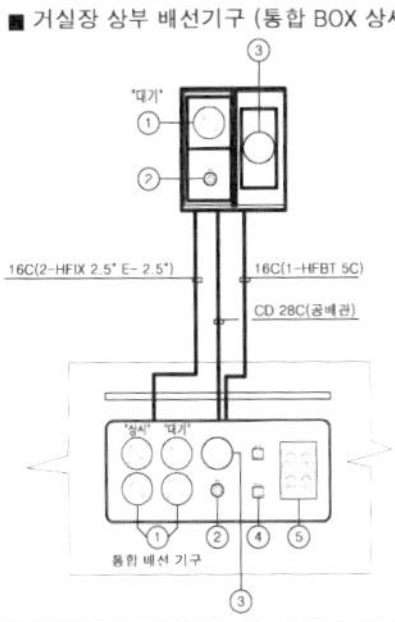

■ 거실 용도별 상세도

번 호	용 도
①	전열콘센트
②	TV 수구
③	공BOX(W/COVER)
④	벽매입형 전화용 수구
⑤	스피커잭

1. 별도 표기없는 배관 배선은 아래와 같음
   - 16C (2-HFIX 2.5˚ E-HFIX 2.5˚)
   - 16C (3-HFIX 2.5˚ E-HFIX 2.5˚)
   - 22C (4-HFIX 2.5˚ E-HFIX 2.5˚)
2. 단위세대 내 모든 OUTLET의 형태 및 위치는 MODEL HOUSE에 준하여 시공한다.
3. 에어콘 실외기까지 전원설비는 전기공사이며 실외기와 실내기간의 전원 및 CONTROL 배선은 기계설비 공사임.
4. 물 사용 장소의 전열회로는 감도전류 15mA를 사용함.
5. 콘센트는 접지형이며, 별도 표기 없는 콘센트 설치높이는 FL+300mm임.
6. 세탁기용 콘센트의 위치는 수전과 배수드레인의 위치를 확인후 시공.
7. 동파 방지용 전원 콘센트는 1층에 한함.
8. 단위세대내 배관은 난연성 CD 를 사용함.
9. 외벽내 전열은 결로보강박스 시공.
10. 실외기 에어콘 배관배선은 다음과 같다.

AC1	22C (2-HFIX 4˚ E-HFIX 4˚)

11. 욕실, 세탁기 배관배선은 다음과 같다.

R9	22C (2-HFIX 4˚ E-HFIX 4˚)

12. 주방용 그린 통합스위치는 온도조절기 제외.

수정번호	수정내용		
△	20 . . .	20 . . .	20 . . .
△	20 . . .	20 . . .	20 . . .
△	20 . . .	20 . . .	20 . . .
	작 성 자	검 토 자	승 인 자

공사명

도면명: 75㎡ 형 단위세대 전열설비 평면도(기본형)

축 척: A1: 1/50 | A3: 1/100

프로젝트코드	작성	검토	승인
	2011. 06. 10.	2011. 06. 10.	2011. 06. 10.

도 면 번 호: EP - 008

1 75㎡ 형 단위세대 전열설비 평면도(기본형)

SCALE = 1/50(A3:100)

4.6 75㎡형 단위세대 조명설비 평면도

○단위 세대 내 조명기구의 종류, 배치와 그에 대한 전력공급 배관 및 배선이 단위세대 평면도에 표현된다.

○도면 읽기

- 전력은 단위세대에 단상 2선으로 인입된 후 단위세대 내 분전반에서 용도에 따라 구성된 분기회로로 공급된다.
- 그린통합스위치에 a, b와 같이 표현된 것은 전등에 대한 스위치가 a, b 별도로 있음을 의미한다.
- Joint Box는 벽 속에 매립된 전선관이나 CD관을 통해 보낸 전선이나 케이블을 연결할 수 있도록 Box형태로 매입하여 공간을 구성하는 상자이며, 한 변이 50~100mm 내외이다. 이와 비슷한 것으로서 Pull Box가 있는데, 이것은 상대적으로 크다.
- 전등 및 난방제어기 Block Diagram에서 욕실, 복도, 드레스룸, 실외기실, 다용도실의 조명과 전열교환기 및 빨래건조대 전원을 한꺼번에 차단할 수 있는 일괄소등스위치가 현관에 있다.
- 침실1에서 타원 속의 R2는 세대내 분전반 결선도의 분기회로 R-2에 연결되는 분기회로임을 의미하며, 실선은 천장 슬래브 매립 또는 이중 천장내 은폐되는 배관 및 배선을 의미한다.

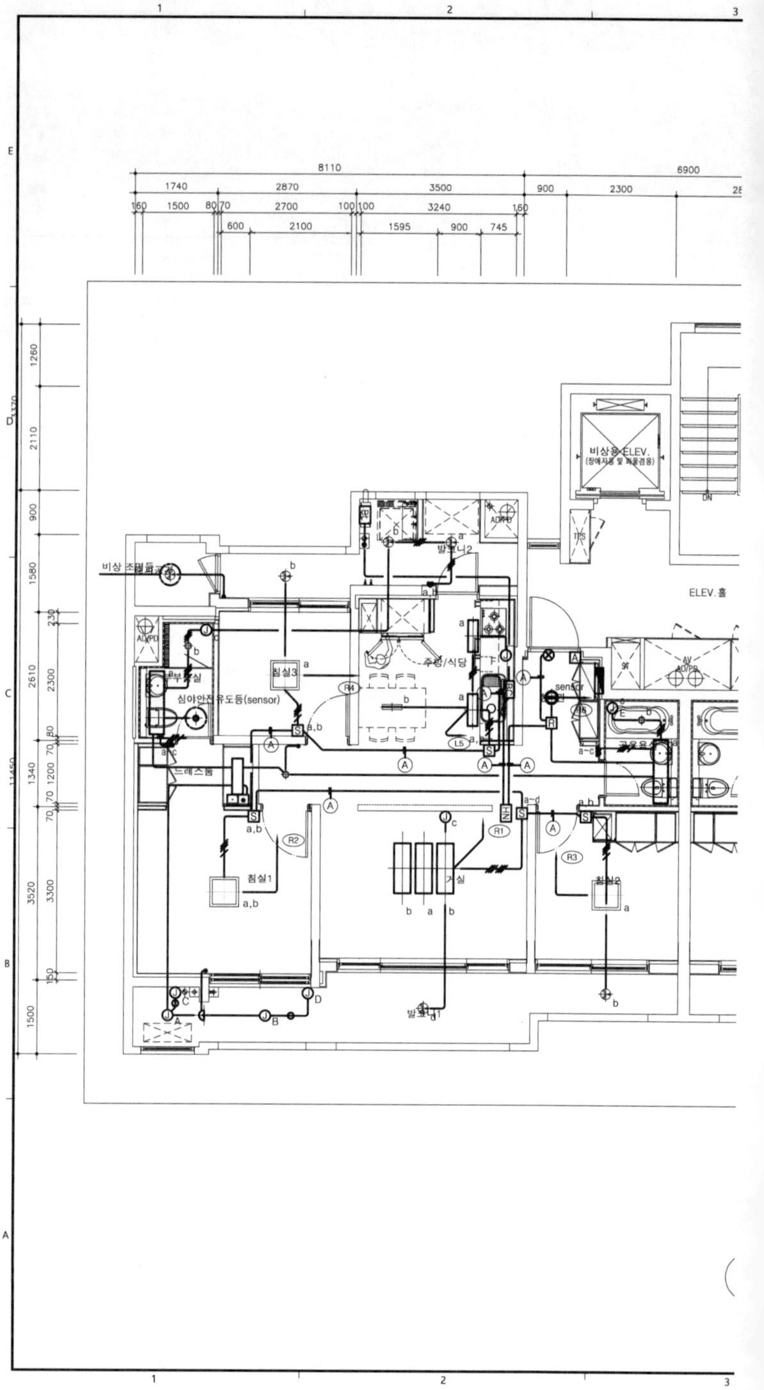

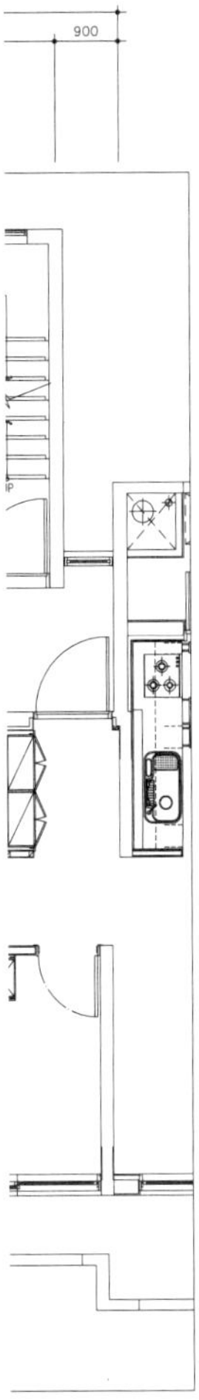

NOTE

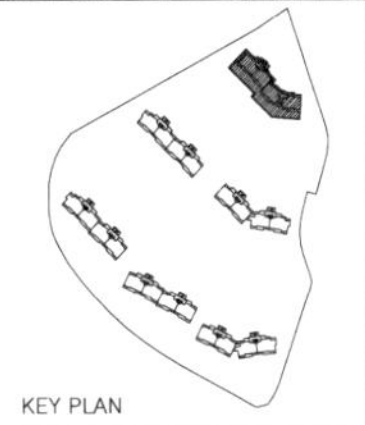

분전반 결선도 (1ø 2W 220V 60Hz)

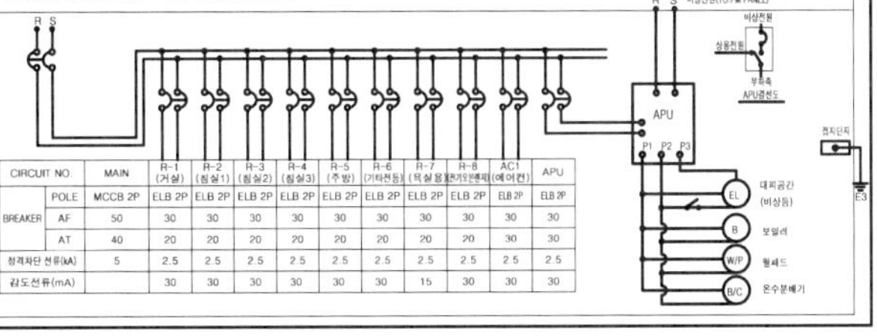

CIRCUIT NO.		MAIN	R-1 (거실)	R-2 (침실1)	R-3 (침실2)	R-4 (침실3)	R-5 (주방)	R-6 (기타전등)	R-7 (욕실용)	R-8 (전기오븐렌지)	AC1 (에어컨)	APU
BREAKER	POLE	MCCB 2P	ELB 2P	ELB 2P	ELB 2P	ELB 2P	ELB 2P	ELB 2P	ELB 2P	ELB 2P	ELB 2P	ELB 2P
	AF	50	30	30	30	30	30	30	30	30	30	30
	AT	40	20	20	20	20	20	20	20	20	30	30
정격차단 전류(kA)		5	2.5	2.5	2.5	2.5	2.5	2.5	2.5	2.5	2.5	2.5
감도전류(mA)			30	30	30	30	30	30	15	30	30	30

기 호	명 칭	설치위치	비 고
(분전반)	세대 분전반	현관	
S	그린 통합 스위치 (조명스위치+온도조절기+전력제어)	침실,거실,주방	
(콘센트)	화장대 스위치 일체형 콘센트	침실1	스위치+콘센트
A	일괄 소등 스위치(가스, 조명)	현관	무선
R	일괄 소등 수신반	현관	
BC	온수밸브제어기	주방	
BL	보일러	다용도실	
HN	HOME NETWORK WALL PAD	거실	
⊗	현관 자석감지기	현관	
ⓙA	전열교환기 전원용	실외기실	
ⓙB	빨래 건조대 전원용	발코니1	
ⓙC	전열교환기 제어용 SW	실외기실	
ⓙD	빨래 건조대 제어용 SW	발코니1	
ⓙE	FAN 전원용	화장실	
ⓙF	조리대 조명용	상부장 취부	

■ 전등 및 난방제어기 BLOCK DIAGRAM

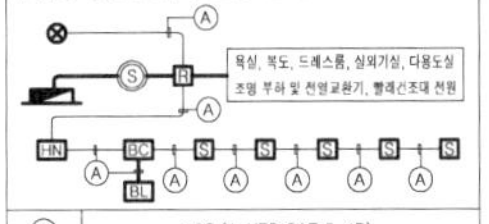

Ⓐ	16C (1-UTP CAT.5-4P)

1. 별도 표기없는 전등 배관 배선은 다음과 같다.
   - 16C (2-HFIX 2.5" E-HFIX 2.5")
   - 16C (3-HFIX 2.5" E-HFIX 2.5")
   - 22C (4-HFIX 2.5" E-HFIX 2.5")
   - 22C (5-HFIX 2.5" E-HFIX 2.5")
   - 22C (6-HFIX 2.5" E-HFIX 2.5")
2. 빨래건조대, 전열교환기 제어용 SW.BOX 배관배선은 다음과 같다
   - 16C (UTP Cat.5e 4P x 1)
3. 그린 통합 스위치 배선은 접지선 포함, 기타 스위치 배선은 접지선 제외.
4. 단위세대 조명기구는 MODEL HOUSE에 준하여 시공한다.

75㎡ 형 단위세대 조명설비 평면도(기본형)

SCALE = 1/50(A3:100)

수정번호	수정내용		
△	20 . .	20 . .	20 . .
△	20 . .	20 . .	20 . .
△	20 . .	20 . .	20 . .
	작 성 자	검 토 자	승 인 자

공사명

도면명
75㎡ 형 단위세대
조명설비 평면도(기본형)

축 척
A1: 1/50 I A3: 1/100

프로젝트코드	작성	검토	승인
	2011. 06. 10.	2011. 06. 10.	2011. 06. 10.

도 면 번 호
EP - 016

4.7 F동 세대 전력간선설비 계통도

○동 세대 전력간선설비 계통도는 세대용 전력공급간선을 동마다 지하 피트나 주차장에서 옥탑층까지 수직적으로 층별로 구분하여 동 분전반과 세대 분전반을 포함하여 표현한 것이다.

○도면 읽기

- 전력은 동 하부에 있는 동 분전반에서 케이블트레이와 세대용 전력량계 근처 벽에 매립된 전선관을 통해 4개의 케이블로 올라온 후 R, S, T상 중 하나와 N선에서 분기한 단상 2선으로 세대 전력량계를 거쳐 세대 분전반으로 인입된다. 아파트 계단/엘리베이터 근처 EPS 내에 케이블트레이가 수직으로 설치되어 있지만 간선은 1층과 13층에서 각층 전력량계 근처의 벽 속에 매입된 전선관으로 입선된다.
- Cable Schedule 표에서, 벽에 매입된 전선관은 13층에서 15층까지는 안지름 70mm이며, 전선은 R상과 N선에서 인접 2세대로 분기되며, 전력량계를 의미하는 W는 실제는 2개이다. 16층에서 18층까지는 전선관 속에는 S, T상 및 N선만 입선되며, S상과 N선에서 분기되고, 19층에서 20층까지는 전선관 속에는 T상 및 N선만 입선된다. 이렇게 하는 이유는 공사비를 절감하기 위함이다. 13층의 경우 전선관 속에는 단면적 50㎟의 FCV 케이블 R, S, T상과 N선용 4개와 접지용 케이블 1개가 삽입된다.
- W로 표시되고 정식 약어는 WHM인 전력량계에서 세대 분전반까지의 배선은 안지름 22mm의 전선관 속에 단면적 10㎟의 HFIX전선 2가닥과 접지선으로 동일 규격의 전선 1가닥이 입선된다.

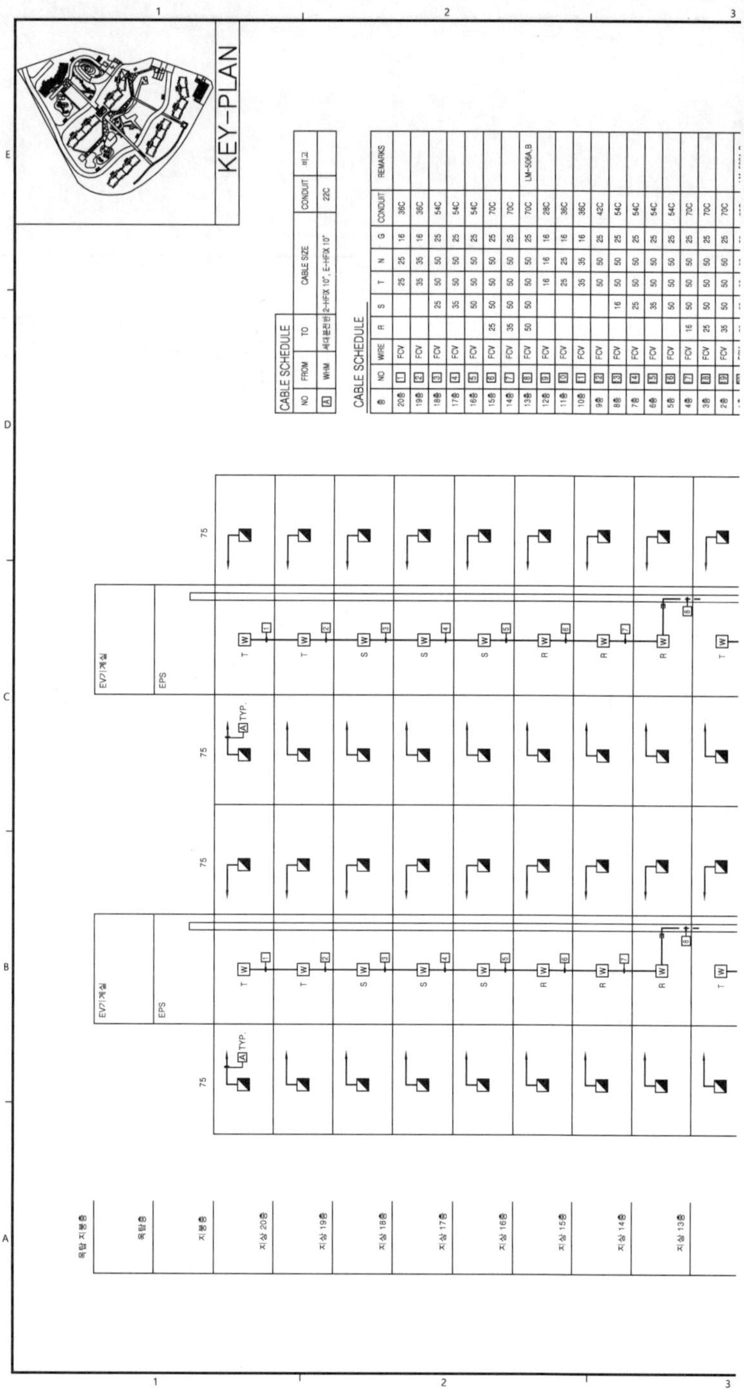

NO	FROM	TO	CABLE SCHEDULE
ⓐ	LV-4	LM-506A	70C(4-FCV 95°-1/C)
ⓑ	LV-4	LM-506B	70C(4-FCV 95°-1/C)
Ⓖ	접지 단자함	LM-506A,B	36C(1- FGV 95°)

1. 케이블 트레이내에서는 전선관을 사용하지 않는다.
2. CABLE TRAY 내에 포설되는 FCV, FR8, FGV 케이블은 난연성 케이블을 사용 할 것.

① F동 세대 전력간선 설비 계통도

SCALE = NONE

NOTE

수정번호	작성자	검토자	승인자
△	20	20	20
△	20	20	20
△	20	20	20

수정내용

공사명

도면명

F동 세대 전력간선 설비 계통도

축 척

A1: NONE A3: NONE

프로젝트코드	작성	검토	승인
	2011. 06. 10.	2011. 06. 10.	2011. 06. 10.

도 면 번 호

EP - 029

4.8 F동 공용부 전력간선설비 계통도

○동 공용부 전력간선설비 계통도는 세대용을 제외한 계단실 조명, 엘리베이터 등에 대한 전력공급간선을 동마다 지하 피트나 주차장에서 옥탑층까지 수직적으로 층별로 구분하여 동 분전반과 엘리베이터 기계실 분전반을 포함하여 표현한 것이다.

○도면 읽기

- 전력은 전기실 저압배전반 LV-8에서 분전반 PM-506B, PM-506A, P-PH-506A, P-E1-506 순으로 공급된다. Cable Schedule에서 분전반 PM-506B와 PM-506A 사이 간선은 지름 82mm전선관 속에 삽입된 단면적 70㎟ 심 1개인 FR8 케이블 4개로 구성된다. 케이블트레이에 설치될 경우에는 전선관은 필요 없다.
- 세대에 있는 APU(Automatic Power Switching Unit)에 정전시 비상전원이 공급될 수 있도록 동 지하에 있는 분전반 PM-506A와 PM-506B에서 각층에 있는 세대분전반까지 지름 22mm의 전선관을 수직으로 매립하고, 단면적 6㎟의 HFIX전선 3가닥을 삽입하여, 평면상 동일 위치에 있는 세대 전체를 1계통으로 단상 2선식 전원공급과 접지를 하였다.

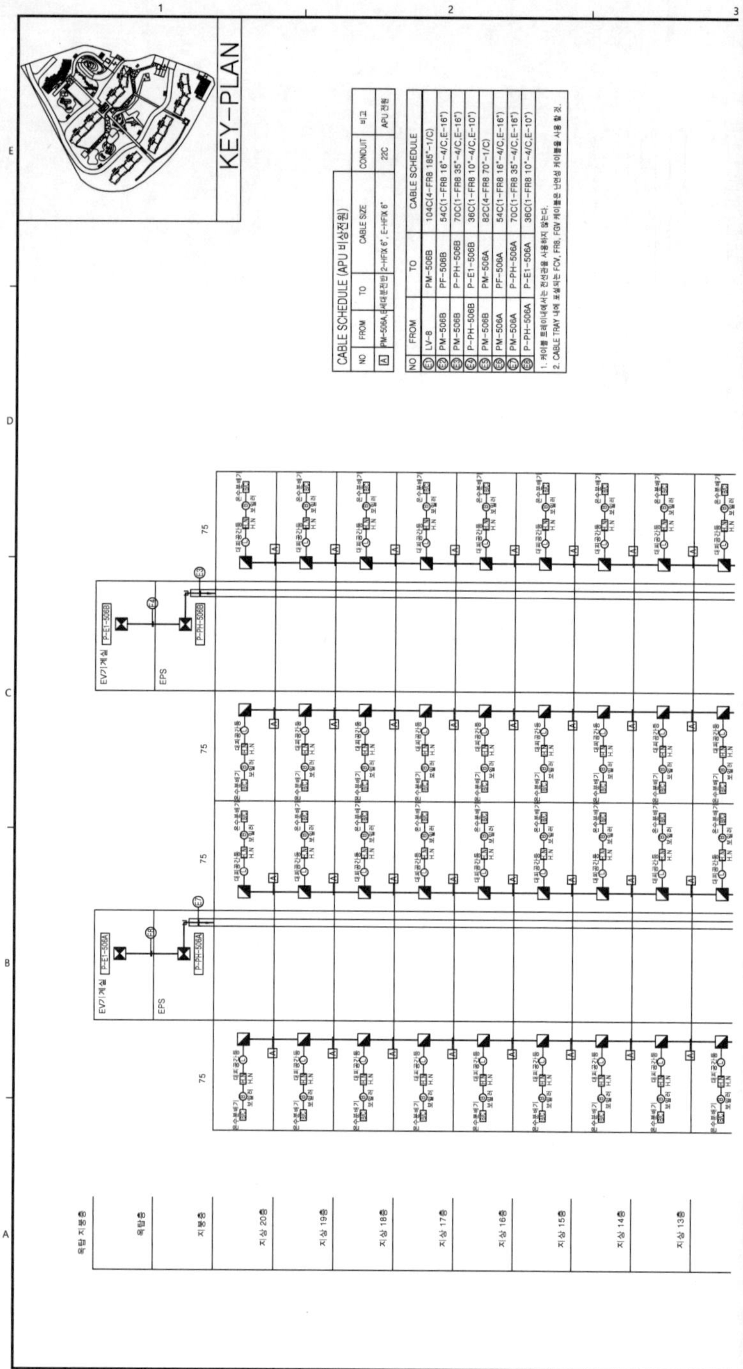

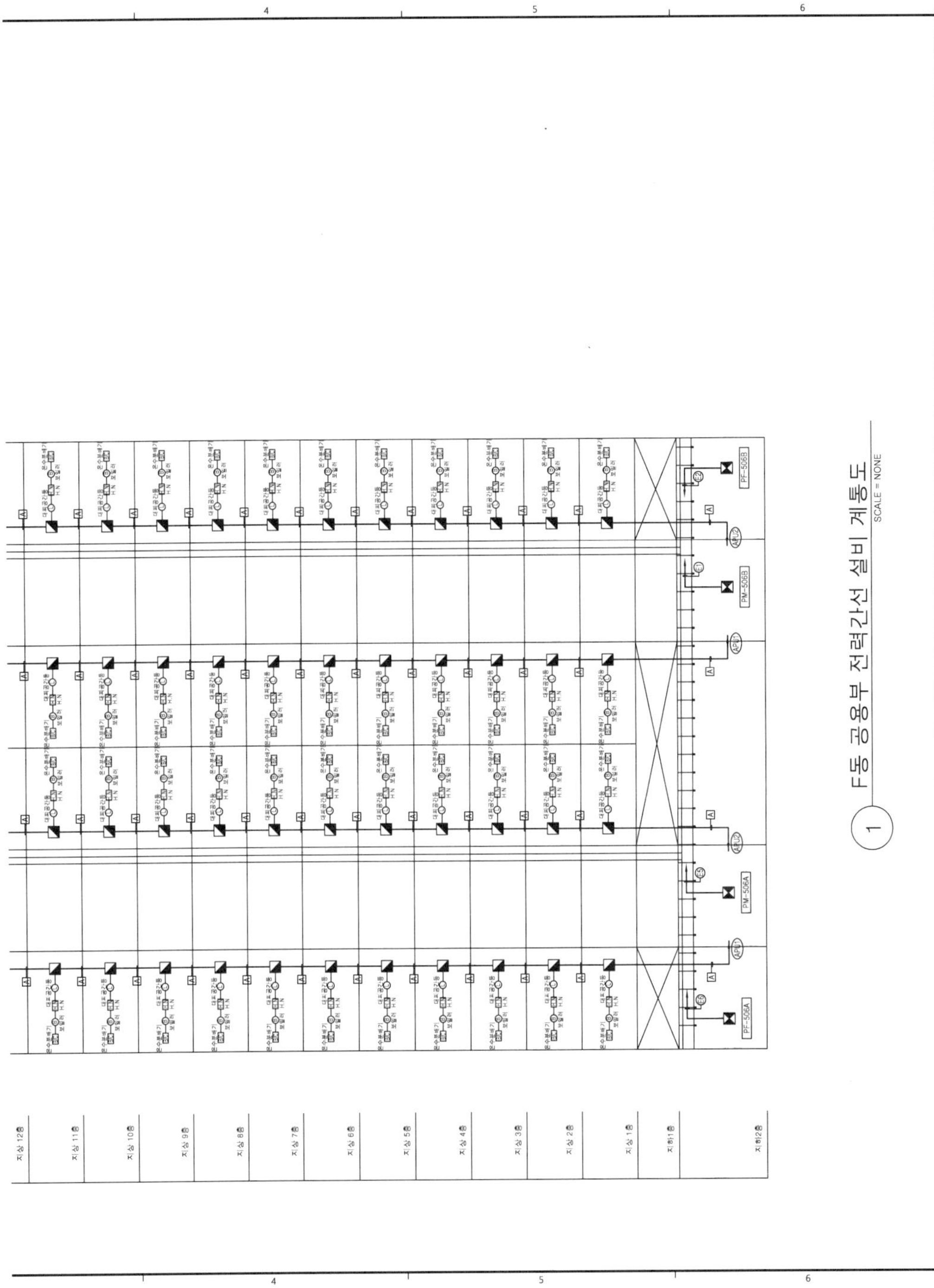

NOTE

수정번호	수정내용		
△	20 . .	20 . .	20 . .
△	20 . .	20 . .	20 . .
△	20 . .	20 . .	20 . .
	작 성 자	검 토 자	승 인 자

공사명

도면명
F동 공용부 전력간선 설비 계통도

축 척
A1: NONE A3: NONE

프로젝트코드	작성	검토	승인
	2011. 06. 10.	2011. 06. 10.	2011. 06. 10.

도 면 번 호
EP - 035

4.9 도면 목록표 (통신설비)

○도면을 편철한 순서대로 도면번호, 도면명칭 및 축척 등이 기입된다. 전통적인 도면 크기는 A0나 A1이나 최근에는 A3도 많이 사용되기 때문에 A3에 대한 축척을 병기하기도 한다.

○사례 도면의 건축전기설비 분야는 전기, 통신, 소방전기로 구분되어 작성되었으며, 각각 도면 목록부터 시작된다. 이 도면 목록은 통신 분야이며, 제시된 도면 목록은 실제 프로젝트의 전체 도면에 대한 것이다.

도면번호	도 면 목 록	축 척(A1
	<통 신>	
ET-000	도면 목록표	NONE
ET-001	범례 및 주기사항	NONE
ET-002	옥외 정보통신 인입설비 평면도	1/600
ET-003	옥외 정보통신 간선설비 평면도	1/600
ET-004	옥외 TV 간선설비 평면도	1/600
ET-005	옥외 홈네트워크설비 평면도	1/600
ET-006	옥외 원격검침설비 평면도	1/600
ET-007	옥외 CCTV설비 평면도	1/600
ET-008	옥외 주차관제설비 평면도	1/600
ET-009	옥외 비상벨설비 평면도	1/600
ET-010	MDF,방재실 장비배치 평면도	1/40
ET-011	A동 통합배선간선설비 계통도	NONE
ET-012	B동 통합배선간선설비 계통도	NONE
ET-013	C동 통합배선간선설비 계통도	NONE
ET-014	D동 통합배선간선설비 계통도	NONE
ET-015	E동 통합배선간선설비 계통도	NONE
ET-016	F동 통합배선간선설비 계통도	NONE
ET-017	A동 TV간선설비 계통도	NONE
ET-018	B동 TV간선설비 계통도	NONE
ET-019	C동 TV간선설비 계통도	NONE
ET-020	D동 TV간선설비 계통도	NONE
ET-021	E동 TV간선설비 계통도	NONE
ET-022	F동 TV간선설비 계통도	NONE
ET-023	A동 홈네트워크간선설비 계통도	NONE
ET-024	B동 홈네트워크간선설비 계통도	NONE
ET-025	C동 홈네트워크간선설비 계통도	NONE
ET-026	D동 홈네트워크간선설비 계통도	NONE
ET-027	E동 홈네트워크간선설비 계통도	NONE
ET-028	F동 홈네트워크간선설비 계통도	NONE
ET-029	75㎡ 형 단위세대 정보통신설비 평면도(기본형)	1/50
ET-030	75㎡ 형 단위세대 정보통신설비 평면도(확장형)	1/50
ET-031	84㎡ A형 단위세대 정보통신설비 평면도(기본형)	1/50
ET-032	84㎡ A형 단위세대 정보통신설비 평면도(확장형)	1/50
ET-033	84㎡ B형 단위세대 정보통신설비 평면도(기본형)	1/50
ET-034	84㎡ B형 단위세대 정보통신설비 평면도(확장형)	1/50
ET-035	84㎡ C형 단위세대 정보통신설비 평면도(기본형)	1/50
ET-036	84㎡ C형 단위세대 정보통신설비 평면도(확장형)	1/50
ET-037	75㎡ 형 단위세대 홈네트워크설비 평면도(기본형)	1/50
ET-038	75㎡ 형 단위세대 홈네트워크설비 평면도(확장형)	1/50
ET-039	84㎡ A형 단위세대 홈네트워크설비 평면도(기본형)	1/50
ET-040	84㎡ A형 단위세대 홈네트워크설비 평면도(확장형)	1/50
ET-041	84㎡ B형 단위세대 홈네트워크설비 평면도(기본형)	1/50
ET-042	84㎡ B형 단위세대 홈네트워크설비 평면도(확장형)	1/50
ET-043	84㎡ C형 단위세대 홈네트워크설비 평면도(기본형)	1/50
ET-044	84㎡ C형 단위세대 홈네트워크설비 평면도(확장형)	1/50
ET-045	A동 지하1,2층 정보통신설비 평면도	1/150
ET-046	A동 지상1~3층 정보통신설비 평면도	1/150
ET-047	A동 4~20층, 지붕층 정보통신설비 평면도	1/150
ET-048	B동 지하1층, 지상1층 정보통신설비 평면도	1/150
ET-049	A동 지상2,3층 정보통신설비 평면도	1/150
ET-050	B동 4~20층, 지붕층 정보통신설비 평면도	1/150
ET-051	C동 지하1층, 지상1층 정보통신설비 평면도	1/150
ET-052	C동 지상2,3층 정보통신설비 평면도	1/150
ET-053	C동 4~20층, 지붕층 정보통신설비 평면도	1/150
ET-054	D동 지하1층, 지상1층 정보통신설비 평면도	1/150
ET-055	D동 지상2,3층 정보통신설비 평면도	1/150
ET-056	D동 4~20층, 지붕층 정보통신설비 평면도	1/150
ET-057	E동 지하1,2층 정보통신설비 평면도	1/150
ET-058	E동 지상1층,2층 정보통신설비 평면도	1/150
ET-059	E동 3~20층 정보통신설비 평면도	1/150
ET-060	E동 지붕층 정보통신설비 평면도	1/150
ET-061	F동 지하1,2층 정보통신설비 평면도	1/150
ET-062	F동 1~20층, 지붕층 정보통신설비 평면도	1/150
ET-063	LEVEL +16.15 지하주차장 정보통신설비 평면도-1	1/200
ET-064	LEVEL +16.15 지하주차장 정보통신설비 평면도-2	1/200
ET-065	LEVEL +21.15 지하주차장 정보통신설비 평면도	1/200

도면목록표

축척(A3)	비고
NONE	
NONE	
1/1200	
1/1200	
1/1200	
1/1200	
1/1200	
1/1200	
1/1200	
1/1200	
1/80	
NONE	
NONE	
NONE	
NONE	
NONE	
NONE	
NONE	
NONE	
NONE	
NONE	
NONE	
NONE	
NONE	
NONE	
NONE	
NONE	
NONE	
NONE	
1/100	
1/100	
1/100	
1/100	
1/100	
1/100	
1/100	
1/100	
1/100	
1/100	
1/100	
1/100	
1/100	
1/100	
1/100	
1/100	
1/300	
1/300	
1/300	
1/300	
1/300	
1/300	
1/300	
1/300	
1/300	
1/300	
1/300	
1/300	
1/300	
1/300	
1/300	
1/300	
1/300	
1/300	
1/400	
1/400	
1/400	

도면번호	도면목록	축척(A1)	축척(A3)	비고
	<통 신>			
ET-066	통합배선 RACK 및 IDF 상세도-1	NONE	NONE	
ET-067	통합배선 RACK 및 IDF 상세도-1	NONE	NONE	
ET-068	CATV BLOCK DIAGRAM	NONE	NONE	
ET-069	CATV HEADEND RACK 상세도	NONE	NONE	
ET-070	홈네트워크시스템 BLOCK DIAGRAM	NONE	NONE	
ET-071	홈네트워크시스템 RACK 상세도	NONE	NONE	
ET-072	A동 원격검침설비 계통도	NONE	NONE	
ET-073	B동 원격검침설비 계통도	NONE	NONE	
ET-074	C동 원격검침설비 계통도	NONE	NONE	
ET-075	D동 원격검침설비 계통도	NONE	NONE	
ET-076	E동 원격검침설비 계통도	NONE	NONE	
ET-077	F동 원격검침설비 계통도	NONE	NONE	
ET-078	A동 지하1,2층 원격검침설비 평면도	1/150	1/300	
ET-079	A동 지상1~3층 원격검침설비 평면도	1/150	1/300	
ET-080	A동 4~20층, 지붕층 원격검침설비 평면도	1/150	1/300	
ET-081	A동 옥탑층 원격검침설비 평면도	1/150	1/300	
ET-082	B동 지하1층, 지상1층 원격검침설비 평면도	1/150	1/300	
ET-083	B동 2,3층 원격검침설비 평면도	1/150	1/300	
ET-084	B동 4~20층, 지붕층 원격검침설비 평면도	1/150	1/300	
ET-085	B동 옥탑층 원격검침설비 평면도	1/150	1/300	
ET-086	C동 지하1층, 지상1층 원격검침설비 평면도	1/150	1/300	
ET-087	C동 2,3층 원격검침설비 평면도	1/150	1/300	
ET-088	C동 4~20층, 지붕층 원격검침설비 평면도	1/150	1/300	
ET-089	C동 옥탑층 원격검침설비 평면도	1/150	1/300	
ET-090	D동 지하1층, 지상1층 원격검침설비 평면도	1/150	1/300	
ET-091	D동 2,3층 원격검침설비 평면도	1/150	1/300	
ET-092	D동 4~20층, 지붕층 원격검침설비 평면도	1/150	1/300	
ET-093	D동 옥탑층 원격검침설비 평면도	1/150	1/300	
ET-094	E동 지하1,2층 원격검침설비 평면도	1/150	1/300	
ET-095	E동 1,2층 원격검침설비 평면도	1/150	1/300	
ET-096	E동 3~20층 원격검침설비 평면도	1/150	1/300	
ET-097	E동 지붕층, 옥탑층 원격검침설비 평면도	1/150	1/300	
ET-098	F동 지하1,2층 원격검침설비 평면도	1/150	1/300	
ET-099	F동 1~20층, 지붕층 원격검침설비 평면도	1/150	1/300	
ET-100	F동 옥탑층 원격검침설비 평면도	1/150	1/300	
ET-101	원격검침시스템 사양서	NONE	NONE	
ET-102	원격검침시스템 기기상세도	NONE	NONE	
ET-103	중계장치(DISTRIBUTER CONTROL UNIT) 함상세도	NONE	NONE	
ET-104	원격검침 전자식 전력량계함 상세도	NONE	NONE	
ET-105	CCTV설비 계통도	NONE	NONE	
ET-106	LEVEL +16.15 지하주차장 CCTV설비 평면도-1	1/200	1/400	
ET-107	LEVEL +16.15 지하주차장 CCTV설비 평면도-2	1/200	1/400	
ET-108	LEVEL +21.15 지하주차장 CCTV설비 평면도	1/200	1/400	
ET-109	CCTV 설비 BLOCK DIAGRAM	NONE	NONE	
ET-110	CCTV 설비 RACK 상세도	NONE	NONE	
ET-111	주차관제설비 계통도 및 블럭도	NONE	NONE	
ET-112	주차관제 설비 입-출구 상세도-A	NONE	NONE	
ET-113	주차관제 설비 입-출구 상세도-B	NONE	NONE	
ET-114	LEVEL +16.15 지하주차장 주차관제설비 평면도-1	1/200	1/400	
ET-115	LEVEL +16.15 지하주차장 주차관제설비 평면도-2	1/200	1/400	
ET-116	LEVEL +21.15 지하주차장 주차관제설비 평면도	1/200	1/400	
ET-117	주차관제 설비 기기 상세도	NONE	NONE	
ET-118	LEVEL +16.15 지하주차장 비상벨설비 평면도-1	1/200	1/400	
ET-119	LEVEL +16.15 지하주차장 비상벨설비 평면도-2	1/200	1/400	
ET-120	LEVEL +21.15 지하주차장 비상벨설비 평면도	1/200	1/400	
ET-121	비상벨설비 블럭도 및 기기 상세도	NONE	NONE	
ET-122	이동통신 구내선로설비 계통도	NONE	NONE	
ET-123	이동통신 구내선로설비 평면도	1/400	1/800	
	< 부대시설 >			
EE-001	주민공동시설 정보통신설비 평면도-1	1/200	1/400	
EE-002	주민공동시설 정보통신설비 평면도-2	1/100	1/200	
	< 근린생활시설 >			
EG-001	근린생활시설 정보통신설비 평면도	1/100	1/200	

NOTE

△	20 . . .	20 . . .	20 . . .
△	20 . . .	20 . . .	20 . . .
△	20 . . .	20 . . .	20 . . .
수정번호	수정내용		
	작성자	검토자	승인자

공사명

도면명

도면 목록표

축척

A1: NONE A3: NONE

프로젝트코드	작성	검토	승인
	2011. 12 .	2011. 12 .	2011. 12 .

도면번호

ET - 000

4.10 범례 및 주기사항 (통신설비)

○도면에 사용되는 각종 기호와 약어에 대한 설명이 수록된다.

○도면 읽기

- 단자함, 모듈러 잭, TV 분배기함, TV아웃렛, joint box, pull box 기호
- 수직으로 설치된 전선관의 평면상 표기(예, 현재층에 대한 통과, 입하, 입상)
- 전선관이나 배선의 설치 위치 표기(예, 실선은 천장 슬래브 매립 혹은 2중 천장 내 은폐 배관배선, 일점쇄선은 바닥슬래브 내 매립 배관배선, 점선은 노출배관배선)
- 배선의 가닥수와 일반적인 종류 표기(예, 통합배선 계통은 UTP케이블 CAT.5e, TV 계통은 HFPT 동축케이블 사용)

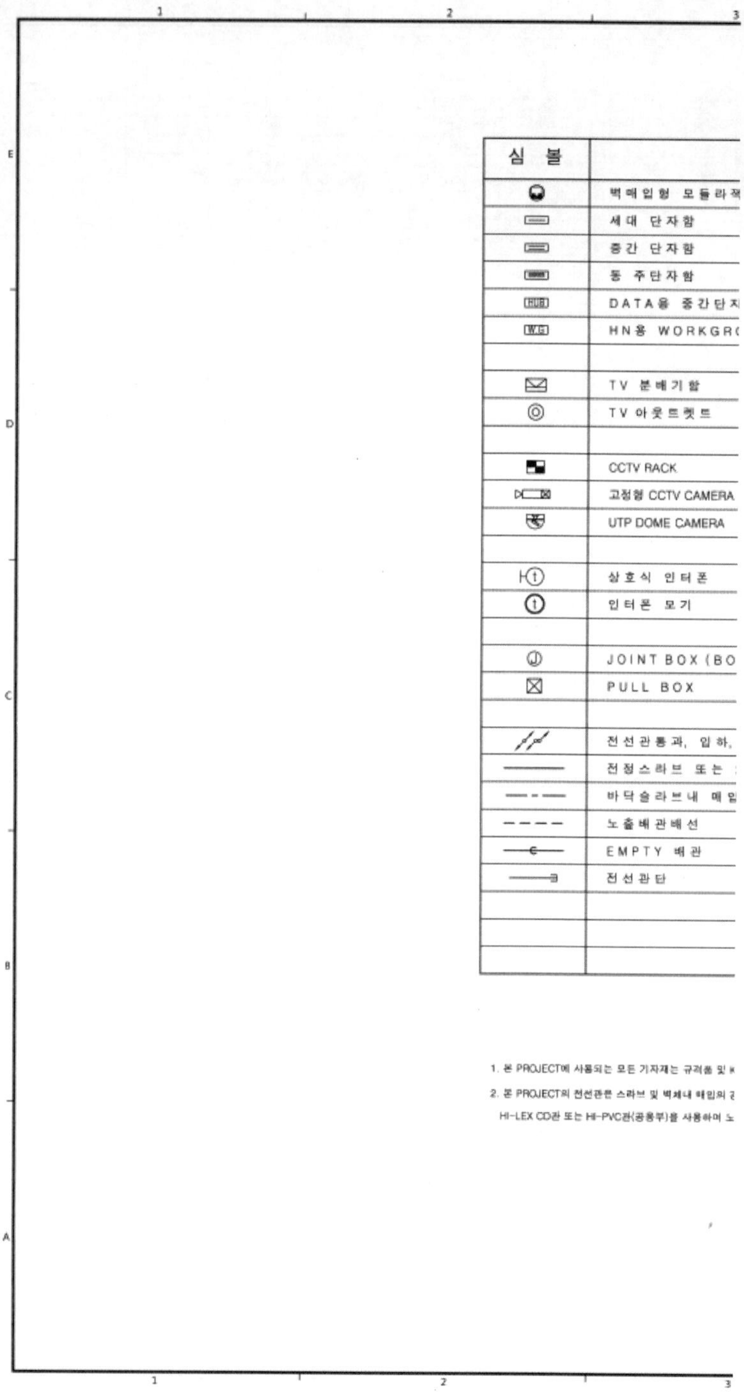

범례 및 주기사항

명 칭	비 고
2구	FFL+300mm 중심까지
	세대분전반 통합형
함	
OUP S/W-24PORT+FDF	층간단자함 내부에 설치
	FFL+300mm 중심까지
X COVER부)	
입상	
2중천정내 은폐배관, 배선	
배관배선	

S 통등 이상의 자재를 사용한다.

부 HI-LEX CD관(단위세대).

출배관은 STEEL아연도 전선관을 사용한다.

3. 통신설비 배관배선 규격은 다음과 같다.

1) 통합배선계통 배관배선

- —— – T —— 16C (2-UTP CAT.5e 4P CABLE)
- —— – T —— 22C (3-UTP CAT.5e 4P CABLE)
- —— – T —— 22C (4-UTP CAT.5e 4P CABLE)
- —— – T —— 28C (5-UTP CAT.5e 4P CABLE)
- —— – T —— 28C (6-UTP CAT.5e 4P CABLE)
- —— – T —— 28C (7-UTP CAT.5e 4P CABLE)
- —— – T —— 28C (8-UTP CAT.5e 4P CABLE)

2) TV계통 배관배선

- —— – TV —— 16C (1 - HFBT 5C)
- —— – TV —— 22C (2 - HFBT 5C)

NOTE

수정번호	수정내용		
	작성자	검토자	승인자

공사명

도면명: 범례 및 주기사항

축척: A1: NONE A3: NONE

프로젝트코드	작성	검토	승인
	2011. 12	2011. 12	2011. 12

도면번호: ET - 001

4.11 F동 통합배선 간선설비 계통도

○동 통합배선 간선설비 계통도는 외부에서 세대까지 연결되는 통합배선 간선을 동마다 지하 피트나 지하주차장에서 옥탑층까지 층별로 구분하여 동 주단자함, 중간단자함, 세대단자함을 포함하여 표현한 것이다.

○통합배선은 전화와 관련된 음성 계통과 컴퓨터와 관련된 데이터 계통을 광케이블이나 UTP케이블로 배선하는 것이다.

○MDF는 Main Distribution Frame의 약어로서 주배선반, IDF는 Intermediate Distribution Frame으로서 동배선반이나 중간단자함이다.

○도면 읽기

- 세대단자함에는 음성과 데이터용으로 UTP 케이블 각각 1개씩 연결된다. 세대단자함의 데이터 선은 3개층마다 설치된 IDF를 관통하면서 11~20층 세대는 14층에 있는 허브에, 1~10층 세대는 5층에 있는 허브에 접속된 후 광케이블로 데이터용 MDF에 연결된다. 세대단자함의 음성선은 3개층마다 설치된 중간단자함에 접속된 후 각 중간단자함은 2층에 있는 동단자함에 접속되고 이것은 다시 음성용 MDF 연결된다. 모든 IDF는 접지된다.

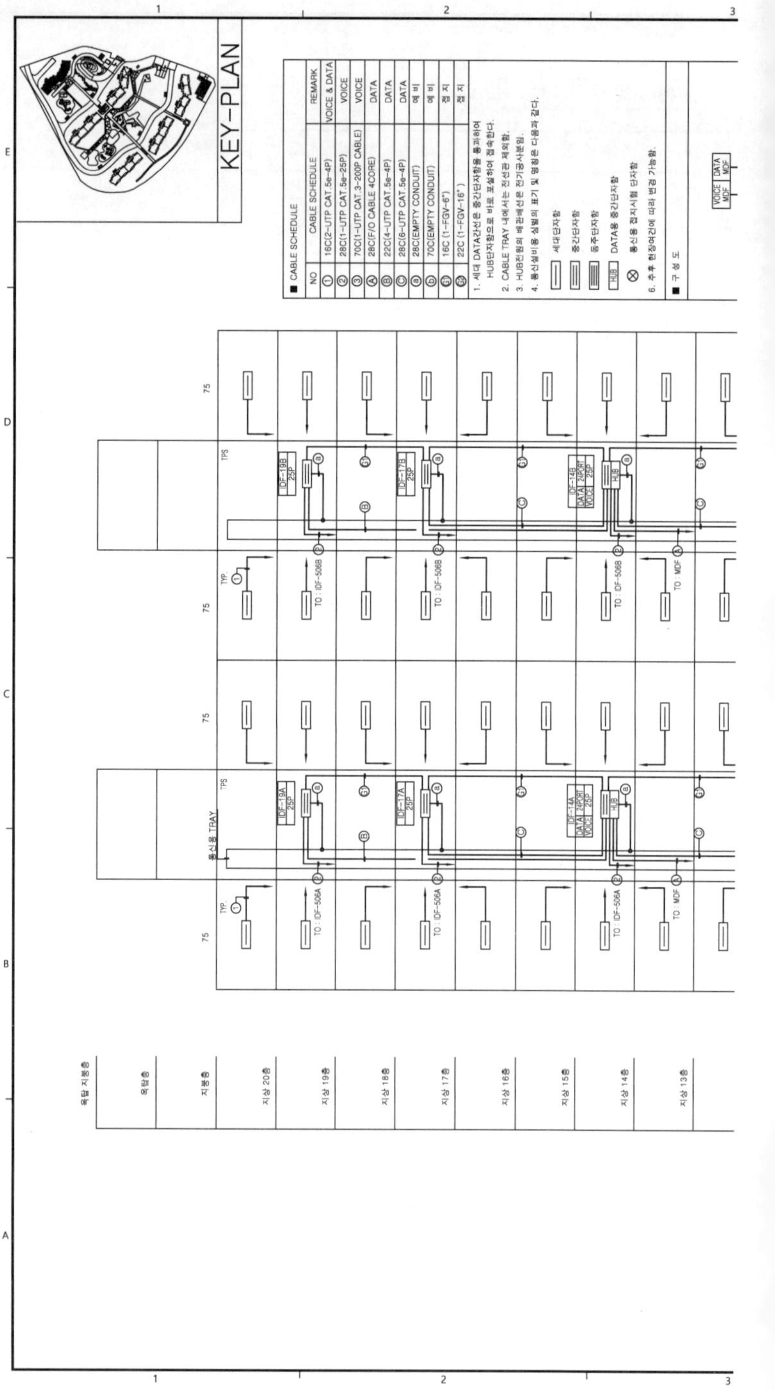

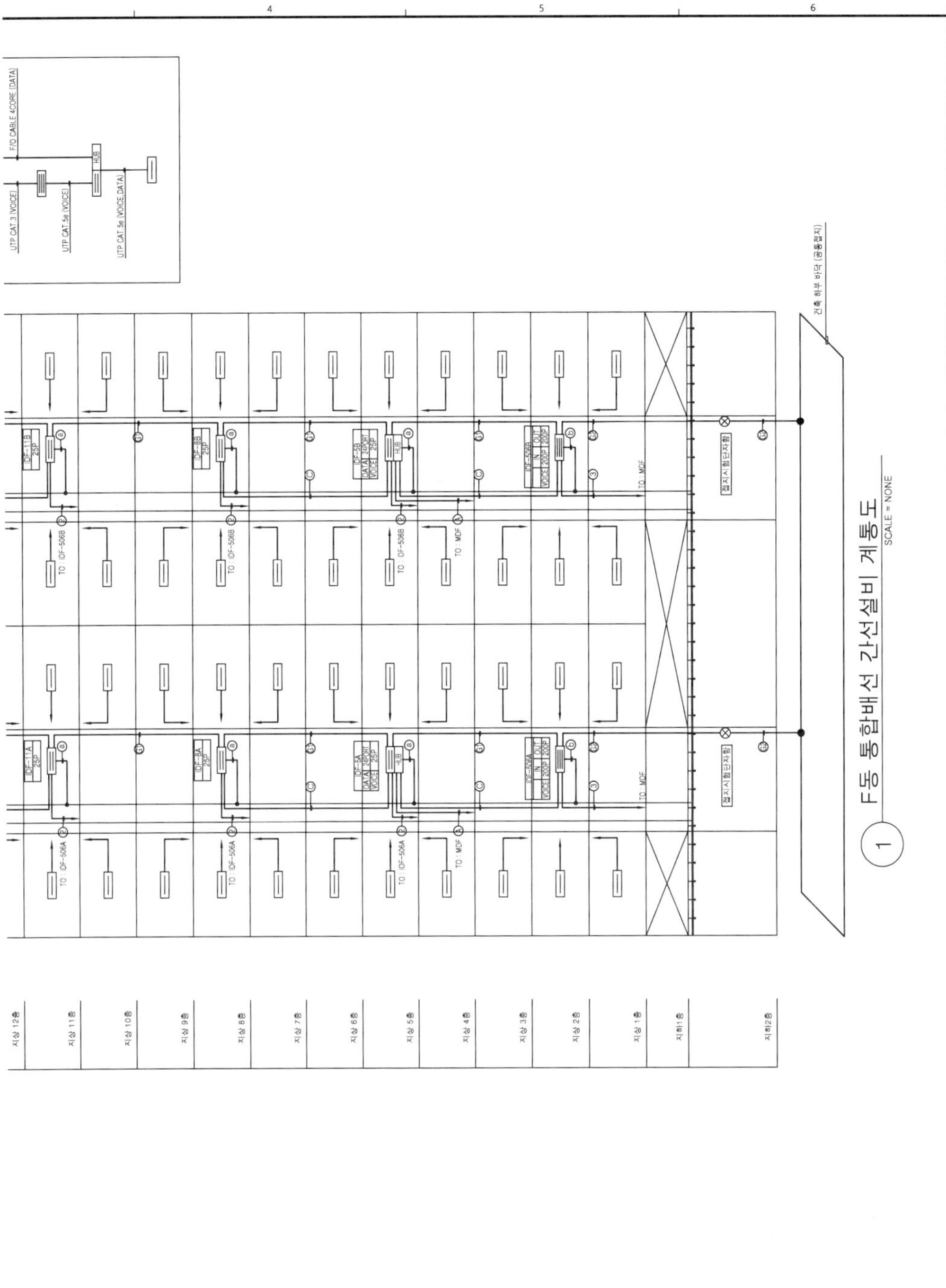

NOTE

수정번호	작성자	검토자	승인자
△	20 . .	20 . .	20 . .
△	20 . .	20 . .	20 . .
△	20 . .	20 . .	20 . .

수정내용

공사명

도면명
F동 통합배선 간선설비 계통도

축 척
A1: NONE A3: NONE

프로젝트코드	작성	검토	승인
	2011. 06. 10.	2011. 06. 10.	2011. 06. 10.

도면번호
ET - 016

4.12 F동 TV 간선설비 계통도

○ 동 TV 간선설비 계통도는 아파트 단지 내 가장 높은 건물 옥상에 공시청 안테나를 설치하여 FM, UHF, 지상파 TV를 수신하고, 더 나아가 위성방송용 안테나를 설치하여 위성방송 신호를 수신하고, 이 신호를 Head End 장치 등을 이용하여 적절히 증폭시키고 처리한 후 각 세대로 공급할 때, 간선을 동 단위로 지하 피트나 주차장에서 옥탑층까지 층별로 구분하여 안테나, Head End 장치, 중간 중간 설치되는 증폭기함과 세대단자함 등을 포함하여 표현한 것이다.

○ MATV는 Master Antenna TeleVision의 약어이며, 지상파 TV, FM 라디오를 수신하기 위한 공동시청안테나시설이다. 2007년경 새롭게 등장한 위성방송이 지상파 TV나 FM라디오 신호 전송선을 이용한다는 측면에서, 위성방송용 안테나를 포함할 경우 SMATV(Satellite Master Antenna TeleVision)라 부르기도 한다. 그리고 CATV는 Cable TeleVision으로서 종합유선방송 구내전송선로설비이다. 2015년 현재에는 방송공동수신안테나시설과 종합유선방송구내전송설비를 포함한 것을 방송공동수신설비라 한다.

○ 도면 읽기

- 각 세대의 단자함에서 3개 층마다 설치된 TV분배기함까지 5 Core 동축케이블 HFBT 2가닥이 연결되며, 각 TV 분배기함은 1~9층까지는 1층의 것과 접속되고 나머지는 10층의 것과 접속된 후 다시 동 TV분배기함 TV-506M과 연결된다. 옥상의 공청안테나와 위성안테나에서 받은 신호는 프리앰프를 거쳐 TV-506에 전달된다. 모든 TV 분배기함은 접지된다.

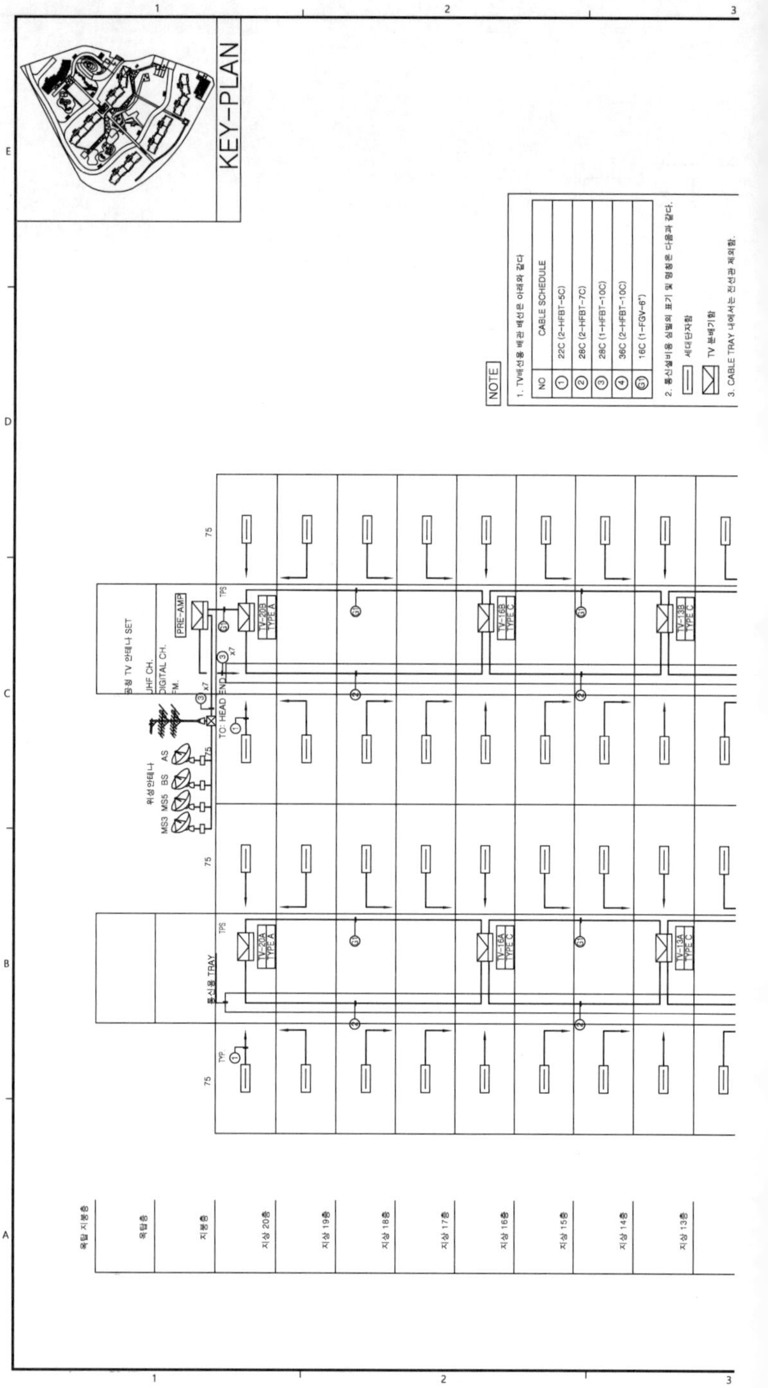

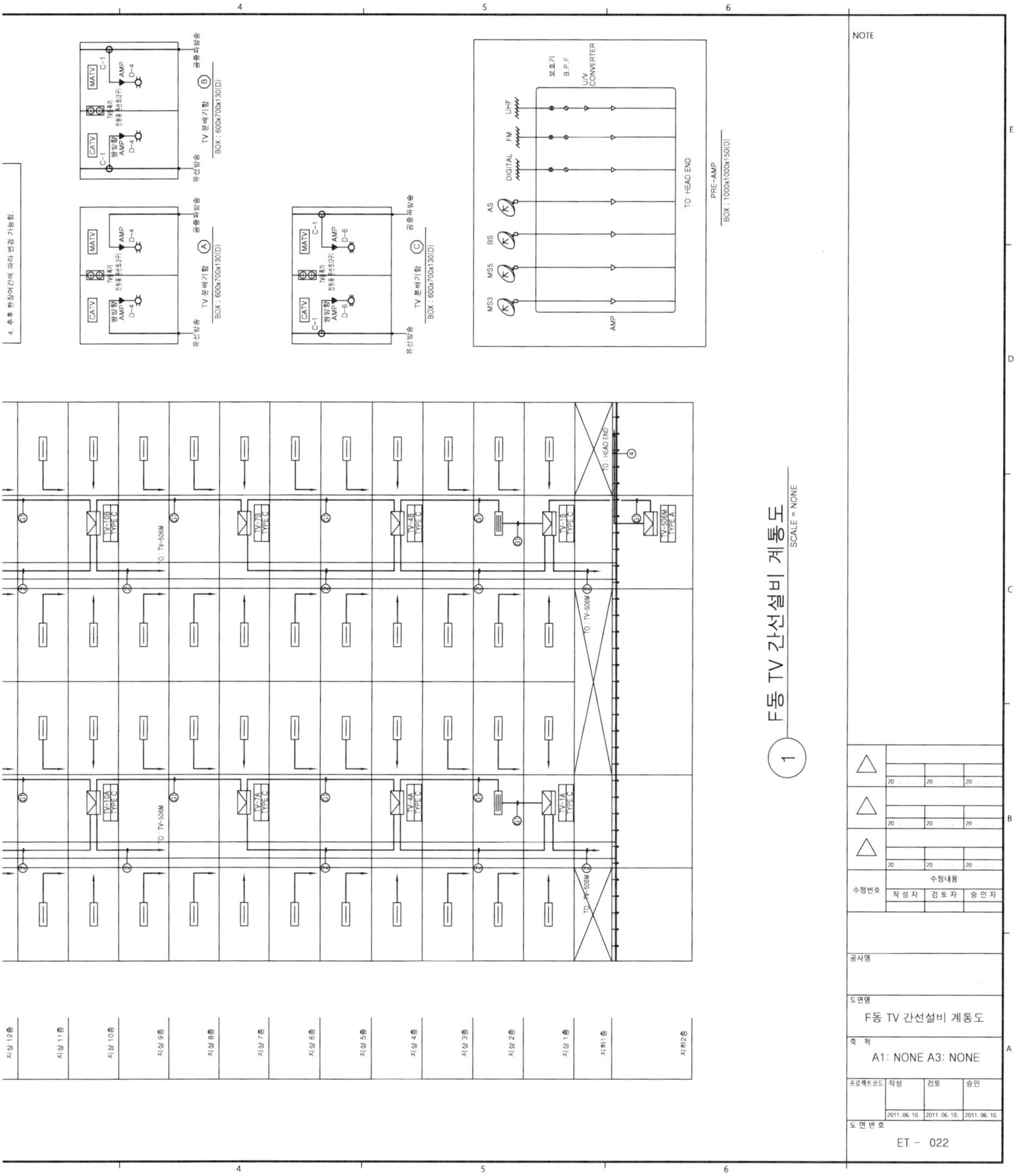

NOTE
4. 추후 현장여건에 따라 변경 가능함.
TV 분배기함 (A) BOX : 600x700x130(D)
TV 분배기함 (B) BOX : 600x700x130(D)
TV 분배기함 (C) BOX : 600x700x130(D)
CATV
MATV
유선방송
공중파방송
쌍방향 AMP
PRE-AMP BOX : 1000x1000x150(D)
MS3
MS5
BS
AS
DIGITAL
FM
UHF
보호기
B.P.F
U/V CONVERTER
TO: HEAD END
TO: TV-506M
지상 12층
지상 11층
지상 10층
지상 9층
지상 8층
지상 7층
지상 6층
지상 5층
지상 4층
지상 3층
지상 2층
지상 1층
지하1층
지하2층
F동 TV 간선설비 계통도
SCALE = NONE
수정번호
수정내용
작 성 자
검 토 자
승 인 자
공사명
도면명
F동 TV 간선설비 계통도
축 척
A1: NONE A3: NONE
프로젝트코드
작성
검토
승인
2011. 06. 10.
2011. 06. 10.
2011. 06. 10.
도 면 번 호
ET - 022

4.13 F동 홈네트워크 간선설비 계통도

○동 홈네트워크 간선설비 계통도는 세대내 홈오토메이션을 위해 외부에서 세대까지 연결되는 홈네트워크 간선을 동마다 지하 피트나 지하 주차장에서 옥탑층까지 층별로 구분하여 중간 중간에 설치되는 랙(rack)과 스위칭장비와 세대단자함 등을 포함하여 표현한 것이다.

○광케이블은 보통 4core 단위로 구성되며, 2core는 송 · 수신용이고, 나머지 2core는 예비용이다. 광케이블을 UTP케이블 등과 연결하려면 광케이블 분배함(Fiber Distribution Frame)이 추가로 필요하다.

○도면 읽기

- 각 세대 단자함에서 나온 홈네트워크용 UTP 케이블은 1~8층까지는 5층에 있는 홈네트워크용 워크그룹 스위칭장비(일종의 허브)에, 나머지층은 14층의 것과 연결된다. 그리고 이 스위칭장비들은 모두 MDF와 광케이블(Fiber Optic)로 연결된다.

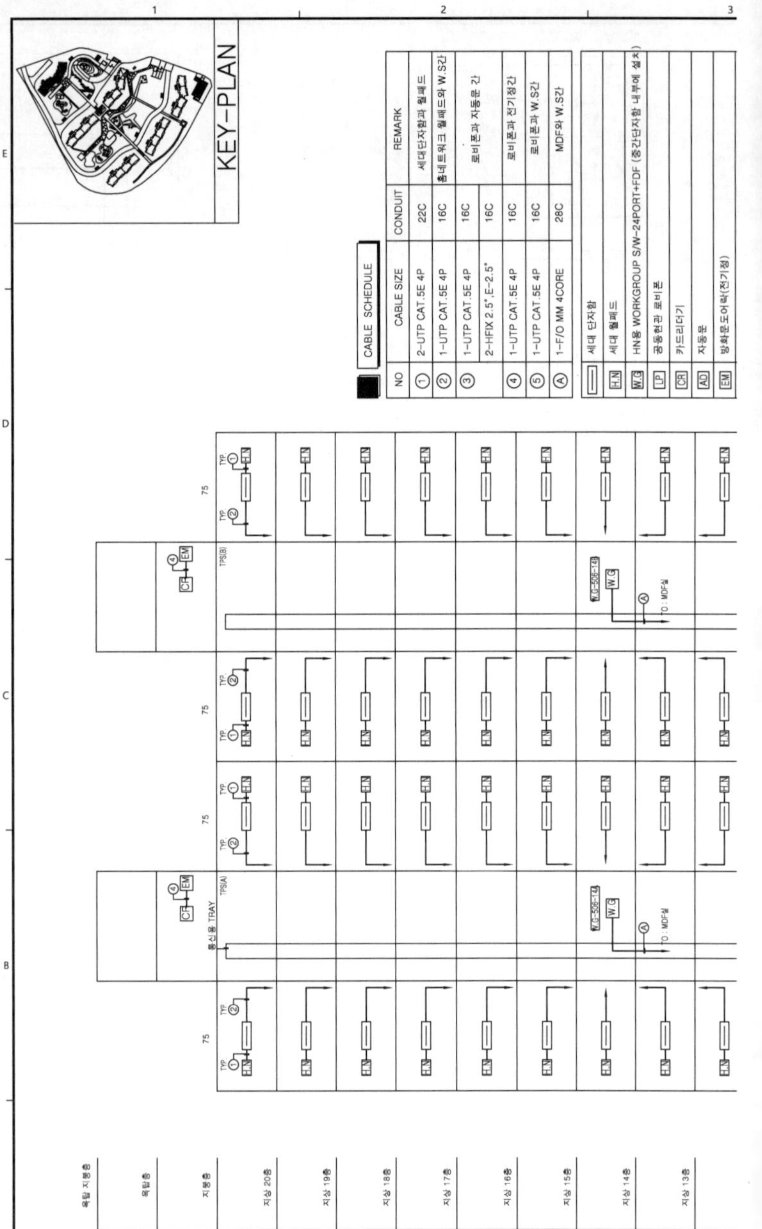

G	경비실기
P	주차관제기(인터폰)

1. CABLE TRAY 내에서는 배관제외.
2. 시스템 및 설치위치는 현장 여건에 따라 변경될수 있슴.
3. 방화문도어락, 자동문은 화재수신반과 연동하여 화재시 자동개방 할것.

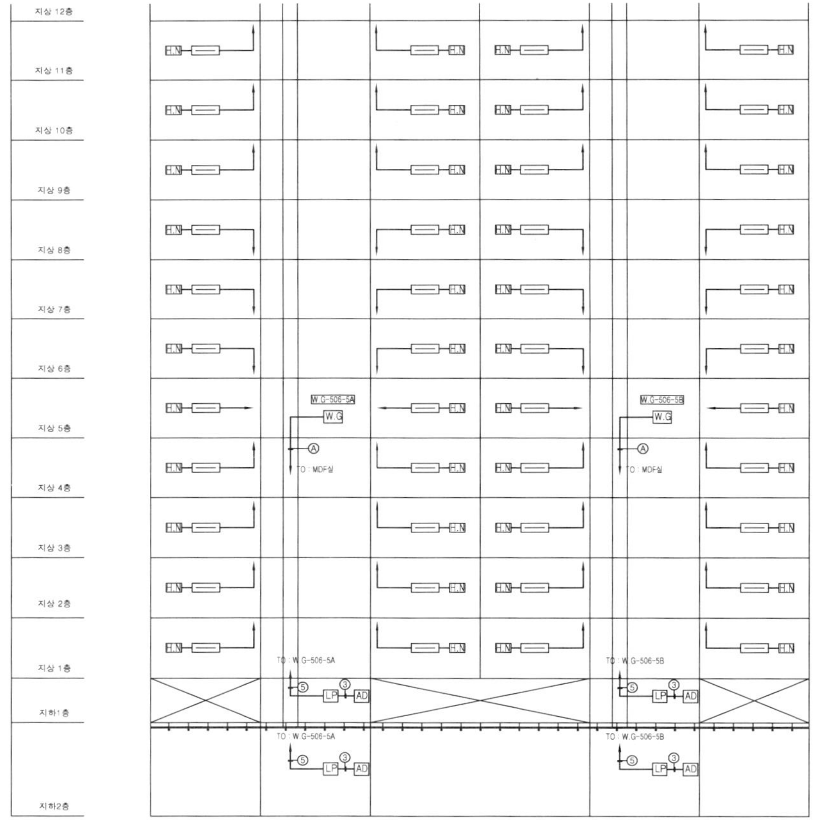

① F동 홈네트워크 간선설비 계통도
SCALE = NONE

NOTE

수정번호	작성자	검토자	승인자
△	20 . .	20 . .	20 . .
△	20 . .	20 . .	20 . .
△	20 . .	20 . .	20 . .
	수정내용		

공사명

도면명
F동 홈네트워크 간선설비 계통도

축 척
A1: NONE A3: NONE

프로젝트코드	작성	검토	승인
	2011. 06. 10.	2011. 06. 10.	2011. 06. 10.

도면번호
ET - 028

4.14 75㎡형 단위세대 정보통신설비 평면도

○단위세대 정보통신설비 평면도는 세대내 음성, 데이터 및 TV 신호를 각실에 있는 접속구에서 세대 단자함 사이에서 전송하기 위한 기기 배치 및 그에 대한 배관이나 배선을 단위세대 평면도에 표현한 것이다.

○도면 읽기

- 음성이나 데이터 통신과 TV배선이 표현되어 있다. 음성(예, 전화)이나 데이터(예, 인터넷) 통신을 위해 UTP Cat.5e가 일반적으로 사용되며, TV 영상신호 전달을 위해서는 동축 케이블이 사용된다.
- 아파트와 같은 주거공간의 경우, 전력 공급용 콘센트, 음성과 데이터 통신을 위한 잭, TV접속 수구를 벽체 매입형으로 모듈화한 제품이 많이 사용된다.

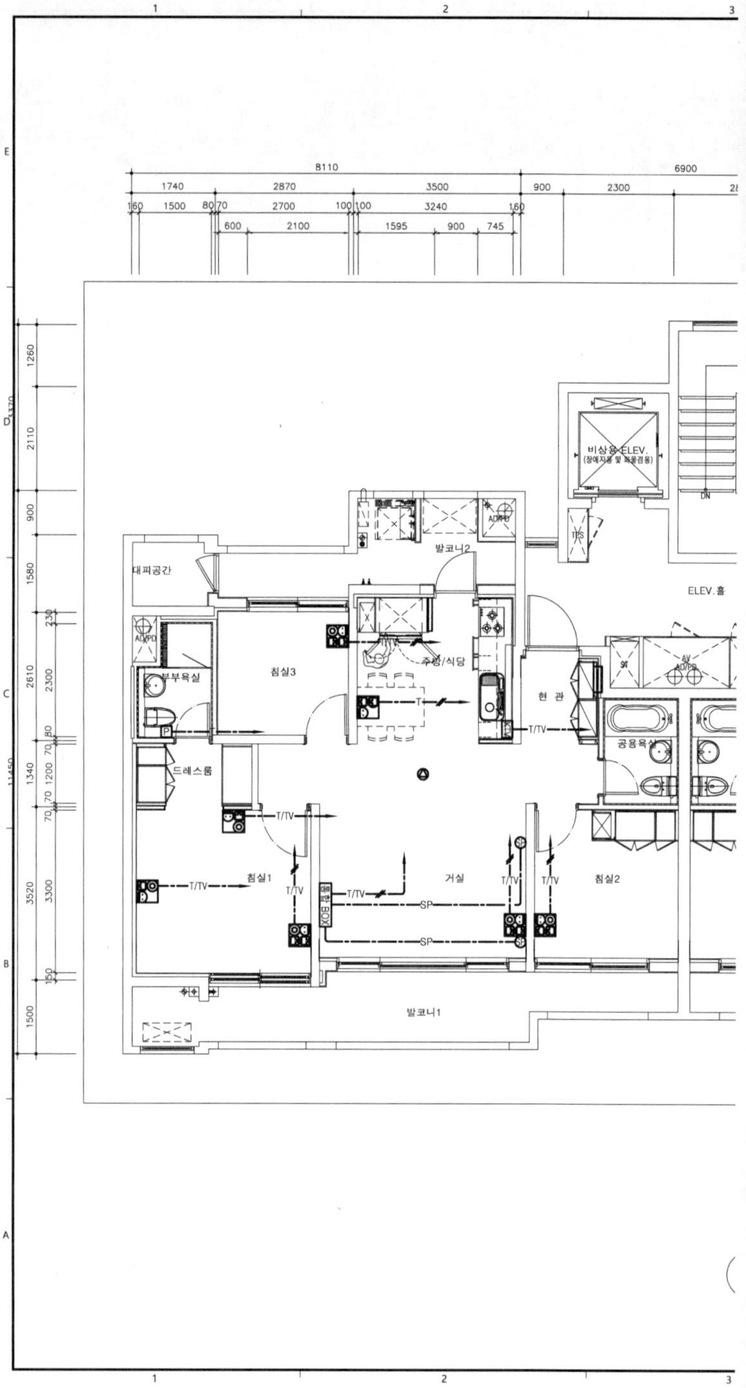

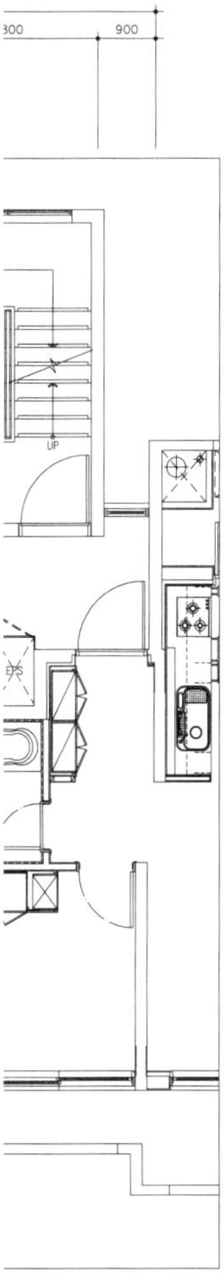

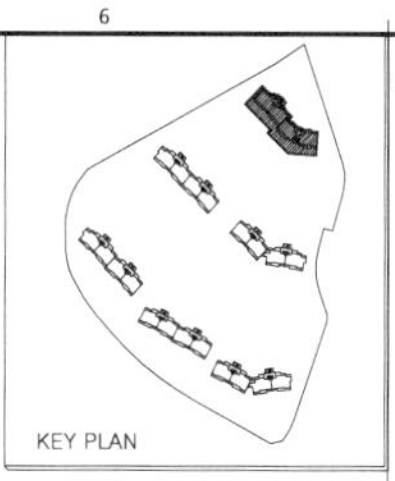

NOTE

기 호	내 용	비 고
	세대 단자함	세대 분전반 통합형
	벽매입형 모듈러잭 2구 (VOICE, DATA) 벽매입형 TV수구	
	벽매입형 모듈러잭 2구 (VOICE, DATA)	
	벽매입형 모듈러잭 1구 (VOICE) 벽매입형 TV수구	
통합 BOX	벽매입형 모듈러잭 2구 (VOICE, DATA), 공BOX 벽매입형 TV수구, 스피커잭2구, 콘센트4구	
	벽매입형 TV수구, 콘센트1구, 공BOX	
KTV	주방 TV폰	
P	비데리모컨일체형 욕실폰	
SP	스피커잭 1구	
	전관방송 스피커 (1W)	

1. 단위세대 내 모든 OUTLET의 형태 및 위치는 MODEL HOUSE에 준하여 시공한다.
2. 정보통신설비의 배관 배선은 다음과 같다.

- ——T—— 16C (1-UTP CAT.5e 4P CABLE)
- ——T—#— 16C (2-UTP CAT.5e 4P CABLE)
- ——T/TV—— 22C (1-UTP CAT.5-4P, 1-HFBT 5C)
- ——T/TV—#— 22C (2-UTP CAT.5-4P, 1-HFBT 5C)
- ——SP—— 16C (1-SW-2300)

■ 거실장 상부 배선기구 (통합 BOX 상세도)

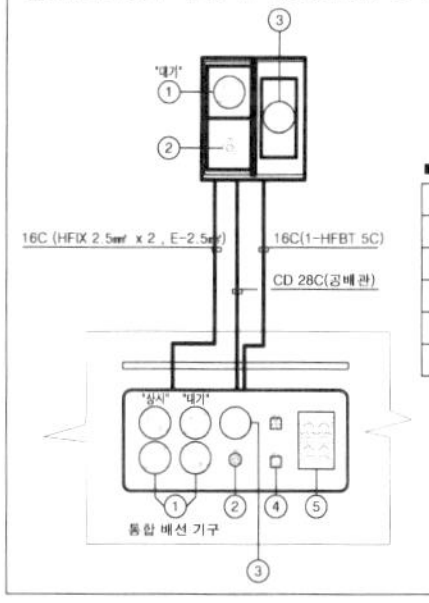

■ 거실 용도별 상세도

번 호	용 도
①	전원콘센트
②	TV 수구
③	공BOX(W/COVER)
④	벽매입형 전화용 수구
⑤	스피커잭

1 75㎡ 형 단위세대 정보통신설비 평면도(기본형)

SCALE = 1/50(A3:100)

△	20 . . .	20 . . .	20 . . .
△	20 . . .	20 . . .	20 . . .
△	20 . . .	20 . . .	20 . . .
수정번호	수정내용		
	작 성 자	검 토 자	승 인 자

공사명

도면명: 75㎡ 형 단위세대 정보통신설비 평면도(기본형)

축 척: A1: 1/50 I A3: 1/100

프로젝트코드	작성	검토	승인
	2011. 06. 10.	2011. 06. 10.	2011. 06. 10.

도 면 번 호: ET - 029

4.15 75㎡형 단위세대 홈네트워크설비 평면도

○단위세대 홈네트워크설비 평면도는 단위세대 내 홈오토메이션을 위한 네트워크설비에 대해 기기의 기능과 배치, 그에 대한 배관 및 배선을 단위세대 평면도에 표현한 것이다.

○도면읽기

- 홈네트워크 패널을 이용하여 가스기기와 가스밸브, 난방 온수분배기, 그린 통합 스위치, 주방용 TV 및 전화, 욕실 전화, 1층, 2층 및 최상층 세대에 대한 방범용 동체 감지기, 디지털 도어 락, 도어 락에 대한 전원 공급 감시, 문 열림 감시 및 현관 카메라, 전열교환형 환기유닛 등을 제어하기 위한 전원 공급과 신호 전송 매체가 표현되었다.
- 케이블은 UTP Cat.5e가 일반적으로 사용되며, 이 도면에서는 천장 슬래브 매립 혹은 이중 천장 내에 은폐, 배선된다.

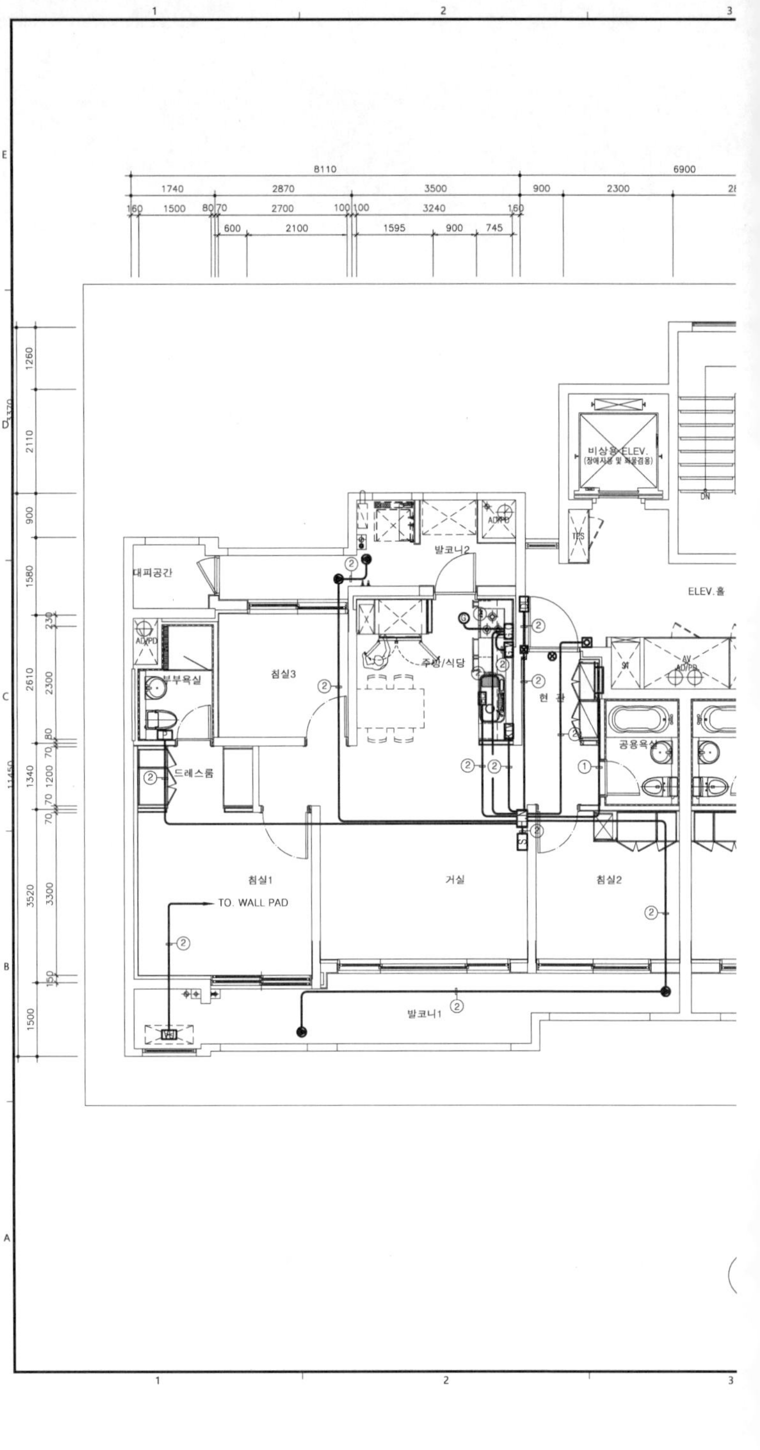

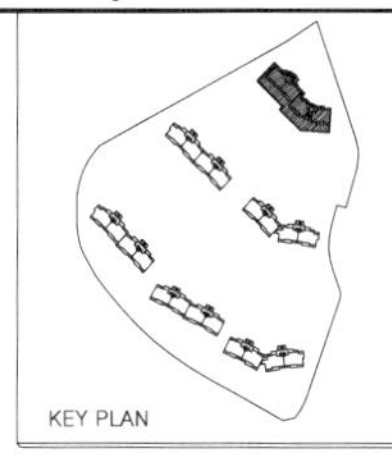

NOTE

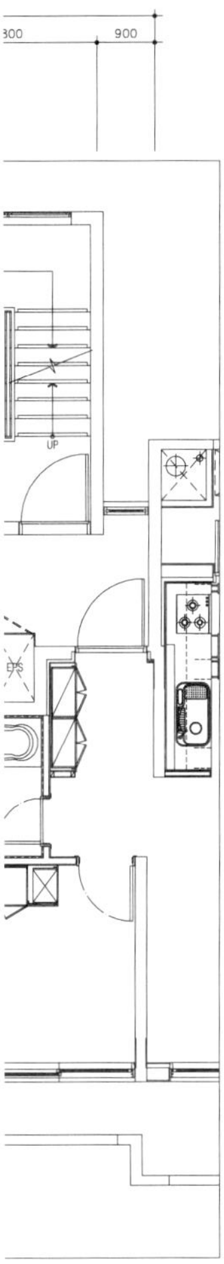

단위세대 홈네트워크 시스템 블럭도

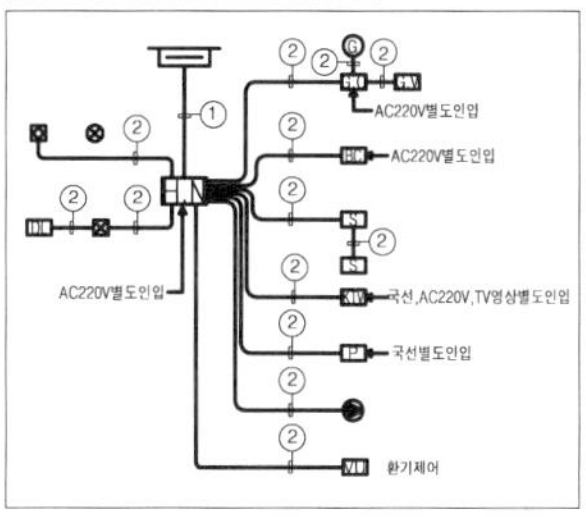

CABLE SCHEDULE

NO	CABLE SIZE	CONDUIT	REMARK
①	2-UTP CAT.5E 4P	22C	홈네트워크 / 국선
②	1-UTP CAT.5E 4P	16C	홈네트워크
③	2-UTP CAT.5E 4P	16C	현관방범

기호	명칭	비고
	세대 단자함	세대 분전반 통합형
HN	세대 월패드	AC220V별도인입
	현관카메라	
DL	디지털도어락	
⊗	자석감지기	
	통전금구	
GC	가스제어기	AC220V별도인입
GV	가스밸브차단기	
Ⓖ	가스감지기	
HC	난방제어기	AC220V별도인입
CS	그린통합스위치	
KTV	주방용TV	국선, AC220V, TV별도인입
P	욕실폰	국선 별도인입
	동체감지기(1,2,최상층 세대)	
VU	전열교환기	

1 75㎡ 형 단위세대 홈네트워크설비 평면도(기본형)

SCALE = 1/50(A3:100)

수정번호	수정내용		
△	20 . . .	20 . . .	20 . . .
△	20 . . .	20 . . .	20 . . .
△	20 . . .	20 . . .	20 . . .
	작성자	검토자	승인자

공사명

도면명
75㎡ 형 단위세대
홈네트워크설비 평면도(기본형)

축 척
A1: 1/50 I A3: 1/100

프로젝트코드	작성	검토	승인
	2011. 06. 10.	2011. 06. 10.	2011. 06. 10.

도 면 번 호
ET - 037

4.16 CATV BLOCK DIAGRAM

○CATV 시스템을 구성하는 기기와 연결관계가 diagram(개념도) 형태로 표현된다.

○도면읽기

- FM, UHF, 디지털TV용 안테나, 위성 방송용 안테나(BS, CS, MS-5, MS-3) 및 놀이터를 감시하는 CCTV(Closed Circuit TeleVision)의 신호가 CATV 신호에 Mixing되어 운영된다.

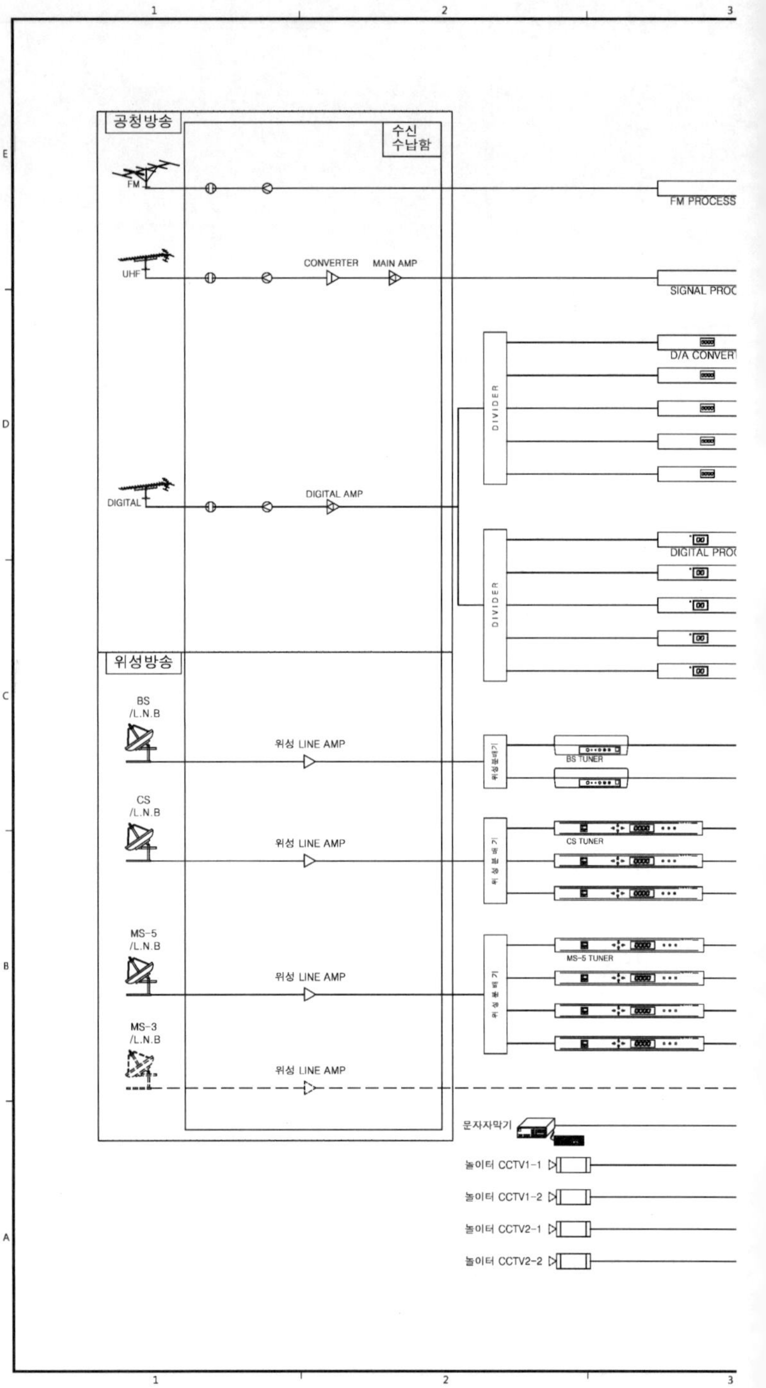

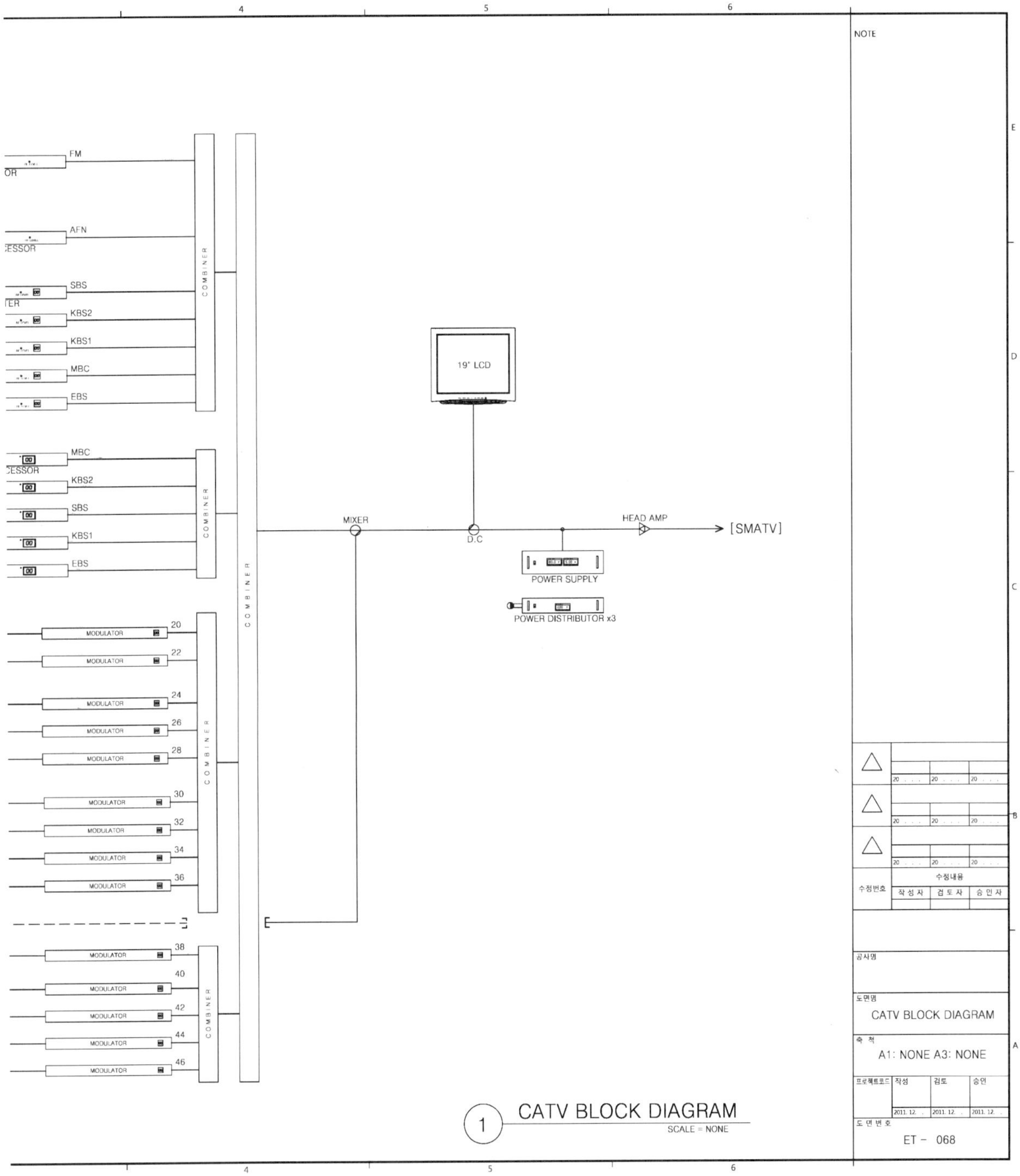

1 CATV BLOCK DIAGRAM
SCALE = NONE

4.17 홈네트워크 시스템 BLOCK DIAGRAM

○세대내 홈오토메이션을 위한 홈네트워크 시스템을 구성하는 기기와 연결관계가 diagram(개념도) 형태로 표현된다.

○도면읽기

- 홈네트워크는 물리적으로 단위세대단말기(Wall Pad)에서 세대통합단자함과 동 스위칭장비를 거쳐 MDF에 연결된다.
- 세대내 홈오토메이션 기능은 현관카메라를 통한 방문객 감시 및 현관문 개방, 디지털 도어락 감시 및 개방, 욕실에서 외부 전화받기, 1, 2층과 최상층 단위세대의 경우 발코니에 설치된 동체감지기를 이용하여 침입자 감시, 주방 TV폰으로 TV 시청 및 외부 전화받기, 거실조명제어, 환기유닛(전열교환기) 제어, 난방온수분배기 제어, 주방에 설치된 자동식 소화기 제어(가스누출감지, 가스밸브 차단), 공동현관방문객 감시 및 현관문 개방 등이다.

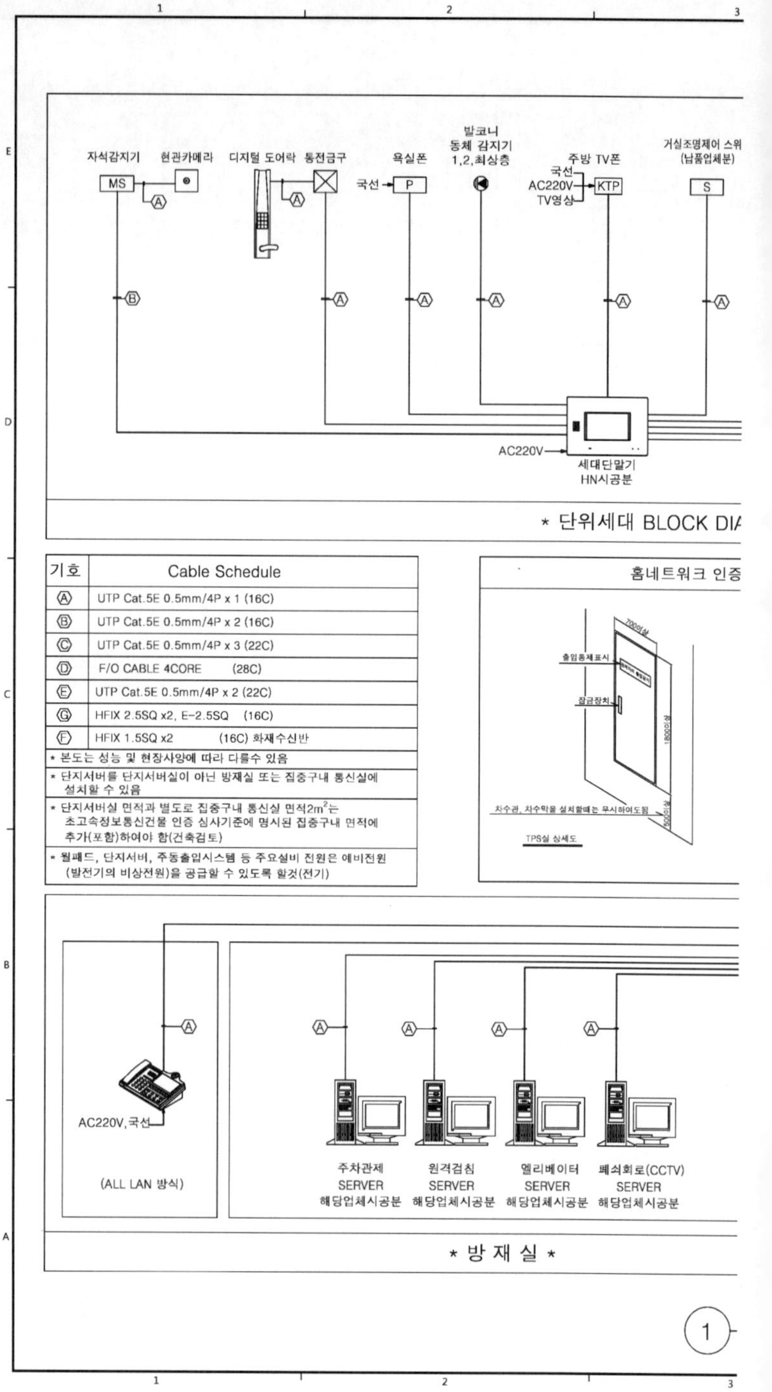

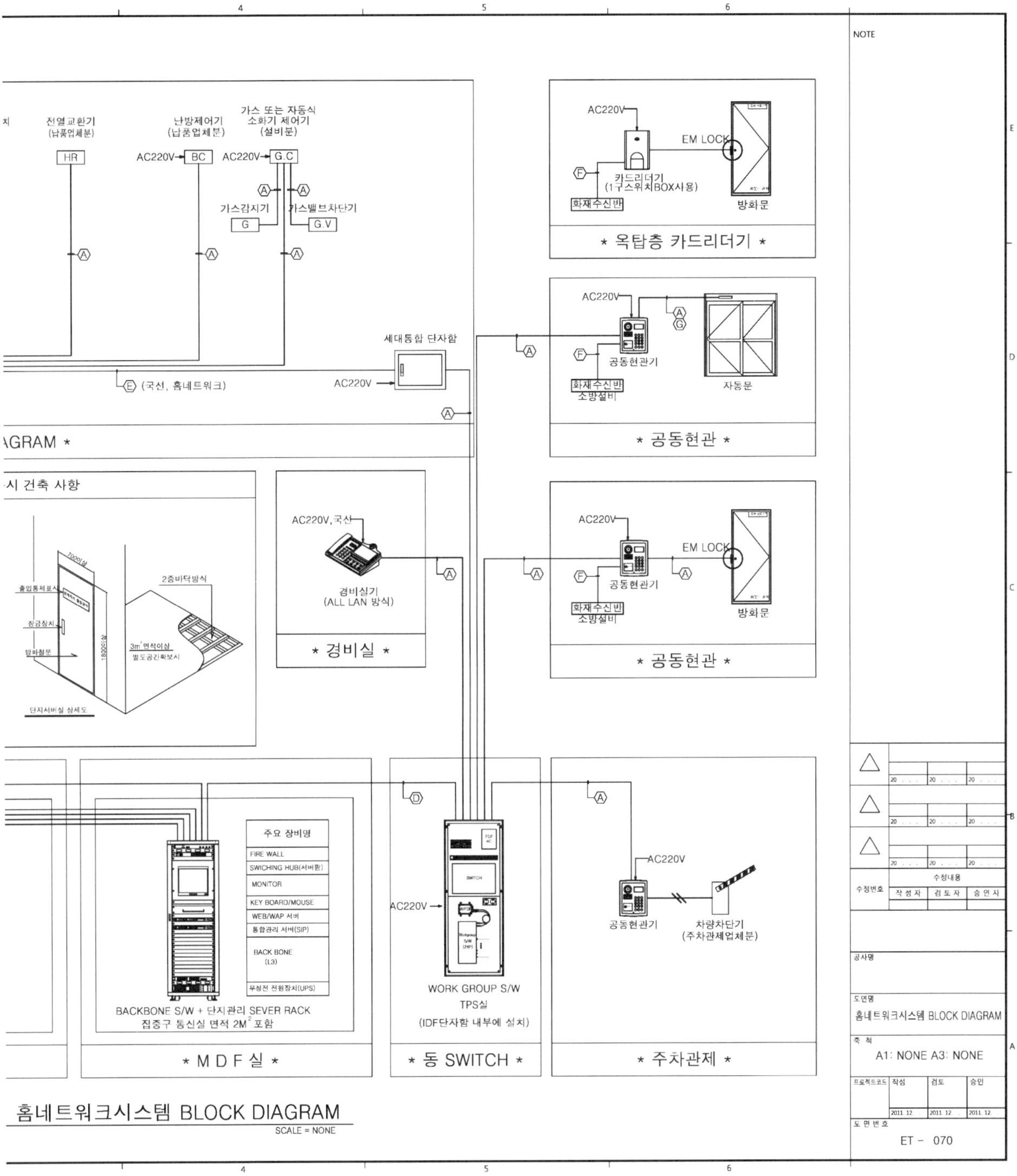

홈네트워크시스템 BLOCK DIAGRAM

SCALE = NONE

4.18 도면 목록표 (소방전기설비)

○도면을 편철한 순서대로 도면번호, 도면명칭 및 축척 등이 기입된다. 전통적인 도면 크기는 A0나 A1이고, 최근에는 A3도 많이 사용되기 때문에 A3에 대한 축척을 병기하기도 한다.

○사례 도면의 건축전기설비 분야는 전기, 통신, 소방전기로 구분되어 작성되었으며, 각각 도면목록부터 시작된다. 이 도면목록은 소방전기 분야이며, 제시된 도면목록은 실제 프로젝트의 전체 도면에 대한 것이다.

도면번호	도 면 목 록	축 척(A1
	<소 방>	
EF-00A	도면 목록표	NONE
EF-001	범례 및 주기사항	NONE
EF-002	옥외 소방설비 평면도	1/600
EF-003	옥외 방송설비 평면도	1/600
EF-004	A동 자동화재탐지설비 간선 계통도	NONE
EF-005	B동 자동화재탐지설비 간선 계통도	NONE
EF-006	C동 자동화재탐지설비 간선 계통도	NONE
EF-007	D동 자동화재탐지설비 간선 계통도	NONE
EF-008	E동 자동화재탐지설비 간선 계통도	NONE
EF-009	F동 자동화재탐지설비 간선 계통도	NONE
EF-010	A동 유도등설비 간선 계통도	NONE
EF-011	B동 유도등설비 간선 계통도	NONE
EF-012	C동 유도등설비 간선 계통도	NONE
EF-013	D동 유도등설비 간선 계통도	NONE
EF-014	E동 유도등설비 간선 계통도	NONE
EF-015	F동 유도등설비 간선 계통도	NONE
EF-016	A동 비상방송설비 간선 계통도	NONE
EF-017	B동 비상방송설비 간선 계통도	NONE
EF-018	C동 비상방송설비 간선 계통도	NONE
EF-019	D동 비상방송설비 간선 계통도	NONE
EF-020	E동 비상방송설비 간선 계통도	NONE
EF-021	F동 비상방송설비 간선 계통도	NONE
EF-022	A동 지하1,2층 자동화재탐지설비 평면도	1/150
EF-023	A동 지상1층,2층 자동화재탐지설비 평면도	1/150
EF-024	A동 3~20층, 지붕 자동화재탐지설비 평면도	1/150
EF-025	A동 옥탑 자동화재탐지설비 평면도	1/150
EF-026	B동 지하1층, 지상1층 자동화재탐지설비 평면도	1/150
EF-027	B동 지상2,3층 자동화재탐지설비 평면도	1/150
EF-028	B동 4~20층, 지붕 자동화재탐지설비 평면도	1/150
EF-029	B동 옥탑 자동화재탐지설비 평면도	1/150
EF-030	C동 지하1층, 지상1층 자동화재탐지설비 평면도	1/150
EF-031	C동 지상2,3층 자동화재탐지설비 평면도	1/150
EF-032	C동 4~20층, 지붕 자동화재탐지설비 평면도	1/150
EF-033	C동 옥탑 자동화재탐지설비 평면도	1/150
EF-034	D동 지하1층, 지상1층 자동화재탐지설비 평면도	1/150
EF-035	D동 지상2,3층 자동화재탐지설비 평면도	1/150
EF-036	D동 4~20층, 지붕 자동화재탐지설비 평면도	1/150
EF-037	D동 옥탑 자동화재탐지설비 평면도	1/150
EF-038	E동 지하1,2층 자동화재탐지설비 평면도	1/150
EF-039	E동 지상1,2층 자동화재탐지설비 평면도	1/150
EF-040	E동 3~20층 자동화재탐지설비 평면도	1/150
EF-041	E동 지붕, 옥탑 자동화재탐지설비 평면도	1/150
EF-042	F동 지하1,2층 자동화재탐지설비 평면도	1/150
EF-043	F동 1~20층, 지붕 자동화재탐지설비 평면도	1/150
EF-044	F동 옥탑 자동화재탐지설비 평면도	1/150
EF-045	A동 지하1,2층 유도등 및 방송설비 평면도	1/150
EF-046	A동 지상1,2층 유도등 및 방송설비 평면도	1/150
EF-047	A동 3~20층, 지붕 유도등 및 방송설비 평면도	1/150
EF-048	A동 옥탑 유도등 및 방송설비 평면도	1/150
EF-049	B동 지하1층, 지상1층 유도등 및 방송설비 평면도	1/150
EF-050	B동 지상2,3층 유도등 및 방송설비 평면도	1/150
EF-051	B동 4~20층, 지붕 유도등 및 방송설비 평면도	1/150
EF-052	B동 옥탑 유도등 및 방송설비 평면도	1/150
EF-053	C동 지하1층, 지상1층 유도등 및 방송설비 평면도	1/150
EF-054	C동 지상2,3층 유도등 및 방송설비 평면도	1/150
EF-055	C동 4~20층, 지붕 유도등 및 방송설비 평면도	1/150
EF-056	C동 옥탑 유도등 및 방송설비 평면도	1/150
EF-057	D동 지하1층, 지상1층 유도등 및 방송설비 평면도	1/150
EF-058	D동 지상2,3층 유도등 및 방송설비 평면도	1/150
EF-059	D동 4~20층, 지붕 유도등 및 방송설비 평면도	1/150
EF-060	D동 옥탑 유도등 및 방송설비 평면도	1/150
EF-061	E동 지하1,2층 유도등 및 방송설비 평면도	1/150
EF-062	E동 지상1,2층 유도등 및 방송설비 평면도	1/150
EF-063	E동 3~20층 유도등 및 방송설비 평면도	1/150
EF-064	E동 지붕, 옥탑 유도등 및 방송설비 평면도	1/150
EF-065	F동 지하1,2층 유도등 및 방송설비 평면도	1/150
EF-066	F동 1~20층, 지붕 유도등 및 방송설비 평면도	1/150

도 면 목 록 표

축 척(A3)	비 고
NONE	
NONE	
1/1200	
1/1200	
NONE	
NONE	
NONE	
NONE	
NONE	
NONE	
NONE	
NONE	
NONE	
NONE	
NONE	
NONE	
NONE	
NONE	
NONE	
NONE	
NONE	
NONE	
1/300	
1/300	
1/300	
1/300	
1/300	
1/300	
1/300	
1/300	
1/300	
1/300	
1/300	
1/300	
1/300	
1/300	
1/300	
1/300	
1/300	
1/300	
1/300	
1/300	
1/300	
1/300	
1/300	
1/300	
1/300	
1/300	
1/300	
1/300	
1/300	
1/300	
1/300	
1/300	
1/300	
1/300	
1/300	
1/300	
1/300	
1/300	
1/300	
1/300	
1/300	
1/300	
1/300	

도면번호	도 면 목 록	축 척(A1)	축 척(A3)	비 고
	<소 방>			
EF-067	F동 옥탑 유도등 및 방송설비 평면도	1/150	1/300	
EF-068	지하주차장 자동화재탐지설비 계통도	NONE	NONE	
EF-069	LEVEL +16.15 지하주차장 자동화재탐지설비 평면도-1	1/200	1/400	
EF-070	LEVEL +16.15 지하주차장 자동화재탐지설비 평면도-2	1/200	1/400	
EF-071	LEVEL +21.15 지하주차장 자동화재탐지설비 평면도	1/200	1/400	
EF-072	지하주차장 유도등 계통도	NONE	NONE	
EF-073	LEVEL +16.15 지하주차장 유도등설비 평면도-1	1/200	1/400	
EF-074	LEVEL +16.15 지하주차장 유도등설비 평면도-2	1/200	1/400	
EF-075	LEVEL +21.15 지하주차장 유도등설비 평면도	1/200	1/400	
EF-076	지하주차장 비상방송 계통도	NONE	NONE	
EF-077	LEVEL +16.15 지하주차장 비상방송설비 평면도-1	1/200	1/400	
EF-078	LEVEL +16.15 지하주차장 비상방송설비 평면도-2	1/200	1/400	
EF-079	LEVEL +21.15 지하주차장 비상방송설비 평면도	1/200	1/400	
EF-080	비상방송설비 구성도	NONE	NONE	
EF-081	비상방송설비 실장도 및 상세도	NONE	NONE	
EF-082	무선통신 보조설비 계통도	NONE	NONE	
EF-083	LEVEL +16.15 지하주차장 무선통신 보조설비 평면도-1	1/200	1/400	
EF-084	LEVEL +16.15 지하주차장 무선통신 보조설비 평면도 2	1/200	1/400	
EF-085	LEVEL +21.15 지하주차장 무선통신 보조설비 평면도	1/200	1/400	

NOTE

△	20 . . .	20 . . .	20 . . .
△	20 . . .	20 . . .	20 . . .
△	20 . . .	20 . . .	20 . . .
수정번호	수정내용		
	작 성 자	검 토 자	승 인 자

공사명

도면명
도면 목록표

축 척
A1: NONE A3: NONE

프로젝트코드	작성	검토	승인
	2011. 12.	2011. 12.	2011. 12.

도 면 번 호
EF - 00A

4.19 범례 및 주기사항 (소방전기설비)

○도면에 사용되는 각종 기호와 약어에 대한 설명이 수록된다.

○도면 읽기

- 감지기, 유도등, 스프링클러용 밸브, 시각경보기, 발신기, 수신반, 중계기, 스피커 기호
- 수직으로 설치된 전선관의 평면상 표기(예, 현재층에 대한 통과, 입하, 입상)
- 전선관이나 배선의 설치 위치 표기(예, 실선은 천장 슬래브 매립 혹은 2중 천장 내 은폐배관배선, 일점쇄선은 바닥슬래브 내 매립배관배선, 점선은 노출배관배선)
- 배선의 가닥수와 일반적인 종류 표기(예, 화재경보 및 스피커 계통은 단면적 1.5㎟의 HFIX 전선, 알람밸브 및 유도등 계통은 단면적 2.5㎟의 HFIX 전선을 사용)

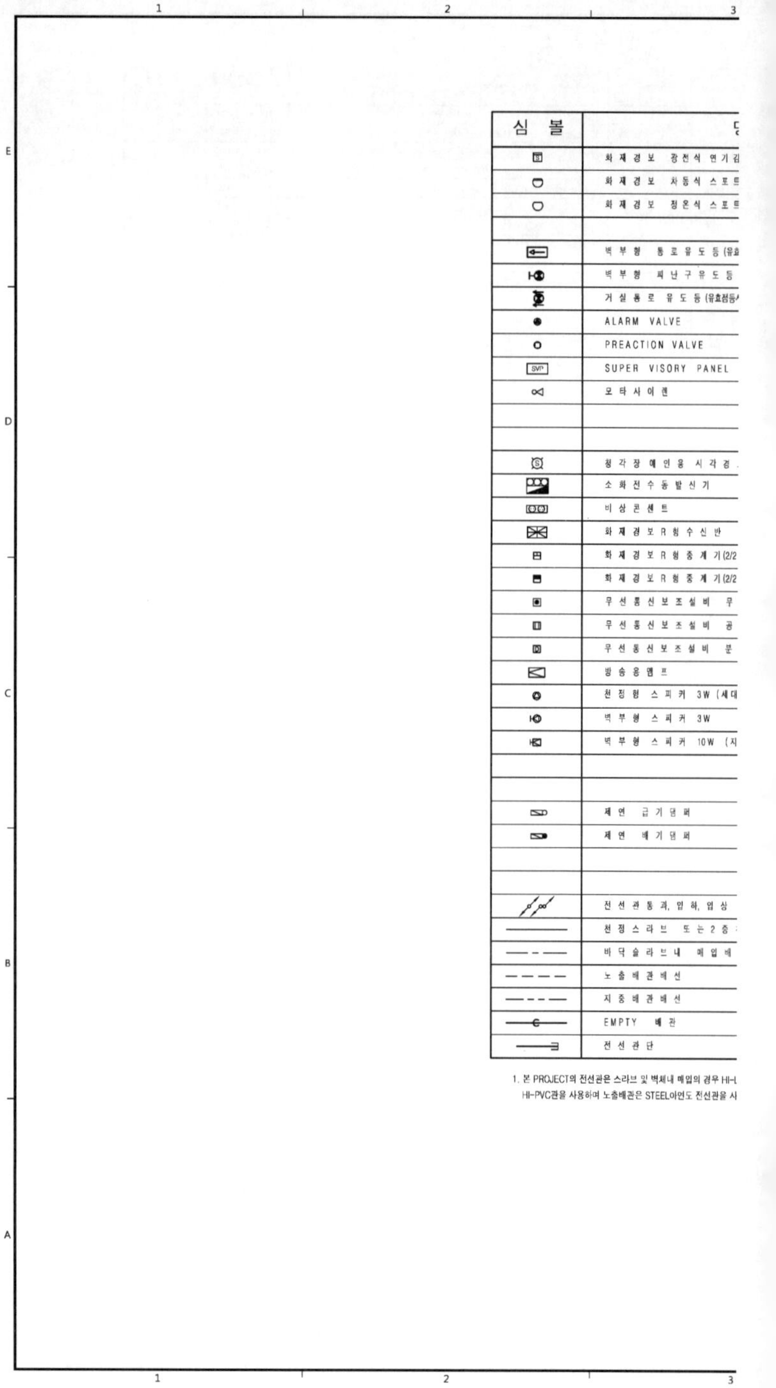

4 5 6

NOTE

E

범례 및 주기사항

명 칭	비 고
지 기 (비 축 척 형) (2 종)	천장면
형 감 지 기 (2 종)	천장면
형 감 지 기 (1 종)	천장면
점등 시간 60분)	LED TYPE
(유효 점등시간 60분)	LED TYPE
시간 60분)	LED TYPE
	기 계 설 비 공 사
	기 계 설 비 공 사
보 기	H : 2.0m~2.5m 바닥에서 중심까지
(수동발신기, 벨, 표시등)	H : 0.8m~1.5m 바닥에서 중심까지
	H : 0.8m~1.5m 바닥에서 중심까지
1개용)	
2개용)	
전 기 접 속 단 자	
용 기	
배 기	
및 ELEV.홀 내의 스피커 용량은 1W임)	
	H : 2.1m 바닥에서 중심까지
하주차장)	H : 2.4m 바닥에서 중심까지
	기 계 설 비 공 사
	기 계 설 비 공 사
천 정 내 은 폐 배 관 배 선	
관 배 선	

.EX CD관 또는
용한다.

2. 소방설비 배관배선 규격은 다음과 같다.

회재경보계통 배관배선

F — 16C (2 - HFIX 1.5˚)
F —/// — 16C (4 - HFIX 1.5˚)
F —//////— 22C (8 - HFIX 1.5˚)

알람밸브계통 배관배선

AV — 16C (4 - HFIX 2.5˚)

스피커계통 배관배선

S — 16C (2 - HFIX 1.5˚)
S —//— 16C (3 - HFIX 1.5˚)
S —///— 16C (4 - HFIX 1.5˚)
S —////— 16C (5 - HFIX 1.5˚)

유도등계통 배관배선

EX — 16C (2-HFIX 2.5˚)
EX —///— 16C (4-HFIX 2.5˚)

D

C

B

△			
	20 . . .	20 . . .	20 . . .
△			
	20 . . .	20 . . .	20 . . .
△			
	20 . . .	20 . . .	20 . . .
수정번호	수정내용		
	작 성 자	검 토 자	승 인 자

A

공사명

도면명
범례 및 주기사항

축 척
A1: NONE A3: NONE

프로젝트코드	작성	검토	승인
	2011. 12. .	2011. 12. .	2011. 12. .

도 면 번 호
EF - 001

4 5 6

4.20 F동 자동화재탐지설비 간선 계통도

○전기소방 분야의 간선 계통도가 1장만 제시될 경우 동 소방설비 간선 계통도란 명칭이 일반적이며, 그 경우 자동화재탐지설비 등을 포함하는 소방전기설비뿐만 아니라 스프링클러소화설비 등을 포함하는 소방기계설비에 대한 신호 전달 및 동력 공급을 위한 간선을 동마다 지하 피트나 지하 주차장에서 옥탑층까지 층별로 구분하여 표현한 것이다. 여기에는 자동화재탐지설비의 발신기, 감지기, 수신기뿐 만 아니라 관련 동력분전반 및 자동식소화설비용 기기(예, 스프링클러의 알람밸브<alarm valve, wet valve>, 프리액션 밸브, 탬퍼 스위치) 등이 포함된다.

○전기소방 분야의 간선 계통도에 포함시켜야 할 내용이 너무 많은 경우 세부 분야별로 2장 이상으로 나누어 표현하기도 한다.

○도면 읽기

- 이 동은 수평 배치된 2세대가 하나의 계단실과 엘리베이터를 공유하고 있으며, 이 경우 엘리베이터 승강장 core에는 소방관련법에 의해 스프링클러설비의 알람밸브, 옥내소화전함, 엘리베이터 승강장에 대한 제연설비의 급기댐퍼, 제연설비의 효과 확보를 위한 계단실문에 대한 자동폐쇄장치, 지하층을 포함한 11층 이상의 층에 대한 비상콘센트설비, 화재시 옥상으로 대피할 수 있도록 옥상 출입문 잠금 해제 장치가 설치되어야 한다. 이들 장치의 동작에 필요한 전기신호가 이 계통도를 통해 표현된다. 따라서 이 계통도를 제대로 이해하려면 소방설비의 작동에 대한 이해가 필수적이다.
- 자동화재탐지설비로서 세대 내와 계단실에 대한 감지기, 옥내소화전함 내장형 발신기 세트(발신기, 위치 표시등, 벨, 전화 및 응답 기능 내장), 청각장애인을 위한 시각경보기, 중계기 및 수신기가 필요하다. 자동화재탐지설비에서 화재발생 지역은 경계구역에 따라 구분되며, 계단실이나 엘리베이터 샤프트는 다른 공간과 별개로 구획되며, 계단실의 경우는 높이 45m마다, 지하층은 또 별도로 설정된다. 엘리베이터 샤프트는 권상기실이 있을 경우에는 권상기실에 감지기가 설치된다. 이 계통도에는 세대 내에 설치된 감기기와 배선은 생략되어 있다. 중계기는 다수의 신호를 UTP 케이블 1개로 전송할 수 있도록 해주는 전자장치이다. 자동화재탐지설비 수신기는 이 아파트 단지의 방재실 내에 있는 화재수신반이다.

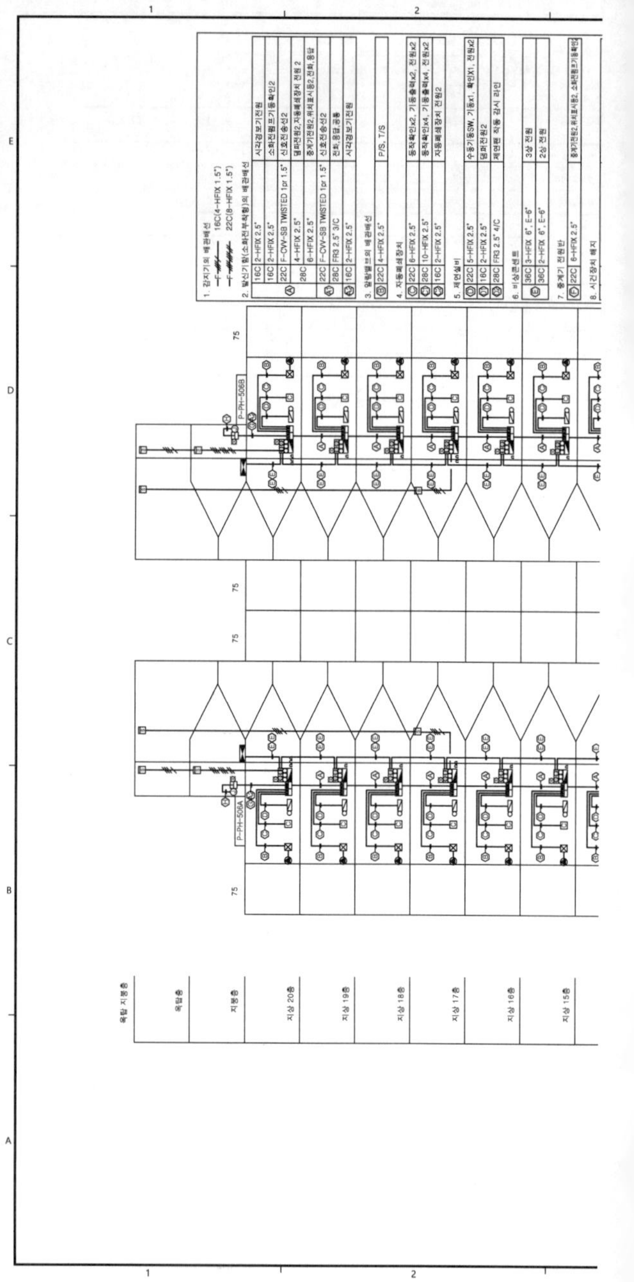

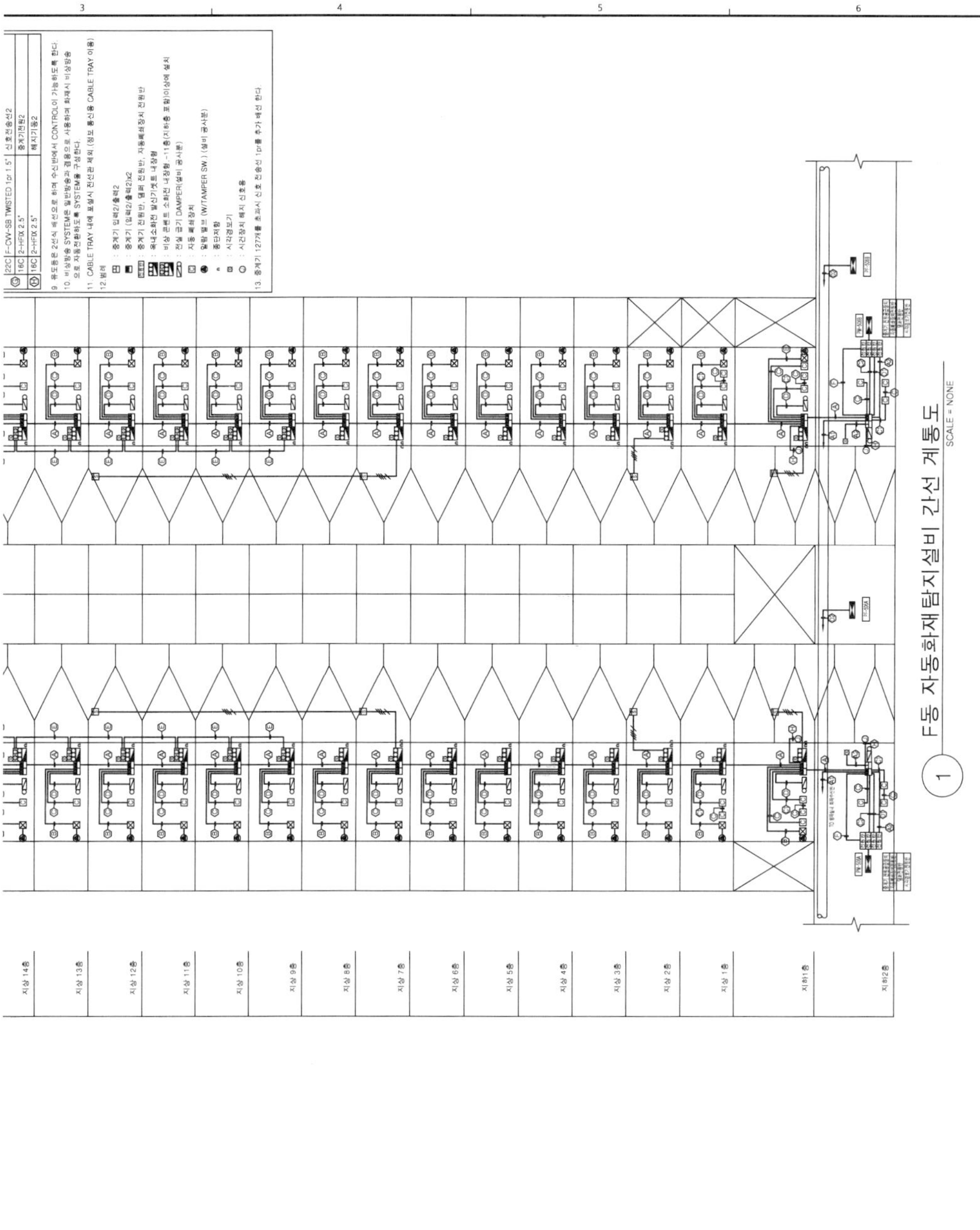

NOTE

△	20 . .	20 . .	20 . .
△	20 . .	20 . .	20 . .
△	20 . .	20 . .	20 . .
수정번호	수정내용		
	작 성 자	검 토 자	승 인 자

공사명

도면명

F동
자동화재탐지설비 간선 계통도

축 척

A1: NONE A3: NONE

프로젝트코드	작성	검토	승인
	2011. 06. 10.	2011. 06. 10.	2011. 06. 10.

도 면 번 호

EF - 009

4.21 F동 1~20층 자동화재탐지설비 평면도

○전기소방 분야의 동 평면도가 층별로 1개만 제시될 경우 동 소방설비 평면도란 명칭이 일반적이며, 그 경우 자동화재탐지설비 등을 포함한 소방전기설비뿐만 아니라 스프링클러소화설비 등을 포함하는 소방기계설비에 대한 신호 전달 및 동력 공급을 위한 수직간선과 수평배관 및 배선을 해당 동, 해당 층에 대해 표현한 것이다. 여기에는 자동화재탐지설비의 발신기, 감지기, 수신기뿐만 아니라 관련 동력분전반 및 자동식 소화설비용 기기(예, 스프링클러의 알람밸브〈alarm valve, wet valve〉, 프리액션 밸브, 탬퍼 스위치) 등과 같은 기기가 포함된다.

○도면 읽기

- 앞 계통도에서 보았듯이 스프링클러설비의 알람밸브, 옥내소화전함, 제연 급기 댐퍼, 계단실문 자동폐쇄장치, 비상콘센트 및 20층에 한하는 옥상 출입문 잠금 해제 장치를 볼 수 있으며, 화재시 이 장치들을 작동시키기 위한 전력공급 혹은 신호 전달 배선이 표현되어 있다.
- 자동화재탐지설비는 감지기, 발신기, 벨(음향장치), 중계기, 수신기로 구성된다. 여기서 동일층 2세대가 1개의 경계구역으로 설정되어 있으며, 주방에는 정온식 열감지기, 나머지 실에는 차동식 열감지기가 설치된 것을 볼 수 있다. 계단실은 별도의 경계구역으로 설정되었고, 15층 이내인 5개 층마다 연기 감지기가 하나씩 설치되었다.

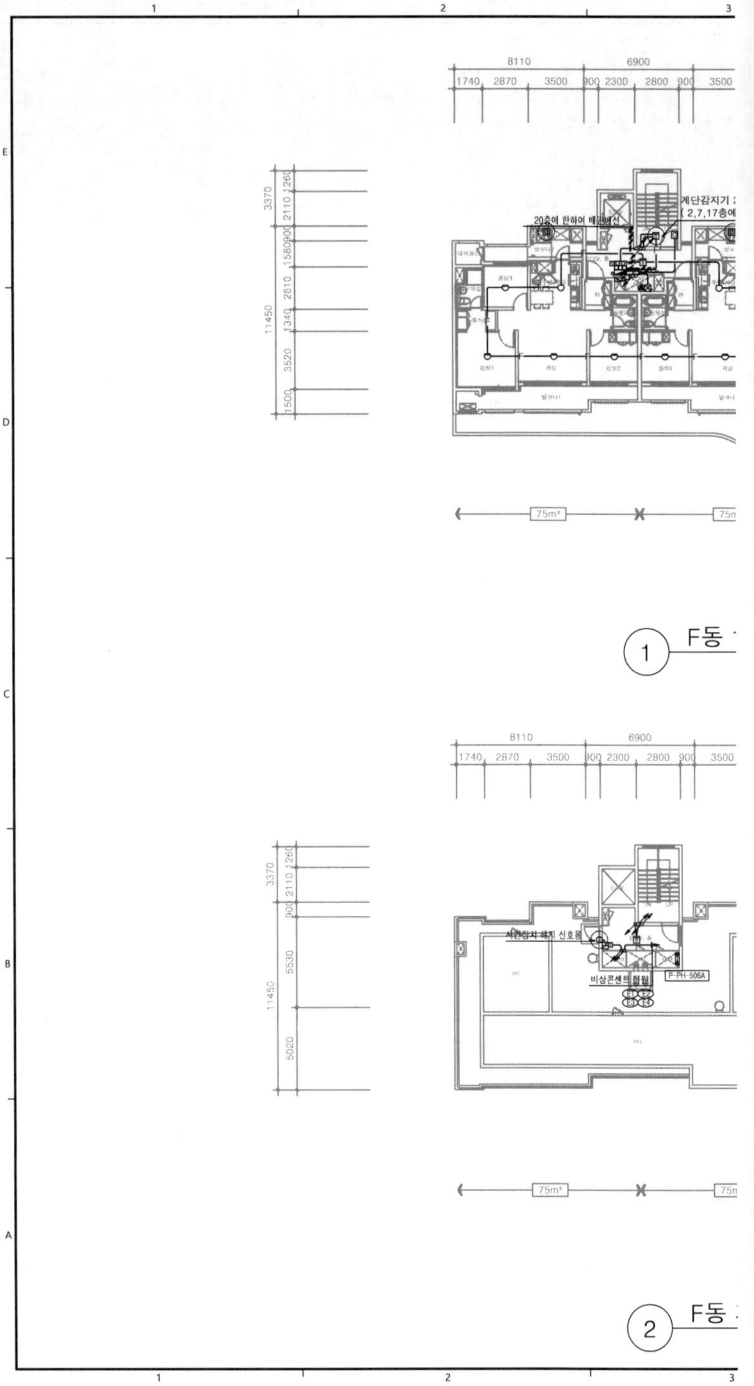

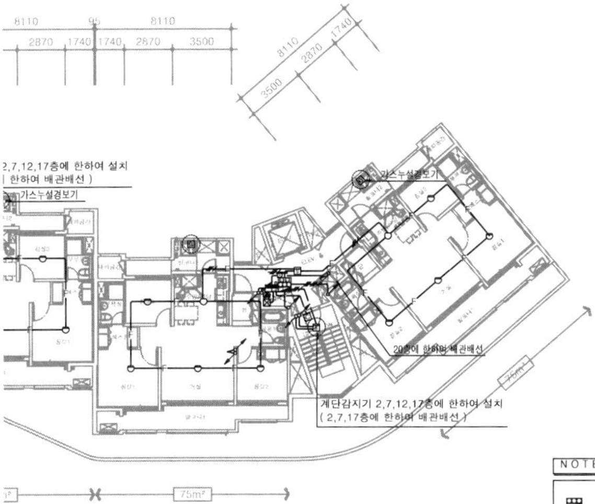

NOTE

	발신기 SET(소화전 부)-(자동화재탐지 간선 설비 계통도 참조)
	시각경보기 (자동화재탐지 간선 설비 계통도 참조)
	계단감지기 (자동화재탐지 간선 설비 계통도 참조)
	비상콘센트 9층~최상층 해당(자동화재탐지 간선 설비 계통도 참조)
	종단저항 회로수는 계통도 참조
	자동폐쇄장치 (자동화재탐지 간선 설비 계통도 참조)

1~20층 자동화재탐지설비 평면도

SCALE = 1/150(A3:300)

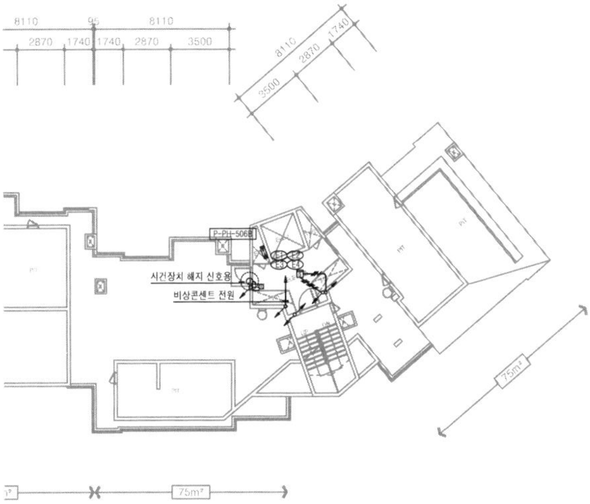

지붕 자동화재탐지설비 평면도

SCALE = 1/150(A3:300)

NOTE

수정번호	수정내용		
	작성자	검토자	승인자

공사명

도면명: F동 1~20층, 지붕 자동화재탐지설비 평면도

축척: A1: 1/150 I A3: 1/300

프로젝트코드	작성	검토	승인
	2011. 06. 10.	2011. 06. 10.	2011. 06. 10.

도면번호: EF - 043

부록 2
설계도서 사례:
업무시설 편

1장 건축 부문 설계도서

1.1 설계 개요

○설계 개요는 건축물의 형태를 보여 주기 이전에 사업대상 건축물의 위치, 규모 및 주요 외장이나 설비 등을 전반적인 설계의 개요를 알려주는 도면이다.

○통상적으로 좌측에는 대지 및 건설 규모 내용에 대한 건축개요, 우측에는 동별 혹은 층별 개요를 표현한다.

■주요 표현 내용

- 건축 개요 : 공사 대상 건축물의 계획 규모가 해당하는 지역지구에 따른 법정 건폐율, 용적률, 조경면적 등 법적 제한 요건에 만족하는지 알 수 있도록 표현하며, 기타 주요 구조 및 설비 개요 등을 함께 표기하여 건축물의 전반적인 사항을 알 수 있도록 표현
- 층별 개요 : 건축물의 총 층수와 층별 바닥면적을 전용면적과 공유면적으로 구분하여 합계면적을 표현. 이때, 1개 이상의 용도가 포함될 경우 용도별로 구분하여 표현

건 축 개 요

공 사 명		00동 업무시설 신축공사
대 지 현 황	대 지 위 치	00시 00구 00동
	지 역, 지 구	일반 상업지역 , 중심 미관지구, 지구단위 계획구역
	대 지 면 적	755.90 ㎡ (228.66 평)
	공 사 종 별	신축 공사
	도 로 현 황	전면 50 m 도로, 후면 4 m 도로 인접
건 설 규 모	용 도	업무 시설, 근린생활 시설
	구 조	철골 철근 콘크리트 구조
	층 수	지하 5층, 지상 15층
	건 물 높 이	60.95 m
	건 축 면 적	453.39 ㎡ (137.15평)
	건 폐 율	59.98 % (법정 60 %)
	지상 연면적	6,086.63 ㎡ (1,841.21 평)
	용적율산정 연면적	6,042.33 ㎡ (1,827.79 평) - 지상1층
	전체 연면적	8,666.06 ㎡ (2,621.48 평)
	용 적 률	799.40 % (법정 800 %)
외 장 재 료	외 벽 마 감	THK24 칼라복층유리, THK12 아연도 판넬, THK10
조 경 면 적	계 획 면 적	119.54 m^2 (대지면적 의 15.81 %)
	법 정 면 적	113.39 m^2 (대지면적 의 15 %)
공개공지 면적	계 획 면 적	45.18 m^2 (대지면적 의 5.98 %)
	법 정 면 적	37.80 m^2 (대지면적 의 5 %)
주 차 대 수	계 획 대 수	40대 (장애인주차 1대 포함)
	법 정 대 수	41대 (주차상한기준)
설 비 개 요	엘리 베이터	15인승 장애인 겸용1대 , 비상용 엘리베이터 1대
	정 화 조	850 인조 부패방식 - 살수여과법

4 5 6

NOTE

층별 개요

단위 : m^2

층	용도별 면적		공 유 면 적		계
	업무 시설	근린생활시설	주 차 장	기계/전기실	
14 ~ 15 층	649.52				649.52
3 ~ 13 층	4,758.16				4,758.16
2 층	347.18				347.18
1 층	287.77		44.00		331.77
지 상 계	6,042.33		44.00		6,086.63
B1 층		547.36	44.64	14.76	606.76
B2 층			427.81		427.81
B3 층			415.02	142.06	557.08
B4 층			413.72	14.10	427.82
B5 층			421.87	138.09	569.96
지 하 계	0.00	547.36	1,723.06	309.01	2,579.43
총 계	6,042.63	547.36	1,767.06	309.01	8,666.06
시설별 면적	6,325.97	573.03			6,899.00
주차상한기준	1/167	1/268			
법정주차 (대)	37.88	2.14			41 대
주차하한기준	1/200	1/223			
법정주차 (대)	31.63	2.57			35 대

주차장 면적 제외

스텐레스 판넬

수정내용 / 수정번호 / 설계 / 검토 / 승인 / 20 . . / 20 . . / 20 . .

공사명

도면명 설계개요

축 척 A1: NONE I A3: NONE

프로젝트코드 설계 2002. 검토 2002. 승인 2002.

도면번호 G-003

4 5 6

1.2 배치도

○배치도는 건축물을 인지할 수 있는 첫 번째 도면이라고 할 수 있다. 건축물이 완성된 상태의 항공사진과 유사한 도면이 바로 배치도이다.

○일반적으로 건물의 외곽선은 굵은 실선, 도로경계선 및 인접대지경계선은 이점쇄선, 지하외벽선은 점선으로 표현한다. 필요에 따라 등고선이 포함될 수 있다.

■주요 표현 내용

- 대지와 도로와의 관계 : 도로 및 대지, 주변 건축물 현황, 방위, 레벨(해발고도)을 표현
- 진출 · 입 관계 : 차량 및 보행 진출 · 입구, 서비스 동선 관련 표현
- 건축물의 형상 : 건축물의 지붕층 표현을 원칙으로 평면상의 건축물 외곽과 지붕 및 옥상을 표현
- 대지 안의 공지 및 건축한계선 : 건축물이 대지경계선으로부터 떨어져야 하는 거리 표시
- 옥외 표현 : 대지 내 주차장, 조경 포장 패턴 등을 표현
- 지하시설물 : 배치도에 해당 지하매설물, 지하구조물을 점선으로 표현
- 시공 기준점(Bench Mark) : 측량 도면을 기준으로 기준점을 설정하는데, 대지의 모서리나 주변 건축물을 이용 가능

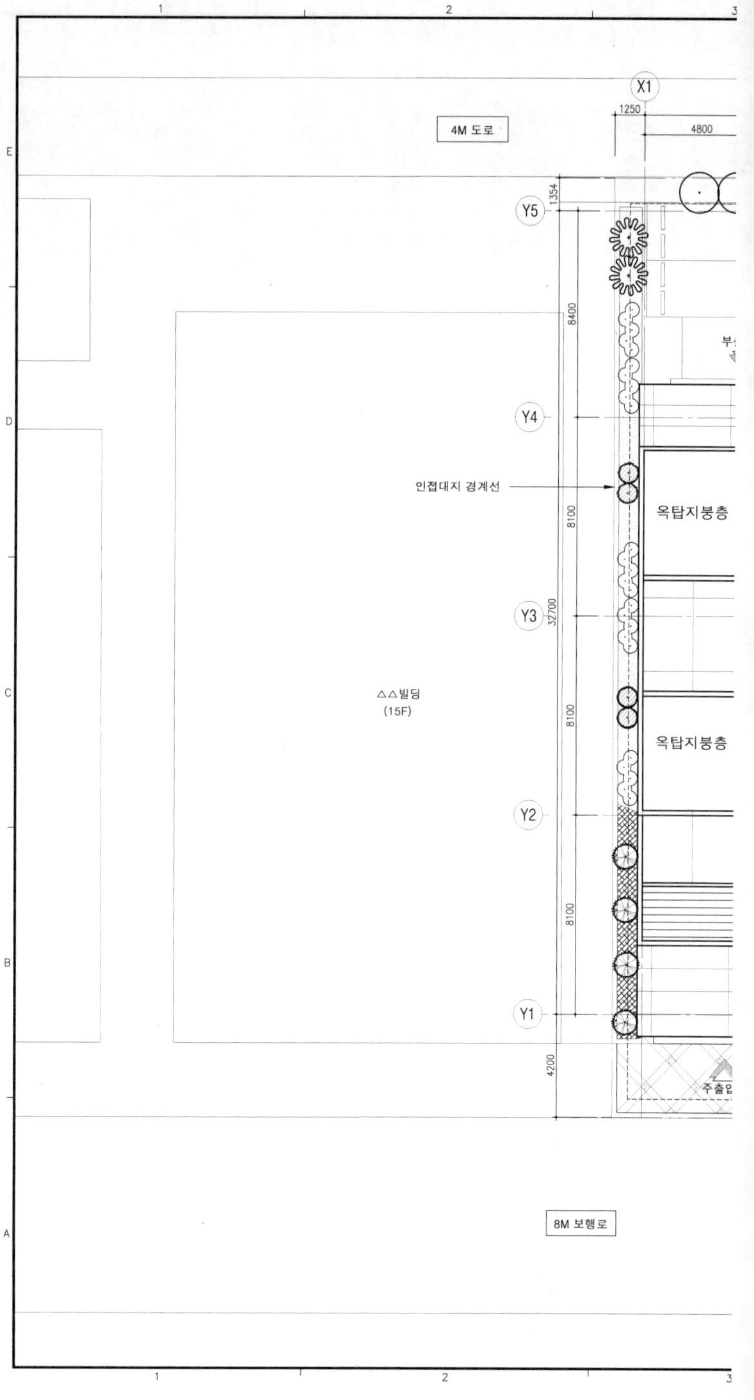

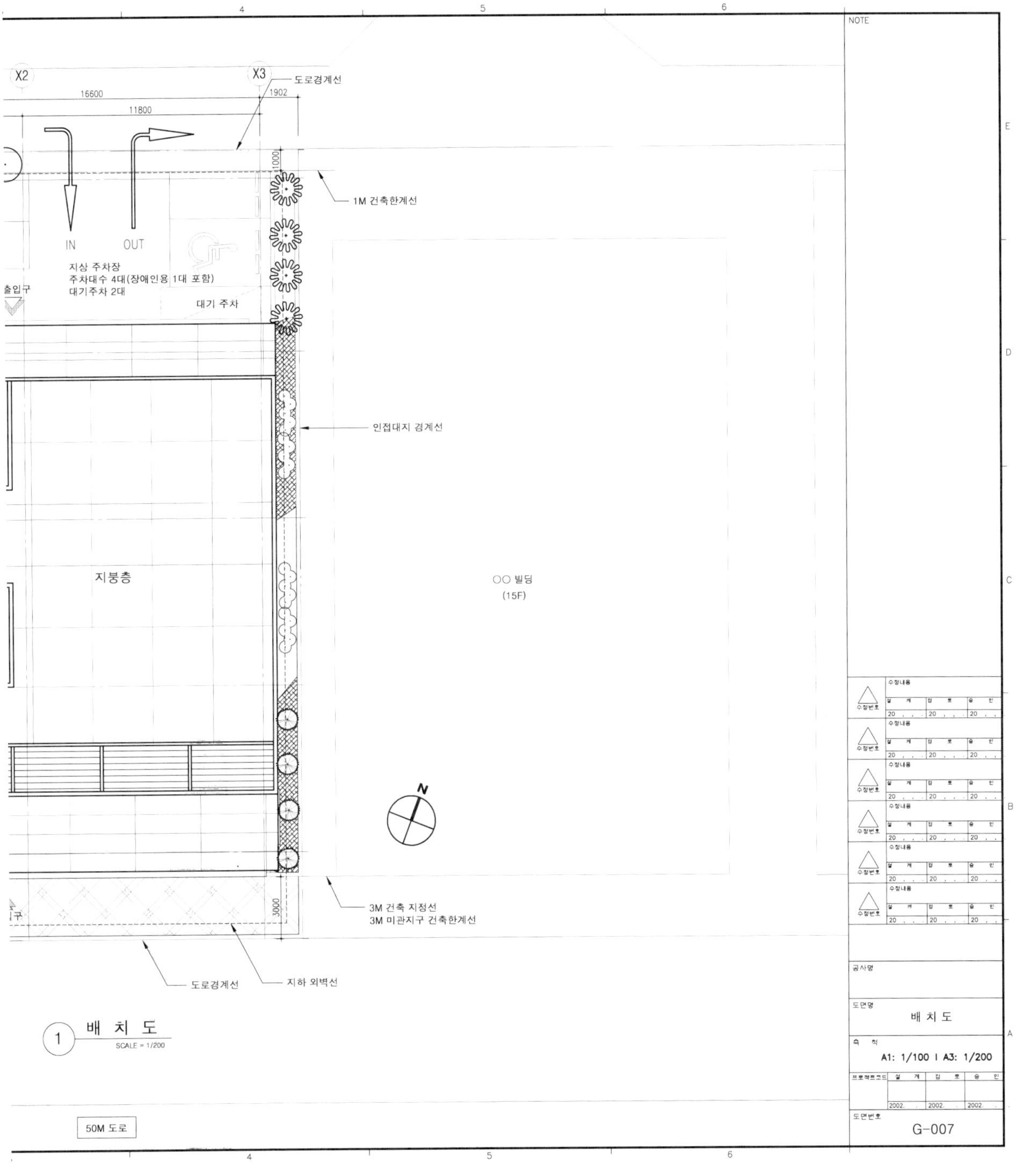
X2
X3
16600
11800
1902
도로경계선
1M 건축한계선
IN
OUT
지상 주차장
주차대수 4대(장애인용 1대 포함)
대기주차 2대
출입구
대기 주차
인접대지 경계선
지붕층
OO 빌딩
(15F)
3M 건축 지정선
3M 미관지구 건축한계선
도로경계선
지하 외벽선
1 배 치 도
SCALE = 1/200
50M 도로
NOTE
공사명
도면명
배 치 도
축 척
A1: 1/100 I A3: 1/200
G-007

1.3 평면도

○ 평면도는 해당 층 바닥에서부터 1.5m 높이에서 아래를 내려 본 상태를 표현한 도면으로 평면의 구획, 각 실의 출입관계, 재료의 구성상태, 개구부 및 수직동선 위치 등의 정보를 표현한다.

○ 해당 건축물의 전체적 이해도를 높이도록 해당 축척에서 가능한 표현을 모두 기재하며, 관련 도면(단면도, 입면도 및 각종 상세도)과의 관계를 명확히 표현한다.

■ 지하층 평면도 주요 표현 내용

- PIT층 평면도 : 건축연면적에 산입되지 않는 건축물의 기초 및 각종 점검을 위한 PIT의 구획, 배수방법(집수정, 트렌치) 등을 표현
- 지하층 평면도 : 건축연면적에는 산입되지만 용적률에 해당하지 않는 지하영역의 도면으로 대지외곽선과 건물 외곽선을 명확히 표기하며 주차대수, 코어 등의 형상과 치수를 표현

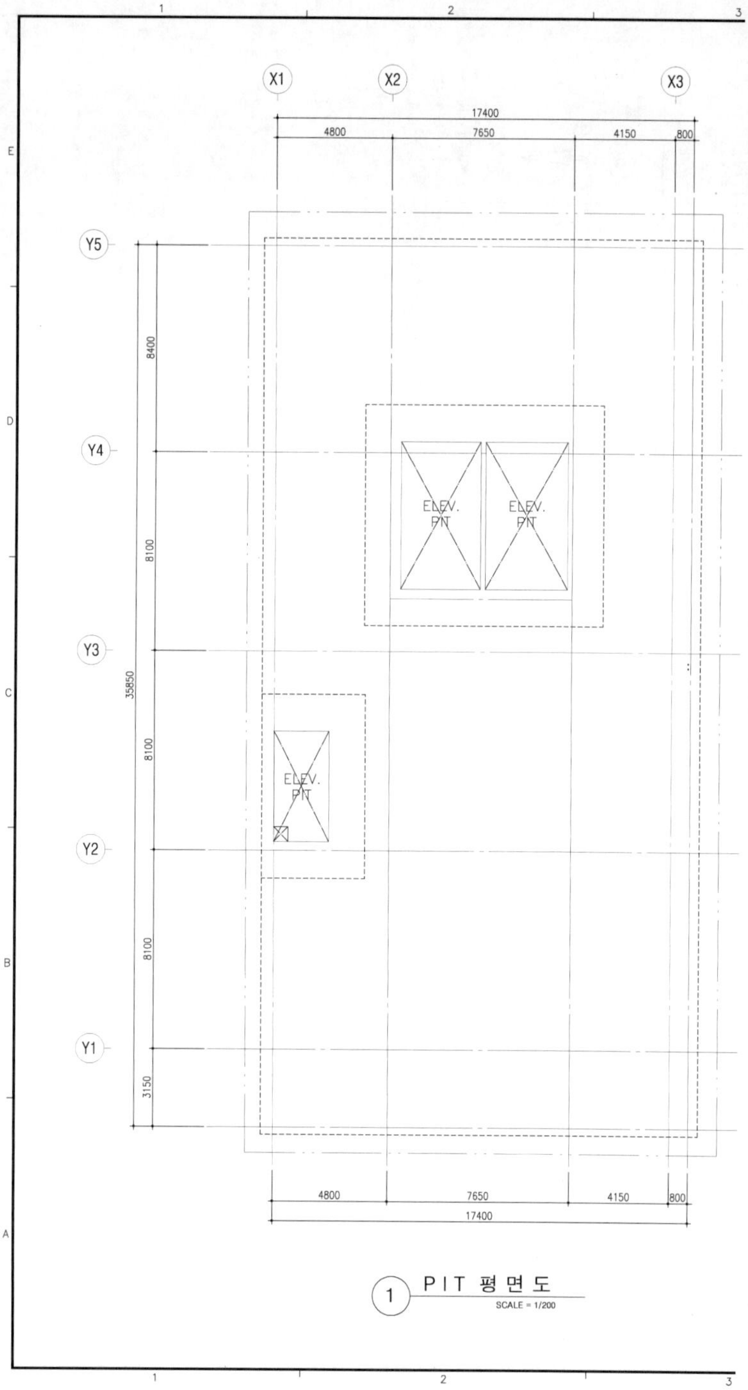

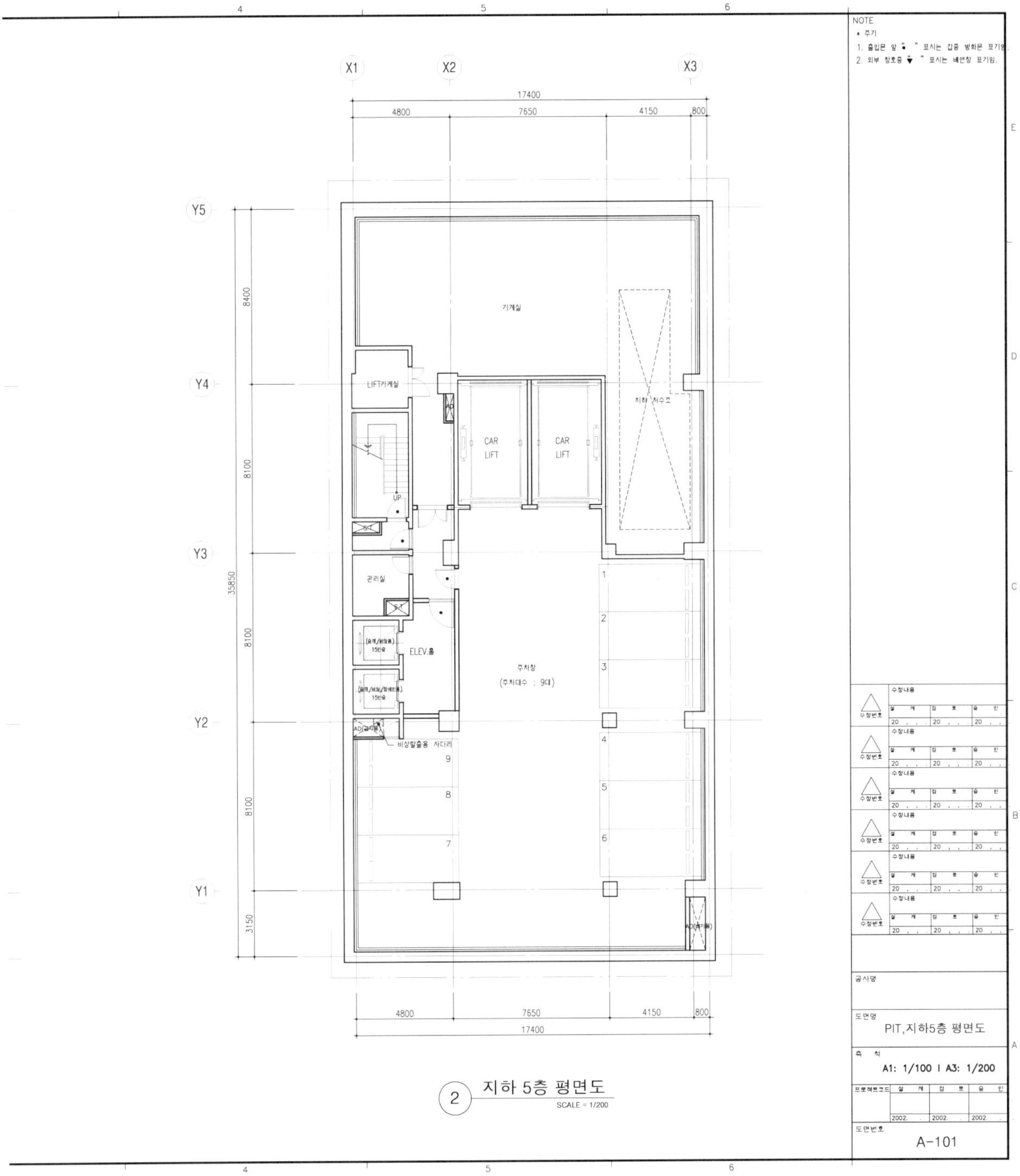
NOTE
• 주기
X1
X2
X3
Y5
Y4
Y3
Y2
Y1
17400
4800
7650
4150
800
8400
8100
8100
8100
3150
35850
기계실
LIFT기계실
CAR LIFT
CAR LIFT
관리실
ELEV.홀
주차장
(주차대수 : 9대)
비상탈출용 사다리
UP
1
2
3
4
5
6
7
8
9
공사명
도면명
PIT,지하5층 평면도
축 척
A1: 1/100 I A3: 1/200
도면번호
A-101
지하 5층 평면도
SCALE = 1/200

■ **지상층 평면도 주요 표현 내용**

- 지상1층 평면도 : 건축물의 진출입, 지상층 조경구획, 바닥패턴과 배치도에서 표현되지 않는 포장패턴 등을 표현
- 지상층 평면도 : 층별 구획과 수직동선 등 표현. 일정한 층이 같은 모양인 경우 기준층 평면도라고 하여 하나의 도면으로 표현 가능
- 지붕층 평면도 : 지붕의 용도와 기계배치 및 조경계획을 반영하여 표현의 필요에 따라 지붕재료 및 각종 줄눈 표현(시공줄눈, 신축줄눈 등)

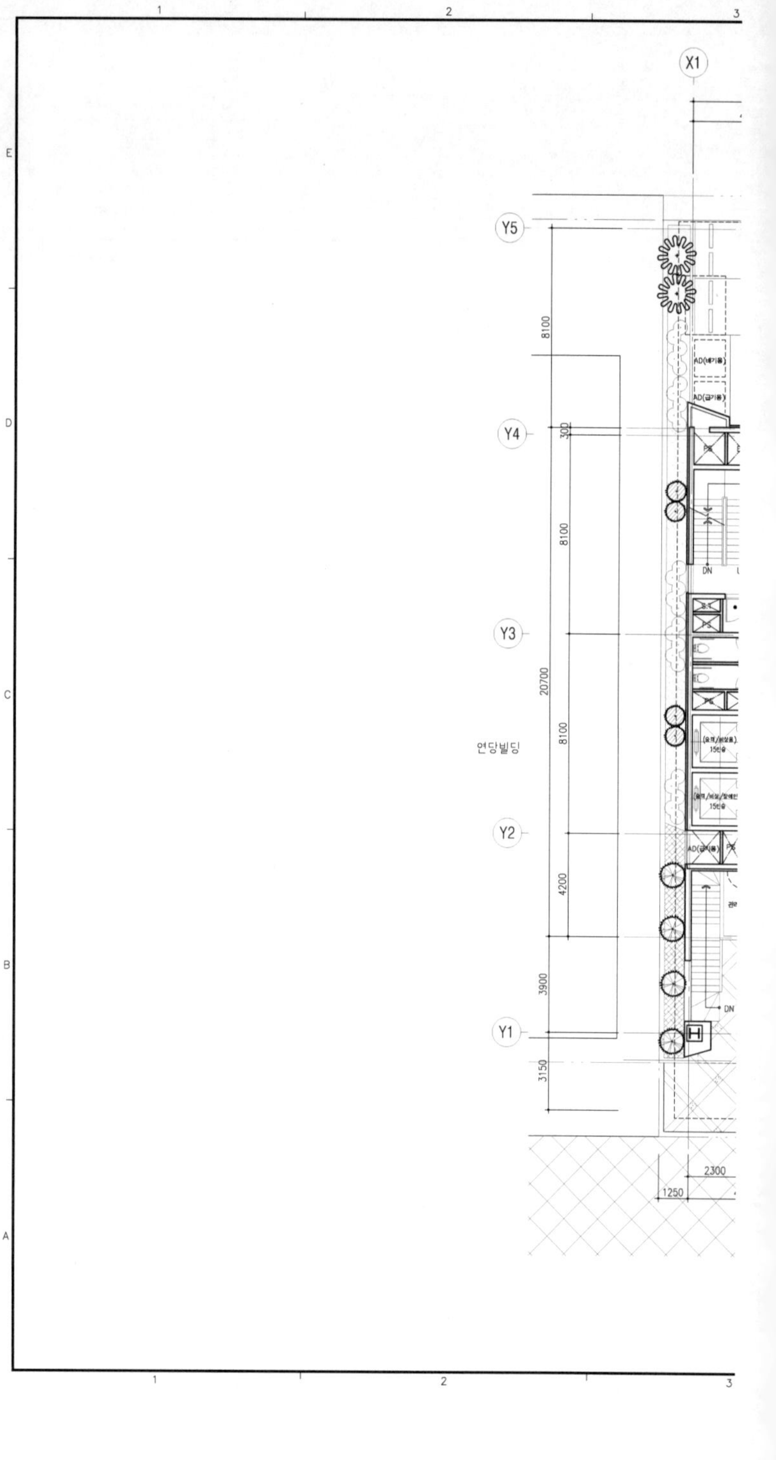

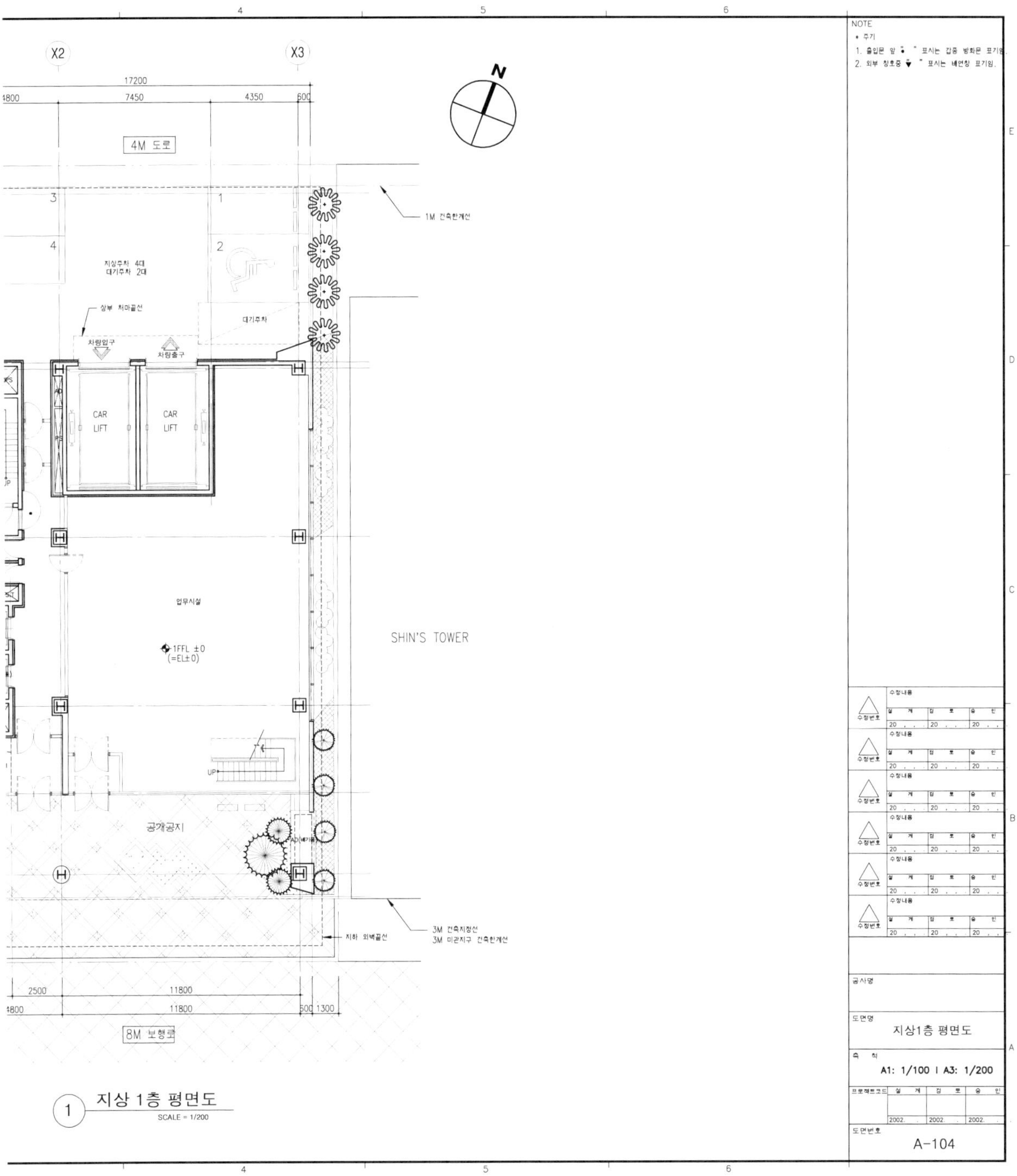
NOTE
• 주기
1. 출입문 앞 " 표시는 갑종 방화문 표기임.
2. 외부 창호중 " 표시는 배연창 표기임.
X2
X3
17200
4800
7450
4350
600
4M 도로
1M 건축한계선
지상주차 4대
대기주차 2대
상부 처마끝선
대기주차
차량입구
차량출구
CAR LIFT
CAR LIFT
업무시설
1FFL ±0
(=EL±0)
SHIN'S TOWER
UP
공개공지
지하 외벽끝선
3M 건축지정선
3M 미관지구 건축한계선
2500
11800
4800
11800
600 1300
8M 보행로
1 지상 1층 평면도
SCALE = 1/200
수정내용
수정번호
공사명
도면명
지상1층 평면도
축 척
A1: 1/100 I A3: 1/200
프로젝트코드
2002.
도면번호
A-104

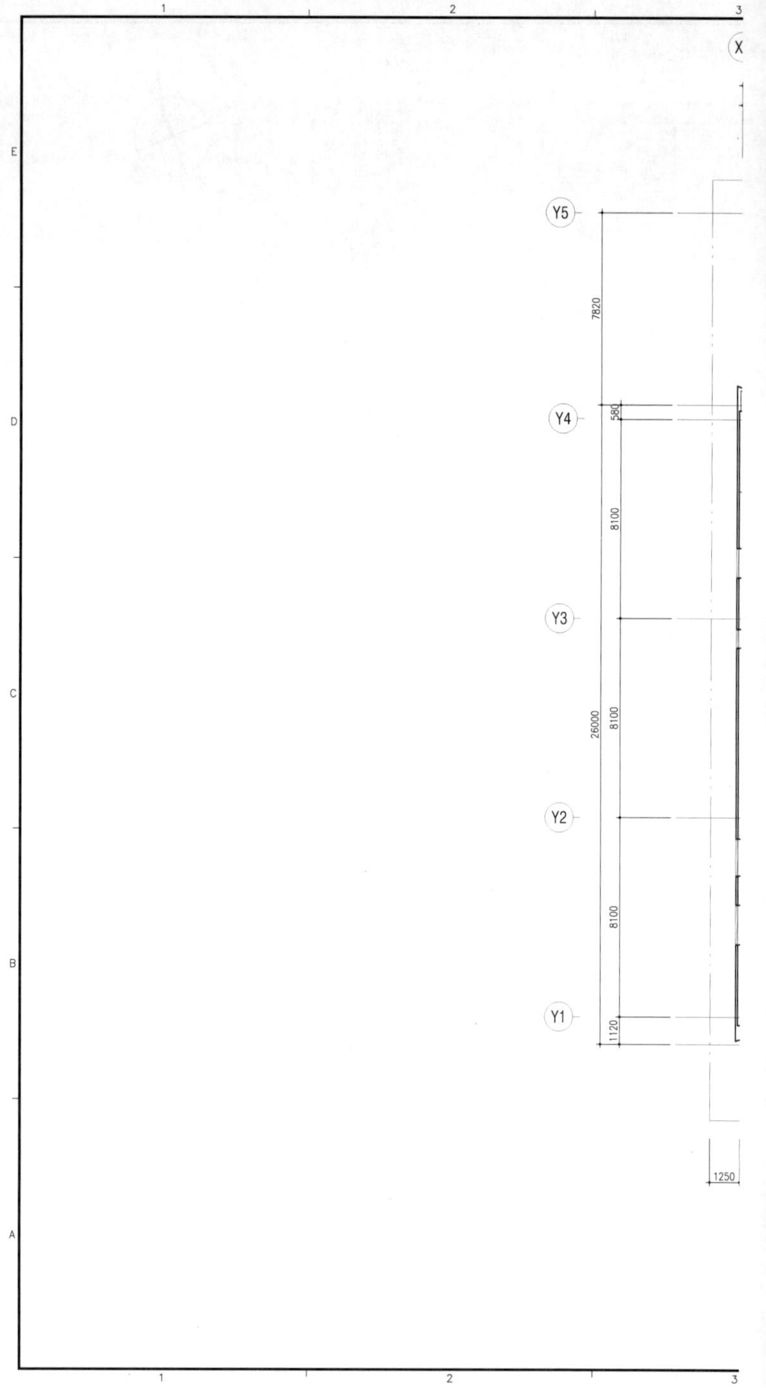

1
2
3
E
D
C
B
A
X
Y5
Y4
Y3
Y2
Y1
7820
580
8100
8100
26000
8100
1120
1250

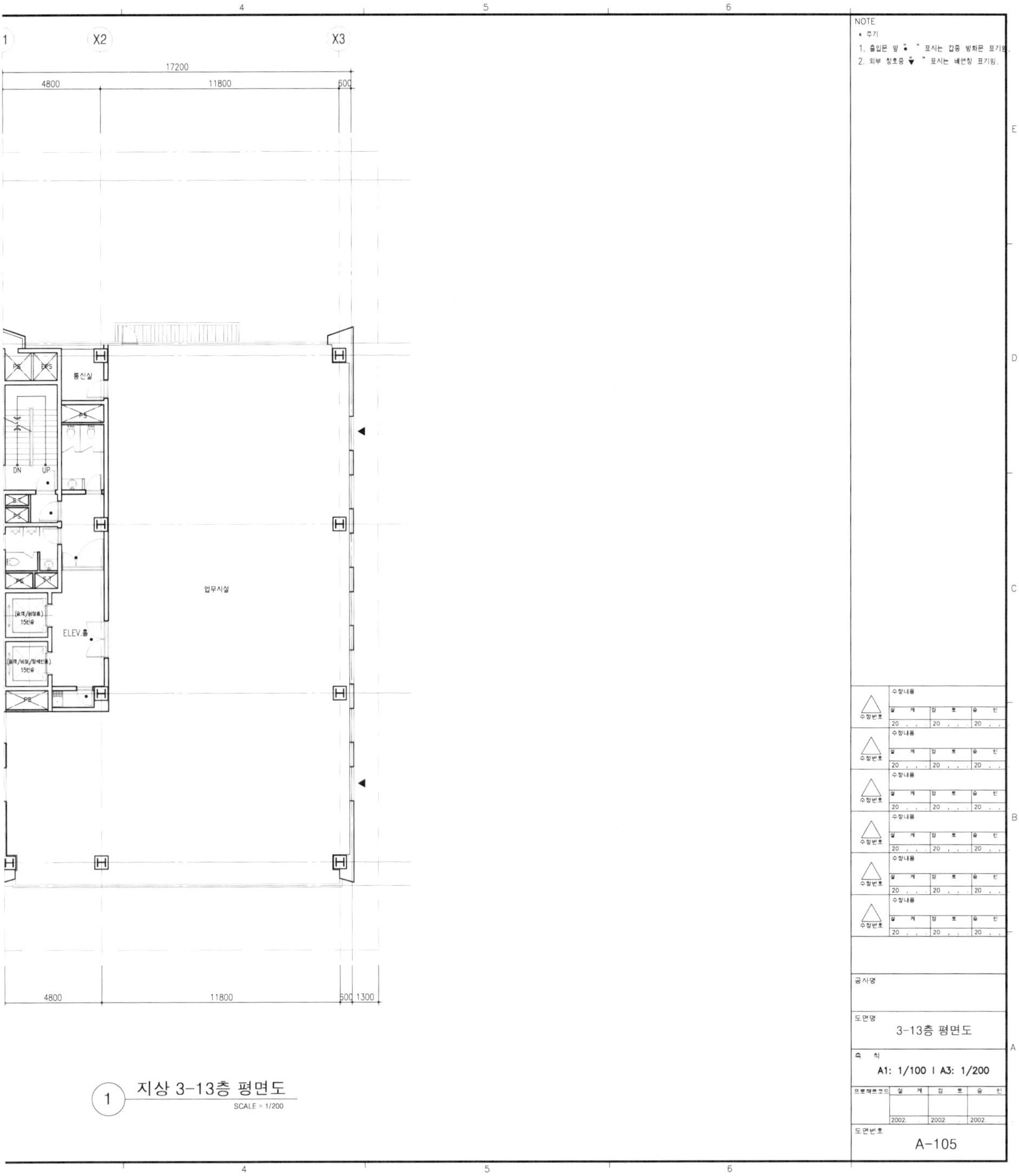
NOTE
X2
X3
17200
4800
11800
500
통신실
DN
UP
업무시설
ELEV.홀
15인승
1300
수정내용
수정번호
공사명
도면명
3-13층 평면도
축 척
A1: 1/100 I A3: 1/200
도면번호
A-105
지상 3-13층 평면도
SCALE = 1/200

1.4 입면도

○ 입면도는 건물의 형상, 전체 높이, 창문의 위치 및 모양, 그리고 외장재 등의 정보를 보여주는 도면으로 건축물의 전체적인 외관을 표현한다.

○ 건물의 입지에 따라 정면도, 배면도, 좌측면도, 우측면도로 표현하기도 하고, 동측면도, 서측면도, 남측면도, 북측면도로 표기하는 경우가 있으며, 그 방향이 불명확한 경우 Key-Plan을 작성하여 그 방향을 표현 가능하다.

○ 입면도는 외벽 상세도 및 창호 상세도 등과 연계되어 작성된다.

■ 주요 표현 내용

- 상부에는 주열, 좌측에는 바닥 마감선을 기준으로 각층 및 전체 높이를 알 수 있도록 표기
- 사용된 외장재료는 충분히 표기하고, 그 구분이 가능하도록 표기하며 외장재료의 규격과 간단한 성능을 표현
- 복잡한 입면의 경우, 그림자 등을 표현하거나 컴퓨터 그래픽 프로그램을 이용하여 표현
- 건축물의 최상단에서 대지 지면까지 표현하여 지붕 및 옥탑의 형상과 지반과의 관계를 알 수 있도록 표현

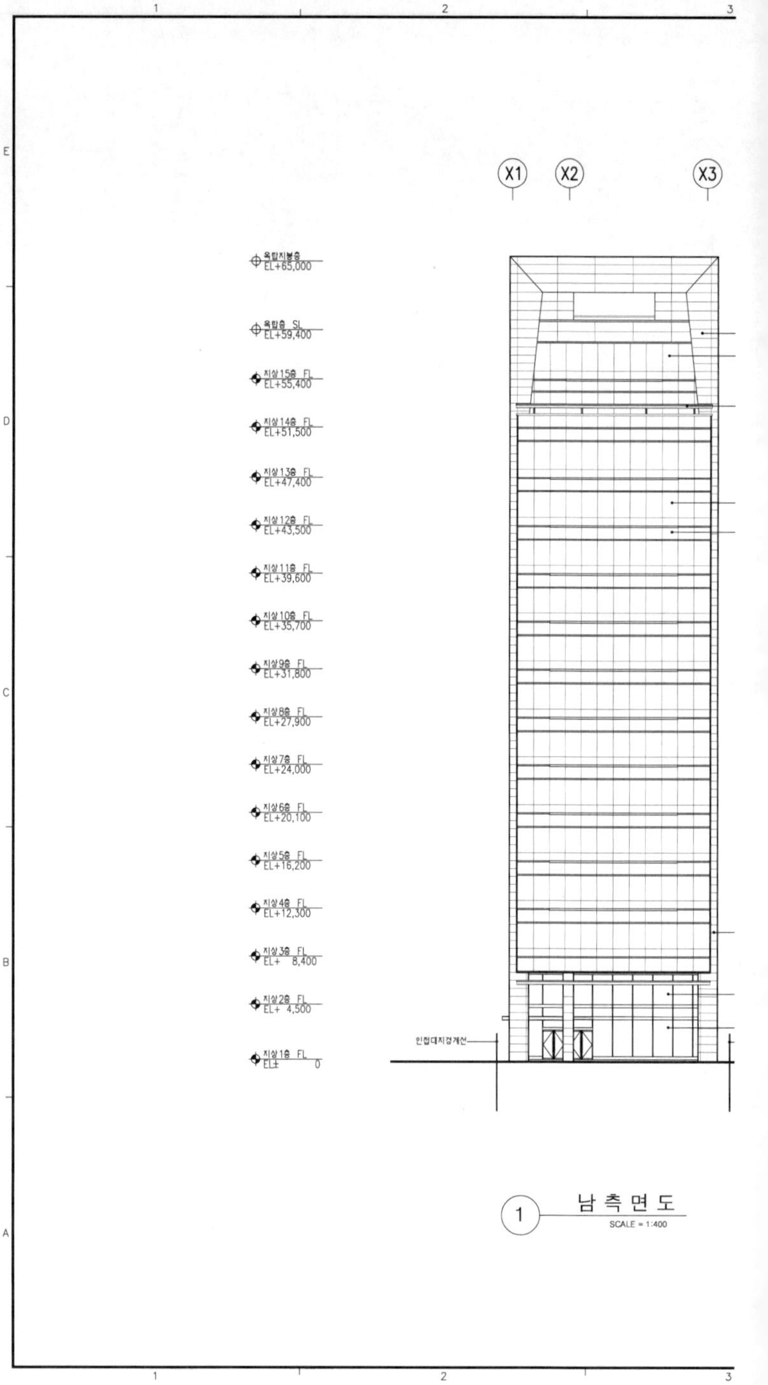

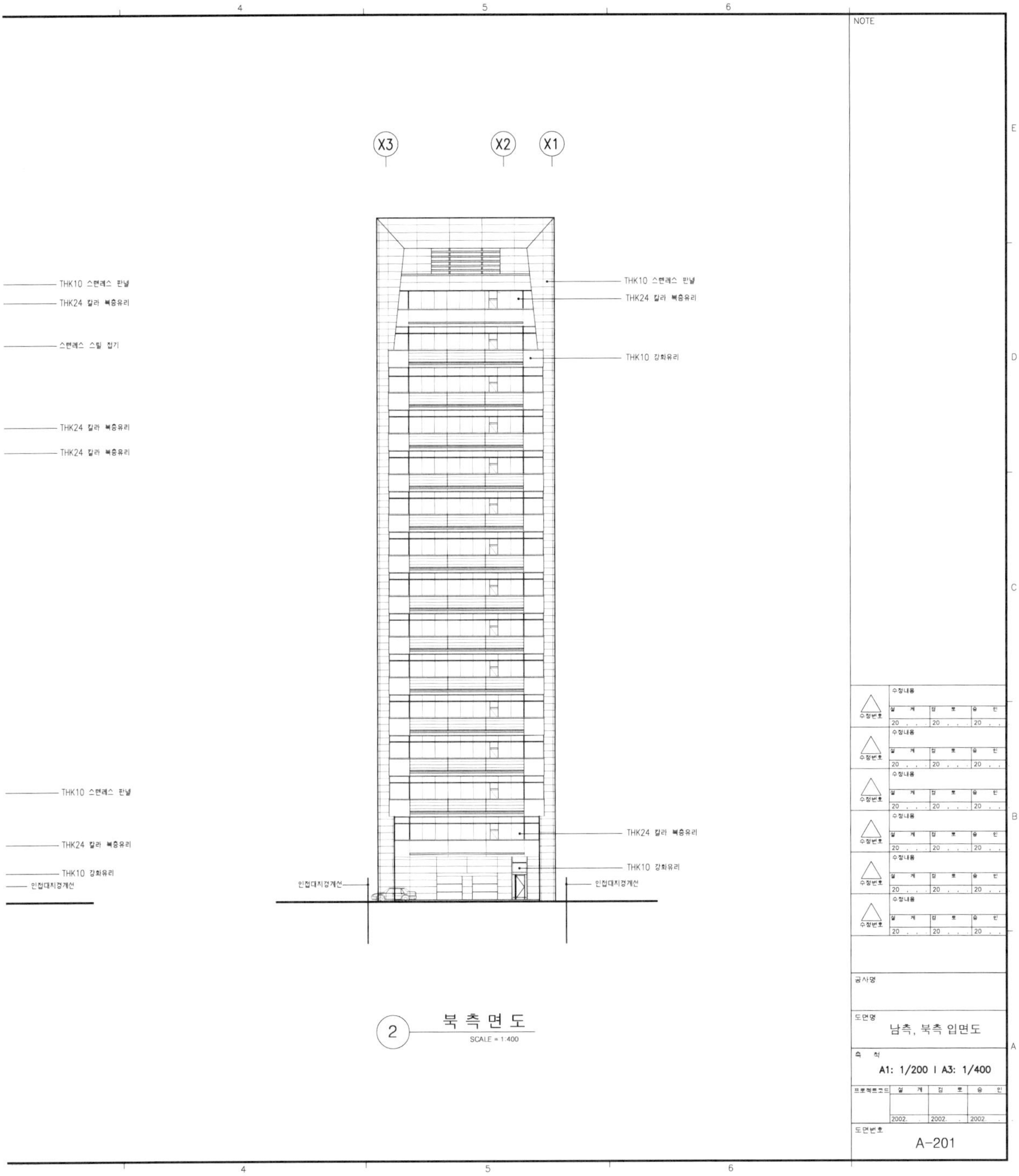

2 북측면도
SCALE = 1:400

1.5 단면도

○단면도는 층별 층고 및 천장고, 단면상의 구조 및 단열재, 마감재료의 종류와 두께, 창호 및 난간의 단면형상을 표시하고, 인접대지와의 관계, 단면상에 나타나는 건축물의 부분적 입면 등을 종합적으로 표현한다.

■주요 표현 내용

- 각 층별 바닥레벨, 층고, 천장고, 개구부 및 난간의 높이 등을 표시
- 최하층에서 최상층까지 전체를 표현하여 지반 및 지하구조물과의 관계 및 구조적 정보, 지붕의 형상 및 구조를 알 수 있도록 작성

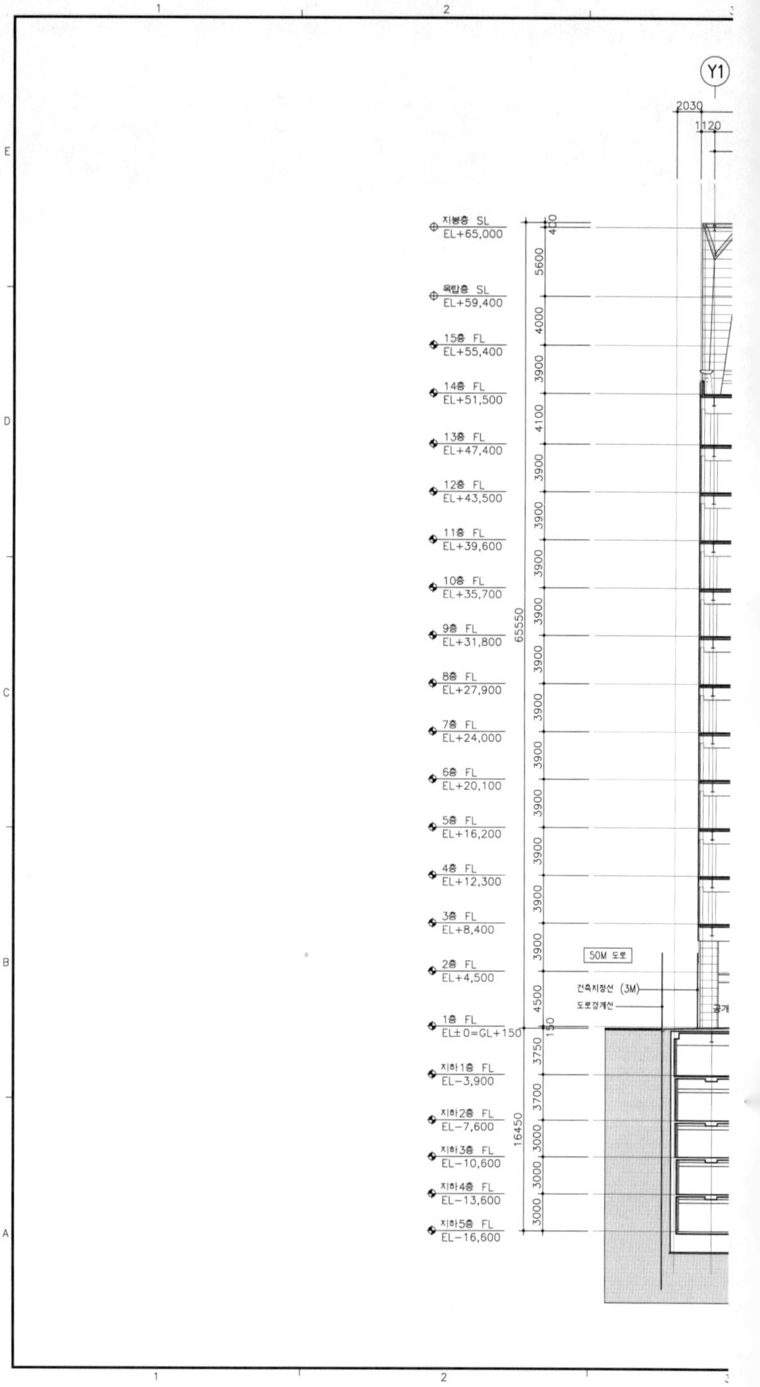

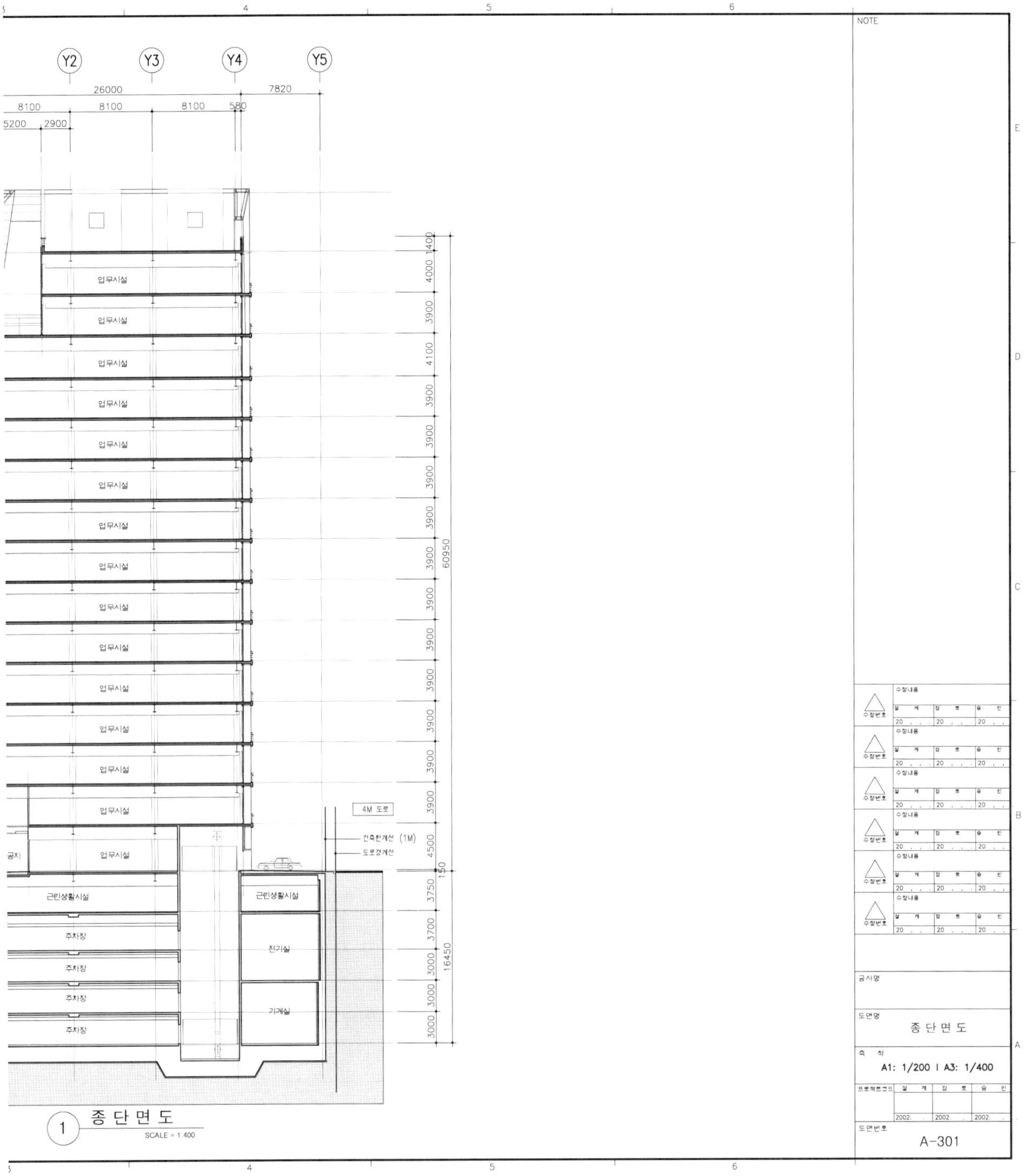

Y2
Y3
Y4
Y5
26000
7820
8100
8100
8100
580
5200
2900
업무시설
근린생활시설
주차장
공지
전기실
기계실
4M 도로
건축한계선 (1M)
도로경계선
60950
16450
1 종단면도
SCALE = 1:400
NOTE
공사명
도면명
종단면도
축척
A1: 1/200 I A3: 1/400
도면번호
A-301

1.6 외벽 상세도

○외벽 관련 상세도는 외벽과 관련된 세부사항을 표기하기 위한 도면으로 입면과 단면, 평면을 한 도면에 위치시켜 3차원적 계획의 완성도를 높이고 건축 구조와 외부 마감, 내부 마감의 결합방식과 마감두께를 표현한다.

○입면도, 평면도, 단면도에서 표현하지 못한 시공에 필요한 정보를 가능한 한 표현한다.

■주요 표현 내용

- 주열 및 층수를 통해 건물의 어느 부위인지를 명확히 표현
- 건축구조와의 간섭을 고려하여 구조계산서상의 부재치수를 검토하여 작성
- 외장재의 재료 구분, 타일 및 돌나누기의 기준을 표기
- 실내재료마감표, 마감상세도 등을 고려하여 내부 재료의 두께를 고려하여 마감면과 구조면의 관계를 명확하게 설정

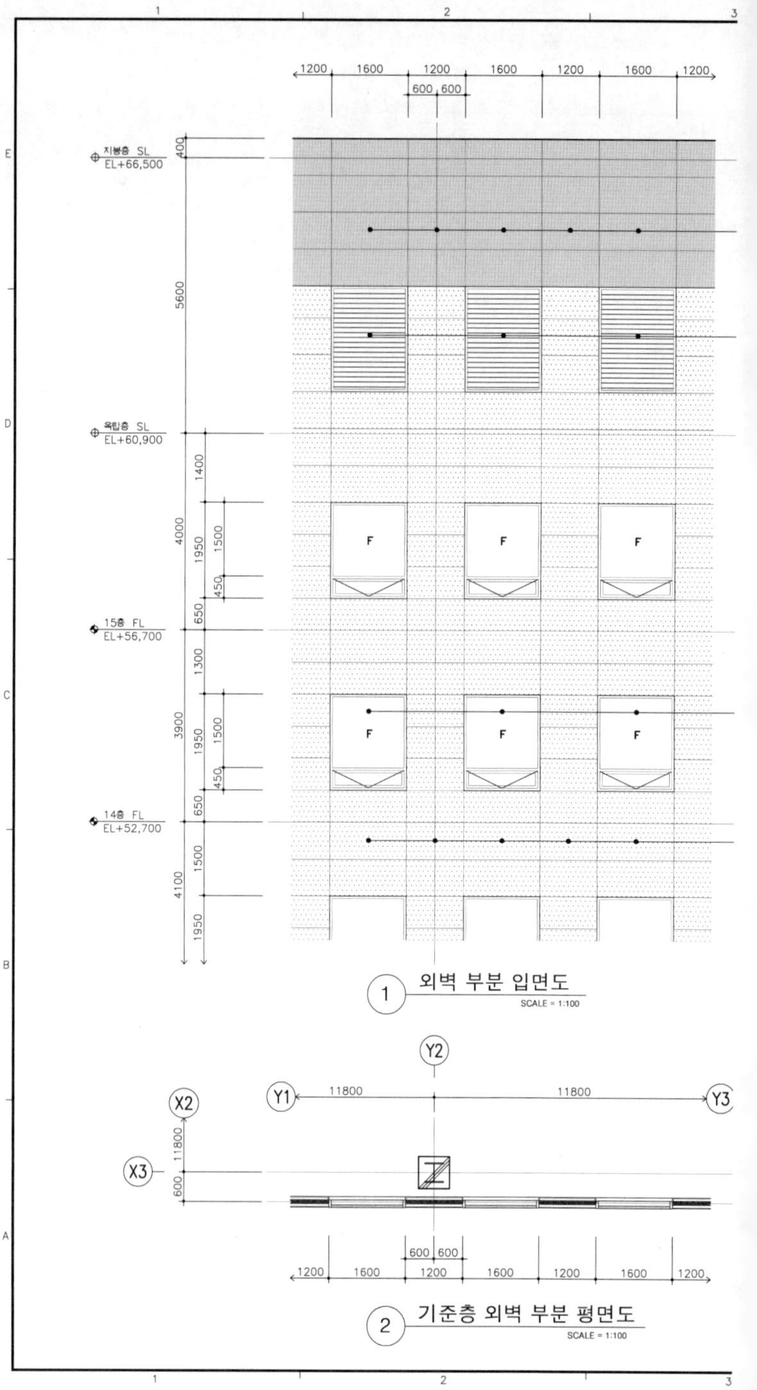

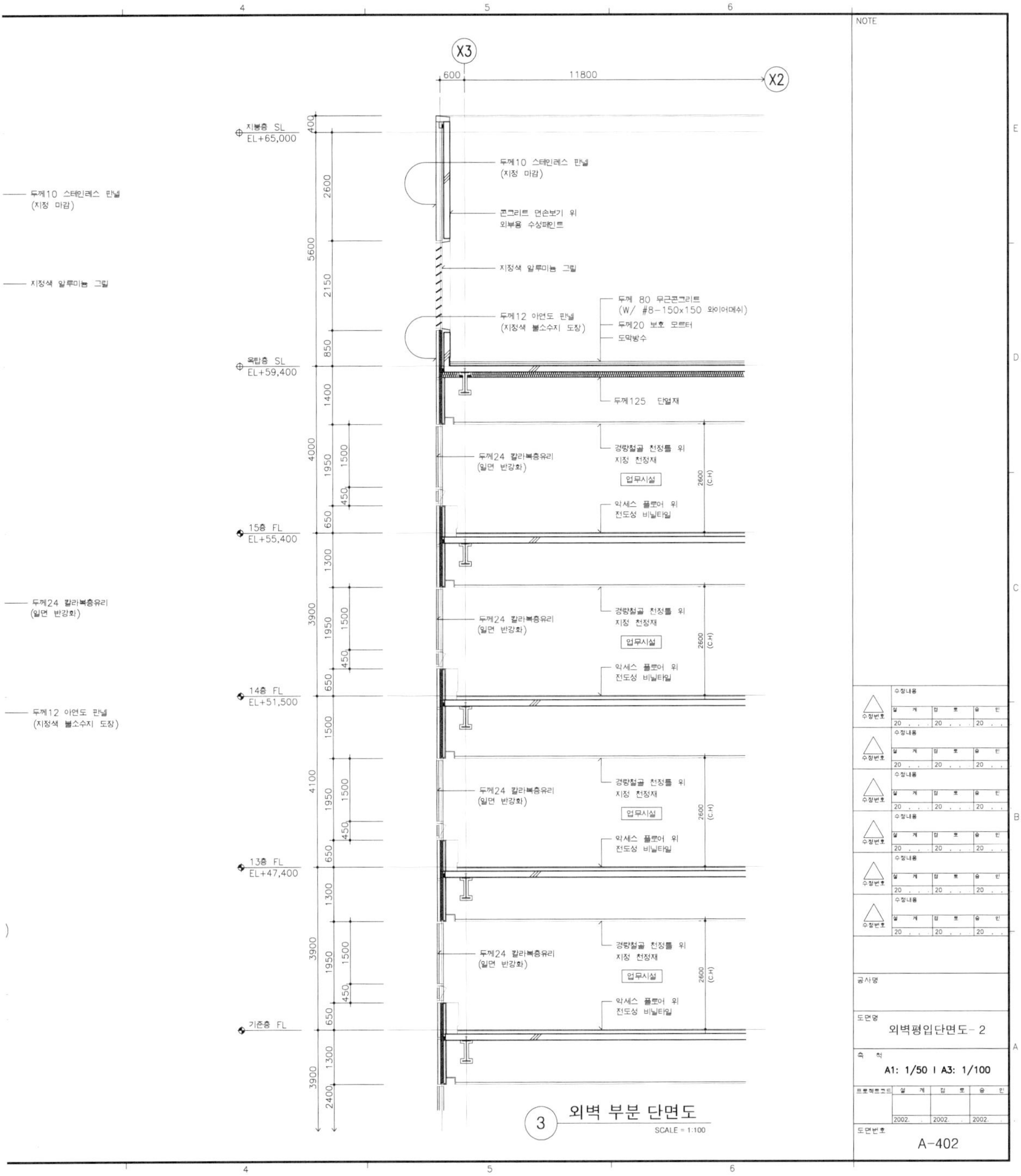

3 외벽 부분 단면도

SCALE = 1:100

1.7 코어 상세도

○ 일반적으로 계단, 엘리베이터 등 수직이동 동선과 화장실, 복도를 포함한 공용시설, AD(Air Duct, 급배기배관), PS(Pipe Shaft, 급배수배관), ST(Smoke Tower, 제연배관), EPS(Electric Pipe Shaft, 전기설비배관), 통신실 등 설비를 위한 공간을 포함한 공간을 코어라 하며, 보통 건축물의 전단구조에 대응하는 구조적 역할을 수행한다.

○ 일반적인 스케일에서의 평·단면도에서 코어에 해당하는 많은 공간을 표현하는 데 한계가 있으므로 상세한 도면으로 확대하여 표현한다.

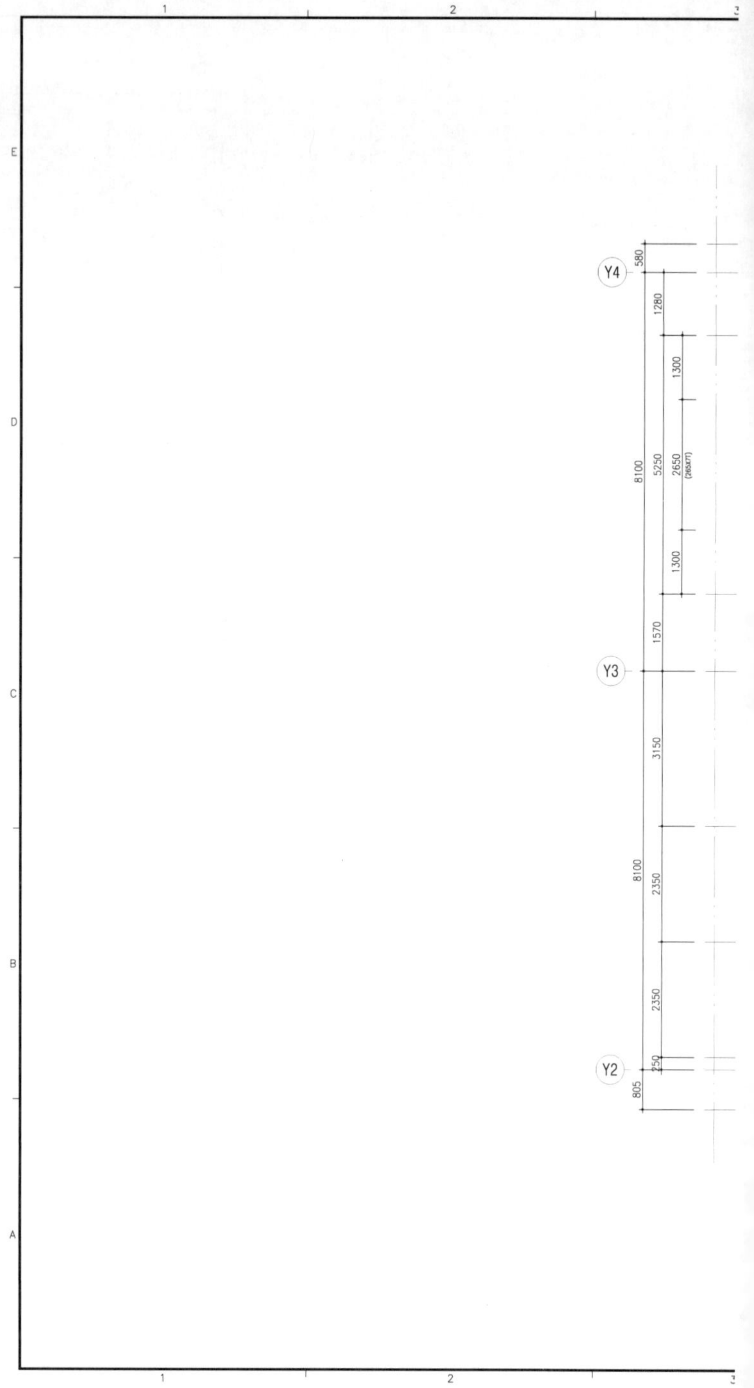

■코어 확대 평면도 주요 표현 내용

- 평면도상의 모든 수직동선을 표현
- 승강기의 용도와 규격을 반드시 표기
- 설비를 위한 공간(AD, PS, ST, EPS 등)의 치수 및 점검방법을 알 수 있도록 표현
- 구조체의 치수를 고려하여 정확한 세부치수와 문의 개폐 방향을 표기

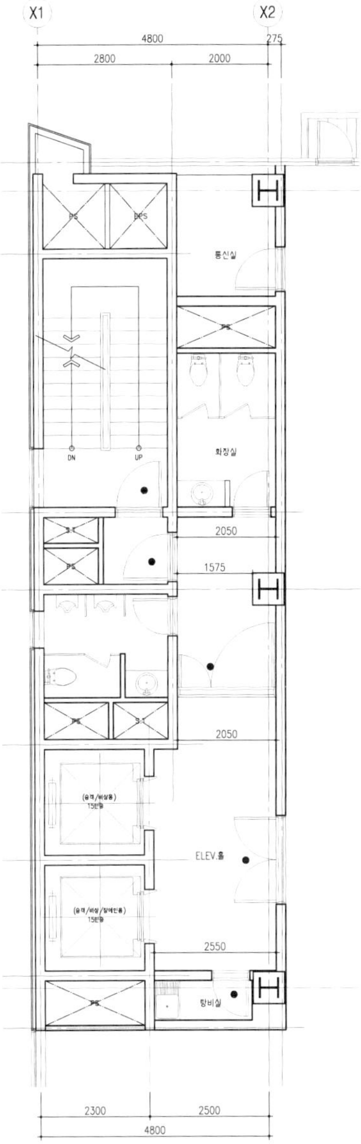

① 기준층 코아 확대 평면도

SCALE = 1/100

NOTE

* 주기

1. 출입문 앞 "●" 표시는 갑종 방화문 표기임.

공사명

도면명

코아 확대 평면도

축 척

A1: 1/50 I A3: 1/100

도면번호

A-431

■계단 단면도 주요 표현 내용

- 주열 및 층수를 통해 건물의 어느 부위인지를 명확히 표현
- 층고의 기준은 마감선(FL)을 사용하며, 경우에 따라서 슬래브구조 마감선(SL)을 활용
- 계단이 포함될 경우 반드시 계단 단면을 표현하며 계단의 디딤판, 챌판의 크기 및 계단참의 폭 등 세부적인 치수를 표현

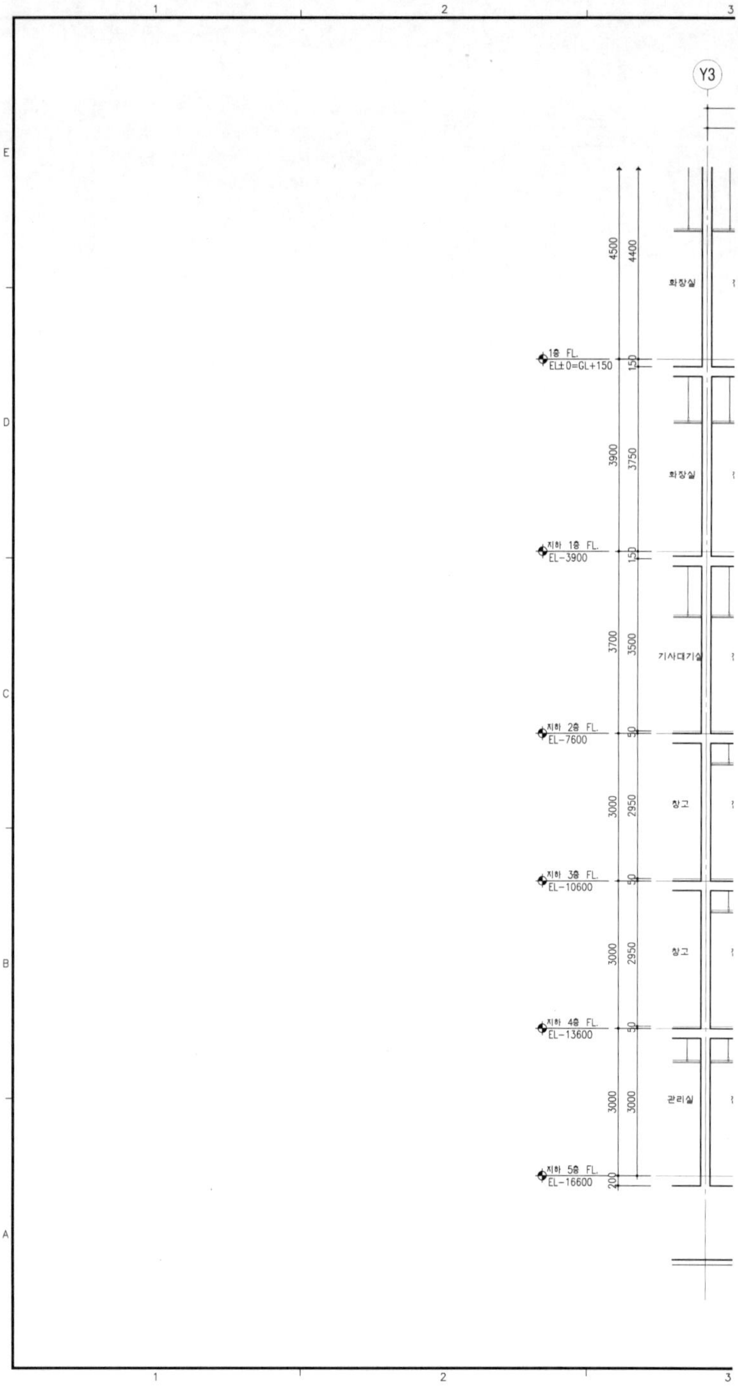

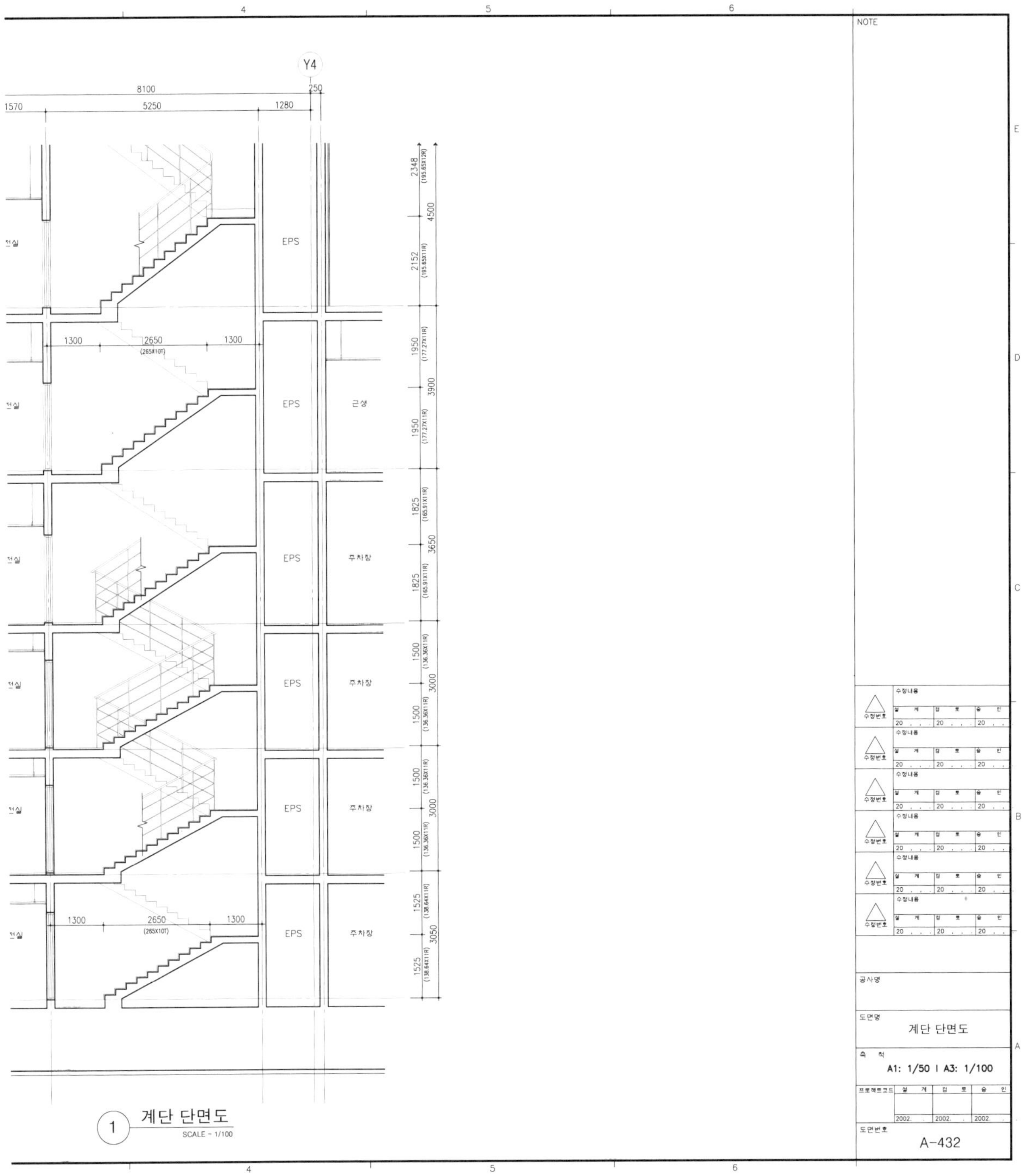

1 계단 단면도
SCALE = 1/100

공사명	
도면명	계단 단면도
축 척	A1: 1/50 I A3: 1/100
도면번호	A-432

2장 구조 부문 설계도서

2.1 도면 목록표

○구조도면 목록표는 구조도면의 종류를 한눈에 파악할 수 있도록 정리된 구조도면의 목차와 같다.

○구조도면 목록표는 일반적으로 구조설계서를 바탕으로 작성된 구조도면의 각 도면별 분류 기호에 맞도록 작성된다.

도면번호	도 면 명	축 척	비 고	도면번호	도 면 명
S-001	도면 목록표	NONE			
S-010	주심도(RC)	1/60,30			
S-011	주심도(철골)	1/60,30			
S-101	PIT, 지하 5층 구조평면도	1/100			
S-102	지하 4층, 3층 구조평면도	1/100			
S-103	지하 2층, 1층 구조평면도	1/100			
S-104	지상 1층, 2층 구조평면도	1/100			
S-105	지상3층, 4-13층 구조평면도	1/100			
S-106	지상14층, 15층 구조평면도	1/100			
S-107	옥탑층, 지붕층 구조평면도	1/100			
S-301	기둥 일람표 - 1	NONE			
S-302	기둥 일람표 - 2	NONE			
S-303	BUTTRESS 일람표	NONE			
S-304	철골기둥 일람표	1/150			
S-305	MAT 기초 배근도	1/100			
S-306	옹벽 배근도	NONE			
S-307	보 배근도 - 1	1/30			
S-308	보 배근도 - 1	1/30			
S-309	슬래브 배근도	NONE			
S-401	철골 접합 상세도 - 1	1/10			
S-402	철골 접합 상세도 - 2	1/10			
S-403	철골 접합 상세도 - 3	1/10,30			

축 척	비 고	도면번호	도 면 명			도면번호	도 면 명		

NOTE

수정번호	수정내용		
	설 계	검 토	승 인
	20 . .	20 . .	20 . .
수정번호	수정내용		
	설 계	검 토	승 인
	20 . .	20 . .	20 . .
수정번호	수정내용		
	설 계	검 토	승 인
	20 . .	20 . .	20 . .
수정번호	수정내용		
	설 계	검 토	승 인
	20 . .	20 . .	20 . .
수정번호	수정내용		
	설 계	검 토	승 인
	20 . .	20 . .	20 . .
수정번호	수정내용		
	설 계	검 토	승 인
	20 . .	20 . .	20 . .

공사명

도면명
도면 목록표

축 척
A1: NONE I A3: NONE

프로젝트코드	설 계	검 토	승 인
	2002. .	2002. .	2002. .

도면번호
S-001

2.2 구조 평면도(바닥구조 평면도)

○구조 평면도는 건축물의 평면적인 구조 정보를 표현하는 도면으로 각 구조부재의 위치 등이 표현되며, 각 부재의 설계번호가 표시되어야 한다.

○구조 평면도에 표시된 각 부재는 건축 평면도에 표시된 중심선과 일치하여야 하며, 주로 다음과 같은 항목이 표시된다.

- 기둥의 위치(보다 자세한 위치는 주심도에 표현됨.)
- 보 및 벽체
- 각 구조부재의 역할적 연결 관계
- 단차가 생기는 부분은 일반적으로 빗금으로 표시하고, 별도의 주기로 표현

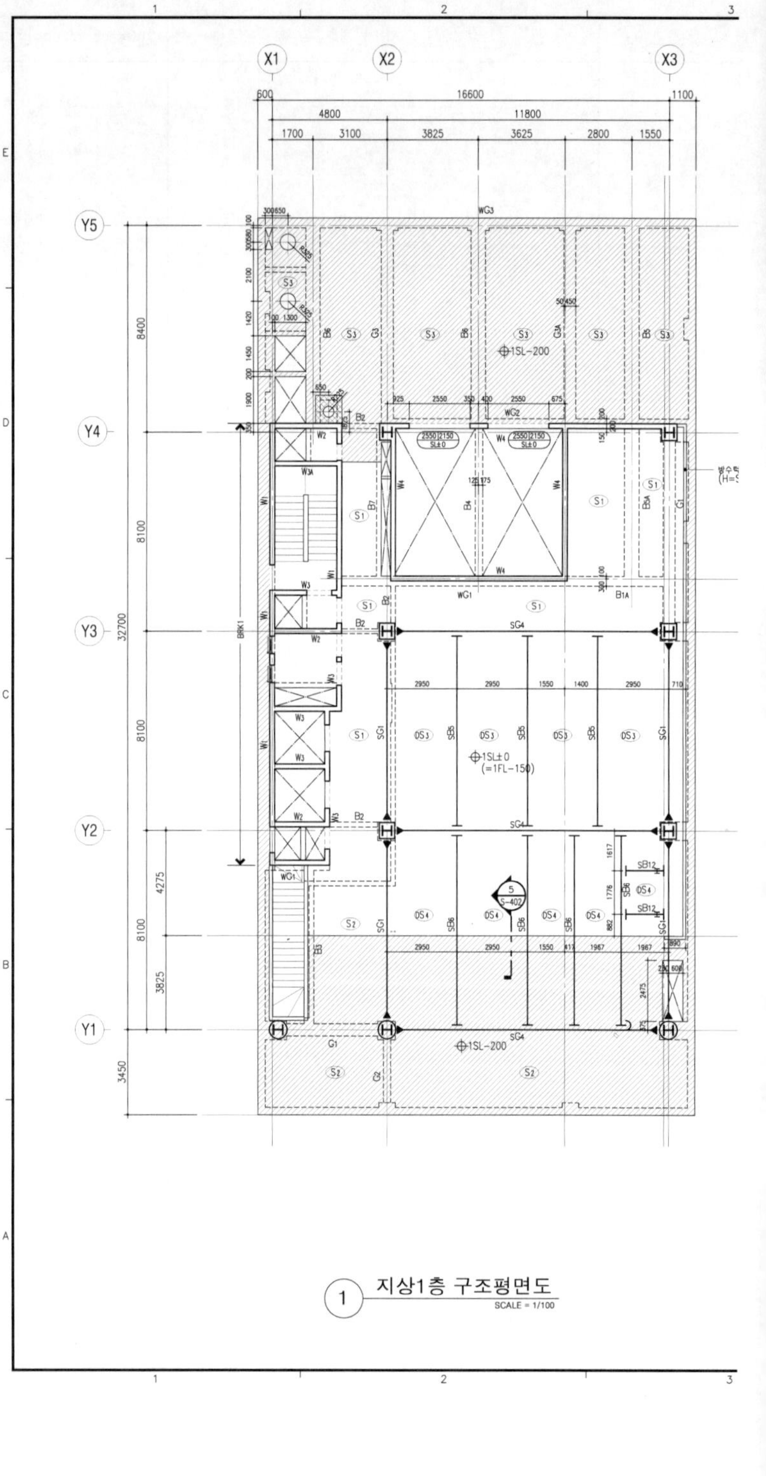

1 지상1층 구조평면도
SCALE = 1/100

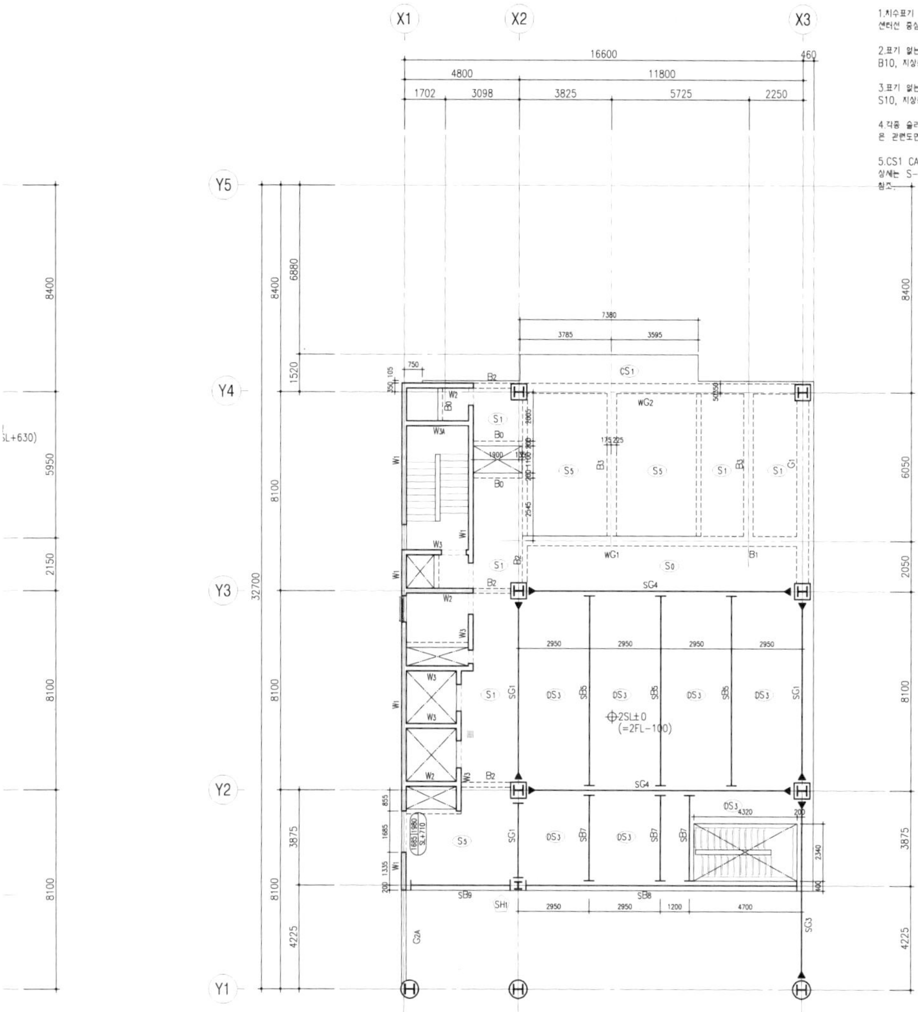

2 지상2층 구조평면도
SCALE = 1/100

* 주기

1.치수표기 없는 보, 벽체는 센터선 중심임.

2.표기 없는 보는 지하층 B10, 지상층 B0,SB0임

3.표기 없는 SLAB는 지하층 S10, 지상층 S0임

4.각종 슬리브 및 벽체 매립물은 관련도면 참조할 것.

5.CS1 CANTILEVER SLAB 상세는 S-310도면 참조.

NORE보 일람표

G1	500X700	B8	500X700
G2	300X500	B10	200X400
G2A	200X400	B11,B11A	600X400
G3	500X800	B12	200X400
G3A	500X800	B12A	700X400
G11,G11A	1000X400	B13	600X400
G12	1000X400	B14	300X400
G12A	600X400	B15	600X400
G12B	600X400	B16,B16A ,B16B	700X400
G13	1000X400		
		WG1	400X600
B0	200X400	WG2	400X600
B1	400X600	WG3	400X600
B1A	400X800	WG11	600X400
B2	200X500	WG12 ,WG12B	600X400
B3	400X600	WG13	700X600
B4	300X500	WG14	900X600
B5,B5A	600X800	WG15	500X500
B6	600X800		
B7	200X400		

* 철골보 일람표

SG1	H-500X200X10X16	SS400	1-ø19@300
SG1A	H-692X300X13X20	SS400	1-ø19@300
SG2	H-700X300X13X24	SM490A	1-ø19@300
SG2A	H-900X300X16X28	SM490A	2-ø19@300
SG3	H-588X300X12X20	SS400	1-ø19@300
SG3A	H-600X200X11X17	SS400	1-ø19@300
SG4	H-708X302X15X28	SM490A	1-ø19@300
SG5	H-400X200X8X13	SS400	1-ø19@300
SCG1	H-600X200X11X17	SS400	1-ø19@300
SCG2	H-700X300X13X24	SM490A	1-ø19@300
SCG3	H-400X200X8X13	SS400	-
SB0	H-300X150X6.5X9	SS400	1-ø19@300
SB1	H-400X200X8X13	SS400	1-ø19@200
SB1A	H-692X300X13X20	SS400	2-ø19@200
SB2	H-600X200X11X17	SS400	1-ø19@200
SB2A	H-700X300X13X24	SS400	1-ø19@200
SB3	H-500X200X10X16	SS400	1-ø19@150
SB4	H-400X200X8X13	SS400	-
SB5	H-450X200X9X14	SS400	1-ø19@200
SB6	H-600X200X11X17	SS400	1-ø19@150
SB7	H-400X200X8X13	SS400	1-ø19@200
SB8	H-600X200X11X17	SS400	1-ø19@200
SB9	H-400X200X8X13	SS400	1-ø19@200
SB11	H-300X300X10X15	SS400	-
SB12	H-200X200X8X12	SS400	-
BR1	L-75X75X6		

수정번호	수정내용		
	설계	검토	승인
	20 . .	20 . .	20 . .
수정번호	수정내용		
	설계	검토	승인
	20 . .	20 . .	20 . .
수정번호	수정내용		
	설계	검토	승인
	20 . .	20 . .	20 . .
수정번호	수정내용		
	설계	검토	승인
	20 . .	20 . .	20 . .
수정번호	수정내용		
	설계	검토	승인
	20 . .	20 . .	20 . .

공사명

도면명
1층,2층 구조평면도

축 척
A1: 1/100 | A3: 1/200

프로젝트코드	설계	검토	승인
	2002.	2002.	2002.

도면번호
S-104

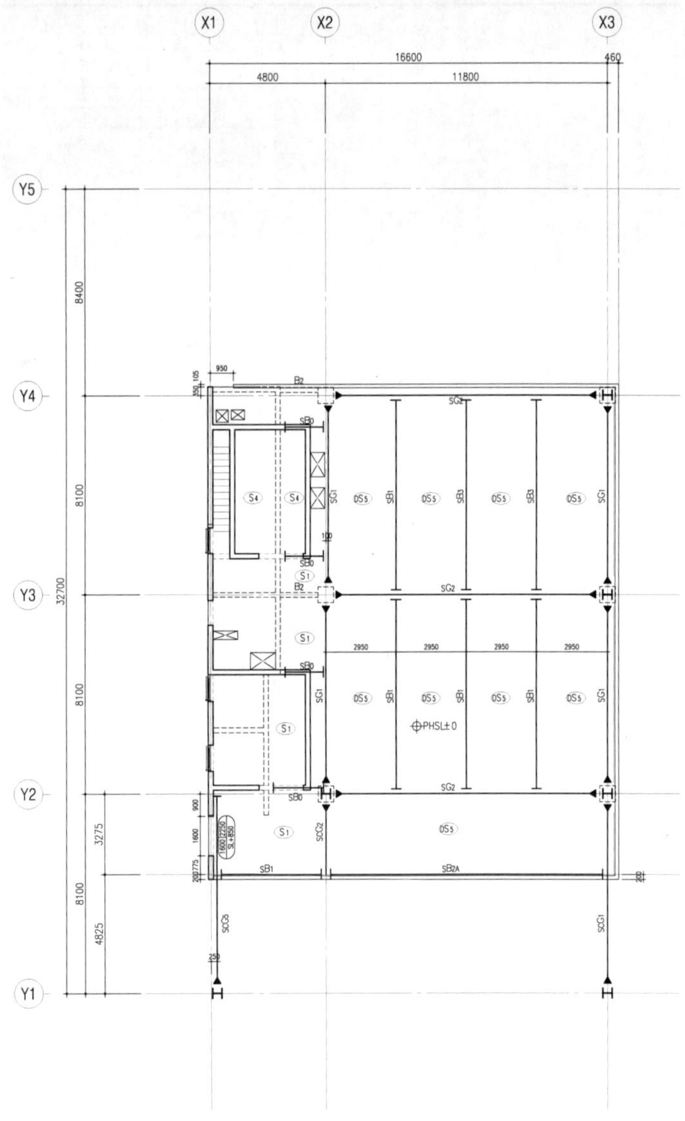

1 옥탑층 구조평면도
SCALE = 1/100

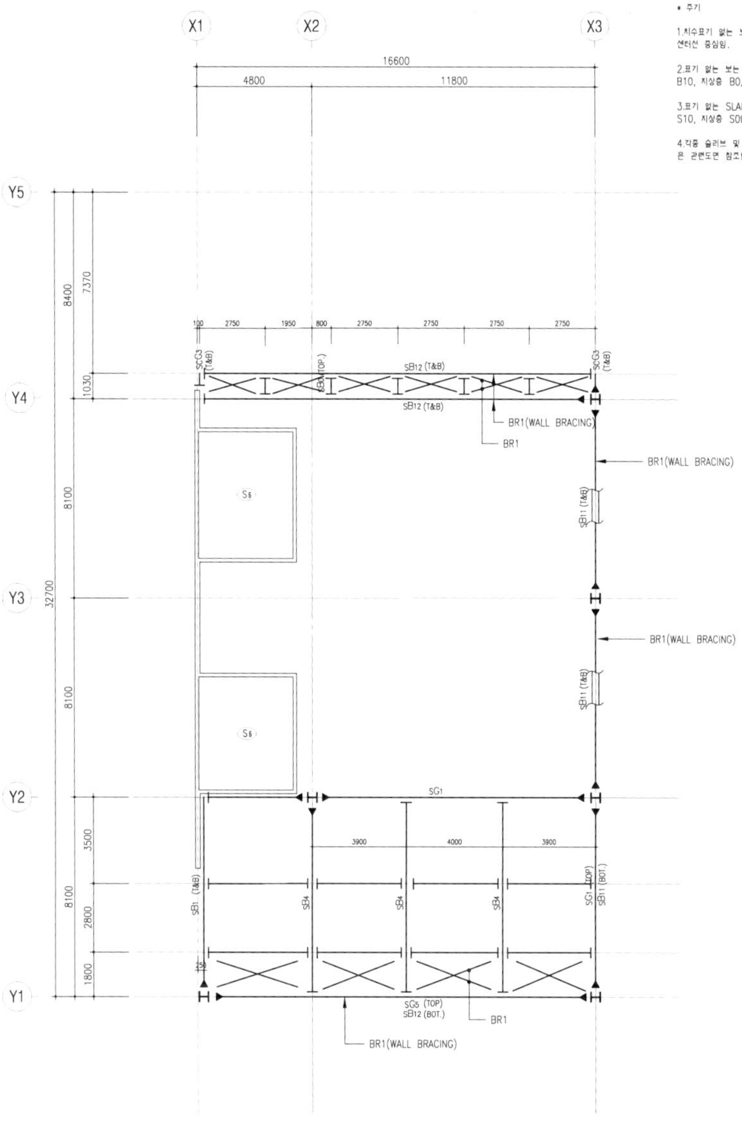

② 지붕층 구조평면도
SCALE = 1/100

* 주기

1. 치수표기 없는 보, 벽체는 센터선 중심임.

2. 표기 없는 보는 지하층 B10, 지상층 B0,SB0임

3. 표기 없는 SLAB는 지하층 S10, 지상층 S0임

4. 각종 슬리브 및 벽체 매립물은 관련도면 참조할 것.

NOTE보 일람표

G1	500X700	B8	500X700
G2	300X500	B10	200X400
G2A	200X400	B11,B11A	600X400
G3	500X800	B12	200X400
G3A	500X800	B12A	700X400
G11,G11A	1000X400	B13	600X400
G12	1000X400	B14	300X400
G12A	600X400	B15	600X400
G12B	600X400	B16,B16A,B16B	700X400
G13	1000X400		
		WG1	400X600
B0	200X400	WG2	400X600
B1	400X600	WG3	400X600
B1A	400X800	WG11	600X400
B2	200X500	WG12,WG12B	600X400
B3	400X600	WG13	700X600
B4	300X500	WG14	900X600
B5,B5A	600X800	WG15	500X500
B6	600X800		
B7	200X400		

* 철골보 일람표

SG1	H-500X200X10X16	SS400	1-ø19@300
SG1A	H-692X300X13X20	SS400	1-ø19@300
SG2	H-700X300X13X24	SM490A	1-ø19@300
SG2A	H-900X300X16X28	SM490A	2-ø19@300
SG3	H-588X300X12X20	SS400	1-ø19@300
SG3A	H-600X200X11X17	SS400	1-ø19@300
SG4	H-708X302X15X28	SM490A	1-ø19@300
SG5	H-400X200X8X13	SS400	1-ø19@300
SCG1	H-600X200X11X17	SS400	1-ø19@300
SCG2	H-700X300X13X24	SM490A	1-ø19@300
SCG3	H-400X200X8X13	SS400	-
SB0	H-300X150X6.5X9	SS400	1-ø19@300
SB1	H-400X200X8X13	SS400	1-ø19@200
SB1A	H-692X300X13X20	SS400	2-ø19@200
SB2	H-600X200X11X17	SS400	1-ø19@200
SB2A	H-700X300X13X24	SS400	1-ø19@200
SB3	H-500X200X10X16	SS400	1-ø19@150
SB4	H-400X200X8X13	SS400	-
SB5	H-450X200X9X14	SS400	1-ø19@200
SB6	H-600X200X11X17	SS400	1-ø19@150
SB7	H-400X200X8X13	SS400	1-ø19@200
SB8	H-600X200X11X17	SS400	1-ø19@200
SB9	H-400X200X8X13	SS400	1-ø19@200
SB11	H-300X300X10X15	SS400	-
SB12	H-200X200X8X12	SS400	-
BR1	L-75X75X6		

수정번호	수정내용		
	설계	검토	승인
	20 . .	20 . .	20 . .
수정번호	수정내용		
	설계	검토	승인
	20 . .	20 . .	20 . .
수정번호	수정내용		
	설계	검토	승인
	20 . .	20 . .	20 . .
수정번호	수정내용		
	설계	검토	승인
	20 . .	20 . .	20 . .
수정번호	수정내용		
	설계	검토	승인
	20 . .	20 . .	20 . .

공사명

도면명
옥탑층,지붕층 구조평면도

축척
A1: 1/100 | A3: 1/200

프로젝트코드	설계	검토	승인
	2002.	2002.	2002.

도면번호
S-107

2.3 기초 평면도

○ 기초 평면도에는 기초의 형식 및 크기, 위치, 두께, 철근배근 등의 시공 상세와 시공 시 발생할 수 있는 법적 규정을 명기하고 있다.

○ 일반적으로 다음과 같은 항목이 표시되며, 도면에 표현되지 못하는 부분은 범례로 표시한다.

- 기초구조 확대 단면 상세
- 기초구조의 형식 및 크기, 위치 등

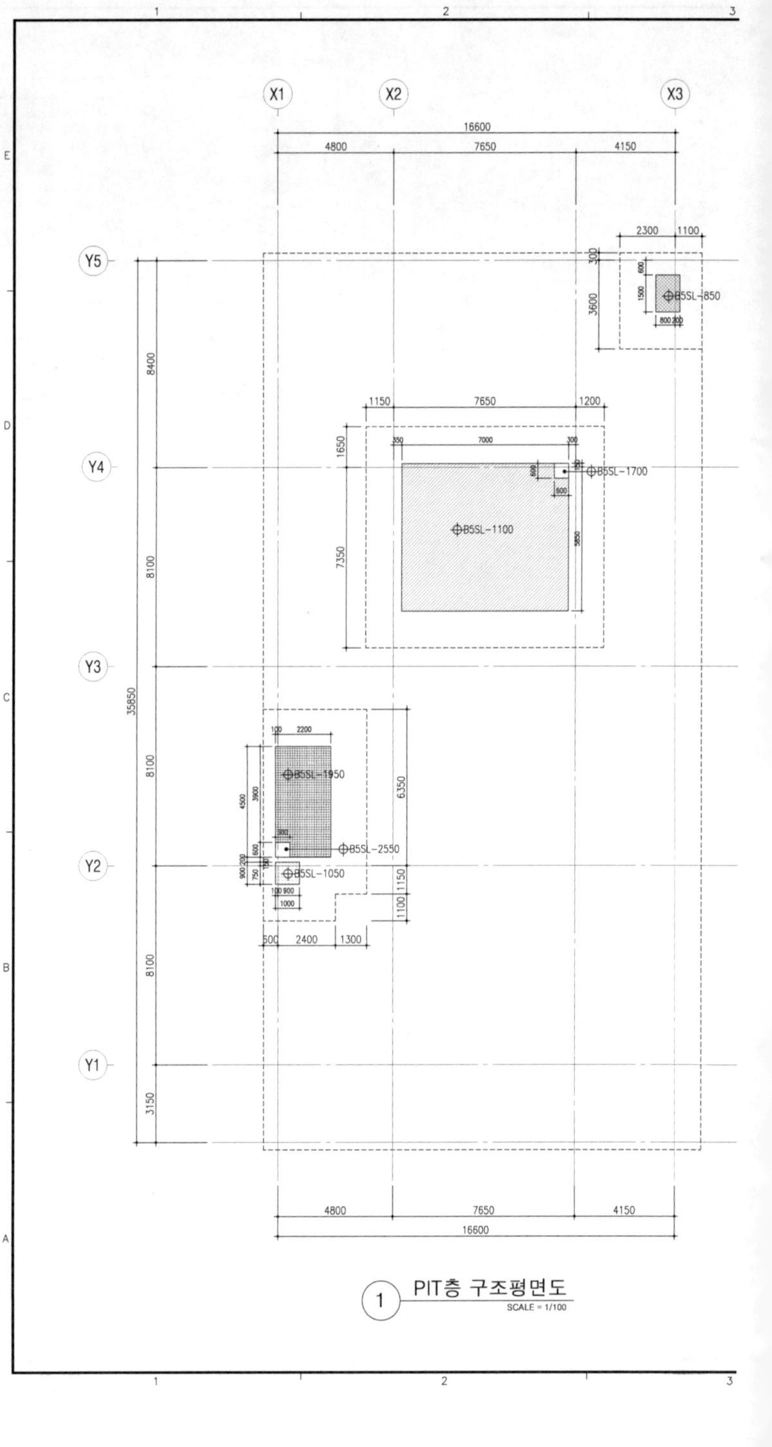

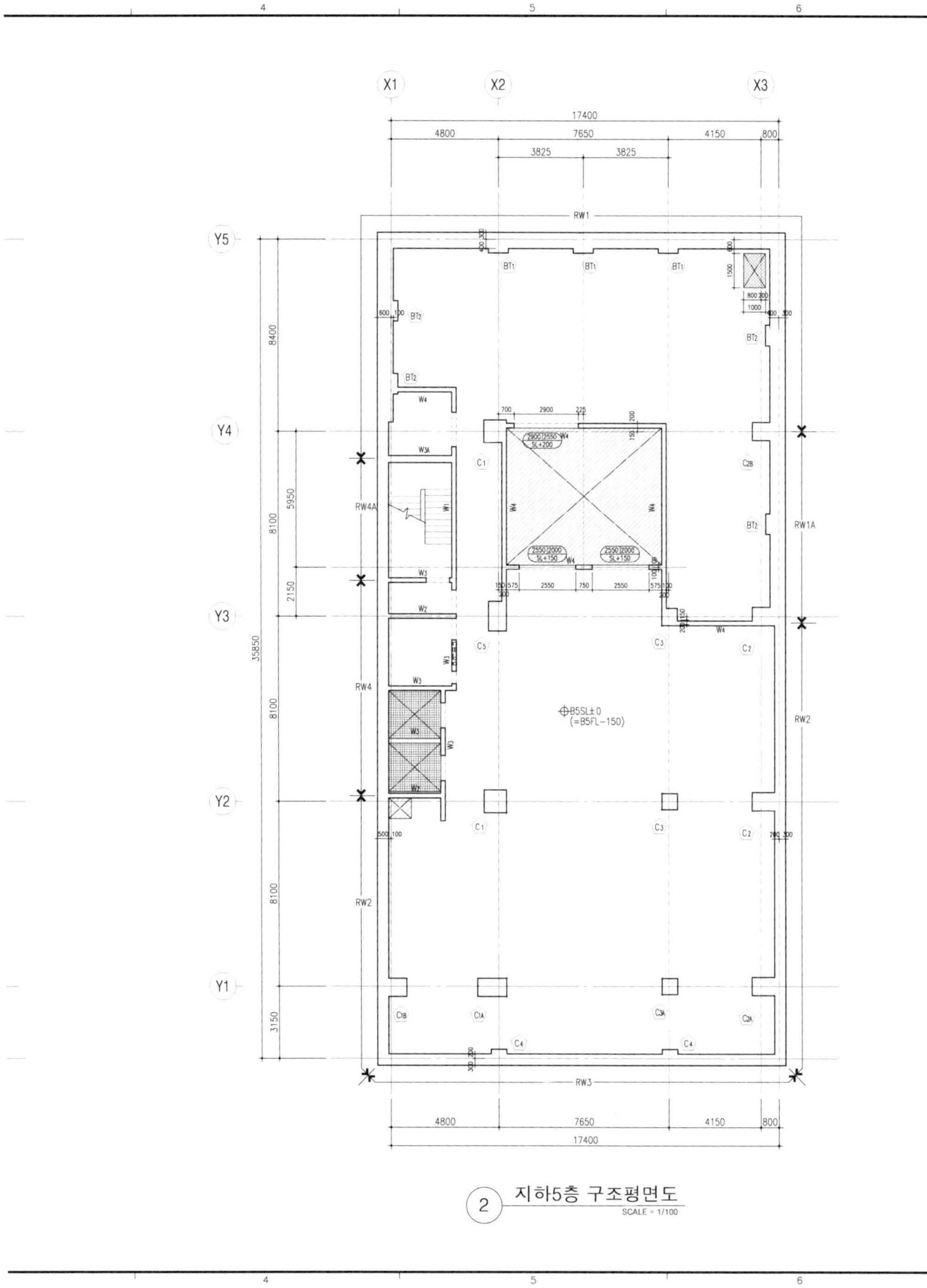

② 지하5층 구조평면도
SCALE = 1/100

NOTE	
공사명	
도면명	PIT층,지하5층 구조평면도
축 척	A1: 1/100 I A3: 1/200
도면번호	S-101

2.4 주심도

○ 주심도는 기둥이 전체 층에 대하여 어떻게 변화되어 설치되는지를 표현하는 도면으로서 중심선으로부터 기둥 규격의 변화를 표현하며, 기둥 설계번호, 설치구간, 규격 등을 표현한다. 철근배근 상세는 기둥 일람표에 표시하며, 주심도에는 철근배근을 생략한다.

○ 기둥을 중심으로 표현되는 구조도면으로 구조 평면도의 축척과 기둥 크기를 표현하는 축척이 다르게 표현된다.

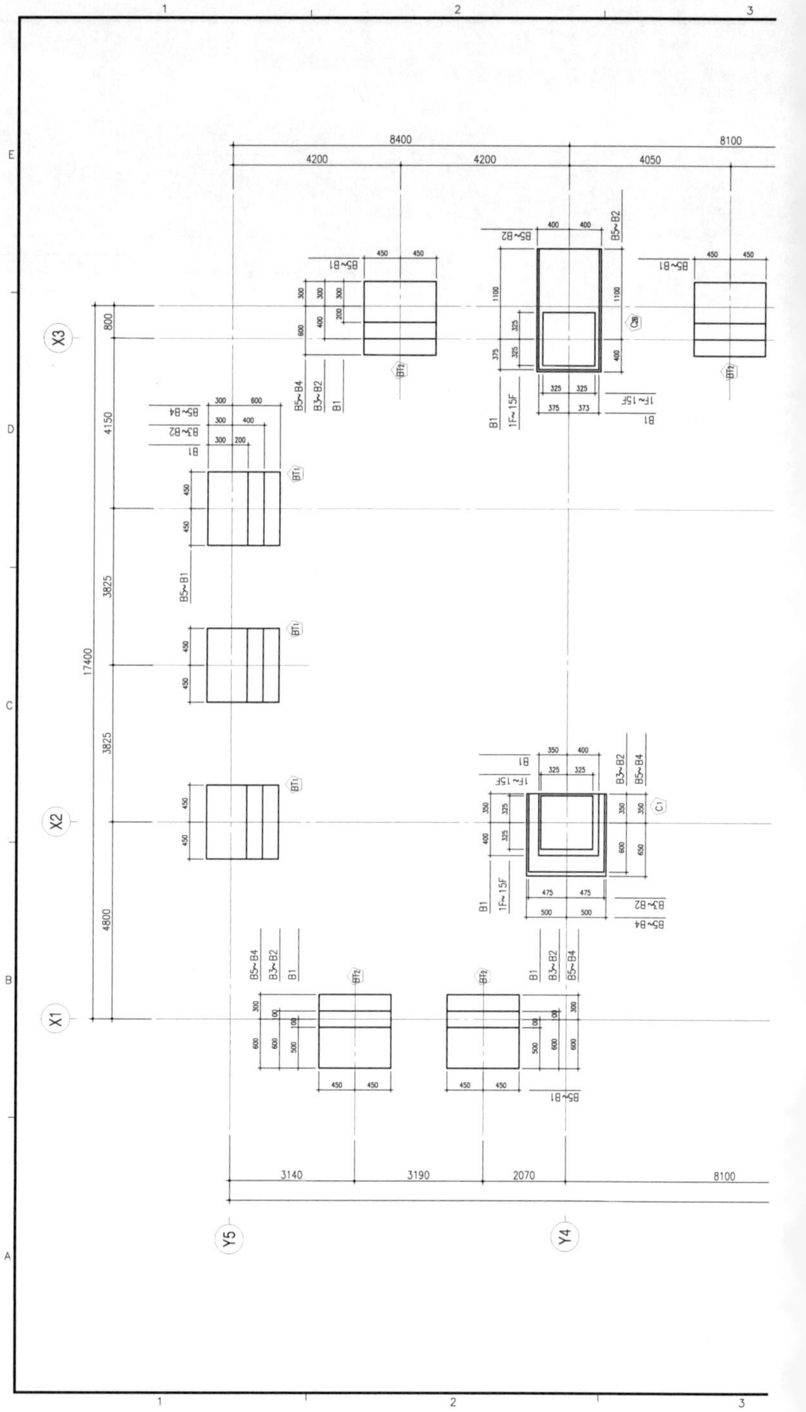

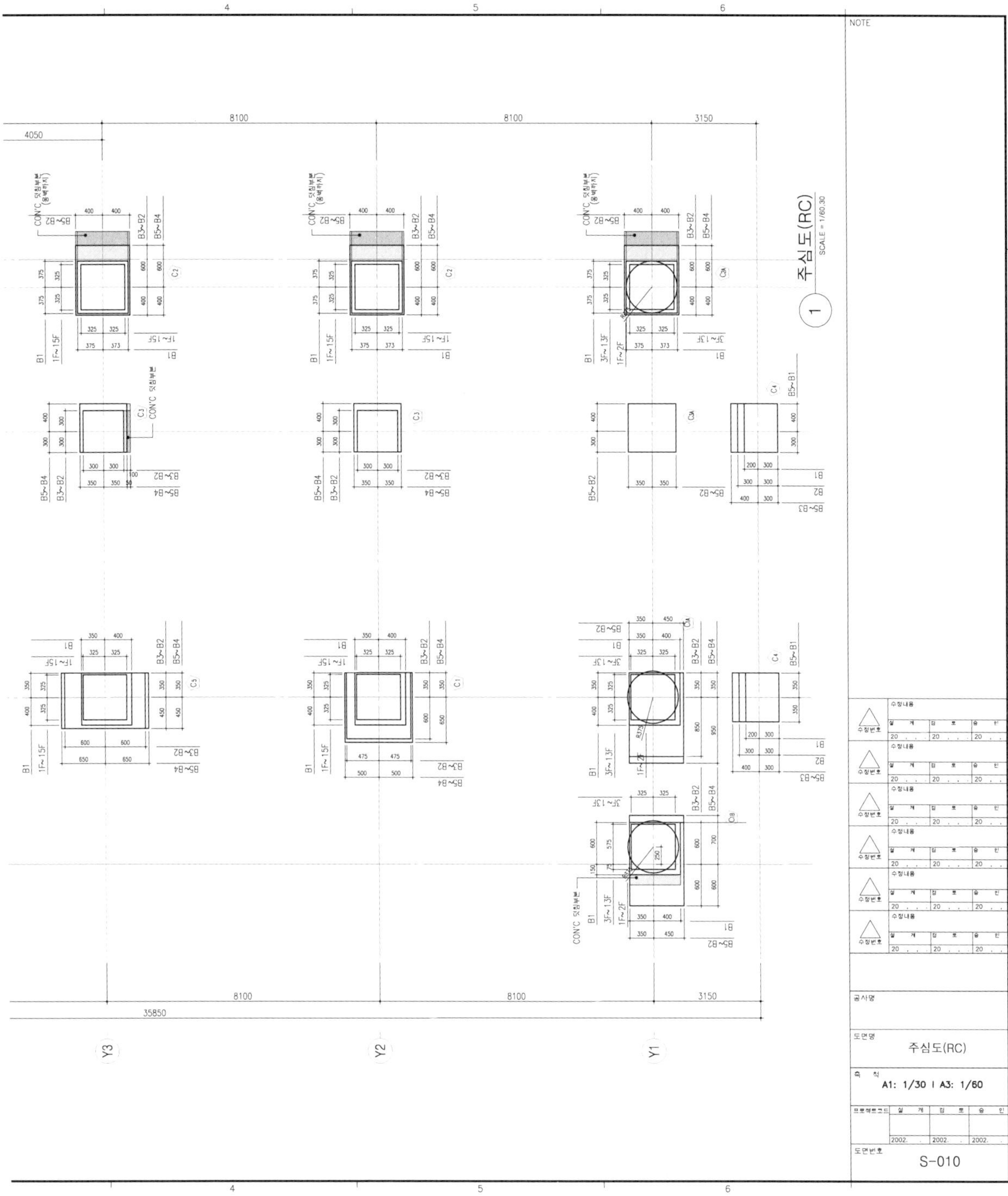
NOTE
주심도(RC)
SCALE = 1/60.30
8100
8100
3150
35850
Y3
Y2
Y1
공사명
도면명
주심도(RC)
A1: 1/30 I A3: 1/60
도면번호
S-010

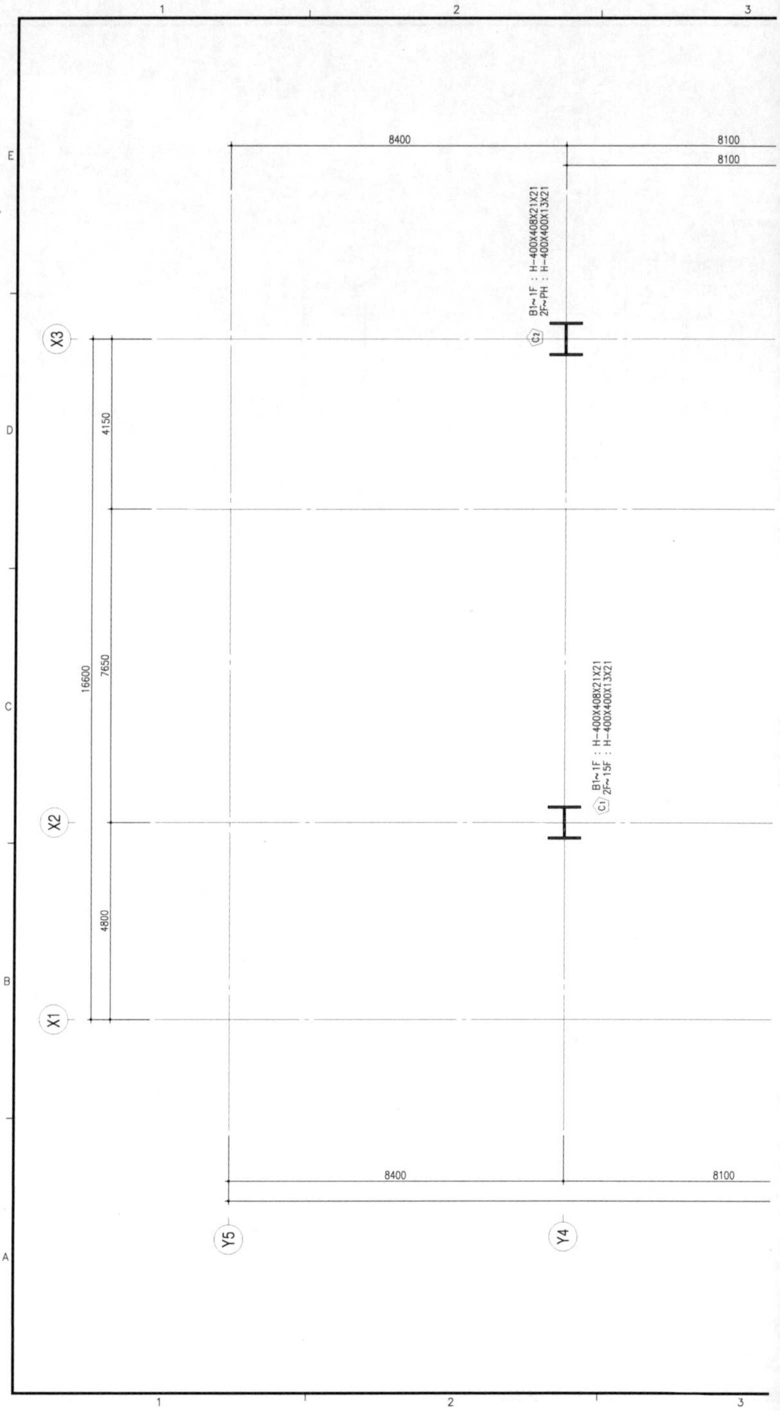
8400
8100
8100
B1~1F : H-400X408X21X21
2F~PH : H-400X400X13X21
C2
X3
4150
16600
7650
B1~1F : H-400X408X21X21
2F~15F : H-400X400X13X21
C1
X2
4800
X1
8400
8100
Y5
Y4

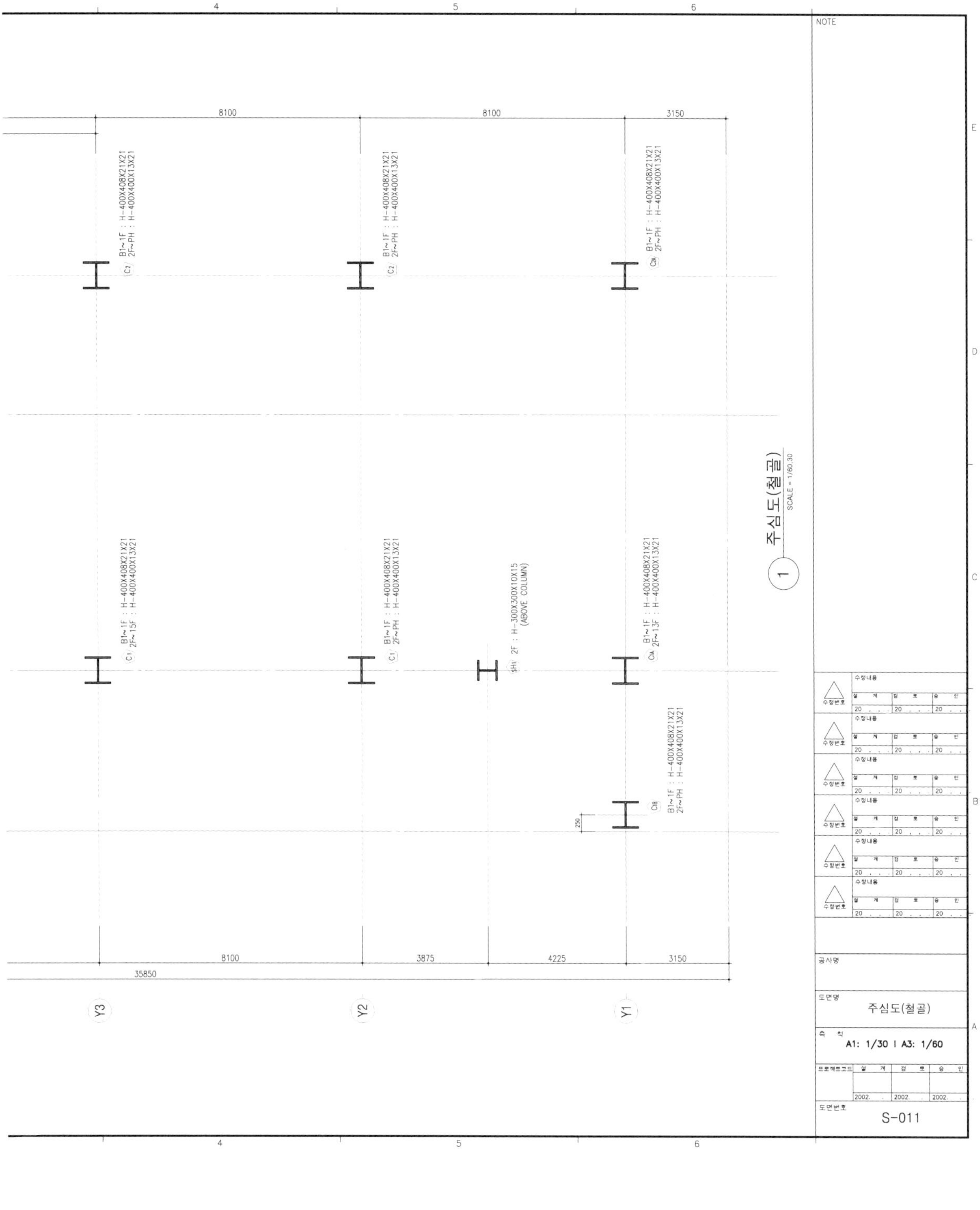
NOTE
주심도(철골)
SCALE = 1/60,30
8100
3150
3875
4225
35850
Y3
Y2
Y1
B1~1F : H-400X408X21X21
2F~PH : H-400X400X13X21
2F : H-300X300X10X15 (ABOVE COLUMN)
공사명
도면명 주심도(철골)
축척 A1: 1/30 I A3: 1/60
도면번호 S-011

2.5 슬래브 일람표 및 배근도, 구조 상세도

ㅇ슬래브 배근 일람표와 같이 표로 정리하여 표시하는 도면이다.

ㅇ데크 플레이트와 같은 공법을 적용할 경우 데크플레이트의 단면 상세 및 특징 등을 함께 표현한다.

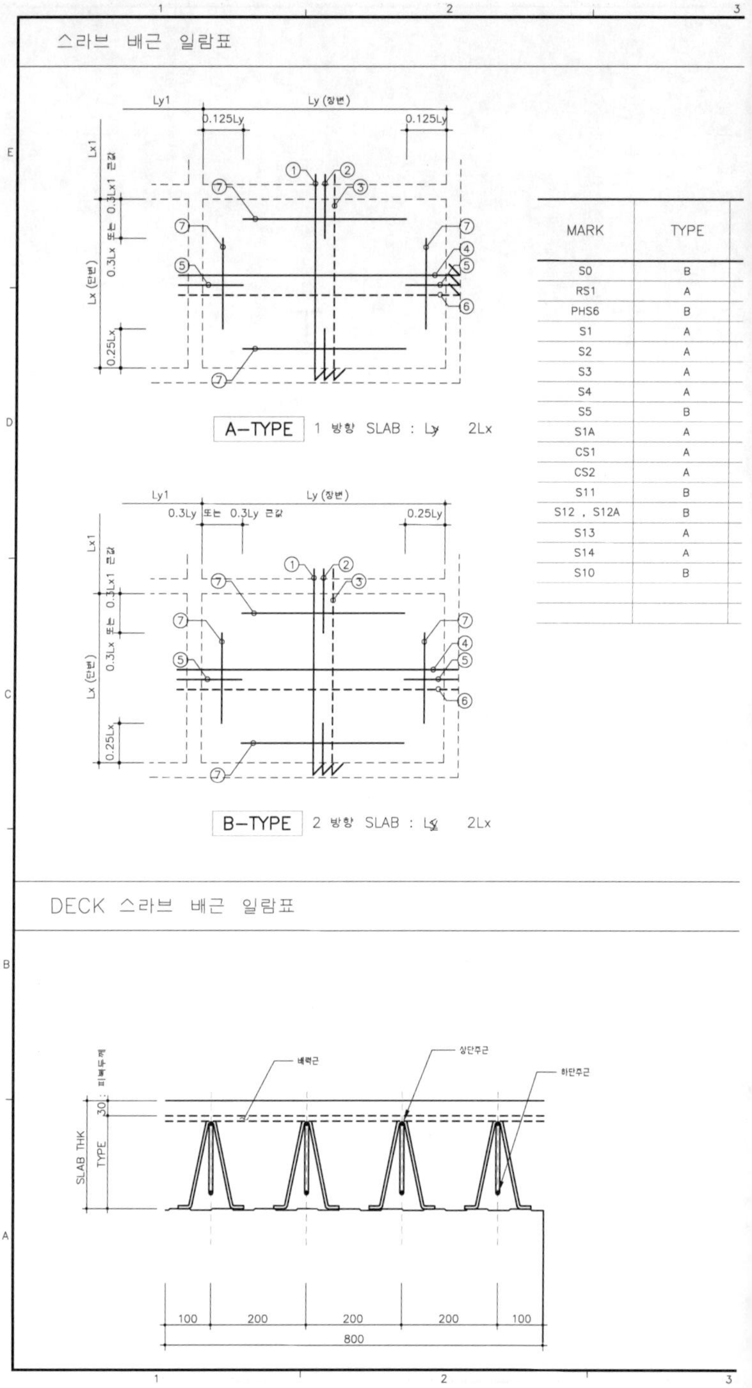

NOTE

* SLAB 지하,지상층 : $Fc = 240\ kg/cm^2$, $Fy = 4000\ kg/cm^2$

THK.	단 변 (X)			장 변 (Y)			양 변	비 고
	①	②	③	④	⑤	⑥	⑦	
135	HD10 @ 200	–	HD10 @ 200	HD10 @ 300	–	HD10 @ 300	–	
135	HD10 @ 200	–	HD10 @ 200	HD10 @ 300	–	HD10 @ 300	–	
135	HD10 @ 200	–	HD10 @ 200	HD10 @ 300	–	HD10 @ 300	–	
135	HD10 @ 200	–	HD10 @ 200	HD10 @ 300	–	HD10 @ 300	–	
200	HD13 @ 200	HD13 @ 200	HD13 @ 100	HD10 @ 400	HD10 @ 400	HD10 @ 200	–	
200	HD16 @ 300	HD16 @ 300	HD16 @ 150	HD13 @ 400	HD13 @ 400	HD13 @ 200	–	
150	HD10+13 @ 200	–	HD10+13 @ 200	HD10 @ 300	–	HD10 @ 300	–	
135	HD13 @ 400	HD13 @ 400	HD10 @ 200	HD13 @ 400	HD13 @ 400	HD10 @ 200	–	
150	HD13 @ 200	–	HD13 @ 200	HD10 @ 300	–	HD10 @ 300	–	
135	HD13 @ 150	–	HD13 @ 300	HD10 @ 300	–	HD10 @ 300	–	
135	HD13 @ 300	–	HD13 @ 300	HD10 @ 300	–	HD10 @ 300	–	
250	HD16 @ 300	HD16 @ 300	HD16 @ 150	HD16 @ 300	HD16 @ 300	HD16 @ 150	–	
250	HD16 @ 150	–	HD13 @ 150	HD13 @ 150	–	HD13 @ 150	–	
250	HD16 @ 150	–	HD13 @ 150	HD13 @ 150	–	HD13 @ 150	–	
200	HD16 @ 150	–	HD13 @ 150	HD13 @ 150	–	HD13 @ 150	–	
250	HD13 @ 200	–	HD13 @ 200	HD13 @ 200	–	HD13 @ 200	–	

SLAB NO.	FERRO DECK TYPE	SLAB THK	배 근			비 고
			상 부 근	하 부 근	배 력 근	
DS1	TC–85	135	HD13	HD10	HD10 @ 250	
DS2 , DS5	TC–85	135	HD13	HD10	HD10 @ 250	
DS3	TC–85	135	HD13	HD10	HD10 @ 250	
DS4	TE–150	200	HD16	HD13	HD10 @ 200	
DS1A	TE–100	150	HD16	HD16	HD10 @ 200	

수정번호	수정내용		
	설 계	검 토	승 인
	20 . . .	20 . . .	20 . . .

수정번호	수정내용		
	설 계	검 토	승 인
	20 . . .	20 . . .	20 . . .

수정번호	수정내용		
	설 계	검 토	승 인
	20 . . .	20 . . .	20 . . .

수정번호	수정내용		
	설 계	검 토	승 인
	20 . . .	20 . . .	20 . . .

수정번호	수정내용		
	설 계	검 토	승 인
	20 . . .	20 . . .	20 . . .

수정번호	수정내용		
	설 계	검 토	승 인
	20 . . .	20 . . .	20 . . .

공사명

도면명

슬라브 배근도

축 척

A1: NONE I A3: NONE

프로젝트코드	설 계	검 토	승 인
	2002. .	2002. .	2002. .

도면번호

S–309

2.6 기둥 및 보 일람표 및 배근도, 구조 상세도

○기둥 및 보 일람표에는 각 부재의 형태, 철근배근, 기둥의 크기 등을 단면형태로 표시하여 정리한 도면이다.

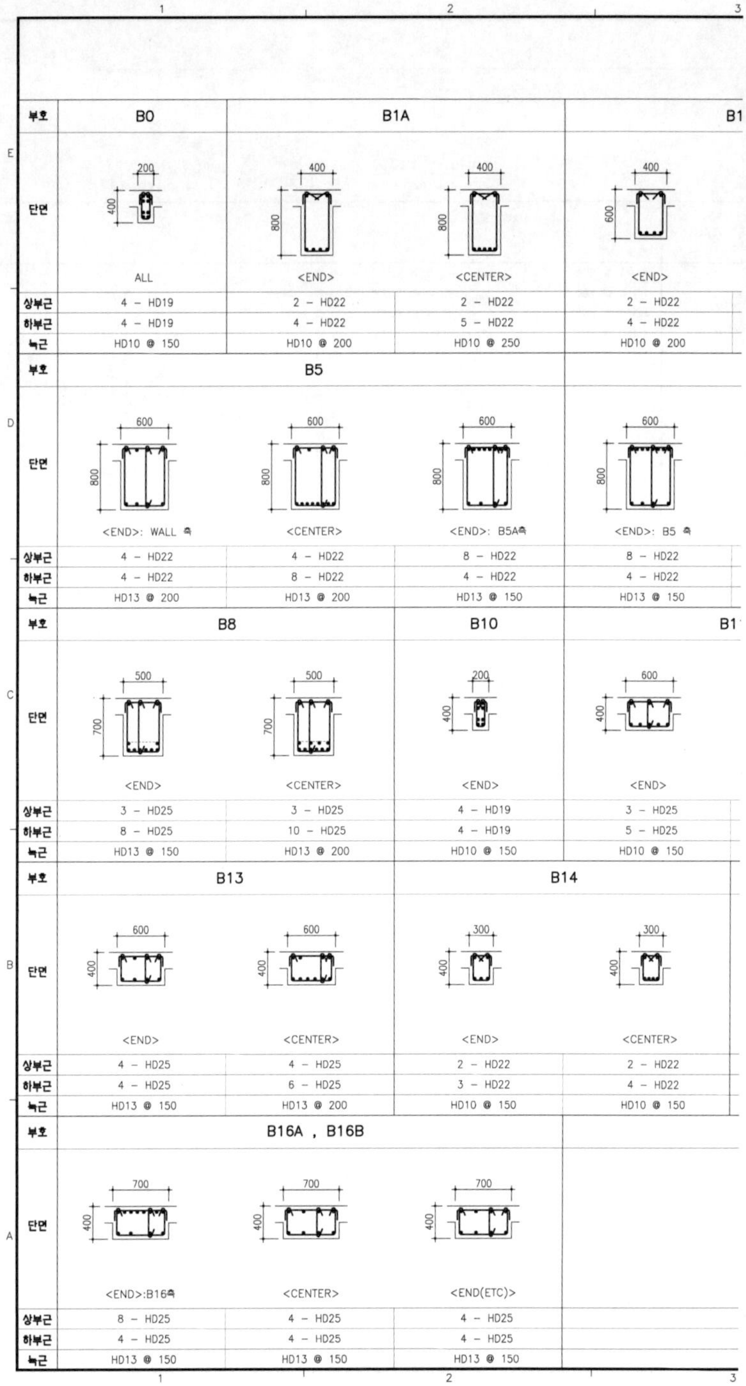

4 5 6

NOTE

1. 지상층은 내진상세 적용
2. 지하층은 일반상세 적용

	B2	B3		B4	
400 × 600	200 × 500	400 × 600	400 × 600	300 × 500	300 × 500
<CENTER>	ALL	<END>	<CENTER>	<END>	<CENTER>
2 - HD22	4 - HD19	2 - HD22	2 - HD22	2 - HD22	2 - HD22
5 - HD22	4 - HD19	4 - HD22	5 - HD22	3 - HD22	4 - HD22
HD10 @ 200	HD10 @ 200	HD10 @ 200	HD10 @ 250	HD10 @ 200	HD10 @ 200

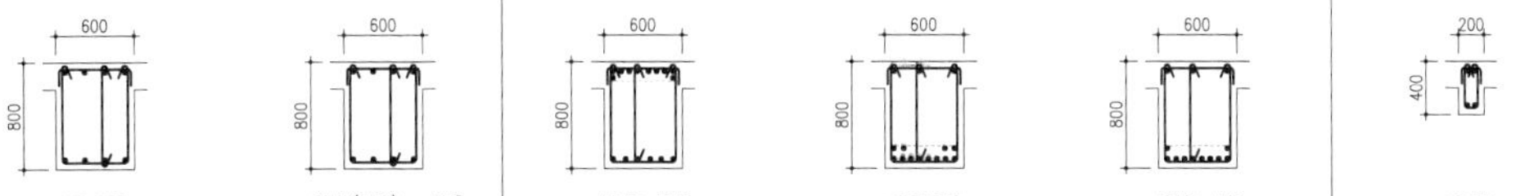

B5A		B6			B7
600 × 800	600 × 800	600 × 800	600 × 800	600 × 800	200 × 400
<CENTER>	<END(ETC)>: B1층	<END>:EXT.	<CENTER>	<END>:INT.	<END>
4 - HD22	4 - HD22	10 - HD22	3 - HD22	3 - HD22	2 - HD22
4 - HD22	4 - HD22	6 - HD22	12 - HD22	10 - HD22	2 - HD22
HD13 @ 200	HD13 @ 200	HD13 @ 150	HD13 @ 200	HD13 @ 150	HD10 @ 150

1	B11A		B12	B12A	
600 × 400	600 × 400	600 × 400	200 × 400	700 × 400	700 × 400
<CENTER>	<END>	<CENTER>	ALL	<END>	<CENTER>
3 - HD25	3 - HD25	3 - HD25	4 - HD19	8 - HD25	4 - HD25
6 - HD25	5 - HD25	7 - HD25	4 - HD19	4 - HD25	4 - HD25
HD10 @ 150	HD10 @ 150	HD10 @ 150	HD10 @ 150	HD13 @ 150	HD13 @ 150

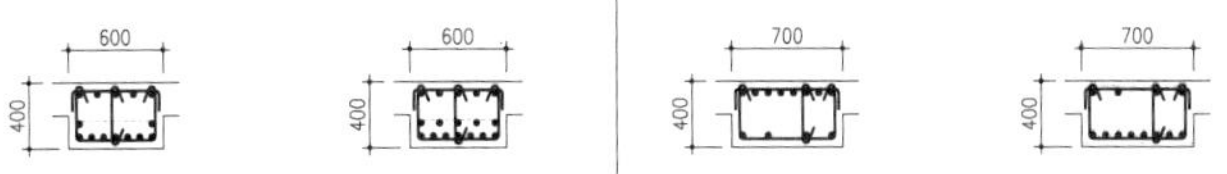

B15		B16	
600 × 400	600 × 400	700 × 400	700 × 400
<END>	<CENTER>	<END>	<CENTER>
5 - HD25	5 - HD25	8 - HD25	4 - HD25
9 - HD25	12 - HD25	4 - HD25	8 - HD25
HD13 @ 100	HD13 @ 150	HD13 @ 150	HD13 @ 150

수정번호	수정내용		
	설계	검토	승인
	20 . .	20 . .	20 . .

공사명

도면명: 보 배근도

축척: A1: 1/30 | A3: 1/60

프로젝트코드	설계	검토	승인
	2002.	2002.	2002.

도면번호: S-307

4 5 6

2.7 접합상세도 배근도, 구조 상세도

- ㅇ각 부재간의 접합부 배근 상세도가 표현된다.
- ㅇ철근콘크리트구조나 강구조의 일반적인 접합부의 경우 표준 접합상세를 적용한다.
- ㅇ다만, 특별한 접합상세로 구성된 경우 별도의 접합상세도를 표현하여야 한다.

■ GIRDER 접합 (GIRDER TO COLUMN FLANGE & WEB / MOMENT CONNECTION)

부 재 크 기	재질	접합 TYPE	BOLT (F10T)	FLANGE									
				BOLT	TOP PLATE			BOT.PLATE			BOLT		
				수량	PLATE	B1	L1	PLATE	B2	L1	수량	S1	S2
H-500X200X10X16	SS400	1	M20	24	2-12	195	410	4-12	70	410	12	60	
H-588X300X12X20	SS400	2	M20	40	2-16	295	530	4-18	105	530	14	60	
H-600X200X11X17	SS400	1	M20	24	2-14	195	410	4-14	70	410	14	60	
H-692X300X13X20	SS400	2	M20	40	2-18	295	530	4-18	105	530	18	60	
H-700X300X13X24	SS400	2	M20	48	2-20	295	620	4-20	105	620	18	60	6
H-700X300X13X24	SM490A	2	M20	64	2-20	295	800	4-20	105	800	32	60	6
H-708X302X15X28	SM490A	2	M20	72	2-23	295	890	4-23	105	890	32	60	6
H-900X300X16X28	SM490A	2	M20	80	2-23	295	980	4-25	105	980	44	60	6
H-400X200X8X13	SS400	1	M20	16	2-16	195	290	2-8	70	290	8	60	
H-300X150X605X9	SS400	1	M20	16	2-9	145	290	4-9	55	290	4	120	
H-300X300X10X15	SS400	1	M20	32	2-12	295	440	4-12	105	440	6	60	
H-200X200X8X12	SS400	1	M20	16	2-9	195	290	4-9	70	290	8	60	6

■ GIRDER TO COLUMN FLANGE / MOMENT CONNECTION

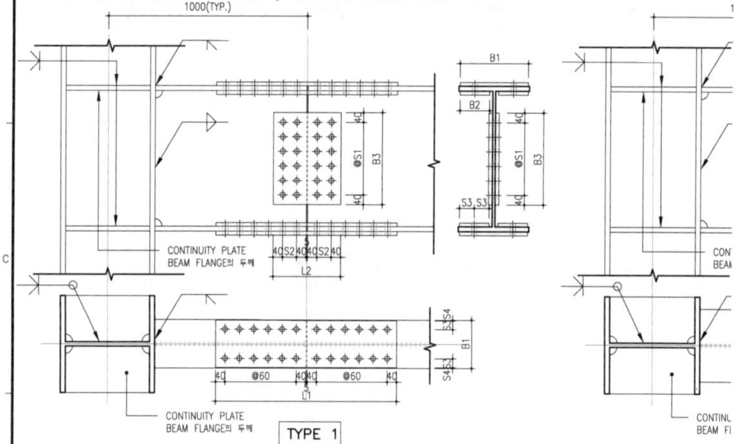

■ GIRDER TO COLUMN WEB / MOMENT CONNECTION

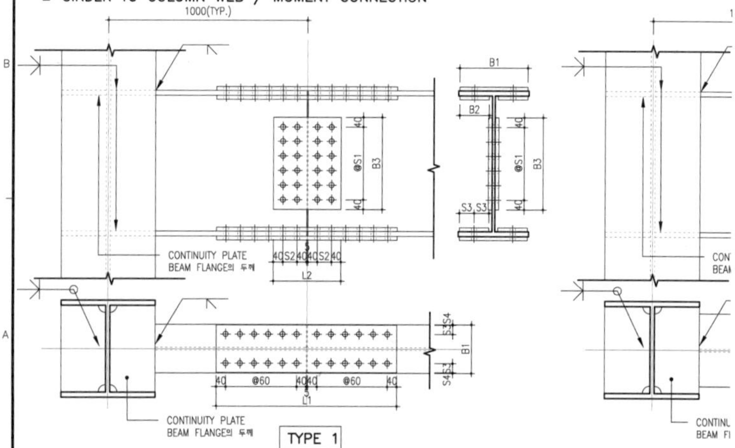

WEB			
	PLATE		
	PLATE	B3	L2
–	2–9	380	170
–	2–9	440	170
–	2–9	440	170
–	2–9	560	170
0	2–9	560	170
0	2–12	500	290
0	2–12	500	290
0	2–12	680	290
–	2–9	195	170
–	2–9	200	170
–	2–8	200	170
0	2–14	140	290

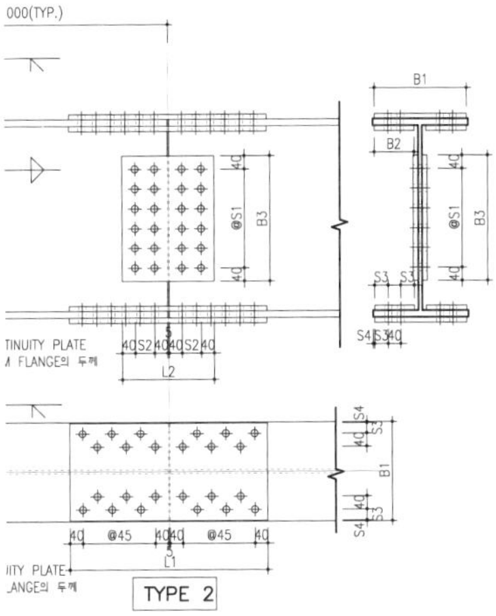

TYPE 2

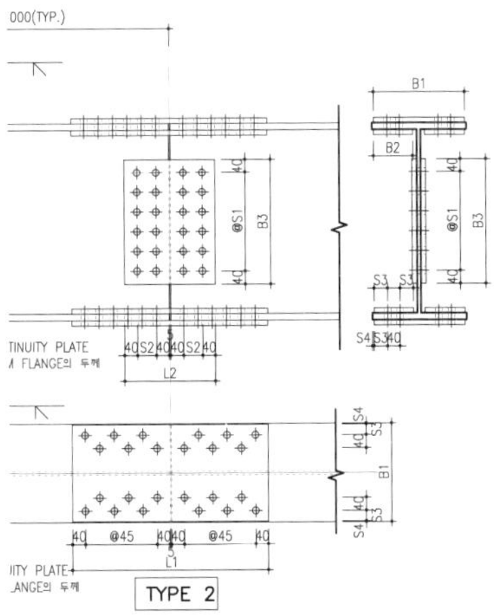

TYPE 2

■ BEAM 접합

부 재 크 기	재질	접합 TYPE	BOLT (F10T)	WEB					
				BOLT			PLATE		
				수량	S1	S2	PLATE	B3	L2
H–400X200X8X13	SS400	1	M20	6	60	60	1–12	200	140
H–692X300X13X20	SS400	1	M20	16	60	60	1–23	500	140
H–600X200X11X17	SS400	1	M20	14	60	60	1–23	440	140
H–500X200X10X16	SS400	1	M20	10	60	60	1–20	320	140
H–450X200X9X14	SS400	1	M20	8	60	60	1–18	260	140
H–350X150X6.5X9	SS400	1	M20	4	60	60	1–18	140	140
H–700X300X13X24	SS400	1	M20	18	60	60	1–23	560	140
H–200X200X8X12	SS400	1	M20	4	60	60	1–25	140	140

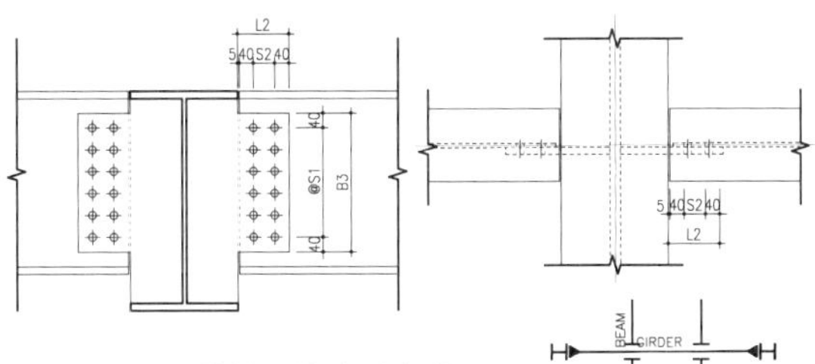

* BEAM의 연속 단부접합 적용

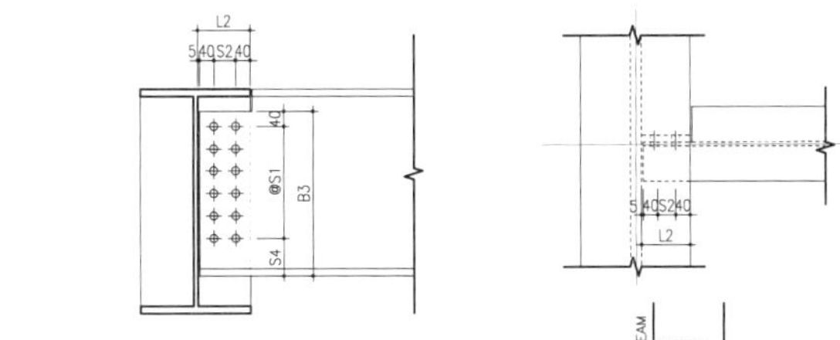

* BEAM의 불연속 단부접합 적용

TYPE 1 ONE PLATE(일면전단)

NOTE

수정번호	수정내용		
	설 계	검 토	승 인
	20 . .	20 . .	20 . .

수정번호	수정내용		
	설 계	검 토	승 인
	20 . .	20 . .	20 . .

수정번호	수정내용		
	설 계	검 토	승 인
	20 . .	20 . .	20 . .

수정번호	수정내용		
	설 계	검 토	승 인
	20 . .	20 . .	20 . .

수정번호	수정내용		
	설 계	검 토	승 인
	20 . .	20 . .	20 . .

수정번호	수정내용		
	설 계	검 토	승 인
	20 . .	20 . .	20 . .

공사명

도면명

철골 접합 상세도

축 척

A1: 1/10 I A3: 1/20

프로젝트코드	설 계	검 토	승 인
	2002. .	2002. .	2002. .

도면번호

S-401

3장 기계설비 부문 설계도서

3.1 도면목록표 및 범례

○ 도면목록표는 도면 전체의 목록을 나타내는 도면이다.
도면번호, 도면명, 축척 및 기타 비고사항을 기입한다.
일반적으로 기계설비는 M으로 시작하며, 기계소방의 경우는 MF로 시작하며, 기계설비 공종에 따라 앞의 기호를 추가하는 경우가 있다. 다음 도면에서 자동제어는 MC로 되어 있다.

○ 범례는 기계설비 도면 작성에 사용하는 각종 기호와 그들의 설명을 나타내며, 필요시 재질 등의 세부 사항을 포함하기도 한다.
범례는 공조, 위생 등 공종별로 분류하여 작성하거나 배관류 · 덕트류 · 밸브 및 연결부속류로 분류하여 작성하는 경우도 있다.

- 일반적으로 도면목록 및 범례는 따로 작성하는 경우가 대부분이며, 본 사례는 건물이 단순하여 하나의 도면에 함께 표현하고 있다.

● 도 면 목 록 표 ●

도면번호	도 면 명	축 척	비 고
M-01	도면목록 및 범례	없음	
M-02	장비일람표	없음	
M-03	열원계통도	없음	
M-04	기계실확대배관및공조실확대평면도	1/50	
M-05	공조배관계통도	없음	
M-06	지하 5층, 지하 4층공조배관평면도	1/100	
M-07	지하 3층, 지하 2층공조배관평면도	1/100	
M-08	지하 1층, 지상 1층공조배관평면도	1/100	
M-09	지상 2층, 지상 3~13층공조배관평면도	1/100	
M-10	지상 14~15층, 옥탑층공조배관평면도	1/100	
M-11	위생배관계통도	없음	
M-12	PIT층, 지하 5층위생배관평면도	1/100	
M-13	지하 4층, 지하 3층위생배관평면도	1/100	
M-14	지하 2층, 지하 1층위생배관평면도	1/100	
M-15	지상 1층, 지상 2층위생배관평면도	1/100	
M-16	지상 3~13층, 지상 14층위생배관평면도	1/100	
M-17	지상 15층, 옥탑층위생배관평면도	1/100	
M-18	공조덕트계통도	없음	
M-19	PIT층, 지하 5층공조덕트평면도	1/100	
M-20	지하 4층, 지하 3층공조덕트평면도	1/100	
M-21	지하 2층, 지하 1층공조덕트평면도	1/100	
M-22	지상 1층, 지상 2층공조덕트평면도	1/100	
M-23	지상 3~13층, 지상 14층공조덕트평면도	1/100	
M-24	지상 15층, 옥탑층공조덕트평면도	1/100	
M-25	샤프트상세도	1/20	
M-26	화장실확대배관평면도	1/50	
M-27	일반상세도 - 1	없음	
M-28	일반상세도 - 2	없음	
MC-01	자동제어범례및기기일람표	없음	
MC-02	자동제어계통도 - 1	없음	
MC-03	자동제어계통도 - 2	없음	

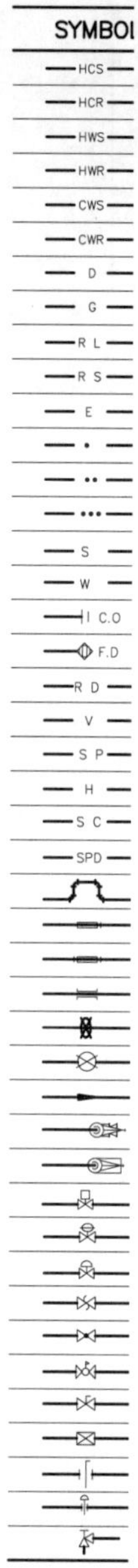

LEGEND

DESCRIPTION	REMARKS
HOT & CHILLED WATER SUPPLY PIPE	
HOT & CHILLED WATER RETURN PIPE	
HOT WATER SUPPLY PIPE	
HOT WATER RETURN PIPE	
COOLING WATER SUPPLY PIPE	
COOLING WATER RETURNPIPE	
DRAIN	
LIQUIFIED PETROLEUM GAS PIPE	
REFRIGERANT LIQUID PIPE	
REFRIGERANT HOT GAS (SUCTION) PIPE	
EXPANSION PIPE	
CITY WATER SUPPLY	
DOMESTIC HOT WATER SUPPLY	
DOMESTIC HOT WATER RETURN	
SOIL	
WASTE	
CLEAN OUT	
FLOOR DRAIN	
ROOF DRAIN	
VENT	
SPRINKLER PIPE	
FIRE HYDRANT PIPE	
SIAMISE CONNECTION	
SPRINKLER DRAIN	
EXPANSION JOINT(LOOP TYPE)	
EXPANSION JOINT(SINGLE BELLOWS TYPE)	
EXPANSION JOINT(DOUBLE BELLOWS TYPE)	
PIPE GUIDE	
PIPE ANCHOR	
PIPE HANGER AND SUPPORT	
FLOW IN THE DIRECTION OF ARROW	
BUTTERBLY VALVE & CHECK VALVE OF PIPE	
BUTTERBLY VALVE & STRAINER OF PIPE	
2-WAY CONTROL VALVE	
DIFFERENCE PRESSURE VALVE	
SOLENOID OPERATED VALVE	
SAFTY VALVE	
GLOBE VALVE	
PRESSURE REDUCING VALVE	
COCK VALVE	
AUTO. BALANCING VALVE	
BUTTERFLY VALVE	
MOTORIZED OPERATED BUTTERFLY VALVE	
ANGLE VALVE	

SYMBOL	DESCRIPTION	REMARKS
	BALL VALVE	
	GATE VALVE	
	CHECK VALVE	
	STRAINER	
	FLEXIBLE CONNECTION	
	WATER METER	
A.A.V	AUTO AIR VENT	
	THERMOMETER	
	PRESSURE GAUGE	
S.A	SUPPLY AIR DUCT SECTION	
R.A	RETURN AIR DUCT SECTION	
E.A	EXHAUST AIR DUCT SECTION	
O.A	FRESH AIR DUCT SECTION	
V.D	VOLUME DAMPER	
F.D	FIRE DAMPER	
F.V.D	FIRE VOLUME DAMPER	
M.V.D	MOTORIZED VOLUME DAMPER	
M.F.D	MOTORIZED FIRE DAMPER	
T.V	SQUARE TURNED ELBOW W/ TURNING VANES	
	FLEXIBLE CONNECTION	
	DUCT ELBOW TURNED UP	
	DUCT ELBOW TURNED DOWN	
	SUPPLY AIR FLOW	
	RETURN AIR FLOW	

NOTE

공사명	
도면명	도면목록 및 범례
축척	A1: NONE I A3: NONE
프로젝트코드	설계 2002. . / 검토 2002. . / 승인 2002. .
도면번호	M - 01

3.2 장비일람표

○장비일람표는 해당 건물에 설치되는 모든 장비의 용량, 수량, 사양 및 기타 특별한 기준이나 조건 등을 나타내는 도면으로, 장비발주와 물량 산출 등에서 매우 중요한 역할을 하는 도면이다.

장비일람표 원칙적으로 건물에 설치되는 모든 장비를 표기하여 주로 다음 장비들이 표기된다

- 열원장비 : 냉동기, 보일러, 냉각탑, 열교환기, EHP/GHP 등
- 공조장비 : 공기조화기(AHU), 환기조화기, 팬코일유닛(FCU), 방열기, 전기방열기, 컨벡터, 팬파워드유닛(FPU), 헤더 등
- 반송장비 : 펌프류(공조용, 위생용), 송풍기 및 각종 팬류
- 위생기구 : 양변기, 소변기, 샤워기, 청소싱크 등 위생기구류
- 각종 탱크류 : 저수조, 고가수조, 급탕탱크, 팽창탱크, 응축수탱크, 우수조 등
- 기타 특수장비 : 지열장비, 태양열 급탕설비 등

냉온수 유니트

기 호	적 용	설 치 장 소	용 량	수 량	HEATER							유 량	입
					연료	가스 소모량	용 량	유 량	수 온 (°C)				
			USRT	대		Nm³/HR	KCAL/HR	m³/h	ENT.	LEAV.		m³/h	
ACH-1	냉방 및 난방	지하5층 기계실	270	1	LNG	73.4	816,480	163.3	55	60		163.3	12

온수보일러

기 호	명 칭	적 용	설 치 장 소	용 량	수량	사용 압력	버 너		전열 면적
							연료	연료소모량	
				KCAL/HR	대	KG/CM²		NM³/HR	m²
B-1	무압관수식 온수보일러	난방 및 급탕용	지하5층 기계실	100,000	1	10	LNG	11.6	4.0

공 기 조 화 기

기 호	적 용	설 치 장 소	형 식 *1	수량	냉 각 코 일									
					용 량	수 온 (°C)		유 량	관 경	입구공기조건(°C)		출구공기조건(°C)		용
				대	KCAL/HR	ENT.	LEAV.	LPM	A	DB	WB	DB	WB	KC
AHU-1	지상1층~지상15층 환기용	지하3층 공조실	Ⓗ	1	32,947	7	12	110	50	31.2	25.5	15.0	14.0	19

* 1. Ⓗ : (수평형) Ⓥ : (수직형) Ⓒ : (복합형) HR : (현열 교환기 내장) RF : (리턴휀 내장)
* 2. BC : BACKW FC : FORWA AF : AXIAL

패케이지 에어콘 (공냉식)

기 호	적 용	형 식	수 량	냉 각 코 일			가 열 코 일				급 기 휀		
				용 량	공 기 조 건(°C)		용 량	전기용량	공 기 조 건 건 구(°C)		동 력	풍 량	기외정압
			대	kcal/h	입 구	출 구	kcal/hr	KW	입 구	출 구	W	CMM	mmAq
PAC-1	지하4층 M.D.F실	공 냉 식	1	1.600	–	–	–	–	–	–	6	6.5	0

휀 코 일 유 니 트

기 호	적 용	형 식	수 량 (대)													
			지하5층	지하4층	지하3층	지하2층	지하1층	1층	2층	3층	4층	5층	6층	7층	8층	9층
FCU-1	해당실	상치 상부 토출형	–	–	–	–	–	7	8	–	–	–	–	–	–	–
FCU-2	해당실	상치 상부 토출형	–	–	–	–	–	–	–	11	11	11	11	11	11	11
FCU-3	해당실	천정 매입형	–	–	–	–	–	–	–	–	–	–	–	–	–	–
FCU-4	해당실	천정 매입형	–	–	–	–	–	2	4	5	5	5	5	5	5	5
FCU-5	해당실	천정카셋트형	–	–	–	–	–	1	–	–	–	–	–	–	–	–

펌 프

기 호	명 칭	형 식	수 량	구 경 (A)		유 량	양 정	동 력	전 원	비
			대	흡 입	토 출	LPM	M	kW	PH x V x HZ	
P-1	급수 펌프	부스터	1SET	100	100	398	109	5.5 x 3	3 x 380 x 60	인버터 제어
P-2	온수 순환펌프	인라인	2	40	40	25	16	1.5	3 x 380 x 60	1대 예비
P-3	냉온수 순환펌프	인라인	2	200	200	2,722	19	18.5	3 x 380 x 60	1대 예비
P-4	냉각수 순환펌프	인라인	2	200	200	4,680	29	45	3 x 380 x 60	1대 예비
P-5	급탕 순환펌프	인라인	2	25	25	7	3	0.04	1 x 220 x 60	1대 예비
P-6	대류 순환펌프	인라인	2	40	40	25	16	1.5	3 x 380 x 60	1대 예비
P-7	기계실,주차장 배수 펌프	입형	2x2SET	–	80	300	21	3.7	3 x 380 x 60	1대 예비, 비상시
P-8	ELEV. LIFT PIT 배수 펌프	수중형	2SET	–	50	100	8	0.4	1 x 220 x 60	–

* 주기 : KS 규격에서 정해준 효율이상의 제품을 채택

송 풍 기

기 호	명 칭	설 치 위 치	형 식	수 량	풍 량	정 압	동 력	전 원	비
				대	CMM	mmAq	kW	PH x V x HZ	
F-1	지하주차장 급기휀	지하주차장 휀룸	HANGER	4	75	15	0.75	3 x 380 x 60	
F-2	지하주차장 배기휀	지하주차장 휀룸	HANGER	4	75	15	0.75	3 x 380 x 60	
F-3	지하5층 기계실 급,배기휀	지하5층 기계실	INLINE	2	100	7	0.5	3 x 380 x 60	
F-4	지하3층 발전기,전기실 급,배기휀	지하3층 기계실	INLINE	2	53	12	0.37	3 x 380 x 60	
F-5	지하3층 정화조 급기휀	지하3층 정화조	INLINE	1	30	24	0.37	3 x 380 x 60	
F-6	지하3층 정화조 배기휀	옥탑층	SIROCCO	1	35	45	2.2	3 x 380 x 60	
F-7	화장실-1 배기휀	옥탑층	SIROCCO	1	65	28	1.1	3 x 380 x 60	
F-8	화장실-2 배기휀	1~15층	INLINE	15	8	10	0.1	1 x 220 x 60	
F-9	화장실-3 배기휀	지하 2층, 1층	INLINE	2	6	6	0.1	1 x 220 x 60	
F-10	관리실, 용역실 배기휀	지하 5층, 지하2층	INLINE	2	5	6	0.1	1 x 220 x 60	

장비일람표 ●

증발기 수온(°C) 구	출구	입력 MAQ	응축기 유량 m³/h	수온(°C) 입구	출구	입력 MAQ	연도(배기구) ø(MM)	운전중량 KG	총입력 KVA	전원 PH x V x HZ	비고
	7	3.6	280.8	32	37.4	8.0	400x500	12,100	14.5	3 x 220 x 60	사용압력 10kg/cm2

송풍기 형식	송풍량 CMM	정압 MMAQ	동력 KW	급수 펌프 동력 KW	배관 접속 관경 난방 MM	급탕 MM	안전변 MM	연도 A	총입력 KW	전원 PHxVxHZ	비고
–	–	–	–	–	50	32	–	200	0.25	2 x 220 x 60	

* 공조기 COIL TYPE은 냉온수 겸용 COIL로 냉수기준 설계
COIL 재질 (COIL : COPPER TUBE, COPPER PIN)

가열코일 용량 KCAL/HR	온수 온도(°C) ENT.	LEAV.	유량 LPM	공기 조건(°C) ENT.	LEAV.	재열코일 형식	전기용량 KW	가습기 용량 KG/HR	형식	전기용량 KW	공급휀/반환휀 형식 *2	풍량 CMM	정압 MMAQ	동력 HP	외기 CMM MAX.	MIN.	필터 TYPE		효율 %	전원 PH x V x HZ	제어 *3	비고
8,317	60	55	661	−11.3	25.0	–	–	113	수기화식	–	BC / –	321 / –	100 / –	10 / –	321	–	PRE	무전원 정전식	AFI 80	3x380x60	CAV	동파방지 댐퍼코일설치 (1KW)

ARD CURVE AIR FOIL
RD CURVE SIROCCO
FAN

SS : SINGLE SUCTION
DS : DOUBLE SUCTION
APP: ADJUSTABLE PITCHED PULLEY

IV : INLET VANE
CAV : CONSTANT AIR VOLUME
VAV : VARIABLE AIR VOLUME

* 3. VVVF : VARIABLE VOLTAGE VARIABLE FREQUENCY

형식	외기량 CMM	응축기 휀형식	휀동력 kw	풍량 CMM	제품중량 실내기 kg	실외기 kg	총입력 W	전원 PH x V x HZ	비고
C.F.FAN	–	–	–	–	7	25	610	1 x 220 x 60	벽걸이형

10층	11층	12층	13층	14층	15층	합계	냉각코일 용량 KCAL/HR	수온(°C) 입구	출구	유량 LPM	가열코일 용량 KCAL/HR	수온(°C) 입구	출구	유량 LPM	급기휀 풍량 CMM	동력 W	전원 PH x V x HZ	비고
–	–	–	–	–	–	15	3,460	7	12	11.5	5,740	60	55	11.5	11.3	42	1 x 220 x 60	
11	11	11	11	8	8	137	2,400	7	12	8	4,070	60	55	8	8.5	35	1 x 220 x 60	
–	–	–	–	4	4	8	3,460	7	12	11.5	5,740	60	55	11.5	11.3	42	1 x 220 x 60	
5	5	5	5	–	–	63	2,400	7	12	8	4,070	60	55	8	8.5	35	1 x 220 x 60	도달거리 : 2.5m (거주역 0.5m/s) 기준
–	–	–	–	–	–	1	2,400	7	12	8	4,070	60	55	8	8.5	67	1 x 220 x 60	

고

냉각탑

기호	적용	형식	설치장소	수량 대	냉각용량 KCAL/HR	유량 LPM	냉각수 온도(°C) 입구	출구	풍량 CMM	동력 HP	전원 PHxVxHZ	운전중량 KG	비고
CT-1	ACH-1	직교류형	옥탑층	1	1,560,000	5,200	37	32	2,600	15	3x380x60	8,060	

동시가동

저장탱크

기호	명칭	설치장소	형식	수량 대	저장량 LIT	크기(MM) ø	W	L	H	재질	보온 재질	두께 (MM)	비고
T-1	저수조	기계실	각형	1	130,000	–	–	–	–	SMC			투시창 설치
T-2	고가수조	옥탑층	각형	1	19,000	–	–	–	–	SMC			
HWT-1	급탕저장탱크	기계실	원통입형	1	1,500	–	–	–	–	STS	암면	50	
ET-1	밀폐식 팽창탱크	옥탑층	원통입형	1	1,200	910	–	–	2,180	SS400			
ET-2	밀폐식 팽창탱크	기계실	원통입형	1	1,000	780	–	–	1,870	SS400			

고

NOTE

수정번호	수정내용		
△	설계 20 . .	검토 20 . .	승인 20 . .
△	설계 20 . .	검토 20 . .	승인 20 . .
△	설계 20 . .	검토 20 . .	승인 20 . .
△	설계 20 . .	검토 20 . .	승인 20 . .
△	설계 20 . .	검토 20 . .	승인 20 . .
△	설계 20 . .	검토 20 . .	승인 20 . .

공사명

도면명: 장비일람표

축척: A1: NONE I A3: NONE

프로젝트코드	설계	검토	승인
	2002. .	2002. .	2002. .

도면번호: M – 02

3.3 열원 계통도

○열원 계통도(흐름도)

열원 계통도(흐름도) 대상 건물에서 열의 공급(흐름)과 관련된 내용을 다이어그램 형식으로 나타내는 도면이다.

열원 흐름도에는 냉동기, 보일러 등의 열원 및 시스템에어컨, 지열 시스템, 태양열 급탕 등의 보조열원과 함께 냉각탑, 열교환기, 팽창탱크, 급탕탱크, 응축수 탱크 등 열원관련 장비와 함께 열공급에 필요한 펌프류, 헤더, 각종 배관의 입상과 분기 및 주요 제어밸브까지도 포함하여 표현한다.

*옥외배관 평면도

본 사례의 도면에는 옥외배관 평면도가 포함되어 있지 않지만 일반적으로 열원흐름도 전후에 옥외배관 평면도를 작성한다.

옥외배관 평면도는 건축물의 옥외에 설치되는 각종 배관의 설치를 표현하는 도면으로 건축 배치도에 표현한다. 옥외배관 평면도는 원칙적으로 건물 옥외에 설치하는 모든 배관을 표기하여 주로 다음 항목들을 표기한다.

- 상수도 관련 : 수도미터기 위치, 상수도 인입배관 (관로 및 관경)
- 도시가스 관련 : 도시가스 정압기/미터기 위치, 도시가스 인입배관 (관로 및 관경)
- 우수/오수배관 : 건물에서 토목배관으로 연결되는 우수관, 오수관 위치 및 관경
- 기타 : 건물 옥외에 설치되는 모든 설비 관련 시설 및 배관

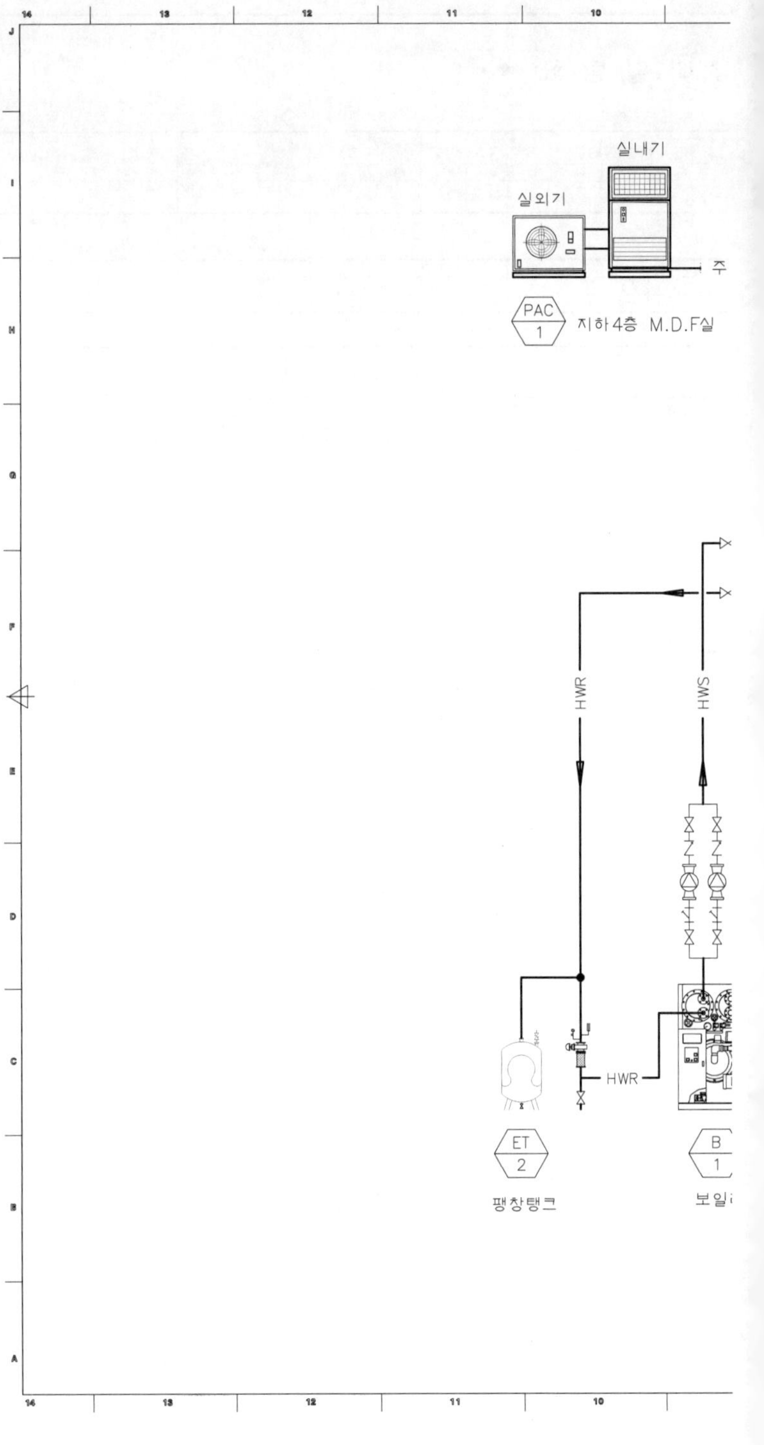

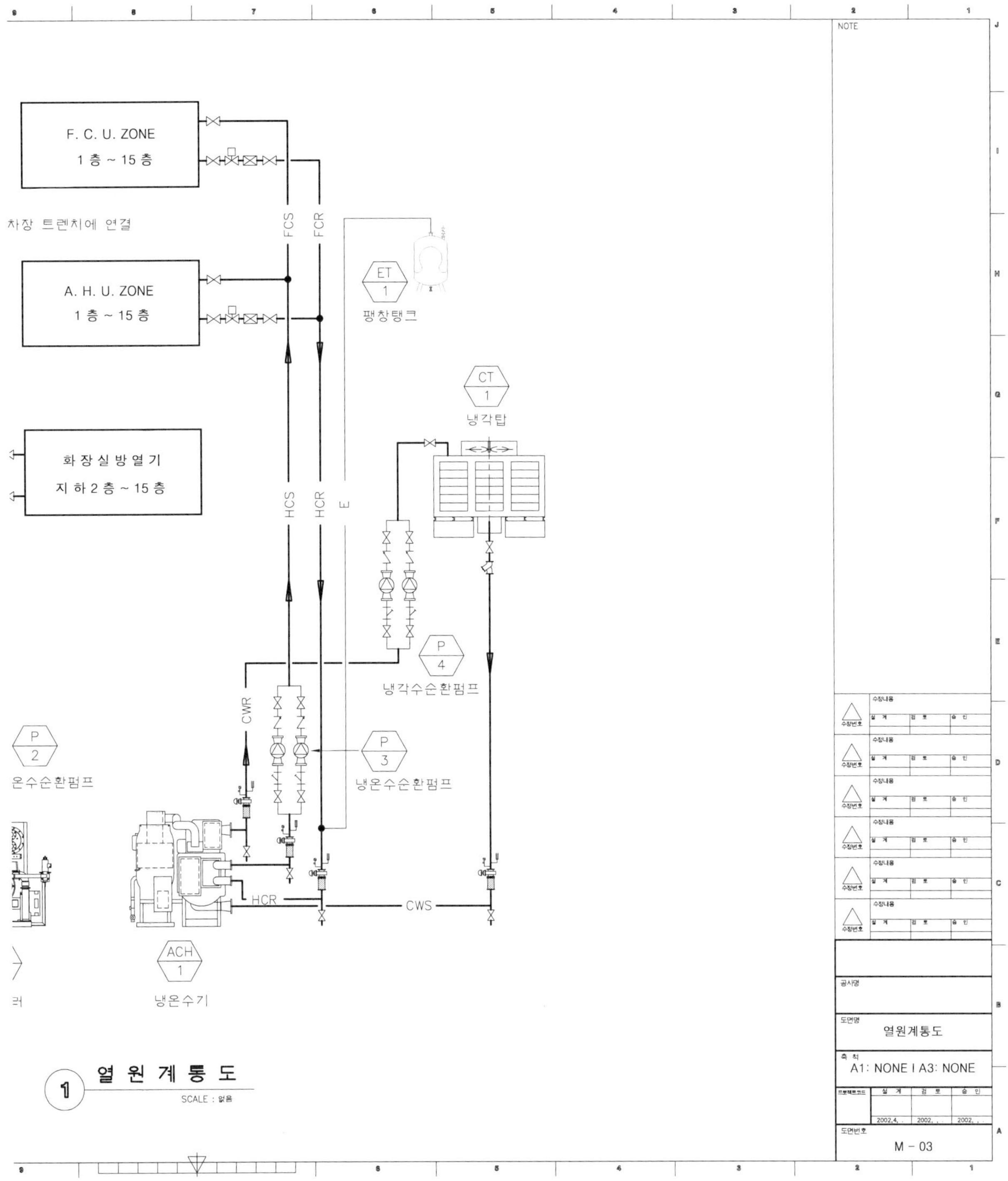
NOTE
F. C. U. ZONE
1 층 ~ 15 층
차장 트렌치에 연결
FCS
FCR
ET
1
팽창탱크
A. H. U. ZONE
1 층 ~ 15 층
CT
1
냉각탑
화 장 실 방 열 기
지 하 2 층 ~ 15 층
HCS
HCR
E
P
4
냉각수순환펌프
CWR
P
2
온수순환펌프
P
3
냉온수순환펌프
HCR
CWS
ACH
1
냉온수기
열 원 계 통 도
SCALE : 없음
도면명
열원계통도
A1: NONE I A3: NONE
2002.4.
M - 03

3.4 기계실 확대배관 및 공조실 확대 평면도

○기계실 확대 도면

기계실에 설치되는 각종 장비와 배관, 덕트를 표현하는 도면이다. 기계실은 기계설비 시스템에서 매우 중요하고, 시설의 배치가 매우 복잡하므로 별도로 표현한다. 일반적으로 장비 설치를 위한 장비 기초도는 별도로 표시하며, 기계실 배관 도면과 덕트 도면도 각각 별도로 작성하는 것이 일반적이다. 또한 기계실 배관에는 밸브 일람표를 별도의 표로 작성하는 것이 일반적이다. 본 사례는 건물이 단순하여 기계실의 배관만을 표현하였다.

○공조실 확대 배관 평면도 / 공조실 확대덕트 평면도

공조실 확대배관 평면도와 공조실 확대덕트 평면도는 공조실의 배관과 덕트 설치가 복잡하여 공조배관, 공조덕트 평면도에 표현하기가 어려우므로 축척을 크게 하여 자세히 나타내는 도면이다.

일반적으로는 공조배관, 공조덕트 도면의 계통도, 각층 평면도 작성 이후에 공조실 확대배관, 확대덕트 평면도를 작성하는 것이 일반적이지만 본 사례는 건물이 단순하여 상기 도면과 함께 표현하였다.

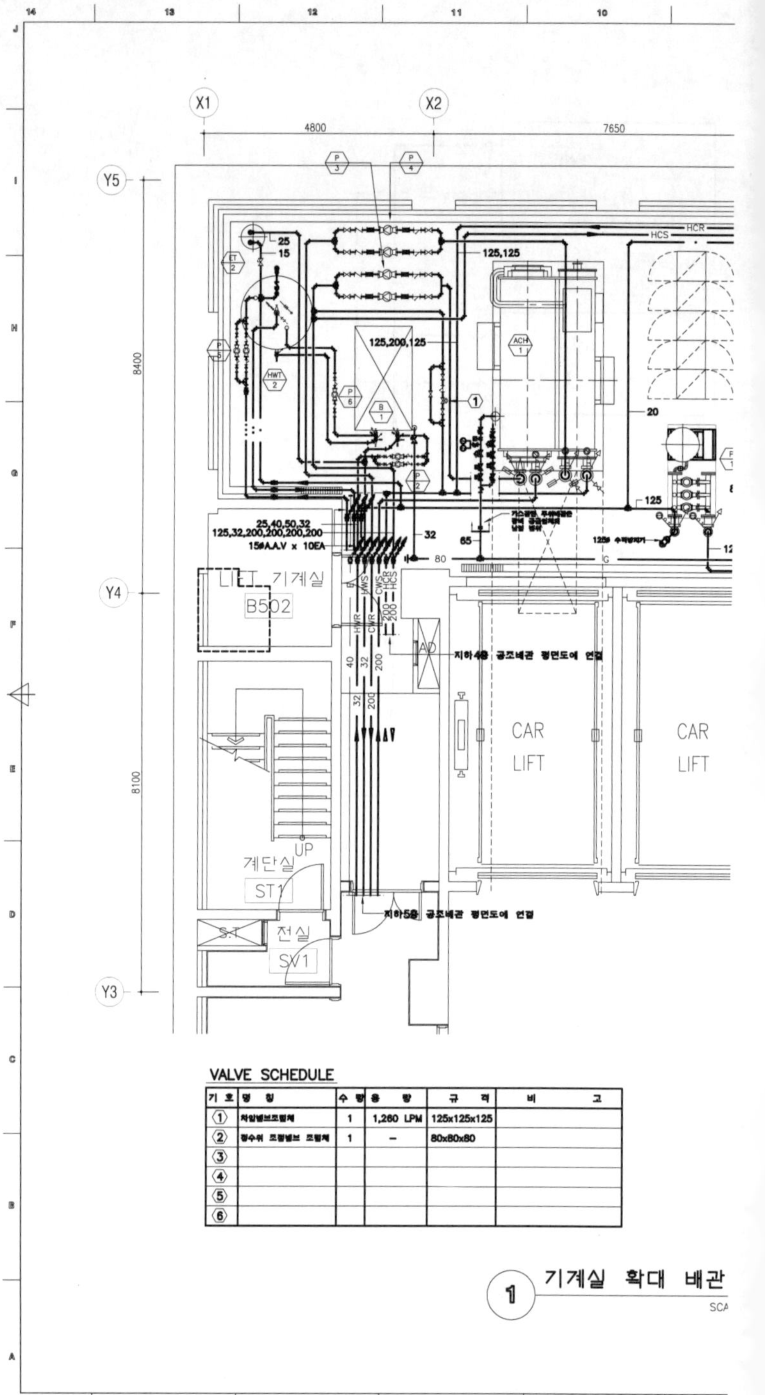

기호	명칭	수량	용량	규격	비고
①	차압밸브조립체	1	1,260 LPM	125x125x125	
②	정수위 조절밸브 조립체	1	–	80x80x80	
③					
④					
⑤					
⑥					

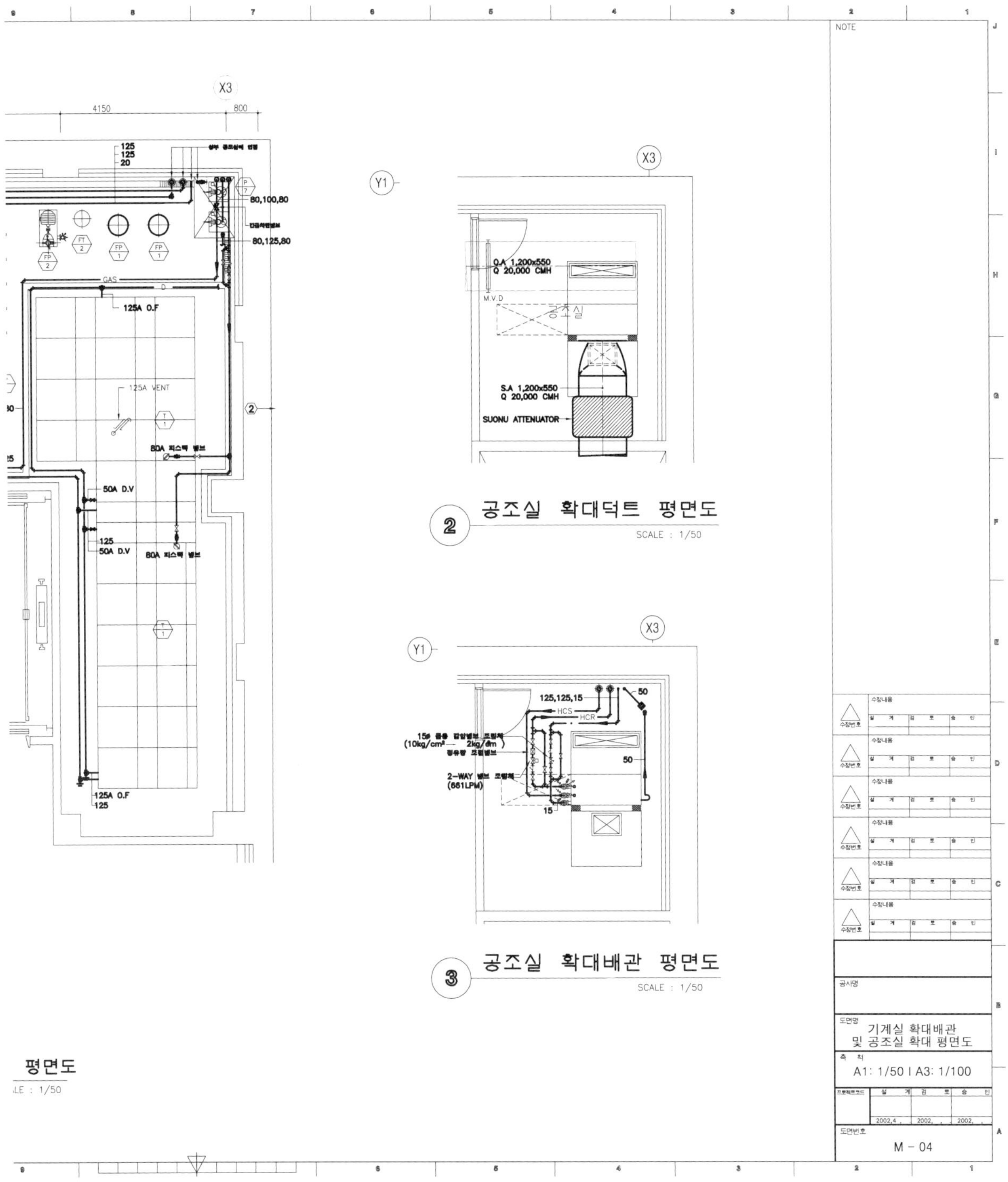
NOTE
X3
4150
800
125
125
20
80,100,80
80,125,80
GAS
125A O.F
125A VENT
80A 피스톤 밸브
50A D.V
125
50A D.V
125A O.F
125
Y1
Q.A 1,200x550
Q 20,000 CMH
M.V.D
공조실
S.A 1,200x550
Q 20,000 CMH
SUONU ATTENUATOR
공조실 확대덕트 평면도
SCALE : 1/50
125,125,15
HCS
HCR
50
2-WAY 밸브 조립체
(661LPM)
15
공조실 확대배관 평면도
SCALE : 1/50
평면도
1/50
공사명
도면명
기계실 확대배관
및 공조실 확대 평면도
축 척
A1: 1/50 I A3: 1/100
2002.4
2002.
2002.
도면번호
M - 04

3.5 공조배관 계통도

○공조배관 계통도는 건물의 공기조화에 필요한 온수, 냉수, 증기 및 냉매배관 등의 배관 설치 계통 및 이러한 배관이 연결되는 장비들을 함께 나타내는 도면이다.

○계통도는 기본적으로 건축 단면도에 표현하며, 다음과 같은 내용을 포함한다.

○공조배관 계통도 표현 사항

- 냉난방, 공조와 관련된 장비(예 : 냉동기, 보일러, 냉각탑, FCU, AHU, 방열기 등 / 장비번호 포함)
- 입상 배관 (배관 종류 및 관경 표시) 및 각층의 횡배관
- 주요 밸브, 배관흐름 방향, Expansion Joint 위치

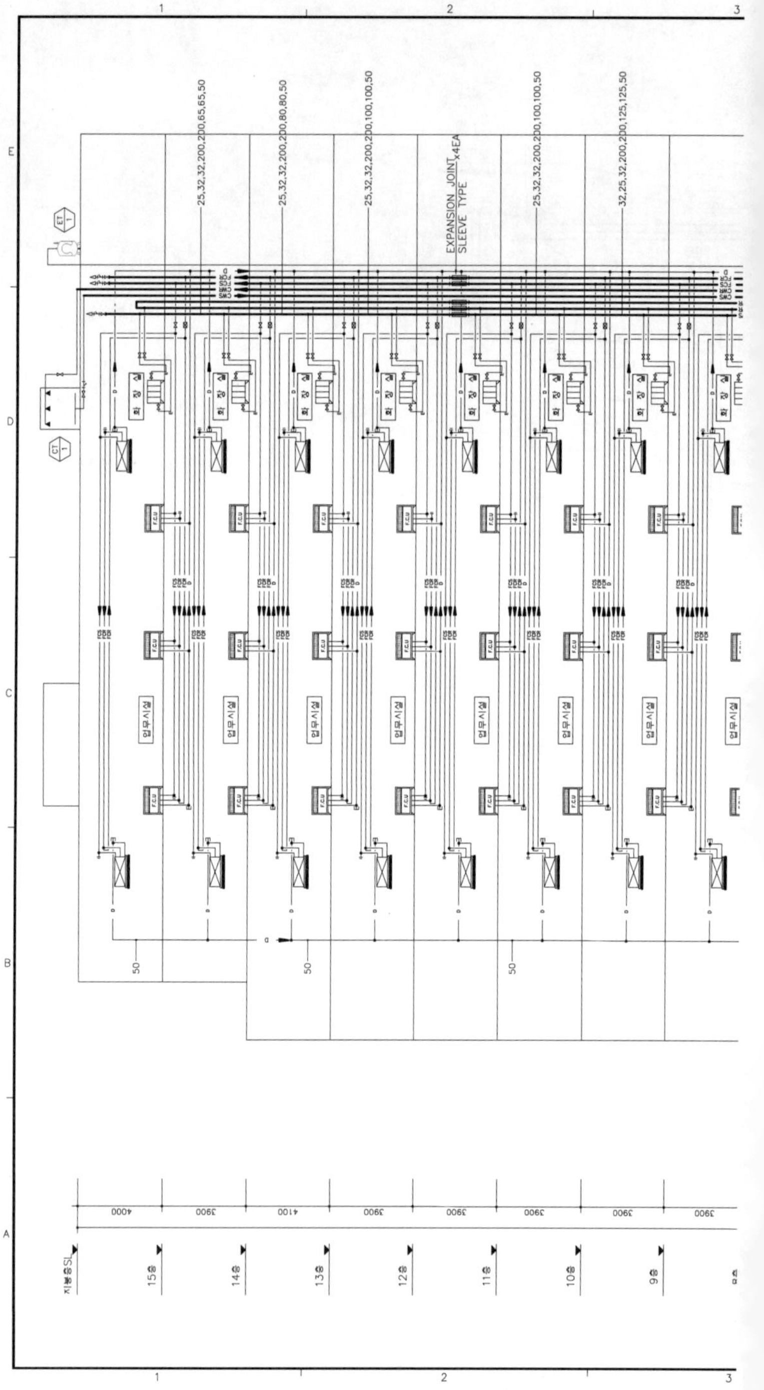

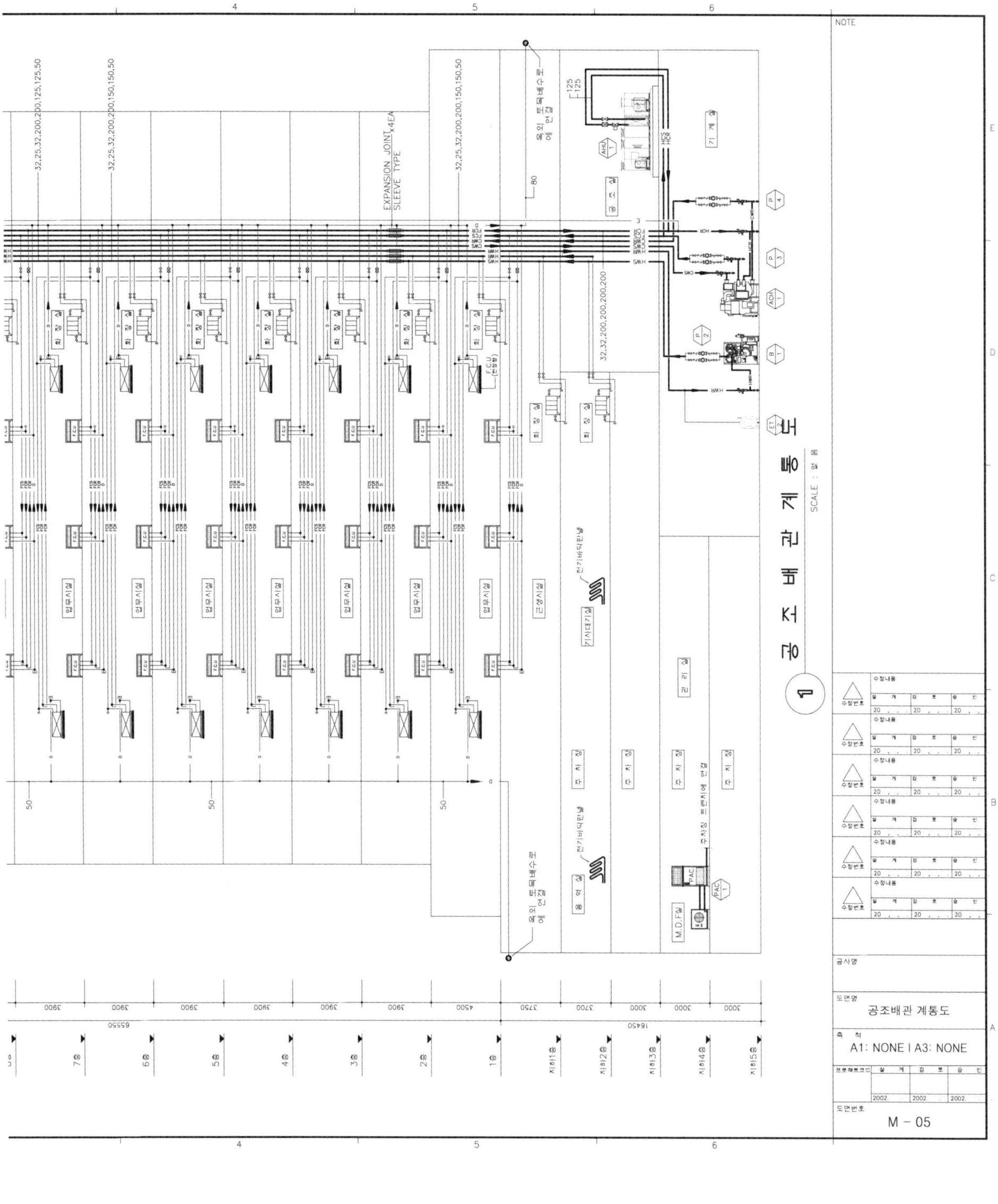

공조배관 계통도
SCALE : 없음
NOTE
공사명
도면명
공조배관 계통도
축척
A1: NONE I A3: NONE
도면번호
M - 05

3.6 공조배관 평면도

ㅇ공조배관 평면도는 건물 해당층의 공기조화에 필요한 온수, 냉수, 증기 및 냉매 배관 등의 배관과 이러한 배관이 연결되는 장비들을 함께 나타내는 도면이다.

ㅇ공조배관 평면도는 건축 평면도에 표현하며, 다음과 같은 내용을 포함한다.

ㅇ공조배관 평면도 표현 사항

- 해당층의 냉난방, 공조와 관련된 장비 (예 : 냉동기, 보일러, 냉각탑, FCU, AHU, 방열기 등 / 장비번호 포함)
- 해당층에 설치되는 모든 공조배관 (배관 종류, 관경 및 흐름방향 표시)
- 샤프트 내의 입상배관 표기(배관 종류, 상하 흐름방향 표기)
- 밸브, 배관분기(엘보, 티 등) 표기
- 필요시 확배 평면도로 표기
- 기타 : 건물 옥외에 설치되는 모든 설비 관련 시설 및 배관

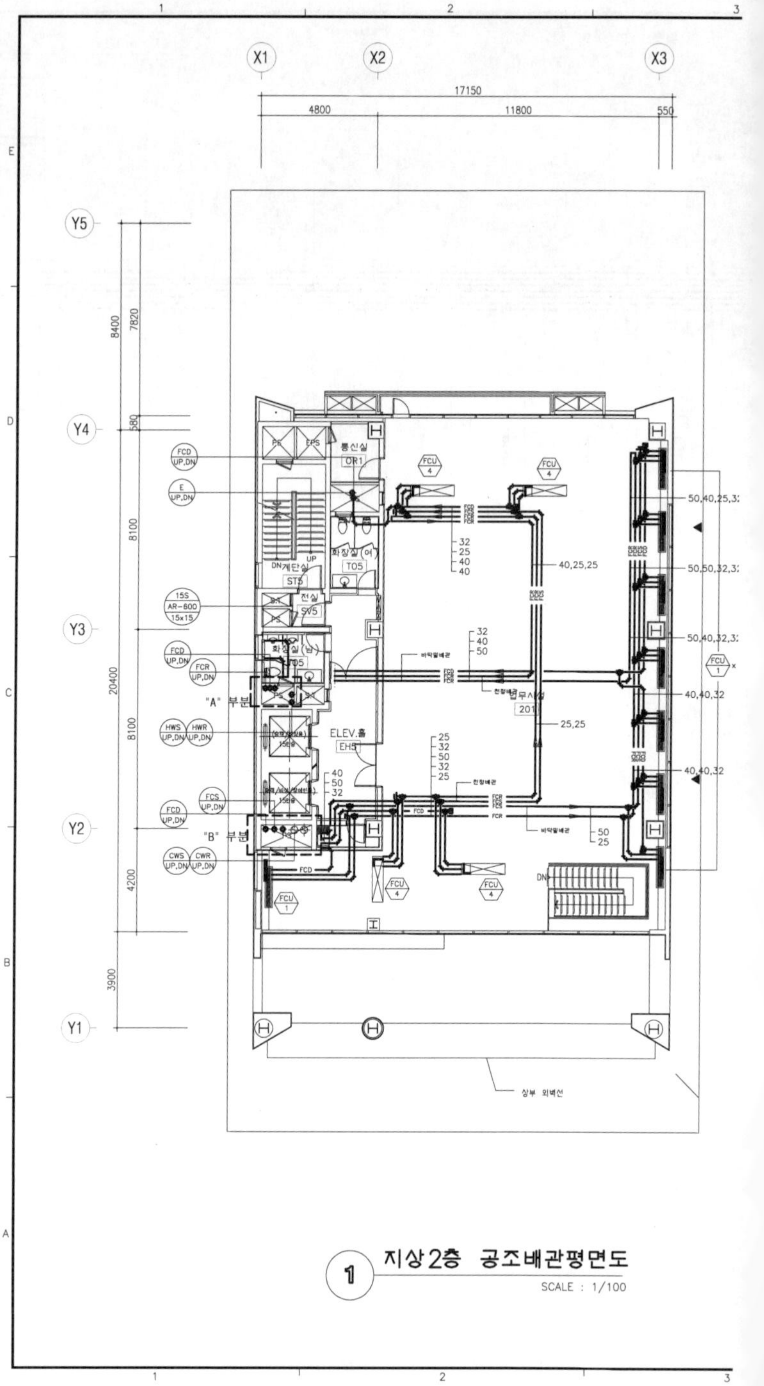

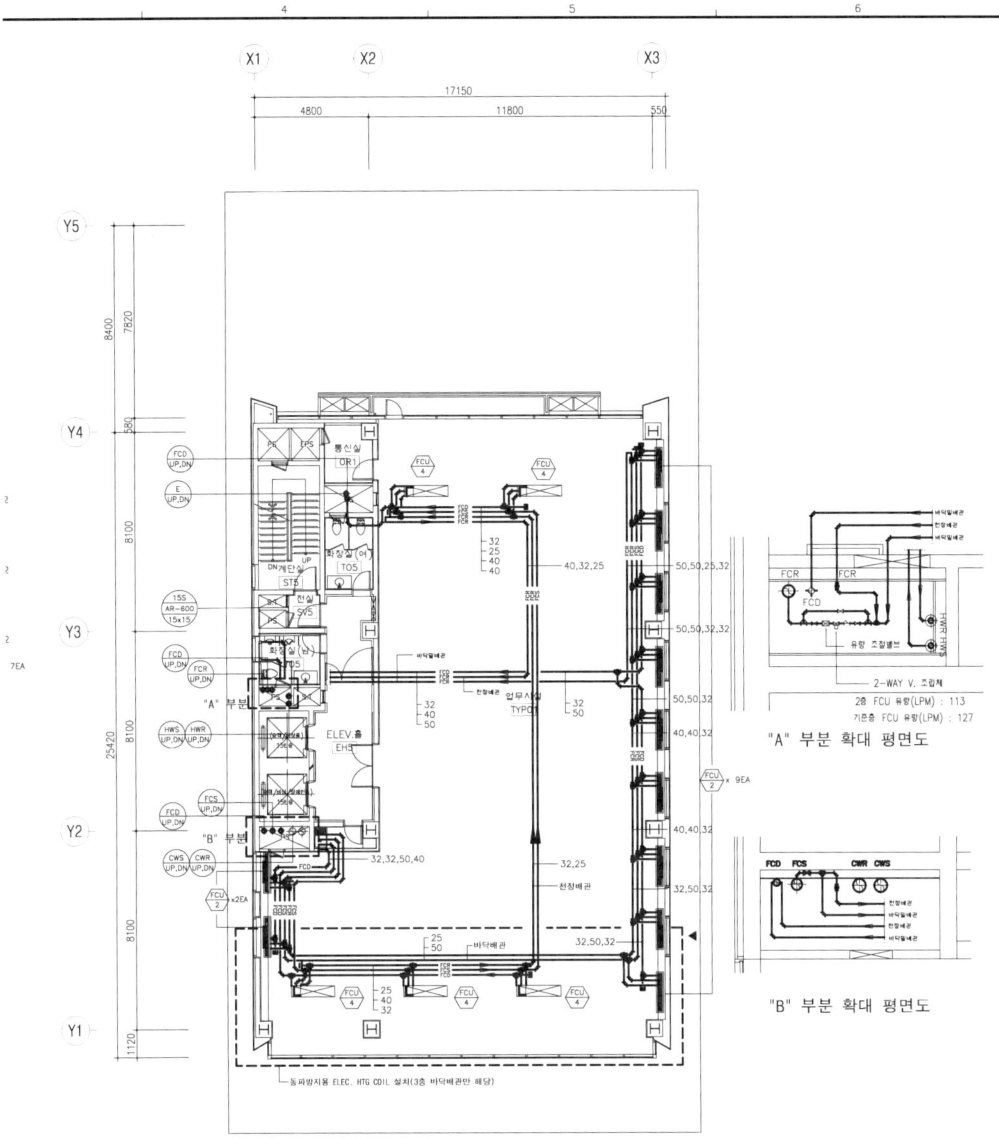

② 지상3층-13층 공조배관평면도

SCALE : 1/100

도면명: 지상2층, 3~13층 공조배관 평면도

축척: A1: 1/100 I A3: 1/200

도면번호: M – 09

3.7 공조덕트 계통도

○공조덕트 계통도는 건물의 냉난방 공조용 공기와 환기공기의 흐름을 보여주는 것으로 덕트의 설치계통 및 이러한 덕트가 연결되는 장비들을 함께 나타내는 도면이다.

○공조덕트 계통도 표현 사항

- 공기흐름과 관련된 장비 (공기조화기, 급배기팬 등 / 장비번호 포함)
- 공조 입상덕트(덕트 사이즈) 및 각 층의 덕트 설치 계통 등
- 주요 댐퍼, 공기흐름 방향 등

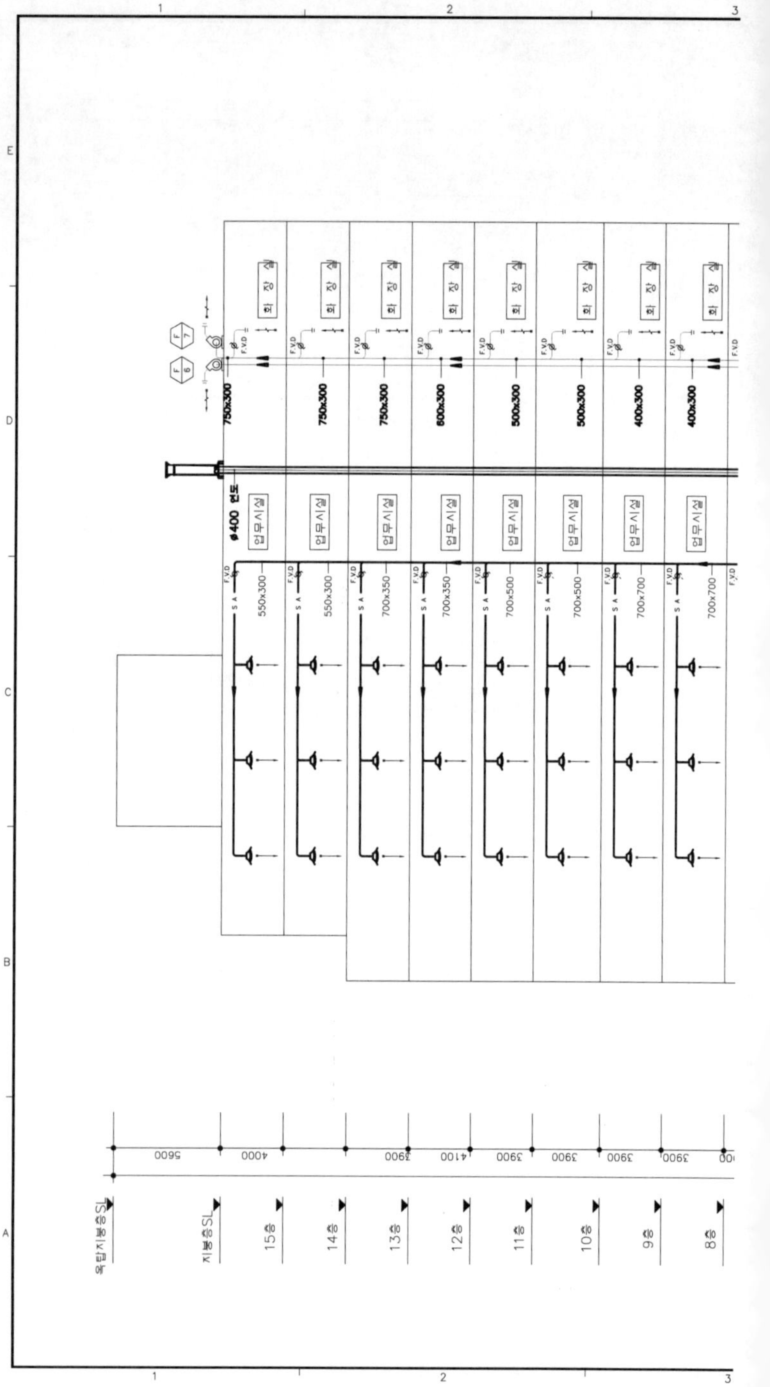

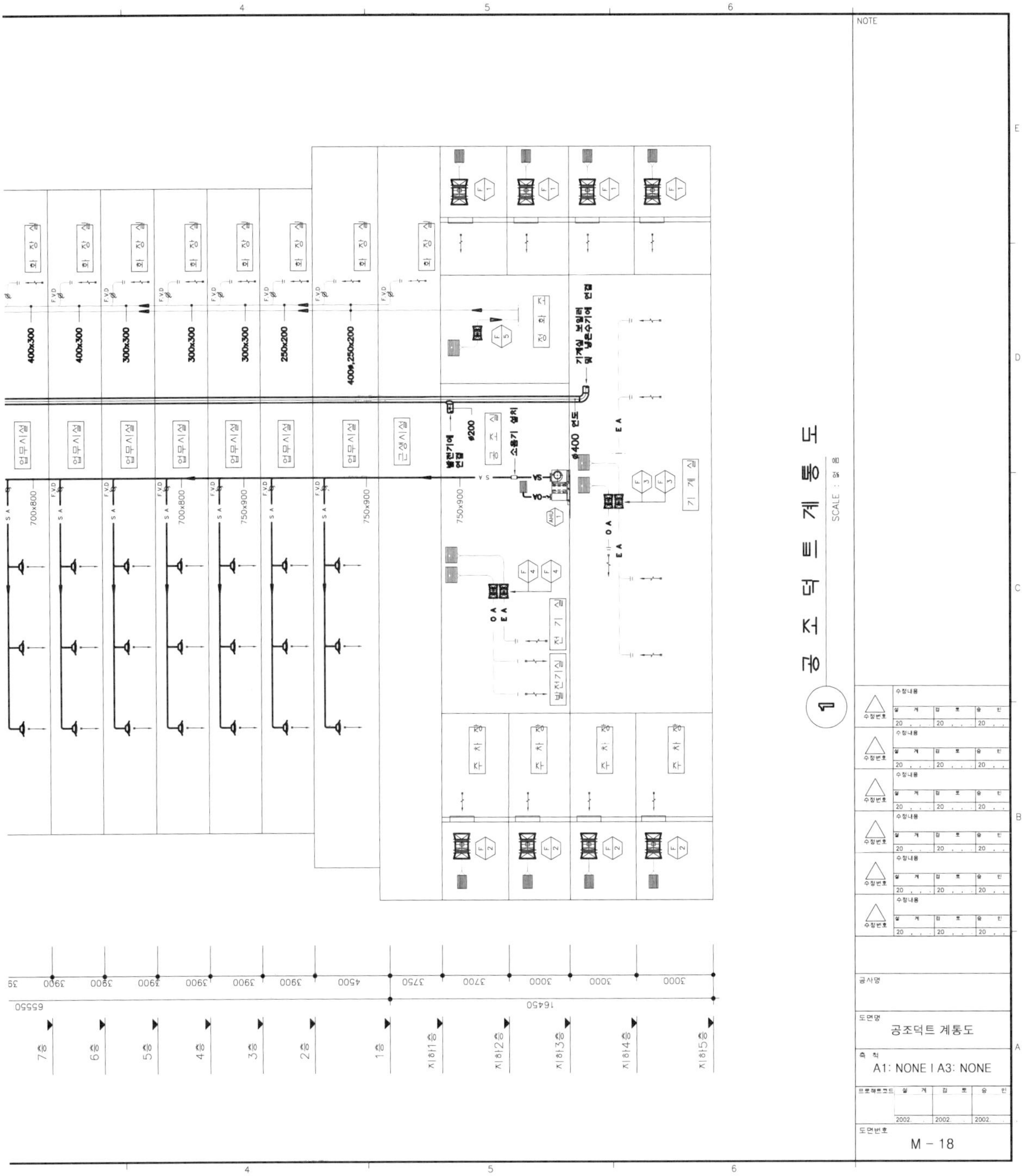
NOTE
공조덕트 계통도
SCALE : 없음
도면명
공조덕트 계통도
축 척
A1: NONE I A3: NONE
도면번호
M - 18

3.8 공조덕트 평면도

○공조덕트 평면도는 건물 해당층의 공기 흐름에 필요한 덕트류와 이러한 덕트에 연결되는 장비들을 함께 나타내는 도면이다. 덕트 연결 없이 단독으로 설치되는 장비도 표시한다.

공조덕트 평면도는 건축 평면도에 표현하며, 다음과 같은 내용을 포함한다.

○공조덕트 평면도 표현 사항

- 해당층의 공기흐름과 관련된 장비(예 : 공기조화기, 팬류, 급배기 그릴 등)
- 해당층에 설치되는 모든 덕트(덕트 사이즈)

  단, 공조실의 경우에는 별도의 공조실 확대덕트 평면도로 표현한다.
- 샤프트 내의 입상덕트 표기(덕트 종류, 상하 흐름방향 표기)
- 댐퍼류, 디퓨저 표기(디퓨저의 경우 디퓨저 일람표(Diffuser Schedule) 표기)
- 필요시 확대 덕트 평면도로 표기

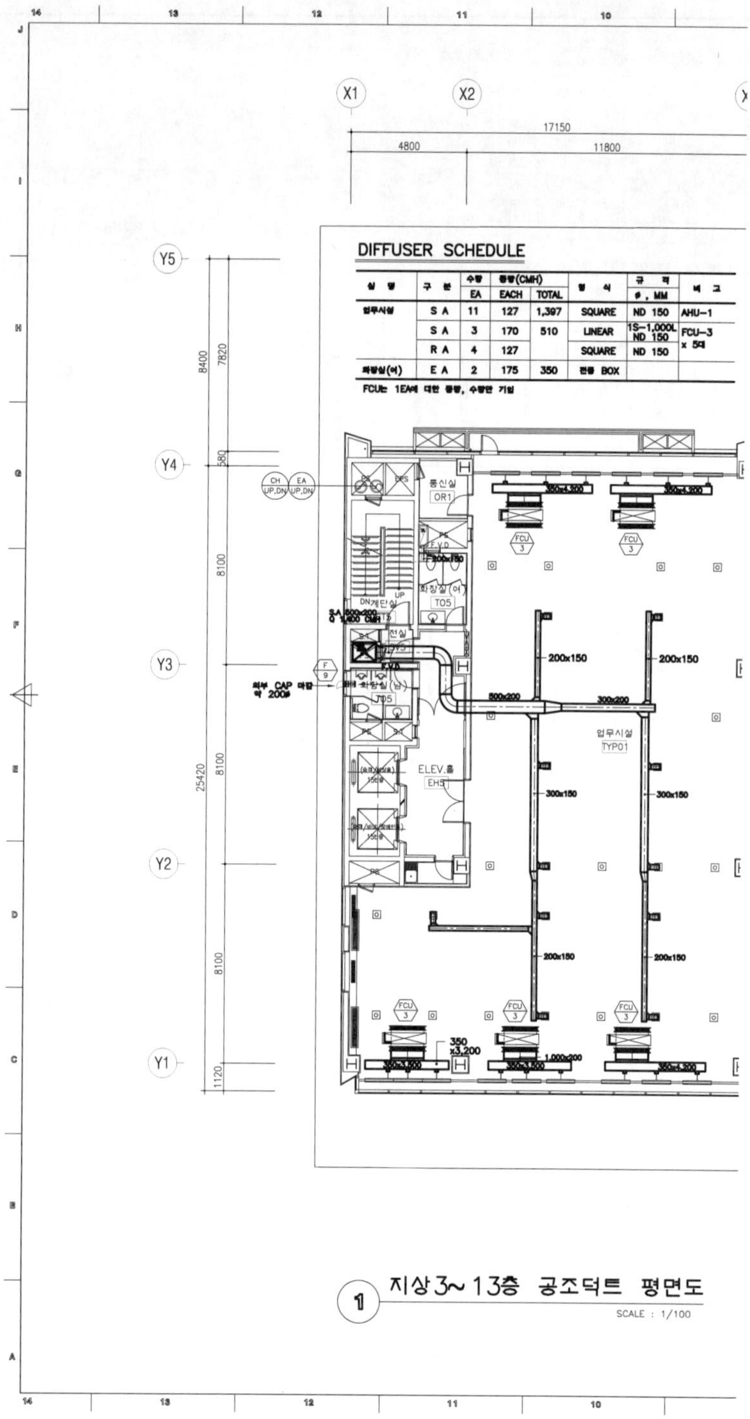

DIFFUSER SCHEDULE

실 명	구 분	수량	풍량(CMH)		형 식	규 격	비 고
		EA	EACH	TOTAL		ø, MM	
업무시설	S A	8	127	1,016	SQUARE	ND 150	AHU-1
	S A	3	226	678	LINEAR	1S-1,000L ND 150	FCU-3 x 4대
	R A	3	226		SQUARE	ND 150	
화장실(여)	E A	2	175	350	천몽 BOX		

FCU는 1EA에 대한 풍량, 수량만 기입

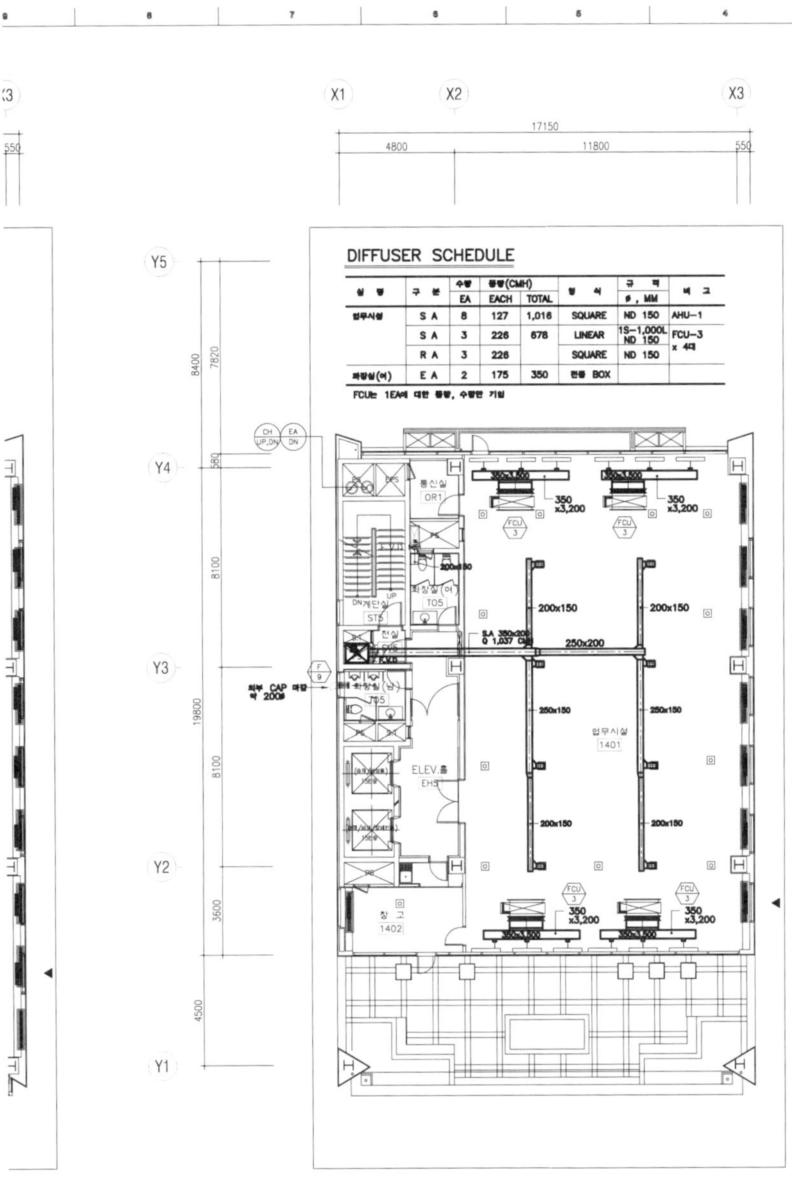

② 지상14층 공조덕트 평면도

SCALE : 1/100

NOTE

공사명

도면명
지상3~13층, 지상14층
공조덕트 평면도

축 척
A1: 1/100 | A3: 1/200

도면번호
M - 23

3.9 위생배관 계통도

○위생배관 계통도는 건물의 급수, 급탕, 오배수 등 위생배관의 설치 계통 및 이러한 배관이 연결되는 장비들을 함께 나타내는 도면이다.
계통도는 기본적으로 건축 단면도에 표현하며, 다음과 같은 내용을 포함한다.

○위생배관 계통도 표현 사항

- 위생설비와 관련된 장비(예 : 보일러(급탕용), 열교환기, 급탕탱크, 팽창탱크, 저수조, 고가수조, 급수펌프, 급탕순환펌프, 배수펌프 등 / 장비번호 포함)
- 입상 배관 (배관 종류 및 관경 표시) 및 각 층의 횡배관, 상수도 인입배관 연결, 옥외 토목배관 연결 등
- 주요 밸브, 배관흐름 방향, Expansion Joint 위치

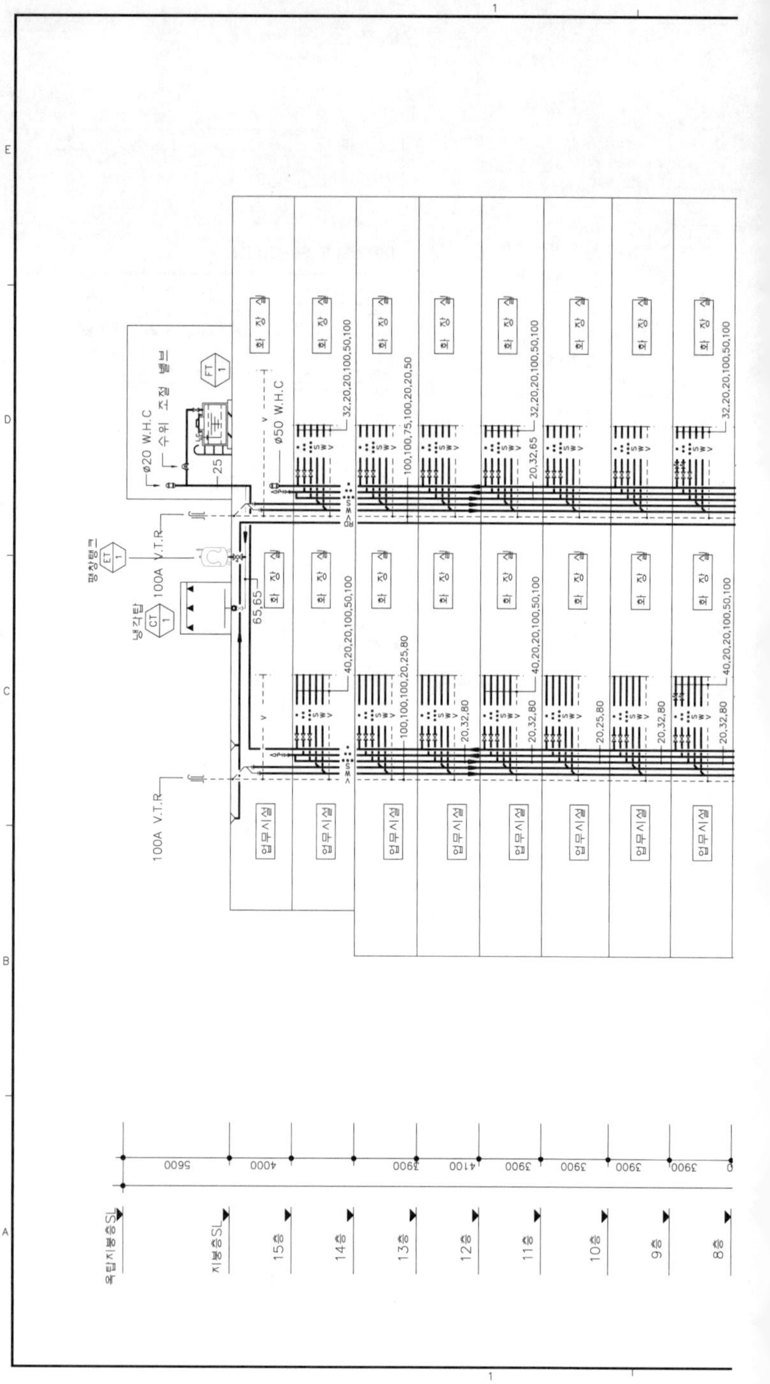

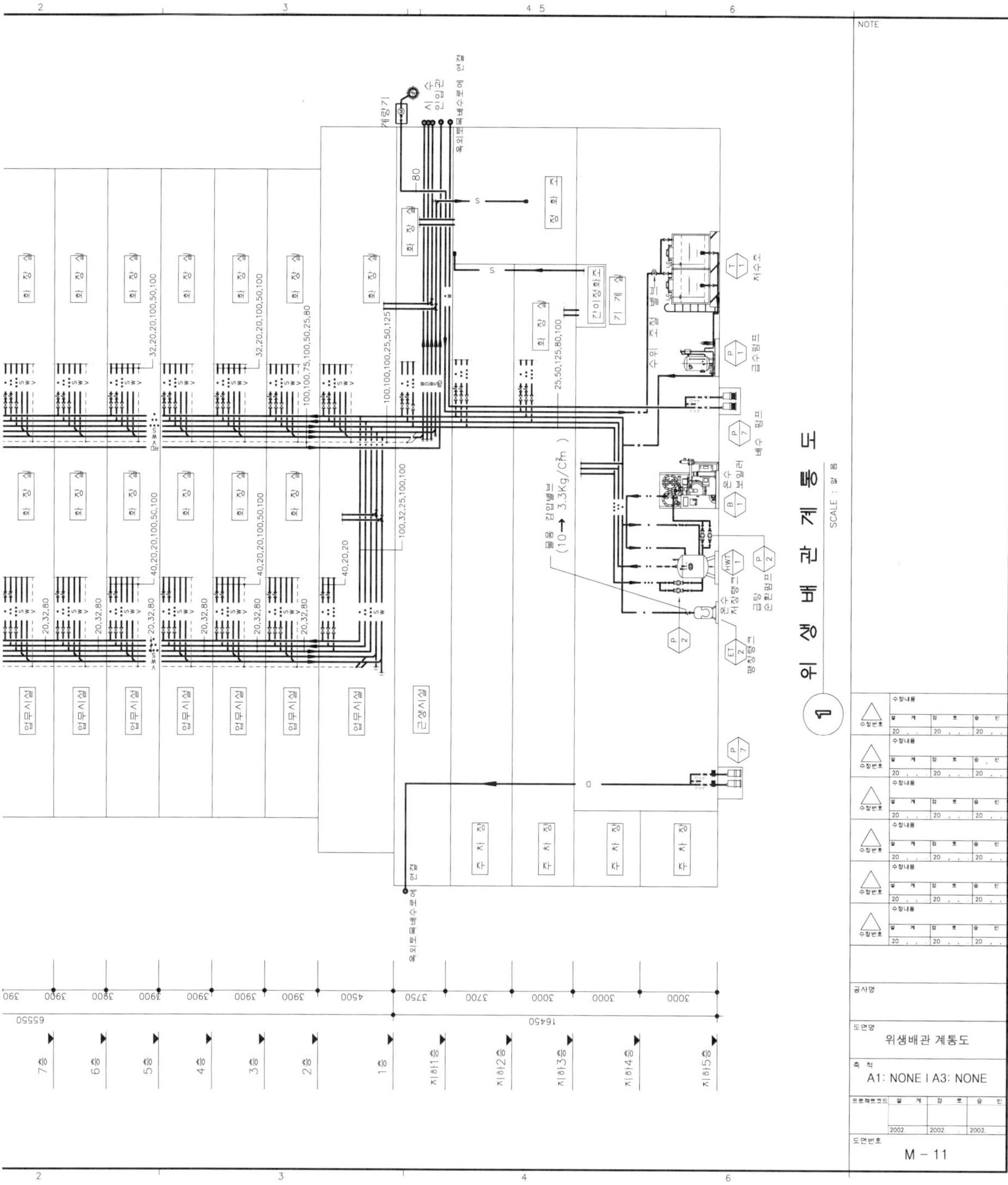

위생배관계통도
SCALE : 없음
NOTE
시수인입관
계량기
옥외토폐배수로에 연결
저수조
수위조절밸브
급수펌프
배수펌프
온수보일러
온수저장탱크
급탕순환펌프
팽창탱크
물용감압밸브 (10 → 3.3Kg/Cm²)
화장실
업무시설
근생시설
기계실
간이정화조
정화조
주차장
7층
6층
5층
4층
3층
2층
1층
지하1층
지하2층
지하3층
지하4층
지하5층
65550
16450
공사명
도면명
위생배관 계통도
축척
A1: NONE I A3: NONE
도면번호
M - 11

3.10 위생배관 평면도

○위생배관 평면도는 건물 해당층의 위생설비에 필요한 급수, 급탕, 오배수 배관 등의 배관과 이러한 배관이 연결되는 장비들을 함께 나타내는 도면이다.
위생배관 평면도는 건축 평면도에 표현하며, 다음과 같은 내용을 포함한다.

○위생배관 평면도 표현 사항

- 해당층의 위생설비와 관련된 장비(예 : 보일러(급탕용), 열교환기, 급탕탱크, 팽창탱크, 저수조,
- 고가수조, 급수펌프, 급탕순환펌프, 배수펌프 등 / 장비번호 포함)
- 해당층에 설치되는 모든 위생배관(배관 종류, 관경 및 흐름방향 표시) 단, 위생배관이 가장 많이 설치되는 화장실의 경우는 별도의 화장실 확대배관 평면도로 표현한다.
- 샤프트 내의 입상배관 표기(배관종류, 상하 흐름방향 표기)
- 밸브, 배관분기(엘보, 티 등) 표기
- 필요시 확배 평면도로 표기
- 기타 : 건물 옥외에 설치되는 모든 설비 관련 시설 및 배관

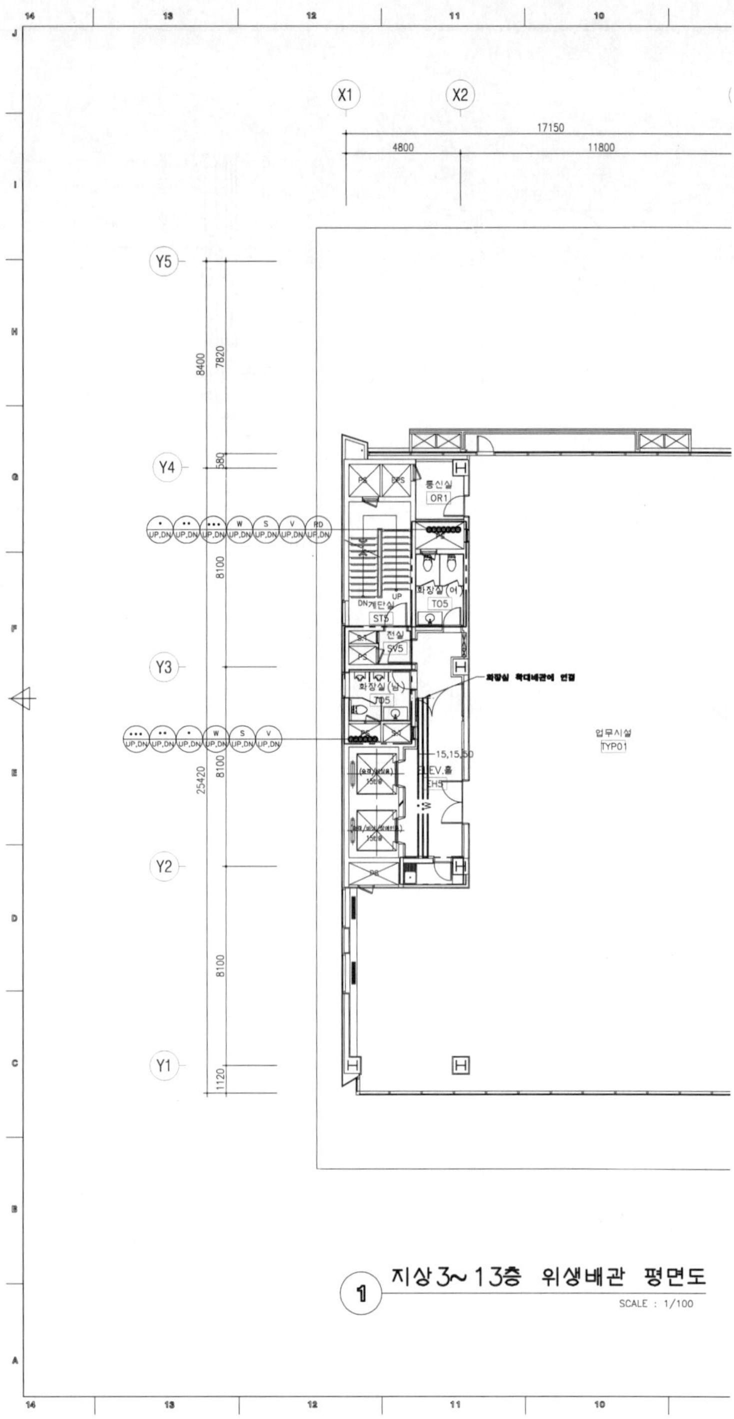

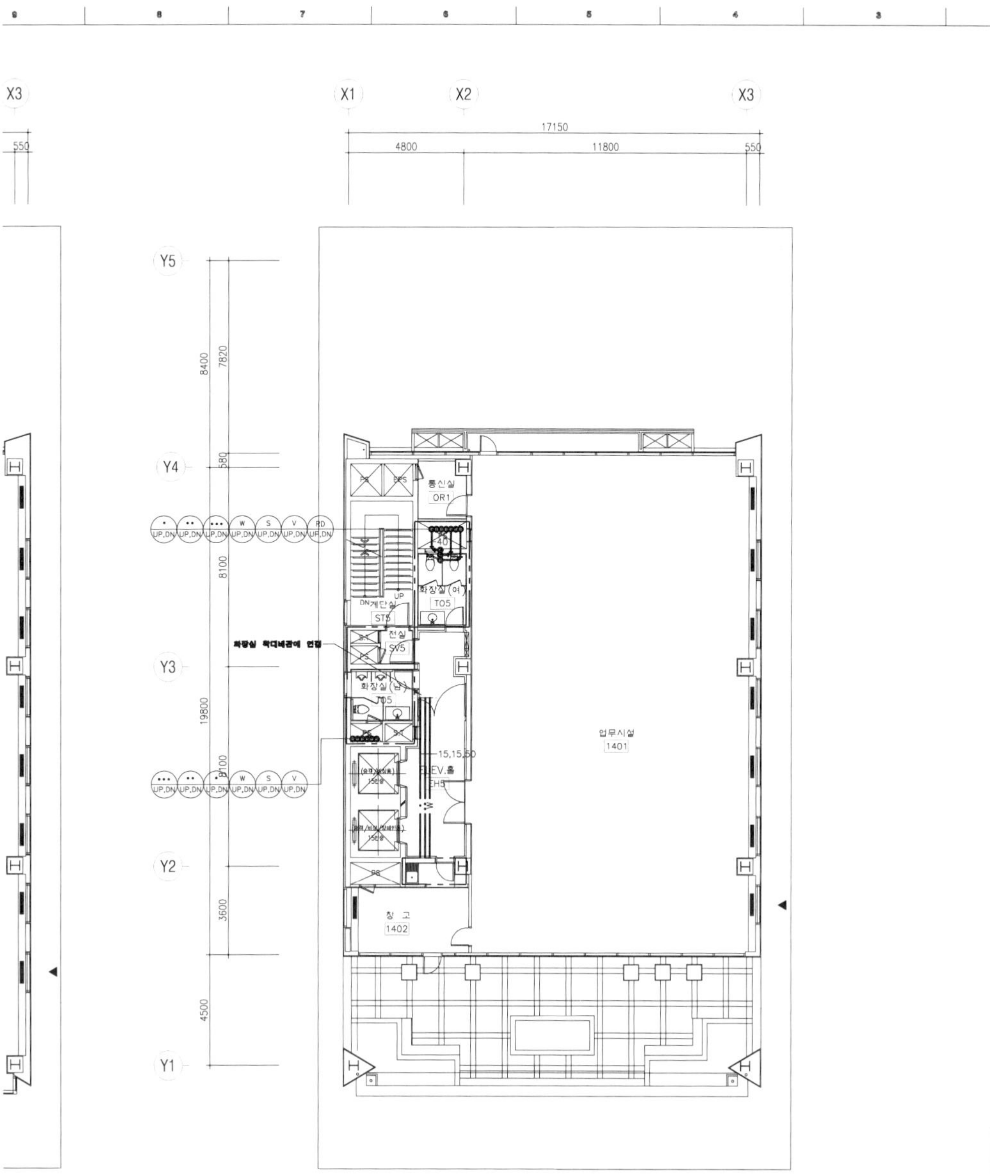

② 지상14층 위생배관 평면도

SCALE : 1/100

NOTE

공사명

도면명 지상3~13층, 지상14층 위생배관 평면도

축 척 A1: 1/100 l A3: 1/200

도면번호 M – 16

3.11 화장실 확대배관 평면도

○화장실은 위생배관이 많이 설치되므로 위생배관 평면도에는 표현할 수 없어 별도의 확대배관 평면도로 작성한다.

화장실 확대배관 평면도는 화장실의 각종 위생기구와 여기에 연결되는 각종 배관을 나타내는 도면이다.

화장실 확대배관 평면도는 건축 평면도(일반적 축척 1/50)에 표현하며, 다음과 같은 내용을 포함한다.

○화장실 확대배관 평면도 표현 사항

- 해당 화장실에 설치되는 위생기구(세면기, 샤워기, 양변기, 소변기, 청소싱크 등)
- 일반적으로 위생기구 일람표를 별도로 작성한다.
- 해당 화장실에 설치되는 모든 위생배관(배관 종류, 관경 및 흐름방향 표시)
- 밸브, 배관분기(엘보, 티 등) 표기

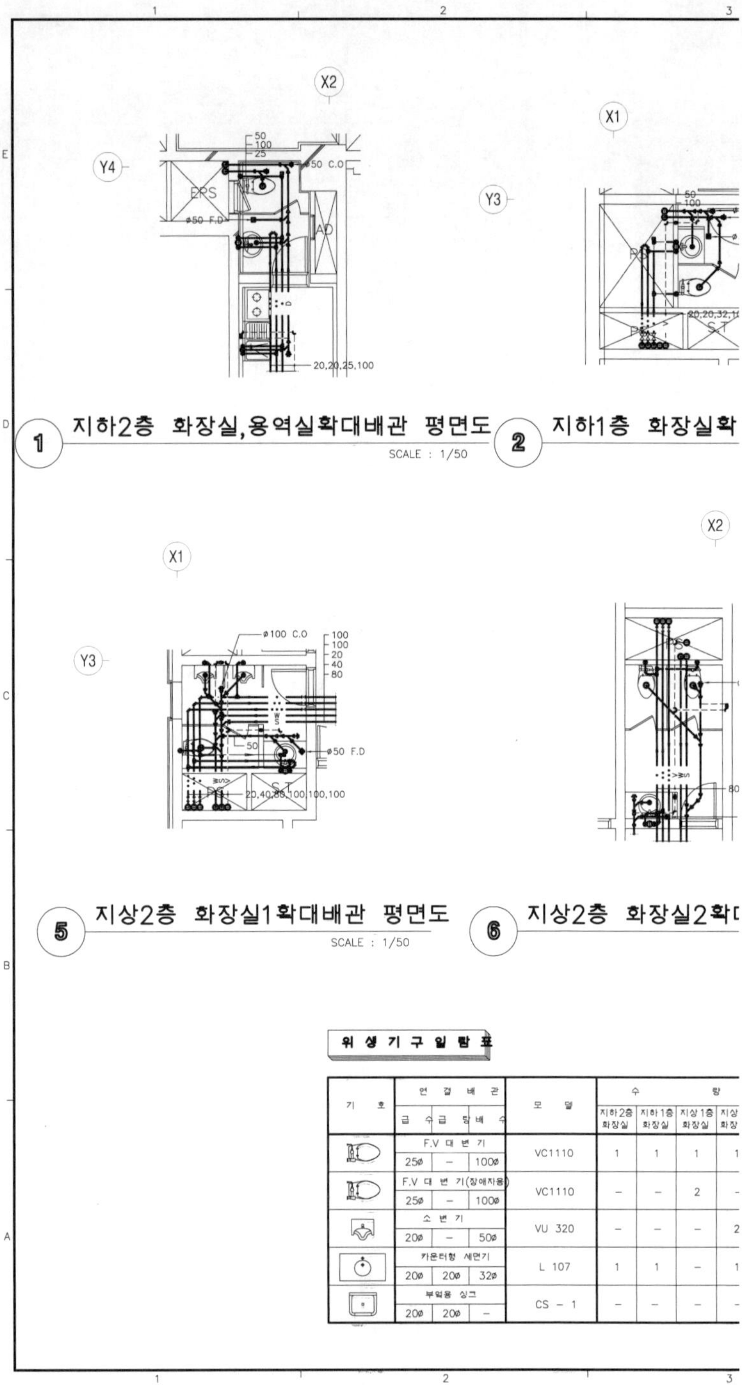

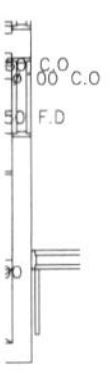

대배관 평면도

SCALE : 1/50

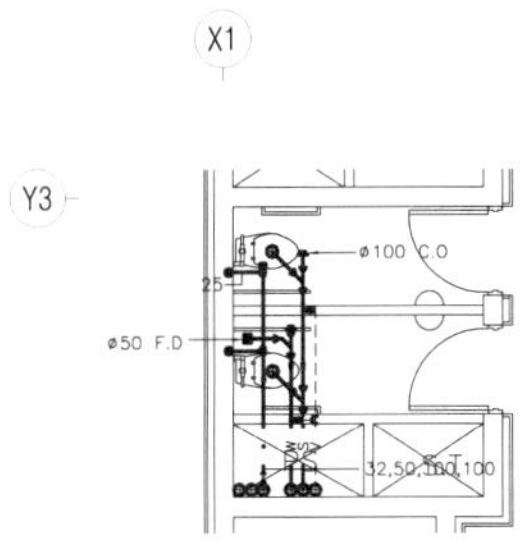

3 지상1층 화장실확대배관 평면도

SCALE : 1/50

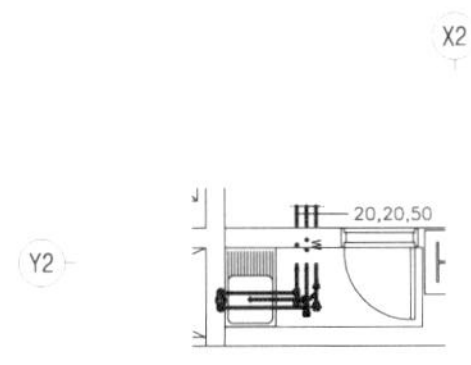

4 기준층 탕비실확대배관 평면도

SCALE : 1/50

대배관 평면도

SCALE : 1/50

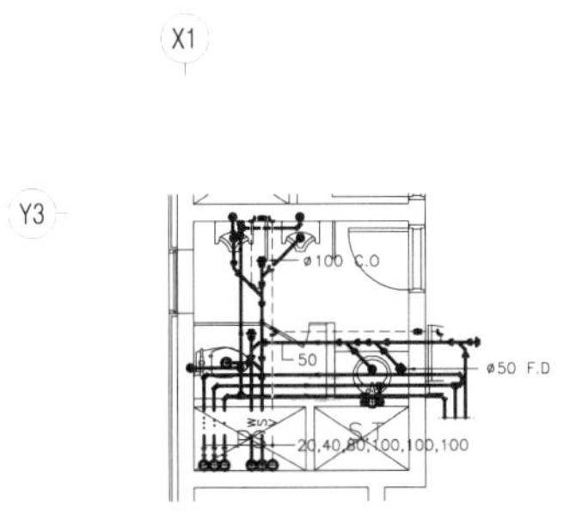

7 기준층 화장실1확대배관 평면도

SCALE : 1/50

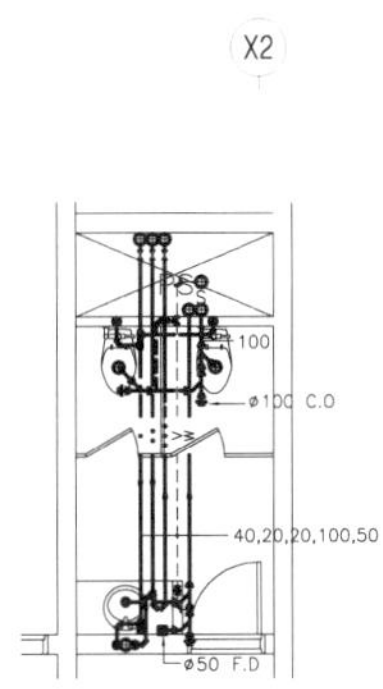

8 기준층 화장실2확대배관 평면도

SCALE : 1/50

2층 실1	지상2층 화장실2	기준층 화장실1	기준층 화장실2	2~15층 탕비실	합 계	비 고
	1	13	26	–	44	휴지걸이 등 부속품 일체 포함
-	–	–	–	–	2	휴지걸이 등 부속품 일체 포함
	–	26	–	–	28	전자 감응식(건전지식) 기타 부속품 일체 포함
	1	13	13	–	30	비누곽 등 기타 부속품 일체 포함
-	–	–	–	14	14	

NOTE

수정번호	수정내용		
	설 계	검 토	승 인
	20 . .	20 . .	20 . .
	설 계	검 토	승 인
	20 . .	20 . .	20 . .
	설 계	검 토	승 인
	20 . .	20 . .	20 . .
	설 계	검 토	승 인
	20 . .	20 . .	20 . .
	설 계	검 토	승 인
	20 . .	20 . .	20 . .
	설 계	검 토	승 인
	20 . .	20 . .	20 . .

공사명

도면명
화장실 확대배관 평면도

축 척
A1: 1/50 I A3: 1/100

프로젝트코드	설 계	검 토	승 인
	2002. .	2002. .	2002. .

도면번호
M – 26

3.12 샤프트 상세도

○샤프트 상세도는 건물에 설치되는 모든 샤프트에 대해 샤프트 내에 설치되는 모든 배관, 덕트, 소화용 밸브를 표현하는 도면이다.

샤프트 상세도는 건축 평면도(일반적 축척 1/20)에 표현하며, 샤프트가 많으므로 Key-Plan을 함께 표현하는 것이 일반적이다.

○샤프트 상세도 표현 사항

- 모든 입상 배관(배관 종류, 관경, 보온재 표현)
- 모든 입상 덕트(덕트 종류, 사이즈)
- 소화용 밸브 및 기타 샤프트내 설치되는 모든 기구

  *샤프트 명칭 일람표를 별도로 작성한다.

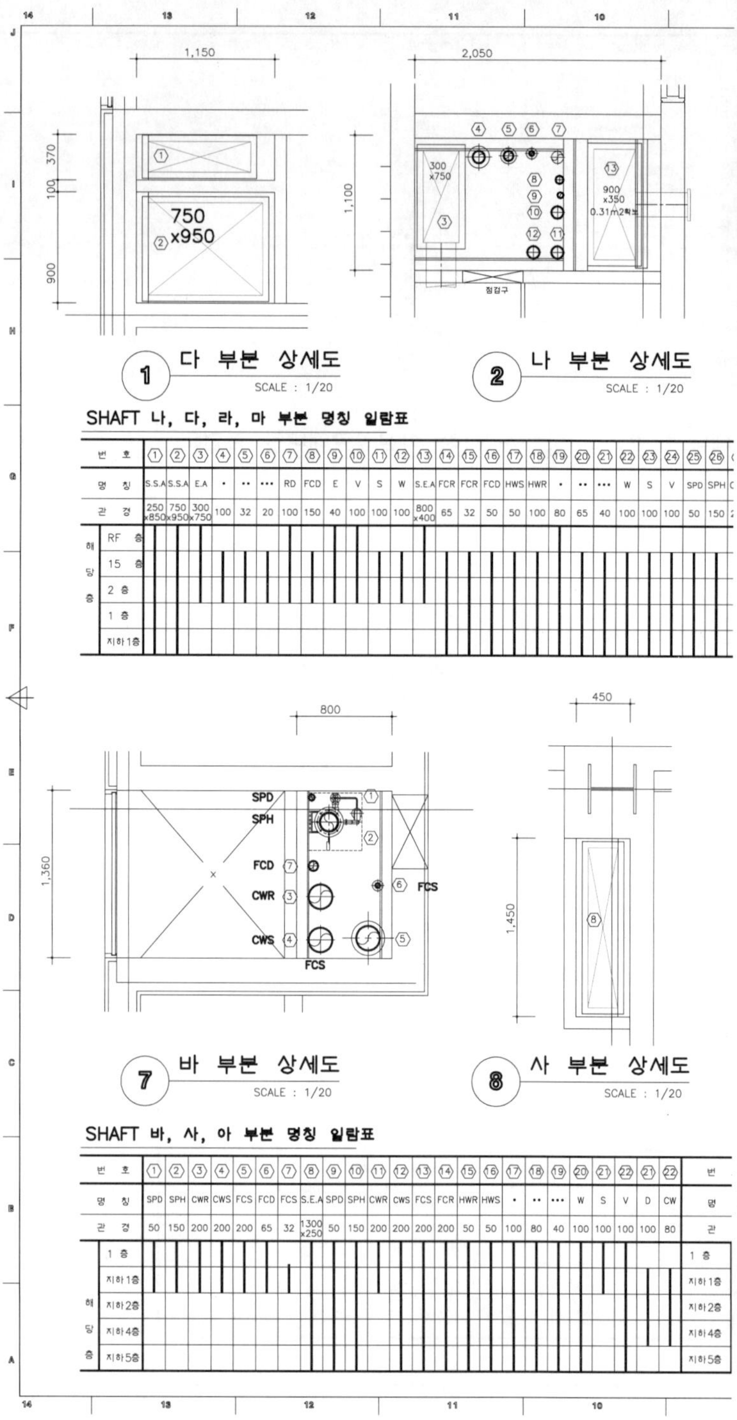

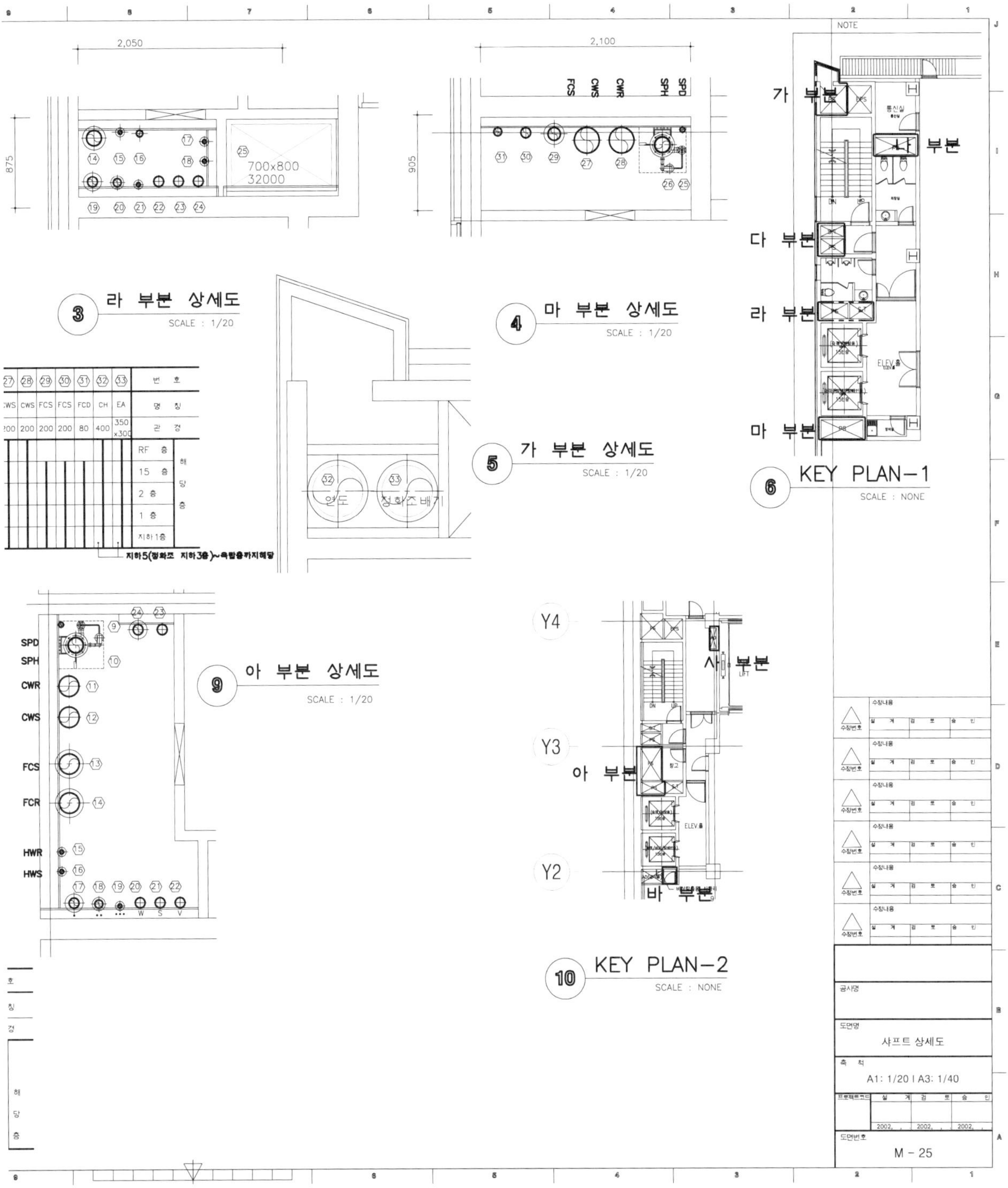
3 라 부분 상세도
SCALE : 1/20
4 마 부분 상세도
SCALE : 1/20
5 가 부분 상세도
SCALE : 1/20
6 KEY PLAN-1
SCALE : NONE
9 아 부분 상세도
SCALE : 1/20
10 KEY PLAN-2
SCALE : NONE
700x800
32000
FCS CWS CWR SPH SPD
SPD SPH CWR CWS FCS FCR HWR HWS
가 부분
나 부분
다 부분
라 부분
마 부분
바 부분
사 부분
아 부분
Y4
Y3
Y2
지하5(정화조 지하3층)~옥탑층까지해당
공사명
도면명
샤프트 상세도
축 척
A1: 1/20 I A3: 1/40
도면번호
M - 25

3.13 일반 상세도

○ 일반 상세도에는 바닥배수구, 소제구, 옥상통기관 외벽 · 지붕 · 바닥 통과 배관 설치, 각종 배관 용접, 특수 밸브 설치, 덕트의 각종 기구 · 댐퍼류 · 점검구 · 디퓨저 설치, 배관보온 등 기계설비의 공통적인 공사에 사용되는 상세를 표현한다. 일반적으로 표준 도면을 사용한다.

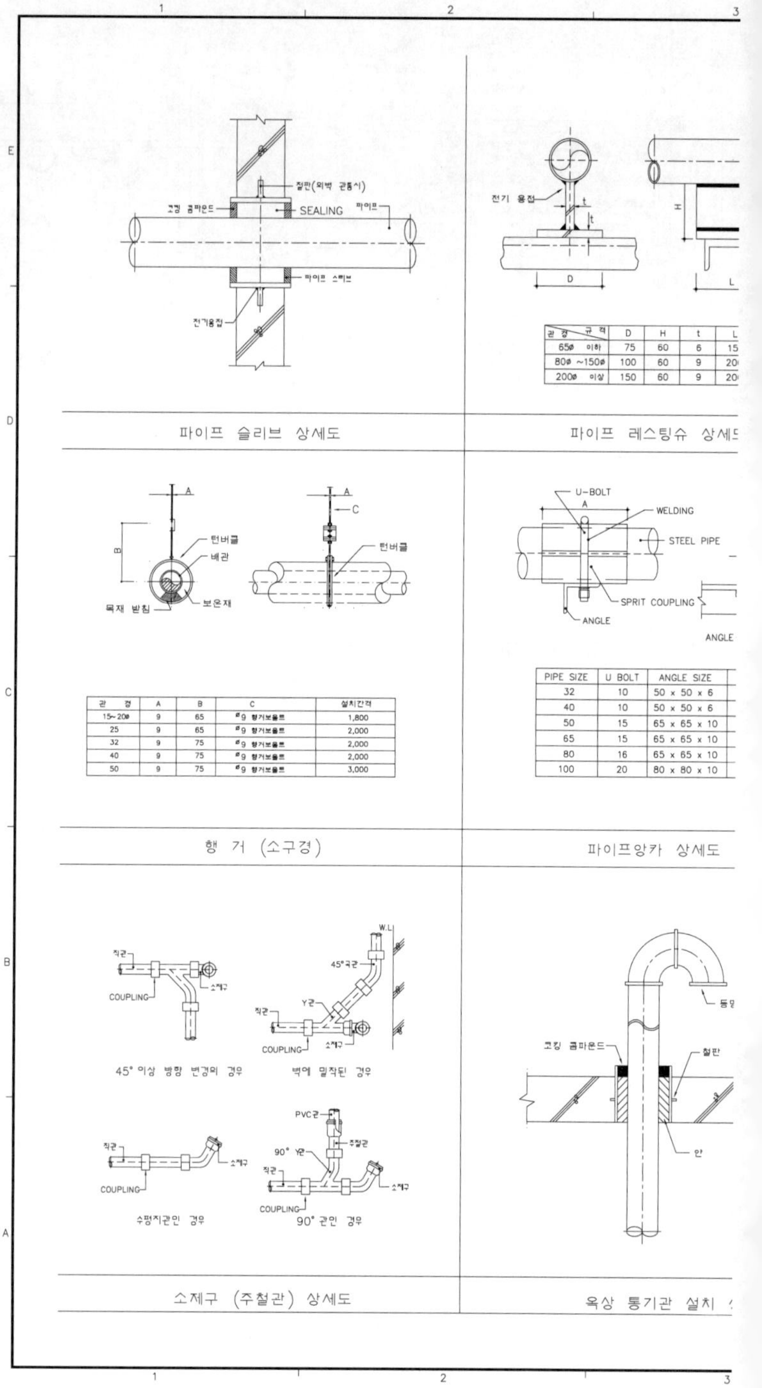

NOTE
1. 참고용이며 현장여건에 따라 변경될 수 있음.

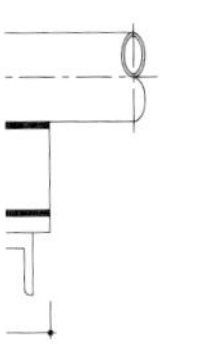

A
50
50
56
80
90
110

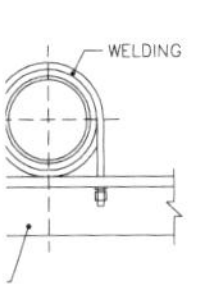

ㅏ세도

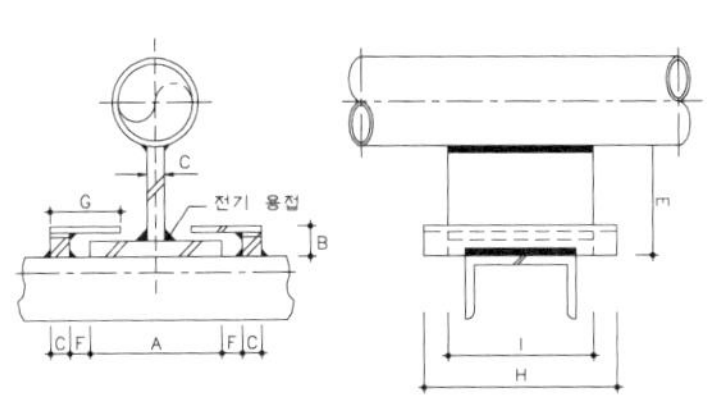

관경 \ 규격	A	B	C	D	E	F	G	H	I
65ø 이하	100	40	6	–	65	15	30	150	80
80ø ~150ø	130	40	9	–	65	16	50	200	100
200ø 이상	150	40	9	–	65	18	50	200	130

파이프 가이드슈 상세도

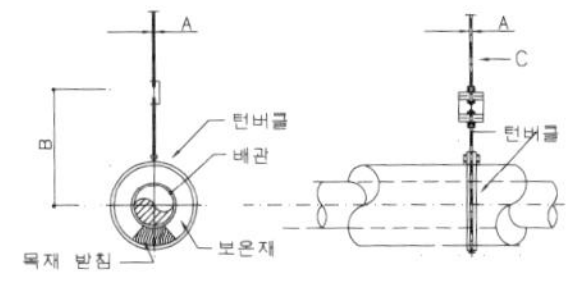

관 경	A	B	C	HANGER PITCH
65~80ø	12	120	ø9 행거보올트	3,000
100	12	161	ø12 행거보올트	3,000
125	16	175	ø12 행거보올트	4,000
150	16	215	ø12 행거보올트	4,000
200	16	235	ø12 행거보올트	4,000

행 거 (대구경)

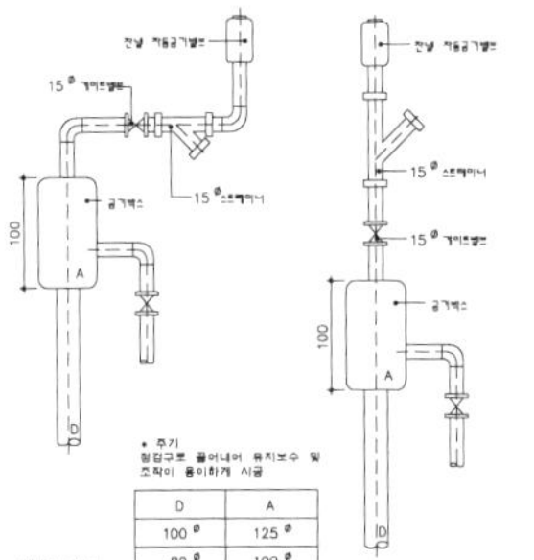

• 주기
접합구로 풀어내어 유지보수 및 조작이 용이하게 시공

관밑부분

D	A
100ø	125ø
80ø	100ø
40ø	50ø
32ø	40ø
25ø	32ø

자동 공기밸브(상 세 도)

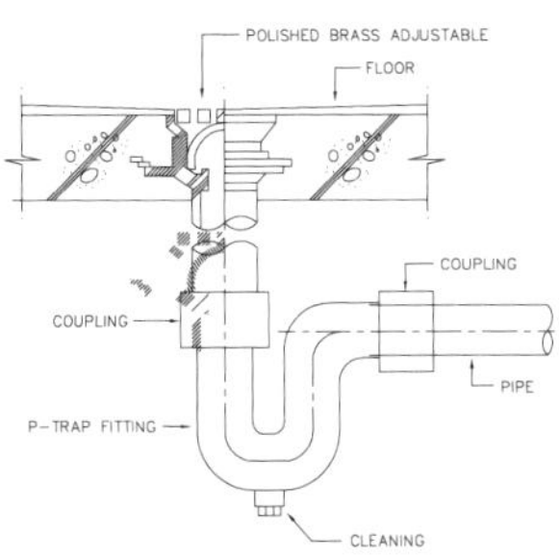

바닥배수 상세도

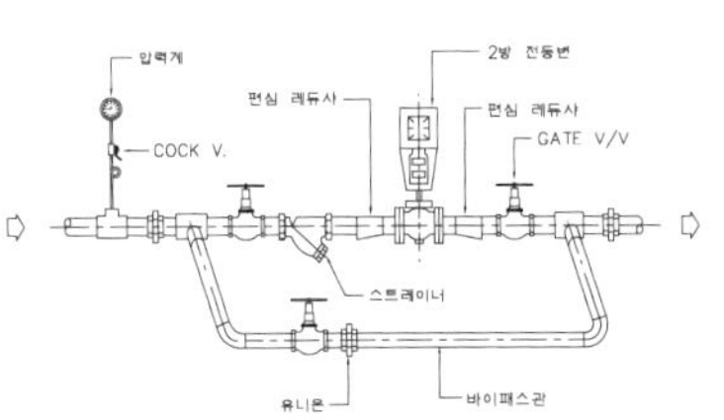

* NOTE
편심 레듀사의 사용구분
1) 증기배관 : 상부축소
2) 냉.온수배관 : 하부 축소

2방 전동변 장치 (20~50ø)

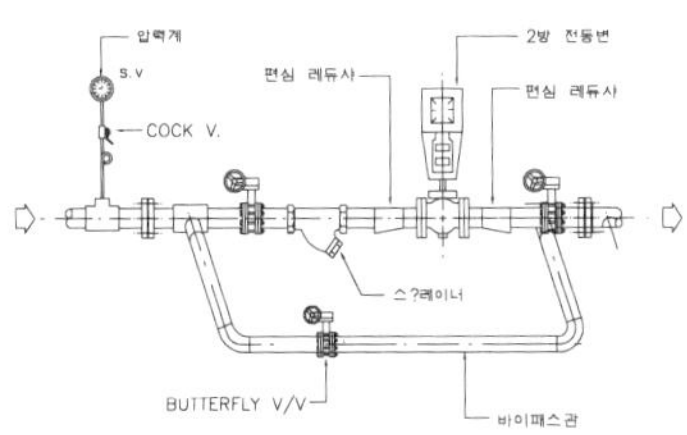

* NOTE
편심 레듀사의 사용구분
1) 증기배관 : 상부축소
2) 냉.온수배관 : 하부 축소

2방 전동변 장치 (65ø이상)

수정번호	수정내용		
	설 계	검 토	승 인
	20 . .	20 . .	20 . .
	설 계	검 토	승 인
	20 . .	20 . .	20 . .
	설 계	검 토	승 인
	20 . .	20 . .	20 . .
	설 계	검 토	승 인
	20 . .	20 . .	20 . .
	설 계	검 토	승 인
	20 . .	20 . .	20 . .
	설 계	검 토	승 인
	20 . .	20 . .	20 . .

공사명

도면명
일반상세도-1

축 척
A1: NONE I A3: NONE

프로젝트코드	설 계	검 토	승 인
	2002. .	2002. .	2002. .

도면번호
M - 27

3.14 자동제어 도면

○자동제어 도면은 건물에 설치되는 기계설비 자동제어를 위한 자동제어 기기, 밸브 및 배선을 나타내는 도면이다.

자동제어 도면은 일반적으로 자동제어 시스템 일람표, 자동제어 기기 및 밸브 일람표, 자동제어 패널 및 관제점 일람표, 자동제어 계통도, 각층 자동제어 평면도 및 확대 평면도로 구성되는 것이 일반적이다.

자동제어의 설계 및 관리는 기계설비 설계 경력이 매우 많은 팀장급 이상의 고급기술자가 수행하게 된다.

다음의 도면은 참고를 위한 자동제어 계통도 중 일부로 자동제어의 동작을 어떻게 하느냐 하는 동작 설명서와 밸브, 센서, 배선을 나타내는 도면이다.

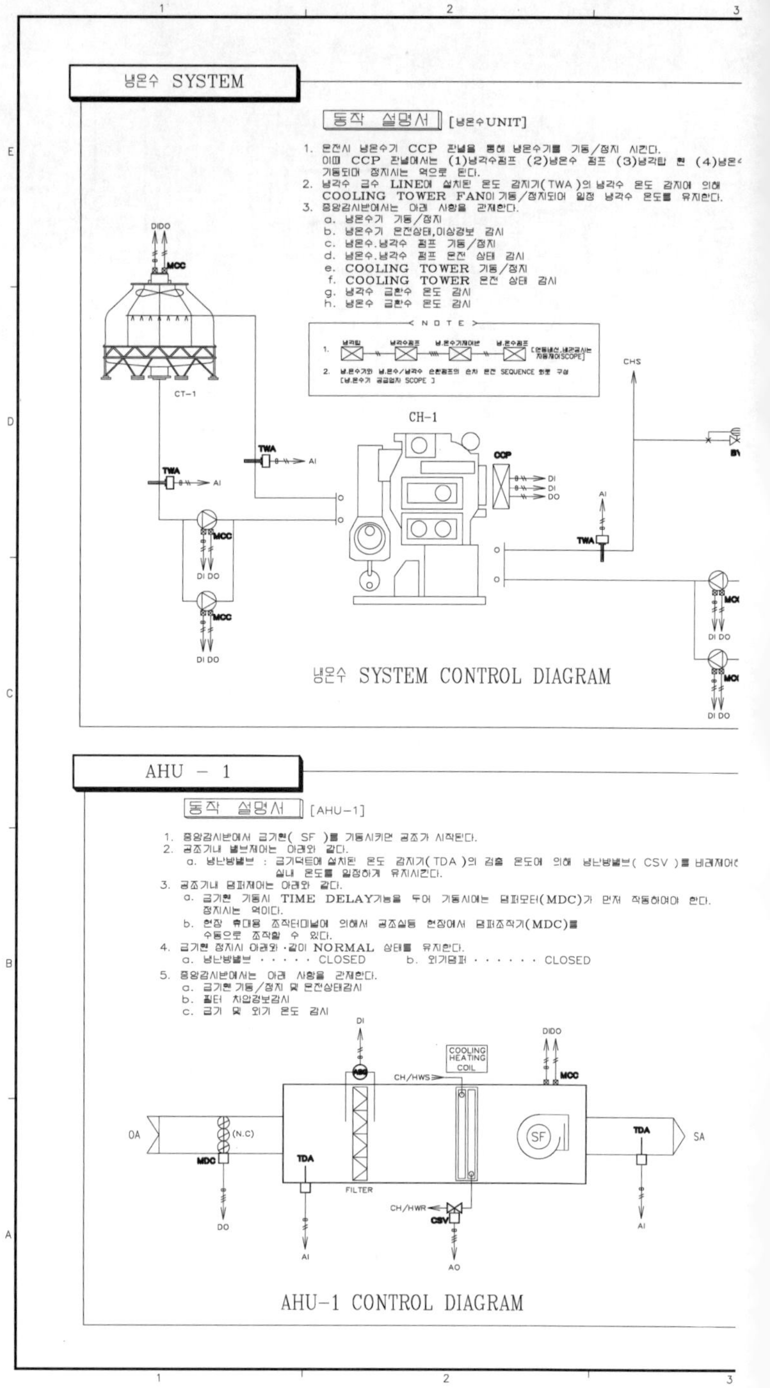

온수 보일러 & 급탕탱크

동작 설명서 [온수 보일러&급탕]

1. 급탕탱크에 설치된 온도 조절기(TWT)의 급탕 온도에 의해 대류순환펌프를 기동/정지시켜 급탕내 온도를 일정하게 유지시킨다.
2. 중앙감시반에서는 아래 사항을 관제한다.
   a. 온수 보일러 상태,경보 감시
   b. 온수 보일러 급수,환수온도 감시
   c. 온수 보일러 순환 펌프 기동/정지 및 상태 감시
   d. 급탕 순환 펌프 기동/정지, 상태 감시
   e. 대류 펌프 기동/정지, 상태 감시 o o
   f. 급탕 및 환탕 온도 감시
   g. 외기온습도 감시

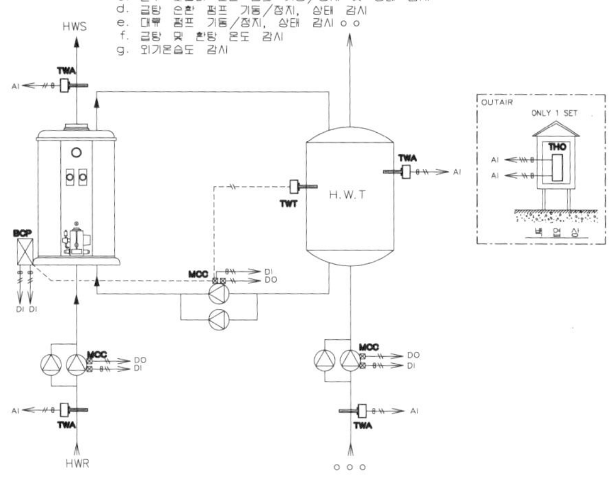

온수 보일러 & 급탕탱크 CONTROL DIAGRAM

FCU ZONE

동작 설명서 [FCU ZONE]

1. 실내에 설치된 온도검출기(TRA)에 의해 FCU ZONE 밸브(FCV)를 비례제어하여 실내온도를 일정하게 유지한다.
2. 중앙감시반에서는 아래 사항을 관제한다.
   a. 실내 온도 감시
   b. FCU 전용 Mg'S 기동/정지
   c. FCU 전용 Mg'S 상태 감시

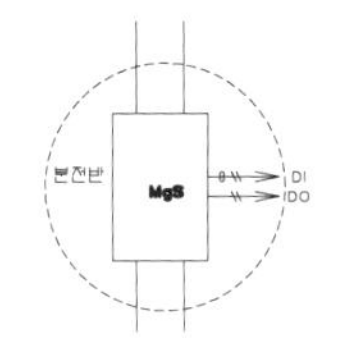

* 분전반 공급 및 설치는 자동제어에서 제외 (전기공사분)

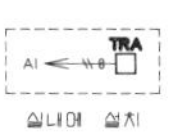

구 분	Q'TY			SERVICES	비 고
	TRA	Mg'S	FCV		
1~15층	15	15	15	1~15층	
TOTAL	15	15	15		

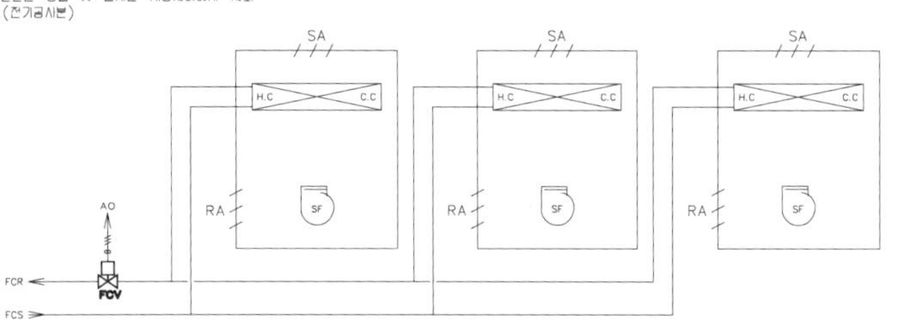

FCU ZONE CONTROL DIAGRAM (15 SETS)

NOTE

도면명: 자동제어 계통도-1

축척: A1: NONE | A3: NONE

도면번호: MC - 02

3.15 소방기계설비 도면

○소방기계설비 도면은 일반적으로 소방설계 전문업체에서 작성하는 경우가 많으며, 별도의 내역 산정 및 계약 등의 이유로 기계설비 도면과 별도로 작성되는 것이 일반적이다.
소방기계설비 도면의 구성도 기계설비 도면과 유사한 형식으로 구성되어 범례, 장비일람표, 옥외소화배관 평면도, 소화 펌프실 확대도면, 소화배관 계통도, 각층 소화배관 평면도, 상세도로 구성되는 것이 일반적이다.

(1) 도면목록, 범례, 소화장비 일람표

○도면 목록은 도면 전체의 목록을 나타내는 도면이다.
도면번호, 도면명, 축척 및 기타 비고사항을 기입한다.
일반적으로 기계소방의 경우는 MF로 시작한다.

○범례는 소화설비 도면 작성에 사용하는 각종 기호와 그들의 설명을 나타내며, 필요시 재질 등의 세부 사항을 포함하기도 한다.

○장비일람표는 해당 건물에 설치되는 모든 소화설비용 장비들의 용량, 수량, 사양 및 기타 특별한 기준이나 조건 등을 나타내는 도면이다.
소화설비 장비일람표는 기계설비에 비해 그 종류가 매우 적으며, 다음 장비들이 표기된다

- 소화펌프 : 소화 주펌프, 소화 보조 펌프(옥내소화전, 스프링클러, 옥외소화전 등)
- 제연용 송풍기 : 제연설비 설치시 제연용 급배기 팬
- 탱크류 : 소화용 지하저수조, 고가수조, 압력탱크, 각종 소화용 약제 탱크
- 기타 특수장비 : 물분무등 소화설비 설치 시 필요한 기기

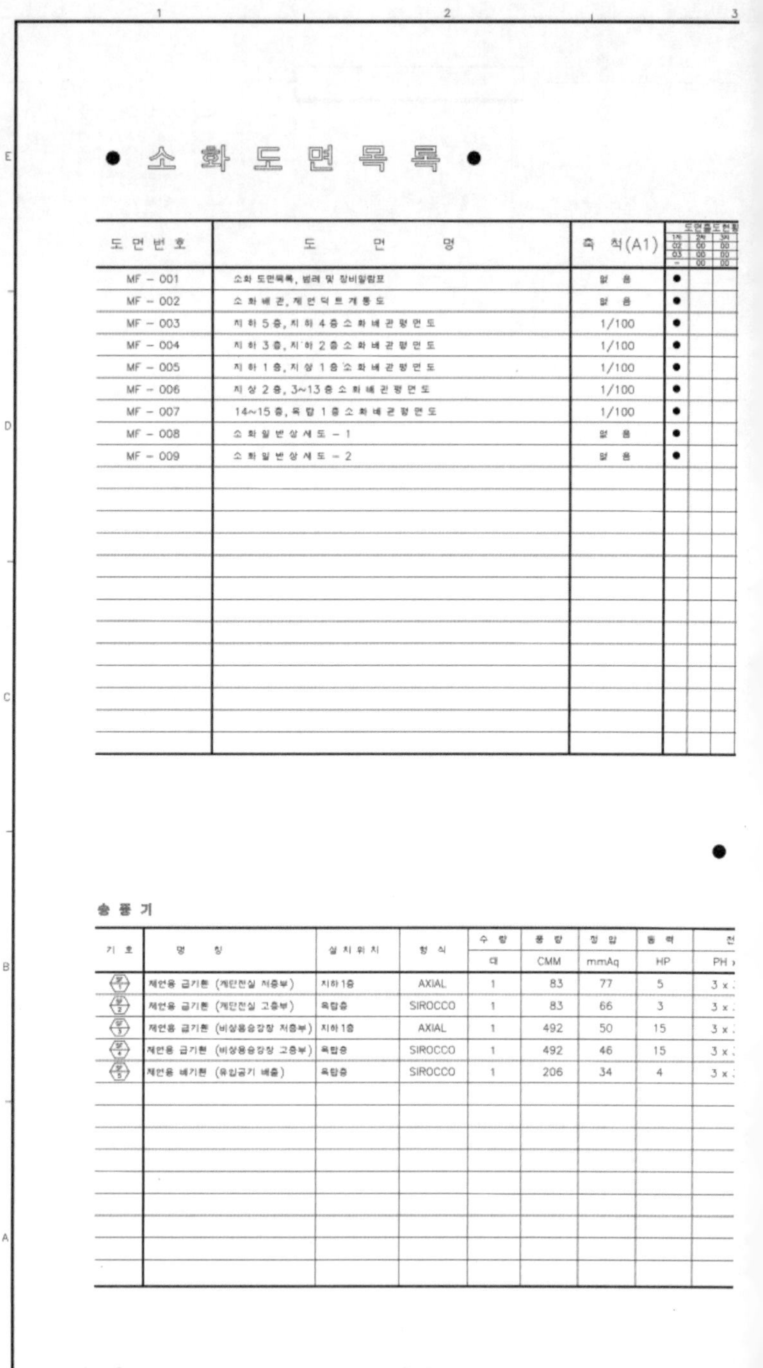

● 소 화 도 면 목 록 ●

도 면 번 호	도 면 명	축 척(A1)	1차	2차	3차
MF – 001	소화 도면목록, 범례 및 장비일람표	없 음	●		
MF – 002	소 화 배 관, 제 연 덕 트 계 통 도	없 음	●		
MF – 003	지 하 5 층, 지 하 4 층 소 화 배 관 평 면 도	1/100	●		
MF – 004	지 하 3 층, 지 하 2 층 소 화 배 관 평 면 도	1/100	●		
MF – 005	지 하 1 층, 지 상 1 층 소 화 배 관 평 면 도	1/100	●		
MF – 006	지 상 2 층, 3~13 층 소 화 배 관 평 면 도	1/100	●		
MF – 007	14~15 층, 옥 탑 1 층 소 화 배 관 평 면 도	1/100	●		
MF – 008	소 화 일 반 상 세 도 – 1	없 음	●		
MF – 009	소 화 일 반 상 세 도 – 2	없 음	●		

송 풍 기

기 호	명 칭	설 치 위 치	형 식	수 량	풍 량	정 압	동 력	전
				대	CMM	mmAq	HP	PH ›
	제연용 급기휀 (계단전실 저층부)	지하 1층	AXIAL	1	83	77	5	3 x
	제연용 급기휀 (계단전실 고층부)	옥탑층	SIROCCO	1	83	66	3	3 x
	제연용 급기휀 (비상용승강장 저층부)	지하 1층	AXIAL	1	492	50	15	3 x
	제연용 급기휀 (비상용승강장 고층부)	옥탑층	SIROCCO	1	492	46	15	3 x
	제연용 배기휀 (유입공기 배출)	옥탑층	SIROCCO	1	206	34	4	3 x

● 소 화 범 례 ●

기 호	명 칭	비 고
— SPH —	소 화 배 관 (옥 내 소 화 전 + 스 프 링 클 러)	
— S C —	연 결 송 수 관	
— SPD —	스 프 링 클 러 배 수 배 관	
	게 이 트 밸 브	
	체 크 밸 브	
	앵 글 밸 브	
	후 렉 시 블 이 음	
W.H.C	수 격 방 지 기	
	스 트 레 이 너	
	상 향 식 스 프 링 클 러 헤 드	(72 C°)
	하 향 식 스 프 링 클 러 헤 드	(72 C°)
	상 하 향 식 스 프 링 클 러 헤 드	(103 C°)
(소)	A.B.C 분 말 소 화 기	
(적)	적 응 소 화 기	
(확)	자 동 확 산 소 화 기	
	쌍 구 형 연 결 송 수 구	

원 : V x Hz	비 고
380 x 60	
380 x 60	
380 x 60	
380 x 60	
380 x 60	

소 화 장 비 일 람 표 ●

소 화 펌 프

기 호	명 칭	형 식	수량	구 경 (A)		유 량	양 정	동 력	전 원	비 고
			대	흡 입	토 출	LPM	m	HP	PH x V x Hz	
FP 1	소화 주펌프(옥내소화전+스프링클러)	입형다단	2	100	100	1,300	118	75	3 x 380 x 60	
FP 2	소화 보조펌프(옥내소화전+스프링클러)	웨스코	1	50	50	60	118	15	3 x 380 x 60	

저 장 탱 크

기 호	명 칭	설 치 장 소	수 량	형 식	저장량	크 기 (mm)				재 질	보 온		비 고
			대		ton	ø	W	L	H		재 질	두께 (mm)	
FT 1	고가 수조	옥탑층 물탱크실	1	각 형	19	–	–	–	–	S.M.C	–	–	
FT 2	압력 탱크	지하5층 기계실	1	입 형	0.1	–	–	–	–	기성품	–	–	

NOTE

공사명

도면명: 도면목록, 범례, 장비일람표

축척: A1: NONE | A3: NONE

도면번호: MF – 001

(2) 소화배관, 제연 계통도

○소화배관 계통도는 건물의 소화용 설비인 옥내소화전, 스프링클러 등의 배관 설치 계통 및 이러한 배관이 연결되는 소화용 장비들을 함께 나타내는 도면이다.

계통도는 기본적으로 건축 단면도에 표현하며, 다음과 같은 내용을 포함한다.

○소화배관 계통도 표현 사항

- 소화설비와 관련된 장비(예 : 소화용 펌프, 압력탱크, 소화수조, 옥내소화전, 소화기 등 / 장비번호 포함)
- 입상 배관(배관 종류 및 관경 표시) 및 각층의 횡배관 및 부속류
- 주요 소화용 밸브(알람밸브, 프리액션 밸브 등), 기타 밸브류

  *소화설비 일람표는 별도로 작성하는 것이 일반적이다.

○제연 계통도는 건물의 제연설비에 필요한 제연용 덕트류 및 이러한 덕트에 연결되는 제연용 팬 등을 나타내는 도면이다.

○제연 계통도 표현 사항

- 제연용 팬
- 입상 덕트(덕트 사이즈 및 공기흐름 방향) 및 각 층의 횡덕트 및 부속류

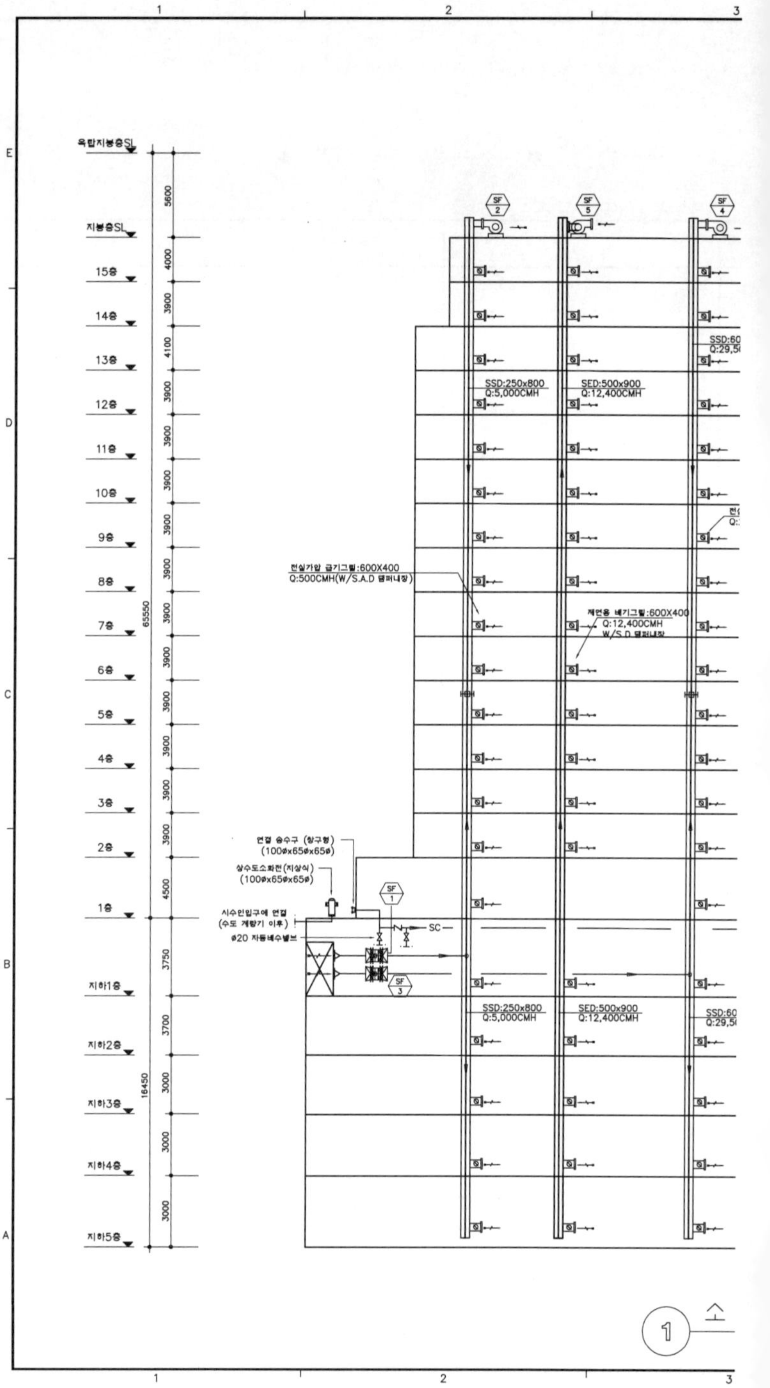

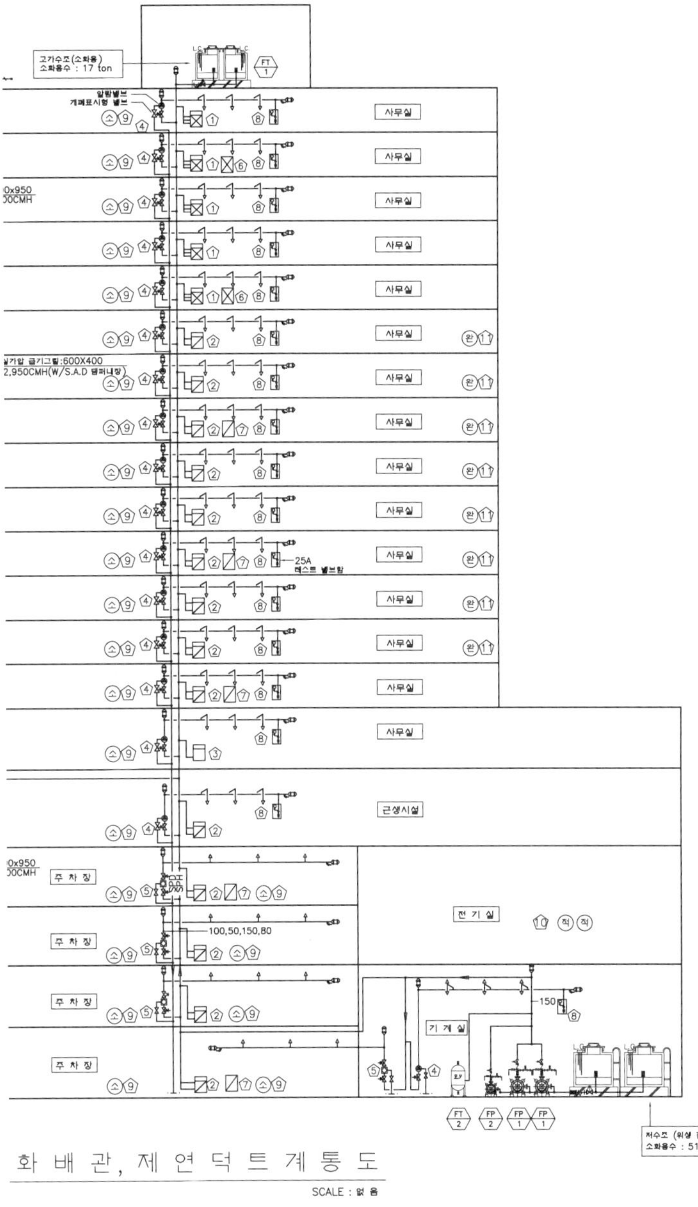

화 배 관, 제 연 덕 트 계 통 도

SCALE : 없 음

NOTE

1. 지하1층에 설치되는 옥내소화전은 감압용 오리피스 설치
2. 방수기구함은 방수구 겸용으로 설치 (상세도 참조)
3. 지상11층~15층에 설치되는 방수구 및 방수기구함은 쌍구형으로 설치.

소 화 설 비 일 람 표

번호	기호	내용
①	⊠	옥내소화전 (쌍구형)
		ø40 x 앵글밸브
		ø40 x 방사형 관창
		ø40 x 15M 호스 2본
		ø65 x 앵글밸브 2EA
②	◫	옥내소화전 (단구형)
		ø40 x 앵글밸브
		ø40 x 방사형 관창
		ø40 x 15M 호스 2본
		ø65 x 앵글밸브 1EA
③	□	옥내소화전 (전용)
		ø40 x 앵글밸브
		ø40 x 방사형 관창
		ø40 x 15M 호스 2본
④		알 람 밸 브
		ø150 x 개폐표시형 밸브
		W.H.C. 압력계
		1차측에 템퍼 스위치 부착
		기타 표준 부속품 일체구비
⑤		프 리 액 션 밸 브
		ø150 x 개폐표시형 밸브
		W.H.C. 압력계
		1,2차측에 템퍼 스위치 부착
		기타 표준 부속품 일체구비
⑥	⊠	방 수 기 구 함(쌍구형)
		(ø65 x 15M HOSE x 4본)
		ø65 방사관창함 x 2본
⑦	◫	방 수 기 구 함(단구형)
		(ø65 x 15M HOSE x 2본)
		ø65 방사관창함 x 1본
⑧		테 스 트 밸 브 함
		ø25 x BALL 밸브
		개방형 스프링클러 헤드, 압력계
⑨	㊀소	ABC 분 말 소 화 기
		3단위, 3.3kg
		–
⑩	적	적 응 소 화 기(CO2)
		4.5kg
		–
⑪	완	완 강 기 (자 립 형)
		–

공사명

도면명
소화배관, 제연덕트 계통도

축 척
A1: NONE I A3: NONE

프로젝트코드	설 계	검 토	승 인
	2002. .	2002. .	2002. .

도면번호
MF – 002

(3) 소화배관 평면도

○소화배관 평면도는 건물 해당층의 소화설비에 필요한 옥내소화전, 스프링클러 등의 배관과 이러한 배관이 연결되거나 별도로 설치되는 소화용 장비들을 함께 나타내는 도면이다.

○소화배관 평면도는 건축 평면도에 표현하며, 다음과 같은 내용을 포함한다.

○소화배관 평면도 표현 사항

- 해당층의 소화설비(예 : 옥내소화전, 스프링클러 밸브, 소화기둥 / 장비번호 포함)

  *일반적으로 해당층 소화설비 일람표 별도 작성
- 해당층에 설치되는 모든 소화배관(배관 종류, 관경 및 흐름방향 표시)
- 샤프트 내의 입상배관 표기(배관 종류, 상하 흐름방향 표기), 스프링클러 헤드 표기
- 밸브, 배관분기(엘보, 티 등), 수격방지기 등 표기
- 필요시 확배 평면도로 표기
- 기타 : 건물 옥외에 연결되는 모든 소화 설비 관련 시설 및 배관(연결송수구 등)

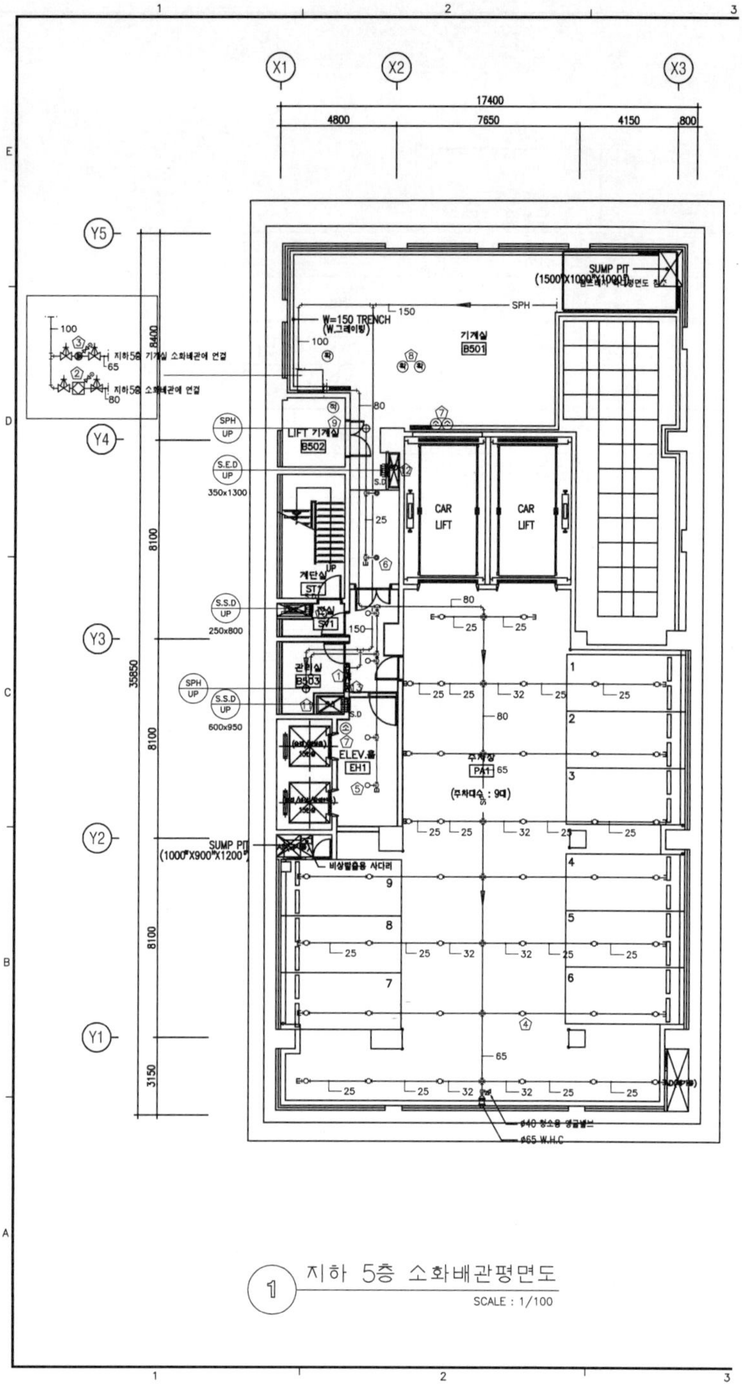

① 지하 5층 소화배관평면도
SCALE : 1/100

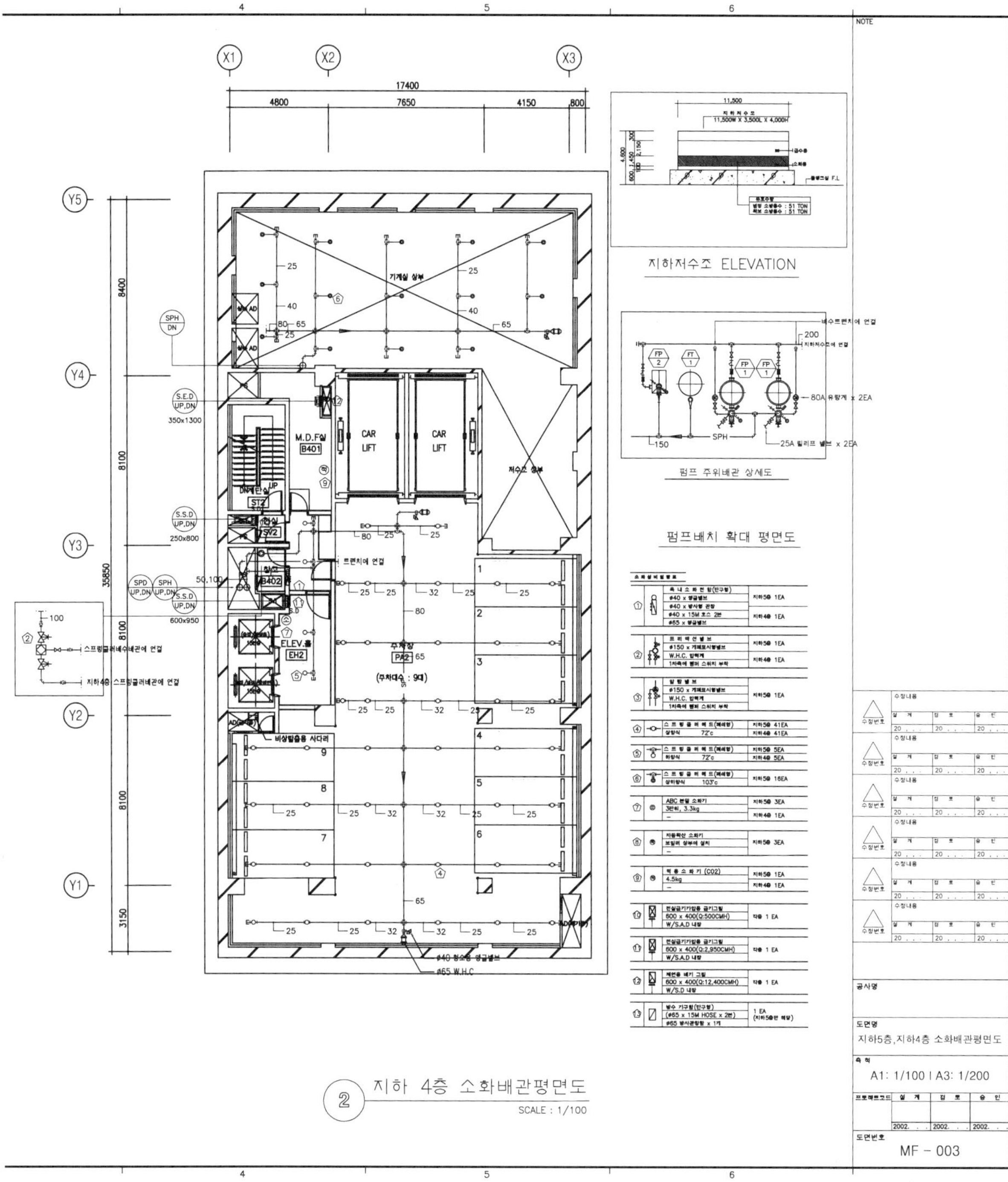

② 지하 4층 소화배관평면도

SCALE : 1/100

4장 전기설비 부문 설계도서

4.1 개요

○ 건축전기설비 분야는 크게 전기설비, 통신설비, 소방전기설비로 구분되며, 건물의 규모가 클 경우 설계도면도 이 분류대로 세분하는 경우가 많다.

○ 여기에 제시된 설계 사례는 업무시설에 대한 것이다.

4.2 도면목록

○ 도면을 편철한 순서대로 도면번호, 도면명칭 및 축척 등이 기입된다. 전통적인 도면 크기는 A0나 A1이지만 최근에는 A3도 많이 사용되기 때문에 A3에 대한 축척을 병기하기도 한다.

도면번호	도 면 명
E-00	도면목록
E-01	범례 및 주기사항
E-02	조명기구 상세도
E-03	변전실 단선결선도 및 평면도
E-04	기계실 동력설비 평면도
E-05	MCC 결선도
E-06	동력 분전함 결선도
E-07	전등 분전함 결선도
E-08	전력간선 설비 계통도 (전등)
E-09	전력간선 설비 계통도 (동력)
E-10	지하 5층(MAT하부) 접지 및 전기실 접지 평면도
E-11	지하5, 지하4층 전력간선, 전열설비 평면도
E-12	지하3, 지하2층 전력간선, 전열설비 평면도
E-13	지하1, 지상1층 전력간선, 전열설비 평면도
E-14	지상2, 지상3~13층 전력간선, 전열설비 평면도
E-15	지상14, 지상15층 전력간선, 전열설비 평면도
E-16	옥탑, 지붕층 전력간선, 전열설비 평면도
E-17	PIT층, 지하5층 전등설비 평면도
E-18	지하4층, 지하3층 전등설비 평면도
E-19	지하2층, 지하1층 전등설비 평면도
E-20	지상1층, 지상2층 전등설비 평면도
E-21	지상3~13, 지상14~15층 전등설비 평면도
E-22	옥탑층 전등설비 평면도
E-23	고전압 펄스식 피뢰침 설치상세도 및 단면도
E-24	CABLE TRAY 및 HI-TEC TRAY 상세도
E-25	FLOOR BOX 및 한전 개폐기 설치 상세도
E-26	일반상세도
E-27	전화 간선 설비 계통도
E-28	LAN 간선 설비 계통도

도 면 목 록

비 고
NONE
NONE
NONE
NONE,1/50
1/50
NONE
NONE
NONE
NONE
NONE
1/50,1/100
1/100
1/100
1/100
1/100
1/100
1/100
1/100
1/100
1/100
1/100
1/100
1/100
NONE
NONE
NONE
NONE
NONE
NONE

도면번호	도 면 명	비 고
E-29	CATV 및 CCTV 간선 설비 계통도	NONE
E-30	지하5, 지하4층 약전설비 평면도	1/100
E-31	지하3, 지하2층 약전설비 평면도	1/100
E-32	지하1, 지상1층 약전설비 평면도	1/100
E-33	지상2, 지상3~13층 약전설비 평면도	1/100
E-34	지상14, 지상15층 약전설비 평면도	1/100
E-35	옥탑, 지붕층 약전설비 평면도	1/100
E-36	소방 간선 설비 계통도 -1	NONE
E-37	소방 간선 설비 계통도 -2	NONE
E-38	방송 간선 설비 계통도	NONE
E-39	지하5, 지하4층 소방설비 평면도	1/100
E-40	지하3, 지하2층 소방설비 평면도	1/100
E-41	지하1, 지상1층 소방설비 평면도	1/100
E-42	지상2, 지상3~13층 소방설비 평면도	1/100
E-43	지상14~15, 옥탑층 소방설비 평면도	1/100
E-44	방송 BLOCK DIAGRAM 및 기기상세도	NONE
E-45	소방 기기 상세도	NONE

NOTE

수정번호	수정내용		
	설 계	검 토	승 인
	20 . .	20 . .	20 . .
수정번호	수정내용		
	설 계	검 토	승 인
	20 . .	20 . .	20 . .
수정번호	수정내용		
	설 계	검 토	승 인
	20 . .	20 . .	20 . .
수정번호	수정내용		
	설 계	검 토	승 인
	20 . .	20 . .	20 . .
수정번호	수정내용		
	설 계	검 토	승 인
	20 . .	20 . .	20 . .
수정번호	수정내용		
	설 계	검 토	승 인
	20 . .	20 . .	20 . .

공사명

도면명
도면목록

축 척
A1: NONE A3: NONE

프로젝트코드	설 계	검 토	승 인
	2002. .	2002. .	2002. .

도면번호
E-00

4.3 범례 및 주기사항

○도면에 사용되는 각종 기호와 약어에 대한 설명이 수록된다.

○도면 읽기

- 조명기구, 분전함(분전반), 스위치, floor box, 콘센트(콘센트아웃렛, receptacle), joint box, pull box, 스피커, 수신기, 발신기, 감지기 등 기호
- 수직으로 설치된 전선관의 평면상 표기(예, 현재층에 대한 통과, 입하, 입상)
- 전선관이나 배선의 설치 위치 표기(예, 실선은 천장 슬래브 매립 혹은 2중 천장 내 은폐 배관배선, 일점쇄선은 바닥슬래브 내 매립 배관배선, 점선은 노출배관배선)

범

심 볼	적 요	
	천정형 형광등 조명기구 FL-2/32W, FL-2/20W	
	벽부형 형광등 조명기구 FL-2/20W	
	RACE WAY 형광등 조명기구 FL-2/32W	
	천정형 형광등 조명기구 FL-3/40W	
○, ●	천정형 백열등및형광등 조명기구 IL-60W, IL-100W, FUL-1/13W,2/13W	
●	천정형 백열등 조명기구 IL-60W (자동센서 점멸등)	
	벽부형 백열등 조명기구 IL-60W	
◎	메탈할라이드 조명기구 MH-100W	
	비상조명 (DC 등) IL-60W	
	전 등, 전 열 분 전 함 (매입형, 노출형)	
	동 력 분 전 함 (매입형, 노출형)	
•	벽매입형연용스위치 1연용단로1P 250V 15A	
	벽매입형연용스위치 2연용단로1P 250V 15A	
	벽매입형연용스위치 3연용단로1P 250V 15A	
$\bullet_3$	벽매입형연용스위치 3로1P 250V 15A	
	FLOOR BOX(ACCESS FLOOR용) 전열 2P 250V 15A 2구, RJ-45 JACK 설치용 HOLE 3구	RJ
	벽매입형 전화용 콘센트	
	TV 직렬 유니트	
	벽부형 TV 증폭기함	
	약전용 중간 단자함	
	약전용 주 단자함 (자립형)	
	CCD COLOR CAMMERA (고정형)	
	공중파 방송용 ANTENNA	
	벽매입형콘센트 2P250V15A(2구용) 접지극부	
	벽매입형콘센트 2P250V15A(1구용) 접지극부	
	벽매입형콘센트 2P250V15A(1구용) 접지극부 (방우COVER)	
	천정형콘센트 2P250V15A(1구용) 접지극부	
⊗n	접지 시험단자반 (n는 회로수)	
	접 지 동 판 (n는 접지종별 표시)	
	피 뢰 침 (크기는 도면 참조)	
	J O I N T B O X (100x100x54) BOX COVER 부	
⊠	P U L L B O X (크기는 도면 참조)	
	TV. ANTENNA SET	

례 및 주기사항

비 고
H:1.8M 상단까지
H:1.8M 상단까지
H:1.2M 중심까지
H:1.2M 중심까지
H:1.2M 중심까지
H:1.2M 중심까지
-45K JACK은 통합배선 공사임.
H:0.3M 중심까지
H:0.3M 중심까지
H:0.3M 중심까지
H:0.3M 중심까지
H:0.3M 중심까지
H:0.3M 중심까지
H:0.3M 중심까지
H:1.2M 중심까지
H:0.3M 하단까지

심 볼	적 요	비 고
	벽 부 형 스 피 커 3W	
	천 정 형 스 피 커 3W	
	벽 부 스 피 커 10W	
	방 송 A M P	
	화 재 수 신 반 (R형)	H:1.5M 상단까지
	소 화 전 수 동 발 신 기 (비상콘센트, 수동발신기, 벨, 표시등)	(청각장애자용 시각경보장치기기)
	소 화 전 수 동 발 신 기 (수동발신기, 벨, 표시등)	(청각장애자용 시각경보장치기기)
	무 전 기 접 속 단 자	
	프 리 액 션 밸 브	
SVP	슈 퍼 비 조 리 판 넬	기계공사
	배연창 연동제어반	건축공사
	광전식 연기 감지기 (2종)	
	차동식 스포트형 감지기 (2종)	
	정온식 스포트형 감지기 (1종)	
	종 단 저 항	
	중 형 피 난 구 유 도 등 (벽부형)	
	통 로 유 도 등 (벽부형)	
①1	전등 회로의 회로번호 표시	
NR1, ER1	전열 회로의 회로번호 표시 (NR1 : 일반, ER1 : 비상)	
a / b-c	a : 실 명 b : 조명기구 TYPE c : 수 량	
	전 선 의 입 하 , 입 상 , 통 과	
	바 닥 슬 라 브 내 은 폐 배 관 배 선	
	천 정 스 라 브 또 는 2 중 천 정 내 은 폐 배 관 배 선	
	전 선 관 의 천 정 노 출 배 관 배 선	
	전 선 관 의 귀 로 표 시	
	전 선 관 의 단	
	T R E N C H 또는 T R A Y 내 의 배 선 표 시	
	C A B L E T R A Y (W : 는 도 면 참 조, H : 100)	규격은 도면 참조
DC	D C 등 배 관 배 선	16C(2-HIV2.0MM)
F	감 지 기 배 관 배 선	16C(2-IV1.2MM)
S	스 피 카 배 관 배 선	16C(2-HIV1.6MM)
EX	유 도 등 배 관 배 선	16C(3-HIV2.0MM)
T	정 보 통 신 배 관 배 선	16C(2-UTP CAT.5 4P CABLE)
TV	T V 배 관 배 선	규격은 도면 참조
	E M P T Y 배 관	규격은 도면 참조
	주) 본 도면의 노출배관은 STEEL 아연도 전선관을 사용할것.	
	(단, 매입시 HI-PVC 전선관을 사용한다.)	

NOTE

수정번호	수정내용		
	설 계	검 토	승 인
	20 . . .	20 . . .	20 . . .
수정번호	수정내용		
	설 계	검 토	승 인
	20 . . .	20 . . .	20 . . .
수정번호	수정내용		
	설 계	검 토	승 인
	20 . . .	20 . . .	20 . . .
수정번호	수정내용		
	설 계	검 토	승 인
	20 . . .	20 . . .	20 . . .
수정번호	수정내용		
	설 계	검 토	승 인
	20 . . .	20 . . .	20 . . .
수정번호	수정내용		
	설 계	검 토	승 인
	20 . . .	20 . . .	20 . . .

공사명

도면명

범례 및 주기사항

축 척

A1: NONE A3: NONE

프로젝트코드	설 계	검 토	승 인
	2002. .	2002. .	2002. . .

도면번호

E-01

4.4 변전실 단선결선도 및 평면도

ㅇ변전실 단선결선도보다 수변전설비 단선결선도란 명칭이 더 일반적으로 사용되며, 전력인입구를 통한 전력인입에서 수전설비, 자가발전설비, 변전설비, 배전반 내에서 동력제어반과 분전반에 분기되는 회로가 단선으로 제시되어 주요 기기의 전기적 위치와 계통 및 관련 안전장치 등이 포함되어 표현된다.

ㅇ변전실 평면도에 전기실과 발전기실의 수·배전반, 비상발전기, 트레이 배치와 배선 등이 표현된다.

ㅇ도면 읽기

- 변압기는 1대, 750kVA용량으로서 22,900V를 3상4선 380/220V로 직강압한다.
- 비상발전기는 200kW로서 상용전원 정전시 비상동력부하에 비상전력을 공급한다.

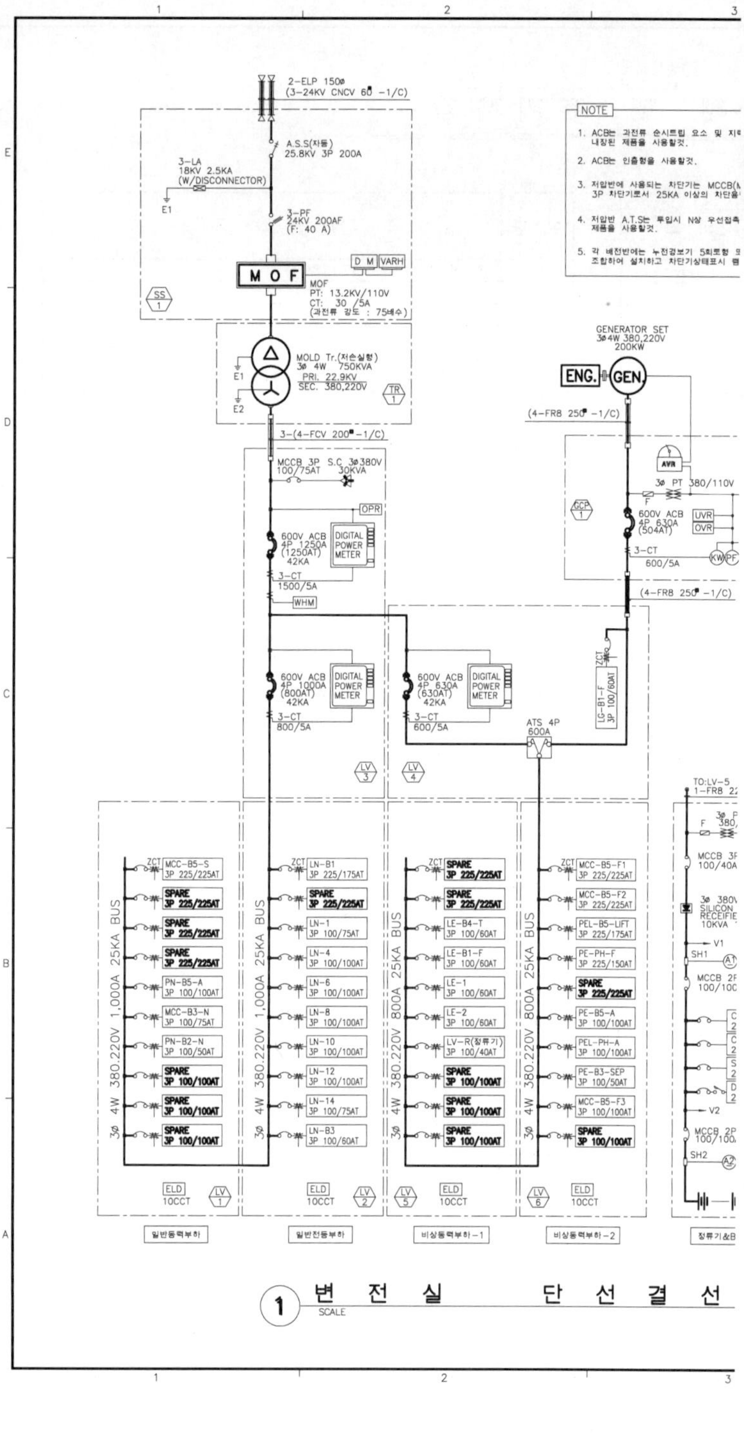

NOTE

...트립요소가

...MOLD CASE CIRCUIT BREAKER)
...량을 사용할것.

..., TRIP시 지연개방 기능의

...는 10회로형을
...프를 배전반 전면에 설치할것.

7. SS-1 전력인입 CABLE에는 각 상별로 통전표시기를 설치한다.
8. 전력용 CONDENSER는 방전코일 내장형임.
9. GCP-1은 발전기 업체공사분임.
10. DIGITAL POWER METER사양은 아래와 같다.
- V, A, KW, KVar, KWh, KVarh, PF, Hz, 계측기능
- 각계측치 오차범위 0.3%이내
- 적용범위: 1ø2W, 1ø3W, 3ø3W, 3ø4W
AC 70V ~ 17,000V

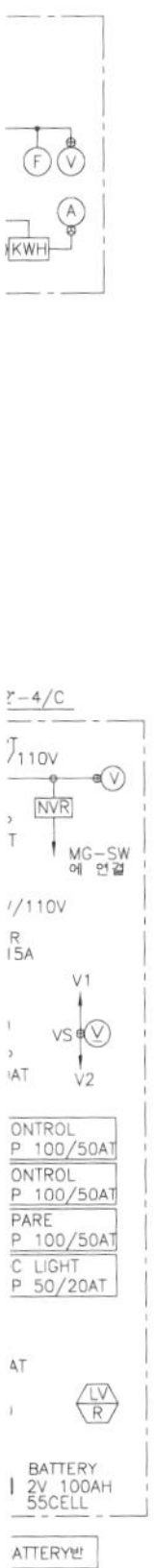

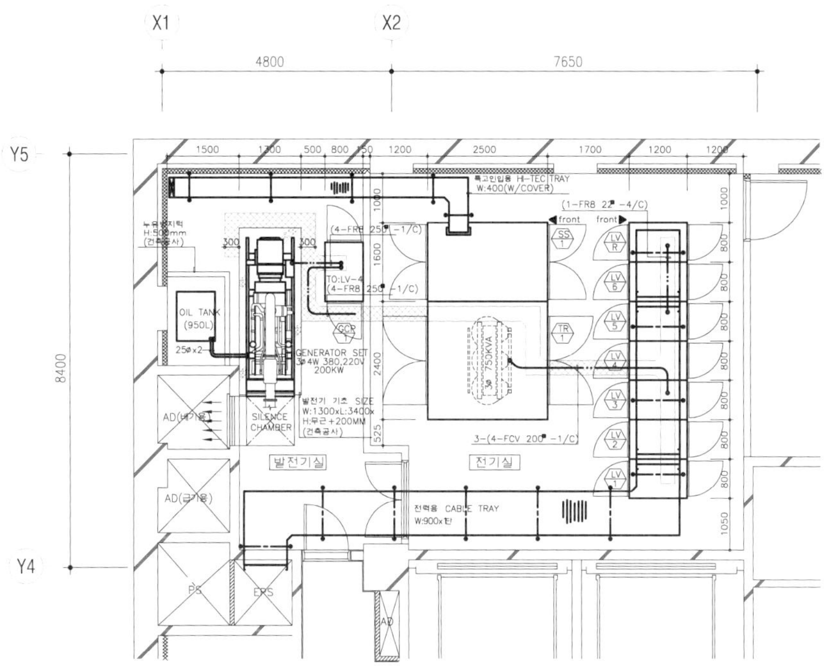

② 변 전 실 평 면 도
SCALE 1/50

도
NONE

공사명	
도면명	변전실 단선결선도 및 평면도
축척	A1: 1/50 A3: 1/100 A1: NONE A3: NONE
프로젝트코드	설계 2002. / 검토 2002. / 승인 2002.
도면번호	E-03

4.5 기계실 동력설비 평면도

○기계실 평면도에 전력을 필요로 하는 장비에 대한 배치, 전기용량, 연결되는 MCC나 분전반 명칭 및 전력공급 케이블 스케줄(cable schedule)이 표현된다.

○도면 읽기

- 기계실에서 가장 큰 장비는 기호 ACH-1인 냉온수유닛이며, 전원은 MCC-B5-S 패널에서 연결되고, 필요한 전기용량은 3상 380V, 14.5kVA이다. 장비와 MCC 패널 간의 배선은 지름 36mm인 전선관에 단면적 14㎟ 심선 4개가 들어 있는 FCV 케이블 1개와 접지용 단면적 5.5㎟의 GV전선 1개로 구성된다.

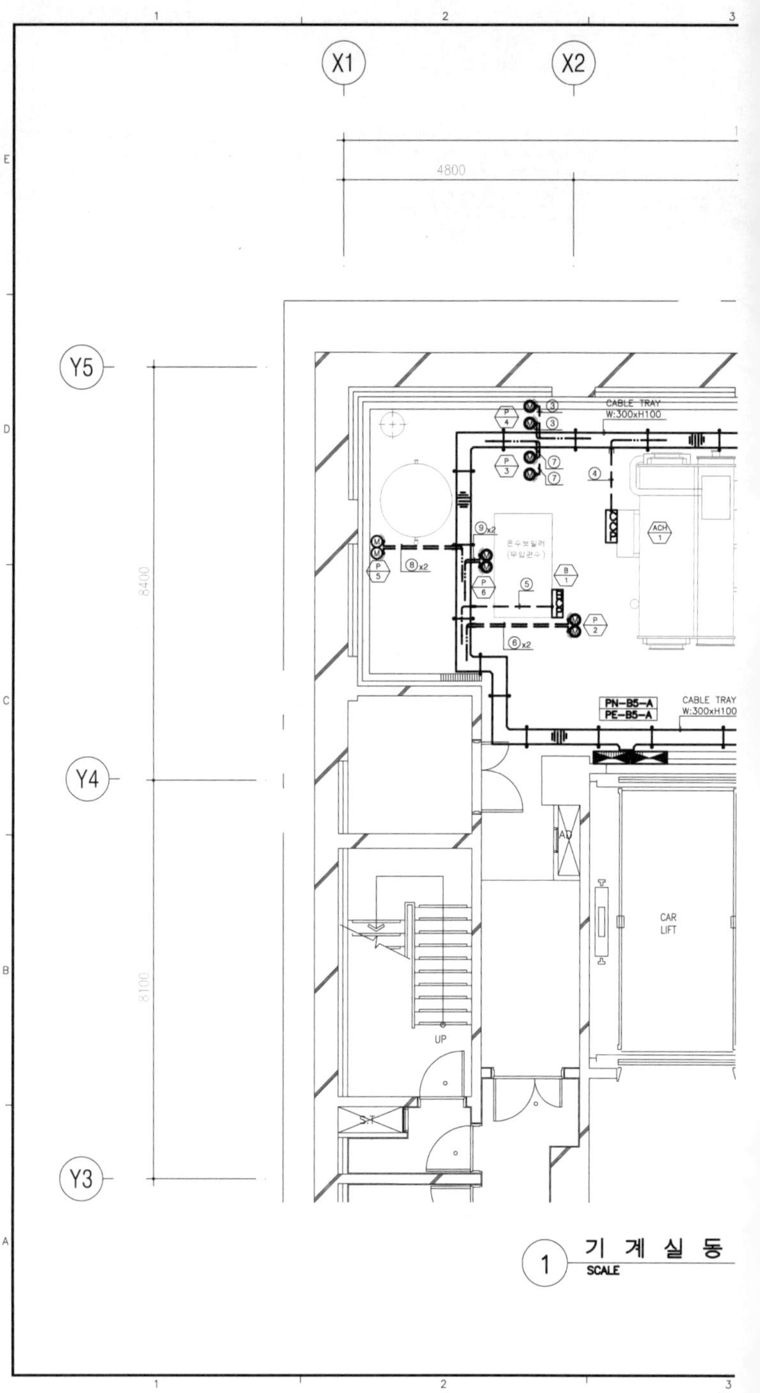

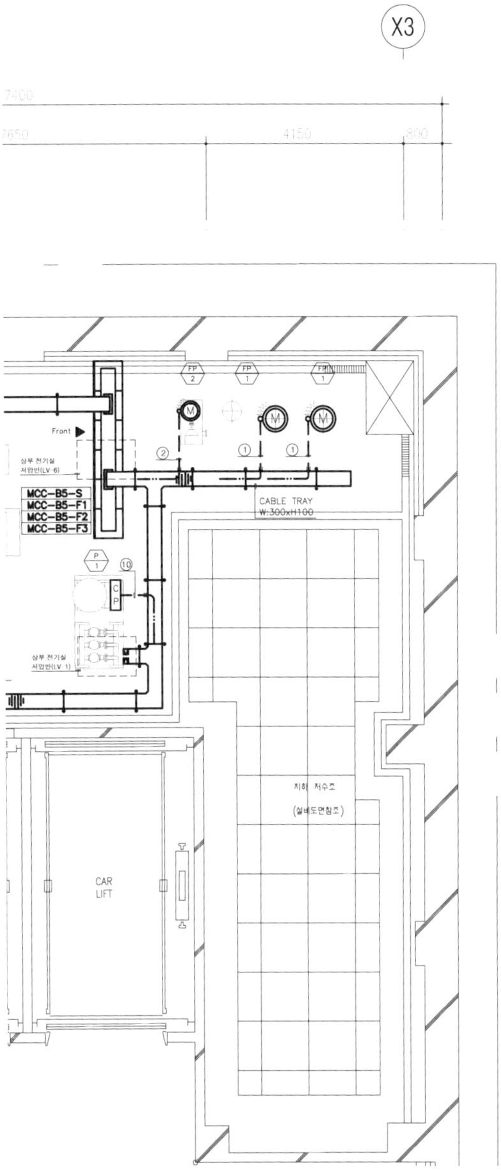

NOTE

1. 기계 동력장비 위치에 따른 전기용량 및 PANEL 연결은 아래와 같다.

번호	수량	장비 기호	명 칭	전원연결 PANEL 명	전기용량(KW) 1φ 220V	전기용량(KW) 3φ 380V	CABLE SCHEDULE
①	2	FP-1	스프링클러,소화주펌프	MCC-B5-F1,F2		55	54C (3-FR8 60■- 1/C , E-GV 22■)
②	1	FP-2	스프링클러,소화보조	MCC-B5-F3		11	36C (1-FR8 8■- 3/C , E-GV 5.5■)
③	2	P-4	냉각수 순환펌프	MCC-B5-S		45	54C (3-FCV 38■- 1/C , E-GV 14■)
④	1	ACH-1	냉온수 유니트	MCC-B5-S		14.5(KVA)	36C (1-FCV 14■- 4/C , E-GV 5.5■)
⑤	1	B-1	온수 보일러	PN-B5-A	0.25		28C (1-FCV 3.5■- 2/C , E-GV 3.5■)
⑥	2	P-2	온수 순환펌프	PN-B5-A		1.5	28C (1-FCV 3.5■- 3/C , E-GV 3.5■)
⑦	2	P-3	냉.온수 순환펌프	PN-B5-A		18.5	42C (2-FCV 8■- 3/C , E-GV 5.5■)
⑧	2	P-5	급탕 순환펌프	PN-B5-A	0.04		28C (1-FCV 3.5■- 2/C , E-GV 3.5■)
⑨	2	P-6	대류 순환펌프	PN-B5-A		1.5	28C (1-FCV 3.5■- 3/C , E-GV 3.5■)
⑩	1set	P-1	급수펌프(5.5KWx3)	PE-B5-A		16.5	36C (1-FCV 14■- 4/C , E-GV 5.5■)

2. 급수펌프는 C.P 까지의 1차측 전원연결은 전기공사이며, CONTROL PANEL과 펌프까지의 전원연결은 기계설비 공사임.

3. 기계실 내부에 설치되는 CABLE TRAY는 기계실 상부 (지하3층)에 설치할것.

력 설비 평면도

1/50

NOTE

수정번호	수정내용		
△	설 계	검 토	승 인
	20 . .	20 . .	20 . .
△	설 계	검 토	승 인
	20 . .	20 . .	20 . .
△	설 계	검 토	승 인
	20 . .	20 . .	20 . .
△	설 계	검 토	승 인
	20 . .	20 . .	20 . .
△	설 계	검 토	승 인
	20 . .	20 . .	20 . .
△	설 계	검 토	승 인
	20 . .	20 . .	20 . .

공사명

도면명
기계실 동력설비 평면도

축 척
A1: 1/50 I A3: 1/100

프로젝트코드	설 계	검 토	승 인
	2002. .	2002. .	2002. .

도면번호
E-04

4.6 MCC 결선도

○ 동력제어반(MCC) 내부의 분기회로에 대한 차단기, CT(Current Transformer, 계기용 변류기), 모터 기동 방식, 진상용 콘덴서의 용량과 케이블 크기 및 연결된 모터의 용량이 표현된다. MCC까지의 전력공급은 수변전설비 단선 결선도와 동력 간선설비 계통도를 보면 알 수 있다.

○ 도면 읽기

- 우측 위에 있는 MCC-B5-S 결선도에서 주차단기는 배선용 차단기 MCCB 3극(3선) 225AF(Ampare Frame), 225AT(Ampare Trip)이다. AF앞 숫자는 프레임의 크기이며, AT앞 숫자는 차단전류(A)이다. CT 200/5는 계기용 변류기인 CT를 이용하여 5A를 측정함으로써 200A를 추정할 수 있음을 의미한다.
- 용량이 큰 모터에는 삼각형 기호로 표기된 콘덴서가 병렬로 설치된 것을 볼 수 있다. 모터와 병렬로 설치된 콘덴서는 모터 내 코일로 인한 역률(일종의 효율) 저하를 방지하기 위한 것이다.
- 냉온수유닛의 경우 배선용 차단기 이외에 모터 기동 장치나 진상용 콘덴서 등이 전혀 설치되지 않은 이유는 기기에 내장되어 있기 때문이다. 즉 냉동기, 보일러, 냉온수기 등 복잡한 장치의 경우 기기를 최적효율로 운전하고 운전과정에서 안전을 확보하기 위해 해당 기기 제조사에서 제어반을 함께 공급하는 것이 일반적이다.

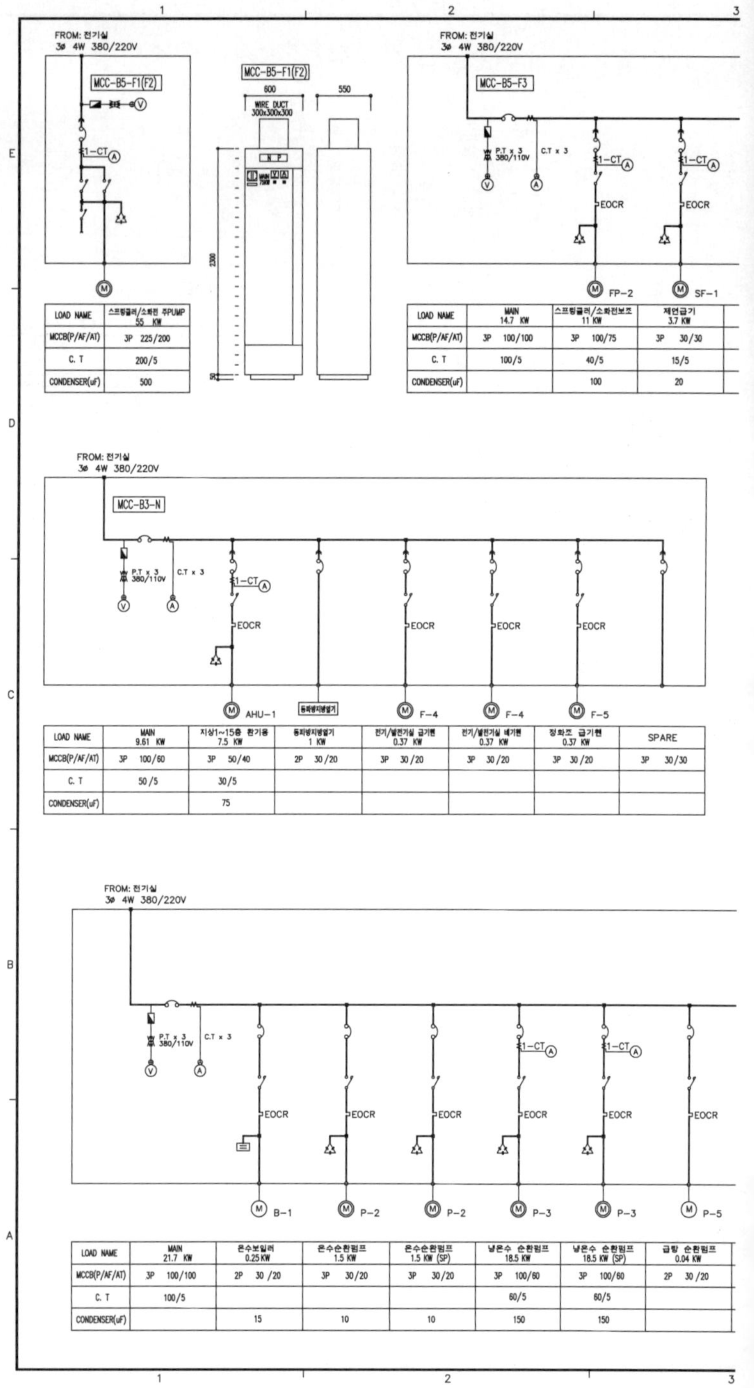

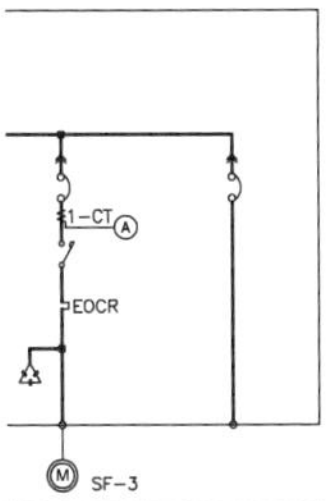

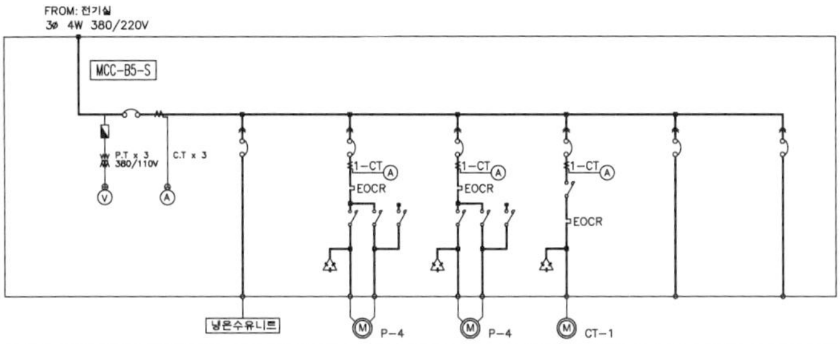

제연급기 11 KW	SPARE
3P 100/75	3P 30/30
40/5	
100	

LOAD NAME	MAIN 70.3 KW	냉온수 유니트 14.5 KW	냉각수 순환펌프 45 KW	냉각수 순환펌프 45 KW (SP)	냉각탑 11 KW	SPARE	SPARE
MCCB(P/AF/AT)	3P 225/225	3P 100/100	3P 225/150	3P 225/150	3P 100/75	3P 30/30	3P 30/30
C. T	200/5		150/5	150/5	40/5		
CONDENSER(uF)			400	400	100		

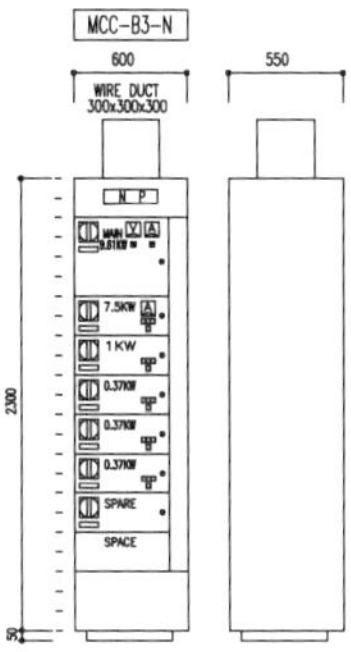

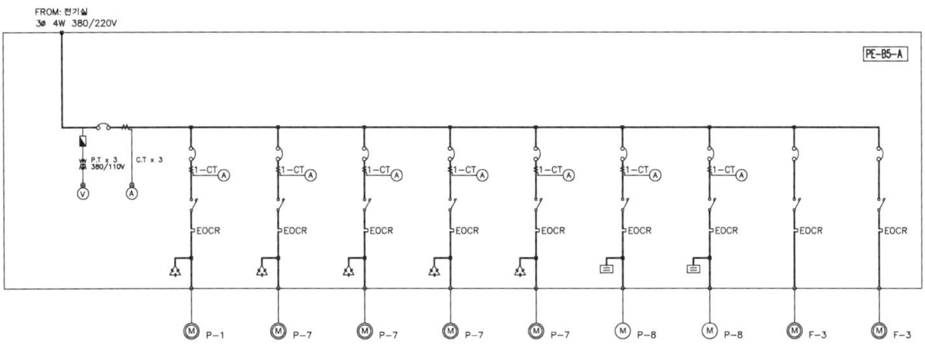

LOAD NAME	MAIN 26.9 KW	급수 5.5x3 16.5 KW	주차장 배수펌프 3.7 KW	주차장 배수펌프 3.7 KW (예비)	주차장 배수펌프 3.7 KW	주차장 배수펌프 3.7 KW (예비)	ELEV 배수펌프 0.4 KW	LIFT PIT 배수펌프 0.4 KW	기계실 급기팬 0.5 KW	기계실 배기팬 0.5 KW
MCCB(P/AF/AT)	3P 100/100	3P 100/75	3P 30/30	3P 30/30	3P 30/30	3P 30/30	2P 30/30	2P 30/30	3P 30/20	3P 30/20
C. T	100/5	40/5	15/5	15/5	15/5	15/5				
CONDENSER(uF)		100	20	20	20	20	10	10		

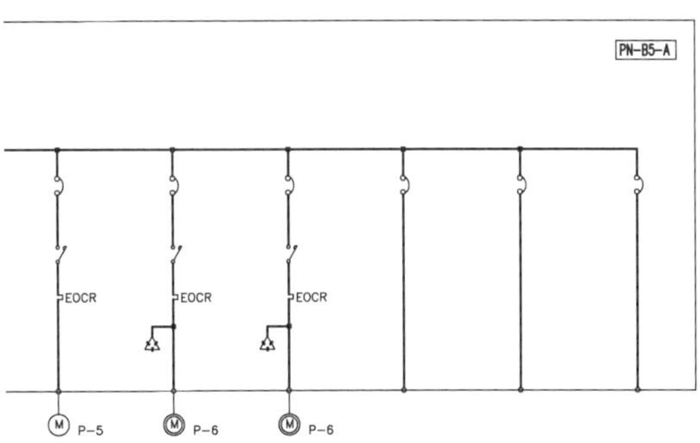

급탕 순환펌프 0.04 KW (SP)	대류순환 1.5 KW	대류순환 1.5 KW (SP)	SPARE	SPARE	SPARE
2P 30/20	3P 30/20	3P 30/20	3P 30/30	3P 30/30	3P 30/30
	10	10			

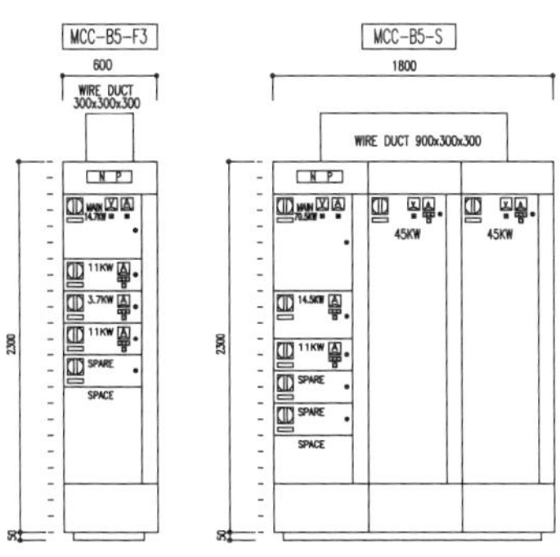

수정내용
설계 / 검토 / 승인
20 . . / 20 . . / 20 . .

공사명

도면명
MCC 결선도

축척
A1: NONE A3: NONE

프로젝트코드 / 설계 / 검토 / 승인
2002. / 2002. / 2002.

도면번호
E-05

4.7 전등 분전함 결선도

○각 분전반 내부의 분기회로에 대한 결선과 주차단기, 분기차단기의 용량이 표현된다. 분전반까지의 전력 공급은 수변전설비 단선결선도와 전력간선설비 계통도를 보면 알 수 있고 분전반 내 분기회로가 어떤 기기에 연결되는지 각층 동력, 전열, 전등 평면도를 보면 파악할 수 있다.

○도면 읽기

- 우측 위 LN-4,6,8,10,12 분전반에서, 전기실에서 분전반으로 3상4선 380/220V 간선이 인입되고, 전력량계와 4극(4선) 100AF(Ampare Frame), 75AT(Ampare Trip) 용량의 MCCB(Molded Case Circuit Breaker, 배선용 차단기)를 거친 후 분기된다. 여기에 결선된 분기회로들은 수직의 3상선 중 1개와 중성선을 결선한 단상 220V이며, 2극(단상2선) 30AF 20AT의 ELB(Electric Leakage Breaker, 누전차단기)로 보호된다. 제시된 분기회로 번호 중 N1~N5는 전등에 대한 것이며, NR1~NR10 및 FCU-1은 전열에 대한 것으로서 해당층 전등과 전열 평면도에 제시되어 있다.

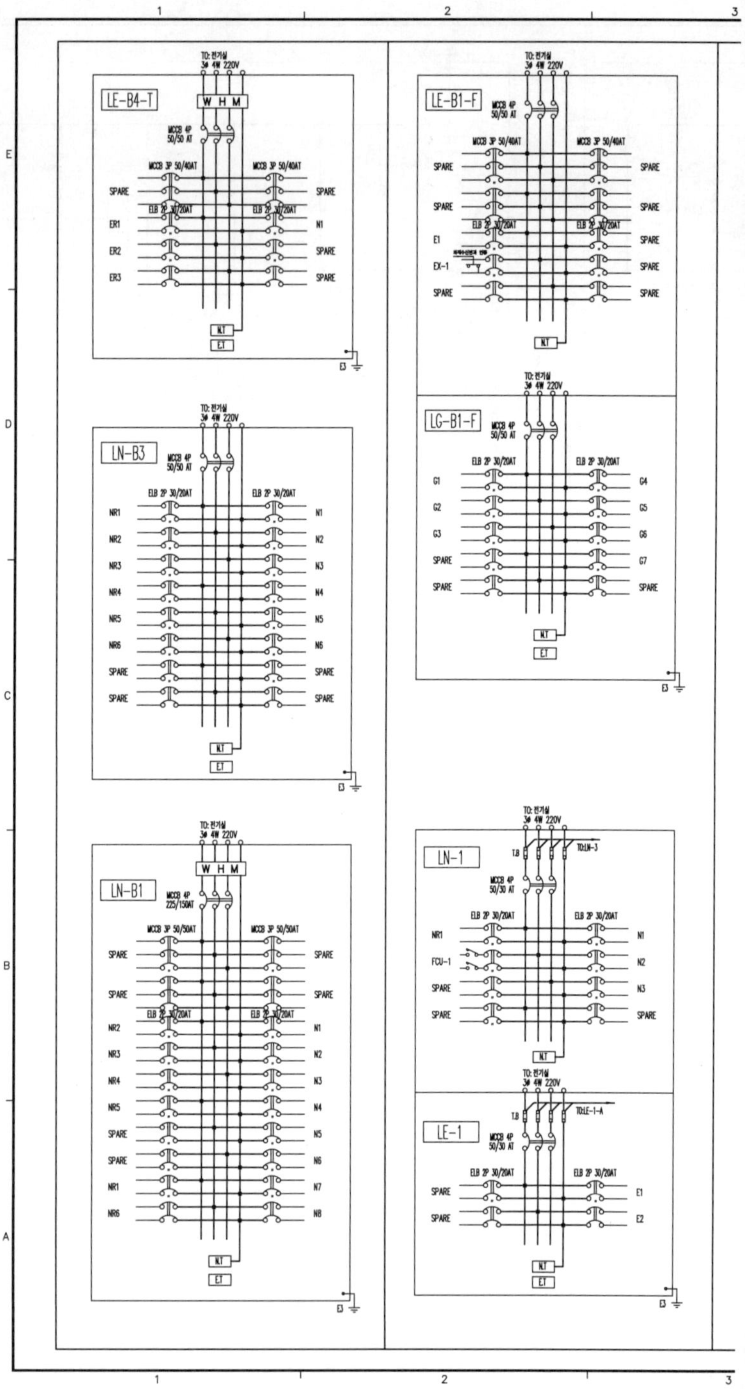

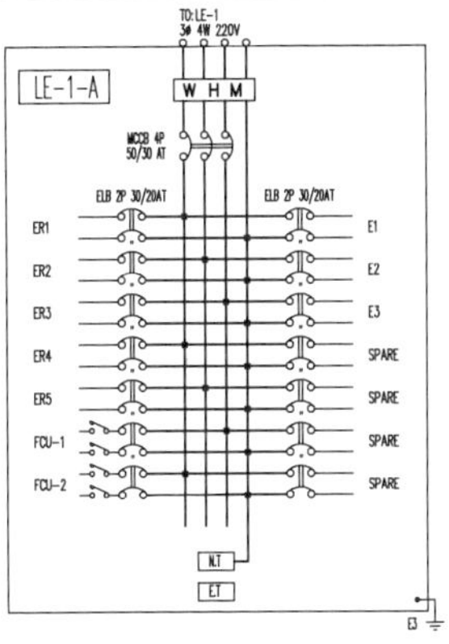

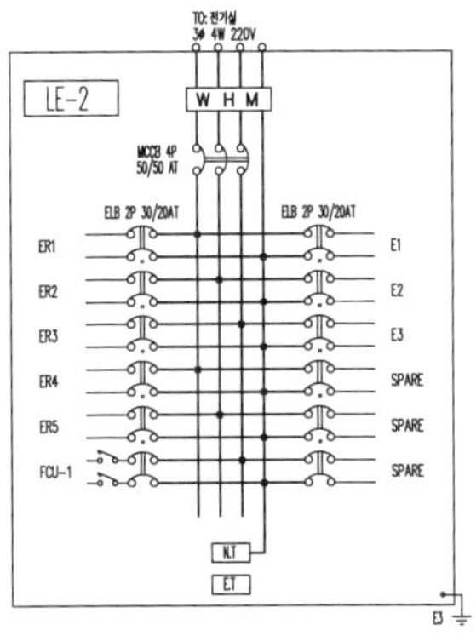

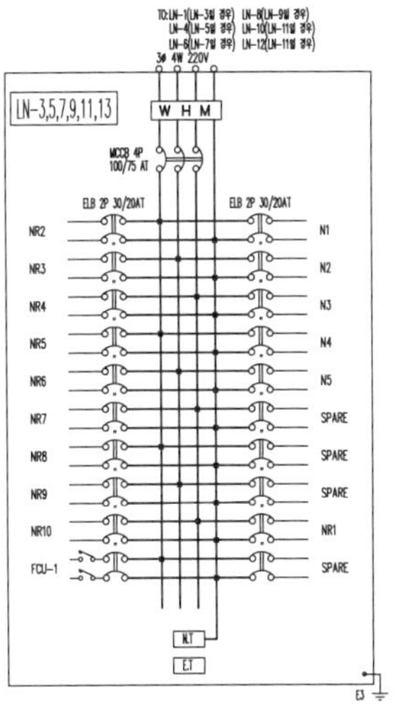

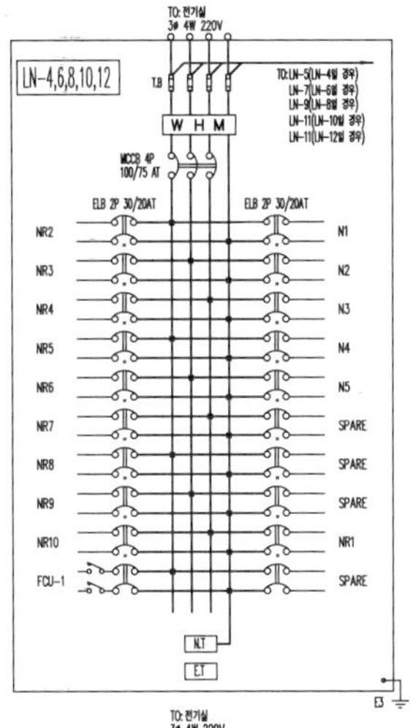

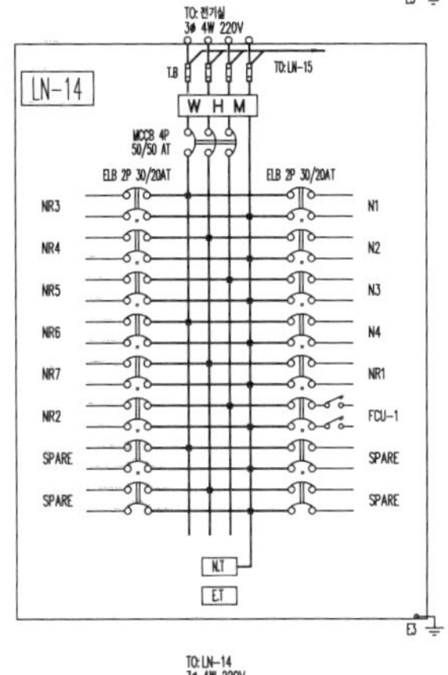

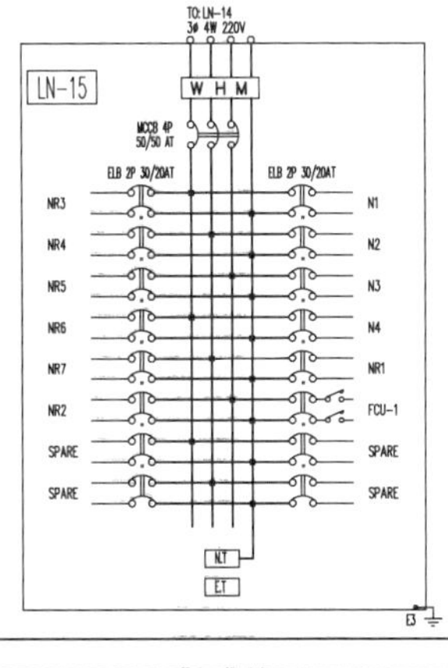

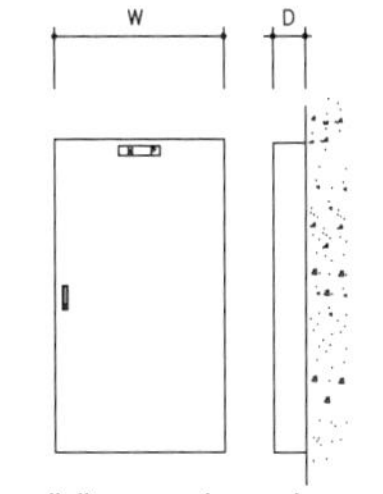

"A" TYPE (노출형)

NOTE

1. 외함 : 2.3mm 철판이상
2. 전면 : STEEL
3. 도장 : 분체정전도장(지정색)
4. 명판 : 백색아크릴에 흑색문자로 음각

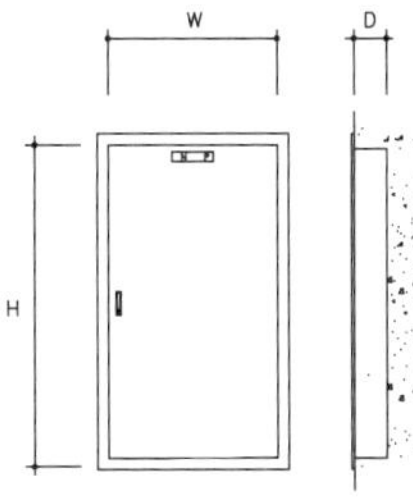

"B" TYPE (매입형)

NOTE

1. 외함 : 1.6mm 철판이상
2. 전면 : SUS 1t5
3. 도장 : 분체정전도장(지정색)
4. 명판 : 백색아크릴에 흑색문자로 음각

PANEL 명	PANEL 형태	PANEL 전면재질
LE-B4-T	"B" TYPE	SUS
LN-B3	"B" TYPE	SUS
LN-B1	"A" TYPE	STEEL
LE-B1-F (LG-B1-F)	"B" TYPE	SUS
LN-1 (LE-1)	"A" TYPE	STEEL
LE-1-A	"B" TYPE	SUS
LE-2	"B" TYPE	SUS
LN-3,5,7,9,11,13	"A" TYPE	STEEL
LN-4,6,8,10,12	"A" TYPE	STEEL
LN-14	"A" TYPE	STEEL
LN-15	"A" TYPE	STEEL

NOTE

수정번호	수정내용		
	설계	검토	승인
	20 . .	20 . .	20 . .

공사명

도면명 전등 분전함 결선도

축척 A1: NONE A3: NONE

프로젝트코드	설계	검토	승인
	2002. .	2002. .	2002. .

도면번호 E-07

4.8 전력간선 설비 계통도 (전등)

○전력인입 맨홀에서 전기실 수변전설비를 거쳐 각층에 있는 전등분전반에 이르기까지 간선이 층별로 구분되어 배선과 분전반 등이 표현된다.

○도면 읽기

- 기준층에 조명용 분전반이 층별로 배치되었으며, 4층 이상 층에는 짝수층에서 간선이 케이블트레이에서 분리, 전선관을 통해 바로 위 홀수층 분전반에 연결되며, 이 전선관(도면에서 ⓒ)은 지름 54mm이며, 속에는 단면적이 22㎟인 심선 4개가 들어 있는 FCV케이블 1개, 단면적이 8㎟인 접지용 GV 전선 1개가 입선된다. 심선 4개는 3상 4선식을 구성한다. 각 분전반에 분기회로가 어떻게 구성되는지는 전등 분전함 결선도에서 알 수 있다.

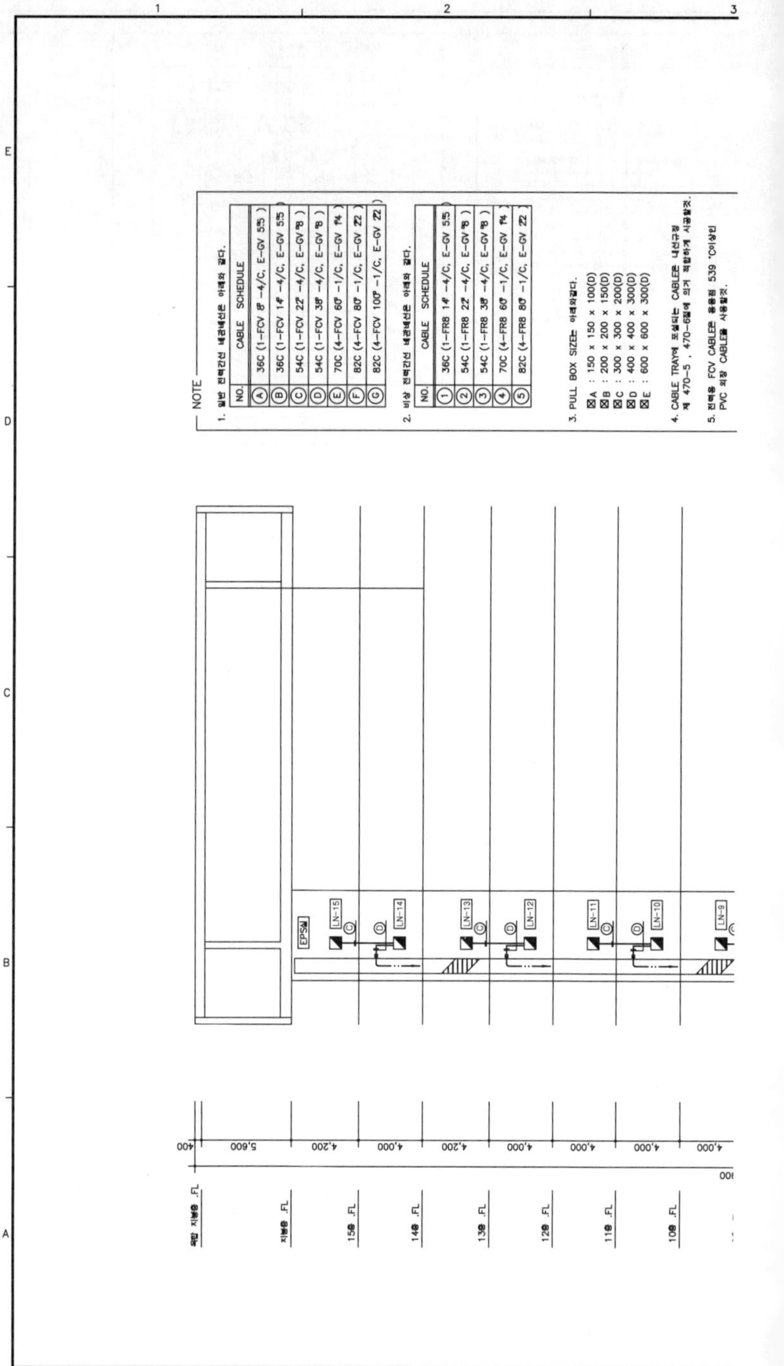

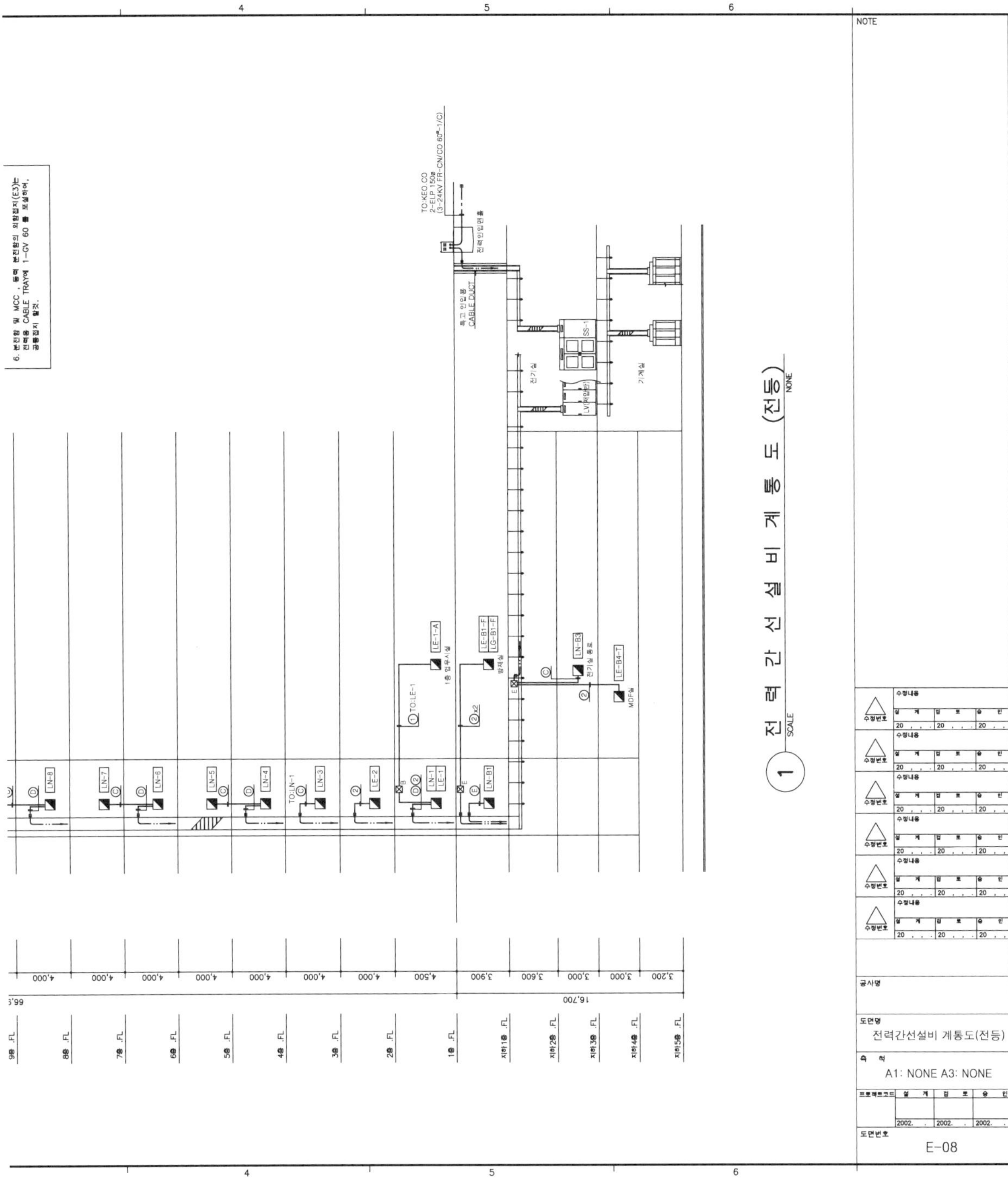
NOTE
6. 분전함 및 MCC , 동력 분전함의 외함접지(E3)는 전력용 CABLE TRAY에 1-GV 60 를 포설하여, 공동접지 할것.
TO:KEO.CO
2-ELP 150ø
(3-24KV FR-CN/CO 60㎟-1/C)
특고 인입용 CABLE DUCT
SS-1
전기실
기계실
LE-1-A
LE-B1-F
LG-B1-F
LN-B3
LE-B4-T
MDF실
LN-8
LN-7
LN-6
LN-5
LN-4
LN-3
LE-2
LN-1
LE-1
LN-B1
TO:LN-1
TO:LE-1
16,700
1층 .FL
2층 .FL
3층 .FL
4층 .FL
5층 .FL
6층 .FL
7층 .FL
8층 .FL
9층 .FL
지하1층 .FL
지하2층 .FL
지하3층 .FL
지하4층 .FL
지하5층 .FL
1 전력간선설비계통도(전등)
SCALE NONE
공사명
도면명
전력간선설비 계통도(전등)
축척
A1: NONE A3: NONE
도면번호
E-08

4.9 전력간선 설비 계통도 (동력)

○전력인입 맨홀에서 전기실 수변전설비를 거쳐 각층에 있는 동력분전반에 이르기까지 간선이 층별로 구분되어 배선과 분전반 등이 표현된다.

○도면 읽기

- 동력분전함(반)은 지하5층~지하2층과 옥탑층에만 있으며, 옥탑층의 경우 엘리베이터 기계실에 PEL-PH-A, 물탱크실에 PE-PH-F가 있다. PEL-PH-A 분전함에 연결되는 전선관(도면에서 ③)은 지름 54mm이며, 속에는 단면적이 38㎟인 심선 1개가 들어 있는 FR8 케이블 4개, 단면적이 8㎟인 접지용 GV 전선 1개가 입선된다. 각 분전함(반)에 어떤 기계장치가 연결되는지 동력분전함 결선도에서 파악할 수 있다.

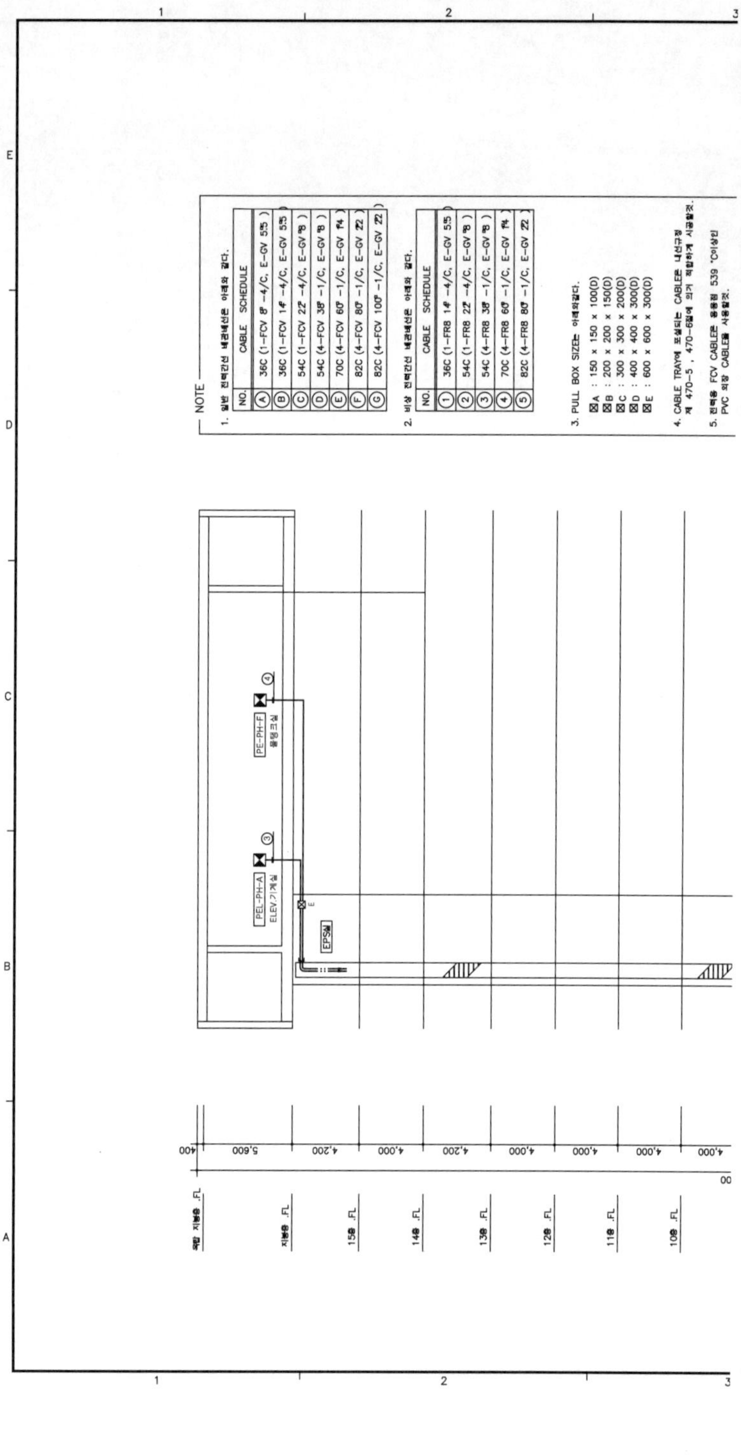

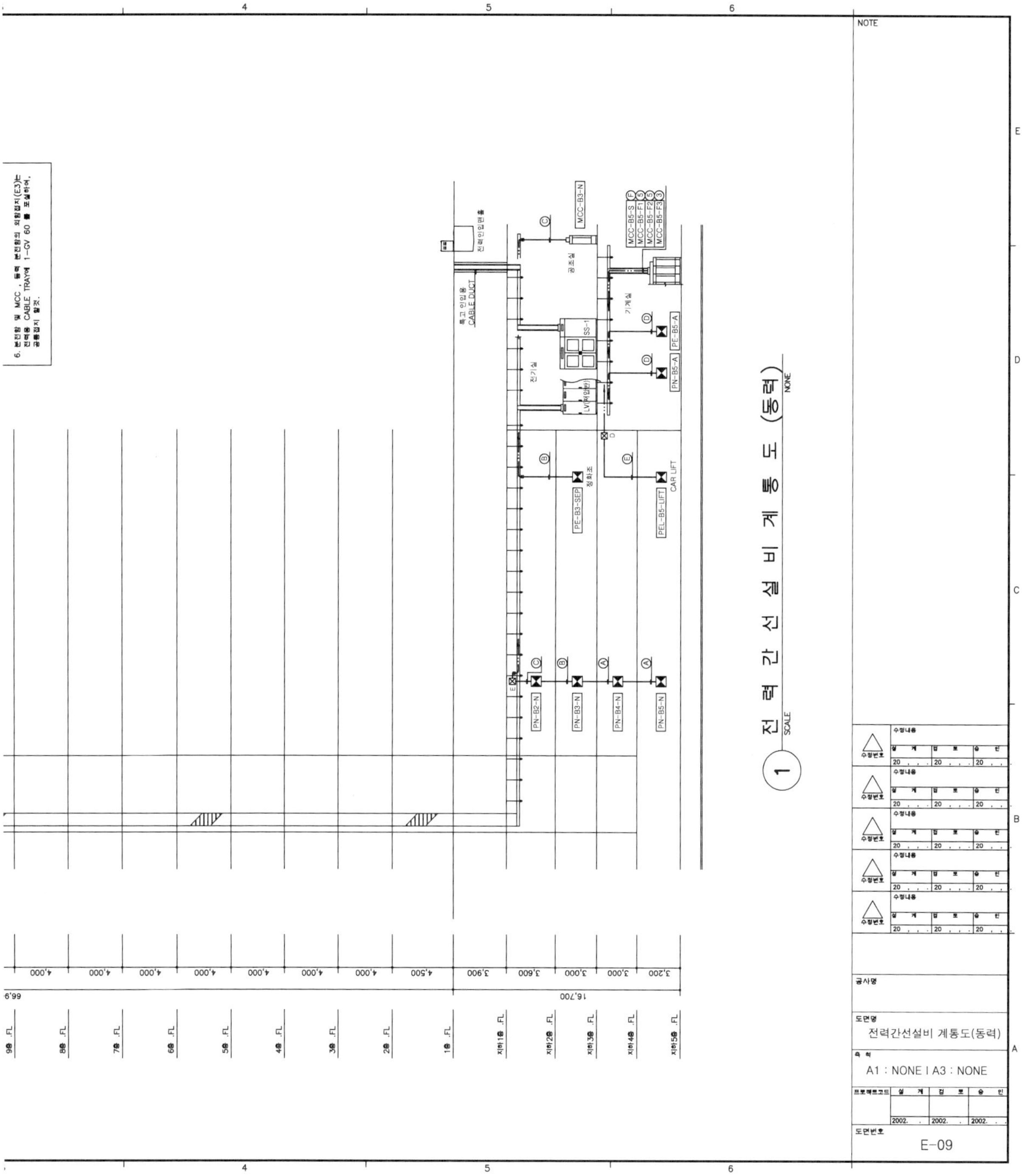
NOTE
6. 분전함 및 MCC, 동력 분전함의 외함접지(E3)는 전력용 CABLE TRAY에 1-GV 60 ■ 로 설치하여, 공용접지 할것.
1 전력간선설비 계통도 (동력)
SCALE NONE
PN-B2-N
PN-B3-N
PN-B4-N
PN-B5-N
PE-B3-SEP
PEL-B5-LIFT
CAR LIFT
PN-B5-A
PE-B5-A
SS-1
MCC-B3-N
MCC-B5-S
MCC-B5-F1
MCC-B5-F2
MCC-B5-F3
CABLE DUCT
16,700
1층 FL
2층 FL
3층 FL
4층 FL
5층 FL
6층 FL
7층 FL
8층 FL
9층 FL
지하1층 FL
지하2층 FL
지하3층 FL
지하4층 FL
지하5층 FL
공사명
도면명
전력간선설비 계통도(동력)
축 척
A1 : NONE | A3 : NONE
도면번호
E-09

4.10 지상 2, 지상 3~13층 전력간선, 전열 설비 평면도

○지상 3~13층은 업무시설의 기준층에 해당한다. 기준층 전력간선, 전열 설비 평면도에는 수직으로 설치되는 전력간선의 평면도상 배치, 분전반에서 콘센트 아웃렛이나 floor box까지 전력공급을 위한 분기회로의 구성과 분전반과 콘센트 아웃렛, floor box 등 기기의 배치가 표현된다.

○도면 읽기

- 분전반과 IDF에서 Floor box까지 배선을 위해 바닥에 각각 폭 300mm, 높이 60mm의 전열용 및 통신용 Floor Tray(HI-TEC)를 설치하였다. Floor box에는 전열용 콘센트아웃렛 2구, 통신용 LAN포트(RJ-45 jack) 3구가 있다.
- 지상 3~13층 평면도에서 floor box에 대한 전열 분기회로는 NR4~NR10임을 알 수 있다.

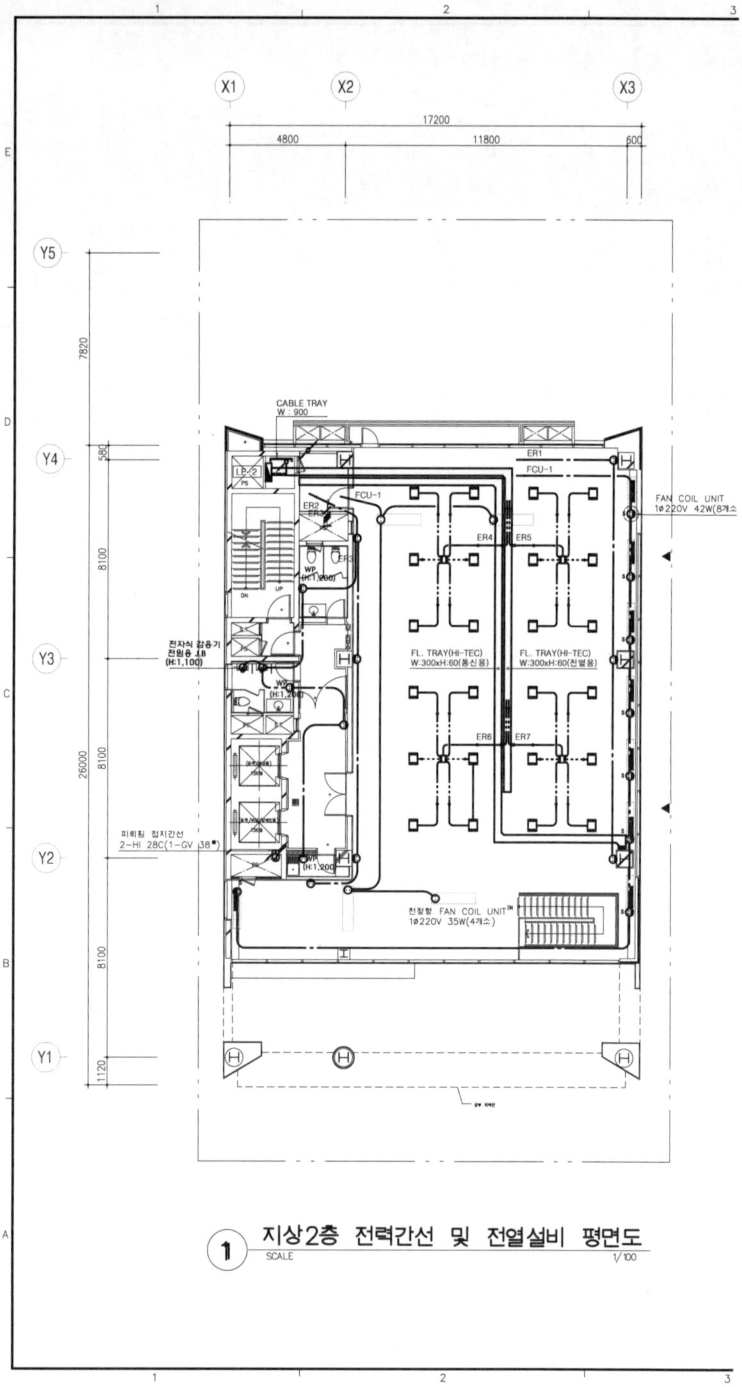

1 지상2층 전력간선 및 전열설비 평면도 SCALE 1/100

NOTE

1. 전열 배관배선은 아래와 같다.
   - ——-———— HI 16C(2-IV 2.0MM,E-IV 1.6MM)
   - ——-—#/—— HI 22C(4-IV 2.0MM,E-IV 1.6MM)
   - —•—--—— – (1-FCV 3.5"-3/C)

2. 동력 전원용 배관배선은 아래와 같다.

NO	CABLE SCHEDULE
①	28C (1-FCV 3.5"-2/C , E-GV 3.5")
②	28C (1-FCV 3.5"-3/C , E-GV 3.5")
③	28C (1-FCV 5.5"-3/C , E-GV 3.5")
④	36C (1-FCV 8"-3/C , E-GV 5.5")
⑤	28C (1-FR8 3.5"-3/C , E-GV 3.5")
⑥	28C (1-FR8 5.5"-3/C , E-GV 3.5")
⑦	36C (1-FR8 8"-3/C , E-GV 5.5")

3. SYSTEM FL.BOX는 전기공사로서 사양은 아래와 같다.
   - 전열 2P 250V 15A 2구 (W/접지극부)
   - RJ-45 JACK 설치용 HOLE 3구 (RJ-45 JACK 설치는 전화공사임)

4. ACCESS FLOOR 설치층은 지상1~지상15층이며, ACCESS FLOOR 하부 FL.TRAY는 전기공사임.

5. 피뢰침 접지간선은 수직거리 30M 이내마다 J.B내측에 나무 쐐기를 박아 접지간선을 지지할것.

6. PULL BOX SIZE는 아래와 같다.
   - ⊠A : 150 x 150 x 100(D)
   - ⊠B : 200 x 200 x 150(D)
   - ⊠C : 300 x 300 x 200(D)
   - ⊠D : 400 x 400 x 300(D)
   - ⊠E : 600 x 600 x 300(D)

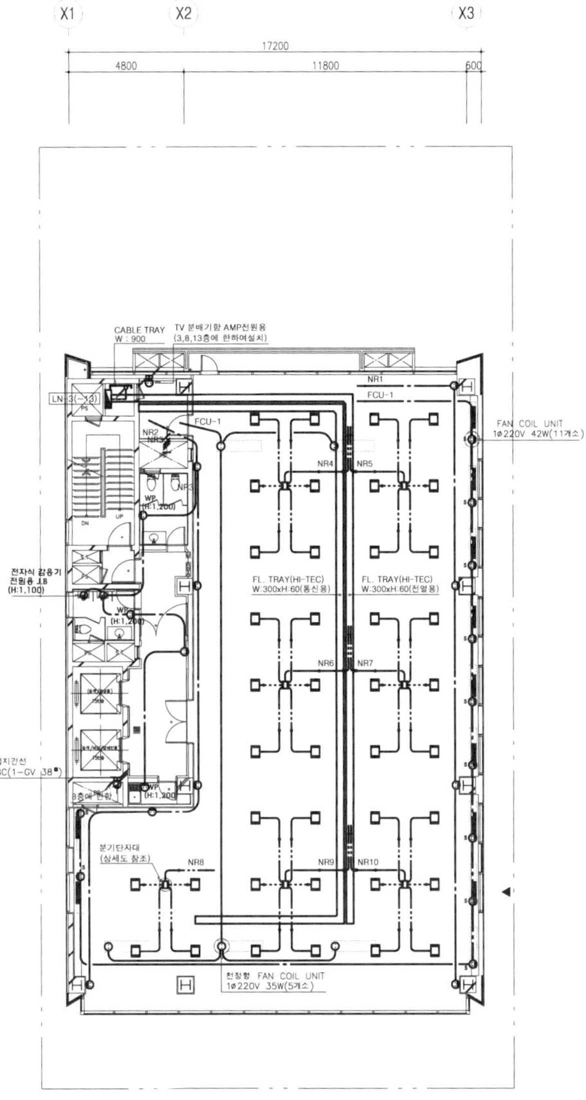

② 지상3~13층 전력간선 및 전열설비 평면도
SCALE 1/100

NOTE

도면명	지상2층,지상3~13층 전력간선 및 전열설비 평면도
축척	A1: 1/100 I A3: 1/200
도면번호	E-14

4.11 지상 3~13, 14, 15층 전등 설비 평면도

○지상 3~13층은 업무시설의 기준층에 해당한다. 기준층 전등 설비 평면도에는 분전반에서 전등기구까지 전력공급을 위한 분기회로의 구성과 전등의 유형과 배치 등이 표현된다.

○도면 읽기

- 범례에 따르면 사무실 부분에 설치된 주조명기구는 천장형 형광등 FL-3/40W로서 조명기구에 40W 형광등 3개가 설치되는 것이다.
- 사무실 부분에 검은색 원형으로 표기된 조명기구는 60W 백열등으로서 소방전기설비의 비상용 조명등으로서 화재시에 비상전원으로 자동 점등된다. 이 비상조명등 회로는 해당층 분전반에 연결되지 않고 도면의 X2-Y3좌표 부근 Joint Box에서 수직으로 배선되었음을 알 수 있다.

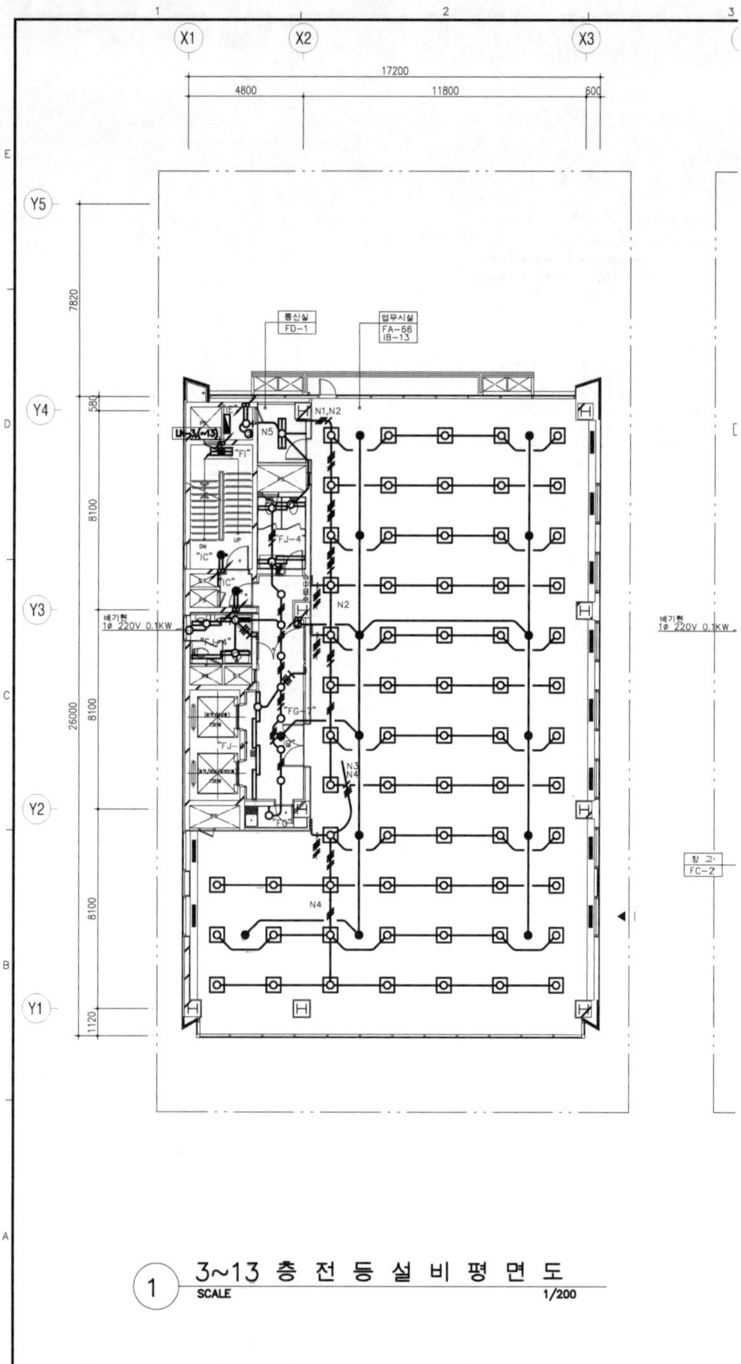

1 3~13 층 전 등 설 비 평 면 도
SCALE 1/200

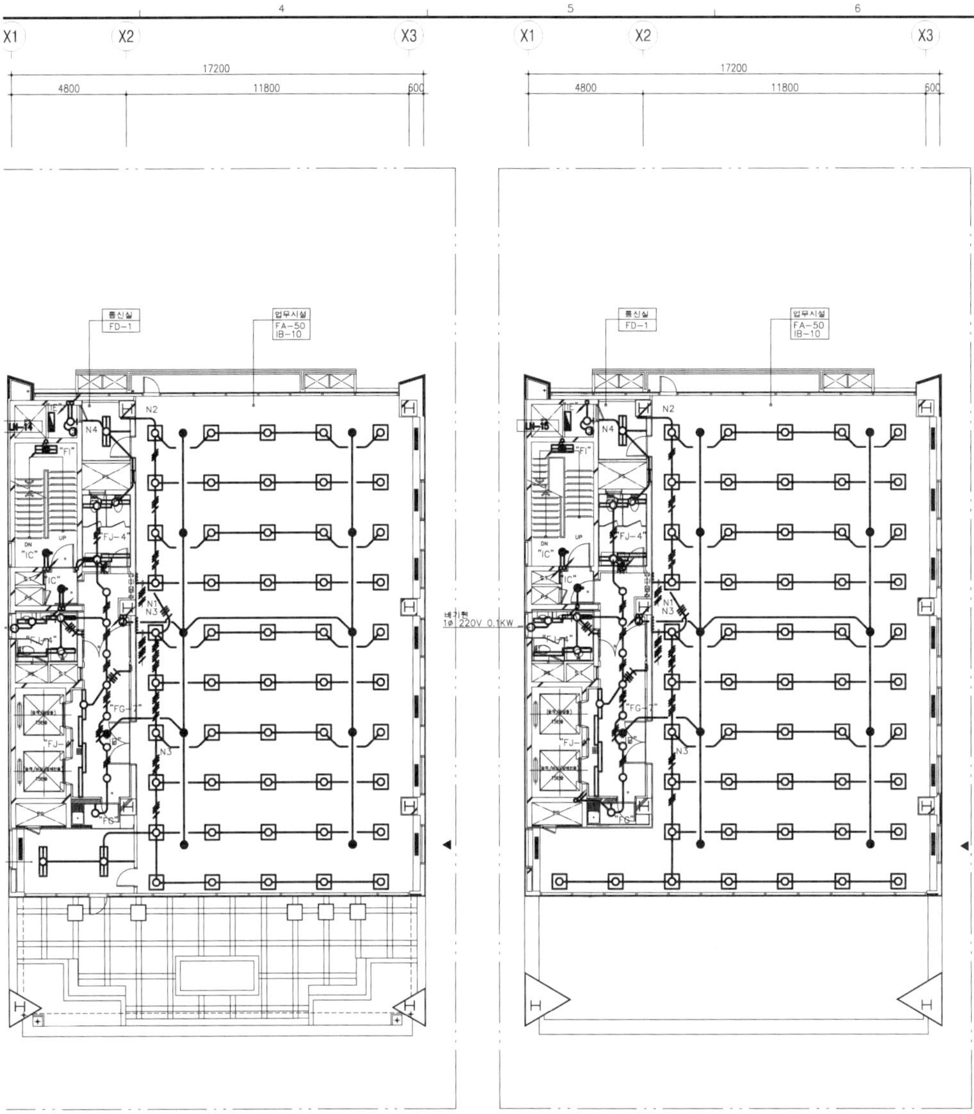

2 14 층 전 등 설 비 평 면 도 SCALE 1/200

3 15 층 전 등 설 비 평 면 도 SCALE 1/200

NOTE

1. 전등의 배관배선은 아래와 같다.

- 16C (2–HIV 2.0MM)
- 16C (3–HIV 2.0MM)
- 16C (4–HIV 2.0MM)
- 22C (5–HIV 2.0MM)
- 22C (6–HIV 2.0MM)
- 28C (7–HIV 2.0MM)
- 28C (8–HIV 2.0MM)
- 28C (9–HIV 2.0MM)
- 28C (10–HIV 2.0MM)

수정번호	수정내용		
	설 계	검 토	승 인
	20 . .	20 . .	20 . .
	설 계	검 토	승 인
	20 . .	20 . .	20 . .
	설 계	검 토	승 인
	20 . .	20 . .	20 . .
	설 계	검 토	승 인
	20 . .	20 . .	20 . .
	설 계	검 토	승 인
	20 . .	20 . .	20 . .
	설 계	검 토	승 인
	20 . .	20 . .	20 . .

공사명

도면명 지상 3~13층, 14~15층 전등설비 평면도

축 척 A1: 1/100 I A3: 1/200

프로젝트코드	설 계	검 토	승 인
	2002. .	2002. .	2002. .

도면번호 E-21

4.12 전화간선 설비 계통도

○통신 맨홀을 통해 전화국에서 오는 전화선(국선이라 함)이 건물내 voice MDF(Main Distribution Frame)까지 인입되면, 여기에서 교환기를 거친 사선(국선에 대비되는 개념으로 건물 내에서 MDF실 전화교환기 2차측에 설치되는 전화선을 의미함)이 층별로 설치된 중간단자함(Intermediate Distribution Frame)까지 배선되는 계통이 표현된다.

○도면 읽기

- Voice MDF에는 국선 700(회선, Pair), 사선 1,500회선이 설치되며 전화간선은 통신용 Tray를 통해 2층부터 15층까지 매층에 있는 중간단자함으로 배선된다. Voice MDF에서 각층 중간단자함까지는 (도면에서 ⓒ) 25 Pair UTP 케이블 4개가 입선된 지름 54mm 전선관 1개(총 100회선)와 단면적 14㎟ 접지용 GV전선 1개가 입선된 지름 16mm 전선관 1개로 배선된다.
- 각층 중간단자함에는 해당층에 있는 전화 접속구에 175회선까지 연결될 수 있다.

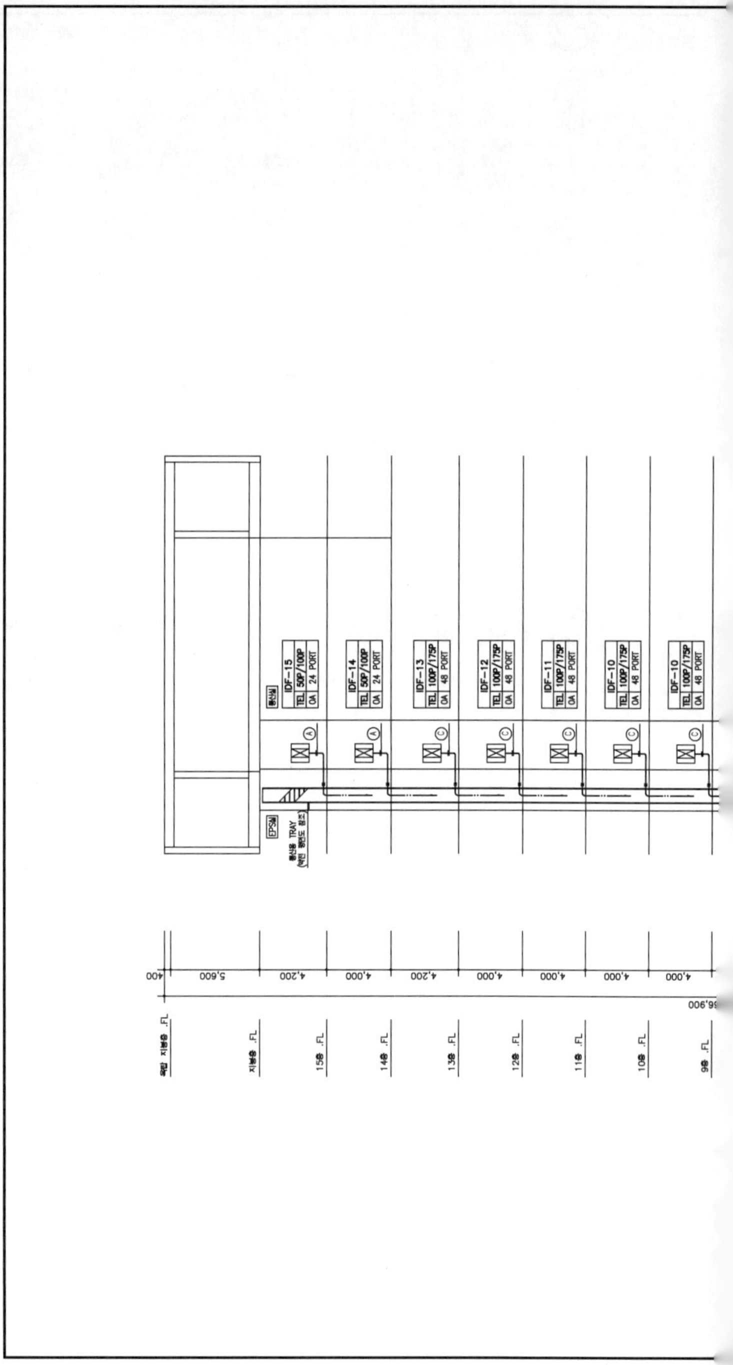

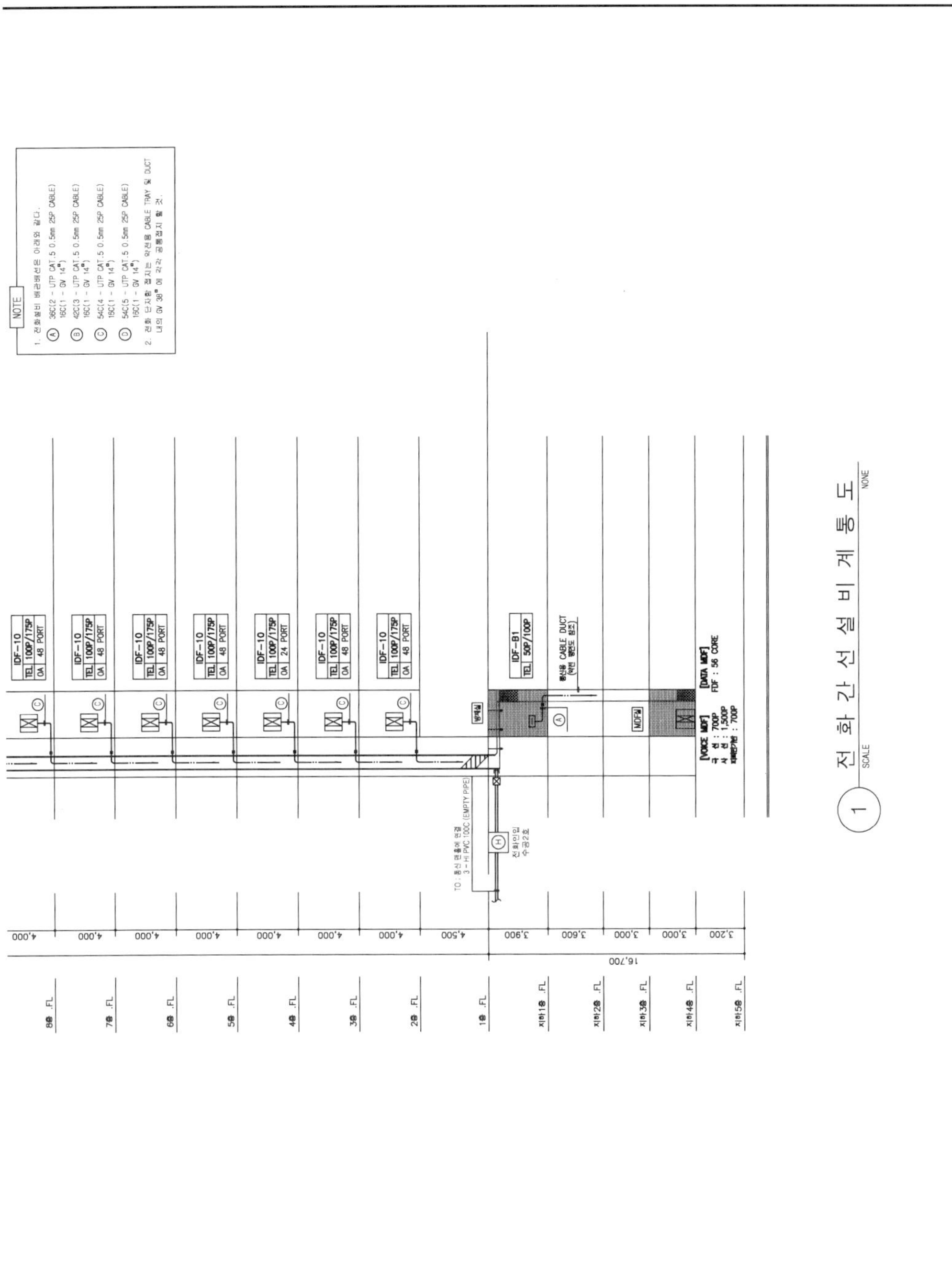

NOTE

수정번호	수정내용		
	설 계	검 토	승 인
	20 . .	20 . .	20 . .

공사명

도면명
전화간선설비 계통도

축 척
A1: NONE A3: NONE

프로젝트코드	설 계	검 토	승 인
	2002. .	2002. .	2002. .

도면번호
E-27

4.13 LAN 간선설비 계통도

○ 외부에서 오는 인터넷 회선이 건물내 Data MDF(Main Distribution Frame)까지 인입되면, 여기에서 층별로 설치된 중간단자함이나 랙(rack)까지 광케이블이나 UTP 케이블로 배선되는 계통이 표현된다.

○ 도면 읽기

- Data MDF에는 광케이블 56core가 연결되며, LAN 간선은 통신용 Tray를 통해 2층부터 15층까지 매층에 있는 중간단자함(Intermediate Distribution Frame)으로 배선된다. Data MDF에서 각층 중간단자함까지는 (도면에서 ⓐ) 4core 광(Fiber/Optic)케이블 1개가 입선된 지름 16mm 전선관 1개로 배선된다.
- 중간단자함에는 각층에 있는 LAN 접속구까지 배선을 위한 24포트가 제공된다.

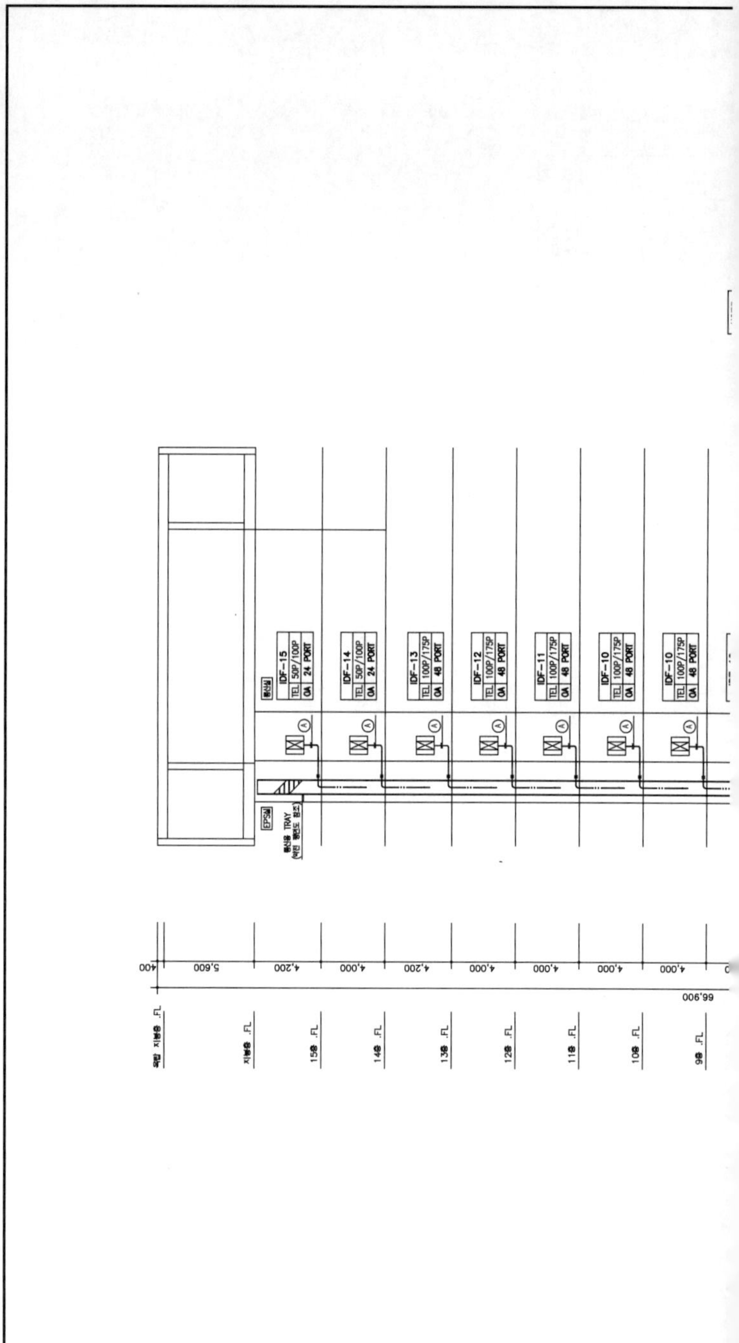

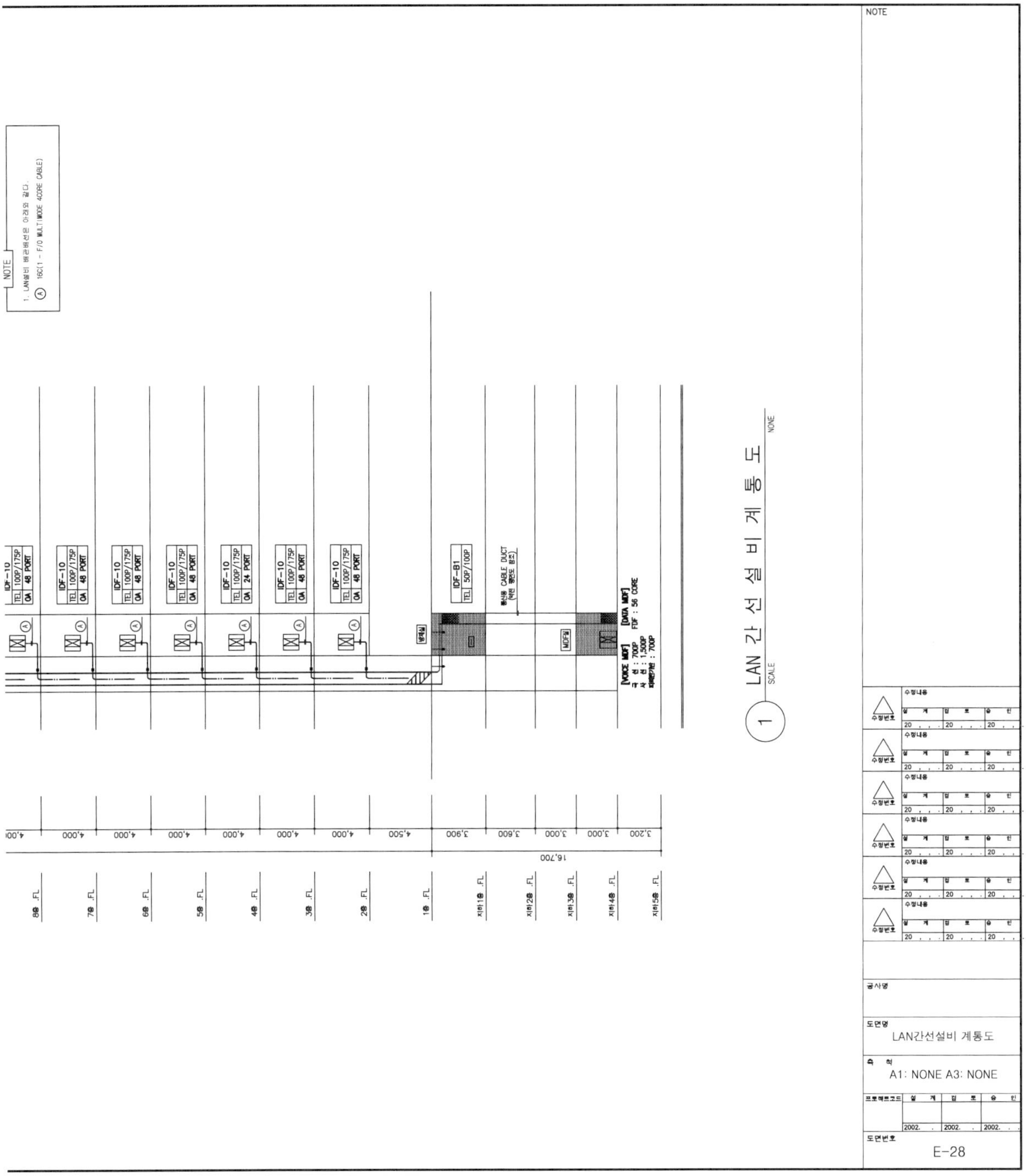
NOTE
1. LAN설비 배관배선은 아래와 같다.
Ⓐ 16C(1 - F/O MULTIMODE 4CORE CABLE)
IDF-10
TEL 100P/175P
OA 48 PORT
OA 24 PORT
IDF-B1
TEL 50P/100P
CABLE DUCT
[VOICE MDF]
국 선 : 700P
사 선 : 1,500P
[DATA MDF]
FDF : 56 CORE
MDF실
8층 .FL
7층 .FL
6층 .FL
5층 .FL
4층 .FL
3층 .FL
2층 .FL
1층 .FL
지하1층 .FL
지하2층 .FL
지하3층 .FL
지하4층 .FL
지하5층 .FL
4,000
4,500
3,900
3,600
3,000
3,200
16,700
1 LAN 간 선 설 비 계 통 도
SCALE NONE
NOTE
수정내용
수정번호
설 계
검 토
승 인
공사명
도면명
LAN간선설비 계통도
축 척
A1: NONE A3: NONE
프로젝트코드
2002.
도면번호
E-28

4.14 CATV 및 CCTV 간선설비 계통도

○ 방송공동수신안테나시설(SMATV)과 종합유선방송구내전송선로설비(CATV)가 함께 표현되어 있을 경우 방송공동수신설비 간선 계통도란 명칭이 일반적이다.

○ 방송공동수신안테나시설(Satellite Master Antenna TeleVision)은 건물 옥상에 공동시청안테나를 설치하여 FM, UHF, 지상파 TV를 수신하고, 위성방송용 안테나를 설치하여 위성방송 신호를 수신하며, 이 신호를 Head End 장치 등을 이용하여 적절히 증폭하고 처리한 후 TV분배기함을 거쳐 각층의 TV로 공급하는 것이다.

○ 종합유선방송구내 전송선로설비(CATV)는 외부에서 유선방송을 인입한 후 적절히 증폭시켜 처리한 후 TV분배기함을 거쳐 각층의 TV로 공급하는 것이다.

○ CCTV(Closed Circuit TeleVision)설비는 CCTV에 전원을 공급하고 영상을 시스템으로 전달하여 감시하고 기록하는 것이다.

○ 도면 읽기

- 공중파 방송과 유선방송의 신호는 지하1층, 3층, 8층, 13층에 설치된 TV분배기함에서 분기된다.
- 지하5층~지하2층에 CCTV가 설치되었다.

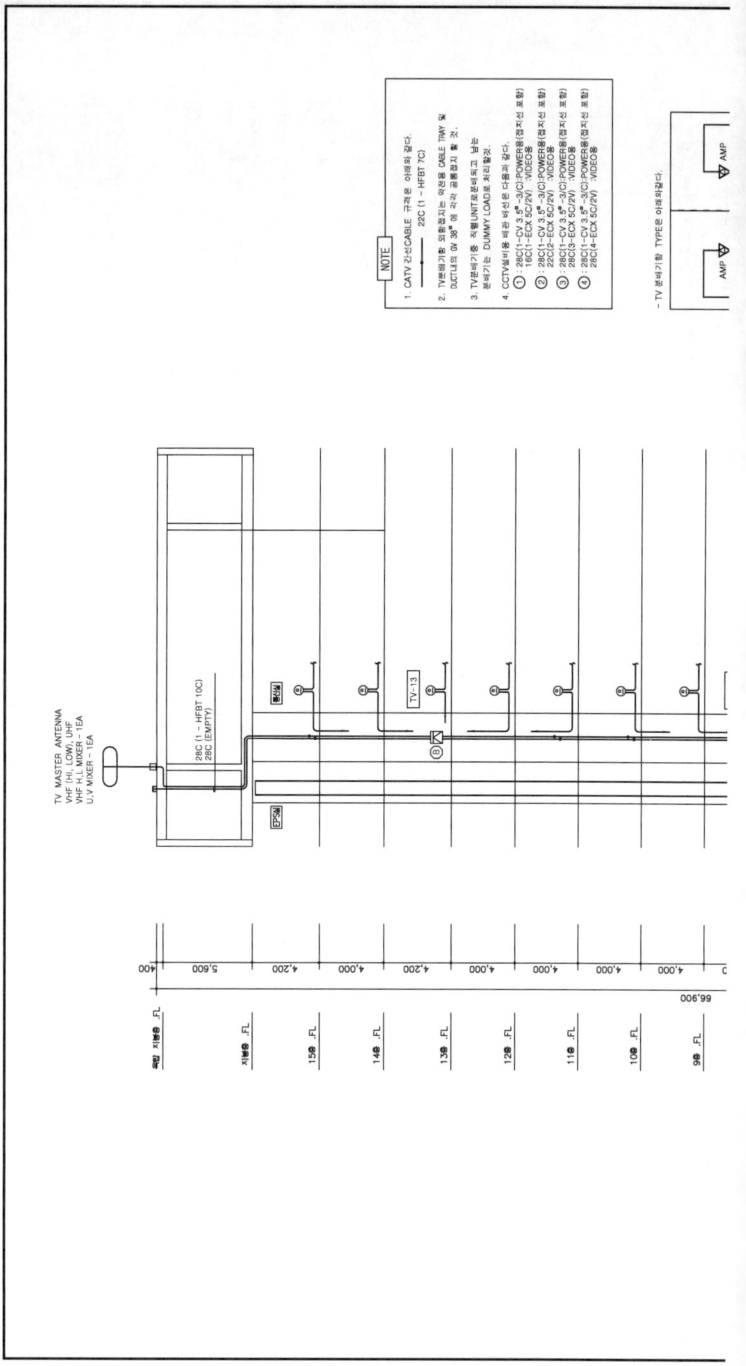

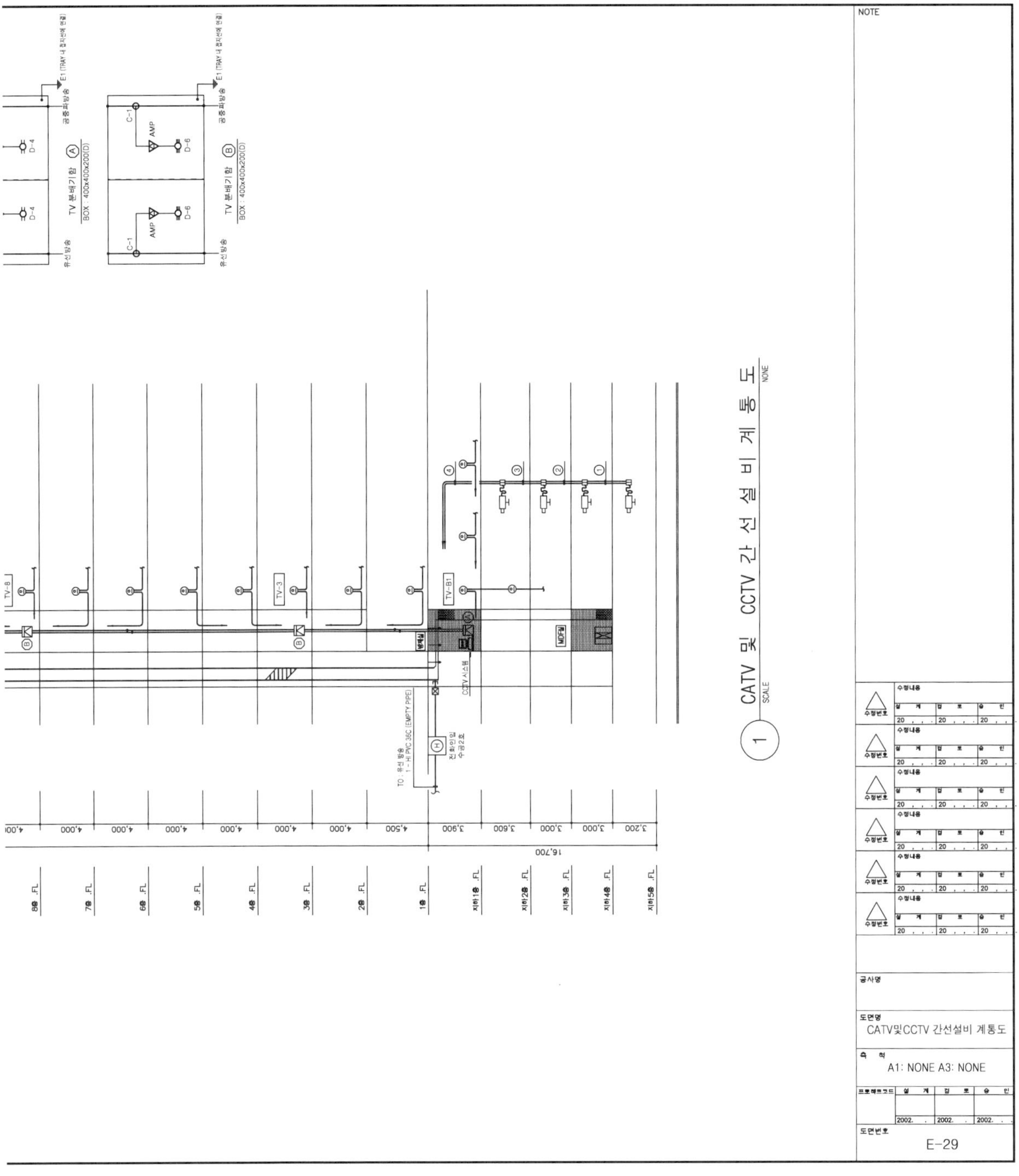
CATV 및 CCTV 간선설비 계통도
SCALE NONE
NOTE
도면명
CATV및CCTV 간선설비 계통도
A1: NONE A3: NONE
도면번호
E-29

4.15 지상 2, 지상 3~13층 약전설비 평면도

○지상 3~13층은 업무시설의 기준층에 해당한다. 기준층 약전설비 평면도에는 전화, LAN, TV 접속구, IDF 혹은 랙의 배치 및 이것 사이의 배선이 표현된다.

○도면 읽기

- 분전반과 IDF에서 Floor box까지 배선을 위해 바닥에 각각 폭 300mm, 높이 60mm의 전열용 및 통신용 Floor Tray(HI-TEC)를 설치하였다. Floor box에는 전열용 콘센트아웃렛 2구, 통신용 LAN포트(RJ-45 jack) 3구가 있다.
- 각 floor box에는 CAT.5 4Pair UTP 케이블 2개가 접속된다. 이 경우 1개는 LAN용, 1개는 전화용으로 사용된다. 각 floor box에서 나온 UTP케이블은 전선관과 통신용 Floor Tray를 통해 IDF에 연결된다.
- TV접속구는 외벽측에 설치된 기둥을 따라 설치되었으며 건축도면의 X3-Y4좌표 근처 기둥에서 수직으로 배관배선되고 있으며, 기준층의 경우 3층, 8층, 13층에서 TV분배기함과 수평으로 연결된다.

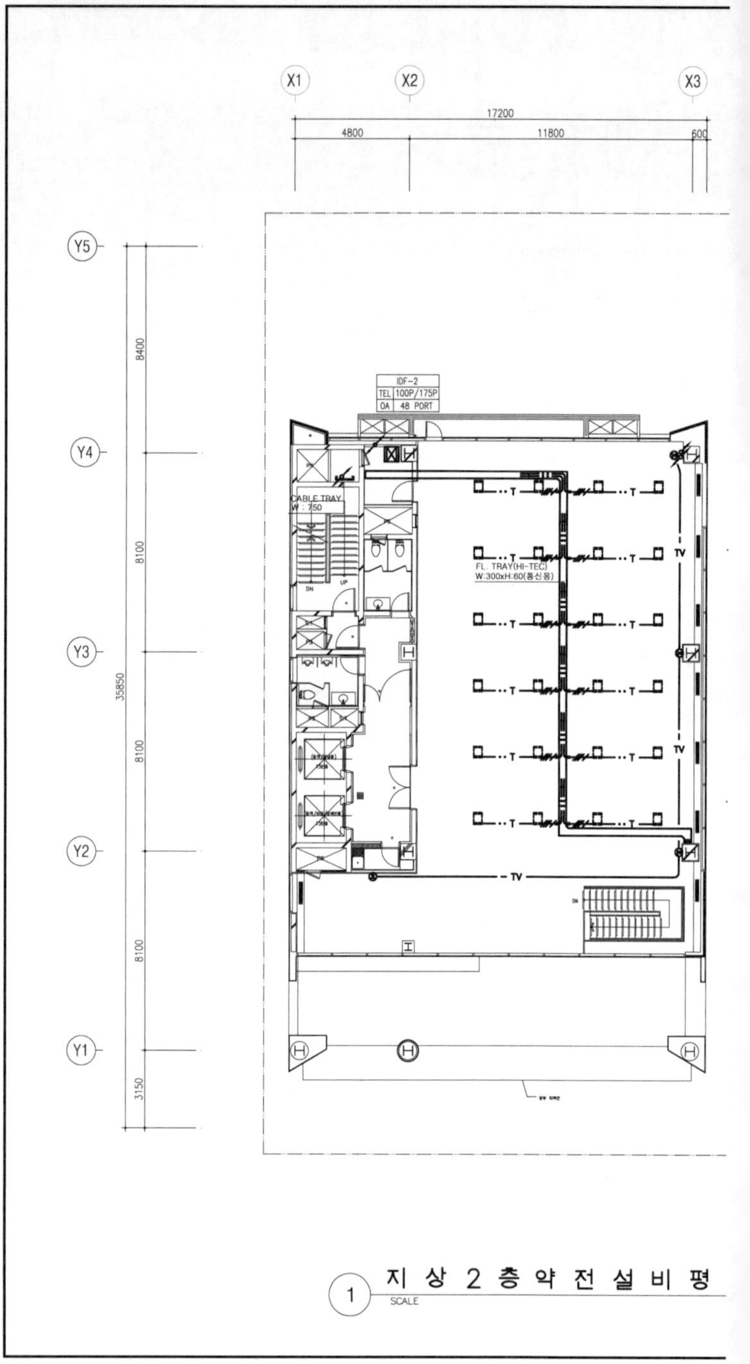

NOTE

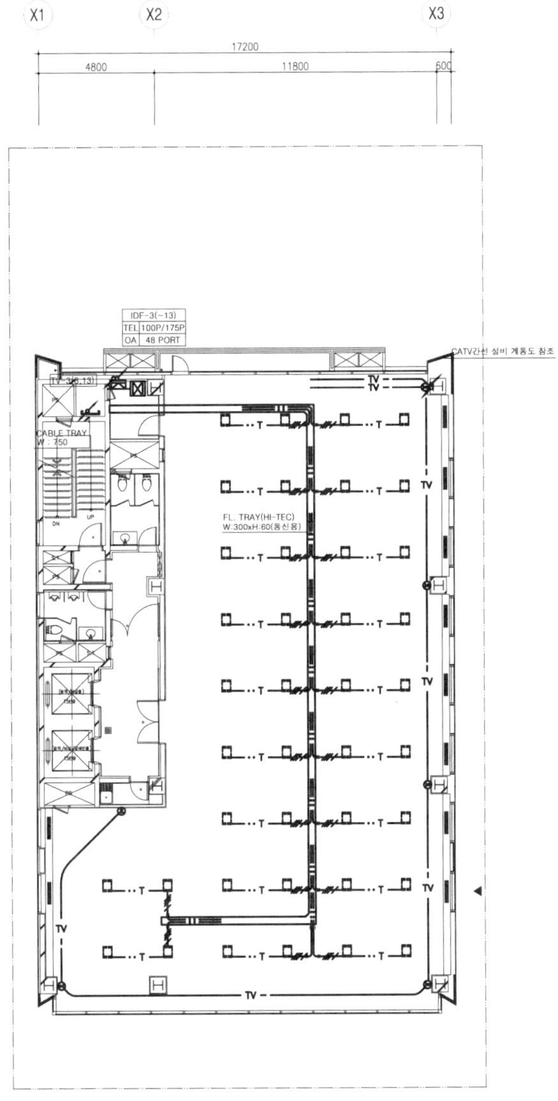

NOTE

1. 통합배선용 배관 배선은 다음과 같다.
   - 16C(2 - UTP CAT.5 4P CABLE)
   - 22C(4 - UTP CAT.5 4P CABLE)
   - 28C(6 - UTP CAT.5 4P CABLE)
   - 16C(2 - UTP CAT.5 4P CABLE)
   - 22C(4 - UTP CAT.5 4P CABLE)
   - 28C(6 - UTP CAT.5 4P CABLE)
2. CATV용 배관 배선은 다음과 같다.
   - 16C(1 - HFBT 5C/2V)
   - -(1 - HFBT 5C/2V)
3. CCTV용 배관 배선은 다음과같다.
   - ① : 28C (1 - CV 3.5■- 3/C) : POWER용(접지선 포함)
     16C (1 - ECX 5C/2V) : VIDEO용
   - ② : 28C (1 - CV 3.5■- 3/C) : POWER용(접지선 포함)
     22C (2 - ECX 5C/2V) : VIDEO용
   - ③ : 28C (1 - CV 3.5■- 3/C) : POWER용(접지선 포함)
     28C (3 - ECX 5C/2V) : VIDEO용
   - ④ : 28C (1 - CV 3.5■- 3/C) : POWER용(접지선 포함)
     28C (4 - ECX 5C/2V) : VIDEO용

면 도
1/100

② 지 상 3 ~ 13 층 약 전 설 비 평 면 도
SCALE 1/100

공사명

도면명 지상 2,지상3~13 층 약전설비 평면도

축 척 A1: 1/100 I A3: 1/200

프로젝트코드	설 계	검 토	승 인
	2002. .	2002. .	2002. .

도면번호 E-33

4.16 소방 간선설비 계통도-1

○소방 간선설비 계통도는 자동화재 탐지설비 등을 포함하는 소방전기설비뿐만 아니라 스프링클러소화설비 등을 포함하는 소방기계설비에 대한 신호 전달 및 동력 공급을 위한 간선을 건물 전체 차원에서 층별로 구분하여 표현한 것이다. 여기에는 자동화재탐지설비의 발신기, 감지기, 수신기뿐만 아니라 관련 동력 분전반 및 자동식 소화설비용 기기(예, 스프링클러의 알람밸브〈alarm valve, wet valve〉, 프리액션 밸브, 탬퍼 스위치) 등이 포함된다.

○소방 간선설비 계통도에 포함시켜야 할 내용이 너무 많은 경우 세부 분야별로 2장 이상으로 나누어 표현하기도 한다.

○도면 읽기

- 스프링클러의 알람밸브에 부착된 압력스위치 및 경보발령을 위한 벨, 옥내소화전함 일체형 발신기 세트와 비상콘센트, 각층 화장실로 통하는 복도문에 대한 화재시 폐쇄장치인 Door Releaser 2개 및 계단실 광전식 2종 연기감지기(15m 높이 마다 1개씩 최대 45m 높이를 1개 경계구역으로 함) 등이 방재실에 있는 화재수신반과 연결되는 계통이 표현되었다.

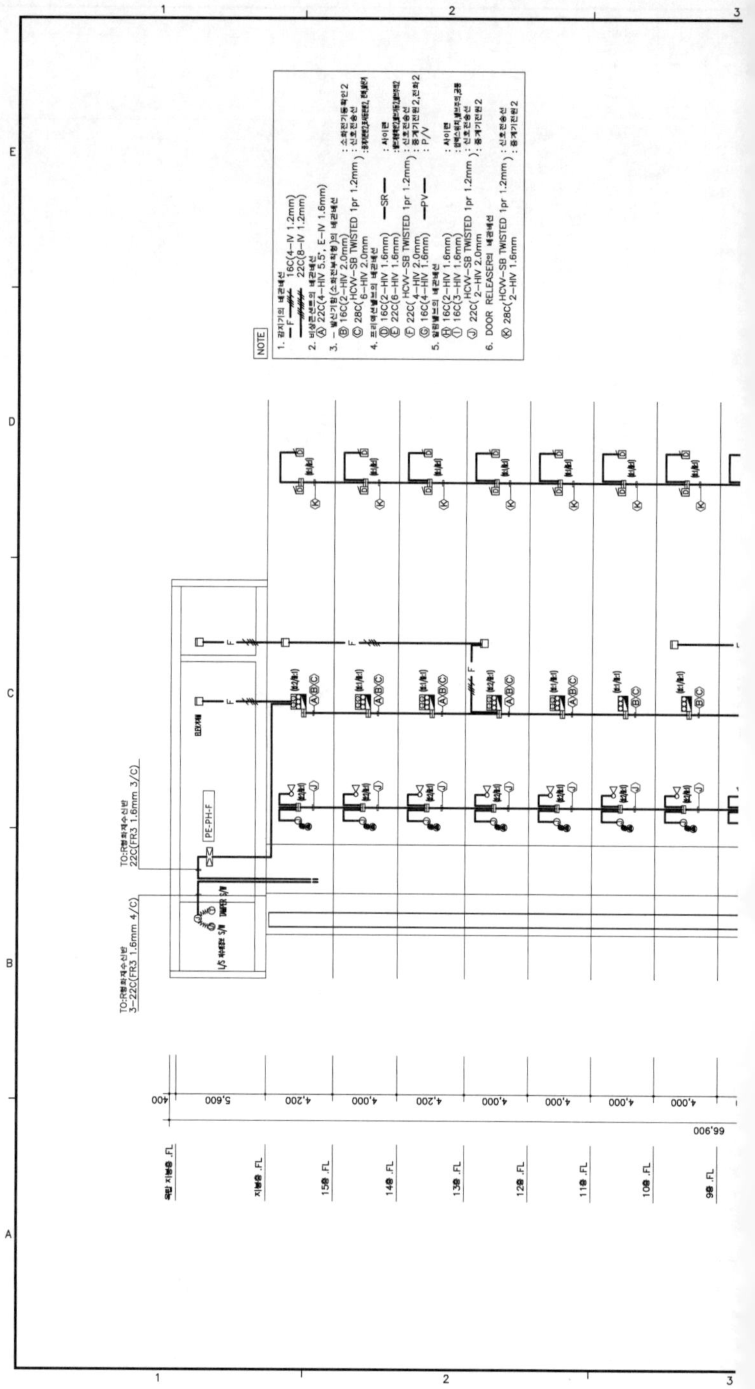

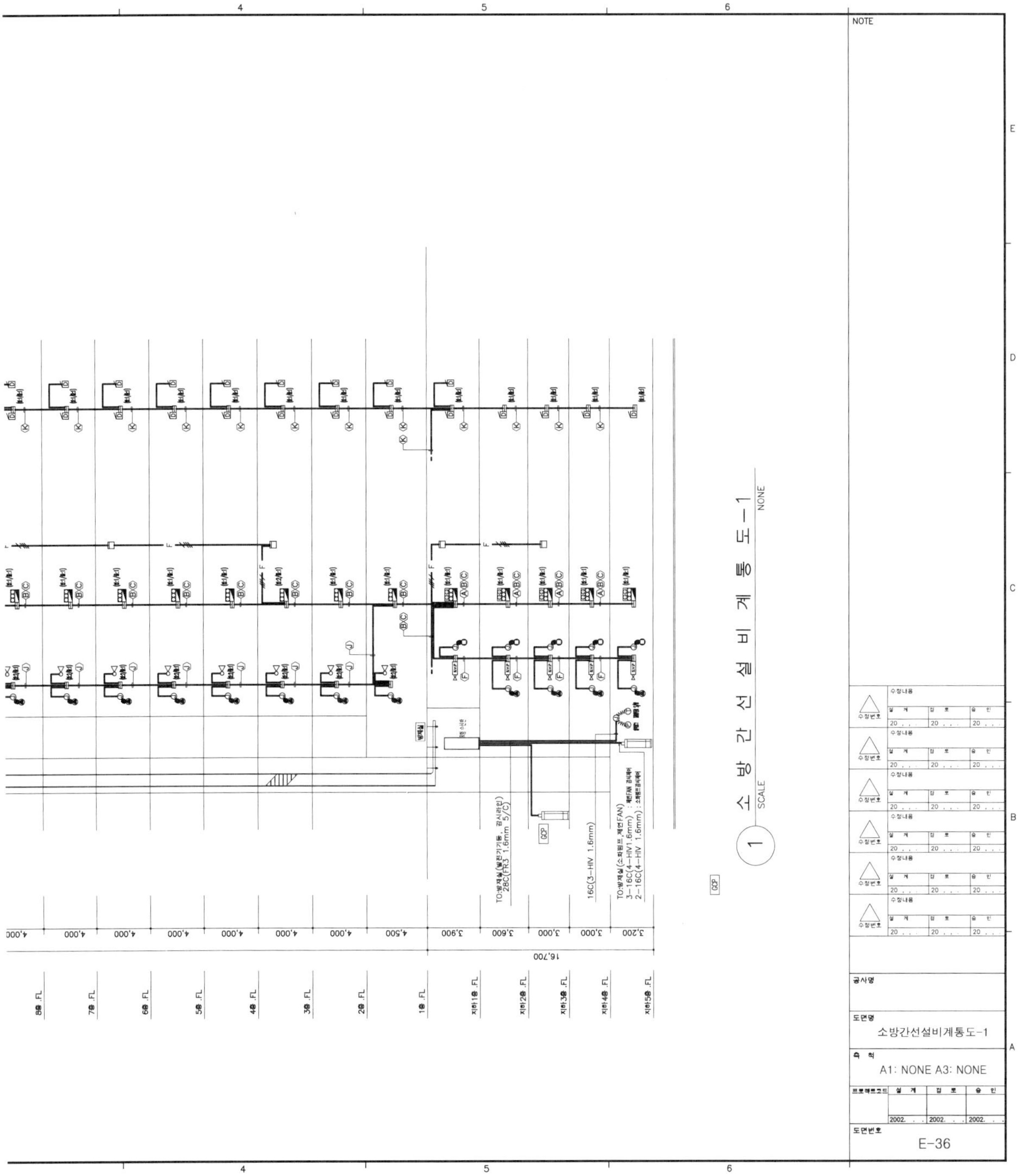

소방간선설비계통도-1
SCALE NONE
NOTE
TO:방재실(발전기기동, 감시라인) 28C(FR3 1.6mm 5/C)
16C(3-HIV 1.6mm)
TO:방재실(소화펌프, 제연FAN) 3-16C(4-HIV1.6mm) 2-16C(4-HIV 1.6mm)
8층 FL
7층 FL
6층 FL
5층 FL
4층 FL
3층 FL
2층 FL
1층 FL
지하1층 FL
지하2층 FL
지하3층 FL
지하4층 FL
지하5층 FL
16,700
공사명
도면명
소방간선설비계통도-1
축 척
A1: NONE A3: NONE
도면번호
E-36

4.17 소방 간선설비 계통도-2

○소방설비 간선 계통도에 포함시켜야 할 내용이 너무 많아서 2장으로 나누어 표현된 것이다.

○도면 읽기

- 좌측부터 유입공기배출댐퍼 조작, 특별피난계단의 전실에 대한 가압급기댐퍼 조작, 비상용 승강기의 승강장에 대한 가압급기댐퍼 조작, 배연창 개방 조작에 대한 것이며, 이들 기기의 조작과 작동을 위한 전력공급 및 신호 전달 계통이 표현되었다.
- 특별피난계단의 전실에 대한 가압급기댐퍼 조작을 위해 전실의 화재감지기 신호를 이용한 것은 오류이며 과도기의 관행이었다.
- 모든 전선관이 벽에 매립되어 수직으로 설치되었다.

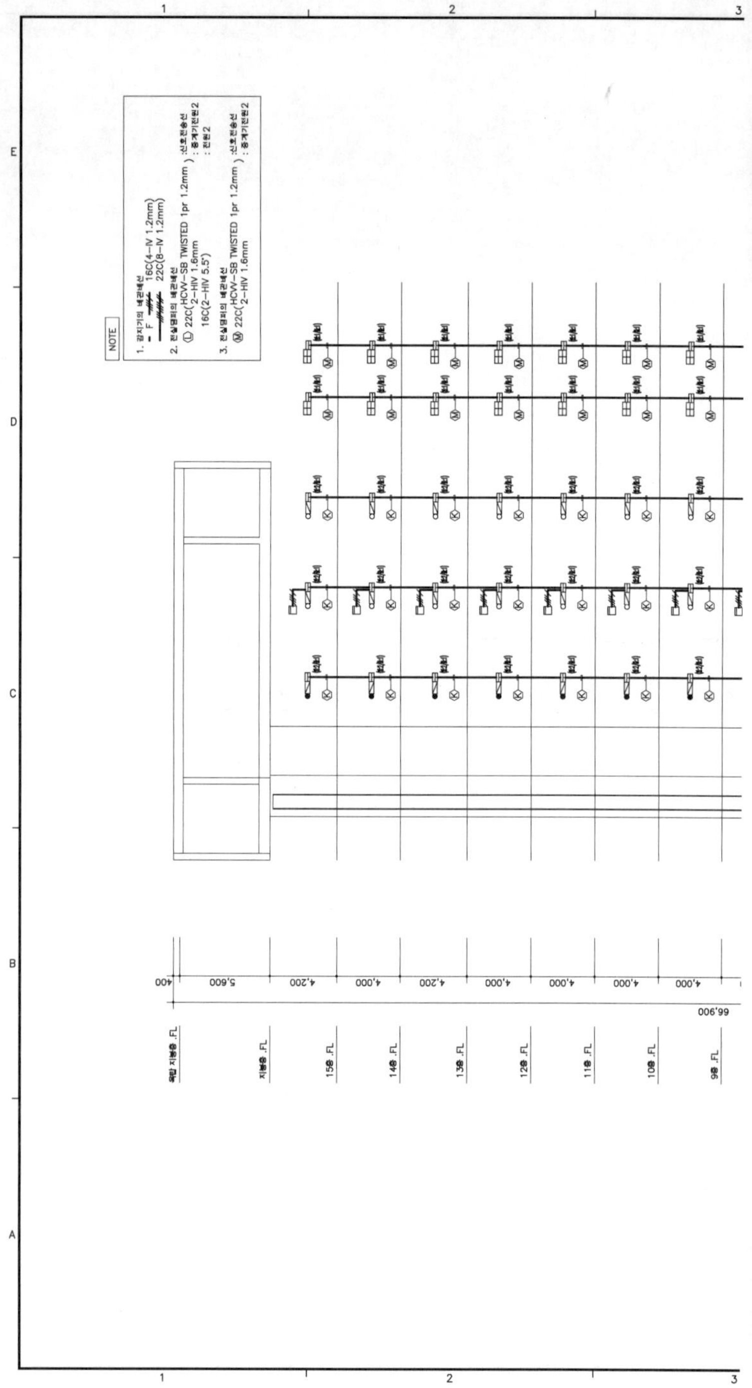

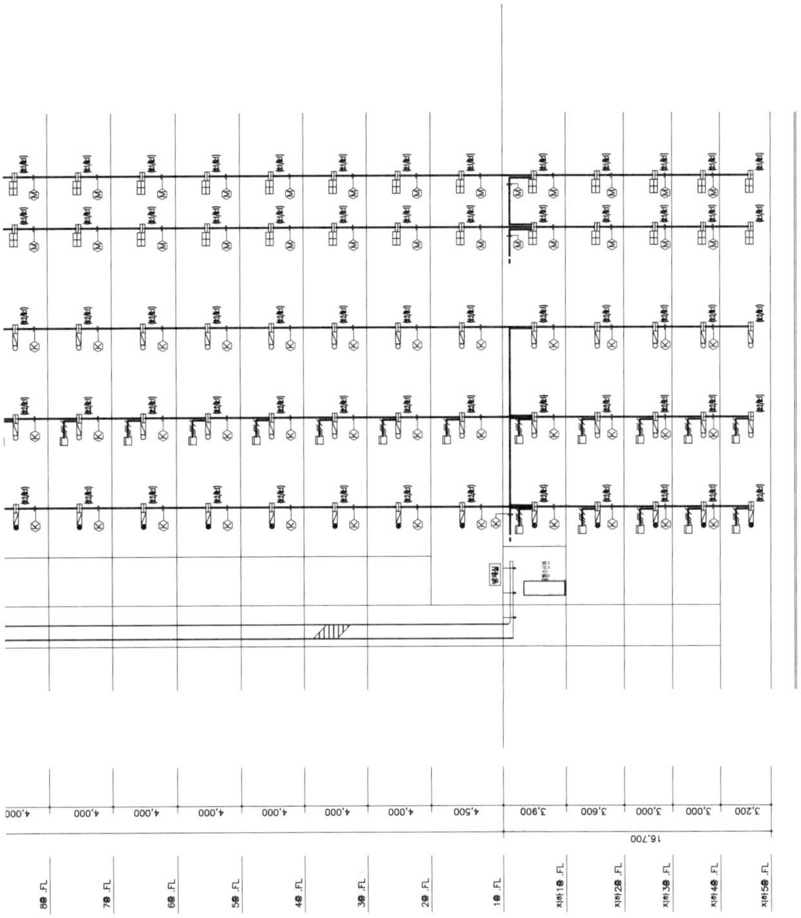

① 소 방 간 선 설 비 계 통 도 - 2
SCALE NONE

NOTE

공사명

도면명
소방간선설비계통도-2

축 척
A1: NONE A3: NONE

프로젝트코드	설 계	검 토	승 인
	2002. . .	2002. . .	2002. . .

도면번호
E-37

4.18 방송 간선설비 계통도

○전관 방송용 앰프에서 각층에 있는 방송단자함까지 간선이 층별로 표현된다.

○방송설비는 소방전기설비 중 비상경보설비를 대체하는 역할을 하기도 한다.

○도면 읽기

- 전관방송용 앰프는 지하1층 방재실에 설치되었으며, 스피커는 지하 5층부터 지하2층까지는 벽부형 10W, 지하1층과 지상층은 천정형 3W 용량이 설치되었다.
- 지상의 각층에는 10회선용 방송단자함이 설치되었다.

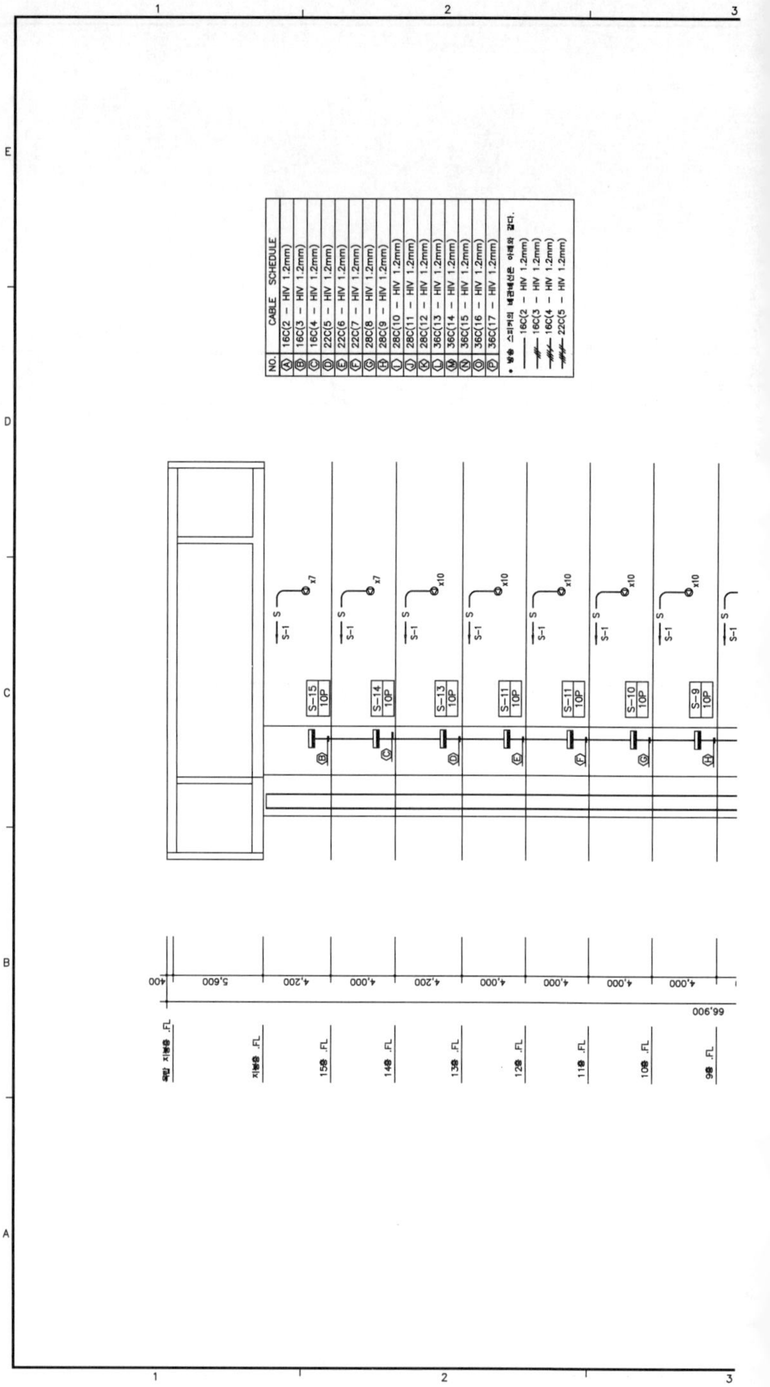

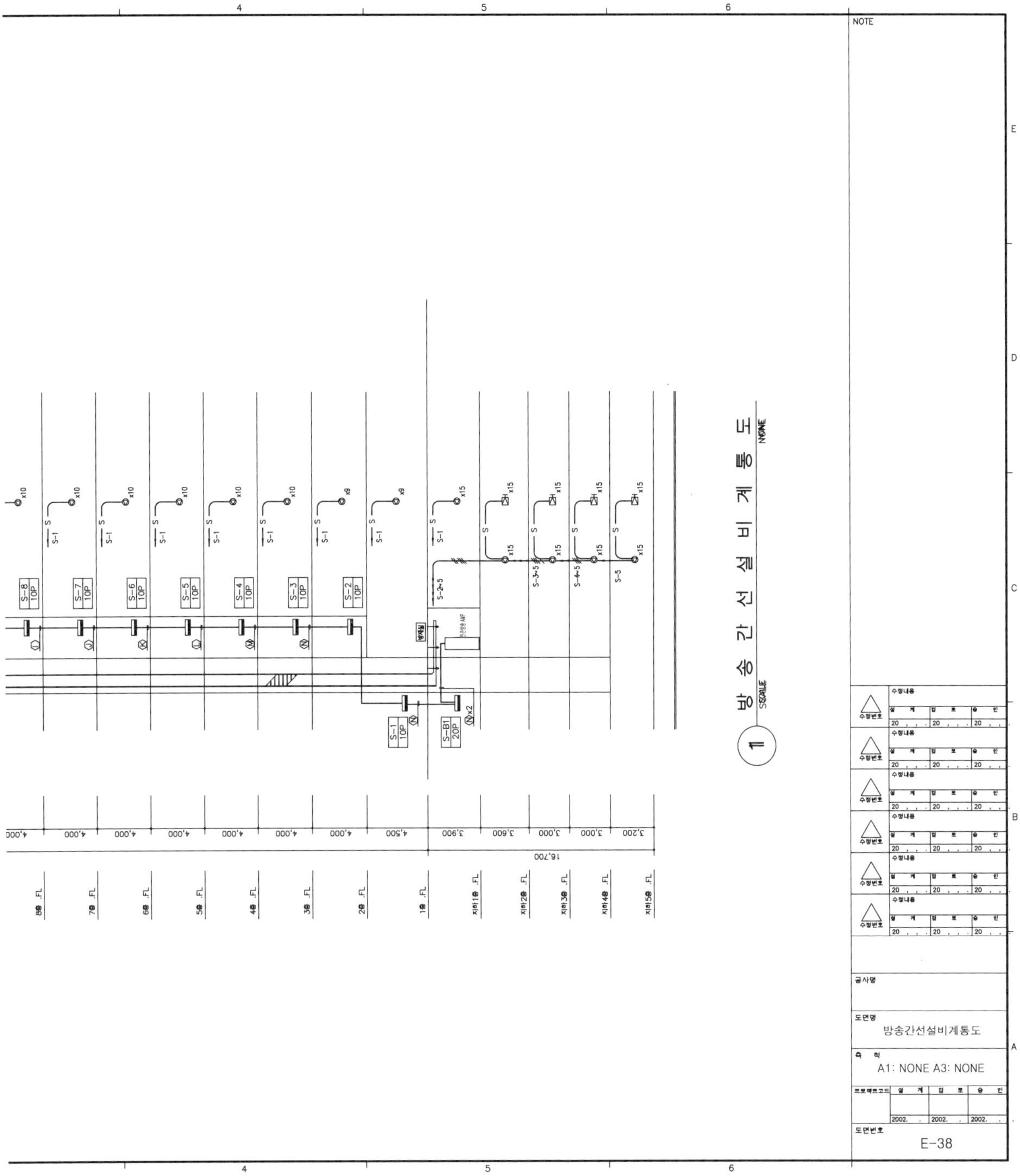
NOTE
방송간선설비계통도
SCALE NONE
공사명
도면명
방송간선설비계통도
축척
A1: NONE A3: NONE
도면번호
E-38

4.19 지상 2, 지상 3~13층 소방설비 평면도

○지상 3~13층은 업무시설의 기준층에 해당한다. 기준층 소방설비 평면도에는 자동화재탐지설비 등을 포함하는 소방전기설비뿐만 아니라 스프링클러소화설비 등을 포함하는 소방기계설비에 대한 신호 전달 및 동력 공급을 위한 수직간선과 수평배관 및 배선을 기준층에 대해 표현한 것이다. 여기에는 자동화재탐지설비의 발신기, 감지기, 수신기뿐만 아니라 관련 동력분전반 및 자동식 소화설비용 기기(예, 스프링클러의 알람밸브<alarm valve, wet valve>, 프리액션 밸브, 탬퍼 스위치) 등과 같은 기기가 포함된다.

○도면 읽기

- 기준층에서 설치된 소방설비 중 신호 전달이나 동력공급이 필요한 것은 먼저 건축 분야에서 배연창 개방 2개소 및 복도 내 화장실로 통하는 양 여닫이문에 대한 자동폐쇄장치(door releaser) 2개소, 기계 분야에서 스프링클러 알람밸브에 대한 압력스위치 작동(스프링클러 헤드가 개방되면서 알람밸브를 통해 물이 흐르기 시작) 감시 및 작동시 해당 구역 화재경보 울리기 각 1개소, 특별피난계단 전실과 비상용 승강기 승강장에 대한 가압급기댐퍼 조작 2개소, 유입공기배출댐퍼 조작 1개소, 전기 분야에서 복도에 광전식 2종 연기감지기 설치, 옥내소화전함에 설치된 발신기 세트(자동화재탐지설비의 요소이며, 여기에 음향장치, 위치표시 등과 수신기와 통화장치가 포함) 및 비상콘센트설비 각 1개소, 피난구 유도등 4개소 및 계단통로유도등 1개소, 비상방송설비인 스피커가 있다.
- 사무공간에는 습식 스프링클러 헤드가 설치되어 있어서 감지기 설치가 면제되었다.

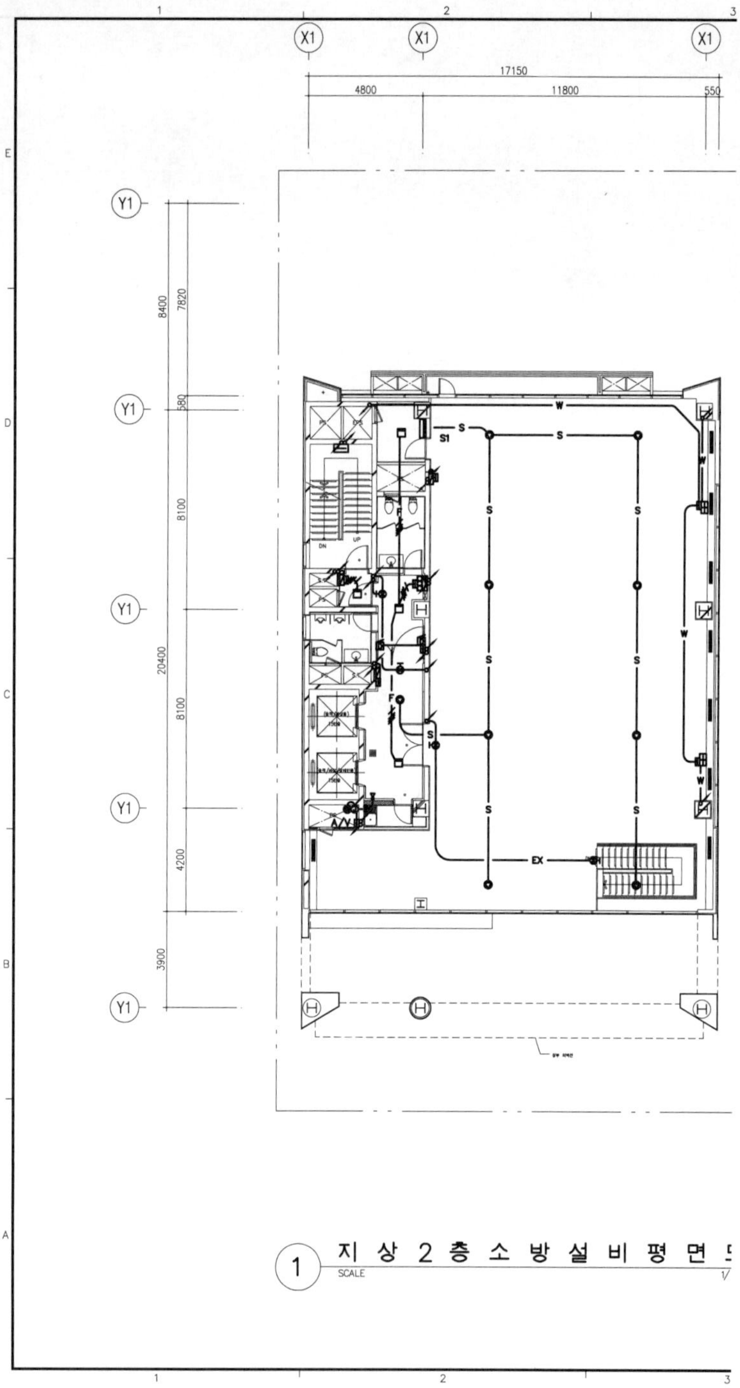

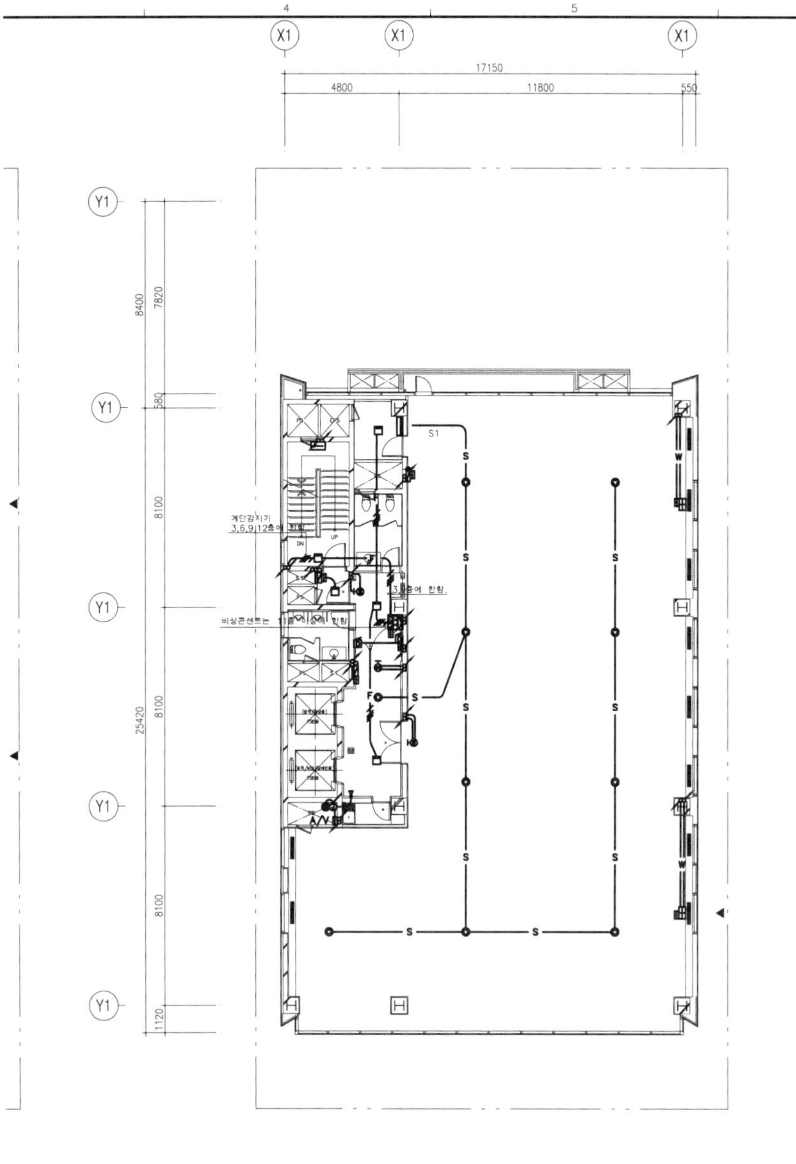

NOTE

1. 감지기의 배관배선은 아래와 같다.
   - —F— 16C(2-HIV 1.2MM)
   - —F— 16C(4-HIV 1.2MM)
   - —F— 22C(8-HIV 1.2MM)
2. 유도등의 배관배선은 아래와 같다.
   - —EX— 16C(3-HIV 2.0MM)
3. 스피커의 배관배선은 아래와 같다.
   - —S— 16C(2-HIV 1.2MM)
   - —S— 16C(3-HIV 1.2MM)
   - —S— 16C(4-HIV 1.2MM)
4. 사이렌의 배관배선은 아래와 같다.
   - —SR— 16C(2-HIV 1.2MM)
5. 별도표기없는 배관배선은 계통도 참조

수정번호	수정내용		
	설계	검토	승인
	20 . .	20 . .	20 . .
	설계	검토	승인
	20 . .	20 . .	20 . .
	설계	검토	승인
	20 . .	20 . .	20 . .
	설계	검토	승인
	20 . .	20 . .	20 . .
	설계	검토	승인
	20 . .	20 . .	20 . .
	설계	검토	승인
	20 . .	20 . .	20 . .

공사명

도면명: 지상 2층, 3~13층 소방설비 평면도

축척: A1: 1/100 I A3: 1/200

프로젝트코드	설계	검토	승인
	2002. .	2002. .	2002. .

도면번호: E-42

② 지 상 3~13 층 소 방 설 비 평 면 도

SCALE 1/100

CD수록 도면목록

1. 공동주택

○ 건축 부문

A0-000	건축일반사항
A0-001	도면목록표 -1
A0-002	도면목록표 -2
A0-007	설계개요
A0-008	동별개요
A0-009	배치도
A0-010	인동거리 배치도
A0-011	대지종횡단면도
A0-102	$84Am^2$ 단위세대 면적산출근거표
A1-001	실내재료마감표 -1
A1-002	형별 성능관계 내역 - 1
A1-005	단위세대 벽체 기준면 상세도
A1-007	실내재료마감 상세도 -1
A1-009	실내재료마감 상세도 -3
A1-103	$84Am^2$ 단위세대 평면도 (기본형)
A1-110	$84Am^2$ 단위세대 MC 중심선도
A1-201	A동 평면도 - 1
A1-203	A동 평면도 - 3
A1-204	A동 평면도 - 4
A1-206	A동 정면도, 우측면도
A1-207	A동 배면도, 좌측면도
A1-303	$84Am^2$ 주단면도 (기본형)
A1-402	A동 코어평면도 #1 - 2
A1-403	A동 코어평면도 #1 - 3
A1-404	A동 코어평면도 #1 - 4
A1-410	A동 코어단면도 #1
A1-471	주출입구 평 · 입 · 단면도
A1-603	$84Am^2$ 단열, 결로방지 및 방수 평면도 (기본형)
A1-615	$84Am^2$ 발코니 평 · 입 · 단면 상세도 - 1 (기본형)
A2-013	지하주차장P2 확대평면도
A2-014	지하주차장 종횡단면도
A2-023	지하주차장 램프#3 평단면도
A2-061	지하주차장 전기실,발전기실 평 · 단면도
A2-201	근린생활시설 평면도
A2-202	근린생활시설 입 · 단면도
A2-203	근린생활시설 창호일람표

○ 구조 부문

S0-001	도면목록
S0-004	구조일반사항 I
S0-006	구조일반사항 II
S1-101	단위세대 구조평면도
S1-111	단위세대 슬래브 배근도

S1-201　기초, 기둥, 보 일람표(아파트)
S1-301　벽체 일람표
S1-401　코어구조 평면도
S2-001　지하주차장 주심도
S2-003　지하주차장 확대 주심도
S2-101　지하주차장 기초구조 평면도
S2-301　기초, 기둥, 보 일람표(주차장)

○ 기계설비 부문

(기계)

M-1-01　도면 목록표-1
M-2-03　범례표
M-3-04　장비일람표-1
M-3-05　장비일람표-2
MA-1-01　옥외 배관 평면도
MA-1-02　지하주차장 위생배관 평면도-1
MA-1-03　지하주차장 위생배관 평면도-2
MA-1-04　지하주차장 환기 평면도-1
MA-1-05　지하주차장 환기 평면도-2
MA-3-06　급수배관 흐름도
MA-8-07　펌프실 및 저수조실 확대배관 평면도
MA-8-08　펌프실 및 저수조실 확대덕트 평면도
MA-8-09　전기실 및 발전기실 냉방배관 및 확대배관 평면도
MA-9-10　지하저수조 상세도
MA-9-11　지하주차장 열선배관 평면도-1
MA-9-13　일반상세도
MH-1-01　75m^2 단위세대 난방배관 평면도(기본형-최하 · 최상층)
MH-2-03　75m^2 단위세대 난방배관 평면도(기본형-기준층)
MH-6-17　75m^2 단위세대 냉매배관 평면도
MP-1-01　75m^2 단위세대 위생배관 평면도(기본형)
MP-2-14　F동 지하1층 오 · 배수배관 평면도
MP-3-30　F동 지하2층~1층 위생배관 평면도
MP-3-31　F동 1~2층 위생배관 평면도
MP-3-32　F동 3~지붕층 위생배관 평면도
MP-4-38　F동 급수배관 계통도
MP-7-44　F동 오 · 배수 배관 계통도
MP-5-45　75m^2 단위세대 환기 평면도(기본형)
MG-1-01　옥외 가스배관 평면도
MG-2-07　F동 가스 배관 계통도
MG-3-08　75m^2 단위세대 가스 배관 평면도(기본형)
MG-3-22　F동 1층 및 2~20층 가스 배관 평면도
MC-1-01　자동제어 범례
MC-1-02　자동제어 패널 및 기기 일람표
MC-4-03　자동제어 계통도
MC-7-04　저수조, 펌프실 자동제어 평면도
MC-7-05　지하주차장 자동제어 평면도
MD-1-01　메인 샤프트 상세도
MD-1-04　세대별 샤프트 상세도

(기계소방)

MF-1-01 도면 목록표
MF-1-02 범례 및 장비일람표
MF-2-01 옥외 소화배관 평면도
MF-3-01 75m^{2}형 단위세대 소화배관 평면도(기본형)
MF-4-06 F동 소화배관 계통도
MF-5-17 F동 지하2층, 지하1층 소화배관 평면도
MF-5-18 F동 지상1층, 지상2층 소화배관 평면도
MF-5-19 F동 지상3~20층, 옥탑층 소화배관 평면도
MF-6-01 지하주차장 소화배관 계통도-1
MF-6-02 지하주차장 소화배관 계통도-2
MF-6-03 지하주차장 소화배관 평면도
MF-6-04 지하주차장 전체 소화배관 평면도
MF-7-01 펌프실 확대 소화배관 평면도

○ 전기설비 부문

(전기)

EP-00A 도면 목록표
EP-001 범례 및 주기사항
EP-002 옥외 외등 및 전력인입설비 평면도
EP-003 옥외 전력간선설비 평면도
EP-004 수변전설비 단선 결선도
EP-005 전기실 전력간선 및 접지간선설비 평면도
EP-005A 수변전설비 외함 상세도
EP-006 펌프실 동력설비 평면도
EP-008 75m^{2}형 단위세대 전열설비 평면도(기본형)
EP-009 75m^{2}형 단위세대 전열설비 평면도(확장형)
EP-016 75m^{2}형 단위세대 조명설비 평면도(기본형)
EP-017 75m^{2}형 단위세대 조명설비 평면도(확장형)
EP-029 F동 세대 전력간선설비 계통도
EP-035 F동 공용부 전력간선설비 계통도
EP-041 F동 비상조명설비 계통도
EP-042 지하주차장 전력간선설비 계통도
EP-043 LEVEL +16.15 지하주차장 전력간선 및 전열설비 평면도-1
EP-044 LEVEL +16.15 지하주차장 전력간선 및 전열설비 평면도-2
EP-045 LEVEL +21.15 지하주차장 전력간선 및 전열설비 평면도
EP-046 LEVEL +16.15 지하주차장 조명설비 평면도-1
EP-047 LEVEL +16.15 지하주차장 조명설비 평면도-2
EP-048 LEVEL +21.15 지하주차장 조명설비 평면도
EP-065 F동 지하1,2층 전력간선 및 조명비 평면도
EP-066 F동 지상1~20층, 지붕 전력간선 및 조명설비 평면도
EP-067 F동 옥탑 전력간선 및 조명설비 평면도
EP-067A EPS, TPS 장비배치 평면도
EP-073 F동 피뢰설비 계통도
EP-074 지하층 (LEVEL +16.15) 접지설비 평면도
EP-075 지하층 (EL +21.15) 접지설비 평면도
EP-086 F동 지상18,19층 피뢰 및 접지설비 평면도
EP-087 F동 옥탑, 옥탑지붕층 피뢰 및 접지설비 평면도
EC-001 분전반 결선도-1

EC-002	분전반 결선도-2
EC-005	MCC 결선도-1

(통신)

ET-000	도면 목록표
ET-001	범례 및 주기사항
ET-002	옥외 정보통신 인입설비 평면도
ET-003	옥외 정보통신 간선설비 평면도
ET-004	옥외 TV 간선설비 평면도
ET-005	옥외 홈네트워크설비 평면도
ET-006	옥외 원격검침설비 평면도
ET-007	옥외 CCTV설비 평면도
ET-008	옥외 주차장관제설비 평면도
ET-009	옥외 비상벨설비 평면도
ET-010	MDF, 방재실 장비배치 평면도
ET-016	F동 통합배선간선설비 계통도
ET-022	F동 TV간선설비 계통도
ET-028	F동 홈네트워크간선설비 계통도
ET-029	$75m^2$형 단위세대 정보통신설비 평면도(기본형)
ET-030	$75m^2$형 단위세대 정보통신설비 평면도(확장형)
ET-037	$75m^2$형 단위세대 홈네트워크설비 평면도(기본형)
ET-038	$75m^2$형 단위세대 홈네트워크설비 평면도(확장형)
ET-061	F동 지하1,2층 정보통신설비 평면도
ET-062	F동 1~20층, 지붕층 정보통신설비 평면도
ET-063	LEVEL +16.15 지하주차장 정보통신설비 평면도-1
ET-064	LEVEL +16.15 지하주차장 정보통신설비 평면도-2
ET-065	LEVEL +21.15 지하주차장 정보통신설비 평면도
ET-066	통합배선 RACK 및 IDF 상세도-1
ET-068	CATV BLOCK DIAGRAM
ET-069	CATV HEADEND RACK 상세도
ET-070	홈네트워크시스템 BLOCK DIAGRAM
ET-077	F동 원격검침설비 계통도
ET-098	F동 지하1,2층 원격검침설비 평면도
ET-099	F동 1~20층, 지붕층 원격검침설비 평면도
ET-100	F동 옥탑층 원격검침설비 평면도
ET-101	원격검침시스템 사양서
ET-102	원격검침시스템 기기상세도
ET-105	CCTV설비 계통도
ET-109	CCTV설비 BLOCK DIAGRAM
ET-111	주차관제설비 계통도 및 블록도
ET-112	주차관제 설비 입·출구 상세도-A
ET-121	비상벨설비 블록도 및 기기 상세도
ET-122	이동통신 구내선로설비 계통도
ET-123	이동통신 구내선로설비 평면도

(전기소방)

EF-00A	도면 목록표
EF-001	범례 및 주기사항
EF-002	옥외 소방설비 평면도

EF-003 옥외 방송설비 평면도
EF-009 F동 자동화재탐지설비 간선 계통도
EF-015 F동 유도등설비 간선 계통도
EF-021 F동 비상방송설비 간선 계통도
EF-042 F동 지하1,2층 자동화재탐지설비 평면도
EF-043 F동 1~20층, 지붕 자동화재탐지설비
EF-044 F동 옥탑 자동화재탐지설비 평면도
EF-065 F동 지하1,2층 유도등 및 방송설비 평면도
EF-066 F동 1~20층, 지붕 유도등 방송설비 평면도
EF-067 F동 옥탑 유도등 및 방송설비 평면도
EF-068 지하주차장 자동화재탐지설비 계통도
EF-069 LEVEL +16.15 지하주차장 자동화재탐지설비 평면도-1
EF-070 LEVEL +16.15 지하주차장 자동화재탐지설비 평면도-2
EF-071 LEVEL +21.15 지하주차장 자동화재탐지설비 평면도
EF-072 지하주차장 유도등 계통도
EF-076 지하주차장 비상방송 계통도
EF-080 비상방송설비 구성도
EF-081 비상방송설비 실장도 및 상세도
EF-082 무선통신 보조설비 계통도

○ 시공 부문

A0-001 도면 목록표-1
A0-002 도면 목록표-2
A0-009 배치도
A0-011 대지 종횡 단면도
A0-101 75m^2 단위세대 면적산출근거표
A0-102 84m^2 A형 단위세대 면적산출근거표
A0-103 84m^2 B형 단위세대 면적산출근거표
A0-104 84m^2 C형 단위세대 면적산출근거표
A1-101 75m^{2}형 단위세대 평면도(기본형)
A1-103 84m^2 A형 단위세대 평면도(기본형)
A1-105 84m^2 B형 단위세대 평면도(기본형)
A1-107 84m^2 C형 단위세대 평면도(기본형)
A1-201 A동 전체 평면도-1(지하1층, 지하2층)
A1-202 A동 전체 평면도-2(PIT층)
A1-203 A동 전체 평면도-3(1층, 2층, 3층)
A1-204 A동 전체 평면도-4(4~20층, 지붕)
A1-205 A동 전체 평면도-5(옥탑, 옥탑지붕)
A1-206 A동 입면도-1
A1-207 A동 입면도-2
A1-311 A동 단면도-1
A1-312 A동 단면도-2

2. 업무시설

○ 건축 부문

G-001	도면목록표
G-003	설계개요
G-006	대지 종 · 횡 단면도
G-007	배치도
A-101	PIT, 지하 5층 평면도
A-102	지하 4층, 3층 평면도
A-103	지하 2층, 1층 평면도
A-104	지상 1층, 2층 평면도
A-105	지상 3~13층, 14층 평면도
A-106	지상15층, 옥탑층 평면도
A-107	지붕층 평면도
A-201	남측, 북측 입면도
A-202	동측, 서측 입면도
A-301	종 · 횡 단면도
A-401	외벽 확대 평 · 입 · 단면도 - 1
A-402	외벽 확대 평 · 입 · 단면도 - 2
A-431	코어 확대 평면도
A-432	계단 단면도

○ 구조 부문

S-001	도면목록
S-010	주심도(철근콘크리트조)
S-011	주심도(철골조)
S-101	PIT, 지하 5층 구조평면도
S-104	지상 1층, 2층 구조평면도
S-107	옥탑층, 지붕층 구조평면도
S-301	기둥 일람표
S-304	철골기둥 일람표
S-305	MAT 기초 배근도
S-307	보 배근도
S-309	슬래브 배근도
S-401	철골 접합 상세도

○ 기계설비 부문

(기계)

M-01	도면 목록 및 범례
M-02	장비일람표
M-03	열원계통도
M-04	기계실 확대배관 및 공조실 확대 평면도
M-05	공조배관 계통도
M-06	지하5층, 지하4층 공조배관 평면도
M-07	지하3층, 지하2층 공조배관 평면도
M-08	지하1층, 지상1층 공조배관 평면도
M-09	지상2층, 지상3~13층 공조배관 평면도
M-10	지상14~15층, 옥탑층 공조배관 평면도
M-11	위생배관 계통도

M-12　PIT층, 지하5층 위생배관 평면도
M-13　지하4층, 지하3층 위생배관 평면도
M-14　지하2층, 지하1층 위생배관 평면도
M-15　지상1층, 지상2층 위생배관 평면도
M-16　지상3~13층, 지상14층 위생배관 평면도
M-17　지상15층, 옥탑층 위생배관 평면도
M-18　공조덕트 계통도
M-19　지하5층 공조덕트 평면도
M-20　지하4층, 지하3층 공조덕트 평면도
M-21　지하2층, 지하1층 공조덕트 평면도
M-22　지상1층, 지상2층 공조덕트 평면도
M-23　지상3~13층, 지상14층 공조덕트 평면도
M-24　지상15층, 옥탑층 공조덕트 평면도
M-25　샤프트 상세도
M-26　화장실 확대배관 평면도
M-27　일반상세도-1
M-28　일반상세도-2
MC-01　자동제어 범례 및 기기일람표
MC-02　자동제어 계통도-1
MC-03　자동제어 계통도-2

(기계소방)

MF-001　소화 도면목록, 범례 및 장비일람표
MF-002　소화배관, 제연덕트 계통도
MF-003　지하5층, 지하4층 소화배관 평면도
MF-004　지하3층, 지하2층 소화배관 평면도
MF-005　지하1층, 1층 소화배관 평면도
MF-006　지상 2층, 3~13층 소화배관 평면도
MF-007　14~15층, 옥탑1층 소화배관 평면도
MF-008　소화일반 상세도-1

○ 전기설비 부문

E-00　도면목록
E-01　범례 및 주기사항
E-02　조명기구 상세도
E-03　변전실 단선결선도 및 평면도
E-04　기계실 동력설비 평면도
E-05　MCC결선도
E-06　동력 분전함 결선도
E-07　전등 분전함 결선도
E-08　전력간선 설비 계통도(전등)
E-09　전력간선 설비 계통도(동력)
E-10　지하5층(MAT하부) 접지 및 전기실 접지 평면도
E-11　지하5, 지하4층 전력간선, 전열설비 평면도
E-12　지하3, 지하2층 전력간선, 전열설비 평면도
E-13　지하1, 지상1층 전력간선, 전열설비 평면도
E-14　지상2, 지상3~13층 전력간선, 전열설비 평면도
E-15　지상14, 지상15층 전력간선, 전열설비 평면도
E-16　옥탑, 지붕층 전력간선, 전열설비 평면도

E-17	PIT층, 지하5층 전등설비 평면도
E-18	지하4, 지하3층 전등설비 평면도
E-19	지하2, 지하1층 전등설비 평면도
E-20	지상1, 지상2층 전등설비 평면도
E-21	지상3~13, 지상14~15층 전등설비 평면도
E-22	옥탑층 전등설비 평면도
E-23	고전압 펄스식 피뢰침 설치상세도 및 단면도
E-24	CABLE TRAY 및 HI-TEC TRAY 상세도
E-25	FLOOR BOX 및 한전 개폐기 설치 상세도
E-26	일반상세도
E-27	전화 간선 설비 계통도
E-28	LAN 간선 설비 계통도
E-29	CATV 및 CCTV 간선 설비 평면도
E-30	지하5, 지하4층 약전설비 평면도
E-31	지하3, 지하2층 약전설비 평면도
E-32	지하1, 지상1층 약전설비 평면도
E-33	지상2, 지상3~13층 약전설비 평면도
E-34	지상14, 지상15층 약전설비 평면도
E-35	옥탑, 지붕층 약전설비 평면도
E-36	소방 간선 설비 계통도-1
E-37	소방 간선 설비 계통도-2
E-38	방송 간선 설비 계통도
E-39	지하5, 지하4층 소방설비 평면도
E-40	지하3, 지하2층 소방설비 평면도
E-41	지하1, 지상1층 소방설비 평면도
E-42	지상2, 지상3~13층 소방설비 평면도
E-43	지상14~15, 옥탑층 소방설비 평면도
E-44	방송 BLOCK DIAGRAM 및 기기상세도
E-45	소방 기기 상세도

○ 시공 부문

G-001	도면목록
G-004	층별 면적 산출근거표-1
G-005	층별 면적 산출근거표-2
G-006	대지 종 · 횡 단면도
G-007	배치도
A-101	PIT층, 지하5층 평면도
A-102	지하4,3층 평면도
A-103	지하2,1층 평면도
A-104	1,2층 평면도
A-105	3~13,14층 평면도
A-106	15층, 옥탑층 평면도
A-107	지붕층 평면도
A-201	남측, 북측면도
A-202	동측, 서측면도
A-301	종 · 횡 단면도
A-401	외벽 평 · 입 · 단면도-1
A-402	외벽 평 · 입 · 단면도-2

| 집필위원

강동화	서울시립대학교 조교수
김선숙	아주대학교 부교수
김선우	충남대학교 조교수
김성훈	㈜해안종합건축사사무소 상무
김영돈	㈜하나기연 소장
김용인	나우설비기술(주) 대표이사
박성희	㈜해안종합건축사사무소 부장
손정욱	이화여자대학교 교수
송승영	이화여자대학교 교수
정영수	명지대학교 교수
최현기	경남대학교 조교수
한 균	비콘힐엔지니어링건축사사무소 대표이사

| 감사의 글

본 건축공학분야 설계도서 사례집에 실린 도면, 구조계산서 등 각종 자료는 ㈜해안종합건축사사무소, 창민우구조컨설턴트, 하나기연 등에서 협조해 주셨습니다.

건축공학분야 설계도서 사례집

Fundamentals and Examples of
Architectural Engineering Design Documents

2016년 4월 10일 1판 1쇄 인쇄
2016년 4월 15일 1판 1쇄 발행

저 자	사단법인 대한건축학회
발 행 인	강 해 작
발 행 처	기 문 당
주 소	서울시 성동구 무학봉28길 4-1
전 화	02)2295-6171(代)~5
팩 스	02)2296-8188
출판등록	1976. 10. 7 (1-44)
홈페이지	http : // 기문당 http : // www.kimoondang.com
I S B N	978-89-6225-716-8 93540
정 가	25,000원

이 도서의 국립중앙도서관 출판시도서목록(CIP)은 서지정보유통지원시스템 홈페이지 (http://seoji.nl.go.kr)와 국가자료공동목록시스템(http://www.nl.go.kr/kolisnet)에서 이용하실 수 있습니다.(CIP제어번호:2016008359)